AF567807

Der Autor und der Verlag danken dem Estate of Rachel Carson und dem Estate of Paul Brooks für die Bewilligung, aus den folgenden Werken Textabschnitte übernehmen zu dürfen:

»Under the Sea-Wind« von Rachel Carson, Copyright © 1941 Rachel L. Carson;
Copyright © erneuert 1969 Roger Christie.
»The Sea Around Us« von Rachel Carson, Copyright © 1950, 1951, 1961 Rachel L. Carson.
»The Edge of the Sea« von Rachel Carson, Copyright © 1955 Rachel l. Carson.
»Silent Spring« von Rachel Carson, Copyright © 1962 Rachel L. Carson.
»The Sense of Wonder« von Rachel Carson, Copyright © 1956 Rachel L. Carson.
»Lost Woods. The Discovered Writing of Rachel Carson«, herausgegeben von Linda Lear, Copyright © 1998 Roger Allen Christie.
»Always, Rachel. The Letters of Rachel Carson and Dorothy Freeman, 1952-1964«, herausgegeben von Martha Freeman, Copyright © 1995 Roger Allen Christie.
»The House of Life. Rachel Carson at Work« von Paul Brooks, Copyright © 1972, 1989 Paul Brooks.
Aus verschiedenen Zeitungen und Magazinen, Copyrights wie in den einzelnen Publikationen angegeben.

Dem Verlag C.H. Beck danken wir für die Möglichkeit, für die Zitate die vorliegenden deutschen Übersetzungen zu verwenden.

Dieses Buch wurde klimaneutral hergestellt. $CO_2$-Emissionen vermeiden, reduzieren, kompensieren – nach diesem Grundsatz handelt der oekom verlag. Unvermeidbare Emissionen kompensiert der Verlag durch Investitionen in ein Gold-Standard-Projekt. Mehr Informationen finden Sie unter www.oekom.de.

Bibliografische Information der Deutschen Nationalbibliothek:
Die Deutsche Nationalbibliothek verzeichnet diese Publikation in der Deutschen Nationalbibliografie; detaillierte bibliografische Daten sind im Internet unter http://dnb.d-nb.de abrufbar.

© 2014 oekom, München
oekom verlag, Gesellschaft für ökologische Kommunikation mbH,
Waltherstraße 29, 80337 München

Umschlaggestaltung: Büro Jorge Schmidt, München
Umschlagabbildungen: vorne: © Time & Life Pictures/Getty Images, Fotograf: Alfred Eisenstaedt; hinten: Minnette Duffy Bickel, 1987

Druck: CPI books GmbH

Dieses Buch wurde auf 100%igem Recyclingpapier gedruckt.

Alle Rechte vorbehalten
ISBN 978-3-86581-467-8

Dieter Steiner

# Rachel Carson

## Pionierin der Ökologiebewegung

## Eine Biographie

»Ich bin fest überzeugt, dass es noch nie eine größere Notwendigkeit als heute gegeben hat, über die natürliche Welt zu berichten und sie zu interpretieren. … die Annahme scheint mir vernünftig …, dass je klarer wir unsere Aufmerksamkeit auf die Wunder und die Realitäten des uns umgebenden Universums richten können, wir desto weniger Zerstörungslust empfinden werden … «

(Rachel Carson 1998o, 94)

Feier bei der Enthüllung einer lebensgroßen Bronzestatue von Rachel Carson am 14. Juli 2013 im Waterfront Park des Marine Biological Laboratory (MBL) in Woods Hole im Gedenken an ihre Verbindung zu diesem Ort. Die Statue ist ein Werk des Bildhauers David Lewis. Foto: Bernhard Glaeser, Berlin.

Dieses Buch widme ich allen Frauen, die ihren eigenen Weg gehen und dabei ihre Mitwelt nicht aus den Augen verlieren, vor allem aber

Mariann, Ingrid, Anne Marie, Clare und Stephanie

# Inhalt

# Vorwort

Am 14. April 1964 starb Rachel Carson. Wenn wir uns heute, 50 Jahre später, an sie zurückerinnern, dann haben wir sie meist als Autorin von *Silent Spring* (deutsch: *Der stumme Frühling*) vor Augen, einem Buch, mit dem sie 1962 als mutige Kämpferin das Tun des »Pestizid-Establishments« in den USA anprangerte. Dieses, ein Konglomerat von chemischer Industrie, Behörden und Hochschulinstituten, war der Meinung, Insektenplagen ließen sich am besten mit einem großflächigen chemischen Giftkrieg lösen. Unliebsame Nebeneffekte wie tote Fische und Vögel waren dabei in Kauf zu nehmen. Der Aufruhr, der auf die Publikation des Buches folgte, rüttelte die Öffentlichkeit auf und verunsicherte Politik und Wissenschaft. Die Industrie regte sich auf, weil sie ihre Profite in Gefahr sah, ansonsten aber ließ es sie kalt. Zweifellos hat der damalige Auftritt Carsons einiges bewirkt, die amerikanische Umweltbewegung beflügelt und eine Chemiepolitik angeregt, die allerdings, rudimentär wie sie ist, eine schleichende Vergiftung der Umwelt nicht verhindert hat.

Carsons Großneffe, Roger Christie, legt aber Wert auf die Feststellung, dass man seiner Großtante nicht gerecht wird, wenn man sie auf ihre Pestizidkritik fixiert. In der Tat haben wir fast vergessen, dass sie eigentlich Meeresbiologin war und vorher drei Bücher über das Meer schrieb, *Under the Sea-Wind* 1941 (deutsch: *Unter dem Meerwind*), *The Sea Around Us* 1951 (deutsch: *Geheimnisse des Meeres*) und *The Edge of the Sea* 1955 (deutsch: *Am Saum der Gezeiten*), die damals allesamt zu Bestsellern wurden. In diesen Werken zeigt sie, wie das Leben auf der Erde – in diesem Fall im Wasser, aber auf dem Lande ist es nicht anders – in vielfältigen Beziehungen zu sich selbst und zu den physischen Grundlagen steht, wie kein Lebewesen bloß für sich allein lebt, wie Populationen von verschiedenen Arten sich gegenseitig die Waage halten, wie die Moleküle von gestorbenen Lebewesen zum Bestandteil von neuen werden und so für eine Art materielle Unsterblichkeit sorgen. Sie entwickelte eine zutiefst ökologische Sichtweise zu einer Zeit, da die Ökologie noch kaum ein anerkanntes wissenschaftliches Fach war. Carsons Zugang zum Phänomen Leben folgt auch nicht dem von der Wissenschaft geforderten gefühllos-trockenen Stil. Nein, bei ihr schwingt immer ein emotionales Engagement mit, das Anlass zu einem Einfühlen ist und fraglos klar macht, dass es sich beim Phänomen Leben um ein Wunder, ein Geheimnis handelt. Carsons Fähigkeit, Kopf und Herz nicht zu trennen, drückt sich auch in ihren Texten aus, die Wissenschaft und Poesie vereinen. Es war mir ein Anliegen, mit der Wiedergabe von zum Teil längeren Passagen daran zu erinnern, vor allem aus *Unter dem Meerwind*, das von vielen, auch von mir, als Carsons schönstes Buch betrachtet wird.

Eine Einstellung, bei der die rationale Distanziertheit zur Natur durch eine emotionale Nähe zu ihr überbrückt wird, lässt uns wiedererleben, dass wir selbst Teil der irdischen Ökologie sind. Und diese Ökologie beinhaltet natürlich auch die Beziehungen zu unseren Mitmenschen. Carson hatte ein enges Verhältnis zu ihrer Mutter und eine intensive Beziehung zu ihrer seelenverwandten Freundin Dorothy Freeman, sie übernahm durch die Adoption des fünfjährigen Roger Christie, als dessen Mutter jung starb, selbst Mutterpflichten und sie tauschte sich brieflich mit unzähligen Bekannten aus, Frauen und Männern. Diese gelebte Ökologie gab, so glaubt Martha Freeman, die Enkelin der gerade genannten Dorothy, Carson die notwendige Kraft, als Alleinstehende und Frau überzeugt, autonom und standfest gegen das zerstörerische Werk der Chemiefreunde anzutreten. Dabei musste sie sich bis zu einem gewissen Grad selbst verleugnen, denn *Silent Spring* war eher ein Pflicht- als ein Kürprogramm. Eigentlich hätte sie lieber etwas anderes geschrieben, etwa ein Buch zur Humanökologie. Zur äußeren Gegnerschaft kam ihre körperliche Verletzbarkeit. In ihren letzten Lebensjahren litt sie fast ununterbrochen an verschiedenen Krankheiten, in erster Linie aber an Brustkrebs, und auch an den ihr verordneten Radiotherapien, und es ist erstaunlich, ja geradezu unglaublich, dass sie *Silent Spring* überhaupt vollenden konnte.

In der Rede und Widerrede, die durch *Silent Spring* ausgelöst wurde, spiegeln sich zwei Weltbilder, deren Gegensätzlichkeit sich, etwas pointiert formuliert, wie folgt beschreiben lässt: Das eine sieht die Natur je nachdem als Gegnerin, die es zu bezwingen, oder als Warenlager, das es plündern gilt, und dazu eignet sich ein technisches, gleichzeitig finanziellen Profit versprechendes und unliebsame Nebenfolgen ausblendendes Vorwärtsstürmen. Das andere anerkennt, dass die Natur uns nicht unter- sondern übergeordnet ist, dass wir deshalb gut beraten sind, bedachtsam unser Tun nach ihren Rahmenbedingungen auszurichten, wenn wir nicht mit schädlichen Bumerangeffekten konfrontiert sein wollen. Das erstere ist ein engstirniges, ökonomistisch-technokratisches Weltbild, das letztere ein weitsichtiges humanökologisches. An diesem Gegenüber entzündet sich eine heute mehr denn je aktuelle existenzielle Grundsatzfrage. Ich habe deshalb rückblickend den damaligen beidseitigen Stellungnahmen relativ breiten Raum gewährt. Diese zeigen auch, dass das Mensch-Natur-Verhältnis mit der Geschlechterfrage verknüpft ist.

Carsons legendärer Einsatz hat uns sicher vor noch Schlimmerem bewahrt, aber der moderne Sturm und Drang hat seither zu wachsender Unvernunft geführt, und es wird dringend, dass wir das Steuer herumreißen. Dazu braucht es eine »Große Transformation«, zunächst des Bewusstseins, und hier ist eine entscheidende Frage, was wir als Eltern unseren Kindern mit auf den Weg geben – ganz im Sinne von Carsons posthum erschienenem Buch *The Sense of Wonder* – und sie davor bewahren können, gänzlich in elektronischen Wunderländern zu versinken. Rachel Carson und ihre ökologische Philosophie und Ethik sind aktueller denn je. Mögen sie uns ein Leitstern sein!

Dieter Steiner, Februar 2014

Anmerkung: Auf meiner Website (www.humanecology.ch) finden sich Zusatzinformationen: Eine Zusammenstellung von Reaktionen auf *Silent Spring* außerhalb der USA, einen ausführlicheren Epilog, einen Exkurs über das Pennsylvania College for Women in den 1920er Jahren, eine Tabelle mit den deutschen, englischen und lateinischen Namen der im Buch vorkommenden Organismen, Informationen zu den in ihm erwähnten Chemikalien und Fotos von einer Reise auf den Spuren von Rachel Carson.

# Prolog

> »Der Zauber der Chemie beschert uns eine buntfarbige Welt, die Heilung vieler Krankheiten, neue Werkstoffe als Grundlage moderner Technologien und häufig Nahrungsüberschüsse. Der Zauber der Chemie beschert uns als Kehrseite der Medaille unübersehbare Risiken bei der Produktion, bei der Lagerung, beim Transport und beim Verbrauch von Chemikalien. Zweifellos ist die Chemie an der akuten sowie chronischen Umweltverseuchung beteiligt, die langfristig zu einer Gefährdung unseres Lebensraumes führt. Das Leben mit der Chemie ist also voller Widersprüche.« (Heini Ringger 1987)

## Wahrnehmung und Ausblendung

Herbst 1962. Die meisten, die diese Zeit erlebt haben, erinnern sich wahrscheinlich an die Kuba-Krise. Die Welt stand auf der Schwelle zu einem Atomkrieg zwischen den USA und der Sowjetunion. Das war die Bedrohung, die uns damals beschäftigte. Es gab aber gleichzeitig noch ein anderes herausragendes Ereignis, das auf eine Gefahr ganz anderer Art hinwies: Die Veröffentlichung des Buches *Silent Spring* (deutsch: *Der stumme Frühling*) der amerikanischen Biologin Rachel Carson. Diese stellte darin als Resultat vierjähriger minutiöser Recherchierarbeit die Praktiken der großflächigen chemischen Bekämpfung von Schadinsekten und Unkräutern in den USA dar und prangerte deren verheerende Folgen für die Tier- und Pflanzenwelt an. Das Buch produzierte einen großen Aufruhr und eine hitzige Debatte zwischen jenen, die sich um den Zustand der Umwelt Sorgen machten, und jenen, die den Einsatz von Chemie lobten, entweder weil sie von ihm als einem technischen Fortschritt ehrlich überzeugt waren oder aber weil sich damit gutes Geld verdienen ließ. *Silent Spring* wurde rasch zum Bestseller und mehrmals ausgezeichnet. William O. Douglas, Richter am Obersten Gerichtshof und gleichzeitig Naturschriftsteller, nannte es »das revolutionärste Buch seit *Onkel Toms Hütte*« (Lear 2009, 419).

Von diesem Sturm bekam ich damals nichts mit, und das ist umso erstaunlicher, als ich am 1. Januar 1963 mit meiner Familie in die USA reiste, um am Department of Geography der University of Chicago eine Stelle als »Instructor« anzutreten. Da war der Schlagabtausch zwischen den beiden Lagern noch für eine ganze Weile in vollem Gange und hielt die Medien in Atem. Meine einzige Entschuldigung ist die, dass meine Orientierung zu jener Zeit eine völlig andere war und sich auch durch Eingleisigkeit auszeichnete, so wie es sich für jemanden, der eine akademische Karriere ansteuern will, auch geziemt – um es etwas maliziös auszudrücken.

Dass es so etwas wie ernsthafte Umweltprobleme geben könnte, war für mich damals noch jenseits meines Vorstellungsvermögens. Dabei hätte mich das Stichwort »Chemie« daran erinnern können, dass ich selbst dieser Sparte des menschlichen Wissens und Tuns gegenüber aus diffusen Gründen seit Jahren ein Missbehagen empfand, und dieses hätte mit dem nun vorliegenden wirklichen Grund eine Rechtfertigung erfahren können. Aber vermutlich blendete ich das einfach aus; darüber hinwegzusehen war nicht schwer, wenn man, wie ich damals, vom universitären Rechenzentrum mit 24-Stunden-Betrieb total fasziniert war. Ich brachte mir das Programmieren bei und arbeitete mich in die Methoden der multivariaten Statistik ein, und dies sollte in der Folge für viele Jahre zu meiner Hauptbeschäftigung werden. Das Potenzial, das sich hier für die geographische Forschung auftat, schien gewaltig, und ich fand meine Vermutung, die USA seien die fortschrittlichste Nation der Erde, voll bestätigt. Wenn man jung ist, darf man auch noch ein bisschen naiv sein. Und das ist ja auch gut so, sofern es dann nicht für immer dabei bleibt.

Heute aber habe ich den Eindruck, ich hätte damals etwas Grundlegendes verpasst und müsse nun für meine Unaufmerksamkeit spät noch eine gewisse Schuld abtragen. Dieses Gefühl war für mich eine wichtige Motivation, das vorliegende Buch zu schreiben.

## Explosive Mischung

Im Gymnasium war Chemie das Fach gewesen, in dem es ab und zu stank und krachte, und das konnte man ja noch unterhaltsam finden, aber hinter den chemischen Formeln schien sich mir schon damals irgendwie Diabolisches zu verbergen. Als der Lehrer uns erklärte, dass die Stoffe, die in den Erdbeeren den Erdbeergeschmack, in den Pfirsichen den Pfirsichgeschmack usw. erzeugten, synthetisch hergestellt werden könnten, fragte ich mich, wieso man das tun würde, wenn das doch die Natur bereits anbot. Nach der Matura entschloss ich mich für ein Hochschulstudium, war mir aber nicht im Klaren darüber, welcher Art es sein sollte. So stellte ich eine Liste der universitären Disziplinen her und versuchte mir der Reihe nach bei jeder auszumalen, um was es bei ihr gehen würde. Danach begann ich in absteigender Reihenfolge der negativen Reaktionen, die in mir hervorgerufen wurden, Fach um Fach zu streichen. Zuerst verschwand die Chemie aus der Auswahl.

Während meiner Studienzeit war ich knapp an Geld und somit immer darauf aus, mit Gelegenheitsarbeiten ein bisschen etwas zu verdienen. So hatte ich einmal für ein paar Wochen eine Stellvertretung an einer Schule, und der Zufall wollte es, dass in einer der Klassen im Naturkunde-Unterricht gerade ein Pensum Chemie an der Reihe war. Ich dachte, wenn schon Chemie, dann doch richtig, und begann mir zu überlegen, wie ich mit ein paar tollen Experimenten Eindruck schinden könnte. Die im Lehrerbuch aufgeführten Versuche schienen mir in dieser Hinsicht zu zahm zu sein, so dass ich beschloss, selbst etwas erfinderisch tätig zu werden. Es kam so, wie es kommen musste: Ein großer Glasbehälter explodierte, die Splitter lagen danach bis in die hintersten Ecken des Schulzimmers verstreut. Immerhin war ich intelligent genug gewesen, nicht gleich vor der Klasse zu experimentieren, sondern meine Idee im leeren Schulzimmer zu testen. Somit hätte ich das einzige Opfer sein können, aber ich hatte das unverdiente Glück des Dummen und trug nicht die geringste Schramme davon. Aber aus allen Ecken des Schulhauses kamen Leute angerannt, um zu sehen, was da vor sich ging, und ich hatte einige Schwierigkeiten, eine passende Erklärung abzugeben. Mir aber blieb ein Heidenrespekt vor der Chemie, die mir als Antwort auf meine Unvorsicht ihr zerstörerisches Potenzial gezeigt hatte.

## Eine banale Asymmetrie

Während vieler Jahre lebte ich dann ohne irgendeine bewusste Konfrontation mit der Chemie. Eines Tages aber, im Herbst 1995, sah mich eine Bekannte kritisch an und fragte mich, ob ich rechts eine geschwollene Wange hätte. Ich schüttelte den Kopf und schenkte diesem Zwischenfall zunächst keine Beachtung, aber im Laufe des Winters entdeckte ich, dass ich tatsächlich eine Schwellung hatte, nicht sehr auffällig, aber durch Abtasten doch deutlich fühlbar. Noch dachte ich an nichts Schlimmes – das Ding war schließlich auch gar nicht schmerzhaft –, und meinte, es müsste dafür sicher eine Erklärung geben, etwa eine Entzündung im Kiefer oder der Speicheldrüse. Jedenfalls hatte ich es vorerst nicht eilig, ärztlichen Rat einzuholen. Als ich das dann doch die ORL-Klinik des Universitätsspitals aufsuchte, wurde ich mit dem Befund »Banale Gesichtsasymmetrie« als Hypochonder abgewimmelt. Der zuständige Oberarzt meinte: »Diese Asymmetrie haben Sie sicher schon immer gehabt! Schauen Sie nur ältere Fotos von Ihnen an, dann werden Sie sehen, dass das stimmt!«

Nach weiteren Umwegen landete ich schließlich in der Praxis eines Kieferchirurgen, der eine Biopsie durchführte. Die Diagnose drei Tage später: Bösartiger Tumor vom Typ Non-Hodgkin-Lymphom. Der Arzt sagte, er hätte mich bereits vorsorglich bei einem der besten Onkologen in der Stadt angemeldet. Er hatte nicht zu viel behauptet, ich kam in sehr gute Hände, und diese verordneten mir eine Chemotherapie. Deren Notwendigkeit wurde mir von einer zweiten Meinung, die ich im Bereich der Komplementärmedizin einholte, bestätigt. Aber, so sagte man mir, ich könne begleitend das Mistelextrakt Iscador spritzen, dieses unterstütze das Immunsystem, das bei der Chemotherapie Schaden leide. Ich brachte dann vier Runden der chemischen Behandlung hinter mich, und das war für mich mit meiner gespaltenen Beziehung zur Chemie eine enorme Herausforderung. Übelkeit, Schlaflosigkeit, Haarausfall, totale Verstopfung, das alles ging ja noch, aber das Gefühl, der Körper werde in eine Art chemische Fabrik verwandelt, war hart. Aber da ich auf handfeste Weise lernte, dass die Chemie auch eine segensreiche Seite haben kann, musste ich mich mit ihr versöhnen. In einem Traum sah ich den Tumor als Ballon vor mir, der plötzlich sein Gas verlor und zu einem Nichts zusammenschrumpfte. Und tatsächlich: Er verschwand auch in Wirklichkeit.

## Zwiespältigkeit

Das ist aber noch nicht ganz das Ende dieser Geschichte. Natürlich fragte ich mich, welche Ursache es für meine Krebserkrankung geben könnte, insbesondere auch, weil alle Ärzte übereinstimmend sagten, die Wange sei ein absolut atypischer Ort für diese Tumorart, das hätten sie noch nie gesehen. Ich fragte mich, ob mein jahrelanges Arbeiten vor strahlenden Computerbildschirmen hier eine Rolle gespielt haben könnte, aber Experten schüttelten den Kopf: Zwar wisse man um die teilweise sehr schlechte Qualität früherer Bildschirme, aber heutzutage könne das kein Problem mehr sein, sonst müsste es ja eine ganze Menge von Erkrankungen geben – inzwischen arbeiten wir ja auch mit nicht-strahlenden Bildschirmen.

Was sonst kam dann in Frage? Nun, ich hatte schon Verschiedenes gelesen über psychische Faktoren, die sich angeblich via Beeinträchtigung des Immunsystems krebsauslösend auswirken können (z.B. LeShan 1982). Kollegen an der ETH, mit denen ich darüber sprach, lachten mich aus: Wo denkst du hin? Das ist doch einfach Zufall, die einen erwischt es, die anderen nicht. Wenn aber vielleicht doch nicht Zufall, hatte ich denn überhaupt psychische Probleme, die als Auslöser in Frage kamen? Nun ja, in den letzten Jahren hatte ich angesichts der Scheußlichkeiten, die auf der Erde geschehen, vermehrt im Gefühl gelebt, ich sei auf dem falschen Planeten zur Welt gekommen, aber in eine fatalistische Depression war ich deswegen nicht versunken. So versuchte ich mich mit meinem Krebs zu unterhalten und ihm beizubringen, dass das mit dem falschen Planeten nicht so gemeint gewesen sei, und freundlicherweise nahm er das dann ja auch zur Kenntnis.

Es schien sinnlos, sich weitere Gedanken zu einer Ursachenforschung zu machen. Also legte ich das Thema *ad acta*, bis ich zufällig auf einen Artikel von Anne Platt McGinn (2000, 90) über synthetische Chemikalien stieß. Darin war von den sich mehrenden Anzeichen die Rede, dass Menschen, die Pestiziden bei der Arbeit oder bei Unfällen ausgesetzt sind oder waren, eine höhere Rate von Immunsystem-Krebsarten, darunter Non-Hodgkin-Lymphomen aufweisen. Da fiel es mir plötzlich wie Schuppen von den Augen: Ein paar Jahre vor Ausbruch der Krankheit lebten meine Frau, Mariann, und ich vorübergehend auf dem Lande, an einem etwas abgelegenen Ort. Wenn ich zur Arbeit ging, fuhr ich jeweils mit dem Fahrrad zum nächsten Bahnhof. Eines Morgens im Sommer 1992 war in der Wiese neben der Straße unser Nachbar, ein Landwirt, damit beschäftigt, seine Apfelbäume zu spritzen. Als ich daran vorbei fuhr, trieb ein Windstoß mir einen vollen Schwall des Sprühregens in die rechte Gesichtshälfte. Ich hustete, rang nach Atem, und mein rechtes Auge brannte. Ich hätte vermutlich sofort nach Hause zurückkehren und mich duschen müssen, aber damals wusste ich kaum etwas über Pestizide und fuhr wacker weiter. Natürlich habe ich keinen Beweis, dass dies wirklich die auslösende Ursache war, und von Ärzten höre ich auch, eine Krebserkrankung nach einer bloß einmaligen Exposition sei sehr unwahrscheinlich. Aber wie zuverlässig ist das bisherige Wissen? Auffallend war, dass ich vom Herbst 1992 an, noch bevor der Tumor zu wachsen begann, Probleme mit meinem rechten Auge bekam: Es war immer wieder irritiert und tränte.

Letztlich kann ich nicht wissen, was effektiv der Fall war, und ich muss es auch nicht wissen. Aber die mögliche Zwiespältigkeit, dass ich von Chemie zuerst geschädigt und von weiterer Chemie dann wieder geheilt wurde, ist eine für unsere Zivilisation bezeichnende Situation.

# 1 Junge Begeisterung für Leben und Literatur

## Rachel Carson wächst in einer ländlichen, aber industriell bedrängten Gegend auf, freut sich unter Anleitung der Mutter an der Natur und macht erste kindliche Schreibversuche

> »Ich kann mich nicht erinnern, jemals etwas anderes angenommen zu haben, als dass ich eine Schriftstellerin werden würde. Das trifft sogar auf die frühe Kindheit zu. ... Ich kann mich auch an keine Zeit erinnern, in der ich nicht am Leben im Freien und an der ganzen Welt der Natur interessiert gewesen wäre. Diese Interessen, das ist mir klar, erbte ich von meiner Mutter, und ich habe sie immer mit ihr geteilt.« (Rachel Carson 1998t, 148)

Rachel Louise Carson kam am 27. Mai 1907 in Springdale, Pennsylvania, einem etwa 25 Kilometer nordöstlich von Pittsburgh gelegenen Ort am Allegheny-Fluss zur Welt. »Unsere liebe kleine Rachel Louise kam zu uns am Montag Morgen ... um halb zwei. Sie war ein liebes, molliges, kleines, blauäugiges Baby, wog neun Pfund und maß 21 Zoll. Alle waren sich einig, dass sie ein ungewöhnlich hübsches Kind war. Sie hatte ein herziges Lächeln bevor sie zwei Wochen alt war.« So steht es in einer Notiz ihrer Mutter (Carson 1907). Rachel war eine Nachzüglerin; eine Schwester, Marian Frazier, zehn, und ein Bruder, Robert McLean, acht Jahre alt, waren schon da.

Abb. 1-1: Baby Rachel mit Bruder Robert und Schwester Marian. Quelle: Rachel Carson Collection, College Archives, Chatham University, Pittsburgh, PA.

## 1.1 Mit dem »Fortschritt« gehen oder sich der Natur zuwenden?

### Ein aufstrebender Ort

Die Familie hatte sich 1900 auf einem 26 Hektar großen Grundstück niedergelassen. Es war eine auf einem Hügel gelegene ehemalige Farm, die der Vater mit einer Bankhypothek von 11 000 Dollar gekauft hatte, nicht weil er Landwirtschaft treiben wollte, sondern zu Spekulationszwecken. Die Industrialisierung der Gegend war in vollem Gange: »Es war ein Reich des Kohlenbergbaus, der Eisenverhüttung und der Stahlproduktion; der Herstellung von Glas, Farben, Aluminium und Chemiewaren; des Güterverkehrs auf dem Wasser und auf der Schiene, der endlos Rohmaterialien herbei- und ebenso endlos fertige Produkte weg führte« (Sterling 1970, 5). Pittsburgh, eine Hochburg dieser Entwicklung, hatte sich bereits den Übernamen »Smoky City« verdient. In Springdale war die lokale Leimfabrik ein Stein des Anstoßes. »Von ihrem Schlafzimmer-Fenster aus konnte sie [Rachel] aus den Kaminen der American Glue Factory, wo Pferde geschlachtet wurden, Rauchschwaden aufsteigen sehen.« Der schreckliche Gestank, der von dieser Fabrik verbreitet wurde, »war so stark, dass er zusammen mit den Moskitos ... die 1200 Einwohner von Springdale davon abhielt, am Abend auf ihren Verandas zu sitzen« (Griswold 2012).

Die Bevölkerung Pittsburghs war in rasantem Wachstum begriffen – in nur 20 Jahren, von 1880 bis 1900, hatte sie sich von 160 000 auf 320 000 verdoppelt. Es durfte damit gerechnet werden, dass auch in Springdale ein wirtschaftlicher Boom bevorstand, der Zuwanderer anlocken würde, speziell auch Leute, die Pittsburgh entfliehen wollten. Dementsprechend erwartete der Vater, in absehbarer Zeit das Land in Parzellen aufteilen und gewinnträchtig verkaufen zu können. Aber er machte seine Rechnung ohne den Wirt; zwar sollte in der Tat die Einwohnerzahl in den nächsten zehn Jahren auf das Doppelte ansteigen, aber gleichzeitig traten Wirtschaftskrisen und Epidemien auf. »Der Fortschritt, der sich so rasch vorwärts bewegte, dass er sich selbst ein Bein stellte, stolperte in Perioden von Wirtschaftsdepressionen hinein, 1907, 1913 und in den Jahren unmittelbar nach dem Ersten Weltkrieg. Auch die Epidemien von Kinderlähmung 1916 und von Grippe 1918 und 1920 versetzten die Menschen nicht in die Stimmung, Bauparzellen zu erwerben. Schlimmer noch, die hart umkämpften Streiks, die durch die Eisenbahn-, Stahl- und Kohleindustrie des Allegheny-Tales wehten, sorgten für äußerst ungesundes Wetter für den Liegenschaftenhandel« (Sterling 1970, 31).

Das Haus, in dem die Carsons lebten, war klein, verfügte über zwei Stockwerke und seine Außenwände waren mit Stülpschalungen versehen. Es enthielt vier Zimmer, zwei unten, eines auf jeder Seite des zentralen Treppenhauses, und zwei oben. Die Küche war nicht innerhalb des Hauses gelegen, sondern in einem kleinen Anbau auf der Hinterseite. Eine Zentralheizung gab es nicht; an kalten Tagen versammelte sich die Familie vor dem Cheminée oder einem Kohleofen. Ebenso fehlten auch sanitäre Einrichtungen; das Wasser musste von einer 15 Meter entfernten Quelle geholt werden, wo auch ein »Springhouse« stand, eine

Abb. 1-2: Geburtshaus von Rachel Carson in Springdale, Pennsylvania. Der Teil rechts vom rechten Kamin wurde später angebaut. Der alte Teil links enthält die im Text genannten vier Zimmer mit dem zentralen Treppenhaus. Foto: D.S., 15.9.2013.

über der Quelle errichtete kleine einräumige Hütte, in der Milch, Fleisch usw. kühl gehalten werden konnten. Früchte und Gemüse wurden in einem nur über eine Außentreppe erreichbaren Keller aufbewahrt, Produkte, die aus dem großen, von der Mutter unterhaltenen Gemüsegarten und aus dem Obstgarten stammten. Der letztere war mit rund 40 Apfel- und Birnbäumen die große Attraktion auf dem Grundstück, und im »Carson's Grove«, wie er genannt wurde, vergnügten sich auch häufig Leute aus der Nachbarschaft. »Der Obstgarten war der Ort vieler heimlicher Picknicks von Liebespaaren und festlicher Zusammenkünfte von Dorfleuten« (Lear 2009, 12). Neben dem Haus standen verschiedene Nebengebäude, eine Scheune, ein Stall, ein Hühnerhaus und zwei »Outhouses«, Plumpsklos.

Der »Vater war der Meinung, er sollte etwas Vieh auf seinem Land haben, unabhängig davon, ob er es nun bewirtschaftete oder nicht: eine Kuh, die Milch gab, Schweine zum Schlachten und zur Aufbewahrung des Fleisches in der Räucherkammer, Hühner wegen der Eier und für sonntägliche Mahlzeiten, Kaninchen für keinen bestimmten Zweck. Natürlich war auch immer ein Pferd da,« das einen Wagen ziehen konnte (Sterling 1970, 7).

## Mutter und Vater

Rachels Mutter, Maria Frazier, geboren 1869 in Cleveland, Ohio, war die jüngere Tochter eines presbyterianischen Pfarrers namens Daniel M.B. McLean und seiner Frau Rachel, geborene Andrews. Als sie elf Jahre alt war, starb der Vater, erst 40-jährig, an Tuberkulose, worauf die Mutter mit ihr und der zwei Jahre älteren Ida zurück in ihren Geburtsort Washington, Pennsylvania, zog. Ihre zwei Töchter sollten eine gute Schulbildung erhalten, und so schrieb sie dieselben am Washington Female Seminary, einem elitären christlichen Mädchenpensionat ein. »Beide McLean-Töchter waren mit ihrer im Unterricht an den Tag gelegten intellektuellen Neugier eine Verheißung, und sie schlossen die Schule wohl vorbereitet für bürgerliche Verantwortung und christliche Mutterschaft ab« (Lear 2009, 10). Maria tat dies 1887 mit einer Ehrenmeldung; anschließend wurde sie Lehrerin. Sie war musikalisch begabt, spielte Klavier – sie erteilte auch Stunden – und sang Solo im Washington Quintette Club.

Abb. 1-3: Mutter Maria Carson mit ihren Kindern Marian, Rachel und Robert um 1910. Quelle: Rachel Carson Papers, Yale Collection of American Literature, Beinecke Rare Book and Manuscript Library, Yale University, New Haven, CT.

Im Winter 1893 fand im nahe gelegenen Canonsburg ein Chorgesangs-Treffen statt, an dem der Quintette Club teilnahm. Maria lernte dabei Robert Warden Carson kennen, der in einem Männer-Quartett aus Allegheny City – damals ein nördlicher Vorort von Pittsburgh – mittat. Er war ein etwas scheuer Jüngling, schien aber reifer als die jungen Männer, die Maria sonst kannte. Und er sah gut aus – »er protzte mit einem dichten, weit ausladenden Grenadiers-Schnurrbart, den er in perfekte scharfe Spitzen wichste« (Lear 2009, 9). Robert war 1864 als ältestes Kind von James und Ellen Carson zur Welt gekommen. Die Eltern stammten aus Irland und waren ebenfalls Mitglieder der presbyterianischen Kirche. Der Vater unterhielt eine gut gehende Schreinerwerkstatt, und das Paar hatte später noch fünf weitere Kinder.

In der Folge warb Robert um Maria, und obschon er aus einer bildungsferneren Bevölkerungsschicht stammte – »Marias verwitwete Mutter, Rachel Andrews McLean, war vermutlich nicht begeistert über die Partie« (Lear 2009, 9) –, heirateten die beiden schon ein Jahr später im Juni 1894. Diese Verbindung hatte auch zur Folge, dass Maria ihre Lehrerinnen-Stelle quittieren musste, denn zu jener Zeit war es verheirateten Frauen in Pennsylvania nicht erlaubt zu arbeiten. Das war insofern einschneidend, als Robert kein Glück mit seinen Beschäftigungen hatte und es nie zu anständig bezahlter Arbeit brachte, weder in Canonsburg, wo das Paar zuerst lebte, noch später in Springdale. Vielleicht gab er sich in dieser Hinsicht, nachdem er dort Land erworben hatte, sowieso nicht besondere Mühe, weil er immer an seine Chance glaubte, mit dessen Verkauf gutes Geld machen zu können. Als Rachel geboren wurde, arbeitete der Vater als Vertreter einer Versicherungsfirma – der Mercantile Company, einer Tochterfirma der Great American Insurance Company – auf Kommissionsbasis, was ein nicht nur bloß sporadisches Einkommen bedeutete, sondern auch seine häufige Abwesenheit von zuhause bedingte. Später war er als Elektriker für eine Bergbaugesellschaft, dann für eine Elektrizitätsfirma tätig, aber sein Lohn blieb immer niedrig, so sehr, dass für die Familie finanzielle Sorgen immer zur Tagesordnung gehörten. »Die Carsons waren häufig nicht einmal mit bescheidenen Mitteln versehen, sondern wirklich arm« (Lear 2009, 13).

Insgesamt war der Vater ein freundlicher, aber schwer fassbarer, blasser Mensch. »Man respektierte ihn im ganzen Dorf als ein Mann mit würdevoller Haltung, der immer, selbst an Werktagen, weiße Hemden trug – ein stiller Mann, aber einer, der auch meinte, was er sagte. Viele Leute nahmen ihn als abgehoben wahr, aber anderen ... schien er ein zugänglicher Mann zu sein. Als Geschäftsmann aber fehlte Robert W. Carson ganz klar der ›killer instinct‹« (Sterling 1970, 32). So hatte er etwa für die Früchte in seinem Baumgarten ein Selbstpflückangebot, aber er getraute sich nicht, mehr als 50 Cents für ein Bushel (immerhin knapp 20 Kilogramm!) Äpfel zu verlangen. Und als einmal Früchte gestohlen wurden, konnte er sich gegenüber den Tätern zu nicht mehr als einer Schelte aufraffen, weniger des Verlustes wegen, sondern weil das Schleudern von Knüppeln zum Schütteln der Äste den Bäumen Schaden zugefügt hatte. Ähnlich zwiespältig, freundlich, aber wirkungslos, war seine Haltung im Kreis der Familie: »Robert Carson war ein gütiger, aber nahezu bedeutungsloser Elternteil« (Lear 2009, 13). Entsprechend spielte der Vater mit wenigen Ausnahmen praktisch auch keine Rolle in Rachels Leben.

## Ehrfurcht vor einer Natur auf dem Rückzug

Ganz anders die Mutter. Sie war nach dem frühen Tod ihres Vaters in einem Haushalt aufgewachsen, in dem sie zu Selbständigkeit und dem Tragen von Verantwortung erzogen worden war. Nun kümmerte sie sich um ihre eigenen Kinder auf ähnliche Weise mit starker, aber liebevoller Hand, organisierte deren soziale Aktivitäten und verschaffte ihnen Möglichkeiten außerschulischer Weiterbildung. Dazu gehörte vor allem die Naturbeobachtung, die auch von der Schule aus gefördert wurde – die Kinder brachten Lesebücher nach Hause, in denen Lektionen beschrieben waren, denen die Eltern mit ihren Sprösslingen folgen konnten. Entsprechend war Maria Carson, wann immer das Wetter es erlaubte, mit ihren Kindern im Freien, wo sie ihnen Wissen über Quellen, Blumen, Vögel und Insekten weitergab und Ehrfurcht lehrte vor einer Welt, die wir mit anderen Kreaturen teilen. Waren die Kleinen allein draußen im Wald gewesen und kamen mit irgendwelchen »Schätzen« nach Hause, bestand die Mutter darauf, dass sie diese wieder an den Fundort zurückbrachten. Sie selbst tötete im Haus gefundene Insekten nie, sondern trug sie hinaus und ließ sie frei.

Es war aber eine Zeit, in der die Natur durch den sich ausdehnenden Zugriff des Menschen auf das Land systematisch verdrängt wurde. »Die Bären, Fischotter, Biber, Marder, Wildkatzen und auch die Hirsche, die sich gelegentlich problemlos mit den Kühen der Siedler vermischt hatten, waren verschwunden. Dasselbe galt für die ›Wolken von Eulen‹ und die Scharen von Truthühnern, die fast zu fett zum Fliegen waren. … Von dem, was der Fluss, das Land und die Tierwelt einst gewesen waren, blieben nur noch Schatten. …« (Sterling 1970, 5). Trotzdem, verglichen mit der Land fressenden Entwicklung flussabwärts war die Nachbarschaft von Springdale noch relativ unverdorben; auf dem großen Carson-Grundstück selbst und darüber hinaus gab es noch wenig berührte Wiesen und Wälder.

Abb. 1-4: Die ungefähr fünf Jahre alte Rachel mit Blumen. Quelle: Linda Lear Collection of Rachel Carson Books and Papers, Connecticut College, New London, CT.

Auf alle Fälle wurde Rachel von den Exkursionen ins Freie in besonderem Masse geprägt, denn als sie gehen konnte, waren ihre älteren Geschwister tagsüber in der Schule, und sie somit mit ihrer Mutter allein unterwegs. Diese lehrte sie, es sei nicht wichtig, sich die Namen der beobachteten Vögel, Pflanzen oder Insekten zu merken, jedenfalls nicht im ersten Anlauf. Sie meinte, »wenn du Geschöpfe in ihrem Lebensumfeld siehst, … schau ihnen zu, wie sie ihr Leben gestalten. Erst dann bekommen Namen eine Bedeutung« (Levine 2007, 16). Einmal brachten die beiden kleine Wanderdrosseln, deren Nest zerstört worden war, nach Hause und zogen sie auf, bis sie fliegen konnten. »So der natürlichen Welt Fürsorge angedeihen zu lassen, hatte eine spirituelle Dimension, die zumindest die jüngste Tochter verinnerlichte und zu ihrer lebenslangen praktischen Begleiterin machte« (Lear 2009, 15).

In einem rückblickenden Vortrag mit dem Titel »The Real World Around Us«, den Rachel Carson 1954 für Theta Sigma Phi hielt, die nationale Vereinigung für journalistisch tätige Frauen (vgl. p. 182 f.), schilderte sie, wie sie als Kind sich immer am glücklichsten in der freien Natur im Beisein von anderen Lebewesen gefühlt hatte. »Ich … verbrachte einen großen Teil meiner Zeit im Wald und an Bächen und machte mit den Vögeln und den Insekten und den Blumen Bekanntschaft« (Carson 1998t, 148, s. auch Eingangszitat). Diese Haltung drückte sich auch in einem kleinen, zehnseitigen »Buch« aus, das sie in zartem

Alter, vermutlich mit Hilfe der Mutter, mit Zeichnungen von einer Maus, einem Fisch, einem Frosch, einem Hund, einer Katze, einer Ente, einem Kaninchen, einem Vogel, einem rätselhaften Mr. Lee und einem Huhn und passenden reimenden Zweizeilern füllte und ihrem Vater widmete: »This little book I'✓e made for you my dear, I'll hope you'll like the pictures well; the animals that you'll find in here – About them all – I'll tell« (Rachel Carson Papers, Beinecke Library, Yale University). Es ist das einzige bekannte Geschenk, das Robert Carson Senior von seiner jüngeren Tochter erhielt.

Auffallend ist, dass Rachel schon früh als Kind vom Meer träumte, ohne es je gesehen zu haben, und sich dessen Brandung vorzustellen versuchte. Die Legende zirkuliert, den Anstoß hätte ein Muschelfossil gegeben, das sie auf dem Carson-Grundstück fand und sich dann fragte, was es damit für eine Bewandtnis habe. Jedenfalls wurde, wie wir noch sehen werden, aus Carson eine engagierte Meeresbiologin, nachdem sie nach ihren Jahren am College zum ersten Mal an die Küste gekommen war.

Hinsichtlich des Umgangs mit der Natur war Rachels Bruder Robert für ein gewisses Kontrastprogramm verantwortlich, indem er ab und zu auf die Jagd ging. Wenn er mit einem Kaninchen heimkam, gab es von der weiblichen Sektion der Familie keinen Beifall. Die Mutter würde zwar die Beute ausnehmen und zubereiten, aber sie machte klar, dass sie dagegen war, Tiere zu schießen. Robert erinnerte sich später, dass Rachel ihn einmal fragte, warum er das tue, es wäre doch schöner, den Kaninchen einfach zuzuschauen. Mit der Zeit habe er sich dann, so berichtet Sterling (1970, 20), die gleiche Frage selbst gestellt und schließlich habe er sich geschämt, jemals auf die Kaninchenjagd gegangen zu sein. Das ist allerdings schwer zu glauben, so selbstgerecht wie sich Robert sonst gab.

## Wider die Entfremdung von der Natur

Das Interesse Maria Carsons für Naturkunde, mit dem sie auch ihre jüngere Tochter ansteckte, kam nicht von ungefähr. Es entsprach dem damaligen Zeitgeist in den USA, der sich in einer sehr aktiven Naturbeobachtungs-Bewegung (»nature study movement«) äußerte. Diese verfolgte nicht primär ein wissenschaftliches Ziel, sondern hatte das Bestreben, der jungen Generation, die immer mehr in städtischen Verhältnissen aufwuchs und der Gefahr der Entfremdung ausgesetzt war, die Natur als liebenswerte Mitwelt nahe zu bringen. Viele gebildete Frauen der Mittelklasse betätigten sich als Amateur-Naturforscherinnen, und es gab eine Reihe von Schriftstellerinnen, die gute Naturbücher schrieben.

Führend unter ihnen war die an Naturkunde interessierte Schriftstellerin und Erzieherin Anna Botsford Comstock (1854-1930). Sie stellte Material für die Schule zusammen – die oben erwähnten Lesebücher, die die Kinder mit nach Hause nehmen konnten, enthielten Comstock-Texte –, bildete Lehrer und Lehrerinnen aus und fasste ihre Erfahrungen und Empfehlungen in ihrem Werk *Handbook of Nature Study* (1911) zusammen. »Das Studium der Natur, so Comstock, würde die Fantasie des Kindes bilden, seine Wahrnehmung der Wahrheit, und seine

Fähigkeit, diese auszudrücken. Wichtiger noch, es würde ihm eine ›Liebe zum Schönen‹ einflößen, ein ›Gefühl für die Gemeinschaft mit den Mitgeschöpfen und eine bleibende Liebe der Natur‹« (Lear 2009, 14). Die Bewegung für die Naturbeobachtung entwickelte sich auf dem ideellen Hintergrund einer Naturtheologie, die annahm, dass sich in den natürlichen Vorgängen der göttliche Plan manifestiere. Entsprechend galt die Natur als heilig, ihr Studium als Quelle der moralischen Bildung und der Naturschutz als religiöse Verpflichtung.

Aus dieser Bewegung entstanden auch die Romane der Naturkundlerin Gene Stratton-Porter (1863-1924), die Rachel mit Leidenschaft verschlang. Ihr Lieblingsbuch war *Freckles* (1904), die Geschichte eines rothaarigen, sommersprossigen und infolge eines frühen Unfalls einhändigen Waisenjungen. Freckles haut aus dem Waisenheim in Chicago, in dem er aufgewachsen ist, ab und wird auf der Suche nach Arbeit vom Besitzer eines Sumpfwaldes angeheuert. Er muss täglich rund um den Wald herum patrouillieren, um Holzdiebe aufzuspüren und zu vertreiben. Zuerst jagt ihm die Wildnis Angst ein, aber allmählich gewöhnt er sich an sie, entwickelt ein aktives Interesse an ihr und ihren Lebewesen und erlabt sich an ihrer Schönheit. Er besteht eine Reihe von Abenteuern und verliebt sich in die Tochter seines Bosses, getraut sich aber seiner minderen Herkunft wegen nicht, um sie zu werben. Das ändert sich, als er entdeckt, dass er irischer adliger Abstammung ist, und alles löst sich in Minne auf!

Zu Rachels Lieblingsschriftstellern gehörten weiter Ernest Thompson Seton (1860-1946), Mitbegründer der amerikanischen Pfadfinderbewegung und Autor von Naturgeschichten, in denen meist Tiere die Hauptrolle spielen; Herman Melville (1819-1891), bekannt vor allem durch seinen Roman *Moby Dick* (1851), in dem ein Wal ein Fangschiff versenkt, und Robert Louis Stevenson (1850-1894), populär geworden durch seine Geschichte *Treasure Island* (1881-1882 in Fortsetzungen), in der es um die Suche nach einem vergrabenen Piratenschatz geht.

## 1.2 Im Abseits

### Eine gewisse Einsamkeit

Im Frühherbst 1913 verbrachte Rachel ihren ersten Tag in der Primarschule in Springdale. Obwohl sie diese in der Folge sehr liebte, hatte sie recht viele Absenzen. Der Grund war nicht der, dass sie selbst häufig krank war – der schlimmste Fall war einmal eine Scharlach-Erkrankung –, aber wenn sehr kaltes Wetter herrschte oder wenn eine Infektionskrankheit im Umlauf war, wollte die Mutter kein Risiko eingehen, behielt Rachel zuhause und unterrichtete sie selbst. Zum Beispiel war sie in der zweiten Klasse während der ersten drei Monate des Jahres 1914 nur 16 Tage in der Schule (Levine 2007, 20). In der Tat waren damals neben Scharlach noch Krankheiten wie Diphterie, Fleckfieber, Keuchhusten, Masern und Kinderlähmung nur beschränkt medizinisch behandelbar und entsprechend gefährlich; sie konnten zum Tod führen oder schlimme Spätfolgen nach sich ziehen. Das Fernbleiben tat Rachels schulischen

Leistungen aber keinen Abbruch. Sie hatte immer hervorragende Noten – Lear (2009, 21) denkt, wahrscheinlich sei der Unterricht der Mutter besser gewesen als der in der Schule!

Im Verein mit dem Umstand, dass Rachels Geschwister ziemlich viel älter waren, bedeutete dieser unregelmäßige, zum Teil nur sporadische Schulbesuch für Rachel eine gewisse soziale Isolation. Der Carson-Haushalt befand sich auch an der Peripherie von Springdale. Dazu kam, dass Rachel selbst nicht rasch Freundschaften schloss, und wollte ein Mädchen auf Besuch kommen, musste es sich dem kritisch prüfenden Auge der Mutter aussetzen und auf deren Wohlgefallen hoffen. Es gab zwei, drei Schulkameradinnen, die diese Hürde überwanden; eine war Irene Mills, die gelegentlich an Samstagen mit Pferd und Wagen zuhause abgeholt und später wieder zurück kutschiert wurde, eine andere Charlotte Fisher, die häufig an sonntäglichen Nachmittagen zu Tee und Keksen vorbeikam, weil sie gerne über das Carson-Land mit seinen Bäumen wanderte. Insgesamt galten die Carsons in der allgemeinen Wahrnehmung der Dorfbewohner als zurückgezogen lebend und wählerisch, und die Ironie des Schicksals ließ das Gerücht zirkulieren, dies sei so, weil sie im Geld schwämmen! (Sterling 1970, 34-35). Im Rückblick hätte Rachel offenbar eine etwas offenere Situation gewünscht, denn als sie später einmal in ihren Kindheits-Erinnerungen kramte, sagte sie: »Ich war ein ziemlich einsames Kind« (Carson 1998t, 148).

## Familiäres Chaos

Dass sich die Mutter derart intensiv um die kleine Rachel kümmern konnte, ist umso bemerkenswerter, als der Carson-Haushalt zu jener Zeit chaotische Züge anzunehmen drohte. Aber Maria hatte erkannt, wie Rachel im Gegensatz zu den beiden älteren Kindern äußerst talentiert war. Und sie hoffte, indem sie ihr Unterstützung angedeihen ließ, auch die Armseligkeit ihrer Ehe, in der es keine intellektuellen Herausforderungen gab, etwas kompensieren zu können. Was aber hatte es mit dem Chaos auf sich? Marian, die ältere Tochter, wollte früh selbständig werden, verließ die Schule nach der zehnten Klasse, suchte Arbeit und fand einen Job als Stenografin. Mit achtzehn verliebte sie sich in den Studenten Lee Frank Frampton, was im November 1915 zu einer überstürzten Heirat führte. Die beiden konnten sich keine separate Wohnung leisten, und so schliefen für eine Weile sechs Personen im kleinen Haus der Carsons. Schon im folgenden April suchte aber Lee das Weite und Zuflucht bei seiner Mutter. Verhaftet, erklärte er sich einverstanden, Marian eine wöchentliche Unterhaltssumme von vier Dollar zu zahlen, aber am Ende des Jahres verschwand er endgültig und ward nie wieder gesehen. Im Mai 1919 wurde dann die Scheidung ausgesprochen. Marian konnte sich mit einer Buchhaltungsarbeit über Wasser halten und stürzte sich nur ein Jahr später ins nächste Ehe-Abenteuer mit dem Stenografen Burton P. Williams.

Auch Robert Junior gab die Schule frühzeitig auf. Er arbeitete vorübergehend in einer Radio-Reparaturwerkstatt und meldete sich, nachdem die USA im April 1917 in den Krieg eingetreten waren, im darauf folgenden November als Freiwilliger für den Air Service

(Vorläufer der Air Force). Im Frühling 1918 kam er als Mitglied eines sogenannten »Air Park« zum Einsatz in Frankreich. Dies war eine Bodentruppe mit der Aufgabe, nahe der Frontlinie Flugzeuge zu warten (s. Maurer 1978). Im August 1919 wurde Robert entlassen und kam »ziemlich großspurig und eingebildet« nach Hause, wo er eine Anstellung in einer Reparaturwerkstatt für Elektrogeräte fand und wieder im Heim der Carsons wohnte. Bei den jungen Frauen allseitig beliebt, stürzte er sich in ein unbekümmertes soziales Leben, das gelegentlich auch lasterhafte Züge aufwies. Ein ehemaliger Kumpel dieser Zeit erinnerte sich später an Robert als »den einzigen mir bekannten Mann, der seiner eigenen Mutter Hühner stehlen würde« (Lear 2009, 23).

Während dieser ganzen Zeit war die Familie in finanzieller Hinsicht immer auf der Kippe. Die Mutter nahm ihre alte Tätigkeit als Klavierlehrerin wieder auf, verdiente damit aber nur 50 Cents die Stunde. Der Vater seinerseits trat, um sein unregelmäßiges Einkommen als Versicherungsagent aufzubessern, eine Teilzeitanstellung beim 1919 in der Südost-Ecke von Springdale am Allegheny entstandenen Kohle-Kraftwerk der Firma West Penn Power an. Etwas später arbeiteten auch Robert Junior und Marian dort, was Levine (2007, 23) zur Bemerkung veranlasst: »West Penn Power war mit seinen Umweltverpestung speienden Kaminen zu jener Zeit die primäre Einkommensquelle für die Familie von Rachel Carson, der zukünftigen Umweltschützerin, die die Welt hinsichtlich der Gefahren der Umweltverschmutzung wortgewandt aufrütteln würde.« Damit nicht genug nistete sich zu jener Zeit flussabwärts am anderen Ende der Siedlung noch ein zweites, der Duquesne Light Company gehörendes Kraftwerk ein. Zusammen mit den Geruchsbelästigungen der schon älteren Leimfabrik (s. p. 16) hatte dies zur Folge, dass Rachels spätere Erinnerung an diese »neue Zeit« in Springdale die eines überaus schmutzigen Ortes war.

Ab 1921 bezog West Penn Power seine Kohle durch einen den Fluss unterquerenden Tunnel von ihrer Tochterfirma Allegheny Pittsburgh Coal Company, die auf der Allegheny-Südseite eine Mine betrieb. Es scheint aber, dass es auch auf der Nordseite unter Springdale ein Kohlevorkommen gab. Jedenfalls berichtet Sterling (1970, 33), eine Bergbaufirma habe Robert Carson Senior eine schöne Summe Geld für das Recht angeboten, einen Tunnel bis unter sein Grundstück vortreiben zu dürfen. Dieser aber lehnte ab, weil er immer noch darauf spekulierte, aus dem Verkauf seines Landes guten Gewinn schlagen zu können, und befürchtete, dieses würde bei einem unterirdischen Kohleabbau an Wert verlieren.

## 1.3 Eine junge Schriftstellerin

### Erwachende Fantasie

Rachel ließ sich durch die Wirren in der Familie nicht von der Verfolgung ihrer eigenen Interessen ablenken. Neben ihrer Begabung für die Naturbeobachtung machte sich bald auch ihr literarisches Talent bemerkbar. Auch daran war die Mutter nicht unschuldig. Sie pflegte mit ihren Kindern nicht nur die Naturbeobachtung, sondern las, sang und zeichnete mit ihnen, wenn sie nicht im Freien waren. Die Mutter war nimmermüde, aber eines Tages, so berichtet Sterling (1970, 22), übernahm sie sich offenbar, denn sie schlief beim Vorlesen von *Der letzte Mohikaner* mitten in einem Satz ein. Sie sagte noch: »... so nahe am Ufer wie möglich ...« und brach dann ab. In der Folge wurden diese Worte innerhalb der Familie zu einer humorvollen geflügelten Redewendung.

Während aber Marian und Robert später weder für die Natur, noch für Literatur und Musik großes Interesse aufbrachten, fand auch die kulturelle Dimension bei Rachel ihren nachhaltigen Niederschlag. Sie las viel, entdeckte ihre Freude an der eigenen sprachlichen Formulierung und begann mit Unterstützung der Mutter selbst zu schreiben. Im oben erwähnten rückblickenden Theta Sigma Phi-Vortrag (s. p. 20) redete Carson über ihre früh ohne einen bestimmten Anlass entstandene Ambition, Schriftstellerin zu werden. »Ich habe keine Ahnung warum. In der Familie gab es keine Schriftsteller oder Schriftstellerinnen. Von klein auf las ich eine Menge, und offenbar war mir klar, dass jemand die Bücher geschrieben hatte, und stellte mir dann vor, Geschichten zu erfinden müsste Spaß machen« (Carson 1998t, 148, s. auch Eingangszitat).

Und in der Tat begann Rachel selbst schon früh, sich eigene Erzählungen auszudenken. Sie war acht Jahre alt, als die sechs Zeilen umfassende Geschichte »The Little Brown House« entstand: »Es gab einmal zwei kleine Zaunkönige auf der Suche nach einer Unterkunft, in der sie einen Haushalt einrichten konnten. Auf einmal sahen sie ein herziges kleines braunes Haus mit einem grünen Dach. ›Schau, das ist genau, was wir brauchen‹, sagte Herr Zaunkönig zu Jenny« (Rachel Carson Papers, Beinecke Library, Yale University). Etwa ein Jahr später entstand »A Sleeping Rabbit« mit einer Zeichnung auf dem Titelblatt, die ein weißes Kaninchen zeigt, das mit geschlossenen Augen in einem Stuhl sitzt, neben sich auf einem Tischlein eine Kerze und das Buch »Peter Rabbit«. Sie liebte die Geschichte, in der Peter bei einem Raubzug auf ein Karottenfeld einen Schuh verliert. *The Tale of Peter Rabbit* war die erste, 1902 erstmals erschienene Erzählung der englischen Kinderbuchautorin Beatrix Potter (1866-1943). Diese schrieb noch viele weitere Erzählungen, über Eichhörnchen, Mäuse, Katzen, Schweine, Enten usw., und Rachel war begeistert von ihnen, insbesondere auch von den sie begleitenden Zeichnungen, die sie nachahmte. Sterling (1970, 22) denkt, diese Geschichten hätten Rachels Gefühle für Feld und Wald, die kleinen Wesen, zahme und wilde, die Teil ihrer persönlichen Welt waren, widergespiegelt.

Rachel verschlang auch die verschiedenen von der Mutter abonnierten Kindermagazine, schon bevor sie diese selbst lesen konnte. Ihr Lieblingsmagazin war das monatlich erscheinende *St. Nicholas,* das sie jeweils von Anfang bis Ende durchsah. Es kam seit 1873 bei Scribner's heraus, und nach seiner ersten Redakteurin, Mary Mapes Dodge (1831-1905), sollte es »ein Kinderspielplatz sein, auf dem sich die Kinder nicht nur vergnügen, sondern auch selbst Verantwortung übernehmen konnten« (Lear 2009, 18). Das bedeutete, dass das

Abb. 1-5: Zur Carson-Familie gehörte immer eine Kollektion von Hunden und Katzen. »Ich habe drei kleine Katzen, Topsy, Tabby und Grilda, und auch einen Hund namens Candy«, schrieb Rachel, als sie acht Jahre alt war. Quelle Foto: Rachel Carson Collection, College Archives, Chatham University, Pittsburgh, PA. Quelle Zitat: Rachel Carson Papers. Yale Collection of American Literature. Beinecke Rare Book and Manuscript Library, Yale University, New Haven, CT.

Magazin nicht nur Texte von bekannten zeitgenössischen Schriftstellern wie Mark Twain (1835-1910) und Schriftstellerinnen wie Louisa May Alcott (1832-1888) enthielt, sondern ab 1899 schreibenden und/oder zeichnenden Kindern in einer »St. Nicholas League« genannten Sektion ein Forum bot. Es wurden Wettbewerbe veranstaltet, bei denen ein erster Platz ein goldenes, ein zweiter Platz ein silbernes Abzeichen erhielt. Wer beide gewonnen hatte, wurde mit einer Ehrenmitgliedschaft und einem Geldpreis ausgezeichnet. Einige der jungen Gewinner wurden später auch zu berühmten Schriftstellern, so etwa William Faulkner (1897-1962), bekannt u.a. durch seinen Roman *Intruder in the Dust* (1948) und F. Scott Fitzgerald (1896-1940) mit *The Great Gatsby* (1925).

## Kriegsgeschichten

Rachel war elf Jahre alt, als im September 1918 ihr erstes Essay in dieser Zeitschrift erschien. Überraschenderweise hatte es nicht, wie man hätte erwarten können, mit Naturphänomenen zu tun, sondern stellte eine Kriegsgeschichte mit dem Titel »A Battle in the Clouds« dar. Sie war unter dem Einfluss eines Briefes ihres Bruders aus seinem Aktivdienst in Frankreich entstanden, in dem er über den tragischen Tod eines mutigen kanadischen Fluglehrers berichtete. In Rachels Erzählung stand:

»Eines Tages, als er [der Pilot] und einer seiner Kameraden in der Luft waren, kam plötzlich ein deutscher Flieger hinter einer Wolke hervor und attackierte sie. Die beiden Flugzeuge begannen aufeinander zu feuern. ... Eine Weile lang erhielt weder das eine noch das andere einen Treffer, aber dann ... wurde ein Teil eines Flügels der Maschine des kanadischen Piloten weggeschossen. Das Flugzeug schwankte, und er wusste, dass er sofort etwas unternehmen musste, wollte er nicht abstürzen. Er sah, dass es nur eines gab, das er tun konnte, und er tat es sofort. Er kroch auf den Flügel hinaus, Zoll für Zoll, bis er dessen Ende erreicht hatte. Dann hängte er sich daran und brachte mit seinem Gewicht das Flugzeug wieder ins Gleichgewicht. Die Deutschen sahen dies, aber sie waren voll Respekt und Bewunderung für die Kühnheit und den Mut des Fliegers und schossen nicht auf ihn, bis das Flugzeug sicher gelandet war« (Carson 1918).

Rachel verdiente sich mit dieser Erzählung eine silberne Auszeichnung. »Ich glaube nicht, dass irgendein Honorarscheck der letzten Jahre mir so viel Freude bereitet hat, wie die Ankündigung dieser Prämierung«, sagte sie später in ihrem Theta-Sigma-Phi-Vortrag (vgl. p. 182 f.), nachdem sie schon eine berühmte Schriftstellerin geworden war (Brooks 1989, 16). In der Folge konzentrierte sich Rachel weiterhin auf Kriegsthemen; ihre nächste Geschichte trug den Titel »A Young Hero« und handelte von einem amerikanischen Soldaten auf einsamem Posten, der eine deutsche Patrouille aufzuhalten versucht. Er wird dabei schwer verwundet und kann von seinen Kameraden im letzten Augenblick gerettet werden (Carson 1919a). Im Februar 1919 gewann Rachel mit »A Message to the Front« – eine Gruppe von einsamen französischen Soldaten auf einem Außenposten fasst mit der Nachricht, die USA habe in das Kriegsgeschehen eingegriffen, neuen Mut – das goldene Abzeichen (Carson 1919b). Damit wurde sie Ehrenmitglied und gewann mit einer weiteren Geschichte über den Seesieg von Admiral George Dewey (1837-1917) in der Bucht von Manila im spanisch-amerikanischen Krieg 1898 (»A Famous Sea-Fight«, Carson 1919c) einen Geldpreis von 10 Dollar – zu jener Zeit eine ansehnliche Summe.

Im Sommer 1921 schrieb sie ein Essay über das Magazin selbst, von dem die Redaktion fand, es könnte, statt einfach veröffentlicht zu werden, für die Werbung taugen. Sie zahlte einen Penny pro Wort, was eine Summe von drei Dollar ergab. Das war nun ein Lohn, nicht mehr ein Preis, was Rachel veranlasste, auf den Umschlag, der den Scheck enthielt, »first payment« zu schreiben und ihn als Souvenir aufzubewahren.

## Die Freizeit-Lieblingsbeschäftigung

1922, als Rachel 15 Jahre alt geworden war, sandte sie zum letzten Mal eine Erzählung an das *St. Nicholas*, und zwar für die Kategorie »My Favorite Recreation« (Carson 1922). Diese hatte nun mit dem Erleben der Natur zu tun. Es ist die Schilderung eines Tagesausflugs, auf dem Rachel mit ihrem Hund »Pal« auf der Suche nach Vogelnestern tief in den Wald eindringt. Sie folgt hier in voller Länge:

»Der Pfad lockte mich an diesem taufrischen Maimorgen, und es war unmöglich zu widerstehen. Die Sonne war vor knapp einer Stunde aufgegangen, als Pal und ich uns mit einer Picknick-Dose, einer Feldflasche, einem Notizbuch und einer Kamera für einen Tag unserer Lieblingsbeschäftigung auf den Weg machten. Der erfahrene Forstmann wird sagen, wir seien ›birds'nesting‹ gegangen – auf besterprobte Weise.

Bald machte unser Pfad einen Bogen in den tieferen Wald hinein. Er wand sich einen sanft geneigten Hügel hinauf, der einen Teppich von duftenden Kiefernadeln trug. Es war unsere eigene Entdeckung, von Pal und mir, und diese Tatsache durchschauerte uns mit einem Hochgefühl. Es war die Art von Ort, dessen majestätische Stille, die nur durch ein raschelndes Lüftchen und fernes Klingeln von Wasser unterbrochen wurde, Ehrfurcht einflößt.

Ganz in der Nähe hörten wir das fröhliche ›witchery, witchery‹ des Weidengelbkehlchens. Wir folgten ihm für eine halbe Stunde bis wir einen sonnigen Hang erreichten. Dort, in niedrigem Buschwerk, fanden wir das Nest, das vier edelsteinartige Eier enthielt. Zur Bestürzung der Besitzer kamen wir ganz nahe, da wir ein Foto machen wollten.

Abb. 1-6: Rachel mit einem Hund um 1917. Quelle: Rachel Carson Papers. Yale Collection of American Literature. Beinecke Rare Book and Manuscript Library, Yale University, New Haven, CT.

Zahlreiche Entdeckungen machten den Tag unvergesslich: Das Nest der Virginiawachtel, voll gepackt mit Eiern, die luftige Wiege des Baltimoretrupials , das Gerüst von Stecken, das der Kuckuck als Nest betrachtet, und das mit Flechten bedeckte Heim des Kolibris.

Spät am Nachmittag drang ein durchdringendes ›Teacher! Teacher! TEACHER!‹ an unsere Ohren. Ein Pieperwaldsänger! Eine sorgfältige Suche ließ uns sein Nest finden, ein kleiner runder Grasball, sicher versteckt am Boden.

Die Kühle der kommenden Nacht senkte sich herab. Die Walddrosseln trillerten ihre goldene Melodie. Die untergehende Sonne verwandelte den Himmel in ein Meer von Blau und Gold. Eine Abendammer sang ihr Schlaflied. Langsam wandten wir uns heimwärts, herrlich müde, herrlich glücklich!«

## 1.4 Schritte zur Horizonterweiterung

### Rachel als Mittagssonne

Die Schule in Springdale bot nur die zwei unteren Jahre eines High-School-Programms an, und so wechselten im Herbst 1921 die meisten Mitschülerinnen und Mitschüler Rachels an andere Institutionen. Sie aber ging weiterhin am Ort zur Schule, um Fahrkosten zu vermeiden. Danach beschlossen die Eltern aber, dass sie für die letzten zwei Jahre an die High School in Parnassus gehen sollte, einem Ort nahe New Kensington, etwa drei Kilometer weiter nordöstlich am Allegheny, der mit der Straßenbahn erreichbar war. Rachel trat dort in eine Klasse mit 28 Mädchen und 16 Knaben ein. Ihr Handicap war, dass sie bei vielen sozialen Anlässen außerhalb der Schulstunden nicht mittun konnte, weil sie immer schauen musste, dass sie die nicht häufig fahrende Straßenbahn nach Hause erwischte. Aber beim Sport, Basketball und Landhockey, konnte sie dabei sein, und es entwickelten sich auch Freundschaften. Rachel wurde auch bekannt als eine Schülerin, die eine humoristische Seite hatte: Sie fertigte von Klassengenossinnen und -genossen Skizzen an und schrieb Limericks über sie.

Einigen Lehrkräften fiel Rachel als nicht ganz gewöhnliches Mädchen auf. Typischerweise war dies in erster Linie im Englisch-Unterricht der Fall, wo sie mit ihren Aufsätzen punktete. Die Lehrerin – dies war noch an der Springdale High School – nahm diese häufig mit ins Kollegium, um sie vorzulesen. Sie tat das »nicht ihrer technischen Qualität wegen, sondern weil sie eine auffallende Tiefe von Denken und Fühlen aufwiesen« (Sterling 1970, 36).

Abb. 1-7: Rachel als Schülerin an der Parnassus Highschool in New Kensington, PA. Quelle: Rachel Carson Collection, College Archives, Chatham University, Pittsburgh, PA.

Für ihre Abschlussarbeit (»Senior Thesis«) wählte Rachel das Thema »Intellectual Dissipation«, zu deutsch etwa »die Vergeudung des Verstandes« (Carson 1925a). »Ein Charakteristikum unserer Zivilisation ist Verschwendung«, lautet der einleitende Satz. Wir verschleudern unsere natürlichen Ressourcen und geben uns gedankenlos dem Alltag hin. Wenn wir unseren unschätzbaren Verstand aber erwachen lassen, realisieren wir, dass wir die Natur schützen müssen. Mit dem Satz »Wir sehen uns als gebildete Menschen. Aber wahre Intelligenz geht tiefer als eine College-Bildung« wird klar, dass Rachel die Limiten einer bloßen Wissensvermittlung »von oben« sieht. Eine wahre Bildung hat drei Komponenten: Erstens den Kontakt zu den weisen Geistern aller Zeiten durch das Lesen von Büchern; zweitens Freundschaften, die zu den »heiligsten

Beziehungen« auf dieser Erde gehören und der gegenseitigen charakterlichen Verbesserung dienen, und drittens den Aufbau von mir selbst als einer geistigen Person, als dessen Resultat ich fraglos meine eigenen Gedanken entwickeln kann und nicht zum Sprachrohr von anderen werde. Dieser letzte Faktor ist der zentral wichtige, die beiden ersten bilden für ihn eine Basis. »›Intellectual Dissipation‹ war eine feierliche und etwas pedantische Abhandlung«, schreibt Lear (2009, 24).

Rachel hatte immer gute Noten gehabt, sie tendierte zum Perfektionismus und erhielt nun ihr Abgangszeugnis sogar als Klassenbeste. Die Redaktion des Schuljahrbuches schrieb für jede Absolventin, jeden Absolventen einen Vers. Derjenige für Rachel lautete (Lear 2009, 24):

»Rachel's like the mid-day sun
Always very bright
Never stops her studying
´til she gets it right.«

## Aufbruch

Die Eltern freuten sich ungemein – Rachel war ein eklatantes Gegenstück zu den beiden anderen Kindern, die ja beide die Highschool nicht beendet hatten. Wie aber sollte es weiter gehen? »Im Sommer 1925 war Rachel bereit für eine Welt mit weiterem Horizont als Springdale ihn bieten konnte« (Lear 2009, 25). Und auch für Mutter Maria war es klar, dass ihre Tochter studieren sollte, und dass dafür nur das Pennsylvania College for Women (PCW) in Pittsburgh in Frage kommen konnte. Es war christlich orientiert, hatte einen ausgezeichneten Ruf und war nur 25 Kilometer von Springdale entfernt. Aber es war auch teuer, die Kosten für das erste Jahr beliefen sich auf 200 Dollar Studiengeld, 525 Dollar für Kost und Logis, 10 Dollar Abgabe für den Gesundheitsdienst und weitere 10 Dollar Gebühr für Neueintretende, total also 745 Dollar (PCW 1925, 82). Angesichts der finanziellen Situation der Carsons stellte dies eine enorme Summe dar. Da reichten die Stipendien im Umfang von 200 Dollar nirgends hin – Rachel erhielt 100 Dollar aufgrund ihrer Qualifikationen vom PCW und weitere 100 Dollar vom Staat, nachdem sie erfolgreich an einem ausgeschriebenen Wettbewerb teilgenommen hatte. Sie hätte sich wohl um irgendeine Teilzeitarbeit bewerben können, aber die Mutter war strikte dagegen – ihre Tochter sollte sich voll und ganz dem Studium widmen können – und versuchte ihrerseits mit mehr Klavierstunden und durch den Verkauf von Äpfeln, Hühnern und eines Teils des geerbten Porzellans und Silbers zur Finanzierung beizutragen. Der Vater seinerseits nahm einen neuen Anlauf, um Parzellen des Carson-Landes zu verkaufen, aber das funktionierte mehr schlecht als recht. Für das erste Jahr löste sich das Problem dann so: Der College-Präsidentin, Cora Coolidge, stach die Anmeldung von Rachel Carson ins Auge, sie witterte ein viel versprechendes, der Unterstützung würdiges Talent dahinter und sorgte dafür, dass wohlhabende Freunde des College einsprangen und für die Restfinanzierung sorgten.

# 2 Schriftstellerin oder Wissenschaftlerin?

Rachel Carson beginnt ein College-Studium mit der festen Absicht, Schriftstellerin zu werden. Immer mehr wird sie aber von der Biologie gefesselt, und sie glaubt, sie müsse sich für das eine oder das andere entscheiden

> »Es war schon immer mein Plan gewesen, eine Schriftstellerin zu werden; als ich dann das College besuchte, dachte ich, der Weg dorthin führe über Englisch als Hauptfach. Trotz meiner Liebe für die Welt der Natur hatte ich bis dahin noch keinen Unterricht in Biologie gehabt. Im zweiten Jahr im College genoss ich einen ausgezeichneten Einführungskurs in die Biologie, und meine Gefolgschaft begann zu wanken. Vielleicht wollte ich ja eher eine Wissenschaftlerin werden. Ein Jahr später entschied ich mich für die Wissenschaft; die literarischen Vorlesungen gab ich auf. «
>
> (Rachel Carson 1998t, 149)

## 2.1 Ein Ziel vor Augen

### Anfang in Weiß

»Mit einer Mischung von Aufregung und Vorahnung sagte Rachel Carson Lebewohl zu ihren Hunden und ihren steinigen Waldpfaden. Sie kletterte in den Model T Ford, den ihr Vater für den Anlass ausgeliehen hatte, und fuhr zusammen mit ihren Eltern südwärts nach Pittsburgh zum Pennsylvania College for Women, fest entschlossen, allermindestens eine Schriftstellerin zu werden« (Lear 2009, 26).

Das College befand sich in einem Villenviertel im östlichen Teil von Pittsburgh südlich der Fifth Avenue oben auf einem Hügel, dem Murray Hill. »... das College-Gelände erstreckte sich über lange grasbewachsene Hänge, breite gepflegte Rasen und baumreiche Kuppen. Es gab gewinkelte Blumenbeete entlang der Gebäude. Überall standen Bäume – Ulmen, Ahorne, Buchen, Eichen – von der Art, deren kultivierte Größe und Symmetrie die Orte markieren, an denen eine höhere Bildung angestrebt wird« (Sterling 1970, 41). Mit einer Gesamtzahl von bloß 300 Studentinnen war auch gesichert, dass auf dem Campus ein relativ familiärer Betrieb herrschen würde – die Art von Situation die Rachels Mutter zusagte.

Es war der 15. September 1925, »Registration Day« für die Neuankömmlinge am College. Es gab deren 88, von denen genau je die Hälfte externe (»day students«) und interne Studentinnen (»house students«) waren. Rachel gehörte zu den Letzteren und bezog ein Zimmer im zweiten Stock der Berry Hall; ihre Zimmergenossin hieß Dorothy Appleby. Diese war in einem kleinen Ort außerhalb Harrisburg in der Obhut der Großeltern aufgewachsen, da ihre Mutter früh gestorben war. Rachel sah dieser Zweisamkeit mit erwartungsvoller

Neugier entgegen, aber die gegenseitige Zuneigung hielt sich dann offenbar in Grenzen. »Ziemlich das Einzige, was Dorothy und Rachel Carson gemeinsam hatten, war die Entschlossenheit, akademischen Erfolg zu haben« (Lear 2009, 30).

Abb. 2-1: Eine alte Zeichnung der beiden Hauptgebäude des PCW, so wie sie auch Rachel Carson während ihres Studiums kannte. Rechts die 1869 dem Geschäftsmann George A. Berry abgekaufte und danach »Berry Hall« genannte Villa, links die 1889 hinzugebaute »Dilworth Hall«, die mit der ersteren durch eine gedeckte Passage verbunden war. Seither sind diese Gebäude abgerissen und ersetzt worden. Quelle: PCW 1891, neben Titelseite.

Am 21. September folgte die Aufnahmefeier (»Matriculation Day«), die in der Campus-Zeitung *The Arrow* (5/2 [2.10.25], 3, 5) den folgenden Niederschlag fand: »Ihre [der Anfängerinnen] große Anzahl und ihre aufgeweckten neuen Gesichter waren für uns alle eine Inspiration. ... Die Studentinnen im letzten Jahr in Barett und Talar, die Neueintretenden in Weiß, Orgelmusik und eine Bühne voll von ehrenwerten Referenten und Referentinnen. Das ist der Immatrikulationstag!«

## Heilsam und rauchig

Im ersten Katalog des College aus dem Jahre 1871 wird der Campus so beschrieben: »Das College-Gelände umfasst zwischen zehn und elf Acres, es liegt an der südöstlichen Grenze der Stadt und hat eine hervorragende Lage, die einen der schönsten Blicke auf Meilen von Stadt und Land gestattet, den man sich vorstellen kann. Was die Schönheit dieser Gegebenheiten, den bei der Flächenerschließung zum Zuge gekommenen Geschmack und die Heilsamkeit betrifft, kann nichts diesen Ort übertreffen, und es gibt kaum einen, der ihm gleichkommt« (PFC 1871, 24-25).

All I do is cough and choke in Pittsburgh
All I do is cough and choke in Pittsburgh
All I do is cough and choke
From the iron filings and the sulphur smoke
In Pittsburgh, Lord God, Pittsburgh.

Lied von Woody Guthrie, oft gesungen von Pete Seeger

Zur Zeit, als Rachel Carson ihr Studium aufnahm, wurden College und Umgebung etwas weniger überschwänglich, aber immer noch als außerordentlich gelobt: »Die Gebäude des College stehen auf einem schön mit Bäumen bestandenen Hügel, von dem aus man eine eindrucksvolle Sicht auf die Stadt und ihre Umgebung hat. Das wunderschöne College-Gelände grenzt an die Woodland Road und beherbergt ein natürliches Amphitheater, das sich bestens für Freiluft-Theateraufführungen und Festakte eignet. Auf dem Sportfeld gibt es Platz für Tennis, Basketball, Landhockey und andere Sportarten« (PCW 1925, 75).

Man denkt bei dieser Beschreibung unweigerlich auch an Sonne und frische Luft, aber damit war es in Wirklichkeit nicht weit her. Eine Studentin in Carsons Jahrgang schrieb in der Campus-Zeitung: »Der Dschinn von Pittsburgh schaut durch Rauch herab auf uns als seine kleinen Nebelbewohnerinnen. Die Hälfte der Tage bedecken Wolken unseren Himmel, und wenn die Sonne scheint, tut sie das nur halb leuchtend durch einen Schleier von Rauch. Die Sonne bedeutet dem Dschinn, der uns beherrscht, nicht viel. Ebenso unbarmherzig drängt er durch stahlgrauen Regen und erstickende Hitze. Die Industrie hat keine Zeit, um sich um das Wetter zu kümmern, auch um Gefühle und Mitleid nicht. Die Industrie hat nur Zeit für Arbeit – Arbeit. Unerbittlich schwebt der Dschinn im Rauch über unseren Kaminen, und wir sehen für einen Moment sein grimmiges Gesicht« (Wooldridge 1927).

Was war hier los? Nun, Pittsburgh war zu einer Hochburg der amerikanischen Stahlproduktion geworden und galt damals als eine der dreckigsten Städte der USA. »Kohlenstaub quoll aus Fabrikschloten. Aber Asche und Grobstaub weigerten sich, innerhalb des Fabrikareals zu bleiben. Es gab Tage, da war die Luft auf dem Campus so dicht voll Industriesmog, dass die Sonne hinter einem grauen Schleier verschwand und der Geruch von Asche in der Luft hing« (Levine 2007, 27).

Im Rückblick ist es schwierig sich vorzustellen, dass die ganze Gegend vor nicht allzu langer Zeit noch eine Wildnis war. In einem Heft der Campus-Zeitung von 1903, damals *Sorosis* (10/1 [5.10.03], 5) genannt, steht: »Wir, die wir gewohnt sind, Pittsburgh als eine der größten und wichtigsten Städte der Vereinigten Staaten zu betrachten, haben Mühe mit der Erkenntnis, dass vor hundertfünfzig Jahren kaum ein weißer Mensch in der ganzen Region lebte; dass dort, wo heute erhabene Gebäude in die Höhe ragen, nur Urwald stand; dass die Wasser unserer Flüsse mit dem heutigen riesigen Verkehr damals nur gelegentlich vom Kanu eines Wilden gestört wurden.«

## Zwei energische Frauen

Als Rachel Carson am PCW studierte, waren dessen leitende Frauen Cora Helen Coolidge und Mary Helen Marks, die erstere Präsidentin, die letztere Dekanin. Coolidge stammte aus Neuengland und war in einer wohlhabenden und gebildeten Familie aufgewachsen, in der Diskussionen um Politik, Geschichte und Theologie an der Tagesordnung waren, auch solche über die Schriften von Emerson und Thoreau.[1] Sie hatte am Smith College in Northampton, Massachusetts, einen Bachelor erworben und danach auch noch eine Weiterbildung an den Universitäten von Chicago und von Göttingen genossen. Ans PCW kam sie 1906, wo sie in der Folge als Dekanin wirkte und daneben Vorlesungen in Pädagogik, Poesie und Philosophie gab. Als 1914 der damalige Präsident des College, Henry D. Lindsay, plötzlich starb, war sie für ein Jahr amtierende Präsidentin, bis John C. Acheson als neuer Präsident gewählt wurde. 1916 erhielt sie vom Washington-Jefferson College in Washington, Pennsylvania, für ihr Bildungsengagement einen Master ehrenhalber. Ein Jahr später verließ sie das PCW und wurde bei dieser Gelegenheit von ihm mit einem Ehrendoktor ausgezeichnet. 1922 kehrte sie zurück, als sie vom Kuratorium zur neuen Präsidentin ernannt wurde, als dritte Frau in dieser Position.[2]

Coolidge machte sich energisch an ihre Aufgabe. Sie verstand es, den Lehrkörper zu verstärken und auch die finanzielle Situation des College spürbar zu verbessern. Und sie wehrte sich gegen die vorherrschende Diskriminierung von Bildungsinstitutionen für Frauen hinsichtlich ihrer Ausrüstung. In der *Pittsburgh Post* gab es am 19. Januar 1927 ein Editorial, in dem eine diesbezügliche kritische Stellungnahme von Coolidge aufgegriffen wurde: Die Präsidentin des PCW habe erklärt, dass die Ausstattung von Männer-Colleges erheblich besser sei als die von Frauen-Colleges. Das müsse korrigiert werden. Ein kürzlich mit tausend Männern und Frauen durchgeführter Intelligenztest habe gezeigt, dass es zwischen den beiden Geschlechtern keinen Unterschied gebe. Damit sei klar, dass die in Institutionen für Frauen angebotene Lehre über die gleichen Möglichkeiten verfügen sollte, wie sie anderswo vorhanden seien. Das Editorial unterstützte diese Folgerung und forderte, die Öffentlichkeit müsse entsprechend aufgerüttelt werden (*The Arrow* 6/8 [28.1.27], 4).

Coolidges Engagement bedeutete aber auch, dass sie häufig abwesend war. »Miss Coolidge ist sicher eine der geschäftigsten Personen, die wir kennen. Am 18. Januar hielt sie

1 Ralph Waldo Emerson (1803-1882) und Henry David Thoreau (1817-1862), beide in Concord bei Boston ansässig, waren die Exponenten einer »Transzendentalismus« genannten Bewegung, die sich gegen den vorherrschenden Rationalismus und Materialismus wehrte und die Auffassung vertrat, das Wesentliche könne der Mensch dann erfahren, wenn er sich mit seinem ganzen Wesen dem Erlebnis der Natur aussetze. Emerson schrieb darüber in seinem Hauptwerk: *Nature* (1836). Thoreau wurde bekannt durch sein Buch *Walden* (1854), in dem er schildert, wie er über zwei Jahre lang am Walden-See außerhalb von Concord selbstversorgend in einer selber gebauten Blockhütte lebte.

2 Die erste Präsidentin war Helen E. Pelletreau gewesen (1878-1895), die zweite Rebecca Jane (Jennie) DeVore (1895-1900).

einen Vortrag bei einem Mittagessen der American Legion [der Veteranenorganisation der US Army]. Am nächsten Tag tat sie dasselbe im Rahmen einer Kampagne der YWCA [Young Women's Christian Association]. Unsere Präsidentin verbrachte das Wochenende in Cleveland, wo sie Geschäfte für das College erledigte und Freunde besuchte. Am nächsten Montag, dem 30. Januar, wird sie eine Rednerin beim Mittagessen des Wilkinsburg Woman's Club sein«, stand im Januar 1928 in *The Arrow* (7/8 [27.1.28], 3) unter »Faculty News«.

Während der Abwesenheiten von Coolidge sorgte die Dekanin, Mary Helen Marks, für einen reibungslosen Ablauf des Betriebs. Auch sie war Absolventin des Smith College. Sie war 1916 ans PCW gekommen, war zuerst Bereichssekretärin und dann Kanzlerin (»Registrar«) bis sie mit dem Amtsantritt von Coolidge 1922 schließlich zur Dekanin gewählt wurde. Das Problem war nur, dass auch sie selbst sehr aktiv war und häufig Vorträge außerhalb des College hielt. Da war es eine Erleichterung, als ein Auto angeschafft wurde, was in *The Arrow* (6/7 [14.1.27], 2) als Fortschritt seinen gebührenden Niederschlag fand: »Für den Lehrkörper des College hat es einen wichtigen Zusatz in der Form eines Autos der Marke Buick gegeben, komplett mit einer kompetenten Chauffeurin, Dekanin Marks. Miss Marks ist die stolze Besitzerin eines nagelneuen Führerausweises, und vorausgesetzt der Buick ist noch immer funktionstüchtig, wird sie am Freitag beim Woman's Club in Ambridge und am Dienstag beim Dormont Century Club eine Ansprache halten.«

## Exzellenter Anfang

In einem normalen Studienplan umfasste das wöchentliche Pensum 15 Kursstunden. Rachel Carson wählte, ihrem schriftstellerischen Jugendtraum entsprechend, natürlich English als Hauptfach. Dies kam aber im ersten Jahr noch kaum zum Ausdruck, da vor allem allgemeine, für alle Studentinnen geltende Obligatorien zu absolvieren waren. Dazu gehörten ein Einstiegskurs für englische Aufsatzlehre, eine Vorlesung in zeitgenössischer Geschichte, eine in allgemeiner Soziologie und ein Kurs in einer modernen Fremdsprache (Deutsch, Französisch, Italienisch oder Spanisch – Rachel wählte Französisch). Üblicherweise musste die Vorlesung in Soziologie erst im zweiten Jahr belegt werden, im ersten dagegen ein naturwissenschaftlicher Einführungskurs (Physik, Chemie oder Biologie), aber Carson konnte hier einen Abtausch vornehmen. Bei den verbleibenden freien Wahlmöglichkeiten entschied sie sich für eine Vorlesung in Kunstgeschichte und einen praktischen Kurs zu den Prinzipien des mündlichen Ausdrucks.[3]

3 Über die damals am PCW geltenden Regeln bezüglich Hauptfächer, Obligatorien und Wahlmöglichkeiten gibt eine »Group Chart« Auskunft: PCW 1925, 26; 1926, 23; 1927, 23. Die Information über die von Carson besuchten Kurse und die dabei erhaltenen Noten liegt in Form der Zeugnisse vor. Diese befinden sich in den Rachel Carson Papers. Yale Collections of American Literature, Beinecke Rare Book and Manuscript Library, Yale University, New Haven, CT.

Im Kurs für «English Composition» gab es die Aufgabe, ein Essay zum Thema »Who I Am and Why I Came to P.C.W« zu verfassen. Rachel schrieb (Carson 1925b): »Ich bin ein achtzehn Jahre altes Mädchen, gehöre der presbyterianischen Konfession an, habe schottisch-irische Vorfahren und komme von einer kleinen, aber erstklassigen High School. ... Ich habe alles ausgesprochen gern, was mit Freiluftaktivitäten und Sport zu tun hat. ... Ich liebe all die wunderbaren Dinge der Natur, und die wilden Geschöpfe sind meine Freunde. ... Ich lese sehr viel und habe natürlich ein paar Lieblingsautoren.« – Carson nannte Shakespeare, Milton, Dickens, Scott, Tennyson, Browning und Ruskin unter den englischen, Twain, Irving, Longfellow, Bryant und Poe unter den amerikanischen Schriftstellern – »Ich bin eine Idealistin. Ab und zu verliere ich mein Ziel aus den Augen, aber dann leuchtet es wieder auf und füllt mich mit neuer Entschlossenheit, die ›herrliche Vision‹ im Fokus zu behalten. Vielleicht wird es mir nie gelingen, meine Träume voll zu verwirklichen, aber ›die Reichweite eines Menschen muss das Greifbare übersteigen, denn wofür soll der Himmel sonst da sein?‹ Ich bin ans PCW gekommen, weil es mir als christliches College bekannt ist, das auf den Idealen von Dienst und Ehre aufbaut. Ich werde Zeit zum Nachdenken haben und zu einer besseren Verwirklichung von mir selbst kommen, und die Bildung, die ich hier erhalte, wird mir helfen, meine Rolle auf der Bühne des Lebens zu spielen.« Mit den eingeflochtenen Zitaten[4] machte Rachel sachte auf ihre literarischen Kenntnisse aufmerksam. Sie brachte auch ihre ungebrochene Begeisterung für die natürliche Welt zum Ausdruck, dachte aber vermutlich, sie würde ihre Naturverbundenheit in Zukunft in Form eines Hobbys pflegen.

Schriftstellerei wurde als eine für Frauen noch akzeptable Beschäftigung betrachtet – die weit verbreitete Vorstellung war, dies sei ja nicht eigentlich anstrengende Arbeit, sondern eher etwas, das man so nebenbei machen konnte. Rachel waren solche Überlegungen egal, sie folgte einfach ihrer innersten Neigung. Sie ging mit großer Entschlossenheit an die Arbeit und kümmerte sich um nicht viel anderes. Ihren ersten Kurs in Englisch hatte sie bei Grace Croff, »einer fordernden Professorin, die hohe Standards und eine lebendige Fantasie hatte« (Lear 2009, 32). Carson war tief beeindruckt, und Croff erkannte umgekehrt ziemlich rasch das Talent ihrer Studentin. Sie wurde im Laufe des ersten Jahres zur eigentlichen Mentorin Carsons, ja die beiden wurden Freundinnen. Oft trafen sie sich nach den Vorlesungen zu Tee und Gedankenaustausch.

4 Es lässt sich darüber streiten, woher Rachel wohl den Ausdruck »herrliche Vision« - »vision splendid« hatte, vom Buch *The Vision Splendid* (1913) von William MacLeod Raine (1871-1954), der Abenteuergeschichten über den alten amerikanischen Westen schrieb, oder aber vom gleichnamigen religiösen Buch mit Gedichten (1917) des englischen Schriftstellers William Arthur Dunkerley (Pseudonym John Oxenham, 1852-1941). Die Formulierung »die Reichweite eines Menschen ...« - »a man's reach must exceed ...« hingegen stammt sicher aus dem Gedicht »Andrea del Sarto« des englischen Poeten Robert Browning (1812-1889). Andrea del Sarto war ein italienischer Renaissancemaler, der von 1486 bis 1530 lebte.

Abb. 2-2: Rachel Carson mit ihrer Englisch-Professorin Grace Croft am PCW in Pittsburgh. Quelle: Linda Lear Collection of Rachel Carson Books and Papers, Connecticut College, New London, CT.

Rachel schrieb immer wieder exzellente Aufsätze, die mit der Note A honoriert wurden. Und sie stand am Ende des Winters auf der vom College veröffentlichten Liste der zehn besten Studentinnen (»Honor Students«) des ersten Jahres (*The Arrow* 5/9 [26.2.26], 1). Croff, die seit Anfang 1926 Fakultäts-Beirätin für die von den Studentinnen herausgegebene Campus-Zeitung und deren vier Mal pro Jahr erscheinenden literarischen Anhang *The Englicode* war, ermunterte ihre Studentin, doch für diese Zeitung zu schreiben. Das tat sie dann auch (s. p. 38 ff. und 49 ff.). Rachel wurde im zweiten Studienjahr selbst Mitarbeiterin, zuerst als Reporterin, später als Lektorin.

Übrigens wurde Rachel Carson für das erste Jahr auch noch als Studentin in der Musik-Abteilung aufgeführt. Sie spielte Violine und erhielt als Note ein B plus. Man wundert sich, wie sie die dadurch entstehenden zusätzlichen Ausgaben beglich. Eine Stunde pro Woche für das Studienjahr kostete nämlich 80 Dollar, zwei Stunden die Woche addierten sich zu 150 Dollar (PCW 1926, 82, 99). Kamen dafür auch die ungenannten wohlhabenden Leute auf, die Rachels Studium sponserten? (vgl. p. 30).[5]

Im zweiten Studienjahr waren für Rachel zwei Kurse in Englisch obligatorisch, ein fortgeschrittener in Aufsatzlehre und einer in englischer Literatur. Als Fremdsprache wählte sie, wie schon im ersten Jahr, Französisch. Dazu holte sie das geforderte Pensum in Naturwissenschaften in Form von Biologie nach und entschied sich beim Wahlfach für Psychologie.

5 Sterling (1970, 42) schreibt, im ersten Jahr sei ein Musikkurs obligatorisch gewesen, was bedeutet, dass er im allgemeinen Studiengeld hätte eingeschlossen sein müssen. Im PCW-Katalog ist aber nirgends von einem Musik-Obligatorium die Rede. Man konnte zusätzlich zum Bachelor ein Zertifikat in Musik erwerben, aber das war freiwillig und kostete.

Mit der unvermeidlichen Exkursion in naturwissenschaftliche Gefilde begann Carson zu fürchten, ihr Schreibtalent könnte ihr dabei abhanden kommen – sie war der irrigen Auffassung, naturwissenschaftliche und literarische Tätigkeiten würden einander ausschließen. Ihre Angst war aber völlig unbegründet; am Ende des zweiten Studienjahres hatte sie ein paar schöne Essays und Erzählungen produziert, die im *Arrow* erschienen.

## 2.2 Erste Gehversuche als erwachsene Schriftstellerin

### »The Master of the Ship's Light«

Unter diesem Titel erschien im April 1926 die erste für die Campus-Zeitung geschriebene Erzählung Rachels (Carson 1926a). Die Geschichte spielt in einem abgelegenen Fischerdorf namens Arrowhead an einer wilden Küste im Staate Maine. Etwas abseits steht ein düsteres altes Haus – es heißt aus unerfindlichen Gründen »the Ship's Light« –, an dem die Jalousien immer halb geschlossen bleiben, aus dem nie ein Licht scheint, und in dem seit 20 Jahren ein schweigsamer Mann namens Huntleigh wohnt, der zum Dorf kaum Kontakt hat. Dessen Bewohner denken, er habe etwas zu verbergen, fragen sich, ob er vielleicht mal jemanden umgebracht habe.

Was war Huntleighs Geheimnis? Vor 25 Jahren hatte er mit dem jungen Gordon als Hilfskraft nach monatelanger Tüftelei eine das Licht eines Leuchtturms betreffende Erfindung realisiert. Das von ihm eingereichte Patent wurde vom Amt genehmigt, und Huntleigh hatte vor, seinem Freund einen kleineren Teil des hoffentlich zukünftigen Einkommens zu überlassen. Als er dies Gordon mitteilte, reagierte dieser in unerwarteter Weise, schrie, das sei Betrug, das sei doch seine Erfindung gewesen, und er solle aus seinem Leben verschwinden. »Ich will nicht wissen, wohin Du gehst, aber wenn ich es raus kriege, dann gnade dir Gott!« (8).

Huntleigh hatte Angst gekriegt, sich aus dem Staub gemacht und dann Zuflucht an dem gottverlassenen Ort gefunden, an dem er jetzt lebte. Er begann zu glauben, er habe Gordon wirklich Unrecht getan, bekam entsprechend ein schlechtes Gewissen und befürchtete, dieser könnte ihn eines Tages hier finden. Er konnte es nicht ertragen, am Abend Licht in seinem Haus zu haben.

Eines Abends tobt draußen ein orkanartiger Sturm, ein Boot gerät zu nahe ans Land und erleidet auf Felsklippen Schiffbruch. Die Dorfbewohner organisieren die Rettung der Bootsinsassen. Auch Huntleigh kommt dazu, um zu helfen, und er merkt zu seiner Bestürzung, dass einer der Schiffbrüchigen Gordon ist. Kurz verspürt er den Impuls, sich im Dunkel davon zu schleichen, aber dann, wie von anderer Hand geleitet, bietet er Gordon Unterkunft in seinem Haus an. Dieser nimmt dankend an, er hat nicht erkannt, wer sein Beschützer ist. Drinnen am Trockenen, im flackernden Licht des Herdfeuers, klärt Huntleigh ihn auf und meint, er hätte all die Jahre gewusst, dass er, Gordon, ihn eines Tages finden würde. Er hätte ihm damals furchtbar Unrecht getan, könne nicht auf Vergebung hoffen und müsse jetzt eben dafür büßen. Gordon schüttelt den Kopf, das sei alles Unsinn, er habe damals in jugendlichem Übermut bloß einen Streit angezettelt, und natürlich sei der Leuchtturm Huntleighs Idee gewesen, und da gebe es nichts zu vergeben, im Gegenteil. Huntleigh ist sprachlos, fühlt einen Schwächeanfall, und erst nach einiger Zeit bringt er es fertig, stotternd zu flüstern: »Gordon – will you light – candles – and put them – in all the windows?« (10).

»Nach professionellen Standards beurteilt, ist die Handlung auf linkische Art gekünstelt, und die Charaktere sind dürftig gezeichnet«, schreibt Sterling (1970, 44) in seiner Carson-Biografie. Das aber ist ein etwas abwegiger Befund; Croff hatte eine ganze andere Meinung, und dieser können wir, meine ich, eher vertrauen. Sie schrieb einen längeren Kommentar, in dem es heißt: «Dein Stil ist so gut, weil du aus einem Stoff, der recht technisch hätte werden können, etwas für die Leserschaft sehr Verständliches gemacht hast. Insbesondere ist die Verwendung des Ereignishaften und des Erzählerischen gut« (Lear 2009, 33-34).

Auffallend war vor allem, wie Rachel die Meeresbrandung auf eine derart lebhafte Art beschrieb, dass man hätte glauben können, sie sei schon oft an der Küste gewesen. Dabei hatte sie das Meer noch nie gesehen, nur davon gehört. Hier der betreffende Passus: »An der Oberfläche der langen, trägen Dünung, die auf den seichten Strand rollte, spielten dunkle, formlose Schatten oder Flecken von weißem Schaum und verrieten darunter liegende gefährliche Klippen. Wenn die eisigen Winde von der Meerenge herab fegten, dann hämmerten aufragende Wellen in unbeherrschter Raserei an die Küste, und das Brausen der Brandungswellen war über Meilen zu hören. Sturzbäche von Schaum und Gischt preschten an die Seiten des alten Arrowhead-Leuchtturms, dessen standhafte Lichtbündel wie lange, weiße Lanzen sich nähernde Schiffe vor der Gefahr warnten.«

### »Why I am a Pessimist«

Ein halbes Jahr später erschien diese kurze humoristische Geschichte (Carson 1926b). Eine Person stellt die Frage: »Denkst du, dass ich eine Pessimistin bin? Ja, wer wäre das nicht, an meiner Stelle.« Sie beklagt sich, dass niemand in diesem Haushalt sich um sie kümmere. Das ist so seit es zwei neue Familienmitglieder gibt – vorher war alles gut. »Sie sagen mir, die zwei kleinen heulenden Dinger seien mir verwandt, aber wenn das wahr ist, bin ich gar nicht stolz.« Spätestens hier merkt man, dass es sich bei der »Person« um eine Katze handelt, die ihr schweres Schicksal reflektiert.

Aber es gibt auch ein genussvolles Intermezzo: »Kürzlich ging ich ins Wohnzimmer und ausnahmsweise war niemand dort. Der Tisch war für den Nachmittagstee vorbereitet. Ich machte es mir bequem. Der Rahm und die belegten Brote waren köstlich.« Aber dann kam die Familie herein, und die Katze meint, wie sie daraufhin gescholten worden sei, hätte man meinen können, sie habe kein Recht auf eine Zwischenmahlzeit oder sich überhaupt im

Wohnzimmer aufzuhalten. Und sie entwickelt ein Rache-Szenario: »Eines Tages gehe ich weg, um mit einer netten alten Frau zu leben, die keine anderen Katzen hat. Sie wird eine sein, die an das Katzenrecht der Unabhängigkeit glaubt, wie alle anderen dort auch. Und dann werde ich nachts hierher zurückkehren und auf dem Zaun heulen! Ja, das werde ich.«

## «Keeping an Expense Account»

Rachels nächstes Thema war eine Glosse über ein für sie ernsthaftes Thema: Über ihre Ausgaben Buch zu führen (Carson 1927a).

»Zu den von wohlmeinenden Verwandten bevorzugten Geschenken für junge Leute auf dem Weg ins College gehört ein hübsches kleines Buch, auf dem in Geschenkbuchstaben das Wort ›Ausgaben‹ steht. Sie sagen dir, sich sorgfältig über seine Finanzen Rechenschaft zu geben, sei eine ausgezeichnete Übung. Aus diesem Grund sollte ich vielleicht wirklich so ein Buch führen. Aber ich tue es nicht. Ich habe es versucht. Es strapaziert meine Nerven und die meiner Zimmerkollegin zu stark. Meine allgemeine Schulbildung zeigt da offenbar eine Lücke. Auf alle Fälle kämpfe ich mit einer merkwürdigen Unfähigkeit, mich an die Bedeutung der mystischen Begriffe ›Soll‹ und ›Haben‹ zu erinnern. Wenn es mir gelingt, das Problem mittels eines aufwendigen Prozesses logischen Denkens vorübergehend zu meistern, dann stoße ich auf ein noch schlimmeres Rätsel. Wie kann ich die zwei Spalten auch nur annähernd so in Beziehung zueinander setzen, dass ich auf einen Blick Auskunft über meine theoretischen Ressourcen bekomme? Ich gebe es auf.«

Carson stöhnt, dieses kleine Buch sei ein Parasit, wann immer sie etwas kaufen gehe, müsse sie es mitnehmen, sonst sei sie genötigt, die Preise auf die erworbenen Waren zu schreiben, und zuhause seien diese dann vielfach nicht mehr lesbar. In diesem Fall komme ihre Zimmergenossin zum Zug; sie frage sie: »Erinnerst du dich …?« Und natürlich passiere das immer im falschen Moment, wenn diese in etwas vertieft sei und dann der Frieden des Abends darunter leide. Zweimal pro Monat vergleiche sie ihre notierten Ausgaben mit dem zur Verfügung stehenden Geld, erzählt Carson weiter. Dieser Vergleich komme nie zum passen, meist sei weniger übrig als aufgrund der Einträge zu erwarten gewesen wäre. Umso mehr gebe es ein kleines Fest, wenn für einmal das Umgekehrte mit einem Überschuss von 10 Cents eintrete.

Aber letztlich gebe es nur eine Lösung für das Problem: »Ja, ich habe genug von der Buchhaltung. Sie ist die nervöse Anspannung, mit der sie einem plagt, nicht wert. … Ich werfe das kleine schwarze Buch in den Papierkorb, damit es nie mehr unter meine Augen kommt!«

## »The Golden Apple«

Dieses Essay ist Rachels unterhaltsame Version des griechischen Mythos über das Urteil des Paris (Carson 1927b). Paris ist der Sohn des trojanischen Königs Priamos, ist aber von diesem verstoßen worden und lebt jetzt als Schafhirt. Die drei Göttinnen Hera, Athene und

Aphrodite – Rachel verwendet die lateinischen Namen Juno, Minerva und Venus – haben Streit gekriegt, wer die Schönste sei. Jupiter (Zeus) will sich wohlweislich nicht in die Nesseln setzen und delegiert deshalb die Aufgabe, ein Urteil zu fällen, an einen Sterblichen, eben Paris. Die Siegerin soll einen goldenen Apfel mit der Aufschrift »Für die Schönste« bekommen.

Für Juno ist klar, dass nur sie die Auserkorene sein kann, denn schließlich ist sie als Jupiters Frau ja die Königin. Sie lächelt Paris gewinnend an und verspricht, ihn mit allem Reichtum der Welt von seinem Dasein als Schafhirt zu erlösen, wenn er ihr den Apfel gebe.

Minerva muss darüber lachen. Wie naiv Juno ist! Sie versteht von Männern überhaupt nichts. Natürlich will der junge Hirt nicht einfach Gold anhäufen, sondern auf dem Schlachtfeld Ruhm ernten. So bietet sie Paris die Verleihung von Mut und Kraft in einem Umfang an, dass sein Vater Priamos wieder stolz auf ihn sein würde.

Venus amüsiert sich ihrerseits. Sie kennt die Männer und so kann für sie kein Zweifel über den Ausgang des Wettbewerbs bestehen. »›Mach schon, Paris‹, lacht sie. ›Was ist für einen Mann das Teuerste? Die schönste Frau der Welt als seine Gattin natürlich. Ich werde sie dir geben.‹ Paris hält den goldenen Apfel an seinem funkelnden Stiel. Er schaut Juno an, dann Minerva. Sein Blick wendet sich Venus zu. Die schönste Frau der Welt – Er wirft den Apfel elegant in die wartenden Hände von Venus. ›Du gewinnst.‹ Venus fängt ihn auf. Sie setzt seine glimmende Rundung gegen ihre weißen Zähne. Aber dann hebt sie ihn einladend zu Paris' Lippen. ›Nimmst du einen Biss?‹« (11).

So endet Rachels Interpretation der griechischen Sage. Bei der schönsten Frau handelte es sich um Helena. Das Dumme war nur, dass sie bereits mit dem König von Sparta, Menelaos, verheiratet war. So soll der zur Erfüllung des Versprechens nötige Raub den trojanischen Krieg ausgelöst haben.

### »Broken Lamps«

Diese Geschichte dreht sich um einen Bauingenieur, der in seiner beruflichen Tätigkeit eine Möglichkeit zur Selbstverwirklichung sieht, seine Fähigkeiten aber nicht richtig einschätzen kann und erst auf Umwegen zu sich selbst findet (Carson 1927c).

Neil Sutherland hatte idealistische Vorstellungen, die er mit dem Bau von Brücken zu verwirklichen hoffte. »Eine Brücke sollte seiner Meinung nach nicht einfach bloß dazu dienen, dass der Verkehr von der einen auf die andere Seite des Flusses rollen konnte. Sie musste auch etwas Schönes sein. Etwas in ihrem langen, sich wölbenden Bogen sollte die Seele des Ingenieurs andeuten – sofern er eine hatte« (6). Seit Jahren versuchte Sutherland, eine Brücke mit Seele zu bauen, aber kein Resultat hatte bisher seinem eigenen kritischen Urteil standgehalten. Sicher, seine Brücken waren in physikalischer Hinsicht immer perfekt, ohne Fehl und Tadel, aber: »Waren sie einmal materialisiert, waren sie nur prosaische Stadtstraßen, mitten in der Luft über einem trägen Fluss aufgehängt« (6).

Nun hatte Sutherland neue Hoffnung geschöpft, da er am Entwurf einer Brücke arbeitete, die den Fluss in einem Bogen überspannen würde – diese sollte fähig sein, die flüchtige Schönheit, die ihn am Ende sonst immer narrte, nun wirklich einzufangen. Aber die erneute Ernüchterung folgte auf dem Fuß, denn die rechnerische Belastungsanalyse ergab, dass eine Ein-Bogen-Brücke dem Gewicht des üblichen Verkehrs nie standhalten würde. Neil war am Boden zerstört. Joan, seine Frau, merkte, dass er niedergeschlagen war und erkundigte sich, wie es denn mit der Arbeit laufe. Neil, der schon länger das Gefühl entwickelt hatte, er könne mit Joan nicht über seine Probleme reden, sie verstehe sowieso nicht, um was es ihm gehe, gab ausweichend Antwort. Joan meinte, er arbeite zu viel: »Du ruinierst deine Gesundheit, diese alten Brücken sind das nicht wert.« Daraufhin stürzte Neil ohne ein Wort aus dem Haus. »›Sie sind es nicht wert. Sie sind es nicht wert‹, flüsterte eine spottende Stimme …« (8).

Den Sommerurlaub verbrachten die beiden an einem stillen Ort am See. Aber Neil war verzweifelt – ohne Arbeit war er ständig seinen kreisenden Gedanken ausgesetzt. Aber vielleicht gab es ja einen Ausweg. Im Frühsommer hatte er von einer Baufirma in Alaska das Angebot erhalten, die Oberaufsicht über die Konstruktion einer ganzen Kette von Brücken zu übernehmen und für seine Entscheidung Bedenkzeit bekommen. Ja doch, das könnte sein Problem lösen; die Arbeit würde ihn völlig absorbieren und ihm Gelegenheit geben, seine Ideale über Bord zu werfen und dann eben in Gottes Namen Brücken nach rein materiell-funktionalen Kriterien zu bauen.

Auf einem Morgenspaziergang kam er zum Entschluss, diesen Job anzunehmen, und er ging ins Hotel zurück, um Joan dies mitzuteilen. Er fand sie aber mit plötzlich hohem Fieber immer noch im Bett liegend vor. Eine Ambulanz brachte sie ins Krankenhaus, wo sie dann eine ganze Weile zwischen Leben und Tod schwebte. Neil machte sich bittere Vorwürfe; wie hatte er je daran denken können, Joan allein zu lassen? Er war mit egoistischer Blindheit geschlagen gewesen, und dass er sie nie in sein Vertrauen gezogen hatte, war nicht fair. Was, wenn sie sterben sollte?

Joan überlebte, aber der Gesundungsprozess dauerte Wochen. Ein paar Tage bevor Neil sie mit nach Hause nehmen konnte, trat er an ihr Krankenbett. »Sie schlief, das bleiche Sonnenlicht strömte über ihre Schulter, wunderbar weiß. Neil stand bockstill, sein Herz mit einer Freude gefüllt, deren nackte Intensität ihm Scheu einflößte. Joan öffnete ihre dunklen Augen. Ihre Lippen öffneten sich zu einem glücklichen Lächeln. Sie hob ihre Arme und zog sein Gesicht herunter bis es das ihre berührte. ›Neil‹, flüsterte sie. ›Ich bin so froh, dass du zurückgekommen bist‹« (9).

Ja, sicher, der Schluss ist etwas melodramatisch, aber Rachel gewann mit dieser Erzählung einen Kurzgeschichten-Wettbewerb, der im April 1927 ausgeschrieben wurde und einen Mitte-Mai-Abgabetermin hatte. Sie wurde mit dem Omega-Preis ausgezeichnet, was ein Abzeichen und automatische Mitgliedschaft in Omega, dem Literaturclub des College beinhaltete.

Levine (2007, 38) vermutet, dass Rachels eigene Spannung zwischen Kunst und Wissenschaft, ihr Lavieren zwischen den Fächern Englisch und Biologie, in dieser Kurzgeschichte ihren Ausdruck fand. Und nicht nur das, sie denkt auch, dass die ehelichen Schwierigkeiten des porträtierten Ingenieurs Rachels Vertrautheit mit dem Thema in ihrer eigenen Familie, ihre Schwester Marian und ihren Bruder Robert betreffend (s. unten), widerspiegelte.

## 2.3 Leben auf dem Campus

### »Nicht antisozial, einfach nicht sozial«

Im sozialen Sinne war Carson keine typische Studentin, ihr Beziehungsnetz blieb recht mager. Ein Grund dafür war Maria, ihre Mutter. Diese war sehr stolz auf ihre Tochter und sah, dass deren Studium ihr selbst Möglichkeiten zur eigenen Weiterbildung bot. Regelmäßig am Wochenende tauchte sie am College auf, um mit Rachel zusammen zur Lektüre in die Bibliothek zu gehen oder mit ihr zu diskutieren; dies bot Anlass für eine gewisse Heiterkeit unter den Kommilitoninnen. »Einige Mädchen stellten laut die Frage, ob Mrs. Carson nicht Studiengeld zahlen sollte, wenn sie doch so häufig anwesend war« (Lear 2009, 30). Es kam dazu, dass die Aufmerksamkeit von Maria Carson sich ausschließlich auf Rachel fokussierte; sie hatte kein Interesse an anderen Studentinnen und unterhielt sich nie mit ihnen. »Mit einiger Bitterkeit schilderte Dorothy [Rachels Zimmergenossin im ersten Jahr], wie Mutter und Tochter auf Rachels Bett saßen, Kekse verzehrten und nie auf die Idee kamen, sie auch jemandem anderen anzubieten« (Lear 2009, 31, Interview).

Abb. 2-3: Vater Robert und Mutter Maria auf Besuch bei ihrer Tochter Rachel am PCW. Quelle: Rachel Carson Collection, College Archives, Chatham University, Pittsburgh.

Falls Rachel selbst die Besuche der Mutter lästig fand, ließ sie sich dies nie anmerken, zu sehr war sie ihr zu Dank verpflichtet. Und vielleicht war sie ja sogar froh darüber, denn es gab ihr eine Entschuldigung, nicht allzu häufig zu Hause erscheinen zu müssen. Dort war es nämlich unruhiger als auch schon, denn Robert Junior war inzwischen auch verheiratet und lebte jetzt mit seiner Frau, Meredith Born, mit der er oft lautstarken Streit hatte, und einem häufig kranken und entsprechend schreiendem Baby namens Frances im Carson-Haus. Damit nicht genug, war auch Marians zweite Ehe mit Burton Williams, der zwei Töchter, Virginia und Marjorie, entsprossen waren, in die Brüche gegangen, und sie kehrte mit den Kleinen ins Elternhaus zurück. Als Rachel für den Sommer 1926 nach Hause zurückkehrte, mussten Robert und seine Familie Platz machen und in einem Zelt im Garten nächtigen.

Ein anderer Grund für Rachels gesellschaftliche Zurückhaltung war, dass sie sich schlicht auf ihre Arbeit konzentrieren wollte und ihr deshalb allzu häufige soziale Anlässe wie Tee- und Tanzparties und auch Veranstaltungen mit Studenten von anderen Hochschulen in die Quere kamen. Andere fühlten sich glücklich, in der Nähe von den vielen jungen Männern zu sein, die an der University of Pittsburgh und am Carnegie Tech (heute Carnegie Institute of Technology) studierten. Rachel aber meinte, «ihr Plan sei, Literatur zu studieren und nicht Jungs» (Levine 2007, 30). In diesem Sinne war Rachel »nie ›eines der Mädchen‹ am PCW, und es war ihr auch kein Anliegen, eines zu sein« (Lear 2009, 30). Nur einmal machte sie eine Ausnahme. Im März 1928 war sie mit einem Partner am Junior Prom, dem jährlichen feierlichen Tanzanlass zu sehen. Dieses Treffen entsprang aber nicht ihrer eigenen Initiative, sondern Helen Myers (Rachels spätere Zimmergenossin) und ihr Boyfriend hatten es arrangiert. Rachel hatte Freude am Tanzen, war aber den ganzen Abend ziemlich still, und der junge Mann, ein Student namens Bob Frye vom Westminster College, soll es schwierig gefunden haben, eine Konversation in Gang zu bringen. Die beiden trafen sich nachher noch mindestens einmal, aber danach war Schluss, und Carson verlor nie ein Wort über ihn.

Rachel machte sich einen Namen als intelligente Studentin, was bei anderen oft den Eindruck von Distanziertheit und Abgehobenheit erweckte. Eine ehemalige Klassenkameradin sagte später: »Sie war sehr viel mehr eine Lernerin als der Rest von uns und irgendwie zurückgezogen,« aber »sie packte die Dinge mit großem Elan an« (Sterling 1970, 43). Gelegentlich war Rachel auch »das Mädchen, dem Streiche gespielt wurden, etwa indem es ans Telefon gerufen wurde, wenn gar niemand dran war, Putzmittel in sein Bett geschüttet oder dieses durch entsprechendes Falten der Leintücher verkürzt wurde«, erinnerte sich ihre ehemalige Mitstudentin Margaret Fifer[6] später (Levine 2007, 30-31). Carson aber trug dies nie jemandem nach, sie verfügte durchaus selbst auch über einen Sinn für Humor. Eines Abends arbeiteten sie und Dorothy Thompson (vgl. p. 45) noch im Labor und bemerkten, dass der Pegel im Gefäß mit Alkohol stark gesunken war. Sie »vermuteten, dass einige Studentinnen den Alkohol für nicht-akademische Zwecke nutzten, speziell da während der Zeit der Prohibition sein Genuss verboten war. Mit einem Tropfen roten Farbstoff verwandelte Rachel den Inhalt der Flasche in eine rosarote Flüssigkeit und klebte dann eine Etikette mit einem Totenkopf darauf. Nie wieder war danach der Alkoholvorrat dezimiert« (Quaratiello 2010, 27).

6 Margaret Fifer, geb. Wooldridge, war damals die Studentin, die in *The Arrow* über den »Dschinn von Pittsburgh« schrieb (s. p. 33).

Wenn Carson um Hilfe angegangen wurde, verweigerte sie diese kaum je. Eine damalige Kommilitonin sagte einmal im Rückblick: «Sie war nicht antisozial, sie war einfach nicht sozial. Dass sie aus einer armen Familie stammte, hatte etwas damit zu tun. Sie verfügte nicht über die Kleider oder die speziellen Dinge, die ein Mädchen am College damals brauchte. Und Rachel war auf finanzielle Hilfe angewiesen, was in jener Zeit verglichen mit später schon eher ein Stigma war» (Sterling 1970, 43).

Im zweiten Jahr bezog Rachel ein neues Zimmer im ersten Stock von Berry Hall. Ihre Zimmergenossin war nun Helen Myers, deren Eltern einen erfolgreichen Milchwirtschaftsbetrieb in Bentleyville im Washington County führten. Helen war die jüngste Studentin am PCW, nur gerade 16 Jahre alt, während alle anderen, Carson eingeschlossen, mindestens 19 waren. Sie war talentiert in Sprachen und sang gerne im Gesangsclub (»Glee Club«), aber eine wirklich ernsthafte Studentin war sie nicht, und entsprechend fand sie auch, Rachel sei viel zu seriös. Wie es zu dieser Zimmergemeinschaft kam, ist nicht klar, aber sie hatte Bestand für die nächsten drei Jahre; die beiden kamen gut aus miteinander, auch wenn sie sich nicht auf einer Ebene finden konnten. »Rachel war für Helen mehr wie eine große Schwester als eine Altersgenossin, und sie zögerte auch nie, ihr Ratschläge zu geben. Mehr als einmal äußerte sie ihren Tadel, mit dem Schreiben von Liebesbriefen vergeude sie doch nur ihre Zeit« (Lear 2009, 35).

Im dritten Studienjahr verbesserte sich Rachels soziale Situation: Sie hatte jetzt ein paar gute Freundinnen. Dazu gehörten Mary Frye und Dorothy Thompson, die zwar erst im zweiten Jahr, aber auch total fasziniert von Skinkers Kursen waren (s. p. 47). Die engste Beziehung aber entwickelte sich zu Marjorie Stevenson, einer Tagesstudentin von Pittsburgh mit Hauptfach Geschichte und einem Talent für alte Sprachen. Sie waren im Französisch-Unterricht des ersten Jahres aufeinander gestoßen und hatten bald festgestellt, dass sie in grundlegenden Fragen miteinander übereinstimmten. »Die beiden waren der Meinung, das College sollte einem das Denken lehren und nicht dazu zwingen, Fakten auswendig zu lernen. Die Bildung, so ging ihr Argument, sollte ein großes Abenteuer des Geistes sein« (Levine 2007, 39). Sie trafen sich auch bei ihrer Arbeit für die Campus-Zeitung – auch Marjorie hatte dort eine Aufgabe gefasst –, und im vierten Jahr belegten sie beide den Deutsch-Kurs.

## Rachel im Tor

Freude hatte Rachel an den angebotenen Arten von Teamsport: Volleyball, Basketball und vor allem Landhockey. »Landhockey zu spielen gefiel ihr trotz der obligatorischen Uniform mit bauschigen blauen Pumphosen aus Serge, schwarzen Seidenstrümpfen und hohen weißen Tennisschuhen« (Lear 2009, 33). Hier konnte sie Geselligkeit und Kameradschaft erleben, ohne sich Zwang antun zu müssen. In sportlicher Hinsicht war sie aber offenbar nur mäßig talentiert; jedenfalls war sie häufig bloß Ersatz und kam lange nur selten zum Spielen. Das änderte sich nach zwei Jahren, und es gelang ihr dann doch noch eine beachtliche Karriere im

Landhockey. Dies wurde in *The Arrow* (8/5 [16.11.28], 1) so kommentiert: »Besonders interessant ist Carsons Laufbahn. Während der ersten zwei Jahre war sie eine treue Ersatzspielerin, die in verschiedenen Positionen eingesetzt wurde und jeweils geduldig an der Seitenlinie wartete. Das ging so bis das Team entdeckte, dass sie als Torhüterin unschlagbar war.«

Jeweils im Spätherbst gab es eine Campus-Landhockeymeisterschaft, bei der jeder Jahrgang ein Team stellte. Wer gegen wen spielen sollte, wurde vermutlich ausgelost; jedenfalls bestritten dann die Siegerinnen der beiden Ausscheidungsmatches den Final um die Meisterschaft. Im ersten Jahr von Carsons Studium (1925) wurde allseitig erwartet, dass das bisher schon erfolgreiche, sich jetzt im vierten Jahr befindliche Team (»Seniors«) wieder gewinnen würde. »Das gegenwärtige Team der Klasse der Seniors hat die Landhockey-Meisterschaft die zwei vorherigen Jahre schon gewonnen, und jedes Mitglied des Teams ist entschlossen, dies zu wiederholen. Was wollt ihr dagegen tun?« hieß es in der Campus-Zeitung (*The Arrow* 5/2 [2.10.25], 6). Nun, die Hockey-Enthusiastinnen des ersten Jahres (»Freshmen«) hatten etwas dagegen. Sie schlugen im ersten Spiel das erfolgsverwöhnte Senior-Team 2 zu 1 und danach im Final die Studentinnen des dritten Jahres (»Juniors«) 2 zu 0. Auf der in der Zeitung veröffentlichten Namensliste erschien Rachel Carson nicht; also kam sie offensichtlich nicht zum Einsatz (*The Arrow* 5/6) [11.12.25], 3).

Dasselbe Team gewann das Turnier auch in den folgenden Jahren, im dritten und vierten mit Carson als »G.K.« (»goalkeeper«). »Kooperation ist der Schlüssel für die Unbesiegbarkeit des Senior-Teams. Spiele hartnäckig, spiele fair und spiele mit den anderen zusammen – Motto des '29-Hockey-Teams" lautete der Titel eines rückblickenden Berichtes in

Abb. 2-4: Das gegen die »Army« im Dezember 1927 erfolgreiche, »Navy« genannte Landhockey-All-Star-Team, bei dem Rachel Carson (zweite von rechts in der hinteren Reihe) als Torhüterin mitwirkte. Quelle: Rachel Carson Collection, College Archives, Chatham University, Pittsburgh. Das Foto wurde seinerzeit publiziert im Campus-Jahrbuch *The Pennsylvanian* 1928/1929, 122.

*The Arrow* (8/5 [16.11.28], 1). Darin stand weiter: »Vor vier Jahren versammelten sich elf begierige, aber unsichere Freshmen auf dem Sportfeld, schrieen einander Mut zu und bezwangen das Senior-Hockey-Team, das vorher nie verloren hatte. Nach diesem viel verheißenden Anfang kämpfte sich das Team von '29 durch vier Saisons – siegreich.«

Am 5. Dezember 1927 trafen überdies zwei vom Sportausschuss ausgelesene All-Star-Teams aufeinander, die sich – wieso um alles in der Welt? – »Navy« und »Army« nannten. Rachel spielte für das Navy-Team, auch hier im Tor. »Auch in jenen Tagen hätte es kaum fernsehwürdiges Material abgegeben, aber für das Sportjahr der Schule war es das große Ereignis«, schreibt Sterling (1970, 63). Bei den Vorbereitungen fand die Spielführerin des Navy-Teams, es wäre ein guter Clou, beim Spiel eine Ziege, die traditionelle Maskotte der Navy, dabei zu haben. Wo aber eine auftreiben? Rachel anerbot sich, das Problem zu lösen, und am Spieltag erschien sie mit zwei Ziegen auf dem Campus, einer Geiß und ihrem Kleinen, – niemand wusste, woher sie die Tiere hatte. Betty MacColl, eine Jahrgängerin Carsons, wurde zur Ziegenhüterin gewählt. Sie versuchte, die Leine der Mutterziege an einem Baum festzubinden, aber diese rannte im Kreis um sie herum, so dass sie sich selbst an den Stamm gefesselt wiederfand und befreit werden musste. »Das zweite Viertel des Spiels zeichnete sich durch Hunde, Kinder und Ziegen aus, die über das Feld rannten. Im dritten Viertel bemächtigte sich ein Hund des Balls, als dieser das Feld verließ. Trotz allem war es ein famoser Sieg für die Navy, 6 zu 2« (Sterling 1970, 64).

## 2.4 Ein Gefühl der Spaltung

### Die Attraktion der Biologie

Dass sich Carson zur Erfüllung des obligatorischen Minimalpensums in Naturwissenschaften für das zweite Jahr für zwei Semester Biologie einschrieb, war angesichts ihrer Faszination für die lebendige Natur eine verständliche Wahl. Aber sie tat dies immer noch im Glauben, es gebe eine klare Unterscheidung zwischen Literatur und Wissenschaft: »Die Kunst vermittelte die Schönheit und den Sinn des Lebens, während die Naturwissenschaft auf Nützlichkeit ausgerichtet und somit als praktische Angelegenheit notwendig war« (Levine 2007, 34). Nun traf es sich aber, dass Mary Scott Skinker, die den Biologie-Unterricht erteilte, eine Professorin war, die mit ihrer eigenen lebhaften Leidenschaft für die Phänomene des Lebens ihre Studentinnen begeistern konnte, obschon sie oder gerade weil sie an diese auch harte Anforderungen stellte – andere vermieden es deshalb, das Fach Biologie zu belegen. Rachel aber geriet ziemlich rasch in den Bann dieser Frau – und damit auch in den des Faches –, während diese umgekehrt die hervorragenden Fähigkeiten ihrer Studentin rasch erkannte und als deren zusätzliche Mentorin in inoffizielle Konkurrenz zu Croff trat. Wie schon mit dieser wurde es nun auch hier zur Gewohnheit, dass die beiden nach den Vorlesungen zusammen weiter diskutierten.

Skinker war 1891 auf einer Farm in Denver zur Welt gekommen. Ihre Mutter starb, als sie noch klein war, worauf sie und ihr jüngerer Bruder, Thomas, von ihrer älteren Schwester, Anne, großgezogen wurden. Nach der High School war sie eine Zeitlang Lehrerin in St. Louis und erwarb sich danach einen Bachelor in Naturwissenschaften am Columbia Teacher's College und 1923 einen Master in Zoologie an der Columbia University. 1924 hatte sie dann ihre jetzige Stelle am PCW angetreten. Sie war eine außergewöhnliche Persönlichkeit, von Lear beschrieben als groß und schlank, tatkräftig, energiegeladen und völlig schick. »Die Frauen am PCW betrachteten Skinker mit einer Kombination von Bewunderung und Skepsis. Hier war eine wunderschöne Frau, die offensichtlich heiraten konnte, wenn sie nur wollte, die es aber aus unbekanntem Grund vorzog, Biologie zu lehren« (Lear 2009, 36).

Abb. 2-5: Die Biologie-Professorin Mary Scott Skinker. Quelle: Rachel Carson Collection, College Archives, Chatham University, Pittsburgh.

Es ist vermutlich nicht verwunderlich, dass es zwischen Skinker mit ihrer Art und Präsidentin Coolidge bald zu Spannungen kam. In der Benotung ihrer Studentinnen hielt sich Skinker strikte an die gezeigten Leistungen und nahm keinerlei Rücksicht auf deren Herkunft. So kam es einmal vor, dass ein Mädchen aus einer wohlhabenden Familie ein C erhielt. Deren Eltern intervenierten bei Coolidge, worauf sich diese mit der Aufforderung, die Note zu revidieren, an Skinker wandte. Diese aber sah keinen Grund für eine Korrektur und blieb unnachgiebig; das C entsprach genau der erbrachten Leistung.

Ein isoliertes Ereignis dieser Art hätte wohl noch keinen Konflikt heraufbeschworen, aber es war eben Ausdruck von tiefer liegenden Auffassungsunterschieden, akademische Standards im Allgemeinen und die Frage der Bildung von Frauen in der Wissenschaft im Speziellen betreffend. Skinker hatte es sich zur Gewohnheit gemacht, ihre Studentinnen zu einer ernsthaften Beschäftigung mit Naturwissenschaft zu ermutigen, während Coolidge dies für eine überflüssige und unangebrachte Liebesmüh hielt – eine gute und vernünftige Frau war doch immer noch auf dem Weg, letztlich eine Hausfrau zu werden. In dieser Situation empfand Coolidge die Popularität Skinkers als störend. Dazu kam das Problem, dass die leitenden Personen der Departemente nach Vorstellung der Präsidentin promoviert sein sollten – Skinker aber hatte als Vorsteherin des Biologie-Departementes nur einen Master.

Sie wurde von Coolidge unter Druck gesetzt, indem sie 1926 mit Earl K. Wallace für die Leitung des Physik- und Chemie-Departementes nicht nur eine Person mit Ph.D., sondern einen Mann anstellte. Die Präsidentin war zum Schluss gekommen, dass, wenn schon Naturwissenschaften, Männer diese besser betreuen konnten und außerdem noch zu einem verbesserten Image des College beitrugen.

## Mit den Flügeln eines Schmetterlings

Rachel war so stark von der Welt der Biologie begeistert, dass sie sich im Hinblick auf ihr drittes Studienjahr zu fragen begann, ob sie nicht ihr Hauptfach wechseln sollte. Nach Gesprächen sowohl mit Croff als auch Skinker blieb sie aber bei Englisch und belegte einen fortgeschrittenen Kurs in Aufsatzlehre, einen über Romanliteratur und eine Vorlesung über die Literatur zur Zeit von Geoffrey Chaucer (ca. 1343-1400) im 14. Jahrhundert. Gleichzeitig schrieb sie sich aber im Rahmen ihrer Wahlmöglichkeiten auch für Biologie-Angebote ein – für Wirbeltier-Zoologie und für Physiologie und Hygiene, beide bei Skinker –, aber grundsätzlich war es für sie immer noch eine Angelegenheit des Entweder-Oder. Daneben besuchte sie auch die mit einem zweiwöchigen Praktikum verbundene Mittelschul-Didaktik, nur um festzustellen, dass dies etwas war, das ihr gar nicht lag. Am Ende war sie froh, mit einem B minus davon zu kommen, während sie in den bisherigen Fächern nur selten schlechter als mit einem A minus benotet worden war. [7]

Ein bestimmtes Erlebnis hätte für Carson ein Fingerzeig sein können, dass es durchaus Verbindungen zwischen Literatur und Naturwissenschaft gab, aber vorläufig vermochte sie dies nicht zu sehen. Das Erlebnis aber war dieses: Eines Abends, draußen tobt ein Sturm und der Regen prasselt gegen das Fenster, ist sie mit der Englisch-Hausaufgabe beschäftigt. Sie besteht in der Lektüre des Gedichtes »Locksley Hall« von Alfred Tennyson (1809-1892). In ihm grübelt ein junger Mann, der darauf wartet, an Bord eines Schiffes zu gehen, über seine verlorene Liebe nach. Die letzte Zeile lautet: »For the mighty wind arises, roaring seaward, and I go« – »Denn der mächtige Wind kommt auf, braust hin zum Meer, und dorthin gehe ich.« Bei diesen Worten fühlt sich Rachel wie verzaubert und sie spürt ihr altes Verlangen nach dem Meer wieder aufsteigen. Jahre später schilderte sie ihre damaligen Gefühle in einem Brief an ihre Freundin Dorothy Freeman so: »Ich kann mich noch immer an meine intensive emotionale Reaktion erinnern, als diese Zeile etwas in meinem Inneren ansprach und mir zu sagen schien, dass mein eigener Weg zum Meer führte – welches ich damals noch nie gesehen hatte – und mein eigenes Schicksal irgendwie mit dem Meer verbunden war« (B 8.11.54, Freeman 1995, 59).[8]

7 PCW-Benotungssystem: A = 90-100 %, B = 80-89 %, C = 70-79 %, D = 60-69 %, E = bedingt bestanden (abhängig von weiterer Arbeit oder Prüfung), F = nicht bestanden (PCW 1927, 70). Plus bzw. minus zeigten den oberen bzw. den unteren Teil eines Notenbereichs an.

8 Bei den Quellenangaben in Klammer steht B für Brief und T für Tagebucheintrag.

Es war eine schwierige Zeit für Carson, die sich total gespalten fühlte. Einerseits wollte sie mehr denn je schreiben, hatte aber das nagende Gefühl, die Fähigkeit dazu sei ihr abhanden gekommen. Doch sie strafte sich selber Lügen, indem sie genau in dieser Phase ein wunderschönes Gedicht produzierte. Es ging um eine Übung im Englisch-Unterricht bei Croff, die darin bestand, sich mit verschiedenen Versformen auseinanderzusetzen. Rachel verfasste ein sogenanntes Triolett, einen Achtzeiler, dessen Reim die Form abaaabab hat. Außerdem müssen einerseits die erste, die vierte und die siebente Zeile und andererseits die zweite und die achte Zeile identisch sein. Es ist eine intellektuelle Herausforderung, Formulierungen zu finden, die in dieses komplexe Muster passen und zudem noch einen Sinn ergeben. Die Klasse war gespannt, ob sich da überhaupt jemand anständig aus der Affäre würde ziehen können. Rachels ehemalige Klassenkameradin Betty MacColl erinnerte sich später: »Wir lehnten uns zurück um Miss Croff zuzuhören, die die besten unserer Kreationen vorlas. Die meisten waren ziemlich schwerfällig. Dann aber …« (Sterling 1970, 53). Es zeigte sich, dass Rachel diese Aufgabe mit höchster Eleganz bewältigt hatte:

»Butterfly poised on a thistle's down,
Lend me your wings for a summer day.
What care I for a kingly crown,
Butterfly poised on a thistle's down,
When I might wear your gossamer gown,
And sit enthroned on an orchid spray?
Butterfly poised on a thistle's down,
Lend me your wings for a summer day!«

Rachels Klasse war überwältigt und konnte sich kaum mehr erholen. Wie hast du das nur gemacht? kam die Frage von allen Seiten. »Rachel antwortete, sie hätte gewusst, dass man unter einem Triolett eine leichte, luftige Versform verstand, und deshalb überlegt, welches die schönsten, leichtesten Dinge waren, die sie kannte: Schmetterling und Distelwolle« (Sterling 1970, 54). Eine Belohnung gab es mit der Veröffentlichung des Gedichtes im *Arrow* (Carson 1928a). Wörtlich übersetzen lässt sich dieses Triolett natürlich nicht, ohne dass die Poesie völlig verloren geht. Ich habe versucht, unter Beachtung der Regeln und Beibehaltung der wesentlichen Bedeutung eine deutsche Fassung zu kreieren:

Du Falter auf dem Distelflaum,
Gib deine Flügel mir zu Lehn.
Die Königskrone? Nicht im Traum,
Du Falter auf dem Distelflaum,
Wenn ich dein Kleid trag', sichtbar kaum,
Und throne auf den Orchideen.
Du Falter auf dem Distelflaum,
Gib deine Flügel mir zu Lehn.

Zur gleichen Zeit erschienen auch noch ein kleines Drama und zwei erzählerische Beiträge von Rachel in der Campus-Zeitung. Die Hauptfiguren im ersteren mit dem Titel »Let's Raise Chickens« (Carson 1927d) sind Mrs. Fulton, eine Witwe mittleren Alters, die eine kleine Hühnerfarm besitzt, und Jim Parker, ihr Junggesellen-Nachbar. Parker hat Mühe mit seinem Lebensunterhalt und schleicht sich in der Dunkelheit auf das Nachbargelände, um ein paar Hühner zu stehlen. Mrs. Fulton ertappt ihn dabei, und es gelingt ihr, ihn im Hühnerhaus einzuschließen. Als die Polizei auftaucht, schützt sie ihn aber vor einer Entdeckung, und als diese wieder abgezogen ist, kommt es zum Ende gut, alles gut: »Sie beschließen, dass es für sie besser sei, zusammen Hühner zu halten, statt dass separat die eine Person sie besitzt und die andere sie stiehlt« (Sterling 1970, 57).

Abb. 2-6: Im Herbst 1927 aufgenommenes Jahrbuch-Foto von Rachel Carson. Es erschien im *Pennsylvanian* 1928/1929 (p. 57). Quelle: Rachel Carson Collection, College Archives, Chatham University, Pittsburgh

In »Let's Go Coasting« berichtete Carson (1928b) über eine ausgelassene Rodel-Party, die eines Abends im Spätwinter 1928 an den Hängen des Amphitheaters stattfand, und für die in der Mensa entliehene Servierbretter als Schlitten dienten.

Schließlich schilderte sie in der Kurzgeschichte »Homecoming« (Carson 1928c) eine wohl für viele Familien typische Situation: Mrs. und Mr. Leigh haben einen Sohn und eine Tochter, die das College besuchen und jetzt für ein paar Tage frei haben. Die Eltern freuen sich darauf, den letzten Abend gemeinsam mit ihren Kindern zu verbringen. Diese kommen aber nach einem Besuch bei Freunden ins Haus gestürmt, fragen, ob sie rasch etwas essen könnten, denn sie möchten noch an die Tanzveranstaltung im Country Club gehen …

## Eine schwierige Entscheidung

Ebenfalls aus dieser Zeit stammt ein Foto von Carson, das für das jeweils von den Studentinnen gestaltete PCW-Jahrbuch, den *Pennsylvanian*, aufgenommen wurde. »… ihr Porträt mit der schwarzen Seidenbluse und der Organza-Rose auf der einen Schulter fällt im Jahrbuch als eines der attraktivsten von ihrer Klasse auf. Die Poetin in ihr ist ihr auf das Gesicht geschrieben«, urteilt Lear (2009, 43). Passenderweise stehen neben Rachels Bild die ersten zwei Zeilen aus dem Prolog zu Shakespeares Henry V.:

»[O for] a Muse of fire, that would ascend
The brightest heaven of invention.«

In der deutschen Übersetzung von August Wilhelm von Schlegel:

»[Oh!] eine Feuermuse, die hinan
Den hellsten Himmel der Erfindung stiege!«[9]

Mit dem »hellsten Himmel der Erfindung« ist etwas wie »die höchste Höhe der Kreativität« gemeint.

Andererseits rang Rachel im Winter des dritten Studienjahres (1927/28) wiederum mit der Frage, ob sie nicht zu Biologie als Hauptfach wechseln solle. Der Entscheid war schwierig, denn ihr war klar, dass ihre Mutter, die ihre Tochter immer als Schriftstellerin gesehen hatte, enttäuscht sein würde. Trotzdem tat sie den Schritt im Januar auch wirklich, sehr zum Missfallen von Präsidentin Coolidge, die der Studentin Carson einen zukünftigen Erfolg auf literarischem Gebiet zutraute, kaum aber im Bereich der Wissenschaft, und diesen ihrer Meinung nach falschen Wechsel natürlich Skinker anlastete. Auch etliche ihrer Kommilitoninnen schüttelten den Kopf und waren sich einig: »Eine, die so gut schreiben kann wie du und zur Biologie wechselt, ist VERRÜCKT!« (Levine 2007, 43).

An ihre Freundin Mary Frye, die auf einer Reise war, schrieb Rachel daraufhin: »Ich muss Dir etwas total Aufregendes mitteilen. Atme tief durch, Mary! Ich habe mein Hauptfach gewechselt. Zu was? Biologie, natürlich. Miss Skinker hat sich noch nicht vom Schock erholt. Sie sagt von jetzt an wird nichts sie mehr überraschen können. …[Ich]hatte letzte Nacht ein langes Gespräch mit ihr. Sie ist wirklich Klasse« (B 22.2.28, Lear 2009, 43). Zwei Wochen später fand der Bericht an Mary eine Fortsetzung: »Miss Coolidge etc. haben ziemlich Stunk gemacht über mein Programm und mein Hauptfach im Allgemeinen. … Du solltest die Reaktionen sehen, die ich bekomme. Ich bin zusammengestaucht und mit allen Arten von Schimpfnamen bedacht worden, so sehr, dass es monoton zu werden beginnt. Und das alles natürlich von den anderen Mädchen« (B 6.3.28, Sterling 1970, 59).

Für Carson aber hatte der Wechsel anspruchsvolle Folgen. Um die Kriterien für einen Abschluss in Biologie erfüllen zu können, musste sie in den verbleibenden anderthalb Jahren noch ein ansehnliches Unterrichtspensum absolvieren. Den Kurs über englische Romanliteratur gab sie auf und belegte stattdessen Chemie. Auch der obligatorische Bibel-Kurs war noch fällig. Innerhalb der Biologie versuchte sie, ihrem speziellen Interesse für die Zoologie und dabei vor allem für das Leben des Meeres Raum zu geben. Etwas vom Besten beim Hauptfach Biologie waren die von Skinker organisierten Feldexkursionen. Es ging häufig zu einer ländlichen Gegend in den nördlichen Hügeln, Wildwood genannt, in der es Steinbrüche, Teiche und Bäche mit vielen verschiedenen Arten gab. Über Ökologie, wie wir sie heute

9 Nach gutenberg.spiegel.de/buch/2175/1 (1.2.13).

verstehen, hatte Skinker keine großen Kenntnisse, ja konnte noch gar keine haben. Aber sie war sehr interessiert an seltenen Pflanzen und Tieren und plädierte für deren Schutz. »Skinkers Leidenschaft für Naturschutz war zutiefst überzeugend. Skinker musste nicht ein ökologisches Bewusstsein in Rachel erst aufwecken, sondern es nur ausweiten« (Lear 2009, 45).

## 2.5 Trotz Hindernis erfolgreicher Abschluss

### Der Wissenschafts-Club

Im Sommer 1928 planten Rachel Carson und Mary Frye die Gründung eines Wissenschaftsclubs. Sein Name sollte Mu Sigma Sigma lauten und damit die griechischen Buchstaben für die Initialen von Mary Scott Skinker, MSS, umfassen. Es blieb dann bei der verkürzten Bezeichnung Mu Sigma. Carson erwartete, bei der nicht als ausgesprochen naturwissenschaftsfreundlich bekannten Administration auf Widerstand zu stoßen, aber sie machte sich umsonst Sorgen; das Vorhaben wurde bewilligt. Sie wurde Präsidentin, ihre Freundin Mary Vizepräsidentin.

Im *Arrow* (8/3 [19.10.28], 5) wurde diese Gründung wie folgt angekündigt: »In vergangenen Tagen machten die Naturwissenschaftlerinnen am PCW bloß eine Gruppe von mikroskopischer Größe aus, die im zweiten Stock der Dilworth Hall isoliert ihre Probleme unbeweint, ungeehrt und unbesungen bearbeitete. ... Im neu geschaffenen Club können nun naturwissenschaftliche Interessen als Teil der College-Aktivitäten verfolgt werden. Mu Sigma ist ein Club für fortgeschrittene Naturwissenschafts-Studentinnen, deren Gelehrsamkeit, anerkannte Begabung und wissenschaftliches Interesse über die Mitgliedschaft entscheiden. ... In den Herbstwochen wird es Feldexkursionen geben, die wie alle Exkursionen an einem lodernden Feuer mit genug zu essen enden werden. Für die Wintertreffen wird der Club hervorragende Wissenschaftler, Wissenschaftlerinnen von Pittsburgh für Referate einladen und Besuche des Mellon-Institutes[10] und anderer Orte von wissenschaftlichem Interesse vorsehen.«

Etwas später berichtete *The Arrow* (8/5 [16.11.28], 5) über ein kurioses Tauffest, das im Biologie-Labor stattfand und »die auf dem zweiten Stock von Dilworth Hall lebenden Frösche und Urtierchen erschreckte.« Neue Mitglieder, »Neozoiten« genannt, mussten sich vor einem Tribunal der Etablierten in einer Prüfung bewähren und danach Loyalität für Mu Sigma schwören. Ein Beispiel: »Louise Dickenson wies auf sehr fähige Weise nach, dass die in Karotten auftretende funktionelle Psychose eine Folge fehlerhaft arbeitender Sinnesneuronen ist.«

10 Das Mellon Institute of Industrial Research in Pittsburgh war damals eine eigenständige Forschungsinstitution. Es schloss sich dann später (1967) mit dem Carnegie Institute of Technology zur Carnegie Mellon University zusammen.

## Ein Manko im vierten Jahr

Carsons viertes Jahr am PCW aber bahnte sich nicht programmgemäß an. Aufgrund ihrer Spannungen mit Coolidge (s. p. 48) hatte Skinker den Entschluss gefasst, einen einjährigen Urlaub zu beantragen, um an der Johns Hopkins University in Baltimore die für die Promotion notwendige Weiterbildung betreiben zu können. Sie brach auch eine Beziehung zu einem Verehrer ab, da ihr endgültig klar geworden war, dass Heirat und Karriere zwei miteinander unvereinbare Dinge waren, und sie sich in ihrem Innersten für die letztere entschieden hatte. »Das war zu jener Zeit keine einfache Entscheidung. Von einer verheirateten Frau wurde erwartet, dass sie zuhause für die Familie sorgen würde, während eine allein stehende Frau als etwas ›Unnatürliches‹ betrachtet wurde, da sie nicht Ehefrau und Mutter war« (Levine 2007, 52). Schon im Sommer 1928 war Skinker abwesend, da sie einen Sitz am Marine Biological Laboratory (MBL) am Meer in Woods Hole auf Cape Cod, Massachusetts, zum Studium von Fragen der Protozoologie erhalten hatte. Das MBL war schon 1888 als erstes privates Forschungsinstitut auf Initiative von verschiedenen Leuten in Boston und mit finanzieller Unterstützung der Women's Education Association und der Boston Society of Natural History gegründet worden.[11] Es hatte sich seither zu einer Institution entwickelt, an der sich jeden Sommer Wissenschaftler, Wissenschaftlerinnen aus aller Welt trafen, um in Ruhe, aber auch in einem gegenseitig befruchtenden, kollegialen Austausch ihren Forschungsvorhaben nachgehen zu können. Skinker berichtete von dort und fand, das wäre doch auch etwas für Carson und Frye, sie sollten sich für den Sommer im nächsten Jahr für einen Aufenthalt dort bewerben. Rachel war sehr interessiert, und es entwickelte sich eine intensive Korrespondenz. Im Übrigen benutzte sie die freie Zeit, um mit Nachhilfestunden (Latein, Englisch, Geometrie) für zwei Highschool-Schüler etwas Geld – 75 Dollar – zu verdienen.

Nach dem Volksmund kommt ein Unglück selten allein, und dieser bewies auch hier seine Richtigkeit. Nicht nur Skinker, sondern auch Croff verließ das College; niemand wusste genau warum – es wurden auch hier Differenzen mit der College-Leitung vermutet –, und Rachel erfuhr es nicht von ihr selbst, sondern von einer Kommilitonin. Sie konnte sich nicht einmal von ihr verabschieden, denn in diesem Moment war sie schon weg. Jetzt, da beide ihrer Mentorinnen, mit denen sie viel verbunden hatte, nicht mehr da waren, fühlte sich Carson verständlicherweise einsam und verlassen. Eine gewisse Kompensation gab es glücklicherweise im von Rachel im Rahmen des Fremdsprachen-Obligatoriums gewählten Deutsch. Mit der verantwortlichen Dozentin, Brunhilde Fitz-Randolph, die einen ausgezeichneten Unterricht bot, bahnte sich bald eine neue Freundschaft an. Im Übrigen: Der Bruder von Fitz-Randolph, ehemaliger Offizier der deutschen Luftwaffe, war der oben erwähnte Verehrer Skinkers gewesen.

11 Das MBL darf nicht mit der erst 1930 vom Zoologen Henry Bigelow gegründeten Woods Hole Oceanographic Institution (WHOI) verwechselt werden.

Jedenfalls aber mussten die Biologie-Studentinnen des vierten Jahres ohne ihr großes Vorbild auskommen und mit einem Ersatz vorlieb nehmen. Rachel hatte davon gehört, dass Johns Hopkins auch Studierende ohne Bachelor aufnahm, sofern diese genügend gute Noten hatten und bewarb sich dort in der Hoffnung, ihrer hoch geschätzten Lehrerin Gefolgschaft leisten zu können. Tatsächlich wurde ihre Bewerbung auch honoriert, aber sie musste zähneknirschend feststellen, dass in diesem Fall die Studiengebühren um 100 Dollar höher und die angebotenen Stipendien ungenügend waren. Diese Option blieb somit außer Reichweite.

Die stellvertretende Dozentin in Biologie war Anna R. Whiting, eine Person, die in allen Belangen einen Kontrast zu Skinker darstellte. Sie war das erste weibliche Fakultätsmitglied am PCW, das verheiratet war. Sie verfügte über den verlangten Ph.D., ein an einer landwirtschaftlichen Staatsuniversität erworbenes Doktorat in Eugenik, aber ihre Lehre erreichte lange nicht die vorher durch Skinker garantierte Qualität. Sie erteilte Kurse in Histologie, Embryologie und Genetik für jene Studentinnen, die diesen Stoff für ein nachfolgendes Universitätsstudium benötigten – ein Angebot, das Coolidge nur für ein Jahr erlaubte, da sie von fortgeschrittenen Naturwissenschaftskursen gar nichts hielt. Whiting tat im Übrigen alles, um sich bei der Präsidentin beliebt zu machen und den Posten am PCW behalten zu können, sollte Skinker nach dem Urlaub nicht zurückkehren. Entsprechend passte sie ihre Auffassungen bezüglich Frauen, Heirat und Wissenschaft denjenigen der College-Leitung an.

Carson belegte die gerade erwähnten, von Whiting angebotenen Kurse, musste aber feststellen, dass der damit verbundene Laborunterricht schwach war. Was Whiting biete, sei eine Farce, schrieb Carson an Skinker, worauf sich diese für ihre Mitwirkung bei der Anstellung der Ersatz-Dozentin entschuldigte. Rachel aber versuchte ihre Frustration zu kompensieren, indem sie nach Möglichkeit auch von anderen Angeboten Gebrauch machte, zum Beispiel von Physik und organischer Chemie, und auch von einem Wissenschaftsseminar bei Phineas W. Whiting, damals ein bekannter Genetiker an der University of Pittsburgh.

### »Magna cum laude«

Allen Widrigkeiten zum Trotz brachte Carson ihr viertes und letztes Studienjahr am PCW erfolgreich zu Ende. Die Abschlussfeier, an der die Bachelor-Titel verliehen wurden, fand am 10. Juni in der College-Kapelle statt. »Die Studentinnen der Klasse von 1929, alle mit schwarzen Baretten und Talaren, folgten der Dekanin Helen Marks und der Präsidentin Cora Coolidge in feierlicher Prozession zu ihren Plätzen vorne in alphabetischer Reihenfolge« (Lear 2009, 52). Unter den 70 Absolventinnen gab es drei, darunter Rachel, die für ihre Leistungen die Auszeichnung *magna cum laude* erhielten. Die ganze Carson-Familie war da, sogar Tante Ida – Mutter Marias ältere Schwester – und deren Sohn John, die es sich nicht hatten nehmen lassen, von Illinois aus sich auf den langen Weg nach Pittsburgh zu machen.

Abb. 2-7: Rachel Carson im Juni 1929 als frisch gebackene Bachelor-Absolventin des PCW. Quelle: Rachel Carson Papers. Yale Collection of American Literature. Beinecke Rare Book and Manuscript Library, Yale University, New Haven, CT.

Mutter Maria, die sich inzwischen mit dem Gedanken versöhnt hatte, dass Rachel in Biologie statt Englisch abschloss, strotzte vor Stolz, schließlich hatte diese so oder so jetzt das erreicht, was ihr selbst verwehrt geblieben war. Sie hatte aber natürlich selbst nach Möglichkeit zum Erfolg ihrer Tochter beigetragen, und diese war sich dessen durchaus bewusst. Zum 60. Geburtstag der Mutter hatte sie ihr im Februar einen Brief geschickt und darin ausgedrückt, wie viel ihr die erhaltene Unterstützung wert war: »Liebste Mama, … Du wirst nie wissen – Du bist dafür zu bescheiden und zu selbstkritisch –, was Du für mich bedeutest und wie dankbar ich für jedes Jahr bin, in dem wir für einander da sein können. Ich bin froh, dass wir bald in der Lage sein werden, mehr zusammen zu tun und auch öfter unsere Erfahrungen auszutauschen. Alles Liebe, Rachel« (B 2.29, Lear 2009, 51).

Das freudige Ereignis von Rachels Studienabschluss mit Auszeichnung wurde nur getrübt vom Umstand, dass die Carsons beim PCW trotz Stipendien und Spenden von Gönnern inzwischen Schulden im Umfang von 1600 Dollar angehäuft hatten. Es waren keine flüssigen Mittel da, um die zum Abschluss notwendige Begleichung vorzunehmen. Der Versuch des Vaters, mit dem Verkauf von Landparzellen zu Geld zu kommen, hatte immer noch keinen Erfolg gezeitigt. Aber es wurde eine Lösung für das Problem gefunden, die so aussah: Die Eltern übertrugen zwei große Parzellen an ihre Tochter, und diese überschrieb dieselben als Pfand an das College. Sollten sie weiterhin nicht verkauft werden können, würde Rachel Carson ab dem Herbst 1930 ihre Schulden ratenweise zurückzuzahlen beginnen. Ein entsprechender Vertrag war schon Ende Januar 1928 unterzeichnet worden.

Rachel ihrerseits hielt nicht viel von den ihr entgegen gebrachten Lobpreisungen. Ein Jahr später, als ihre Freundin Dorothy Thompson auf dieselbe Weise gewürdigt wurde, sandte sie dieser einen Brief mit der Bemerkung: »Ich pfiff auf die leeren Ehren, die ich vom PCW erhielt, aber es war mir klar, dass die, die Interesse an mir hatten, enttäuscht gewesen wären, hätte ich am ausgeteilten Ruhm nicht teilgenommen, und so war ich aus diesem Grunde froh« (Lear 2009, 52). Sie war jetzt voll überzeugt, dass sie ihr Leben als Wissenschaftlerin verbringen würde, aber ihre Freundin Marjorie Stevenson hatte dazu eine eigene Meinung. Sie schrieb ihr ins Jahrbuch: »Denk daran, meine Prognose ist, dass du noch eine berühmte Autorin werden wirst. Bitte nimm all die Frösche und Skelette nicht allzu ernst ...« (Lear 2009, 52). Wann immer Rachel später doch wieder verunsichert war, würde sie diese Zeilen wieder lesen.

Carson hatte bereits ihre Absicht erneuert, an der Johns Hopkins University ihr Zoologie-Studium weiter zu führen, und dazu im Dezember 1928 eine Bewerbung geschickt. Darin stand, sie hätte ein Forschungsprojekt begonnen, das einen Vergleich der Anatomie des Gehirns und der Gehirnnerven der Schildkröte mit anderen Reptilien beinhalte. Unterstützende Empfehlungen an das Stipendien-Komitee gab es unter anderem von Anna Whiting und Mary Skinker. Die der ersteren war kurz, aber fairerweise geradezu begeistert: »Rachel hat eine gründliche Ausbildung in den Grundlagen-Kursen genossen und ihr Interesse an Forschung ist für eine Bachelor-Studentin ganz ungewöhnlich. Man darf erwarten, dass sie eine der wirklich ausgezeichneten Master-Studentinnen sein wird« (B 18.12.28, Lear 2009, 50). Skinker ihrerseits schilderte auch Carsons finanzielle Notsituation und war natürlich auch des Lobes voll: »... ihre Qualifikationen erreichen ein besonders hohes Niveau, und zwar nicht einfach ihrer Gelehrsamkeit wegen, sondern weil sie den Scharfsinn und das Urteilsvermögen einer viel reiferen Person besitzt. ... Ihr Einfluss auf ihre Mitstudentinnen ist bewunderswert« (B 25.2.29, Lear 2009, 50).

Das half, und im April erhielt Carson von Johns Hopkins die Nachricht, dass sie ein volles Stipendium von 200 Dollar für das erste Jahr bekommen würde. Die Mutter platzte wiederum fast vor Stolz und sorgte dafür, dass die lokale Zeitung darüber berichtete: »Das von der Johns Hopkins University zuerkannte Stipendium ist eines von sieben, die Bewerbern von hohem akademischem Stand angeboten werden. ... Die Ehre einer solchen Auszeichnung wird nur selten einer Frau gewährt« (Lear 2009, 51). Eine gute Nachricht gab es auch vom MBL in Woods Hole: Rachel und Mary Frye hatten sich von den damaligen Berichten Skinkers begeistern lassen (s. p. 54) und mit ihrer Unterstützung um einen Platz dort für den Sommer 1929 beworben. Sie bekamen ihn als Forschungsanfängerinnen für einen achtwöchigen Aufenthalt zugesprochen. Dazu kam, dass derjenige von Carson – es handelte sich um 100 Dollar – vom PCW bezahlt wurde, da sich dieses entschlossen hatte, für eine ihrer Absolventinnen einen Platz zu sponsern. Frye dagegen musste, da sie erst das dritte College-Jahr vollendet hatte, selbst für die Kosten aufkommen.

Mit Skinker selbst meinte es das Schicksal nicht so gut. Sie war nach dem Sommer in Woods Hole in schlechter gesundheitlicher Verfassung und konnte das Ph.D.-Programm an der Johns Hopkins University nicht wie geplant aufnehmen. Stattdessen suchte sie in Washington bei ihrer älteren Schwester, Anne, Unterschlupf. Coolidge war wütend, als sie davon Kenntnis bekam, und brandmarkte das Verhalten Skinkers als einen Verstoß gegen die Ethik einer eingegangenen Verpflichtung. Diese zog die Konsequenzen, kündigte ihre Position am PCW im Februar 1929 und trat eine Forschungsstelle als Parasitologin im Bureau of Animal Industry des US Department of Agriculture (USDA) an. Vier Jahre später, im Mai 1933, schaffte sie es dann doch noch, ihr Doktoratsstudium an der George Washington University in Washington, DC, mit einer Arbeit über »Cestodes of Carnivora«, d.h. über die bei Fleisch fressenden Säugetieren auftretenden Bandwürmer, erfolgreich abzuschließen. Es war eine enzyklopädische Arbeit, die mittels der Auswertung von Literatur und Sammlungen alle bekannten Arten beschrieb und dabei die Nomenklatur überprüfte.

# 3 Von der Hochschule zum Staatsdienst

Rachel Carson absolviert ein Master-Studium und muss auf ein Doktorat aus finanziellen Gründen verzichten. Sie findet ihr Auskommen im Staatsdienst, in dem Fische zu ihrem Thema werden, und betätigt sich nebenbei journalistisch

> »... ich sah den Ozean zum ersten Mal, als ich nach dem College zu den Meerforschungs-Laboratorien in Woods Hole auf Cape Cod ging. Doch war ich schon als Kind vom Gedanken an ihn fasziniert gewesen. Ich träumte über ihn und wunderte mich, wie er aussehen würde. ... Es stimmt wenn ich sage, dass meine ersten Eindrücke des Ozeans sinnlicher und emotionaler Art waren und dass ich erst später auf intellektuelle Weise darauf reagierte.«
>
> (Rachel Carson 1998t, 148-149)

## 3.1 Ein Traum geht in Erfüllung

### Zuhause ist nicht mehr zuhause

Nach dem College-Abschluss verbrachte Carson zunächst ein paar Wochen zuhause in Springdale. Die Umwelt hatte sich in den letzten 20 Jahren recht drastisch verändert. »Als Rachel in diesem Juni auf der langen Veranda auf der Vorderseite des Farmhauses stand, wurde ihr Blick auf den Horizont nicht mehr von den Farmen und Feldern ihrer Kindheit dominiert, sondern von den großen Kaminen der Elektrizitätswerke« (Lear 2009, 55). Es gab ja inzwischen deren zwei, das Kraftwerk von Duquesne Light am einen und das von West Penn Power am anderen Ende von Springdale (vgl. p. 24), und, wie Lear weiter schreibt, schienen die beiden einen Wettbewerb zu veranstalten, welches von ihnen mehr Abwasser in den Fluss einleiten konnte. Zwar litt der Allegheny das ganze Jahr über an der Verschmutzung, aber im Sommer war es besonders schlimm. »Der Fluss sah so dreckig aus wie er stank« (Lear 2009, 55). In der Tat: »Das zwischen Hoch- und Tiefstand des Wassers gelegene Ufer war ein schmutziges Gemisch von Chemieabfall aus Fabrikabwassern, Staub von den Kohle-Stapelplätzen, Ölausscheidungen von Schleppern, Kähnen und Tankern« (Sterling 1970, 69). Die Ironie der Geschichte: Der Name »Allegheny« soll aus der Sprache des indigenen Volkes der Delaware (Lenape) abgeleitet sein, aus einem Wort, das »wunderschöner Fluss« bedeutet!

Man kann sich vorstellen, dass Carson unter diesen Umständen von einer gewissen Wehmut erfasst war, andererseits aber auch keinen allzu großen Abschiedsschmerz verspürte, als sie sich für ihren Sommeraufenthalt in Woods Hole aufmachte. Die Reise in den Osten wurde von zwei Zwischenhalten unterbrochen. In Baltimore begab sie sich erfolgreich auf die

Suche nach einer Unterkunft für den Herbst. Das musste ein Zimmer in der Stadt sein – auf dem Campus gab es zwar ein Studentenheim, aber da waren nur Männer zugelassen –, und sie fand eines in Gehdistanz vom Zoologie-Labor.

Danach nahm Carson noch die Gelegenheit wahr, ein paar Tage mit Mary Scott Skinker zu verbringen, die sich in einer Familien-Berghütte in Skyland, Virginia, aufhielt. Die beiden Frauen spielten Tennis und gingen auf Wanderungen und Ausritte, vor allem aber redeten sie miteinander. »Rachel genoss es, an den Abenden mit Skinker zusammen vor einem offenen Feuer zu sitzen und sich mit der Frau zu unterhalten, die noch vor nicht allzu langer Zeit ein fernes Idol zu sein schein, nun aber zur wichtigsten Person in ihrem intellektuellen und emotionalen Leben geworden war. Es gab keine Grenzen mehr zwischen Mentorin und Schützling« (Lear 2009, 57). Der Werdegang von Skinker konnte Carson eine Ahnung vermitteln, mit welchen Schwierigkeiten eine einsame Frau in der Wissenschaft zu kämpfen hatte. Unter den gegenwärtigen Umständen hatte Skinker keine Chance, über eine Anstellung an einem kleinen, mittelmäßigen College hinaus zu gelangen. Dagegen sprachen das ihr fehlende Doktorat, die wachsende Professionalisierung in der Biologie, die missliche Wirtschaftslage und nicht zuletzt ihr Alter und ihr Geschlecht. Sie war jetzt bald 40 und wusste, wenn sie weiter kommen wollte, musste sie den Erwerb des Doktortitels noch nachholen. Mit diesem Ziel hatte sie ja auch das PCW vor einem Jahr verlassen, aber bisher hatte ihre fragile Gesundheit ihr einen Strich durch die Rechnung gemacht. Das Problem war der Kräfteeinsatz, den das Unternehmen verlangte: Zur Bestreitung ihres Lebensunterhalts brauchte sie eine bezahlte Stelle, und dies bedeutete, dass nur an den Abenden Zeit für die Hochschularbeit sein würde.

## Zum ersten Mal am Meer

Weiter ging Carsons Reise nach New York, wo sie nach einem Tag Sightseeing per Schiff nach New Bedford, Massachusetts, und von dort nach Woods Hole fuhr. Dies dauerte zwar länger als mit der Bahn, war aber billiger. Der Hauptgrund für diese Wahl des Verkehrsmittels dürfte aber gewesen sein, dass Carson endlich das lang ersehnte Meer erleben wollte. »Die (Schiff-)Fahrt hinüber nach Woods Hole am frühen, klaren und kalten Morgen war herrlich«, schrieb sie an Dorothy Thompson (B 4.8.29, Levine 2007, 52-53). Das Marine Biological Laboratory (MBL) bot umwälzende neue Eindrücke. Die Laboratorien verfügten über lange Fensterfronten, die eine gloriose Aussicht auf das Meer boten, und die Bibliothek war mit relevanten Büchern und Zeitschriften aus aller Welt üppig bestückt. Die Atmosphäre war eine äußerst kollegiale, mit vielen intensiven Gesprächen. Oft gab es am Abend eine gesellige Zusammenkunft oder ein Picknick. Für Hierarchien war kein Raum, und auch die Frauen waren voll integriert – es gab keine geschlechtergetrennten Einrichtungen. Unter den 71 »beginning investigators«, die sich in diesem Sommer in Woods Hole aufhielten, befanden sich 31 Frauen, eine für die damalige Zeit erstaunliche Zahl. Und das Leben war billig: Die wöchentlichen Ausgaben beliefen sich auf sieben Dollar für das Essen in der Mensa und vier Dollar für das Zweierzimmer, das Carson mit Mary Frye teilte. In der Freizeit spielten die beiden Tennis miteinander, saßen in Gespräche vertieft am Strand oder gingen schwimmen – Rachel benützte die Gelegenheit, um dies unter Anleitung von Mary zu lernen. Insgesamt: »Rachel war so unbekümmert wie noch nie, ohne Sorgen über die Familie« (Levine 2007, 54).

Abb. 3-1: Rachel Carson auf einem Ausflug mit einem Forschungsschiff des US Bureau of Fisheries während ihres ersten Aufenthaltes im Sommer 1929 am Marine Biological Laboratory (MBL) in Woods Hole, MA. Foto: Mary Frye. Quelle und Bewilligung: Linda Lear Collection of Rachel Carson Books and Papers, Connecticut College, New London, CT

In Woods Hole war man zum Studium der marinen Lebewesen nicht auf konservierte Laborproben angewiesen, sondern konnte lebende Exemplare – Seeigel, Krebse, Schnecken, Muscheln – untersuchen, die von einem täglich ausfahrenden Sammelboot des MBL angeliefert wurden. Außerdem standen auch die Aquarien des nahe gelegenen, schon seit 1871 bestehenden Laboratoriums des US Bureau of Fisheries zur Verfügung, und Carson konnte auch einen höchst interessanten Tag auf dessen Forschungsschiff verbringen. Lear (2009, 60) nimmt an, dass Carsons Sammlung direkten Wissens über das Leben im Meer hier ihren Anfang nahm, und auch der Geist, in dem sie diesem Leben nachzuspüren versuchte, hier seinen Ursprung hatte. Ihre späteren Bücher über die Meeresbiologie bauten auf dieser Grundlage auf. Carson selbst schrieb später: »Regelmäßig verbrachte ich lange Stunden [in der Bibliothek] auf der Suche nach Antworten auf die Fragen, die mich beschäftigten. Zu jener Zeit konnte ich mir nicht vorstellen, dass eines Tages mein eigenes Buch über das Meer auf dem Büchergestell dieser selben Bibliothek stehen würde, aber ich bin sicher, dass der Ursprung zu *The Sea Around Us* (s. Kap. 6) in diesem ersten Jahr in Woods Hole zu suchen ist, als ich begann, Fakten über das Meer aufzunehmen – Fakten, die ich in der wissenschaftlichen Literatur oder durch persönliche Beobachtung und Erfahrung entdeckte« (Brooks 1989, 111).

Am schönsten aber war für Carson immer die Möglichkeit, an der Küste die Geschöpfe des Meeres in ihrem natürlichen Milieu beobachten zu können – das war schlicht überwältigend. Zweifellos nahm damit auch die Entwicklung ihres Einfühlungsvermögens in das Leben dieser Wesen, so wie es dann vor allem in *Under the Sea-Wind* (s. Kap. 5) seinen Ausdruck findet, ihren Anfang. Für die unmittelbare Zukunft aber stand jetzt das Problem eines Forschungsthemas für ihre Masterarbeit im Vordergrund, und dafür benötigte Carson etwas, das dem wissenschaftlichen Anspruch, der Vermehrung von Detailkenntnissen, Genüge tun würde. Es traf sich, dass Rheinart Parker Cowles, Meeresbiologe an der Johns Hopkins University, der im Herbst einer von Carsons Professoren sein würde, auch in Woods Hole war. Zusammen kamen sie zum Schluss, dass eine Untersuchung des Terminalnervs[12] bei den Reptilien lohnend sein sollte, denn bislang war dieser nur bei Schildkröten studiert worden, womit sich ein Vergleich mit Eidechsen, Schlangen und allenfalls auch Krokodilen aufdrängte. Bei der näheren Betrachtung dieses Themenvorschlags wurde Carson allerdings schmerzlich bewusst, wie mangelhaft Whitings Vorlesungen im vierten Jahr am PCW gewesen waren. Das äußerste sich in einem Brief an Dorothy Thompson: »Wir dachten, wir realisierten, was es [das letzte Jahr am PCW] uns antat, aber das war ein Irrtum. … Ich war praktisch ein Wrack während der ersten Woche hier. Ich wusste nicht, was ich tun sollte, … aber jetzt erhole ich mich langsam wieder …« (B 29.8.29, Souder 2012, 45).

Der Aufenthalt in Woods Hole war eine wundervolle Zeit, und Carson verstand, dass man geradezu süchtig werden konnte und jeden Sommer zurückkehren wollte. Ihr war aber klar, dass sie selbst darauf verzichten musste, dass es sinnvoller war, für den Sommer im nächsten Jahr eine Anstellung zu suchen, die ihr die Möglichkeit geben würde, Erfahrungen in der Lehre zu machen und auch etwas Geld zu verdienen. Sie schrieb aber an Thompson mit der dringenden Aufforderung, sich doch um einen Platz am MBL zu bewerben.

Vor Beginn des Semesters an der Johns Hopkins University stattete Carson in Washington noch dem US Bureau of Fisheries im Department of Commerce einen Besuch ab. Dieses Amt war 1902 aus einer Vorläuferorganisation hervorgegangen, der 1871 vom Kongress installierten US Commission of Fish and Fisheries (abgekürzt US Fish Commission). Das Ziel war, die Ursachen für den Niedergang der kommerziellen Fischarten und der aquatischen Tiere in den amerikanischen Binnen- und Küstengewässern zu untersuchen und Gegenmaßnahmen auszuarbeiten. Vermutlich auf Vermittlung von Skinker konnte Carson

12 Der Terminalnerv ist ein etwas mysteriöser dreizehnter Gehirnnerv (auch »nullter Gehirnnerv« genannt), der in vielen Lehrbüchern neben den klassischen zwölf Gehirnnerven gar nicht aufgeführt wird. Seine Funktion wird kontrovers diskutiert. Aus seiner Nähe zum normalen Riechnerv aber wird meist geschlossen, dass er auf Duftstoffe reagiert, und zwar vermutlich auf Sexualpheromone.

sich dort mit Elmer Higgins unterhalten, der Chef der Division of Scientific Inquiry war. Sie wollte von ihm wissen, wo wie über Meeresfische geforscht wurde, und wie er die Aussichten für eine Meeresbiologin beurteilte, eine Stelle zu finden. Higgins war verständnisvoll, aber auch offen; er musste die Erwartungen Carsons mit der Feststellung dämpfen, dass es nach seiner Erfahrung sicher schwierig sein würde. Vermutlich die beste Option, so meinte er, sei Arbeit bei einer Behörde zu suchen, aber auch hier bestünde bei der Besetzung der Forschungspositionen eine Vorliebe für Männer. Immerhin, die Chance war nicht Null, dachte Carson und ließ sich von Higgins bezüglich der Kurse beraten, die sie an Johns Hopkins belegen sollte, wollte sie Aussicht auf eine zukünftige Anstellung als Meeresbiologin haben.

In der Folge sollte ihre Suche nach Möglichkeiten bezahlter Arbeit nicht leichter werden: Am 25. Oktober 1929, dem Tag, der als »Schwarzer Freitag« in die Geschichte einging, gab es den großen Börsenkrach, der in den USA die »Great Depression« und außerhalb von ihr eine umfassende Weltwirtschaftskrise nach sich zog.

## 3.2 Vom Terminalnerv bei Reptilien zur Vorniere bei Fischen

### Erfolgreicher Start ins Master-Studium

Johns Hopkins University war 1876 als erste Hochschule der USA nach dem Vorbild der deutschen Universitäten gegründet worden. Damit war sie eine Institution, an der die Forschung der Professoren einen höheren Stellenwert hatte als die Bildung der Studierenden. Von Beginn weg war William Keith Brooks (1848-1908) die führende Figur in der Zoologie, die er, der damaligen Zeit entsprechend, noch weitgehend beschreibend betrieb. Er war bekannt für seine Arbeiten über die Anatomie und Embryologie der Meerestiere, im besonderen von Seescheiden, Krebstieren und Weichtieren. Zur Zeit als Brooks Nachfolger, Herbert Spencer Jennings, Direktor des Labors für Zoologie wurde (1910), war das Fach im Umbruch zu einer experimentellen Disziplin begriffen. Jennings, dessen eigenes Spezialgebiet die Genetik der einzelligen Urtierchen war, amtierte auch noch als Direktor, als Rachel Carson ihr Master-Studium aufnahm. Ihr Betreuer aber war der im Zusammenhang mit Carsons Aufenthalt am MBL in Woods Hole schon genannte Cowles (s. p. 62). Seine Forschung befasste sich vor allem mit der Hydrobiologie und Hydrographie der Chesapeake Bay. So untersuchte er einerseits die Lebensgeschichte, die Anatomie und das Verhalten von Hufeisenwürmern, Hohltieren und Seegurken, aber auch von Seeschwalben, andererseits die Verteilung von Wasserdichte und Salzgehalt.

Am Department für Biologie an Johns Hopkins wurden neben der Zoologie auch die Botanik und die Pflanzenphysiologie gepflegt. Beim Eintritt von Carson betrug der Frauenanteil unter den Studierenden in Biologie doch immerhin um die 30 Prozent. Im Kurs in organischer Chemie aber fand sie sich als eine von zwei Frauen unter 70 Männern wieder. Sie hätte ihn am liebsten beiseite gelassen – er war als »famously difficult course« bekannt

(Levine 2007, 56) –, musste ihn auf Geheiß von Cowles aber besuchen. Zum Programm des ersten Semesters gehörten daneben auch je ein Kurs in Genetik (bei Jennings), in Physiologie und in Botanik. Den Vorlesungsteil der Botanik fand Carson etwas langweilig, was aber durch interessante Exkursionen kompensiert wurde. Die Vergleichende Anatomie, die normalerweise auch zum Pensum gehörte, konnte sie weglassen – Cowles hatte sich Carsons Notizen des entsprechenden College-Unterrichtes angesehen und gefunden, dass der damals vermittelte Stoff völlig genügte.

Abb. 3-2: Foto von Rachel Carson für die Einschreibung an der Johns Hopkins University (1929). Quelle und Bewilligung: Ferdinand Hamburger Archives, Sheridan Libraries, Johns Hopkins University, Baltimore, MD.

Carson atmete auf, als sie die organische Chemie hinter sich gebracht hatte, und dazu noch erfolgreich. Sie schrieb an Mary Frye: »Ich erhielt ein 85 …, und ich war noch nie in meinem Leben so stolz auf ein 85!« (B 8.2.30, Lear 2009, 67). Auch die anderen Kurse schloss sie mit guten Noten ab. Aber noch musste ein weiterer gefürchteter Stolperstein unbeschadet überstanden werden. Das war das Schlussexamen des im Frühlings-Semester fortgesetzten Physiologie-Unterrichtes. Der zuständige Professor war Samuel Ottmar Mast, »der Schrecken aller Kandidaten, Kandidatinnen an Hopkins« (B Skinker an Thompson, 5.6.30, in Lear 2009, 68). Carson war so nervös, dass sie in der Nacht vorher sich noch bis über drei Uhr morgens hinaus vorbereitete und dann, wie sie an Thompson schrieb (B 19.6.30, in Lear 2009, 68), »total angeschlagen und betäubt von Müdigkeit und Grauen« in die Prüfung ging. Aber sie hatte sich zu viel Sorgen gemacht, denn Matt schrieb »very good« auf ihr Papier.

Zur guten Stimmung trug auch der Umstand bei, dass sie für den Sommer einen Job als Laborassistentin bei Grace E. Lippy fand. Diese hatte vor vier Jahren ein Master-Programm in Zoologie an Johns Hopkins absolviert und dabei gute Arbeit geleistet. Das Institut, das eine Person benötigte, die im Rahmen der im Grundstudium (»undergraduate«) angebotenen sechswöchigen »Summer School« einen einführenden Zoologie-Kurs erteilte, stellte sie daraufhin als »Instructor« an. Sie war damit zu jener Zeit die einzige weibliche Lehrperson des Institutes. Carson hatte die Aufgabe, für Unterhalt und Bereitstellung der Geräte zu sorgen und den Studierenden, 45 an der Zahl, bei den Experimenten zu helfen. Lippy war sehr zufrieden und stellte Carson auch in den vier folgenden Sommern für diese Arbeit an, und zwischen den beiden Frauen entwickelte sich eine veritable Freundschaft. Es scheint, dass dies für Carson die einzige nähere persönliche Beziehung war, die sich während ihrer Zeit an Johns Hopkins ergab. Im Gegensatz zum MBL mit seinem lockeren, geradezu familiären Betrieb herrschte hier eine recht angestrengte Atmosphäre, die dem Knüpfen sozialer Kontakte nicht unbedingt förderlich war.

Einzig der fehlende direkte Kontakt zur Mutter trübte die sonst gute Stimmung Carsons etwas. Mit ihr war sie doch eng verbunden, und nun war das erste Semester in Baltimore die bisher längste Zeit, in der sie von ihr getrennt war. Das Geld reichte nur für briefliche Kontakte, Ferngespräche zu führen, geschweige denn hin und her zu reisen war jenseits der finanziellen Möglichkeiten. Im Frühling aber kam es diesbezüglich zu einer entscheidenden Änderung. Die Wirtschaftskrise verschärfte die finanziellen Probleme der Familie und brachte diese zum Schluss, alle könnten billiger in *einem* Haushalt leben. Außerdem war die Chance, in der Gegend von Baltimore Arbeit zu finden, besser als die in der von Pittsburgh. Also suchte Rachel nach einem Haus mit erschwinglicher Miete und fand eines in Stemmers Run, einer etwa 20 Kilometer nordöstlich des Stadtzentrums gelegenen ländlichen Gemeinde. Das Haus war größer als jenes in Springdale und verfügte über sanitäre Einrichtungen, aber immer noch über keine Zentralheizung. Die Umgebung war mit Eichen bestanden, und nach einem Fußmarsch von nur drei Kilometer war man an der Chesapeake Bay. Die Eltern zogen dort im Frühling 1930 ein, Marian kam mit ihren Kindern im Juni dazu, Robert Junior, der in Springdale zurück blieb im Versuch, das Farmhaus zu vermieten, ein Jahr später. Das hatte für Rachel, die sich nie mit Küchenarbeit hatte anfreunden können, den Vorteil, dass die Mutter fortan für den Haushalt sorgen würde. Andererseits bedeutete es aber auch, dass diese immer gegenwärtig war – vermutlich wäre Rachel ab und zu auch gerne mal allein oder mit Freundinnen zusammen gewesen. Und allgemein war das Familienleben natürlich mit Unruhe verbunden.

## Von der Schwierigkeit, zwei Dinge gleichzeitig zu tun

Der erste Sommerlohn von 200 Dollar reichte nur zur Deckung der Lücken bei den Familienausgaben und für eine Abzahlung eines geringen Teils der PCW-Schulden. Für das zweite Universitätsjahr erhielt Carson wiederum ein Stipendium von 200 Dollar, aber zu ihrem Schrecken wurden die Studiengebühren von 250 auf 300 Dollar erhöht, und dafür reichte ihr Geld nicht. Der einzige Ausweg war ein Wechsel zu einem Teilzeitstudium, das bezahlte Arbeit anzunehmen gestattete, allerdings mit der Konsequenz, dass sie auf ihr Stipendium verzichten musste. »Rachel überschwemmte die Campus-Departemente und die Johns Hopkins Medical School mit Briefen, in denen sie sich um eine halbzeitliche Anstellung bewarb« (Lear 2009, 69). Schließlich fand sie eine als Laborassistentin am Institute for Biological Research in der School of Hygiene and Public Health, mit der sie 65 Dollar monatlich verdiente. Der Institutsdirektor war Raymond Pearl, der um die Jahrhundertwende ein Student beim damals an der University of Michigan lehrenden Jennings gewesen und nach Abschluss des Studiums bald aus dessen Schatten getreten war. Er arbeitete zunächst in Biometrie und Biostatistik und widmete sich später intensiv der Frage, welche Faktoren zu Langlebigkeit beitragen. 1925 gelang es ihm, von der Rockefeller Foundation Geld für die Gründung des genannten Institutes zu bekommen. Carson erlebte hier eine ungewohnte andere Welt: Die ungemein geräumigen Labors, in denen sie mit den Rattenkolonien und den genetischen Experimenten an Fruchtfliegen arbeiten musste, waren das eine, die wirkliche Überraschung war, dass hier viel mehr Frauen als an anderen akademischen Institutionen tätig waren.

Neben dieser Arbeit konnte Carson im Herbstsemester 1930 nur zwei Kurse belegen: Einen über Genetik und Entwicklung bei Jennings und einen über fortgeschrittene Tierphysiologie bei Mast. Beide waren recht anspruchsvoll. Insgesamt bedeutete dieses Arrangement, dass Carson nur wenig Zeit zur Weiterführung der Forschung für ihre Masterarbeit blieb. »Manchmal habe ich das Gefühl, dass ich, was meinen Abschluss betrifft, nicht weiterkomme, aber es ist einfach so, dass die Aufgabe, zwei Dinge gleichzeitig zu tun, nicht funktioniert, es sei denn, man ist eine Amazone«, schrieb sie an Dorothy Thompson (B 16.10.30, Lear 2009, 70). Erschwerend kam noch dazu, dass das Thema der Masterarbeit in der Luft hing. Die Untersuchung des nullten Hirnnervs bei Reptilien wollte keine brauchbaren Resultate ergeben, auch nicht nachdem Carson von Schlangen- und Eidechsenköpfen unzählige Paraffin-Schnittpräparate hergestellt hatte. Sie entschloss sich deshalb, damit aufzuhören und einen nächsten Versuch mit dem Studium von Dornschwanzhörnchen zu starten. Aber auch diesem war kein Glück beschieden, Carson brauchte Embryos, aber die Tiere wollten sich nicht fortpflanzen. Mit diesen Problemen erweckte sie in ihrem Umfeld den unverdienten Eindruck, sie sei eine schwierige Studentin, was ihrem akademischen Fortkommen nicht förderlich war.

Abb. 3-3: Rachel Carson zur Zeit ihres Studiums 1932 an der Johns Hopkins University, Baltimore, MD. Quelle und Bewilligung: Ferdinand Hamburger Archives, Sheridan Libraries, Johns Hopkins University.

Während ein Master-Studium normalerweise zwei Jahre dauerte, musste Carson ein drittes anhängen, was ihrer finanziellen Situation auch nicht zuträglich war; die Aussicht auf eine besser bezahlte Stelle nach dem Universitätsabschluss musste weiter in die Zukunft verschoben werden. Vorläufig blieb es bei der Kombination eines reduzierten Studiums mit einer Teilzeitarbeit. Die Anstellung am Institute for Biological Research in Baltimore lief aber aus, und Carson musste sich anderweitig umsehen. Dank Vermittlung und Empfehlung von Cowles und Lippy konnte sie bei Guy P. Thompson an der Dental and Pharmacy School der University of Maryland in College Park bei Washington eine Teilzeitstelle als Zoologie-Assistentin mit einem Jahresgehalt von 900 Dollar antreten. Damit aber ergab sich ein weiteres Hindernis, ein jeweils zeitaufwendiges Hin und Her – College Park war rund 50 Kilometer südwestlich von Baltimore gelegen.

Als neues Forschungsthema schlug Cowles eine Untersuchung der embryonalen Entwicklung der sogenannten Vorniere (*pronephros*) bei Fischen vor, und er war der Meinung, diese müsste sich zügig vorantreiben lassen. Die Vorniere (auch Kopfniere genannt) ist ein Organ, von dem man wusste, dass es sich kurz nach der Eibefruchtung als vorderster Teil des primitiven Nierengewebes bildet, nicht aber, welches seine Funktion ist. Alles war aber schwieriger und aufwendiger als erwartet. Es brauchte ein ausgedehntes Literaturstudium, und es dauerte eine Weile, bis Carson eine Fischzuchtanstalt fand, die Embryos und Larven einer Katzenwels-Art in verschiedenen Stadien liefern konnte. Nun musste sie Hunderte von Schnittpräparaten herstellen, womit sie schließlich die Entwicklung dieses Organs über die ersten elf Tage verfolgen und aufzeichnen, aber weiterhin nichts über seine Funktion aussagen konnte.[13]

Allen Problemen zum Trotz war es im Frühling 1932 endlich so weit; Carson konnte eine 108-seitige Arbeit mit dem Titel »The Development of the Pronephros during the Embryonic and Early Larval Life of the Catfish *(Ictalurus punctatus)*« abliefern. Sie wurde als sehr sorgfältig durchgeführt taxiert, auch wenn es Punkte gab, die der weiteren Aufklärung harrten. Carson erhielt ihren Master am 14. Juni 1932. In einem Rückblick auf diese harte Zeit schrieb sie später einmal: »Was immer ich auch sonst noch dort gelernt habe, dies war die unvergessliche Lektion: Eigentlich wissen wir gar nichts. Das, was wir heute zu wissen glauben, wird morgen durch etwas anderes ersetzt« (B an Curtis Bok, 12.7.56, Brooks 1989, 206).

## 3.3 Knapp über Wasser

### Arbeitssuche statt Doktorat

Nach den Anstrengungen des Winters war der folgende Sommer erholsam. Nach einem neuerlichen gemeinsam betreuten Summer-School-Kurs reisten Grace Lippy und Rachel Carson zusammen für einen sechswöchigen Forschungsaufenthalt nach Woods Hole; beide

13 Heute ist Folgendes bekannt: Die Vorniere ist embryonal bei allen Wirbeltieren angelegt. Bei Kieferlosen, Strahlenflossern, Lungenfischen und Amphibien ist sie auch noch im Larvenstadium eine funktionstüchtige Niere. Bei einigen echten Knochenfischen hat sie eine lebenslange exkretorische Funktion, bei anderen wird sie zu einem blutbildenden Organ. Bei den anderen Arten bleibt die Vorniere funktionslos oder verkümmert (nach Wilfried Westheide und Gunde Rieger (Hrsg.) 2004. Spezielle Zoologie. Teil 2: Wirbel- oder Schädeltiere. Spektrum, Heidelberg, pp. 158-159).

gehörten dem Johns-Hopkins-Kontingent für dieses Jahr an. Zu diesem Zeitpunkt hatte Carson die feste Absicht zu doktorieren, und deshalb blieb sie für die folgenden zwei Jahre an der Universität auch eingeschrieben, während sie weiterhin ihrer Arbeit in College Park nachging.

Am Anfang des Jahres 1934 aber kam Carson zur schmerzlichen Einsicht, dass sie vom Ziel eines Doktorats Abstand nehmen musste – zu groß waren die ständigen Geldsorgen der Familie und zu häufig war sie die einzige, die überhaupt ein Einkommen erzielte. Der Vater und auch Schwester Marian waren gesundheitlich angeschlagen und konnten nur beschränkt arbeiten. Für Bruder Robert war das Problem, dass er keine permanente Anstellung fand. Eine Zeitlang hatte er Arbeit bei einer Radio-Reparatur-Werkstätte, für die er wegen der Wirtschaftskrise aber nur zum Teil in Bargeld bezahlt wurde, für den Rest in Naturalien. So kam er einmal mit Perserkatzen, einer Mutter mit ihren drei Kleinen nach Hause. Die Kätzchen wurden Buzzie, Kito und Tippy getauft, und Rachel war von ihnen so entzückt, dass sich von da an ihre in der Kindheit entstandene Vorliebe für Hunde in eine Präferenz für Katzen verwandelte.

Aber das war ein einsamer Lichtblick. Carson musste dem PCW mitteilen, sie könne ihre Schulden nicht zurückzahlen. Schon im Februar 1931 hatte sie ihre Überweisung der Abzahlungsraten einstellen müssen, und schließlich blieb nichts anderes übrig, als dem College die als Pfand gegebenen Grundstücke ganz abzutreten. Nachdem sie ihr Doktoratsstudium aufgegeben hatte, suchte sie mit Hilfe des Arbeitsvermittlungsbüros der Universität nach einer vollen Anstellung. Aus den auf dem entsprechenden Formular obligatorisch einzutragenden physischen Merkmalen geht hervor, dass Carson eine zierliche Person war, die 115 Pfund [= 52 Kilogramm] wog und fünf Fuß vier Zoll [= 1,63 Meter] groß war. Sie beschrieb sich als voll qualifiziert für die Lehre in Biologie an einem College; als wünschbares Jahressalär stellte sie sich 2000 bis 2400 Dollar vor, gab aber an, sie würde sich auch mit minimal 1200 bis 1500 Dollar zufrieden geben. Ihr Dossier enthielt sieben Empfehlungsschreiben in unterschiedlich positivem Ton gehalten. Grace Lippy, in der Zwischenzeit Professorin am Hood College in Frederick, Maryland, geworden, war voll des höchsten Lobes – sie schrieb: Wer Carson anstellt, »hat einen Schatz« (B 29.3.35, Lear 2009, 76). Im Gegensatz dazu fiel die Referenz von Jennings, für den Forschung einen bedeutend höheren Stellenwert als Lehre hatte, nur lauwarm aus: »Miss Carson ist eine gründliche, hart arbeitende Person, nicht brillant, aber sehr tüchtig, mit einer guten Kenntnis von Biologie. … Sie ist absolut zuverlässig und wird weiterhin eine zufriedenstellende Lehrerin sein« (B 29.3.35, Lear 2009, 76).

So oder so, Carson war mit ihrer Suche nach Arbeit nicht erfolgreich und begann sich im Hinblick auf das Bestreiten ihres Lebensunterhaltes zu fragen, ob ihr literarisches Talent vielleicht einen Ausweg bieten könnte. Sie erinnerte sich an ihre während der College-Jahre entstandenen Kurzgeschichten und Gedichte und sandte eine Zeitlang Neubearbeitungen an verschiedene Magazine wie den *Reader's Digest*, die *Saturday Evening Post*, und *Collier's*.

Dabei war das Triolett »Butterfly poised ...« (s. p. 50), aber auch z.B. ein Gedicht mit dem Titel »I Don't Know«, in dem sie ein Kindheitserlebnis in Worte zu fassen versuchte:[14]

»Sometimes in the evening, when I'm out late,
I see the blackest shadows by the garden gate,
Men with ragged coat-tails and their hats pulled low,
Goblin-folk and witches standing row on row.
Mother says they're trees,
But I don't know.

And way over yonder by the big corn patch
I hear the tassels whisper and the leaves go ›scr-a-tch‹.
And when it's *very* dark I have heard, too,
A sound that made me shiver, 'cause it just went, ›Oo-oo!‹
Mother says it's screech-owls,
But I don't know.

And last night I was standing beside the kitchen door,
(And I was pretty brave, 'cause I'm just four,)
When all at once I saw, from 'most everywhere,
Big yellow eyes that could only blink and stare.
Mother says they're fireflies,
But I don't know.«

Niemand aber zeigte Interesse. Das einzig Positive dabei war: Carson entdeckte, dass das alte Feuer noch nicht erloschen war, dass sie wieder Gefallen am Schreiben fand.

Am 6. Juli 1935 wurden Rachels Anstrengungen, eine Einkommensquelle zu erschließen, durch den Tod ihres Vaters jäh unterbrochen. Dieser kam an diesem Morgen zu seiner Frau in die Küche und sagte, er fühle sich nicht wohl. Maria meinte, etwas frische Luft würde ihm gut tun, und er ging durch die Hintertüre ins Freie. Als sie aus dem Fenster blickte, sah sie, wie er plötzlich innehielt und dann der Länge nach ins Gras fiel. Maria eilte hinaus und sie war bei ihm, einen Moment bevor er in ihren Armen starb. »Einundsiebzig Jahre alt geworden, hatte er den größten Teil seines Lebens vergeblich dafür gekämpft, einen Platz für sich selbst zu finden« (Lear 2009, 77). Die Leiche wurde nach Canonsburg, Pennsylvania, überführt, wo drei noch lebende Schwestern von Robert Senior sich um dessen Beerdigung kümmerten. Von seiner Familie konnte niemand daran teilnehmen; die Reise dorthin war nicht bezahlbar. Ihr sozialer Status änderte sich mit dem Hinschied des Vaters nicht; er hatte ja schon lange nicht mehr in substanzieller Weise zu deren Unterhalt beitragen können. Trotzdem, wenn nicht schon vorher, war es jetzt vollends klar, dass Rachel die Aufgabe zufiel,

14 Enthalten in den Rachel Carson Papers. Yale Collections of American Literature, Beinecke Rare Book and Manuscript Library, Yale University, New Haven, CT.

die Familie am Leben zu erhalten. Robert Junior zeichnete sich nach wie vor durch Unstetigkeit und Unzuverlässigkeit aus, und Marians teilzeitlicher Verdienst reichte nicht mal zum Unterhalt von ihr selbst und ihrer beiden Töchter. Bei alledem darf aber vermutet werden, dass sowohl Maria wie auch Rachel nach dem Tod von Robert Senior das Gefühl einer gewissen Befreiung empfanden.

## Fischgeschichten

Carson, die dringend eine volle Stelle benötigte, wandte sich in ihrer Verzweiflung an Skinker und bat sie um Rat. Diese war der Meinung, auch für Carson müsste der Staatsdienst eine Möglichkeit sein und ermunterte sie dementsprechend, die als Voraussetzung notwendigen Prüfungen abzulegen. Das tat sie dann auch erfolgreich in den Bereichen Parasitologie, Wildbiologie und Gewässerbiologie. Danach sprach sie im Oktober 1935 wieder bei Elmer Higgins im US Bureau of Fisheries vor, um sich nach Arbeitsmöglichkeiten zu erkundigen.

Abb. 3-4: Elmer Higgins, Rachel Carsons Chef, als sie 1935 beim Bureau of Fisheries in Washington, DC, zu arbeiten begann. Hier auf einer Aufnahme von 1947. Quelle: National Conservation Training Center, US Fish and Wildlife Service, Shepherdstown, WV.

Higgins konnte sich gut an Carsons früheren Besuch erinnern (s. p. 62 f.). Wenn Stirling (1970, 89) mit seiner Rekonstruktion des Gesprächs Recht hat, kam diese ohne Umschweife zu ihrem Anliegen: »Haben Sie eine Stelle, für die ich qualifiziert wäre? Nachdem ich Sie, mein Studium betreffend, um Rat gefragt und diesen auch befolgt habe, schien es mir logisch, jetzt zu Ihnen zurückzukommen.« Higgins war von dieser Direktheit beeindruckt, hatte zwar keine reguläre freie Stelle, die er seiner Besucherin hätte anbieten können, aber ein Problem, das gelöst werden musste. Seine Abteilung hatte die Aufgabe gefasst, Skripten für 52 bildende Radiosendungen in einer *Romance Under the Waters* genannten Serie zu verfassen – im Jargon der Angestellten des Bureaus als »seven-minute fish tales« bekannt – und es gab niemanden, der mit der Sprache so umgehen konnte, dass es nicht zu technisch und zu langweilig klang. Auf die Frage von Higgins, ob sie schreiben könne, wies Carson auf ihr ursprüngliches Studium in Englisch und die für die College-Zeitung verfassten Texte hin. Higgins meinte: »Ich habe nie ein geschriebenes Wort von Ihnen gesehen, aber unternehmenslustig wie ich bin gehe ich ein Risiko ein,« und bot ihr als Test das versuchsweise Verfassen von ein paar dieser Skripten an (Lear 2009, 79). Mit dem Resultat war er mehr als zufrieden und er engagierte Carson daraufhin für $ 6,50 pro Tag, allerdings nur für zwei Tage die Woche. Damit hatte sie nun wenigstens zwei Teilzeitarbeiten.

Während der nächsten acht Monate schrieb Carson nun die Skripte für die wöchentliche Radiosendung, die zu einem Erfolg wurde. Als die Serie beendet war, erteilte Higgins Carson den Auftrag, eine Einleitung zu einer Broschüre über das Meer zu verfassen. Sie schrieb ein elfseitiges Essay mit dem Titel »The World of Waters« und brachte es Higgins ins Büro. Carson (1998t, 150) erinnerte sich später an dessen Reaktion: »Mein Chef las es und gab es mir mit einem Augenzwinkern zurück. ›Ich glaube nicht, dass das passt‹, sagte er. ›Es ist besser, wenn Sie es nochmals versuchen. Aber senden Sie diesen Text doch dem *Atlantic.*‹« Carson war baff, war das *Atlantic Monthly* doch eines der renommiertesten Magazine der USA. Sie revidierte den Text für den Gebrauch des Bureau of Fisheries, aber getraute sich nicht, das Original an die Zeitschrift zu schicken.

## Ein Anfang und ein Ende

Zu jener Zeit waren die Stellen für Frauen und für Männer im Staatsdienst nicht austauschbar, ihre Besetzung wurde separat behandelt. Carson stand inzwischen zuoberst auf dem Frauen-Dienstplan als vollamtliche Nachwuchs-Meeresbiologin (»Junior Aquatic Biologist, Grade P-1«) für eine neu geschaffene Stelle. Higgins setzte sich für sie ein, sie wurde auch gewählt und am 17. August 1936 als feste Mitarbeiterin des Baltimore-Büros der Division of Scientific Inquiry eingeschworen. Sie war damit eine von zwei Frauen im Bureau of Fisheries, die nicht die sonst übliche weibliche Beschäftigung, Sekretariatsarbeit, verrichteten. Ihr Chef war jetzt Robert A. Nesbit, und sie sollte ihm bei einer Untersuchung der Fische der Chesapeake Bay zur Seite stehen. Ihre Aufgaben waren ähnlich wie schon bei Higgins zuvor und nahmen gleichermaßen ihre wissenschaftliche wie auch ihre schriftstellerische Ader in Anspruch: Analyse von biologischen und statistischen Daten einerseits und Schreiben von internen Berichten und Broschüren für ein weiteres Publikum andererseits. Dazu brauchte es Laborarbeit, Literaturrecherchen, Gespräche mit Experten, Fabrikleuten und Fischern, Besuche in anderen Labors und Feldstationen, aber auch eigene Feldbeobachtungen. Im letzteren Fall hatte sie immer ein Notizbuch dabei, in das sie alles Mögliche niederschrieb: »Fakten, Eindrücke, Sinneswahrnehmungen ... Hörend, schauend, riechend, fühlend, sie ließ ihre Sinne die Welt rund herum aufnehmen« (Levine 2007, 71). Die Arbeit war abwechslungsreich und Carson liebte sie.

Ihr Jahresgehalt von 2000 Dollar war für jene Zeit ein anständiges Salär, aber doch kaum hoch genug, um eine ganze Familie unterhalten zu können. Die Situation verschlimmerte sich noch, als im Januar 1937 Marian, die schon länger gekränkelt hatte, einige Tage nach ihrem 40. Geburtstag an Lungenentzündung starb und ihre beiden Töchter Virginia und

Marjorie hinterließ, die erst zwölf bzw. elf Jahre alt waren. Deren Großmutter Maria war schon fast 70, aber sie sah keine andere Möglichkeit als fortan selbst für die Erziehung ihrer Enkelinnen zu sorgen. Von Marians Exgatte Burton Williams gab es keinerlei Unterstützung. Für Rachel aber wurde es klarer denn je, dass es ihre Aufgabe war, diesen Haushalt finanziell über Wasser zu halten, und dass sie dabei jegliche Unabhängigkeit verlieren würde. Robert, der Bruder, lebte zwar auch in der Region Baltimore, aber in der Vergangenheit hatte es häufig Reibereien zwischen ihm und Marian und auch Rachel gegeben, und er hatte keine Lust oder auch keine Möglichkeit, zum Unterhalt beizutragen. Rachels neue Arbeit erforderte häufige Recherchen in der Bibliothek des Department of Commerce, zu dem das Bureau of Fisheries gehörte, oder im National Museum in Washington. Da war Stemmers Run als Wohnort zu abgelegen. Um Zeit und Kosten für das Pendeln zu reduzieren, mietete Rachel ein Haus am Highland Drive im »Woodland Park« genannten Teil von Silver Spring, Maryland, ungefähr 8 Kilometer nördlich der Hauptstadt gelegen. Anfangs Juli zog die Familie mitsamt Katzen um.

## 3.4 Wer kennt das Meer?

### Wie geht es den Fischen an der Küste?

Schon vor dem Ende der Anstellung für die »fish tales« (s. p. 70 f.) hatte Carson nach Möglichkeiten Ausschau gehalten, zusätzliches Geld zu verdienen. Sie tat dies trotz der nun vollen Stelle auch nachher noch. Im April 1936 hörte sie von einem Wettbewerb mit einem Preis von 1000 Dollar für neue Autorinnen, Autoren beim *Reader's Digest.* Sie sandte daraufhin »The World of Waters« dorthin, bekam aber nie eine Antwort.

Mehr Glück hatte sie mit dem Versuch, Zeitungsartikel zu schreiben. Ein erster befasste sich mit dem amerikanischen Maifisch (auch Alse genannt)[15] und der darauf basierenden Fischerei in der Chesapeake Bay. Der Maifisch ist ein sogenannt anadromer Wanderfisch, der den größten Teil seines Lebens im Meer verbringt, aber zum Laichen in die Flüsse hinauf schwimmt. Carson schilderte, wie die Bestände dieses Fisches unter Überfischung, Gewässerverschmutzung und Lebensraumzerstörung litten und in Gefahr waren, ganz zu verschwinden – dies zu einer Zeit, da in den USA noch kaum ein Bewusstsein dafür existierte, dass es so etwas wie Umweltprobleme geben könnte. Carson sandte den Artikel unter dem Titel »It'll Be Shad-Time Soon« an das Sonntags-Magazin der *Baltimore Sun* und hatte durchschlagenden Erfolg (1936a). Mark Watson, der Redakteur, war begeistert, zahlte Carson ein Honorar von 20 Dollar und hoffte, bald mehr von ihr zu bekommen.

15 Der Maifisch ist ein Mitglied der Familie der Heringe. Sein wissenschaftlicher Name lautete ursprünglich *Alosa praestabilis*. Dass dieser dann zu *Alosa sapidissima* geändert wurde weist auf die Gefahr hin, die ihm vom Menschen her droht, denn »sapidissima« bedeutet »äußerst schmackhaft«!

Abb. 3-5: Bild (im Original ein Aquarell) des Maifischs (»shad«, *Alosa sapdissima*, früher *Clupea sapdissima* genannt), gemalt von Sherman Foote Denton 1896. Die Schwellung zwischen der After- und der Bauchflosse zeigt an, dass es sich um ein geschlechtsreifes, eierproduzierendes Weibchen handelt. Erwachsene Maifische haben eine Länge von 50 bis 60 Zentimeter und ein Gewicht von 1,5 bis 3,5 Kilogramm. Quelle: Wikimedia Commons.

Ausgehend vom ursprünglich ungeheuren Fischreichtum schrieb Carson: »Solche Belege für die Verschwendung der Natur förderten bei den Kolonisten den an ihre Nachkommen weitergegebenen naiven Glauben, die Ressourcen des Wassers seien unerschöpflich. … Das primitive Fischwehr aus Holzgeflecht der Indianer lieferte die Inspiration für das Stellnetz der Weißen; andere Hilfsmittel für eine großangelegte Fischerei wurden importiert.« Carson nahm dann Bezug auf das um die Jahrhundertwende größte Wadennetz[16], das bei Stony Point, Virginia, auf dem Potomac verwendet wurde und zitierte aus einem Bulletin des Bureau of Fisheries von 1908: »Das eigentliche Netz hatte eine Länge von 9600 Fuß [ca. 2,9 Kilometer] und die Zugseile an den Enden waren 22 400 Fuß [ca. 6,8 Kilometer] lang. … Der Fischzug erfolgte mittels Dampfkraft und der Arbeit von 80 Männern zweimal am Tag bei Ebbe während der ganzen Saison. Bis zu 3600 Maifische wurden in einem Zug gefangen, 126 000 in einer Saison.« Im Hinblick auf die offensichtlichen Auswirkungen solchen Raubbaus schließt der Bericht mit: »Vor kurzem fiel der saisonale Ertrag auf 3000, und die Fischerei wurde 1905 aufgegeben, nachdem sie ein Jahrhundert lang ausgeübt worden war.« Und Carson fügte bei: »[Gegenwärtig] fordert das Labyrinth von Netzen in der äußeren Bucht und an den Flussmündungen einen so hohen Tribut, dass praktisch kein Maifisch weit in die Flüsse hinaufsteigt.«

16 Ein Wadennetz ist ein senkrecht im Wasser hängendes Netz, unten mit Bleigewichten, oben mit Schwimmern versehen, mit dem man Fischschwärme einzukreisen versucht. Durch Zug an Seilen kann das Netz geschlossen werden.

Die Gewässerverschmutzung war, wie Carson darlegte, enorm: »Der Potomac und seine Nebenflüsse erhalten den größten Teil der 125 000 000 Gallonen [ca. 470 Millionen Liter] Abwasser, die täglich in die Flüsse von Maryland fließen, und auch eine beträchtliche Menge von Schmutzwasser von der Maryland-Industrie. Im Laufe des letzten Jahrzehnts hat die Abteilung für Fischzucht des Bureau of Fisheries darauf aufmerksam gemacht, dass im stark verschmutzten Wasser des Potomac zwischen Washington und Mount Vernon keine Maifische mehr laichen.« Für die Absenz der Fische in den Flüssen war auch deren Verriegelung verantwortlich, die ihnen zum Laichen wichtige Lebensräume unzugänglich machte: »Der mit dem Clark's-Ferry-Damm am Susquehanna eingeleitete Schaden wurde durch den Bau des Conowingo-Damms vervollständigt. Dieser Riese aus Stahl und Beton markiert das Ende der Reise für alle Wanderfische.« So kam Carson zur Schlussfolgerung: »Soll dieser Liebling der Chesapeake Bay sich gegen die Kräfte der Zerstörung behaupten können, dann müssen Regulierungen eingeführt werden, die auf das Wohl sowohl der Fische wie auch der Fischer ausgerichtet sind.«

In einem späteren zweiten Artikel mit dem Titel »Numbering the Fish of the Sea« nahm Carson auf die Makrele Bezug, einen Fisch, der in tieferem Wasser am Rande des Kontinentalshelfs überwintert (Carson 1936b, vgl. p. 94 ff.). Im Frühling erscheint er an der Küste, je weiter nördlich, desto später. Er laicht nicht, wie der Maifisch, in den Flüssen, sondern hauptsächlich in einem Gebiet zwischen Cape Cod und der Delaware Bay 80 bis 160 Kilometer von der Küste entfernt. Da die Fänge von Jahr zu Jahr stark variierten, versuchte das Bureau of Fisheries die Ursache für diese Schwankungen herauszufinden. Carson schrieb dazu: »Die Wanderungen einer Truppe von menschlichen Zigeunern zu verfolgen wäre ein Kinderspiel im Vergleich zum Versuch, diese Wanderer des Ozeans zu begleiten. Ohne Flossen und Kiemen als körperliche Ausrüstung ist es dem ichthyologischen Detektiv offensichtlich unmöglich, den Fischen ins Meer zu folgen. Er muss zu indirekten Methoden Zuflucht nehmen, um so einfache wie notwendige Fakten wie das Alter der Fische in einer Population von Makrelen zu entdecken.«

So wurde in einer Reihe von Fischereihäfen eine statistische Analyse der Altersverteilung der angelandeten Fische durchgeführt. Wie aber kann das Alter der Makrelen überhaupt bestimmt werden? »Im Gegensatz zu jenen Mitgliedern der menschlichen Rasse, die erfolgreich ihr Alter verbergen können, hat die Makrele keine Möglichkeit, die Zahl ihrer Tage ein Geheimnis bleiben zu lassen. Jede Schuppe an ihrem Körper ist eine Art von Geburtsurkunde, die das Jahr verzeichnet, in dem dieser bestimmte Fisch irgendwo in den Oberflächen-Gewässern des Atlantik aus einem kleinen Ei geschlüpft ist. … Gruppen von konzentrischen Ringen auf den Schuppen verraten das Alter des Fisches.« Die Untersuchung ergab, dass in jedem Fang immer bestimmte Jahre fehlten. Man musste daraus schließen, dass die zugehörigen jungen Fische aus irgendeinem Grund nicht überlebten. Das war eine weitere Frage, die der künftigen Erforschung harren würde.

## Ökologische Vernetzung und Unsterblichkeit

Sicher war es ebenfalls der neuen Situation zuzuschreiben, dass Carson, die sich bezüglich Nebenerwerb alle Register zu ziehen gezwungen sah, nun doch zutraute, ihren Artikel »The World of Waters« dem *Atlantic Monthly* zu schicken. Sie tat dies, nachdem sie die Einleitung, die ihr nicht gefiel, revidiert hatte. Sie wollte zum Ausdruck bringen, dass im Gegensatz zu den gut erforschten Kontinenten das Wissen über die Meere immer noch äußerst mangelhaft war, und schrieb: »Obschon die Flaggen der Forschungsreisenden auf den höchsten Gipfeln der Welt geweht und auf den gefrorenen Rändern der Kontinente geflattert haben, gibt es eine riesengroße Unbekannte, die Welt der Wasser« (Lear 2009, 86). Die Arbeit fand beim Herausgeber Edward Weeks großen Anklang; als Änderung schlug dieser lediglich vor, die Einleitung wegzulassen – er fand sie zu blumig – und den Titel zu »Undersea« zu vereinfachen. Carson tat nicht nur wie gewünscht, sondern unterzog den ganzen Text einer weiteren Revision. »Möglicherweise hätte sie ihn nie als fertig betrachtet, wäre da nicht eine unveränderbare Frist für dessen Einreichung gewesen« (Levine (2007, 72).

Spätestens mit diesem Artikel ging Carson (1937c) endgültig ein Licht auf: Die zwei Seiten, von denen sie geglaubt hatte, sie müssten getrennt gehalten werden, nämlich das Emotionale im Poetischen und das Verstandesmäßige im Wissenschaftlichen, konnten, nein mussten kombiniert werden. Sie gelangte zur Überzeugung, dass, wollte man der Wahrheit der Dinge näher kommen, Poesie ein notwendiges Medium war. Also war der Entscheid damals im College, von der Literatur zur Wissenschaft zu wechseln, nicht eine unwiderrufliche Weichenstellung gewesen. »Ich dachte, ich hätte die Schriftstellerei für immer aufgegeben«, sagte sie später. »Es kam mir nicht in den Sinn, dass ich [mit der Wissenschaft] etwas bekam, über das ich schreiben konnte. Was mich heute wundert, ist, dass dies offenbar auch keine der Personen sah, die mich berieten« (Carson 1998t, 149).

»Carsons ungewöhnlich lyrische Beschreibung vermittelt einen Überblick über die gewöhnlichen und fantastischen Kreaturen des Meeres, so wie man sie auf einer geführten Exkursion mit dem Unterseeboot antreffen könnte ..., wobei jede Szene wissenschaftlich gezeichnet wird, aber mit einem derartigen Staunen und einer solchen Freude, dass Schönheit und Geheimnis der Unterwasserwelt ... der Laien-Leserschaft zugänglich werden«, schreibt Lear (2009, 86). Wenn wir die von Carson neu geschriebene Einleitung betrachten, können wir vielleicht eine Ahnung bekommen von der Begeisterung, die Weeks verspürte:

»Wer kennt den Ozean? Weder du noch ich mit unseren erdgebundenen Sinnen können eine Vorstellung haben über den Schaum und die Wogen des Gezeitenstroms, der über die Krabbe prescht, die sich unter dem Seegras ihres Tidentümpel-Heims versteckt; ... Um eine Ahnung von dieser Welt des Wassers zu bekommen, mit der die Kreaturen des Meeres vertraut sind, müssen wir unsere Auffassungen von Länge und Breite und Zeit und Ort aufgeben und uns einbilden, dass wir in ein Universum allumfassenden Wassers eintreten.

Denn für die Kinder des Meeres ist nichts so wichtig wie die Flüssigkeit ihrer Welt. Es ist Wasser, das sie atmen; Wasser, das ihnen Nahrung bringt; Wasser, durch das hindurch sie sehen, mit Hilfe filtrierten Sonnenlichts …; Wasser, durch das hindurch sie Vibrationen als Äquivalente zu Lauten spüren« (Carson 1937c, 322).

Von jetzt an, so meint Lear (2009, 86), hätten sich die Schriften Carsons immer durch zwei wiederkehrende Themen ausgezeichnet. Das eine beziehe sich auf das schon über Jahrmillionen bestehende ökologische Beziehungsnetz. Dazu dieser Passus aus »Undersea« (322): »Der Ozean ist ein Ort der Paradoxe. Er ist das Heim des Weißen Hais, des zweitausend Pfund schweren Killers der Meere, und des hundert Fuß langen Blauwals, des größten Tieres, das je lebte. Ebenso ist er das Heim von Lebewesen, die so klein sind, dass deine zwei Hände so viele von ihnen aus dem Wasser schöpfen können, wie es Sterne in der Milchstraße gibt. Und es ist die Folge der Vermehrung dieser als Diatomeen bekannten winzigen Pflanzen zu astronomischen Mengen, dass die Oberflächenwasser des Ozeans in Wirklichkeit grenzenlose Weidegründe darstellen. Jedes Tier des Meeres, vom kleinsten bis zu den Haien und Walen, ist letztlich für seine Nahrung von diesen mikroskopischen Wesen des pflanzlichen Lebens des Ozeans abhängig.«

Das andere Thema betrifft die materielle Unsterblichkeit des Lebens in seinen ständigen Fortsetzungen. Dazu diese Zeilen: »Jedes Lebewesen des Ozeans, sowohl Pflanze wie auch Tier, gibt am Ende seiner eigenen Lebenszeit die Materialien, die sich vorübergehend zur Zusammensetzung seines Körpers zusammengefunden haben, wieder an das Wasser zurück. So senkt sich ein leiser, nie endender Regen von sich auflösenden Partikeln in die Tiefe, von Partikeln, die einst lebenden Kreaturen der sonnenbeschienenen Wasser oder der Dämmerungsbereiche darunter angehörten. … So entwinden sich individuelle Elemente der Sicht, nur um in unterschiedlichen Inkarnationen immer und immer wieder zu erscheinen, in einer Art von materieller Unsterblichkeit« (325).

Weeks offerierte für das Essay 100 Dollar und kündigte seine Publikation im September-Heft an (1937). Er verlangte aber noch eine biographische Skizze. Carson schrieb eine und hatte dabei das Gefühl, sie müsse Weeks gegenüber erklären, wieso sie ihre Artikel ohne Nennung ihrer Vornamen jeweils mit »R.L. Carson« zeichne. Sie wies auf ihre Arbeit im Bureau of Fisheries hin und schrieb: »Ich werde aufgefordert, Artikel über die kommerzielle Fischerei zu schreiben. Insofern diese Artikel großenteils mit wirtschaftlichen Fragen, den wissenschaftlichen Grundlagen für Naturschutz-Maßnahmen etc. zu tun haben, gelangten wir zur Auffassung, sie würden größere Wirkung haben … wenn sie dem Anschein nach von einem Mann stammten. Aus verschiedenen Gründen ziehe ich es vor, denselben Namen auch für meine persönlichen Schriften zu verwenden« (B, 18.7.37, Lear 2009, 87).

## 3.5 Intensiviertes Schreiben und marginal verbesserte Anstellung

### Weitere Unterwasser-Themen

Schon vor der Publikation von »Undersea« hatte Carson nach einer Pause im Frühjahr 1937 eine ganze Reihe von weiteren Artikeln an Watson bei der *Baltimore Sun* geschickt. Dieser liebte ihre Art des Schreibens, drängte immer wieder auf Fortsetzungen und zahlte jeweils 10 bis 25 Dollar. Zwar konnte er nicht alles in der *Sun* unterbringen, aber es gab noch den Ausweg, etwas in einer der Tochterzeitungen, zum Beispiel der *Richmond Times Dispatch,* zu platzieren. Der Erfolg von »Undersea« veränderte die Situation insofern, als der Verlag Simon & Schuster sein Interesse an einem ganzen Buch im gleichen Stil anmeldete. Entsprechend begann sich Carson auszumalen, wie auf diese Weise die ewigen Geldsorgen vielleicht endgültig der Vergangenheit angehören könnten. Aber das lag in einer noch unsicheren Zukunft, und vorläufig war sie in der Gegenwart nach wie vor auf die Erzielung eines Nebeneinkommens angewiesen. Im Vordergrund stand für sie deshalb die sofortige Produktion von weiteren Artikeln für Zeitungen und Zeitschriften. Bis Mitte 1939 erschien denn auch fast jeden Monat ein Beitrag von ihr, weiterhin häufig in der *Baltimore Sun*, aber auch in anderen Zeitschriften wie etwa dem *Nature Magazine.* Neben einer weiteren Beschäftigung mit der Gefährdung des Maifischs (1937b) widmete Carson ihre Aufmerksamkeit der Wirtschaftlichkeit eines möglichen kommerziellen Fangs des Blauflossen-Thunfischs vor der atlantischen Küste (1938e), der erbarmungslosen Jagd auf die in den atlantischen Küstensümpfen lebende und als Delikatesse geltende Diamantschildkröte und dem Versuch, sie durch Aufzucht vor dem Verschwinden zu retten (1938f), den wundersamen Wanderungen der Aale (1938g) – ein Vorgeschmack zur entsprechenden Schilderung in Carsons zukünftigem Buch *Under the Sea-Wind* (s. p. 104 ff.) –, verschiedenen Aspekten der Austern-Fischerei und der neu aufgekommenen Schleppnetz-Fischerei im Winter.

Unter den Austern-Artikel ist jener besonders interessant, in der Carson beschreibt, wie die Menschen nicht die einzigen Liebhaber dieser Muschelart sind (1938d). In den r-losen Sommermonaten ist der Austernfang für den menschlichen Verzehr an der atlantischen Küste verboten. Dafür machen sich Seesterne und Austernbohrer (eine Stachelschnecken-Art) als »underwater gourmets« über die Muscheln her und genießen ein Mahl, das aus menschlicher Sicht insgesamt um die sechs Millionen Dollar wert ist.

Zur Schleppnetz-Fischerei lesen wir (1937a): »Eine neue lukrative Industrie ist vor der Chesapeake Bay entstanden. Der Horizont südöstlich von Marylands Küste ist im Januar gezeichnet mit dem Rauch von hundert oder mehr hochseetauglichen Fischereischiffen, von einer Art, wie sie bisher in diesen Gewässern unbekannt war. ... [In der Vergangenheit] hat sich der Fischfang zum großen Teil auf Frühling und Sommer beschränkt. Für diese Zurückhaltung gab es einen sehr guten Grund, denn mit Anbruch des Herbstes verschwinden Meerfische wie der atlantische Umber, die gefleckte Seeforelle, die amerikanische

Flunder und die amerikanische Seebrasse aus dem untiefen Wasser, in dem sie den Sommer verbracht haben. Wo auch immer ihr Winter-Biwak sein mochte, es bildete einen vor den Netzen der Fischer sicheren Zufluchtsort, denn wo er war, das blieb über die Jahre hinweg eines der Geheimnisse des Ozeans.

Zum Teil zufällig, zum Teil durch hartnäckige Detektivarbeit hat man festgestellt, dass viele dieser Küstenfische ihr Winterquartier im tiefen, warmen Wasser vor den Kaps von Virginia und North Carolina haben. Aus diesem Rückzugsgebiet werden sie nun in kommerziellem Umfang gefangen, und Arten, die früher als ›Sommerfisch‹ galten, findet man auf dem Markt nun das ganze Jahr über.« Carson erklärt, wie die Fische mit Schleppnetzen gefangen werden, oft über 7000 Kilogramm auf einmal, »genug um, grob geschätzt, eine beflosste Prozession zu bilden, die von neun Uhr morgens bis halb vier Uhr nachmittags dauern würde, wenn jede Minute 20 Fische einen bestimmten Beobachtungsort passierten.«

## Wildtiere verdienen unseren Schutz

Unter dem Eindruck der im Februar 1936 in Baltimore auf Verlangen der Bundesregierung stattfindenden First National Wildlife Conference und der Arbeiten der daraus entstehenden General Wildlife Federation – später National Wildlife Federation genannt und heute die größte Naturschutzorganisation der USA – begann sich Carson für die oft prekäre Situation der Wildtiere allgemein zu interessieren. Im Februar 1938 berichtete sie über die jährlich vom American Wildlife Institute (später Wildlife Management Institute genannt) organisierte, diesmal in Baltimore stattfindende Wildtier-Konferenz (Carson 1938b). Dass hier Jäger und Naturschützer ihre unterschiedlichen Interessen auf einen Nenner zu bringen versuchten, war ihr suspekt. Es gab um die 11 Millionen Personen, die jedes Jahr eine Lizenz zum Jagen oder Fischen lösten und aus diesem Grund an (vorausgehendem) Wildtierschutz interessiert waren. Entsprechend wurde das American Wildlife Institute von der Jagdwaffen-Industrie unterstützt.

Im März desselben Jahres erschien im *Richmond Times Dispatch Sunday Magazine* ihr Artikel »Fight for Wildlife Pushes Ahead« (Carson 1938c). Darin stand: »Die unausweichliche Tatsache, dass der Rückgang der Wildtiere mit dem Schicksal der Menschheit gekoppelt ist, wird uns klar. Drei Jahrhunderte lang haben wir nun emsig das Gleichgewicht der Natur gestört, indem wir Marschland trockengelegt, Wälder gerodet und die Grasteppiche der Prärien untergepflügt haben. Die Wildtiere sind der Vernichtung preisgegeben. Dabei ist das Heim dieser Tiere auch unser Heim. Eine der alarmierendsten Schilderungen von denen, die sich für den Schutz natürlicher Ressourcen einsetzen, ist die der Geschwindigkeit, mit der das Zerstörungswerk vollbracht worden ist. Es ist nicht notwendig, für ein Kontrastbild in die Kolonialzeit zurückzugehen. Vor knapp hundert Jahren war noch mehr als die Hälfte von Amerika eine unverdorbene Wildnis. Wilde Schwäne und Gänse konnte man in jedem

Moor und Sumpf und Prärie-›Pothole‹[17] finden … Vor hundert Jahren sah Audubon, der Künstler und Naturforscher, von seinem Kentucky-Dorf aus den Himmel buchstäblich bewölkt mit den Schwärmen der Wandertaube. … Vor hundert Jahren gab es noch Lachse überall dort in den Flüssen Neuenglands, wo noch keine Dämme ihre Wanderung blockierten und keine Fabriken ihre Laichgründe vergiftet hatten. …«

## Über geflügelte Besucher und Daueraufenthalter

Neu war, dass Carson auch zu Vogel-Themen zu schreiben begann. Im Januar 1938 erschien in der *Baltimore Sunday Sun* ein Artikel von ihr über Enten (Carson 1938a). Darin ging es um die Feststellung, dass die Enten-Populationen sich nach einem Tiefpunkt in den frühen 1930er Jahren dank Schutzmaßnahmen wieder zu erholen begonnen hatten. Um die Jahrhundertwende noch waren Zugvögel in großer Zahl abgeschlachtet worden, um Federn für die Modebranche zu gewinnen. Zudem waren auch die für sie wichtigen Lebensräume in zunehmendem Maße verschwunden. 1918 dann trat der »Migratory Bird Treaty Act« in Kraft. Dabei handelte es sich um ein Abkommen zwischen den USA und Kanada (damals vertreten durch Großbritannien) – 1936 kam dann auch noch Mexiko dazu –, das die Jagd auf Zugvögel und den Handel mit aus ihnen gewonnenen Produkten grundsätzlich verbot, aber je nach Umständen die Formulierung von Ausnahmen erlaubte. In der Praxis bedeutete dies strenge Jagdvorschriften. Zur Zeit als Carson ihren Artikel schrieb, war die Jagd auf 30 aufeinander folgende Tage und auf maximal zehn Enten und vier Gänse pro Tag beschränkt; die Verwendung von Ködern war untersagt. Die nicht zuletzt wegen der Einrichtung von Schutzgebieten stattfindende Erholung der Populationen in neuerer Zeit veranlassten die Jagdinteressen, eine Lockerung der Vorschriften zu verlangen. Das zuständige Regierungsamt, der Biological Survey, winkte aber ab, es sei dafür noch zu früh. Carson selbst wies auf die Frage hin, die wohl viele Tierfreunde bewegte: »Warum soll man Brutgebiete restaurieren und Schutzgebiete einrichten … wenn die Vögel, für die diese Rettungsarbeit geleistet wird, umgebracht werden sollen?«

Im März des nächsten Jahres veröffentlichte dasselbe Organ einen Beitrag über die Stare (Carson 1939a), die insofern zu einem Problem geworden waren, als sich im Winter in Baltimore und in anderen Städten jeweils große Schwärme von ihnen ihr Nachtquartier der Wärme wegen auf Gebäuden aussuchten und entsprechend ausgedehnte Verschmutzungen verursachten. Behörden und Gebäudeeigentümer versuchten mit zum Teil ausgefallenen Methoden, die Vögel zu vertreiben, ohne großen Erfolg. Carson wies darauf hin, dass sie

17 »Potholes« sind kleine, jahreszeitlich mit Wasser gefüllte Vertiefungen, die auf den nördlichen Great Plains in einem Gebiet, das sich von Iowa über die Dakotas bis hinein nach Kanada erstreckt, verbreitet sind. Sie sind während der Vergletscherung durch die ungleichmäßige Ablagerung von Grundmoränenmaterial und beim Abschmelzen der Gletscher durch liegen gebliebene Toteisblöcke entstanden (en.wikipedia.org/wiki/Prairie_Pothole_Region, 10.2.13).

sich durch beträchtliche Intelligenz auszeichnen. 1934 gab es eine Kampagne, bei der die auf den Mauervorsprüngen des Rathauses sitzenden Stare mit der Flinte heruntergeholt wurden. Seither wurden keine Vögel dieser Art mehr dort gesehen!

Abb. 3-6: Star (»European starling«, *Sturnus vulgaris*) im sogenannten Schlichtkleid in Kalifornien. Weibchen und Männchen unterscheiden sich im Aussehen nur unwesentlich. Foto: Linda Tanner, 22.12.2009. Bewilligung: L.T. Quelle: Wikimedia Commons.

Die Stare sind Einwanderer aus Europa. Wie aber sind sie nach Amerika gekommen? Die Geschichte geht so: In der zweiten Hälfte des 19. Jahrhunderts bildeten sich in verschiedenen überseeischen, europäisch kolonisierten Gebieten sogenannte »Akklimatisierungs-Gesellschaften«. Es war deren Ziel, die einheimische Flora und Fauna durch vom alten Kontinent importierte Arten aufzumischen, sei es weil man das Vorhandene zu armselig oder zu wenig vielfältig fand oder aber weil nostalgische Erinnerungen an die einstige Heimat dies nahe legten. So kam es auch in New York 1871 zur Gründung einer »American Acclimatization Society«. Etwas später wurde der Apotheker Eugene Schieffelin deren Präsident und treibende Kraft. Er war ein Fan der Werke von Shakespeare und kam zum Schluss, es wäre angebracht, alle darin erwähnten Vogelarten in New York freizusetzen[18] – Kim Todd (2001, 137) redet von ihm als »Exzentriker im besten, Wahnsinniger im schlechtesten Fall.« Viele Ansiedlungsversuche liefen schief, aber die Aussetzung von 50 Star-Paaren im Central Park in den Jahren 1890 und 1891 wurde zu einem riesigen »Erfolg«. Zwar überlebten nur 16 Paare, aber diese pflanzten sich munter fort und die Nachkommen begannen sich auszubreiten. Zur Zeit als Carson ihren Artikel schrieb, waren sie knapp davor, die Pazifikküste zu erreichen. Sie galten damals schon als Schädlinge, verantwortlich für die Übertragung von Krankheiten, für Schäden in der Landwirtschaft und an Gebäuden und nicht zuletzt für die Verdrängung einheimischer Arten (vgl. Linz u.a. 2007).[19] Bei alledem kann man nur Jeffrey Rosen (in einem Artikel

18 Vgl. en.wikipedia.org/wiki/American_Acclimatization_Society (15.2.13).

19 Heute erstreckt sich der Lebensraum der Stare mit Ausnahme der Arktis über ganz Nordamerika, und die Größe der Population wird auf rund 200 Millionen Individuen geschätzt. Zu den von den

in der *New York Times* 2007, zitiert in Mirsky 2008) beistimmen, der sagt: »Es ist nicht ihr Fehler, dass sie mit einem offenen Kontinent genau so umgegangen sind, wie wir selbst dies getan haben.« Menschliche Dummheit kann, wie wir wissen, verschiedene Formen annehmen.

Recherchen hatten Carson den Schluss nahegelegt, der Star werde zu Unrecht verteufelt, seine Nützlichkeit überwiege. Sie plädierte deshalb mit einem Aufsatz, der den Titel »How About Citizenship Papers for the Starling?« trug und im *Nature Magazine* erschien (Carson 1939b), für eine Rehabilititierung dieses verfemten Vogels. Daraus der folgende Passus: »Trotz seines beachtlichen Erfolgs als Pionier hat der Star wahrscheinlich weniger Freunde als fast jedes andere gefiederte Geschöpf. Aber das scheint diesen fröhlichen Vogel mit dem glänzenden Federkleid und dem plumpen Schwanz wenig zu kümmern. Es ist ihm offensichtlich gleichgültig, ob der profitierende Farmer ihm dankt oder ihn beschimpft, wenn er im Sommer mit ruckartigen Schritten über das Farmgelände und durch den Garten eilt, pro Tag mehr als 100 Portionen von schädlichen Insekten seinen schreienden Kindern bringt und seinen eigenen Magen mit Nahrung wie Japankäfern und Raupen vollschlägt. Unberührt von wütenden Protesten findet er im Winter Schlafplätze in warmen Städten und geht dann jeden Morgen wie ein treuer, umgekehrter Pendler aus, um sein Brot auf dem umliegenden Land zu gewinnen. In einem Punkt sind sich die Ornithologen ziemlich einig – der Star ist nun mal hier und wird nicht wieder verschwinden. Wenn es so ist, sollen wir ihn dann weiterhin als Fremdling betrachten oder nicht doch eher zum Schluss kommen, dass er mit seiner erfolgreichen Pionierarbeit und seiner Insektenvernichtungs-Dienstleistung das amerikanische Bürgerrecht verdient?« (317). Carson gibt in diesem Artikel auch der Faszination Ausdruck, die dem unglaublichen kollektiven Flugverhalten dieser Vögel anhaftet: »In gewaltigen Schwärmen, die von einem Augenblick zum anderen durch das Dazukommen von neuen Ankömmlingen wachsen, kreisen und drehen sie über den Gebäuden und zeichnen so verwickelte Muster an den Abendhimmel« (318).

## Kurzer Urlaub und Beförderung – oder doch nicht?

Einen Unterbruch bildeten zehn Tage Ferien im Juli 1938, die Carson bei der US Fisheries Station in Beaufort, North Carolina, verbrachte, der neben Woods Hole damals größten marinen Forschungsinstitution. Sie mietete eine »Cottage« in der Nähe, so dass auch die Mutter – diese genoss die temporäre Befreiung von der nie endenden Hausarbeit zutiefst – und die beiden Nichten mitkommen konnten. Rachel geriet in den Bann eines wilden Küstenabschnitts mit einem wundervollen Strand, der für die Schilderungen in ihrem zukünftigen Buch eine Vorbildfunktion übernehmen würde. »Carson wanderte zu jeder Stunde dem

---

Vögeln angerichteten Schäden sind in neuerer Zeit noch durch Kollision mit Schwärmen verursachte Flugunfälle gekommen. Die Frage der Beeinträchtigung der einheimischen Vogelwelt wird übrigens kontrovers diskutiert; siehe als Gegendarstellung Koenig 2003.

Strand entlang, bei Flut und bei Ebbe, betrachtete das Kommen und Gehen von Küstenvögeln, beobachtete die kleineren Strandkreaturen und sammelte Material. Ab und zu lag sie einfach in den Sanddünen, flach auf ihrem Rücken, die Arme hinter ihrem Kopf verschränkt, umher blickend und auf die Vögel lauschend, die über ihr ihre Kreise zogen und im Sturzflug nach Nahrung tauchten« (Lear 2009, 94).

Im Sommer 1939 schlug Higgins eine Beförderung von Carson zur Assistenz-Gewässerbiologin (»Assistant Aquatic Biologist, grade P-2«) mit einem Jahressalär von 2600 Dollar und auf einen neuen Posten im Feldlabor in College Park vor. Doch dem Personalchef des Department of Commerce gefiel dieser Vorschlag nicht. Carsons jetzige Tätigkeiten – die ergänzende und korrigierende Bearbeitung aller Labor- und Feldberichte aus Nesbits Büro und die Aufbereitung von beschreibendem und historischem Material für eine Serie von Broschüren, die unter dem Titel *Our Aquatic Food Animals* für die Öffentlichkeit produziert wurde – entsprachen nicht den normalerweise einer Assistenz-Gewässerbiologin auferlegten Pflichten, nämlich Feld- und Laborarbeit. Als Unsicherheitsfaktor kam dazu, dass zu dieser Zeit im Zuge des von Präsident Roosevelt veranlassten »Governmental Reorganization Act« das Bureau of Fisheries vom Department of Commerce zum Department of the Interior transferiert und dort mit dem aus dem Department of Agriculture stammenden US Biological Survey zum »US Fish and Wildlife Service« (FWS) vereinigt wurde. Der Biological Survey hatte sich seit dem vorigen Jahrhundert mit der Verbreitung von Wildtieren und besonders mit Zugvögeln, speziell aber mit der radikalen Dezimierung von Wölfen und Kojoten beschäftigt. 1927 zum Beispiel erlegten die im Auftrag handelnden Jäger und Trapper 38 000 Kojoten und weitere geschätzte 50 000 fielen Giftködern zum Opfer. Aber auch Ratten, Mäuse, Ziesel und Präriehunde wurden ins Visier genommen (Souder 2012, 101). Der bisherige Chef des Biological Survey, Ira N. Gabrielson, wurde zum Direktor des neuen Amtes bestimmt. Es war das Ziel des damaligen Innenministers Harold L. Ickes, das Department of the Interior zu einem eigentlichen Naturschutzministerium zu machen.

Carson wurde zwar nach College Park transferiert, aber ihre Beförderung wurde schubladisiert, übrig blieb nur eine Lohnerhöhung von 200 Dollar. Das einzig Gute bei der neuen Situation war, dass die Arbeit wissenschaftlich anspruchsvoller war, auch wenn sie weiterhin hauptsächlich im Schreiben und Verbessern von Texten bestand. Trotzdem sollte es bis Mai 1942 dauern, bis dann ihre Promotion zur Assistenz-Gewässerbiologin tatsächlich erfolgte (s. p. 111).

# 4 »Unter dem Meerwind«

**Aufgrund eines erfolgreichen Magazinartikels kommt Rachel Carson dazu, ein Buch zu schreiben, in dem sie das Leben von Tieren im und am Meer aus deren Perspektive schildert. Es erscheint aber im falschen Moment**

> »Sie [die Erscheinungen der Natur] sind gewesen, ehe der erste Mensch an der Küste des Ozeans stand und staunend hinausblickte; und sie werden dauern, Jahr um Jahr, durch Jahrhunderte und ganze Zeitalter hindurch, während große menschliche Reiche aufsteigen und zu Staub zerfallen.«
>
> (Rachel Carson 1947d, 7)

## 4.1 Von »Unter dem Wasser« zu »Unter dem Meerwind«

### Rachel Carson gewinnt das Interesse eines Buchverlags

Wie schon angetönt, erregte »Undersea« im *Atlantic Monthly* einiges Aufsehen, vor allem auch in literarischen Zirkeln. Quincy Howe, Chefherausgeber beim Verlag Simon & Schuster, war davon sehr angetan und stellte an Carson die Frage, ob es denkbar wäre, dass sie zu diesem Thema und in diesem Stil ein ganzes Buch schreiben würde. Er wurde sekundiert vom Historiker und Journalisten Hendrik Willem van Loon, bekannt geworden unter anderem durch sein 1921 erschienenes Buch *The Story of Mankind* (deutsche Übersetzung: *Die Geschichte der Menschheit*). Seine Veröffentlichungen wurden von Simon & Schuster betreut, und er witzelte: »Je größer der Erfolg, den sie mit Büchern von anderen Leuten haben, desto mehr können sie es sich leisten, mit den meinigen einen Verlust zu erleiden» (B an Carson, 10.7.37, Lear 2009, 89). Ja klar, die Idee eines Buches fand bei Carson Anklang; sie stellte sich bald einmal vor, dass sie das alltägliche Leben einiger Kreaturen des Meeres schildern würde. Sie erinnerte sich dabei, wie sie sich von den Büchern von Henry Williamson (1895-1977) hatte beeindrucken lassen. Dieser hatte in *Tarka the Otter* (1927) das Leben eines Fischotters und in *Salar the Salmon* (1935) das eines Lachses geschildert.

Im Januar 1938 lud van Loon Carson und Howe mit Frau für ein sondierendes Gespräch zu sich nach Hause in Old Greenwich, Connecticut, ein. Am nächsten Tag folgte ein Treffen mit Howe in seinem Büro. Dieser sagte, der Verlag sei interessiert und könne den Abschluss eines Vertrags in Betracht ziehen, sobald Carson eine Inhaltsübersicht des geplanten Buches und auch schon ein paar Kapitel geschrieben und vorgelegt habe. In Geldnöten wie immer, brachte Carson im folgenden Sommer Howe dazu, ihr einen Vorschuss von 250 Dollar zu zahlen, nachdem sie eine Übersicht abgeliefert hatte. Wichtig für sie war auch das Zugeständnis, dass sie einzelne, im Laufe der Arbeit entstehende Kapitel an Magazine wie das *Atlantic Monthly* würde verkaufen dürfen.

Neben ihrer intensiven journalistischen Tätigkeit (s. p. 77 ff.) noch am Buch zu schreiben, war aber schwierig und anstrengend. Carson konnte sich ihrer privaten Schreibarbeit nur in der Freizeit widmen, das heißt in nächtlichen Stunden, an Wochenenden oder auch frühmorgens. Dazu kam, dass das Schreiben für Carson, Talent hin oder her, immer ein recht aufwändiger Prozess war. Sie feilte jeweils lange an ihren Formulierungen herum und beurteilte das Geschriebene immer auch nach dem Gehör, indem sie es zuerst selbst laut las und dann nochmals von ihrer Mutter vorlesen ließ. Während der ganzen Zeit ließ sie in ihrem Bekanntenkreis auch nichts über ihr Projekt verlauten, das heißt, sie sagte zwar schon, sie schreibe an einem Buch, aber nichts über dessen Inhalt.

Abb. 4-1: Rachel Carson mit ihrem Hund Rags (mit Sonnenbrille!) auf der Treppe ihres Hauses in Silver Spring in den frühen 1940er Jahren. Quelle: Linda Lear Collection of Rachel Carson Books and Papers, Connecticut College, New London, CT.

Trotz aller Schwierigkeiten machte Carson mit ihrem Manuskript Fortschritte, und sie sandte im Sommer 1939 das erste Kapitel mit dem Titel »Flood Tide« an das *Atlantic Monthly* in der Erwartung, das Magazin würde vereinbarungsgemäß Teile ihres Buches in einem Vorabdruck bringen. Redakteur Weeks aber lehnte ab, da sein aktuelles Programm gerade eine Serie von Beiträgen des Naturschriftstellers Donald Culross Peattie vorsah. Carson wies darauf hin, dass ihre Schreibe einen ganz anderen Charakter habe, aber Weeks ließ sich nicht erweichen; in der Folge erschien auch nie ein Kapitel des Buches in diesem Magazin.

Das war eine schlimme Enttäuschung, die Carson zuerst einmal verarbeiten musste, doch bald hatte sie neuen Mut gefasst. Sie hielt nach einem anderen Haus Ausschau, dessen Anordnung ihr mehr Privatsphäre und damit Ruhe bieten würde, und fand eines an der Flower Avenue in einem anderen Teil von Silver Spring. Hier stand ihr für ihre Arbeit ein großes Zimmer zur Verfügung, das den ganzen ersten Stock in Anspruch nahm; die Mutter und die beiden Nichten hatten ihre Schlafzimmer im Erdgeschoss.

Im Frühjahr 1940 hatte Carson schließlich fünf Kapitel geschrieben, die sie an Howe bei Simon & Schuster schicken konnte. Sie war selbst unsicher, ob sie damit etwas für den Verlag Akzeptables produziert hatte, umso mehr als sie länger als einen Monat lang keine Rückmeldung erhielt. Aber sie hätte sich nicht zu sorgen brauchen – sie erhielt den Vertrag und auch einen weiteren Vorschuss von 250 Dollar. Nur der feste Abgabetermin vom 31. Dezember 1940 bereitete ihr ein gewisses Unbehagen, aber das hatte auch seine Vorteile. »Von da an ging das Schreiben um einiges schneller, weil eine Frist festgelegt worden war und ich deshalb unter Druck arbeitete, und das ist manchmal gar nicht so schlecht«, schrieb sie nach der endgültigen Fertigstellung an Mrs. Eales in der Marketing-Abteilung des Verlags, die Aussagen von ihr zum Hintergrund und zur Bedeutung des Buches wollte (Carson 1998j, 55).

Vorerst aber musste der Rest noch auf Papier gebracht werden, und das war wirklich eine anstrengende Angelegenheit. Jahre später schrieb Carson rückblickend an ihre Freundin Dorothy Freeman: »In jenen letzten Monaten der Arbeit am Buch (im Herbst 1940) schrieb ich oft spät in der Nacht ... Meine ständigen Begleiter während dieser sonst einsamen Stunden waren zwei heiß geliebte Perser Katzen, Buzzie und Kito. Besonders Buzzie hatte die Angewohnheit, auf meinem Schreibtisch zu schlafen, oben auf der unordentlichen Beige von Notizen und Manuskriptblättern. Auf zwei dieser Seiten hatte ich Skizzen angefertigt, zuerst von seinem kleinen, vor Schläfrigkeit hängenden Kopf, dann von ihm ganz, nachdem er sich bequem für ein Nickerchen niedergelassen hatte« (B o.D., Brooks 1989, 33).

Da war auch noch die Frage von Illustrationen. Carson konnte Howard Frech, der als Künstler bei der *Baltimore Sun* arbeitete, dafür gewinnen, Zeichnungen von im Buch vorkommenden Tieren anzufertigen. Sie erschienen dann im Rahmen eines Glossars am Ende des Buches. Die Mutter tippte die endgültige Textversion auf der Schreibmaschine, und am letzten Tag des Jahres 1940 sandte Carson das fertige Manuskript an Simon & Schuster. Danach verbrachte sie unruhige Zeiten, unsicher wie das Buch aufgenommen werden würde. Als sie sich einmal van Loon gegenüber dazu äußerte, schrieb dieser zurück: »Es scheint mir, dass, je älter ich werde, desto mehr das ganze verdammte Geschäft zu einer Lotterie wird ... was das Publikum schlucken wird und was nicht ... wer kann das wissen ... hoffen wir, dass es dieses Mal Fische gern hat« (B 14.10.41, Lear 2009, 102).

## Ein wunderbares Buch zur falschen Zeit

Das Buch kam am 1. November 1941 unter dem Titel *Under the Sea-Wind* in die Buchläden. Es handelte sich um eine Schilderung des Lebens von Seevögeln, Fischen und Aalen. Das Buch hatte eine gute Presse. Nach der *New York Times* war es so »gekonnt geschrieben, dass man es wie einen Roman lesen konnte, wo es doch in Wirklichkeit eine wissenschaftliche genaue Schilderung des Lebens im Ozean und entlang seiner Küste war. ... Es verspricht der Leserschaft Wissen und guten Genuss« (Lear 2009, 104; Sterling 1970, 104). Der Rezensent in der *New York Herald Tribune* schrieb: »Drama gibt es in jedem Satz. Sie [Carson] weckt unser Interesse an der Meereswelt, so dass wir sie sehen wollen« (Sterling 1970, 104). Auch im *New Yorker* wurde das Buch hoch gelobt. In der *Scientific Book Club Review* stand: »Es enthält Poesie, aber keine falsche Sentimentalität. Es gibt in der Natur sowohl Schonungslosigkeit wie auch Schönheit« (Lear 2009, 104).

Mehr als am Medienecho war Carson aber an der Meinung von Wissenschaftlern interessiert, vor allem an der von William Beebe, damals ein berühmter Ozeanograf bei der New York Zoological Society. Beebe verdankte seine Reputation unter anderem einem sensationellen Ereignis im Jahre 1934, als er zusammen mit seinem Ingenieur Otis Barton in der Bathysphäre, einer Tauchkugel, die damalige Rekordmeerestiefe von 923 Meter erreichte und erstmals die Tiere dieser Zone des Ozeans in ihrer natürlichen Umgebung beobachten konnte. Carson hatte Beebe früher schon einmal um Rat gefragt – van Loon hatte den Kontakt vermittelt – hinsichtlich der Möglichkeiten eines Tauchgangs (nicht in einer Bathysphäre, sondern einem normalen Tauchanzug!), um den Meeresboden kennen lernen zu können. Das schien ihr noch ein wichtiger Mosaikstein für die Gestaltung des Buches zu sein; allerdings kam dann ein solches Unternehmen erst später zustande (s. p. 141).

Jetzt aber schrieb Beebe eine begeisterte Besprechung des Buches in *The Saturday Review of Literature*. Er schrieb: »Miss Carsons Wissenschaft kann nicht in Frage gestellt werden; ich habe keinen einzigen Fehler finden können« (Beebe 1941, 5). Überdies wählte Beebe zwei Kapitel des Buches aus für eine Anthologie von Texten über die Natur, die 1944 erscheinen sollte. Es handelte sich um *The Book of Naturalists* (Beebe 1944), »das mit Aristoteles begann und mit Carson endete« (Lear 2009, 105). Was Carson natürlich ebenfalls sehr freute: Auch Elmer Higgins (1942) lobte das Buch in *The Progressive Fish-Culturist*: »Als interpretierende Studie des endlosen Existenzkampfes im Meer und mit seiner Einfachheit und Klarheit des Stils, der in seiner literarischen Schönheit oft als ›lyrisch‹ bezeichnet worden ist, bleibt das Buch sachlich einwandfrei, technisch korrekt und frei von dem Gekünstelten und Rührseligen, wie man es in Naturbüchern dieser Art oft findet.«

Nach diesen positiven Reaktionen durfte Carson auch mit einem Erfolg beim Publikum rechnen. Doch: »Es war eine kurze Fahrt in der Sonne« (Levine 2007, 86). Denn am 7. Dezember erfolgte der japanische Angriff auf Pearl Harbor, und schlagartig war die Aufmerksamkeit der Öffentlichkeit auf die Weltereignisse und den Eintritt der USA in den Krieg gerichtet. »Rachels verschlungenes und wunderschönes Meerwind-Lied konnte sich gegenüber dem Donner der Marinekanonen und dem Dröhnen der Bomber nicht bemerkbar machen« (Sterling 1970, 104). Sonia (»Sunnie«) Bleeker, eine energische, Carson wohlgesinnte Frau in der Marketing-Abteilung von Simon & Schuster gab sich zwar mit der Werbung für das Buch redlich Mühe. Aber es geriet in Vergessenheit; in den nächsten sechs Jahren wurden weniger als 2000 Exemplare verkauft, und als es im August 1946 vergriffen war, betrug die Gesamtsumme der Honorare bloße $ 689,17 (Lear 2009, 105). Auch international war das Echo gering; es gab bloß eine deutsche Übersetzung (*Unter dem Meerwind*), die aber erst 1947 erschien. Carsons Schreiblust wurde damit, jedenfalls was Bücher betraf, für längere Zeit gebremst.

Erst zehn Jahre später, nachdem Carsons zweites Buch, *The Sea Around Us*, zu einem riesigen Erfolg geworden war, sollte *Under the Sea-Wind* es dann doch noch auf die Bestsellerliste schaffen und in weitere Sprachen übersetzt werden (s. p. 169).

## Vorübergehend ein Vogel, ein Fisch, ein Aal sein

Dass das Buch in ruhigeren Zeiten doch noch zu einem Erfolg wurde, lässt sich gut nachvollziehen. Wenn man es mit den beiden späteren Werken, *The Sea Around Us* und *The Edge of the Sea* vergleicht, kann man wohl leicht zum Schluss kommen, es sei der beste Teil von Carsons Trilogie über das Meer, ungeachtet der Vorzüge, die auch den beiden anderen Teilen zukommen. Auch Lear (2009, 104) ist dieser Meinung: »Das Maß an Frische, mit dem sie ihre Beschreibung der jahreszeitlichen Zyklen und des Überlebenskampfes von jedem Lebewesen versieht, zeichnet *Under the Sea-Wind* in gewisser Hinsicht als ihr erfolgreichstes Buch aus. Ihre Stimme ist die einer Wissenschaftlerin und einer Poetin zugleich, in Liebe entbrannt zum Wunder in der Natur, das sie entdeckt hat.«

Worum aber ging es in diesem Buch? Die Antwort auf diese Frage gibt Carson (1947d, 7) im Vorwort: »Dieses Buch wurde aus dem Wunsche heraus geschrieben, vielen Menschen das wirkliche Leben des Meeres so nahe zu bringen, wie es der Verfasserin in den letzten zehn Jahren nahe war.

Es entstand aber auch aus der tiefen Überzeugung, dass das Meerleben unsere ganze Aufmerksamkeit wert ist.

An der Meeresküste zu stehen – das Strömen von Ebbe und Flut zu spüren – den Hauch des Nebels zu atmen, der über eine weite Salzmarsch streift – dem Flug der Ufervögel zu folgen, die seit vielen Tausenden von Jahren über die Brandungslinien der Kontinente steigen – den Zug der alten Aale und der jungen Alse zu erleben, wenn sie ins Meer zurückkehren – bedeutet solches Wissen nicht Wissen um Dinge, die ebenso ewig sind wie irgend ein anderes Leben unserer Erde?«

Im schon genannten Memorandum an Mrs. Eales bei Simon & Schuster (s. p. 85) erklärte Carson (1998j, 55-56), welche Art von Perspektive ihrer Meinung nach für die Beschreibung solchen Meerlebens adäquat war: »Ich glaube, die populärsten Bücher über den Ozean sind vom Gesichtspunkt eines menschlichen Beobachters aus geschrieben – normalerweise eines Tiefseetauchers oder manchmal eines Fischers – und zeichnen dessen Eindrücke und Interpretationen von dem auf, was er sah. Ich war entschlossen, diese menschliche Befangenheit so weit wie möglich zu vermeiden. Der Ozean ist zu groß und überwältigend und seine Kräfte zu mächtig als dass er stark durch menschliche Tätigkeit beeinflusst würde. So entschied ich mich dafür, dass in der Geschichte die Autorin als Person oder als menschliche Beobachterin nicht vorkommen durfte und dass sie eine einfache Erzählung des Lebens bestimmter Tiere des Meeres sein sollte. So weit wie möglich sollte die Leserschaft das Gefühl bekommen, vorübergehend das Leben dieser Meeresgeschöpfe zu leben.«

Was dies bedeuten kann, führte Carson im Vorwort weiter aus (10-11): »Um zu begreifen, was es bedeutet, ein Geschöpf der Meere zu sein, ist eine starke Vorstellungskraft nötig, und man muss zeitweise alle menschlichen Maße und Begriffe abtun. Wenn du ein Fisch oder ein Ufervogel bist, bedeutet die Zeit, die von der Uhr oder vom Kalender gemessen wird, nichts für dich. Aber der Wechsel von Schatten und Licht, von Ebbe und Flut, zeigt dir an, wann du essen und wann du fasten musst, ob dich ein Feind leicht findet oder ob du verhältnismäßig sicher bist. …

Andererseits dürfen wir uns nicht allzu weit von der Ähnlichkeit mit menschlichen Wesen entfernen, wenn wir einen Fisch, eine Garnele, eine Qualle oder einen Vogel als wirklich lebendiges Wesen begreifen wollen. Darum habe ich absichtlich gewisse Ausdrücke gebraucht, die man in streng wissenschaftlichen Werken nicht anwenden würde. Ich sprach zum Beispiel von einem Fisch, der seine Feinde ›fürchtet‹, nicht weil ich denke, dass der Fisch die Angst so empfindet wie wir, aber weil ich annehme, dass er so reagiert, als ob er sich fürchten würde. Die Reaktionen des Fisches sind vor allem physisch; die unseren psychisch. Aber wenn das Benehmen eines Fisches für uns verständlich werden soll, dürfen wir es nur mit Worten beschreiben, die unserer eigenen, seelischen Ausdrucksweise angehören.«

Carson möchte uns von der Idee abbringen, wir Menschen seien einzigartig und anderen Lebewesen überlegen. Es gibt einfach unterschiedliche Kreaturen; wir alle aber teilen den Planeten miteinander und haben den gleichen grundlegenden Lebenstrieb. Wir müssen versuchen, uns in die uns fremde Lebensart dieser Tiere einzufühlen, aber dies können wir nur tun, wenn wir vom Verständnis unserer eigenen Existenz ausgehen.

Carsons Buch enthält drei Teile (sie nannte sie »Bücher«), von denen jeder einer bestimmten Lebensform gewidmet ist, der erste den Sanderlingen, einer Zugvogel-Art, der zweite den Makrelen, einer Spezies von Wanderfischen, und der dritte den Aalen. Carson schildert deren Lebensweise hauptsächlich aus der Sicht eines Individuums. Genießen wir im Folgenden aus jedem Teil längere Textauschnitte.

## 4.2 Silverbar, das Sanderlingweibchen

Im ersten Teil des Buches, »Am Rand der See« (Carson 1947d, 13-96), ist die Hauptfigur »Silverbar«, ein Sanderlingweibchen. Sanderlinge sind Zugvögel der Gattung Strandläufer, die enorm weite Jahreswanderungen unternehmen, von Patagonien, wo sie sich aufhalten, wenn bei uns Winter ist, über 13 000 Kilometer zur polnahen Arktis im nördlichen Sommer, wo sie nisten, und wieder zurück nach Südamerika. Unterwegs haben sie ihre bevorzugten Orte für Zwischenhalte, zum Beispiel die Küste von North Carolina.

### »Frühjahrsflug«

»Blackfoot, der Anführer der Zugvögel, unternahm bereits seine vierte Reise von der südlichsten Spitze Südamerikas zu den arktischen Nistgründen seiner Sippe. Im Verlauf seines kurzen Lebens war er mehr als 60 000 Meilen gereist und der Sonne nord- und südwärts über die Erdkugel gefolgt: Etwa 8000 Meilen im Frühjahr und wieder 8000 Meilen im Herbst. Silverbar, das kleine Sanderlingweibchen, das an der Küste neben ihm hereilte, war ein Jährling und kehrte zum ersten Mal in die Arktis zurück, die es als halbflügges Vögelchen neun Monate zuvor verlassen hatte. …

In den Überresten der Brandung suchten Blackfoot und Silverbar den Sand nach Sandkrebsen ab, die das Ufer mit ihren Höhlen wabenförmig durchlöchert hatten. Allem anderen Futter der Flutzone zogen sie diese eiförmigen, kleinen Krabben vor (34). …

Abb. 4-2: Ein Sanderling (*Calidis alba*), die Vogelart, von der ein Weibchen eine zentrale Rolle im ersten Teil von *Unter dem Meerwind* spielt. Foto: Mdf. Quelle: Wikimedia Commons.

Indem Silverbar unmittelbar der zurücklaufenden Strömung folgte, sah sie zwei schimmernde Luftblasen, die sich aus dem Sand hoben, und sie wusste, dass eine Krabbe darunter war. Während sie die Blasen beobachtete, entging ihrem scharfen Auge nicht, dass im wälzenden Aufruhr der Brandung eine Welle aufstand. … Über den tieferen Untertönen der wandernden Flut hörte sie das lichtere Zischen des versprühenden Wellenkammes. Fast im selben Augenblick erschienen die gefiederten Fühler der Krabbe über dem Sand. Silverbar, die gerade unter dem Kamm des grünen Wasserhügels herlief, bohrte ihren geöffneten Schnabel heftig in den nassen Sand und zog die Krabbe heraus (35). …

Die Dämmerung fand die Sanderlinge, wie sie auf der Landspitze von Ship‘s Shoal ausruhten. Als die Brachvögel von den Salzmarschen hereinkamen, um sich über Nacht an der Flussmündung niederzulassen, hörten die Sanderlinge das sanfte Brausen ihrer Schwingen in den Lüften. Aus Angst vor den seltsamen Lauten und Bewegungen der vielen großen Vögel schmiegte sich Silverbar nahe an einige ältere Tiere (42). …

Um Mittag, bei steigender Flut, blies ein heftiger Wind vom Meer herein, und Sturmwolken trieben vor ihm her. … Die Sanderlinge suchten zusammen mit Scharen anderer Ufervögel Zuflucht im Windschutz der Dünenhügel. Dort fanden sie Sicherheit in den Wäldern von dunklem Seegras (46). …

Vor Sonnenuntergang hellten sich die Himmel auf, und der Wind ließ nach. Weil es noch Tag war, verließen die Sanderlinge ihre Grenzinsel und setzten über den Sund. Als sie über die Bucht zogen, lag unter ihnen, tiefgrün, die Wasserrinne, die sich in vielen Kehren quer durch die lichteren Untiefen wand. Sie folgten ihrem Lauf, flogen zwischen den schiefen, roten Bojen hindurch, dann über die Flutrinne, wo das Wasser, zerbrochen in Strudel und Wirbel, dahinströmte, dann weiter über das versunkene Austernriff und gelangten endlich zur Insel (47). …

Etwa eine Stunde vor dem Morgengrauen fand sich die Sanderlingschar auf der Inselbucht zusammen, wo die sanfte Flut die Muschelteppiche überspülte. Die kleine Schar braungesprenkelter Vögel stieg in die Dunkelheit, und als die Insel unter ihnen immer kleiner wurde, wendeten sie sich nach Norden« (48).

## »Treffen in der Arktis«

»Der Winter klammerte sich immer noch an das Nordland, als die Sanderlinge an den Ufern einer Bucht ankamen, die aussah wie ein springender Delfin und am Rande offener Tundren in unfruchtbarer Erde lag. Sie gehörten zur ersten Schar der ankommenden Zugvögel. Auf den Hügeln lag Schnee, der bis tief in die Stromtäler hinunter reichte (49). …

Es gab wenig Nahrung für jene Zugvögel, welche die warme Sonne und die wogende Brandung liebten. Die Sanderlinge scharten sich elend unter ein paar verkümmerten Weiden zusammen, die durch eine Gletschermoräne vom Nordwest geschützt waren. Dort lebten sie von den ersten grünen Knospen des Steinbrechs und erwarteten die Ankunft des Tauwetters, das die reiche tierische Nahrung des arktischen Frühlings befreien würde.

Aber der Winter musste noch sterben. Zum zweiten Mal seit der Rückkehr der Strandläufer in die Arktis war die Sonne aufgegangen und schien matt durch die trübe Luft. Die Wolken wurden dicker und schoben sich zwischen der Tundra und der Sonne dahin, und am Mittag war der Himmel schwer von ungefallenem Schnee (50). …

Spät in dieser Nacht, als die Sonne irgendwo hinter den dicken Wolkenbänken untergegangen sein musste, fiel der erste Schnee. Bald erhob sich der Wind und ergoss sich wie eine eisige Wasserflut, die in die dicksten Federn und wärmsten Pelze eindrang, über die Tundra (51). …

Silverbar, das junge Sanderlingweibchen, hatte keinen Schnee mehr gesehen, seit sie die Arktis vor beinahe zehn Monaten verlassen hatte. Sie war der Sonne bis zur Grenze ihrer Bahn, bis zu den Grasländern Argentiniens und den Ufern Patagoniens gefolgt. Fast ihr ganzes Leben war voll Sonne, weiten Küsten und wogenden Grassteppen gewesen. Jetzt saß sie zusammengekauert unter den Zwergweiden und konnte durch das wirbelnde Weiß nicht einmal mehr Blackfoot sehen, obwohl sie in einem Lauf von zwanzig Schritten an seiner Seite gewesen wäre (51-52). …

Jetzt da der Sturm nachließ, schlich der Hunger über die Weiden (55). ...

Der nagende Griff des Hungers bedeutete eine neue Erfahrung für Silverbar. Vor einer Woche noch hatte sie mit den anderen Sanderlingen ihren Magen mit Muscheln gefüllt, die über den weiten überfluteten Ebenen der Hudson-Bay lagen. Und weitere Tage zuvor hatten sie an den Küsten von Neuengland Sandflöhe verschlungen und Hippakrabben an den sonnigen Gestaden des Südens. Auf ihrer ganzen, achttausend Meilen weiten Reise von Patagonien nach Norden hatte es ihr nie an Futter gefehlt (56-57).

Die älteren Sanderlinge, die geduldig alles Ungemach auf sich nahmen, warteten die Ebbezeit ab und führten dann Silverbar und die anderen Jährlinge an den Rand des Hafeneises. ... die letzte Flut hatte das gebrochene Tafeleis verschoben und beim Zurückweichen einen offenen Schlammflecken zurückgelassen. Schon hatten sich mehrere hundert Strandvögel angesammelt ... Sie drängten sich so dicht zusammen, dass für die Sanderlinge kaum Platz zum Stehen war, und jeder Quadratzoll Wasser war von den Schnäbeln der watenden Vögel durchsucht und durchstochen worden. Als Silverbar im steifen Schlamm wühlte, fand sie mehrere wie Schnecken zusammengerollte Muscheln, die aber leer waren. Mit Blackfoot und zwei anderen Jährlingen flog sie darauf eine Meile weit der Küste nach hinauf, aber Schnee bedeckte Boden und Hafeneis wie einen Teppich und nirgends war Futter zu finden (57). ...

In der nächsten Nacht wechselte der Wind, und es begann zu tauen. Tag für Tag wurde die Schneedecke dünner (58). ...

»Nun paarten sich Silverbar und Blackfoot, und die beiden flogen in eine steinige über das Meer hinausblickende Ebene. Die Felsen waren hier mit Moos und weichen, grauen Flechten umkleidet ... Spärlich wuchsen dort auch Zwergweiden mit springenden Blattknospen und reifen Kätzchen (60). ...

Jetzt wurde Blackfoot angriffslustig und kämpfte hart mit jedem Männchen, das auf seinen auserwählten Grund übergreifen wollte. Nach jedem siegreich bestandenen Gefecht paradierte er dann mit gesträubten Federn stolz vor Silverbar einher. Während sie ihm ruhig zuschaute, flog er mit flatternden Schwingen steil in die Luft, indem er scharfe Schreie ausstieß (60-61). ...

Am Rande eines Betonienbüschels baute Silverbar das Nest. Sie drehte sich um und um, bis eine flache Mulde entstand, die ihrem Körper entsprach. Sie polsterte den Boden dann mit den vorjährigen Blättern einer kriechenden Weide aus, indem sie Blatt um Blatt heranbrachte und mit einigen Flechtenstücken zusammenfügte. Bald lagen vier Eier auf den Weidenblättern, und nun begann für Silverbar die lange Zeit der Nachtwache, während der alle bedrohlichen Dinge der Tundra vom Nistplatz ferngehalten werden mussten (61). ...

Bald war das Kleid der Tundra mit vielen Blumen bestickt: Zuerst kamen die weißen Becher der Silberwurz; dann der Purpur des Steinbrechs; dann das Gelb der lichten Hahnenfußflächen, auf denen es laut und emsig summte (63). ...

Als Silverbar begonnen hatte, ihre Eier auszubrüten, war der Mond noch voll gewesen. Dann schwand er zu einem dünnen Streifen am Himmel und wuchs wieder zum Viertel an, so dass die Flut nun wieder träger und müder in die Bucht floss. Als sich die Strandvögel eines Morgens über der Ebene versammelten, um in der Ebbe nach Futter zu suchen, gesellte sich Silverbar nicht zu ihnen. Die ganze Nacht hindurch hatte sie in den Eiern unter ihren verbrauchten und abgenützten Brustfedern kleine Geräusche vernommen. Es war das Picken der Sanderlingküken, die sich nach 23 Tagen zum Leben rüsteten. Silverbar neigte den Kopf und lauschte den Tönen; manchmal hob sie sich ein wenig und betrachtete die Eier aufmerksam (64-65).

Auf dem nahen Bergkamm sang ein Spornammer-Männchen sein klingendes vielsilbriges Lied, indem es immer und immer wieder hoch in die Luft stieg und seinen Gesang im Fallen versprühte, wenn es sich mit weit gespannten Flügeln zum Gras niedersinken ließ. … Das Spornammer-Männchen … achtete den Schatten nicht, der zwischen es und die Sonne fiel, als Kigavik, der Gerfalke, vom Himmel fiel. Silverbar hatte weder das Lied … gehört, noch war sie sich nun seines plötzlichen Verstummens bewusst. Sie bemerkte es auch nicht, als eine einzelne Brustfeder gerade an ihrer Seite bodenwärts flatterte. Sie schaute unverwandt auf ein Loch, das in einem der Eier erschienen war. Das einzige Geräusch, das sie vernahm, war ein dünnes mäuseartiges Quieken: der erste Laut ihrer Jungen. Währenddem der Falke seinen luftigen Sitz auf einer am Meer gelegenen Felsenklippe erreicht und die Spornammer seinen Nestvögeln als Futter gebracht hatte, war das erste Sanderlingküken aus der Schale gekrochen, und schon zwei weitere Eier waren aufgesprungen. Jetzt wurde Silverbars Herz zum ersten Mal von einer Furcht erfüllt, die sie nie mehr verlassen würde – die Furcht vor allen Gefahren, die nun ihren Jungen drohten. Mit helleren Sinnen nahm sie das Leben der Tundra auf – mit geschärftem Ohr hörte sie das Gekreisch der Jäger, die auf den Flutebenen nach Küstenvögeln jagten, mit schnelleren Augen nahm sie das weiße Geflatter einer Falkenschwinge wahr (65-66).

Nachdem das vierte der Küken ausgeschlüpft war, begann Silverbar Stück um Stück der Schalen vom Nest weg zu schaffen. Unzählige Generationen von Sanderlingen hatten es so gemacht und durch ihre eingeborene Klugheit die Raben und Füchse überlistet (66). …

Die ganze Nacht … arbeitete Silverbar, und als die Sonne wieder zum östlichen Himmel gerollt war, verbarg sie die letzte Schale im Schotter der Schlucht. Ein Polarfuchs huschte lautlos an ihr vorbei … Sein Auge glühte, als er die Vogelmutter sah, und er durchschnüffelte die Luft und glaubte, Junge in ihrer Nähe zu wittern. Silverbar flog zu den über der Schlucht gelegenen Weiden und beobachtete den Fuchs, wie er die Schalen abdeckte und an ihnen roch. Als er der Böschung nach hinauf sprang, flatterte das Sanderlingweibchen auf ihn zu, taumelte wie verwundet zu Boden und schleppte sich mit heftigem Flügelschlag über das Gestein. Während dieser ganzen Zeit stieß sie einen hochgezogenen Ton aus, der demjenigen ihrer Jungen glich. Der Fuchs raste auf sie zu. Silverbar hob sich schnell in die

Luft und flog über den Hügelkamm, um von einer anderen Seiten aufs Neue zu erscheinen und den Fuchs in eine aussichtslose Verfolgung zu zwingen (66-67). ...

Als Silverbar den Fuchs weit genug von ihren Jungen weg gelockt hatte, kreiste sie über die Buchtebenen zurück, indem sie von Zeit zu Zeit am Ufer der salzigen Flut anhielt, um in Eile ein wenig zu fressen. Dann flog sie rasch zum Betonienbüschel und den vier Küken, die noch schwarz waren von der Feuchte des Eies, obschon ihr Flaum sich bald zu Leder-, Sand- und Kastanientönen verändern würde (67-68).

Jetzt erkannte die Sanderlingmutter instinktiv, dass die Höhlung, die sie in der Tundra gewühlt und mit trockenen Blättern und Flechten ausgepolstert hatte, kein sicherer Unterschlupf für ihre Jungen mehr sein konnte. ...

Als die Sonne so weit unter den Horizont gerollt war, dass nur noch die hohe Klippe mit dem Sitz des Gerfalken ihren Strahl empfing, führte Silverbar ihre vier Küken in das weite unendliche Grau der Tundra hinaus (68).

Lange Tage wanderte das Sanderlingweibchen mit seinen Kindern über die Steinebenen, und während der kurzen Frostnächte oder wenn plötzliche Regengüsse über die Heide fielen, barg es die Jungen unter seinen Federn. Es führte sie an die Ufer überbordender Seen, ... um Nahrung für ihre Jungen zu suchen. An den Seeufern und in der schwellenden Unruhe ihrer Zuflüsse fanden sie seltsames, neues Futter. Die jungen Sanderlinge lernten Insekten fangen, oder ihre Larven in den Flüssen finden. Sie lernten, sich flach gegen den Boden zu pressen, wenn sie den Warnruf ihrer Mutter vernahmen, und unter den Steinen ganz still zu liegen, bis sie sich auf ihr Zeichen wieder mit dünnem, hohem Quieksen um sie versammelten. So entkamen sie den Jägern, den Eulen und den Füchsen (68-69).

Obschon ihr ganzer Körper noch mit Flaum bedeckt war, trugen die Küken am siebenten Tage nach ihrem Ausschlüpfen schon Federn auf ihren Schwingen, die einen Drittel ihrer ausgewachsenen Länge erreicht hatten. Nach vier weiteren Sonnentagen waren die Schwingen und Schultern dann völlig mit Federn bekleidet, und als sie zwei Wochen alt waren, konnten die jungen Vögel mit ihrer Mutter von See zu See fliegen.

Jetzt tauchte die Sonne weiter unter den Himmelsrand; die Nächte wurden dunkler, die Zwielichtstunden länger. ... Der Sommer ist am Sterben (69). ...

Es kam ein Augusttag, da Silverbar, die mit ihren herangewachsenen Jungen an der Bucht Futter suchte, plötzlich mit etwa vierzig der älteren Vögel in die Luft stieg. Sie schwenkten mit weißen leuchtenden Schwingen zusammen über die Bucht und kehrten zurück und schrien laut, als sie über den Ebenen durchzogen, wo ihre Jungen immer noch am Rande leicht gekräuselter Wellen umher eilten und nach Futter suchten; dann drehten sie ihre Hälse südwärts und entschwanden (70).

Sie hatten ihre Arbeit vollendet. Das Nistwerk war getan, die Eier waren gewissenhaft ausgebrütet worden; die Jungen hatten gelernt, Futter zu finden, sich vor Feinden zu schützen, die Regeln des Spieles um Leben und Tod zu kennen. Später, wenn die jungen Vögel stark genug wären, den Küstenlinien zweier Kontinente nachzureisen, würden sie ihnen folgen, und ein angeborenes Erinnerungsvermögen zeigte ihnen dann den Weg. Jetzt aber spürten die älteren Sanderlinge den Ruf des warmen Südens; sie wollten der Sonne nachziehen« (70-71).

### »Des Sommers Ende«

»Es wurde September, bevor die Sanderlinge, deren Gefieder nun langsam weiß geworden war, wieder an der Inselküste hin- und her eilten, oder an jener Landspitze, die man Ships' Shoal nennt, Hippakrebse in der zurückweichenden Flut fingen. Ihr Flug von der nördlichen Tundra her war von vielen Futterhalten auf den weiten Schlammebenen der Hudson-Bay, der James-Bay und den Meeresküsten südwärts von Neuengland unterbrochen worden. Auf ihrer Herbstreise waren die Vögel ohne Eile; der Rasseinstinkt, der sie im Frühling nordwärts gedrängt hatte, war nun gestillt. Von Wind und Sonne geführt, trieben sie südwärts; bald in größeren Schwärmen, wenn neue Vögel aus dem Norden auf sie stießen, bald schwindend, wenn wieder ein Schwarm seine gewöhnliche Winterheimat gefunden hatte und zurückblieb. Nur der äußerste Saum der großen Südwelle des Vogelzuges würde weiter und weiter bis in die Randgebiete von Südamerika hinunterstoßen« (75).

## 4.3 Scomber, die Makrele

Der zweite Teil des Buches heißt: »Der Weg der Möwen« (Carson 1947d, 97-179), handelt aber nicht vordergründig von diesen Vögeln, sondern von den Makrelen. Dies sind wandernde Schwarmfische, die den Winter in der Tiefsee, den Sommer in küstennahen Gewässern verbringen.

### »Wanderer der Frühlingssee«

»Zwischen den Vorgebirgen von Chesapeake und dem Ellbogen von Cape Cod liegt, fünfzig bis hundert Meilen von den Flutlinien entfernt, jene Stelle, wo der Kontinent aufhört und das wirkliche Meer beginnt. Nicht die Entfernung von der Küste, sondern die Tiefe kennzeichnet den Übergang zur offenen See …

Während der vier kältesten Wintermonate liegen die Makrelenstämme im blauen Dunst dieses Kontinentsaumes im Schlaf und ruhen von den acht Monaten angestrengten Lebens aus, die sie in den oberen Wasserschichten verbrachten. An der Schwelle der Tiefsee leben sie vom Fett, welches reichliches Sommerfutter in ihnen angehäuft hat, und gegen Ende ihres Winterschlafs werden ihre Leiber schwer von Laich.

Im Monat April erwachen sie, draußen, am Rande der Kontinentalschicht vor den Felsvorsprüngen Virginias (99). …

Nach vier Monaten dunklen Lebens in der Tiefsee eilen sie erregt in die schimmernden Wasser der Höhe, drängen ihre Schnauzen aus der Flut und betrachten erstaunt die weite graue Fläche des Meeres, in welcher der Himmel sich badet (102). …

… ohne Zögern drehen die Schwärme vom tiefblauen Salzwasser der offenen See ab und bewegen sich den Küstengewässern entgegen, die vom Süßwasser der Flüsse und Buchten grünlich-bleich durchtränkt sind (103). …

Nach einiger Zeit erreichen die landwärts ziehenden Makrelen die Küstengewässer, wo sie ihre Leiber von der Eier- und Milchlast befreien. Eine Wolke von kleinsten, durchsichtigen Kugeln fließt hinter ihnen her, ein weiter, unruhvoller Zug des Lebens, wie ihn der Himmel im Sternenfluss der Milchstraße über sich ziehen lässt. Man weiß, dass mehrere Hundert Millionen Eier auf eine Quadratmeile entfallen, Billionen auf eine Fläche, die ein Fischdampfer in einer Stunde durchkreuzen würde, und Hunderte von Trillionen auf ihre ganze Laichfläche.

Nach ihrer Laichzeit kehren die Makrelen zu den reichen, südlich von Neuengland gelegenen Futtergründen zurück. … Das Meer wird für ihre Jungen sorgen, wie es für die Jungen aller übrigen Fische sorgt« (104). …

## »Geburt einer Makrele«

»So kam es, dass Scomber, die Makrele, in den Oberflächenwassern des weiten Meeres geboren wurde, siebzig Meilen südöstlich der westlichen Spitze von Long Island. Sie kam als winziges Kügelchen zur Welt, das wie ein Mohnsamen auf der blassgrünen Fläche des Wassers dahintrieb. Die Kugel trug ein bernsteinfarbiges Öltröpfchen, von dem sie über Wasser gehalten wurde, und enthielt ein so kleines, graues Teilchen lebender Substanz, dass man es auf einer Nadelspitze hätte aufspießen können. Aber aus diesem Teilchen würde nun nach und nach Scomber, die Makrele, entstehen; ein kräftiger Fisch, stromlinig wie die andern seiner Art und ein Wanderer der Meere (105). …

Es gäbe wohl kaum einen seltsameren Ort in der Welt, um ein Leben zu beginnen, als dieses Weltall von Himmel und Wasser, das von seltsamen Geschöpfen bewohnt und von Wind- und Meeresströmungen beherrscht wird. Es war ein Ort der Stille. Nur dann und wann brach der Wind über die weite Wasserfläche. Seemöwen flogen kreischend in der fallenden Luft oder Wale durchbrachen die Flutfläche und bliesen ihren lang angehaltenen Atem aus, ehe sie sich wieder träge ins Meer zurückrollten (105-106). …

Es war eine seltsame Welt … Mit unzähligen kleinen Jägern war sie angefüllt, von denen jeder, sei es Pflanze oder Tier, auf Kosten seines Nachbars lebt. Die frisch ausgeschlüpften Jungen der Fische, welche zuerst gelaicht hatten, Schalentiere, Krustentiere und Würmer stießen an die Makreleneier (106). …

Das Meer war aber auch noch mit größeren Räubern angefüllt. Ungefähr eine Stunde nach dem Wegzug der Makreleneltern stieg eine Horde von Rippenquallen zur Oberfläche auf. Die Rippenquallen oder Ctenophoren glichen großen Stachelbeeren und bewegten sich mit Scheiben von ineinander verflochtenen Haaren oder Wimpern, die in acht Bändern ihren durchscheinenden Körpern nachliefen. Obschon ihr Kern nur aus etwas Meerwasser bestand, fraß doch täglich jede von ihnen das Mehrfache ihres Eigengewichtes. Jetzt stiegen sie langsam an die Oberfläche, wo die Millionen neugelegter Makreleneier frei in den höchsten Meerschichten umhertrieben. … Während der ganzen Nacht schnellten die Ctenophoren mit ihren gefährlichen Fangarmen, von denen jeder ein dünner, elastischer Faden war, der ausgestreckt ihre zwanzigfache Körperlänge erreichte, durch die Wasser. Und wie sie sich drehten und wirbelten, … wurden die treibenden Makrelen in die seidenen Stränge ihrer Fangfäden geschwemmt und rasch in das offene Maul geführt (107).

In dieser ersten Nacht von Scombers Dasein stieß der kalte, schlüpfrige Leib einer Ctenophore mehrmals mit ihm zusammen, oder ein suchender Fangarm ging um Haaresbreite an der schwebenden Kugel vorbei, in welcher der Protoplasmakern sich schon in acht Zellen geteilt hatte und so die Entwicklung begann, durch welche aus einer einzelnen fruchtbaren Zelle unversehens ein Fischembryo entsteht (107-108). …

In ihrer ersten Nacht waren mehr als zehn von hundert Makreleneiern entweder von den Rippenquallen aufgefressen worden oder aus angeborener Schwäche nach den ersten Zellteilungen verendet (108). …

Am zweiten Tag, als sich die Zellen in den goldenen Eikugeln schon durch zahllose Teilungen vermehrt hatten und der schildförmige Leib des Fischembryos über dem Dotter Gestalt annahm, begannen Horden eines neuen Feindes durchs treibende Plankton zu streifen. Es waren die Glaswürmer; durchsichtige, schlanke Geschöpfe, welche das Wasser pfeilgleich durcheilten und nach allen Richtungen schossen, um Fischeier, Ruderfußkrebse und sogar Tiere ihrer eigenen Stämme zu verschlingen. Mit ihren furchterregenden Köpfen und Zahnkiefern erschienen sie den kleinen Wesen des Planktons schrecklich wie Drachen, obschon sie weniger als einen Viertelzoll maßen (109). …

Aber wieder war das Ei, welches das Embryo des jungen Scomber enthielt, unversehrt weiter geschwommen, während rund herum fast alle andern Eier gepackt und gefressen worden waren. Unter der warmen Maisonne begannen die jungen Eizellen eine fiebernde Tätigkeit - sie teilten sich, sonderten sich in Zell-Lagen, Gewebe und Organe ab. Nach zwei Nächten Lebensdauer nahm schon der fadenförmige Leib eines Fisches Gestalt an, zusamengerollt über dem Dotter, der ihm Futter spendete (109-110). …

Den ganzen Tag schritt die Entwicklung in Riesenschritten fort und zeigte bald das bevorstehende Ausschlüpfen an (110). …

In der sechsten Nacht nach dem Laichen begannen die zähen Häutchen der Makreleneier zu bersten. Die winzigen Fischlein, von denen zwanzig, Schwanz an Kopf aneinandergereiht, kaum einen Zoll erreichten, schlüpften aus und erfuhren erstmals die direkte Berührung des Meeres. Unter diesen frisch ausgeschlüpften Fischchen befand sich auch Scomber.

Er war wirklich noch ein unfertiges kleines Tier. Es schien, als ob er zu früh aus dem Ei gesprungen wäre, so wenig war er imstande, für sich selbst zu sorgen. Die Kiemenschlitze waren erst angedeutet, aber noch nicht durch den Hals geschnitten, und deshalb zum Atmen nutzlos. Sein Maul war erst ein geschlossener Beutel. Zum Glück für das frisch ausgeschlüpfte Fischlein lag noch ein Futtervorrat im Dottersack. Aus ihm würde er nun noch leben, bis sich sein Maul öffnen und bewegen konnte. Immerhin wurde die kleine Makrele, gerade dieses dicken Sackes wegen, verkehrt im Wasser vorwärts getrieben und war völlig unfähig, ihre hilflosen Bewegungen zu beherrschen (113).

Die nächsten drei Lebenstage brachten überraschende Verwandlungen. Bei vorwärtsschreitender Entwicklung wurden Maul- und Kiemenbau ergänzt, und die Flößchen sprossen aus Rücken und Seiten. Die unteren Teile des Leibes formten sich und fanden Kraft und Sicherheit der Bewegung. Die Augen färbten sich tiefblau, und jetzt mochten sie die ersten Botschaften erschauter Dinge zum winzigen Gehirn schicken. Stetig schrumpfte die Dottermasse zusammen, und so wurde es Scomber endlich möglich, sich selbst auszurichten und durch schlängelnde Bewegungen seines noch runden Leibes im Wasser vorwärts zu kommen. Vom stetigen, südwärts gerichteten Zug der Wasser spürte er nichts, da seine schwachen Flossen der Strömung keinen Widerstand zu bieten vermochten. Als rechtmäßiges Glied der ziehenden Planktongemeinschaft trieb er nun auf dem Meere dahin« (114).

## »Jäger des Planktons«

»Noch wusste Scomber wenig von der Welt, in welcher er lebte. Sein erstes Futter waren winzige, einzellige Wasserpflanzen gewesen, die er in sein Maul zog und durch seine Kiemenrechen drängte. Später hatte er gelernt, die flohartigen Krebse des Planktons zu fassen, in ihre treibenden Wolken hineinzuschießen und das neue Futter in rascher Bewegung zu schnappen. Gemeinsam mit den anderen jungen Makrelen verbrachte er die meisten Tage viele Faden[20] unter der Oberfläche und stieg nur des Nachts wieder auf, um durch das von phosphoreszierendem Plankton gleißende Wasser zu streifen (116). ...

In den oberen Wassern erfuhr Scomber erstmals die Angst des Gejagten. Am zehnten Morgen seines Lebens hatte er sich, statt hinabzutauchen, an der Oberfläche versäumt. Aus dem klaren grünen Wasser leuchtete nun plötzlich ein Dutzend glimmender silberner Fische. Es waren kleine, heringartige Sardellen. Scomber wurde von den vordersten entdeckt, die von ihrem Pfad abwichen und mit offenem Maul über die Elle Wasser, die sie noch von ihrem Opfer trennte, heranzogen, um die kleine Makrele zu packen. ... Im Bruchteil einer Sekunde wäre er gefasst und gefressen worden; aber eine zweite Sardelle, die von der gegenüberliegenden Seite heran schoss, stieß mit der ersten zusammen, und in der Verwirrung schoss Scomber unter sie (117). ...

20 Die Übersetzer haben hier das englische »fathom« mit »Klafter« wiedergegeben. In einem maritimen Kontext ist es aber passender, von »Faden« zu reden. 1 Faden = 1, 83 Meter.

Im Herabsinken durchquerte er eine Futterwolke von durchsichtigen, großköpfigen Larven von Krebstieren, welche in der vergangenen Woche in diesen Wassern abgelegt worden waren. … Schon fraßen ganze Züge von Makrelen von den Krustentieren und Scomber gesellte sich zu ihnen. Er packte eine erste Larve und zerdrückte ihren durchsichtigen Leib an der Wölbung seines Mauls, bevor er sie verschlang« (119).

## »Der Hafen«

»Als die Sonne ins Zeichen des Krebses trat, kam Scomber in die Makrelenwasser von Neuengland, und mit der ersten Frühjahrsflut des Monats Juli wurde er in einen kleinen Hafen geführt, der durch einen vorgeschobenen Landarm vor dem Meer geschützt war. …

In seinem dritten Lebensmonat war er nun drei Zoll lang. Seine plumpen, ungeformten Linien hatten sich auf der langen Reise küstenaufwärts zu einem torpedoartigen Leib geformt, voll Kraft in den Schultern und voll Behendigkeit in den spitz zulaufenden Flanken. Jetzt hatte er den Meermantel der erwachsenen Makrelen übergezogen. Er war in Schuppen gekleidet, die sich so zart und fein anfühlten wie Samt. Sein Rücken besaß die blaugrüne Farbe der Meerestiefen, die er noch nie gesehen hatte, und über den blaugrünen Grund liefen ihm unregelmäßige schwarze Streifen von der Rückenflosse her die halben Flanken hinunter. Seine Unterseite aber gleißte silbern, und wenn ihn die Sonne im Vorbeigleiten traf, glitzerte er in allen Regenbogenfarben (124). …

Unter den jungen Fischen, die im Hafen lebten, waren mehrere tausend Makrelen, die ihre ersten Lebenswochen an den verschiedensten Küstenplätzen verbracht hatten, dann aber durch die Wasserströmungen und ihre eigene Wanderkraft endlich in den Hafen gelangt waren. Dem Herdentrieb folgend, der schon in ihnen erstarkt war, vereinigten sich die Makrelen bald zu Schwärmen. Nach den langen Wanderungen waren sie froh, nun Tag für Tag in den Hafengewässern liegen zu können, der tangbewachsenen Meermauer entlang zu streifen, das warme, untiefe Wasser der Bucht zu spüren und der hereindrängenden Flut entgegenzuschwimmen; voll Begier nach den schwärmenden Ruderfußkrebsen und kleinen Garnelen, die sie mitbrachte (125). …

Während dieser Nacht bewegten sich viele seltsame Schatten im Wasser um die Fischerpfähle, wo die jungen Makrelen gruppenweise in der schwarzen Stille lagen. Ein Zug von Kalmaren, die Erbfeinde aller jungen Fische, war in die kleine Bucht eingedrungen (131). …

Im frostigen Licht der Frühe griffen die Kalmare an. Schnell wie eine Kugel schoss das erste Tier in die Mitte des Makrelenschwarms, schwenkte schräg nach rechts und versetzte einem der Fische einen unfehlbaren Hieb in den Nacken. Die kleine Makrele war sofort tot, bevor sie nur Zeit gefunden hatte, ihren Feind zu fürchten; denn der Schnabel des Kalmars schnitt einen sauberen, dreieckigen Biss tief in die Wirbelsäule (131).

Beinahe im selben Augenblick schoss ein weiteres halbes Dutzend Kalmare in den Makrelenschwarm hinein, aber das Ungestüm des ersten Angreifers hatte die jungen Fische schon in alle Richtungen zerstreut. …

Abb. 4-3: Zeichnung von drei Arten von Makrelen auf einem Vorhang in Rachel Carsons ehemaligem Arbeitszimmer in ihrem Ferienhaus auf Southport Island. Oben die von Carson im zweiten Teil ihres Buches *Unter dem Meerwind* beschriebene atlantische Makrele (»common mackerel«, *Scomber scombrus*). Darunter zwei andere Arten von Makrelen. Foto: D.S., 4.10.2013.

Nach dem ersten wütenden Gedränge hatte sich Scomber in den Schutz der Pfähle zurückgezogen, und unter den Algen der Ufermauer hatte er endlich Schutz gefunden. Viele andere Makrelen waren ihm gefolgt oder ins offene Wasser der Bucht hinausgeschossen, um sich dort zu verbergen. Als die Kalmare sahen, dass die Makrelen sich zerstreut hatten, ließen sie sich auf den Boden sinken, wo sich in ihrer Körperhaut ein fast unmerklicher Wandel vollzog, der sie dem unter ihnen liegenden Sande ähnlich machte. Bald hätte auch der scharfäugigste Fisch nirgends mehr einen dieser Feinde entdecken können.

Nun begannen die Makrelen ihre Ängste zu vergessen und einzeln oder in kleinen Gruppen zum Ufer zurückzuwandern, wo sie auf die Wende der Gezeiten gewartet hatten. Als sie hintereinander über die Stelle schwammen, wo ein Kalmar in unsichtbarer Reglosigkeit lag, wirbelte das, was sie für einen im Wasser liegenden Grat gehalten hatten, plötzlich auf und warf sich ihnen grimmig entgegen« (132).

## »Seewege«

»Jetzt waren die Stunden der Dunkelheit gleich bemessen wie die Stunden des Tageslichts; die Sonne schritt durch das Sternbild der Waage, und der Septembermond schwand zu einem dünnen Rest seiner früheren Gestalt. Und als die Flut mit weißen Kämmen in den Kanal drängte und dann wieder ins Meer zurückfiel, woher sie gekommen war, trug sie Tag für Tag eine größere Zahl der kleinen Fische des Hafens mit sich hinaus. So kam eine Nacht, in der die Flut auch in Scomber, der jungen Makrele, eine dunkle Ahnung weckte, und in dieser Nacht nahm ihn das ins Meer zurückflutende Wasser auch wirklich mit. Er war nicht allein. Mit ihm wurden viele der jungen Makrelen erfasst, die den Spätsommer hier im Hafen verbracht hatten. Es war ein ganzer Zug von vielen hundert sauber geformten Fischen, von denen jeder einzelne etwas größer als eine Manneshand war. Nun hatten sie das angenehme Leben im Hafen hinter sich und würden dem Meere angehören bis an ihren Tod (139).

In der Einfahrtsrinne ließen sich die Makrelen von den Wirbeln mitreißen und wurden in raschem Schwung an den Felsen der Hafenmündung vorbei getragen. … Die Makrelen schossen in frohem Übermut hindurch, bebend vom Maul bis zum Schwanz, dem neuen Leben hingegeben, das sie nun erwartete (139-140). …

Die jungen Makrelen bewegten sich geschlossen und gemeinsam fast wie ein einziger Fisch. Keiner war der Führer, jeder aber hatte ein klares Bewusstsein der Gegenwart aller und der Bewegungen jedes einzelnen Kameraden; und sobald die äußeren Randtiere nach rechts oder nach links abbogen, oder ihre Fahrt beschleunigten oder verlangsamten, taten es ihnen die anderen Fische nach (140). …

Der Makrelenschwarm war in fünf Faden Tiefe auf eine feuerrote Wolke der kleinen Ruderfußkrebse *Calanus* gestoßen, und die Makrelen fraßen gierig von den roten Krustentieren, die ihr Lieblingsfutter waren. Als der Flutstrom schwächer wurde, zögerte und auch das Plankton nicht mehr mit sich zu ziehen vermochte, sank das rote Futter, gefolgt von den Makrelen, immer tiefer ins Wasser. Etwa in hundert Fuß Tiefe gelangten die Makrelen auf einen sandigen Grund. …

Hier bewegten sie sich in einer Welt, die für Oberflächenfische neu und seltsam war« (145).

## »Nachsommer des Meeres«

»Die Jährlingsmakrelen, die den Hafen im Spätseptember verlassen hatten, fühlten sich anfänglich, nach der vertrauten Umgebung der Mauern, in der Weite des Meeres verloren und lebten voll Furcht in der offenen See. Sie hatten in den drei Monaten ihres Hafenaufenthaltes gelernt, ihre Bewegungen dem Rhythmus der Gezeiten anzupassen: In der Flut suchten sie Futter, und in der Ebbe ruhten sie aus. Die Gezeiten führten nun auch im offenen Meer ihr Spiel, auch hier richteten sie sich nach den Gestirnen; aber die Makrelen vermochten hier das Auf- und Niedersteigen der offenen Wasser kaum mehr wahrzunehmen (154). …

Scomber und die anderen Jährlinge waren seit ihrem Auszug aus dem Hafen rasch gewachsen. Das reiche Futter des Meeres tat ihnen gut. Jetzt, im sechsten Monat ihres Lebens, waren die jungen Fische acht bis zehn Zoll lang und hatten die Größe erreicht, welche die Fischer ›Tacks‹ nennen.

Als sich die Jährlinge in den sonnigen Oktobertagen noch weiter ins Meer hinauswagten, trafen sie immer häufiger auf die großen Makrelen der letzten zwölf Laichjahre. Der Herbst war für alle Makrelen eine Zeit der Wanderungen. Der Schwung der sömmerlichen Fahrten, der viele der Fische in den Norden des Golfes von St. Lawrence und der Küste von Neu Schottland geführt hatte, hatte seinen Höhepunkte überschritten. Die Flut war zur Ebbe geworden, und die Fische bewegten sich wieder erneut südwärts (155). …

Ein Meeraal lebte auf einem der Klippengräte. Dieser Grat zog sich einer tiefen Felsspalte entgegen, in die sich der Aal zurückzog, wenn er einmal von einem Feinde angegriffen wurde. …

Als sich die kleine Schar dem Grat näherte, bemerkten die blinzelnden Augen des Aals die schimmernden Makrelenkörper. Der Aal klammerte sich mit seinem muskulösen Schwanz an die Wand und zog den dicken Leib zurück. Als die Makrelen auf der Höhe der Höhlung angelangt waren, schwenkte Scomber gegen die Felswand, einem kleinen Schwarm von Flohkrebsen zu, der dort über einem Futterrest kreiste. Sogleich lockerte der Aal seinen Felsgriff, und, geschmeidig rollend, schoss er ins offene Wasser. Erschreckt durch die plötzlich auftauchende Erscheinung, schossen die Makrelen in höchster Geschwindigkeit davon, aber Scomber, der auf die Amphipoden lauerte, bemerkte den Aal erst, als er beinahe mit ihm zusammenstieß (162).

Die beiden Fische schossen der Klippe nach nieder; die Makrele, ein geschmeidiges, spitzes Geschöpf, das bunt in der Sonne schillerte; der Aal, lang und dick, von der grauen Farbe des lichtlosen Wassers. … Scomber floh der Wand entlang auf- und abwärts und zwischen Türmen vorstehender Felsen hindurch. Endlich ließ er sich auf einen algenüberwachsenen Grat nieder (162-163). …

Scomber lag ganz still, mit bebenden Kiemen. Dann brachten die um die Felswand ziehenden Strömungen den Geruch des Aales her, als das große Tier sich mühsam um die Klippe wand, indem es alle Spalten absuchte, die einen kleinen Fisch beherbergen konnten. Der Geruch seines Feindes trieb Scomber nochmals wirbelnd ins offene Wasser hinaus und immer weiter der Oberfläche entgegen. Der Aal sah die schimmernden Streifen seiner Flucht. Er sammelte Kraft zur Verfolgung, aber schon hatte er etwa zwanzig Fuß eingebüßt. Er mied gewöhnlich das offene Wasser. Er war ein Geschöpf der Felsengräte und der Höhlen, tief unten im Meer; deshalb zögerte er und verlangsamte seine Geschwindigkeit. In diesem Augenblick erblickten seine Augen eine Anzahl grauer Fische, die auf ihn zuschossen. Er wandte sich angsterfüllt zurück, um Schutz in seiner eigenen Felsspalte zu suchen, die nun weit unter ihm lag. Aber die Haifischmeute drang auf ihn nieder. Die Haie, die immer raubgierig und blutrünstig sind, stürzten sich auf den Aal, und augenblicklich hatten sie seinen Leib in hundert Stücke zerrissen« (163).

## »Fischfang«

»›Makrelen!‹ rief die Wache am Mast-Topp (169).

Das Klopfen der Motoren erstarb zu einem kaum hörbaren Herzschlag. Ein Dutzend Männer lehnte über die Reling des Makrelenkutters und starrte in die Dunkelheit. Das Schiff trug kein Licht. Das hätte vielleicht die Fische gewarnt. Ringsherum lag Dunkelheit, schwarze, samtene Dunkelheit, in der sich der Himmel nicht mehr vom Wasser unterschied (169-170).

Aber warte! Flackerte dort nicht ein Lichtstrahl auf, ein bleicher Flammengeist, der über die Wasser und das Backbord spielte? … es sprühte in der Dunkelheit und bewegte sich als glühende, formlose Wolke durchs Wasser.

›Makrelen!‹ wiederholte der Kapitän, nachdem er den Schimmer einige Minuten lang beobachtet hatte. ›Hört!‹

Erst vernahmen sie nur den weichen Wellenschlag gegen das Boot. Ein Meervogel, der von Finsternis zu Finsternis flog, stieß an den Mast, fiel mit erschrecktem Schrei aufs Deck nieder und flatterte davon.

Wieder Stille.

Dann wurde ein schwaches, aber unmissverständliches Geräusch vernehmlich, das wie das Niederplätschern von Regen klang. Es waren die Makrelen, die an der Oberfläche fraßen (170).

Der Kapitän gab das Zeichen zum Fischzug. … Der Dampfer begann sich in weitem Bogen um den glühenden Meerflecken herumzudrehen. Das geschah, um die Fische nicht zu verscheuchen und um sie zugleich in einen kleineren Kreis zusammenzudrängen. (170-171). …

Nach der dritten Umkreisung übergaben die Fischer am Heck des Netzbootes dem Fischer im kleinen Boot ein Ende des 1200 Fuß langen Netzes, das aufgehäuft auf dem Boden des großen Bootes lag. … Nun stieß das Boot ab, und die Männer strichen mit den Rudern über das Wasser. Wieder begann sich der Dampfer zu bewegen, indem er das Netzboot nachschleppte. Jetzt, da der Raum zwischen Netzboot und Ruderschiff länger wurde, glitt das Netz stetig ins Wasser hinunter. Eine durch Korkschwimmer gehaltene Leine zog sich zwischen ihnen hin. Das Netz hing von der Korkleine als senkrecht gewobener Vorhang etwa hundert Fuß tief hinunter und wurde durch Bleistücke im Wasser gehalten. Die durch Korke bezeichnete Linie wuchs vom Bogen zum Halbkreis, und vom Halbkreis schwang sie sich zum Ring, der die Makrelen in einen vierhundert Fuß breiten Raum schloss (171). …

Irgendwo, in der Mitte des Zuges, fühlte Scomber undeutlich einen wachsenden Druck von Fischen; und er sah den blendenden Glanz ihrer ins Meerlicht getauchten Leiber. Für ihn war kein Netz da, denn er sah seine planktonbesetzten Maschen nicht, noch war er mit Maul oder Seite an den Zwirn gestoßen. Aber Unruhe erfüllte das Wasser und zuckte blitzartig von Fisch zu Fisch. Im ganzen Kreis begannen sie gegen das Netz zu schießen, dann wieder umzudrehen und in wilder Aufregung durch den Schwarm zurückzuschnellen (172-173).

Einer der Fischer im Netzboot war erst seit zwei Jahren auf See. In dieser kurzen Zeit hatte er das Staunen noch nicht verlernt, das er zu seiner Arbeit mitgebracht hatte; die stetige Frage, was wohl unter der Wasseroberfläche liegen mochte. Er dachte manchmal über die Fische nach, wenn er sie vom Deck aus betrachtete, oder wenn sie unten im weiten Meeresraum gefangen waren. Was hatten die Augen der Makrelen alles geschaut? Dinge, die er selber nie sehen würde; Orte, an die er nie gelangen konnte. Er drückte es selten in Worten aus, aber es schien ihm nicht richtig, dass ein Geschöpf, welches sein ganzes Leben im Meer zugebracht hatte und in den dunklen Tiefen, in die seine Augen nie dringen würden, unzähligen Feinden entronnen war, zuletzt so sterben musste: Auf dem Deck eines Makrelendampfers, in Fischschleim und schlüpfrigen Schuppen. Aber er war ja nur ein Fischer, und er hatte selten Muße, solchen Gedanken nachzuhängen (173). …

Nun half er das schwere Bleigewicht heben, befestigte die dreihundertpfündige Last an der Beutelleine und ließ sie ins Wasser nieder, damit sie unten den offenen Kreis des Netzbodens schließen helfe.

Bald begannen die Männer die langen Beutelleinen aufzuziehen. Der Fischer dachte an die Makrelen dort unten, die gefangen waren, weil sie den Ausweg durch den Netzboden nicht mehr fanden. … er dachte an den ständig schwindenden offenen Bodenkreis. Aber jetzt musste noch ein Ausweg offen sein.

Er sah, wie die Fische immer aufgeregter wurden. Die Striche des oberen Wasserlagers wurden zu hundert fliegenden Kometen (174). …

Er drehte sich vom Wasser weg und tastete mit der Hand über den nassen Seilhaufen am Bootsboden – denn er konnte nichts sehen – und versuchte so, am Haufen der Seile abzuschätzen, wie viel noch hereinkommen musste, bis das Netz ganz zusammengezogen war.

Sein Nebenmann stieß ihn an. Er drehte sich zum Wasser. Das Licht im Netzkreis verblasste flackernd, erstarb zu einem grauen Nachglanz, wurde schwarz. Die Fische waren grundwärts entflohen (175). …

Erst viel später, als sie in langer, nasser Arbeit das 1200 Fuß lange Netz wieder ins Boot gezogen hatten, wurde er sich ganz bewusst, wie viel Mühe nun umsonst gewesen war. (176). …

Unter den Makrelen, die dem Netz … entronnen waren, befand sich auch der Jährling Scomber. Am Abend desselben Tages war er schon, meilenweit weg von den Gewässern, in denen Netze ausgelegt wurden, ins Meer hinaus geschwommen. Er wanderte jetzt tief unter der Oberfläche, durch immer dunkleres Grün, neuen unbekannten Meerwegen nach, und er vergaß bald die blassen Wasser des sommerlichen Meeres.

Er zog einem Orte entgegen, den er noch nie gesehen – jenen tiefen, stillen Wassern, die, vor den Felsvorsprüngen von Virginia, über der Kontinentalplatte liegen.

Dort wird ihn dann die Wintersee empfangen« (179).

## 4.4 Anguilla, das Aalweibchen

Der dritte Teil des Buches (»Fluss und Meer«, Carson 1947d, 181-230) handelt von den Aalen und ihre Wanderungen. Es gibt zwei Arten, amerikanische und europäische. Beide werden in der Sargasso-See geboren. Dort leben sie zunächst vermischt, separieren sich dann aber in zwei Ströme von Migranten, die sich nach der amerikanischen bzw. der europäischen Küste aufmachen. Die Weibchen ziehen dann die Flüsse hinauf und leben eine Zeitlang im Inland, während die Männchen in den Küstengewässern verbleiben.

### »Wanderung ins Meer«

»Irgendwo liegt ein Teich: Bergeschen, Hickorybäume, Kastanieneichen und Schierlingstannen wachsen in seinen Untiefen und haben den Regen mit ihren Wurzeln in einem tiefen Humusschwamm zurückgehalten. Der Teich wird von zwei Strömen gespeist, welche ihren Lauf durch Felsrinnen nach Westen tragen. Rohrkolben, Igelkolben, Sumpfbinsen und Hechtkraut haben in seinen schlammigen Ufern Wurzeln gefasst und waten an der Hügelseite bis zur halben Höhe ins Wasser hinaus. Weiden wachsen am östlichen Weiherrand, wo das überfließende Wasser in einer grasbewachsenen Rinne seinen Weg ins Meer sucht. …

Der Teich wird Rohrdommel-Teich genannt, denn es geht kein Frühjahr vorbei, ohne dass sich eine Anzahl dieser scheuen Vögel im Ufergras niederlässt. Ihre seltsamen, atemholenden Schreie gemahnen viele Menschen, die sie hören, an Geisterstimmen (183).

Vom Rohrdommel-Teich zum Meer sind für einen Fisch zweihundert Meilen zu schwimmen. Dreißig Meilen davon führen durch schmale Bergströme, weitere siebzig durch einen trägen, über die Küstenebene dahin ziehenden Fluss und die restlichen hundert Meilen durch das Brackwasser einer seichten Bucht, wo die Flut vor Millionen Jahren hereingedrungen war und das Flussbett ertränkt hatte.

Jeden Frühling dringt eine große Zahl kleiner Lebewesen vom Meer her durch diese grasige Rinne in den Rohrdommel-Teich hinauf. Sie sind seltsam geformt wie kaum fingerlange, bewegliche Glasrütchen. Es sind junge Aale, die im Meer geboren wurden. Einige von ihnen dringen weiter in die Hügel hinauf, aber viele bleiben im Weiher, wo sie von

Flusskrebsen und Wasserkäfern leben und Frösche und kleine Fische fangen, bis sie ausgewachsen sind.

Jetzt war es Herbst, und schon stand das Jahresende bevor (184). ...

Der Aal Anguilla streckte die Schnauze in das fließende Wasser, das vom Teich in die Abflussrinne floss. Mit scharfen Sinnen schmeckte sie die fremden Gerüche und Stimmungen des Wassers. Es war bitter von abgestorbenen, regendurchtränkten Herbstblättern, von Waldmoos, Flechten und wurzeldurchzogenem Humusboden. Das war Wasser, dem der Aal zuerst auf seinem Weg zum Meer folgte (185).

Abb. 4-4: Zeichnung eines Amerikanischen Aals (»American eel«, *Anguilla rostrata*). Quelle: US Fish and Wildlife Service.

Anguilla war vor zehn Jahre als fingerlanger kleiner Aal in den Rohrdommel-Teich gelangt. Durch Sommer und Herbst, durch Winter und Frühling hatte sie im Weiher gelebt, hatte sich tagsüber in seinen Algenlagern versteckt und war nur des Nachts durch die Wasser gestreift, denn wie alle Aale liebte sie die Dunkelheit. Sie kannte jede Krabbenhöhle, die in wabenartiger Furchung durch die Schlammbank unterhalb des Hügels zog. Sie wusste Wege durch die schwankenden, rauen Stängel der Gräser, wo Frösche auf dicken Blättern hocken; und sie wusste auch, wo im Frühjahr, wenn der Weiher das grasige Nordufer überflutete, die Frühlingszirper zu finden waren, die sich schrillend an die Grashalme klammerten. Sie wusste die Bänke zu finden, über welche die Ratten sprangen – quieksend vor Vergnügen oder keifend vor Zorn – so dass sie oft klatschend ins Wasser fielen und von einem lauernden Aal leicht zu fangen waren. Sie kannte die weichen Schlammlager im tiefen Grund des Weihers, in die sie sich im Winter eingrub, um vor der Kälte geschützt zu sein – denn wie alle Aale brauchte sie viel Wärme (185-186).

Jetzt wurde es abermals Herbst, und das Wasser kühlte sich ab in den kalten Regen, die auf die harten Rückgräte der Hügel niederprasselten. Eine seltsame Unruhe war im Aal Anguilla erwacht. Zum ersten Mal in ihrem Leben vergaß sie den Hunger nach Nahrung. Ein seltsamer, neuer Hunger, der ohne Gestalt und schwer zu begreifen war, erwachte nun in ihr. Ihr dämmerhaft erahntes Ziel war ein warmer, dunkler Ort, noch dunkler als die schwärzeste Nacht über dem Rohrdommelteich. Einmal, in den schattenhaften Anfängen ihres Lebens, in welche die Erinnerung nicht mehr zurück reichte, hatte sie diesen Ort gekannt. Sie konnte nicht wissen, dass ihr Weg zur Teichrinne hinführte, in welcher sie vor zehn Jahren hinauf geschwommen war. Aber als Wind und Regen an die Wasseroberfläche schlugen, wurde Anguilla immer und immer wieder mit unwiderstehlicher Gewalt gegen den Ausgang gedrängt, über den das ins Meer wandernde Wasser spritzte. Als die Hähne im Bauernhof auf dem Hügel die dritte Stunde des neuen Tages verkündeten, schlüpfte Anguilla endlich in den Kanal, der zum Fluss niederstürzte und folgte dem fließenden Wasser (186). …

Bei Tagesanbruch kam Anguilla zu einer glänzenden, seichten Stelle, wo der Strom hart über Kiesel und kleines Geröll klapperte. Das Wasser bewegte sich hier mit erhöhter Geschwindigkeit dem Rand eines zehn Fuß tiefen Falles entgegen, wo es über eine steile Felswand in ein Becken stürzte.

Der rauschende Wasserzug trug Anguilla über den weißen, steilen Absturz in den Teich hinunter. Dieser war tief, still und kalt. In jahrhundertelangem Niederfallen hatte ihn das Wasser ausgehöhlt. Dunkles Quellmoos wuchs an seinen Seiten, und Armleuchteralgen hatten im Schlamm Wurzeln gefasst. Sie lebten vom Kalk, den sie aus den Steinen zogen und ihren runden, spröden Stengeln einverleibten. Anguilla versteckte sich zwischen den Armleuchteralgen des Teiches, um Schutz vor Licht und Sonne zu finden, denn die gleißenden Untiefen des Flusses widerstanden ihr (187).

Sie lag kaum eine Stunde im Teich, als ein anderer Aal über den Wasserfall stürzte und die Dunkelheit der tiefen Blätterbetten aufsuchte. Der zweite Aal kam noch von weiter oben her, und sein Leib war an vielen Stellen von den Felsen der spärlichen Hochlandflüsse verletzt. Er war größer und mächtiger als Anguilla, denn er hatte zwei Jahre länger im Süßwasser gelebt, bevor er seine Reife erreicht hatte (187-188).

Anguilla, die während mehr als einem Jahr der größte Aal des Rohrdommelteiches gewesen war, tauchte zwischen die Armleuchteralgen ein, als sie des fremden Tieres ansichtig wurde (188). …

Als die Eulen in der Abenddämmerung zu rufen begannen, verließ Anguilla den Teich und reiste allein stromabwärts. Bald zog der Fluss durch wellenförmiges Wiesland. Zweimal auf der nächtlichen Reise stürzte sie über kleine Mühldämme, die weiß im grünen Mondlicht aufglänzten. Im Abschnitt unterhalb des zweiten Wehres lag Anguilla eine Zeitlang unter einer überhängenden Erdscholle, wo die rasche Strömung den schweren, grasigen

Moorboden stetig ausgehöhlt hatte. Der jähe Sturz des Wassers, das über die schrägen Bretter des Wehres schoss, hatte sie erschreckt. Als sie unter der Scholle lag, kam der andere Aal, der mit ihr im Teich unterhalb des Wasserfalls ausgeruht hatte, auch über den Mühldamm und zog mit dem Strom weiter. Anguilla folgte ihm. Sie ließ sich vom Wasser über die Felsklippe schleudern, um dann wieder pfeilgeschwind durch die tieferen Gründe zu gleiten. Manchmal bemerkte sie neue, dunkle Gestalten neben sich im Wasser. Es waren andere Aale, die aus den kleinen Hochlandflüsschen kamen, welche später den Hauptstrom bilden. Wie Anguilla ließen sich die langen, geschmeidigen Fische vom eilenden Wasser tragen und immer schneller mitreißen. Es waren alles Laich-Aale, denn nur die Weibchen steigen so weit in die Süßwasserströme hinauf und lassen alle Erinnerungen an das Meer hinter sich (190-191) …

Als der Fluss immer weiter und tiefer wurde, sickerte ein seltsamer Geschmack durch das Wasser. Er war leicht bitter und zu gewissen Stunden des Tages und der Nacht fühlten ihn die Aale im Wasser, das sie in ihre Mäuler zogen und über ihre Kiemen gleiten ließen. Mit diesem bitteren Geschmack begannen im Wasser auch ungewohnte Bewegungen – ein zeitweises Zurückdrängen des fließenden Stromes, das dann von sanftem Nachgeben ausgelöscht wurde (195). …

Der seltsam bittere Geschmack des Wassers verstärkte sich, und der Pulsschlag der Gezeiten schlug kräftiger den Fluss hinauf. Einmal trug die Ebbe eine Gruppe von kleinen Aalen aus den Brackwassersümpfen daher. Sie waren kaum zwei Fuß lang und gesellten sich nun zu den Wanderern aus den Bergbächen. Es waren Männchen, die nie flussaufwärts gestiegen waren, sondern immer im Bereich der Gezeiten und des Brackwassers gelebt hatten.

Alle Wanderer machten jetzt auffallende äußere Verwandlungen durch. Mehr und mehr färbte sich ihr olivbraunes Flusskleid gleißend schwarz, und der Unterleib übersilberte sich. Es waren die Farben der reifen Aale, die nun vor einer weiten Meerreise standen. Ihre Körper waren fest und mit Fett gepolstert; aber diese aufgestapelte Energie würden sie wohl vor dem Ende ihrer Reise aufgebraucht haben (196). …

Die Aale brauchten eine ganze Woche, um durch die Bucht zu schwimmen, deren Wasser immer salziger wurde. …

Endlich näherte sich Anguilla dem Ausgang der Bucht. Mit ihr zogen Tausende von Aalen, die mit dem Wasser, das sie trug, von allen Hügeln und Hochebenen zum Meer hinabgestiegen waren. Die Aale folgten einem tiefen Kanal, der sich in die Ostküste der Bucht eingegraben hatte und kamen zur Stelle, wo das Land in eine große Salzmarsch überging. Ein seichter Arm der Bucht, der mit kleinen, grünen Sumpfgrasinselchen besetzt war, lag der Marsch und dem Meere vorgelagert. Die Aale versammelten sich hier und erwarteten die Stunde, die sie ins Meer hinausführen würde (197). …

Bald nach dem Wechsel der Gezeiten begannen die Aale meerwärts zu wandern. Erst zogen sie zögernd mit der Ebbe, fast erschreckt, ob den weiten starken Rhythmen eines so großen Wassers, das sie alle am Anfang ihres Lebens gekannt, aber dann längst wieder vergessen hatten (198). …

Die Aale kämpften sich durch die Sturzwellenlinie, wo der über das dunkle Wasser wallende Schaum den Schein des Leuchtturms erfasste und weiß übersprühte. Nach diesem stürmischen Wassergebiet wurde das Meer stiller, und als die Fische über den abfallenden Sand hinauszogen, sanken sie in tieferes Wasser, das dem Ansturm von Wind und Wellen weniger ausgesetzt war.

Die Aale verließen die Sümpfe und zogen ins Meer hinaus, solange die Ebbe andauerte. Tausende schwammen in dieser Nacht am Leuchtturm vorbei, auf der ersten Strecke einer weiten Meerreise – und alle waren Silberaale[21], die in den Sümpfen gelegen hatten. Und wie sie durch die Brandung ins Meer entschwanden, so entschwinden sie auch dem menschlichen Auge und beinahe dem menschlichen Wissen« (199).

## »Rückkehr«

»Alles Wissen um die Wanderung der Aale liegt im tiefen Meer verborgen. Niemand kann ihre Wege nachzeichnen, die sich in einer Novembernacht, als Wind und Flut einen Hauch des warmen Tiefseewassers brachten, von den Salzmarschen an der Mündung der Bucht entfernten und niemand weiß, wie die Fische von der Bucht ins tiefe, offene Meerbecken gelangten, das etwa fünfhundert Meilen südlich von Bermuda und östlich von Florida liegt. Auch von den anderen Aalherden, die im Herbst aus fast allen Strömen und Flüssen der Atlantikküste zogen, weiß man wenig (217).

Es ist unbekannt, wie die Aale ihrer gemeinsamen Bestimmung entgegenwandern. … Vielleicht reisten sie in mittleren Tiefen oder sie folgten den Umrissen der langsam abfallenden Kontinentalplatte. Hier konnten sie die versunkenen Täler ihrer Geburtsflüsse verfolgen, die vor Millionen Jahren im hellen Sonnenschein Kanäle über die Küstenebene geschnitten hatten. Jedenfalls gelangten sie irgendwie an den Rand der Kontinentalplatte, wo die schlammigen Hänge der Meermauer steil zur Tiefe fallen, und von dort sanken sie in den tiefsten Abgrund der See. Dort, in der Dunkelheit des Abyssus, werden ihre Jungen zur Welt kommen, die alten Aale aber würden sterben und wieder zu Meerwasser werden (217-218).

Früh im Februar schwärmten Billionen von Protoplasmaflecken weit unter der Meeresoberfläche durch die Dunkelheit. Es waren die frisch ausgeschlüpften Larven – das einzige Vermächtnis der Aal-Eltern. Wohl tausend Fuß hoch lag das Wasser über ihnen und schloss die Sonnenstrahlen aus (218). …

Anfänglich nahmen die jungen Aale wenig Anteil an der seltsamen Welt, in die sie hinein geboren worden waren und lebten untätig in ihren Wassern dahin. Sie suchten kein Futter,

21 Als Silberaal werden die erwachsenen, geschlechtsreifen Aale bezeichnet, die zu ihren Laichgründen im Atlantik zurückkehren.

denn sie nährten ihre abgeflachten, blattartigen Körper von den Überresten ihres embryonalen Gewebes. So waren sie noch nicht Feinde ihrer Nachbarn. Mühelos stiegen sie auf und wiegten sich in ihrer Blattgestalt durch das Gleichgewicht der Dichte ihrer eigenen Gewebe und der Dichte des Meerwassers. Ihre kleinen Körper waren farblos und gläsern. Selbst das Blut, das aus winzigen Herzen in ihre Gefäße gepumpt wurde, war nicht gefärbt; nur die Augen, die klein wie schwarze Nadelspitzen waren, zeigten Farbe (218-219). …

Der Abyssus südlich von Bermuda ist ein Treffpunkt der Aale vom westlichen und vom östlichen Atlantik. Es gibt noch andere Tiefen im Meer zwischen Europa und Amerika – Spalten, die zwischen den Bergketten des Meergrundes einsanken – aber nur diese eine ist tief und warm genug, um den Aalen die Bedingungen zu verschaffen, die sie zum Laichen brauchen. So ziehen einmal im Jahr die reifen Aale von Europa in einer drei- bis viertausend Meilen weiten Reise über das Meer; und einmal im Jahr schwimmen auch die reifen Tiere des östlichen Amerika hinaus, als ob sie ihnen begegnen wollten. Im westlichsten Teil der treibenden Sargasso-See treffen und vermischen sich die, welche von Europa am weitesten westwärts und von Amerika am meisten ostwärts gezogen waren. So schwimmen in der Mitte der Aallaichgründe die Eier und die Jungen zweier Arten Seite an Seite durchs Wasser. Sie sind sich äußerlich so ähnlich, dass sie nur durch sorgfältigstes Zählen ihrer Rückenwirbel und der Muskelplatten, die ihre Gräte umgeben, unterschieden werden können. Und doch suchen am Ende ihrer Larvenexistenz die einen die Küste von Amerika und die anderen die Küsten von Europa auf, und keiner verirrt sich je an die Ufer des fremden Kontinents (223).

Die Monate des Jahres gingen einer nach dem andern dahin, und die jungen Aale wurden länger und breiter. Als sie ein wenig größer waren und die Gewebe ihrer Leiber dichter wurden, stiegen sie ins Licht hinauf. Dieses Hinaufsteigen durch den Meeresraum glich jenem Zeitlauf der arktischen Frühlingswelt, wenn die Sonnenstunden sich vermehrten. Nach und nach wurde der blaue Mittagsschimmer länger, und die langen Nächte wurden kürzer. Bald gelangten die Aale in die Schicht, wo die ersten, grünen Strahlen von der Höhe hernieder das blaue Licht erwärmten. So glitten sie in die Vegetationszone und fanden ihr erstes Futter (223-224).

Die Pflanzen, welche alle ihre Lebenskraft aus den meerversunkenen Resten des Sonnenlichts ziehen konnten, waren mikroskopisch kleine schwebende Kugeln. Die jungen Aale ernährten erst ihre glasklaren Körper von den Zellen der uralten Braunalgen. Diese Pflanzen gehören einer Art an, die schon vor ungezählten Millionen Jahren gelebt hat, bevor der erste Aal oder das erste Wirbeltier überhaupt sich durch die irdischen Meere bewegte (224). …

In der Mitte des Sommers waren die Aale schon einen Zoll lang. Sie waren geformt wie Weidenblätter – was ihnen als Stromfahrer sehr zu statten kam. Jetzt befanden sie sich schon in den obersten Meerlagen, wo die dunklen Punkte ihrer Augen von ihren Feinden im glänzend grünen Wasser wahrgenommen werden konnten (224-225). …

Diese obersten Wasser strömten, und die jungen Aale wurden dorthin getragen, wohin sie diese Strömungen führten, und so gelangten alle in den ziehenden Wirbel des Nordatlantik – die Jungen der europäischen und die Jungen der amerikanischen Aale. Ihre Züge stießen durch das Meer vor wie ein riesiger Fluss, der von den südlichen Bermudagewässern gespeist wird und aus unzähligen jungen Aalen besteht. In einem Teil dieses lebendigen Stromes wanderten die beiden Aalarten Seite an Seite, aber jetzt konnten sie leicht unterschieden werden, denn die Jungen der amerikanischen Aale waren fast zweimal so lang wie ihre europäischen Gefährten (225). …

Die jungen Aale waren weit von ihrer ersten Heimstätte entfernt. Und jetzt begann sich die Karawane nach und nach in zwei Säulen zu teilen; die eine zog nach Westen, die andere nach Osten (226). …

Die amerikanischen Aale hatten eine kürzere Reise. Mitten im Winter bewegten sich ihre Scharen über die Kontinentalplatte der Küste zu. Obschon das Meer von den eisigen, sonnenlosen Winden, die darüber zogen, durchkühlt war, blieben die Wanderaale an der Oberfläche, denn sie hatten die tropische Wärme des Meeres, in dem sie geboren wurden, nicht mehr nötig (227). …

Als sie sich dem Ufer näherten, wurde das Wasser immer seichter. Die jungen Aale nahmen ihre neue Gestalt an, in welcher sie dann die Flüsse hinaufsteigen würden. Ihre blattdünnen Leiber verengten sich und wurden zu dicken Zylindern. Die großen Larvenzähne fielen aus, und die Köpfe wurden runder. Dem Rückgrat entlang erschienen zerstreut kleine Farbzellen, aber im ganzen blieben die Aale noch durchsichtig wie Glas und werden Glasaale genannt (227-228).

Jetzt warteten diese Wesen der Tiefsee im grauen Märzwasser auf den Augenblick, wo sie ins Land eindringen konnten. Sie warteten vor den Rinnen und Buchten und wilden Reisfeldern der Golfküste, vor den Eingängen des Südatlantik, bereit, in die Sunde und grünen Marschen zu strömen, welche die Flussmündungen umgaben. … Zu Hunderttausenden warteten sie vor der Bucht, aus welcher Anguilla und ihre Genossen vor kaum einem Jahr, einem blinden Rassetrieb gehorchend, ins weite Meer hinausgezogen waren. Die Frucht dieses Triebes war nun gereift: Ihre Jungen kehrten in die Flüsse zurück« (228).

# 5 Gefangen in einer freudvollen Arbeit

Rachel Carson verfasst während des Krieges Broschüren zu Nahrungsmitteln aus dem Meer und nach ihm solche über Naturschutzgebiete. Sie tut dies mit Engagement, sehnt sich aber trotzdem danach, den Staatsdienst verlassen zu können

> »Die fünfzehn Jahre, die ich in einem Regierungsamt mit Naturschutzarbeit für Fische und Wildtiere verbrachte, haben mich an gewisse Orte geführt, wo wenig andere Frauen gewesen sind.« (Rachel Carson 1998t, 151)

## 5.1 Kriegswirren und Nahrung aus dem Meer

### Verbannt in Chicago

Mit dem Eintritt der USA in den Krieg wurden neue Regierungsämter etabliert, die in Washington Platz brauchten. Diejenigen, die nicht direkt in die Kriegsanstrengungen eingebunden waren, wurden verlegt. Im März 1942 gab Innenminister Ickes den Entscheid bekannt, den Fish and Wildlife Service (FWS) nach Chicago auszusiedeln, sobald dort Büroräumlichkeiten gefunden werden könnten. Carson fand dies deprimierend – was sollte aus dem Haushalt mit der Mutter und den beiden Nichten, jetzt 17 und 16, werden? – und hoffte, die Raumsuche würde sich möglichst lange hinziehen. Persönlich aber fühlte sie sich verpflichtet, etwas im Zusammenhang mit der Kriegssituation Nützliches zu tun: Sie ließ sich für erste Hilfe und als Luftüberwacherin ausbilden. Im Mai erfolgte dann am FWS endlich ihre lange aufgeschobene Beförderung zur Assistenz-Gewässerbiologin. Diese brachte ihr eine dringend benötigte Verbesserung ihres Einkommens um 200 Dollar ein und bedeutete eine Verlegung ihres Arbeitsplatzes von College Park zum FWS-Hauptquartier in Washington.

Der Befehl zum Umzug nach Chicago kam dann im August. Virginia und Marjorie konnten bei Freunden unterkommen, während die Mutter mit Rachel mitging. Die beiden fanden ein kleines Haus in Evanston, einem nördlichen Vorort, von dem aus Carson ins Büro nach Chicago pendeln konnte, wo sie, was die amtlichen Publikationen betraf, wieder zur rechten Hand von Higgins wurde. Aber: »Carsons Arbeit bestand zu häufig aus der Ausgabe von stumpfsinnigen öffentlichen Mitteilungen, die aufwendig zu schreiben waren, aber zwecklos schienen« (Lear 2009, 108).

Was Carson psychisch über Wasser hielt, war die Produktion einer Serie von vier Broschüren (Carson 1943a, 1943b, 1944a, 1945a), die angesichts der Lebensmittelrationierung auf die Möglichkeit eines vermehrten Konsums von Fischen und Krustentieren, vor allem von weniger bekannten Arten aufmerksam machen sollte. Sie pries diese Ernährungsmöglichkeit so an: »Kaum eine andere Kategorie von Nahrung bietet eine derart große

Abwechslung – eine so reichhaltige Gelegenheit für wohlschmeckende Abenteuer. Die Hausfrau, die neue Fischarten und Methoden der Zubereitung ausprobiert, verbannt die Mahlzeiten-Monotonie und liefert ihrer Familie reizvolle geschmackliche Überraschungen« (Carson 1943a, 4). Diese Aussage wirft auch ein Licht auf die damals noch kaum in Frage gestellte geschlechtliche Rollenverteilung …

Es war die Aufgabe Carsons, die Broschüren mit sachlichen Informationen zu füllen: Über Nährwerte (Gehalt an Eiweiß, Mineralien, Vitaminen), über Arten der Zubereitung, über die Herkunft der Nahrung, über jahreszeitliche Fluktuationen des Angebots, über die Fischgründe und die Fischerei, deren Fangflotten und Fangmethoden. Sie ließ es aber nicht dabei bewenden, sondern schilderte in jedem Fall auch die Lebensweise der fraglichen Tiere. Wenn man sie schon verzehrte, war es angebracht, sich auch mit ihnen zu befassen. Im Vorwort zur ersten Broschüre schrieb Carson (1943a, nach Titelseite) dementsprechend: »Unser Genuss dieser Nahrung wird erhöht, wenn wir auch etwas über die Lebewesen wissen, von denen sie stammt, wie und wo diese leben, wie sie gefangen werden, welches ihre Verhaltensweisen und Wanderungen sind.« Betrachten wir als Beispiel im Folgenden, wie sie das Leben der Hummer schilderte.

## Das Leben der Hummer

»Obschon sie fähig sind, mittels Biegen ihres kräftigen und muskulösen Schwanzes schnell zu schwimmen, verlassen sie kaum je den Meeresgrund, wo sie auf der Pirsch nach Beute sind. An Land sind sie schwer, ungelenk und nachgerade hilflos, aber auf dem Meeresboden bewegen sie sich flink, denn das Wasser unterstützt ihre Masse, und sie wandern leicht auf den Spitzen ihrer Beine umher. Gewöhnlich halten sie ihre großen Zangen direkt nach vorne gerichtet, bereit einen Feind abzuwehren oder einen kleinen, trägen Fisch zu packen, der in Griffnähe vorbei kommt. Sie verbringen viel Zeit mit dem Graben nach Muscheln und anderen Weichtieren im Boden, und ihre langen, empfindlichen Fühler schweifen hin und zurück, um die Anwesenheit von Nahrung entdecken zu können. Manchmal fangen sie ihre Beute durch List, indem sie sich zwischen Seegräsern, in Felsspalten oder in ihrem Bau verstecken und nach vorbei ziehenden Opfern Ausschau halten. Ein scharfer Geruchssinn und ihr übliches aktives Verhalten führen sie zu den von Fischern ausgesetzten korbartigen Hummer-Fallen und durch den einzigen engen Eingang zum Köder im Innern. Im Normalfall schaffen sie es nicht, den Rückweg zu finden, und so macht der Fischer seinen Fang. … (Carson 1943a, 63-64).

Während seiner Anfangszeit empfängt ein Hummer fast mehr mütterliche Aufmerksamkeit als irgendein anderes Lebewesen des Meeres. Die Eier werden nicht weit verteilt abgeworfen wie bei den meisten Fischen und Krustentieren, sondern das Weibchen trägt sie auf ihren Schwimmbeinen an der Unterseite ihres Hinterleibes; sie haften dort dank einer klebrigen Substanz, mit der sie umgeben sind. Hier bleiben sie während der ganzen

Brutzeit, die an der Küste von Maine 10 Monate dauert. Die Mutter belüftet und reinigt sie regelmäßig, indem sie ihre Schwimmbeine hin und her bewegt, und schützt sie vor Feinden, indem sie ihren Schwanz umbiegt und sie damit in einer Art von Tasche einschließt. Als Folge dieser Pflege gehen nur wenige verloren.

Die Jungen schlüpfen normalerweise nachts oder an bewölkten Tagen. Wenn sie aus den Eiern kommen, werden sie durch kräftige Bewegungen der mütterlichen Schwimmbeine in Wolken zerstreut. Sie steigen sofort an die Meeresoberfläche, wo sie für ein paar Wochen bleiben; zwar sinken sie tagsüber in der Regel in tiefere Wasser ab, aber nachts bewegen sie sich immer wieder nach oben. Zuerst zeigen sie wenig Ähnlichkeit mit den Erwachsenen. Ihre Oberhaut ist völlig durchsichtig, so dass man die internen Organe klar sieht: die gelbbraune Leber, die einer Traube von Beeren ähnelt, das Herz und die Blutgefäße, der Verdauungstrakt und die fedrigen Kiemen. ...

Hummer-Larven sind außerordentlich aktiv und ständig in Bewegung und schnappen Partikel von jeglicher Art von Nahrung auf, die gerade vorbei treibt. Sie stellen ohne zu zögern kleineren oder schwächeren Hummer-Larven nach, und gelegentlich schleppen sie ihre Opfer schwimmend umher und futtern unterwegs (65).

Die Oberhaut eines Hummers ist fest und unelastisch, und wenn das Tier wächst, muss es sein Kleid von Zeit zu Zeit abwerfen. Die Hummer-Larve geht durch eine Reihe von Häutungen, wobei jede sie etwas näher zu einem hummerartigen Aussehen bringt. ...

Während seines ersten Lebensjahres häutet sich ein Hummer 14 bis 17 Mal. ... Ein $10^1/_2$ Zoll langer Hummer hat sich 25 bis 26 Mal gehäutet und ist etwa 5 Jahre alt. ...

Die Paarung findet im Sommer statt, unmittelbar nachdem sich das Weibchen gehäutet hat, aber das eigentliche Laichen verzögert sich bis zum folgenden Frühling. Hummer laichen nur einmal in zwei Jahren, und die Zahl der gelegten Eier nimmt mit dem Alter stark zu. Zum Beispiel produziert ein 8 Zoll langes Hummer-Weibchen 5000 Eier; eines von 10 Zoll Länge 10 000, und eines von 12 Zoll Länge 20 000« (66).

## 5.2 Weiter oben

### Im extravaganten Gebäude des Innenministeriums

Glücklicherweise dauerte die Verbannung nach Chicago nicht allzu lange. Als im Frühling 1943 in Washington eine P-3-Stelle (»Associate Aquatic Biologist«) frei wurde, besetzte sie Higgins mit Carson. Sie und ihre Mutter kehrten nach Maryland zurück, wo sie an der Maple Avenue in Takoma Park östlich von Silver Spring ein einfaches, kleines Haus fanden. Von dort pendelte Carson zum FWS in Washington, der nun im dritten Stock des monumentalen siebenstöckigen Gebäudes aus Granit angesiedelt war, das der zu Extravaganzen neigende Innenminister Harold L. Ickes für das Department of the Interior zwischen der 18th und der 19th Street westlich des Weißen Hauses hatte bauen lassen. Von einer zentralen Nord-Süd-

Achse gingen auf beiden Seiten sechs Flügel aus. Die dazwischen liegenden offenen Räume sollten gewährleisten, dass jedes Büro über ein Doppelfenster verfügte. Im inneren Teil eines Flügels nahe der Achse – Carson hatte ein Büro in solcher Lage – war es aber trotzdem dunkel, und der Himmel war nur zu sehen, wenn man sich mit Verrenkungen aus dem Fenster lehnte. Aber das Gebäude war auf dem neuesten Stand der Technik; es verfügte über Klimatisierung, Lifte und Rolltreppen.

Carsons Stelle war neuerdings eine innerhalb des Office of the Coordinator of Fisheries, aber wie es bei einer Beförderung häufig passiert: Ihre Pflichten änderten sich nicht grundlegend, sie wurden einfach umfangreicher. Immer noch musste sie zur Publikation vorgesehenes Informationsmaterial aufbereiten oder editieren. Immerhin wurde sie daneben auch vermehrt zur Mitwirkung in der Programmplanung des Office beigezogen.

Abb. 5-1: Offizielles FWS-Porträt von Rachel Carson 1944. Quelle: National Conservation Training Center, US Fish and Wildlife Service, Shepherdstown, WV.

Diesmal dauerte es bloß sechs Monate bis Carson wieder befördert wurde, zunächst zur vollwertigen Gewässerbiologin (»Aquatic Biologist, Grade P-4«), danach zur Informationsspezialistin. Sie hatte nun ein Jahressalär von 3'800 Dollar, aber angesichts ihrer familiären Verpflichtungen blieb ihre finanzielle Lage weiterhin angespannt. Da *Under the Sea Wind* nichts einbrachte, wandte sie sich wieder dem Schreiben von Artikeln für Magazine zu. Eine Arbeit über Austern sandte sie dem *Reader's Digest*, wo sie aber abgelehnt wurde. Diese Zeitschrift verlangte nach Texten, die Auffallendes, Ungewöhnliches beschrieben und damit ein »lively reading« versprachen. Es war frustrierend, denn das war genau, was Carson nicht tun wollte. In einem Brief an Sunnie Bleeker machte sie ihrem Ärger Luft: »Es ist relativ einfach, über die Kuriositäten der Natur zu schreiben … aber mein wirkliches Interesse gilt nicht den ob-du-es-glaubst-oder-nicht-Art von Dingen, sondern der Entwicklung einer tieferen Wertschätzung der Natur« (B 17.3.44, Lear 2009, 112).

## Leben in der Luft

Gelegentlich gab es Anregungen aus der militärischen Forschung, so zum Beispiel im Fall der Radar-Technologie, deren Existenz und Fortentwicklung bislang ein wohlbehütetes Geheimnis gewesen war, jetzt aber der Öffentlichkeit bekannt wurde. Carson schrieb einen Artikel über Fledermäuse, wie sie über ein Sonar-Erkennungssystem verfügen, das ähnlich wie Radar funktioniert, nur eben statt mit Radio- mit Schallwellen. Er erschien im November 1944 unter dem Titel »The Bat Knew It First« in *Collier's.* »Schon 60 000 000 Jahre lang hat ein kleines geflügeltes Säugetier eine der neueren Erfindungen des Menschen benutzt, um im Dunkeln seinen Weg zu finden«, heißt es im Vorspann (Carson 1944b). Die US Navy fand, dies sei eine der bisher klarsten Beschreibungen des Radar-Prinzips, und verteilte den Text als Broschüre an die Rekrutierungsstationen. Weil sie wusste, dass *Reader's Digest* hohe Honorare zahlte – im Normalfall 200 Dollar –, bot Carson den Artikel auch diesem Magazin zum Abdruck an. Dieses nahm die Offerte an; gewisser Konfusion in der Redaktion wegen wurde er dann aber erst im August 1945 veröffentlicht. Immerhin zahlte sich diese Verzögerung für Carson aus, denn sie erhielt zwecks Kompensation 500 Dollar – das war ungefähr halb so viel, wie sie mit *Under the Sea-Wind* verdient hatte!

Mit der Fledermaus-Geschichte zeigte Carson endgültig, dass sie sich nicht nur mit den Geschöpfen des Meeres auskannte. Schon früher hatte sie ja auch zu Vogel-Themen publiziert (s. p. 79 ff.); sie tat dies auch jetzt wieder und schrieb einen Artikel über den schnellsten kleinen Vogel in Nordamerika, den Schornsteinsegler, der Geschwindigkeiten von über 150 Stundenkilometern erreicht. Er erschien im November 1945 unter dem Titel »Sky Dwellers« im *Coronet.* Carson schildert, wie sich fast das gesamte Leben dieses Vogels in der Luft abspielt: »Die Natur hat den Schornsteinsegler als eine fliegende Insektenfalle gestaltet. Sein Schnabel ist kurz, sein Maul eines der weitesten in der Vogelwelt. Sein einem Torpedo ähnelnder Körper und seine langen, schlanken Flügel sind für Geschwindigkeit gebaut und für plötzliche Drehungen und Wendungen geeignet. Vom Morgengrauen bis zur Abenddämmerung rast der Schornsteinsegler mit offenem Maul am Himmel hin und her und filtert Insekten aus der Luft. ... Nicht nur frisst er in der Luft, der Schornsteinsegler trinkt und badet auch im Flug, indem er für einen momentanen Kontakt mit dem Wasser sich auf die Oberfläche eines Teiches niederlässt; seine Balz findet in der Luft statt; gelegentlich stirbt er sogar im Flug. Wahrscheinlich ist er unter allen Vögeln derjenige, dem die Erde und ihre Geschöpfe am wenigsten bekannt sind. Er sitzt nie auf einem Baum, landet nie am Boden. Seine ganze Existenz teilt sich zwischen dem Himmel und dem nächtlichen Ruheplatz in einem Kamin oder einem hohlen Baum« (Carson 1998f, 25).

Der Schlafplatz befindet sich also an einer senkrechten Wand, und damit der Vogel dort ruhen kann, sind seine Füße zu Haken degeneriert, mit denen er sich aufhängen kann. Der Schornsteinsegler nistet auch in Kaminen. Er ist mit einer enorm entwickelten Speicheldrüse ausgestattet, die einen dicken, klebrigen Speichel absondert, mit dem er Zweige zu einem einer Hängematte ähnlichen Nest zusammenleimen und dieses dann an der Mauer zementieren kann.[22] Der Bau des Nestes braucht zwei bis drei Wochen, dann dauert es drei Wochen, bis die Jungen schlüpfen, und weitere vier Wochen, bis sie flügge sind. Beide Eltern beteiligen sich an ihrer Fütterung.

## 5.3 Freude und Verdruss

### Psychische und physische Beeinträchtigungen

Carson liebte ihre Arbeit, aber dennoch war sie nicht restlos glücklich damit. Sollte sich der Sinn ihres Lebens in der Anstellung für ein Regierungsamt erschöpfen? Das gab ihr zu wenig Zeit für das, was ihr letztlich am Herzen lag: Kreativ tätig zu sein. Zwar schrieb sie nebenbei ja fleißig Artikel, aber das war nicht immer mit reiner Freude verbunden, denn sie war dabei den unbestimmten Launen der zuständigen Redakteure ausgeliefert und zudem war diese Tätigkeit immer auch ein Mittel zum Zweck: Sie versuchte, damit Geld zu verdienen. Und hier ergab sich eine weitere Frustration: Auch mit dem damit erzielten Nebeneinkommen konnte sie es nicht auf einen grünen Zweig bringen.

Carson überlegte sich, ob sie nicht besser den Staatsdienst verlassen und einen besser honorierten Job suchen solle. Ihr war aufgefallen, dass es beim *Reader's Digest* offenbar ein wachsendes Interesse an wissenschaftlich fundierten Beiträgen gab, und sie fand deshalb, sie würde mit ihren Fähigkeiten und Kenntnissen gut in die Redaktion dieses Magazins passen. Lincoln Schuster, der Verleger, war mit DeWitt Wallace, dem Eigentümer des *Digest*, befreundet, und Carson bat Quincy Howe, über diesen Weg einen Kontakt zu etablieren. Das geschah auch, Wallace bekam eine Selbstbeschreibung Carsons in die Hand und war beeindruckt, aber er verfügte über keine freien Stellen.

Etwas später wandte sich Carson mit Vermittlung des Ozeanografen William Beebe an die New York Zoological Society, deren Präsident zu jener Zeit Henry Fairfield Osborn, Junior war.[23] Osborn war zwar interessiert, offerierte aber nur eine Position auf einem Niveau, die nicht dem Können Carsons entsprach. Als nächstes klopfte sie bei der National Audubon Society an, dem amerikanischen Vogelschutz-Verein, bei dessen Magazin sie gerne mitgearbeitet hätte. Aber der damalige Präsident, John H. Baker, war nicht interessiert. Nach dieser Absage gab sie die Jobsuche außerhalb des FWS auf. »1945 war Carson klar, dass der einzige Weg, der ihr je einen Abschied von der Behörde gestatten würde, der war, sich über Publikationen freizumachen« (Lear 2009, 118).

22 Segler der Gattung *Aerodramus* in China brauchen keine Zweige, sondern bauen das ganze Nest aus Speichel und schaffen damit die Grundlage für die als Delikatesse bekannte Vogelnestsuppe.

23 Henry Fairfield Osborn, Jr. war der Sohn des gleichnamigem Vaters, des Geologen und Paläontologen Henry Fairfield Osborn (1857-1935), in dessen monumentalem »Castle Rock« nördlich von New York John Muir seinerzeit öfters zu Gast war (s. Steiner 2011, 330, 349, 361).

Aber vorläufig änderte sich die Situation nicht, und Carsons auf Unzufriedenheit basierender Gemütszustand sollte auch über die nächsten Jahre andauern. Dies kam in einem Brief zum Ausdruck, den sie später an Ada Govan schrieb, eine Amateur-Ornithologin und Buchautorin, die ihre Freundin geworden war (B 15.2.47, Lear 2009, 130): »Nein, mein Leben ist gar nicht gut geordnet, und ich weiß nicht, wohin die Reise geht! Wenn ich das wählen könnte, was ich als ideale Existenz betrachte, dann wäre es ein dem Schreiben gewidmetes Leben, das ist klar. Aber ich habe viel zu wenig getan, als dass ich mich das zu riskieren getraute. Zusehends wird meine Arbeit für das Amt umfangreicher, fordert mehr und mehr von mir und lässt mir immer weniger Zeit für eigenes Schreiben. Und da mein Salär stets nur um Kleinigkeiten zunimmt, kann ich die Stelle auch unmöglich aufgeben. Das ist mein gegenwärtiges Problem, und da ich nicht weiß, wie ich ihm begegnen soll, tue ich nichts.«

Diese Unzufriedenheit zusammen mit der Doppelbelastung durch die berufliche Arbeit und die häuslichen Pflichten forderte auch ihren gesundheitlichen Zoll. Nicht nur hatte Carson häufig mit kleineren Erkrankungen wie Erkältungen und Grippeanfällen zu tun, sie litt auch an einer chronischen, Schwindel verursachenden Ohreninfektion und zwischen Februar 1945 und Juni 1947 war sie dreimal hospitalisiert, zuerst für eine Blinddarm-Operation, dann für die Entfernung einer gutartigen Zyste in ihrer Brust und schließlich für eine Hämorrhoiden-Behandlung.

## Eine gesellige Zeit, aber nicht ohne Ärger

Wie Levine (2007, 91) anmerkt, sorgten die beruflichen Umstände nach Carsons Rückkehr von Chicago nach Washington dafür, dass die folgenden »Jahre wahrscheinlich die geselligsten in Carsons Leben waren.« In der Information Division teilte Carson ein Büro mit ihrem unmittelbaren Vorgesetzten, Lionel A. (»Bert«) Walford, einem hervorragenden Wildbiologen. Dieser und seine Frau führten mit ihren drei Kindern ein aktives soziales Leben, an dem sie oft auch Carson teilhaben ließen. Eine besondere Freundschaft aber entwickelte sich zwischen Carson und zwei über zehn Jahre jüngeren Frauen, Katherine (»Kay«) Howe und Shirley Ann Briggs, beides Künstlerinnen, die vom FWS im Herbst 1944 bzw. 1945 als Illustratorinnen angestellt wurden. Nun hatten sie ihr Büro neben dem von Walford und Carson. »Während sich zwischen ihnen Freundschaft, gegenseitige Bewunderung und echte Zuneigung entwickelte, sah Rachel in Kay und Shirley zwei jüngere, unzähmbare Schwestern. Sie waren amüsante Kolleginnen und anhängliche Freundinnen. Kay entpuppte sich als eine speziell verträgliche Reisegefährtin und Shirley als eine ausgezeichnete Begleiterin bei Vogelbeobachtungen« (Lear 2009, 123). Beide verbrachten die Mittagspause üblicherweise im Büro von Walford und Carson, wo zum Lunch auf einer illegalen Kochplatte Wasser für Tee oder Nescafé gekocht wurde. Für vergnügte Unterhaltung sorgten Geschichten über bürokratische Stupiditäten der Verwaltung oder das Lesen von in seltsamer Sprache abgefassten Schriftstücken.

»Alle liebten Carson. Ihre Freundinnen nannten sie ›Ray‹« (Souder 2012, 112). Es zeigte sich, dass sie durchaus auch eine andere als immer nur ernsthafte Person sein konnte. In Briggs' Erinnerung: »Ihre Neigung zu Vergnügen und Humor machten auch aus den dumpfesten Phasen von bürokratischen Prozeduren eine Angelegenheit von stillem Spaß, und sie vermochte der redaktionellen Routine eines Regierungsamtes eine Spur von Abenteuer zu verleihen. Mein Büro war dem ihren benachbart, und dies vermittelte mir einen ungenauen und aufregenden Eindruck von behördlichem Leben« (Brooks 1989, 77).

Abb. 5-2: »Tea time«: Rachel Carson (rechts) und Katherine Howe mit Lionel Walford in dessen Büro, um 1946. Foto: Shirley Briggs. Quelle: National Conservation Training Center, US Fish and Wildlife Service, Shepherdstown, WV.

Diese Seite von Carson fand offenbar auch zuhause ihren Ausdruck, denn ihre Nichte Virginia erinnerte sich später einmal: »Rachel war mehr wie eine ältere Schwester; wir hatten viel Spaß mit ihr, und sie bereitete uns ohne Zweifel ein glückliches Heim« (Brooks 1989, 14). Hier herrschten für einmal auch einigermaßen geordnete Zustände: Virginia und Marjorie hatten ihre Schuljahre hinter sich und Teilzeitstellen angenommen. Allerdings lebten sie weiterhin in Rachels Haus. Wichtiger aber war, dass die Gesundheit der Mutter es weiterhin gestattete, sich um die ganze Hausarbeit zu kümmern. Dies ließ Carson genügend Freiheit, um sich mal an einem Abend mit Bekannten zu treffen oder an Wochenenden auf eine Exkursion zu gehen – sie liebte vor allem die Aktivitäten der regionalen Sektion der Audubon Society, der nationalen Vogelschutz-Gesellschaft (s. p. 119 f.).

Im März 1946 wurde Albert M. Day Direktor des FWS; er folgte dem zurücktretenden Ira N. Gabrielson nach. Day war Chef der Division of Federal Aid in Wildlife Restoration, des FWS gewesen, einer Abteilung, die aufgrund des Pittman-Robertson Act von 1937 die Entwicklung eines kooperativen Programms zwischen der Bundesregierung und den Staaten in Gang zu setzen versuchte mit dem Ziel, dem Rückgang der Wildtier-Populationen entgegen zu wirken.

Vom gleichen Jahr an war Carson mit sechs Mitarbeitenden für das gesamte Publikationsprogramm des FWS verantwortlich. »Das entspricht genau der Arbeit eines kleines Verlages«, schrieb sie, als sie später einmal einen Fragebogen zum Thema »Women in Government« ausfüllte (Lear 2009, 131). Das war zwar eine gute Stelle, die auch Vorteile brachte, aber nicht viel Zeit für Anderes übrig ließ. »Es war ein Job, der sie in zunehmendem Maße daran hinderte, das zu tun, was sie von Haus aus als ihre Aufgabe betrachtete, das wirkliche Lebenswerk« (Lear 2009, 131). Es gab auch Ärger und zwar regelmäßig, wenn sie sich mit John Ady, dem Verbindungsmann zum Government Printing Office, über Kosten und Erscheinungsbild einer Publikation einigen musste. Dieser war darauf aus, alles möglichst billig zu produzieren, während es Carson am Herzen lag, die Qualität der Veröffentlichungen zu erhöhen. Ady brachte es auch fertig, von Carson vorgeschlagene und mit ihm vereinbarte Verbesserungen durch falsche Instruktionen an die Druckerei zu sabotieren.

## Blick nach oben

Carson war eine begeisterte Vogelbeobachterin und ging immer wieder auf die Exkursionen der DC Audubon Society, deren Mitglied sie schon seit längerem war. Diese Tätigkeit intensivierte sich noch, nachdem Briggs ihre Mitarbeiterin am FWS geworden war, denn diese entpuppte sich ebenfalls als leidenschaftliche Vogelliebhaberin und wurde dementsprechend auch Audubon-Mitglied. Fortan gingen sie zusammen auf die Ausflüge und machten auch bei den jährlichen Vogelzählungen im Rock Creek Park mit, der als lang gezogene Grünfläche das nördliche Agglomerationsgebiet von Washington zweiteilt. Am weitaus interessantesten aber war im Oktober 1945 eine Exkursion zum Hawk Mountain Sanctuary, einem seit 1934 westlich von Allentown im Osten Pennsylvanias bestehenden Schutzgebiet, in dem wandernde Greifvögel beobachtet und gezählt werden konnten. »Sie kamen vorbei wie vom Winde verwehte braune Blätter. Mal war es ein einsamer Vogel, der sich von der Luftströmung tragen ließ …; mal eine

Abb. 5-3: Rachel Carson bei der Beobachtung von Greifvögeln auf dem Hawk Mountain 1945. Foto: Shirley Briggs. Quelle: Rachel Carson Collection, College Archives, Chatham University, Pittsburgh.

Abb. 5-4: Ein Rabengeier (»black vulture«, *Coragayps atratus*) auf einem Felssims im Hawk Mountain Sanctuary, Pennsylvania. Foto: D.S., 20.9.2013.

plötzliche Ansammlung, schwirrend und wirbelnd« (Carson 1998g, 31). Im nächsten Herbst waren Carson und Briggs wieder am Hawk Mountain zu finden. Der Sommer 1947 sah sie als Teilnehmerinnen eines mehrtägigen Camping-Ausflugs auf die Cobb-Insel vor der Küste Virginias, der vom Präsidenten der DC Audubon Society, Irston Barnes, geleitet wurde.

Briggs wurde Herausgeberin des von der Gesellschaft publizierten Magazins, des *Wood Thrush*, zu deutsch »Walddrossel«. 1950 änderte die DC Audubon Society ihren Namen zu Audubon Naturalist Society of the Central Atlantic States (ANS); die Zeitschrift hieß fortan *The Atlantic Naturalist*. Carson machte bei der Publikations-Kommission mit, schrieb häufig Buchbesprechungen und wurde 1948 auch Vorstandsmitglied. Allgemein war sie sehr aktiv bevor ihr die Belastung neben dem Schreiben von *The Sea Around Us* (s. Kap. 6) zu groß wurde, worauf sie 1950 aus dem Vorstand wieder austrat. 1955 sollte sie dann aber wieder gewählt werden, nun mit dem Wildbiologen Clarence Cottam (vgl. p. 210) als Kollege.

## 5.4 »Conservation in Action«

### Schutz der Lebensgrundlagen für alle

Bei allem Unbehagen und aller Unsicherheit, ihre Lebensgestaltung betreffend, erlebte Carson bei ihrer Arbeit für den FWS auch beglückende Phasen. Eine solche trat ein, als ihr Vorschlag, eine Serie von zwölf Broschüren mit dem Titel *Conservation in Action* über das nationale System von Wildschutz-Gebieten für die Öffentlichkeit zu produzieren, von der Direktion genehmigt wurde. Sie würde sich später an diese Epoche in ihrem Leben immer mit Freude erinnern. »Die zweieinhalb Jahre, während der Carson an der Reihe arbeitete, waren ihre glücklichsten und befriedigendsten im Staatsdienst« (Lear 2009, 146). Die Hefte sollten nicht nur Interessierte über bestimmte Schutzgebiete informieren, sondern dem Publikum auch allgemein die Bedeutung von Naturschutz nahebringen. Für Carson, die selbst einen Teil der Hefte schrieb, war dieses Programm ein absoluter Glücksfall: Sie konnte ihre Arbeitszeit dazu benutzen, das zu tun, was sie am liebsten tat: Das Beobachten von Lebewesen in ihrem natürlichen Habitat, das Sammeln von Eindrücken, das Schreiben darüber.

Die Wildtierreservate, die Carson zur eigenen Bearbeitung auswählte, waren alle Lebensräume mit offenem Wasser und Sümpfen, die migrierenden Wasservögeln je nach Art als Brutplatz, als Wanderungszwischenstation oder als Überwinterungsareal dienen. 1929 war ein Gesetz (»Migratory Bird Conservation Act«) erlassen worden, das die Einrichtung und den Erhalt solcher Schutzgebiete zur Aufgabe der Bundesregierung erklärte. Eine permanente Finanzierung war damit aber nicht gesichert, was fünf Jahre später Anlass für die Verabschiedung des «Migratory Bird Hunting Stamp Act« war, der den staatlichen Verkauf von sogenannten »Duck Stamps« ermöglichte. Wer Jagd auf Enten und Gänse machen wollte, musste fortan jedes Jahr eine »Entenmarke« kaufen. Deren Preis ist von einem Dollar damals auf 15 Dollar heute gestiegen. Seither haben auch sämtliche Staaten der USA ein entsprechendes System eingerichtet, und die Marken sind auch Sammelobjekte geworden

Drei der von Carson ins Auge gefassten Schutzgebiete lagen an der Ostküste im Bereich des »atlantic flyway«, der atlantischen Flugroute. Die im Sommer in Kanada brütenden Zugvögel benützen diesen Korridor entweder zum Überwintern oder aber als Zwischenstation beim herbstlichen Flug nach Westindien oder weiter nach Südamerika und kehren auf diesem Weg im Frühling wieder zurück. Das nördlichste und kleinste der von Carson untersuchten Schutzgebiete war Parker River im Essex County, Massachusetts, 50 Kilometer nordöstlich von Boston, 1942 eingerichtet, und 19 Quadratkilometer groß, das südlichste und größte Mattamuskeet in North Carolina, etwa auf der Breite des 220 Kilometer westlich liegenden Raileigh, 1934 etabliert und 200 Quadratkilometer umfassend. Dazwischen lag Chincoteague am Südende der Insel Assateague in Virginia, im südlichen Teil der großen, Delaware enthaltenden Halbinsel gelegen, mit einer Fläche von 57 Quadratkilometer, die 1943 von der Bundesregierung gekauft worden war. Das vierte Refugium war Bear River westlich von Brigham City in Utah. Es war rund 3000 Quadratkilometer groß und existierte seit 1928. Für das dazugehörige Heft zeichnete Carson neben Vanez T. Wilson, dem Aufsichtsbeamten des Reservats, als Koautorin. Für die drei Broschüren der atlantischen Schutzgebiete war Carson allein verantwortlich. Die in ihnen enthaltenen Zeichnungen, zum Teil auch Fotos, stammten von Howe, im Fall Chincoteague auch von Briggs. Das Bear-River-Heft wurde vom Wildtier-Zeichner Robert W. (Bob) Hines illustriert, auf den wir noch stoßen werden (s. p. 133).

Zusätzlich verfasste Carson in der *Conservation in Action*-Serie auch ein längeres Traktat über die allgemeine Bedeutung und die Geschichte des Naturschutzes (Carson 1948a). Sie erläutert in der Einleitung, dass es ein Gegengewicht zur sonst alles fressenden Zivilisation geben muss und dass dies auch für die menschliche Existenz von Wichtigkeit ist: »Dies ist die Geschichte der Wildtier-Ressourcen von Amerika ... Es ist die Geschichte der Kräfte, die sie zu zerstören drohen, und der nötigen Anstrengungen ... sie zu schützen. Die westliche Hemisphäre hat eine relativ kurze Geschichte der Ausbeutung von natürlichen Ressourcen durch den Menschen. Aber diese Geschichte, auch wenn sie kurz ist, enthält zahlreiche Kapitel von rücksichtsloser Vergeudung und erschreckender Zerstörung. ... Alle

Menschen eines Landes haben ein direktes Interesse an Naturschutz. Für einige, wie etwa für die Fischer und Fallensteller, ist das Interesse ein finanzielles. Für andere bedeutet erfolgreicher Naturschutz die Erhaltung einer beliebten Freizeitbeschäftigung – Jagen, Fischen, Wildtierbeobachtung oder Naturfotografie. Für weitere führt die Kontemplation von Farbe, Bewegung und Formschönheit in der lebenden Natur zu einem ästhetischen Genuss, der demjenigen bei Musik oder Malerei in nichts nachsteht. Aber für alle Menschen bedeutet der Schutz von Wildtieren und deren Lebensräumen auch der Schutz der grundlegenden Ressourcen der Erde, auf die die Menschen genau so wie die Tiere zum Leben angewiesen sind. Wildtiere, Gewässer, Wälder, Grasländer – alle sind Teil der für den Menschen wesentlichen Umwelt; der Schutz und die wirksame Nutzung der einen ist nur möglich, wenn auch die anderen geschützt werden« (1).

## Chincoteague

Wie so viele amerikanische Ortsbezeichnungen ist auch »Chincoteague« indianischen Ursprungs. Der Name geht auf eine Algonkin-Sprache zurück und soll »schönes Land über dem Wasser« bedeuten. Mitte April 1946 machten sich Carson und Briggs auf zu diesem Schutzgebiet. Dieses bot mit seiner lebensräumlichen Diversität – Strände, Dünen, Sümpfe, Wälder und offenes Wasser – einen Anziehungspunkt für eine große Zahl von wandernden Arten, zum Beispiel für die große Schneegans und die Ringelgans, die von ihren sommerlichen Nistplätzen in Grönland und den arktischen Inseln zur Winterung hierherkommen. Weniger weit im Norden, im Osten Kanadas, brüten die Kanadagans und verschiedene Entenarten wie etwa die Dunkelente, die Spießente und die Nordamerikanische Pfeifente. Zum Teil beziehen diese ihr Winterquartier hier in Chincoteague, zum Teil weiter im Süden und setzen dazu ihren Flug nach einer Ruhepause fort. Die weitesten Reisen unternehmen die hier vorbei kommenden Strandvögel, so wie die von Carson in *Under the Sea-Wind* geschilderten Sanderlinge (s. p. 88 ff.). Innerhalb des Refugiums werden auch kommerzielle

Abb. 5-5: Shirley Briggs in den 1940er Jahren in einem Overall am Strand. Quelle und Bewilligung: Shirley A. Briggs Papers, Iowa Women's Archives, University of Iowa Libraries, Iowa City.

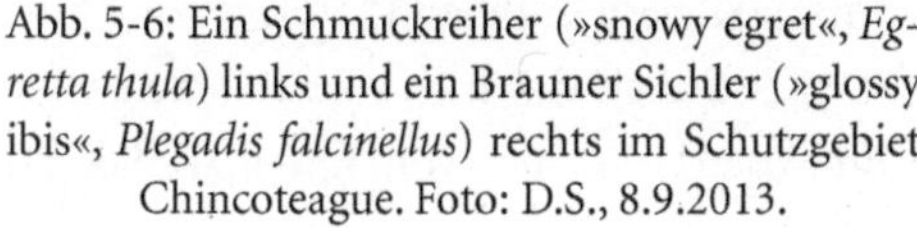

Abb. 5-6: Ein Schmuckreiher (»snowy egret«, *Egretta thula*) links und ein Brauner Sichler (»glossy ibis«, *Plegadis falcinellus*) rechts im Schutzgebiet Chincoteague. Foto: D.S., 8.9.2013.

Abb. 5-7: Ein Kanadareiher (»great blue heron«, *Ardea herodias*) im Schutzgebiet Parker River. Foto: D.S.. 27.9.2013.

Austern- und Muschelzucht betrieben, Tätigkeiten, die die Hauptfunktion des Areals als Schutzgebiet für Zugvögel, nicht beeinträchtigen.

Während des Tages wurden Carson und Briggs von John A. Buckalew, dem Manager des Refugiums, im Jeep herumgeführt, oder sie waren in einem Boot unterwegs oder wateten zu Fuß dem Strand entlang durch seichtes Wasser oder Tidenströmungen. Sie machten Beobachtungen, sammelten Proben, fotografierten. Wenn sie am Abend in verdreckten Kleidern ins Hotel zurückkehrten, gab es erstaunte bis missbilligende Blicke von den übrigen Gästen: »Wir boten ein ziemliches Schauspiel ... wenn wir vorbeitrampelten, mit alten Tennisschuhen an den Füßen, meist nassen, schludrigen und beschmutzten Hosen, verschiedenen Lagen von Jacken, Südwester auf dem Kopf, und alle Arten von Kameras schleppten, mein prächtiges Stativ und Rays Feldstecher« (T von Briggs, 4.46, Lear 2009, 133). Nach vier Tagen beendeten sie ihre Arbeit und nahmen einen Vorrat von Austern und Muscheln mit, damit sie zuhause im Freundeskreis eine Schaltier-Party feiern konnten. Carson hatte das Manuskript im Sommer fertig, aber es wurde erst ein Jahr später gedruckt (Carson 1947a), weil es wieder mal Scherereien mit Ady gab.

## Parker River

Man wird sich vorstellen können, dass die Etablierung von Wildschutzgebieten nicht immer problemlos über die Bühne ging. Parker River war ein Fall, in dem es heftigen Widerstand seitens der Jäger gegeben hatte. Diese sahen es als selbstverständlich an, dass das Gebiet, das sie doch sinnvoll nutzten, ihnen gehörte, und sie qualifizierten deshalb die Einrichtung des Refugiums als staatlichen Diebstahl. Als sich im September 1946 Carson dahin aufmachte, diesmal zusammen mit Howe, die eine umfangreiche Foto-Ausrüstung mitschleppte, war der Volkszorn noch nicht völlig verraucht. Die beiden hatten deshalb »im Büro gewitzelt, vielleicht sollten sie sich verkleiden, für alle Fälle.« Als sie dort ankamen, gab es unter den Mitarbeitenden des Refugium-Managers solche, die »Carson warnten, es sei durchaus eine Möglichkeit, dass auf sie geschossen würde« (Souder 2012, 118). Schließlich passierte aber gar nichts.

Das Herz des Schutzgebietes ist eine langgezogene schmale Insel, Plum Island. Auch hier wurden die beiden vom Manager in seinem geländegängigen Wagen herumgeführt. Während der Kriegsjahre hatte man sich infolge Personalmangels nur sehr beschränkt um das Schutzgebiet kümmern können. Als Folge davon waren die Informationen über die Arten und die Zahl von Vögeln mangelhaft und harrten dringend der Nachführung. Nach der Exkursion verglich dann Carson die gemachten Feldbeobachtungen mit älteren Aufzeichnungen in der Bibliothek der Massachusetts Audubon Society in Boston.

In der danach entstandenen Broschüre steht hinsichtlich der hier vorhandenen Wasservögel: »Regelmäßige Gäste des Refugiums umfassen 19 Arten von Enten, wobei die Dunkelente die große Mehrheit bildet, und eine Gänse-Art, die Kanadagans. ... Ungefähr 70 andere Arten von Vögeln benutzen das Schutzgebiet regelmäßig und viele andere sind Durchreisende« (Carson 1947b, 1-2). Es ist dann davon die Rede, dass die Pflege des Schutzgebietes für die für New England typische Dunkelente von besonderer Bedeutung sei, deren Zahl in den letzten Jahren als Folge der ständigen Trockenlegung von Feuchtgebieten in besorgniserregender Weise abgenommen habe. Sie kommt im Herbst aus dem südöstlichen Kanada und den nordöstlichen USA vorbei und zieht dann meist weiter nach Süden, aber einige Exemplare bleiben auch hier zum Überwintern. Während der Zeit des Durchzugs ist auch Jagdsaison – die Dunkelente ist bei den Jägern sehr geschätzt –, und es ist interessant zu sehen, dass sie, seit das Refugium existiert, rasch gelernt hat, dass sie hier in Sicherheit ist. Ähnlich wie im Chincoteague-Refugium ist auch hier das Graben nach der Sandklaffmuschel für die einheimische Bevölkerung ein wichtiges kommerzielles Unternehmen. Für den FWS war es bei der Einrichtung des Refugiums von Anfang klar, dass man nicht versuchen würde, dieses zu unterbinden; es stört die Vögel auch nicht.

### Mattamuskeet

Das letzte und größte der drei von Carson ausgesuchten Refugien an der Atlantikküste, Mattamuskeet, wurde im Februar 1947 besucht. Auch diese Ortsbezeichnung geht auf die Ureinwohner zurück. Carson (1947c, 1) dazu: »Mattamuskeet – die rhythmische Weichheit des indianischen Namens erinnert an die Zeit, in der Algonkin-Stämme die flachen Ebenen der Küste durchschweiften und in den tiefen Zypressen- und Kiefernwäldern Wild jagten.« Auch auf dieser Exkursion war wieder Howe dabei. Die Spezialität dieses Ortes war, dass er vor allem dem damals gefährdeten Pfeifschwan Schutz bieten sollte. Dieser Vogel hat eine Flügelspannweite von um die zwei Meter; er ist nach dem Trompeterschwan der größte Wasservogel Nordamerikas. Die Pfeifschwäne kommen im November in Mattamuskeet an, bleiben dann bis Februar, wonach sie sich aufmachen und 4000 bis gegen 6000 Kilometer nach Norden fliegen, um nördlich des Polarkreises zu brüten. Ihre Winterquartiere erstrecken sich entlang der Atlantikküste von North Carolina bis Maryland. Carson war von ihren Lauten fasziniert: »Wir hörten sie auch, verschiedene Töne eines Dialogs, und – das war wirklich aufregend – den hohen, dünnen Ton, fast von der Qualität eines Holzblasinstrumentes, der ihnen offenbar ihren Namen gibt« (B an Ada Govan 15.2.47, Lear 2009, 139).

Abb. 5-8: Umschlag von *Conservation in Action* Number 4: Mattamuskeet, 1947. Die Zeichnung zeigt zwei Kanadagänse („Canada goose," *Branta canadensis*) im Flug. Quelle: US Fish and Wildlife Service, Washington, DC.

Mattamuskeet ist aber auch das Refugium, in dem zur Winterszeit, von November bis Mitte März, eine der größten Ansammlungen von Kanadagänsen zu beobachten ist, 40 000 bis 60 000 Individuen. »Wie prächtig die Schwäne auch sind, wer Mattamuskeet Mitte Winter besucht, wird wahrscheinlich mit einer Erinnerung weggehen, in der die Gänse dominieren. Den größten Teil des Tages beleben ihre Flügel den Himmel über einem. Unter allen anderen Lauten des Refugiums hört man ihre wilde Musik, die gelegentlich zu einem großen, ungestümen Crescendo anschwillt und dann wieder zu einer pochenden Unterlage abstirbt« (5).

## Trompeterschwäne, Bisons und Lachse

Im Herbst 1947 folgte dann noch eine einmonatige Reise zu Wildschutzgebieten im Westen, nämlich zum Red Rock Lake und zum Bison-Refugium in Montana und zum Bear River in Utah. Zudem wurden die Lachs-Zuchtanstalten entlang des Columbia-Flusses besucht. Es ging um die Sammlung von Material für »Guarding Our Wildlife Resources«, Heft 5 der *Conservation in Action*-Serie (Carson 1948a). Wiederum wurde Carson von Howe mit ihrer Fotoausrüstung begleitet. »Sie waren erfahrene Reisegefährtinnen, die sich gegenseitig in ihre Launen und Manieren einfühlen konnten. Sie hatten herausgefunden, was für ihre Freude und ihr Wohlbefinden auf diesen Streifzügen wesentlich war: ein extralanges Verlängerungskabel für Zimmer, in denen es nur eine elektrische Steckdose gab, starke Glühbirnen zum nächtlichen Lesen oder Zeichnen, und eine Flasche Whiskey« (Lear 2009, 142). Sie machten sich am 19. September auf den Weg, fuhren mit der Bahn nach Chicago. Bei der Weiterreise nach Westen hatten sie einen Zug mit einem mit einer Panorama-Kuppel bestückten Aussichtswagen. »Das war die Zeit der luxuriösen Bahnreisen. Die beiden Frauen hatten ein Privatabteil mit bequemen Etagenbetten, einem Bad und genug Platz, um Bücher und Papiere auszubreiten. Das Essen war köstlich, der Tisch gedeckt mit echtem Silberbesteck, Tischtuch, Kristallgläsern und frischen Blumen. Ein zugeteilter Kellner kümmerte sich um sie, wo auch immer sie saßen« (Lear 2009, 143).

Den ersten Halt machten die beiden beim Red Rock Lakes Refuge in der Nähe von Monida auf der Grenze von Montana zu Idaho. Dieses Refugium war 1935 eingerichtet worden mit dem Hauptzweck, den wenigen überlebenden Kolonien des Trompeterschwans Schutz, Brutstätten und Nahrung zu bieten. »Die Winter sind streng«, ist in »Guarding Our Wildlife Resources« zu lesen, »aber große Quellen am Kopf der Kette von Seen sorgen dafür, dass eine offene Wasserfläche bleibt. Das ist wichtig, denn die übrig gebliebene Kolonie hat den Wanderinstinkt der Vorfahren offenbar verloren und bleibt das ganze Jahr über in der Gegend« (Carson 1948a, 16). Diese Vogelart galt damals als vom Aussterben bedroht; ihre Zahl war 1935 nach Schätzung auf 75 gesunken. Seither haben sich die Bestände dank vielfältiger Schutzmaßnahmen aber wieder erholt. Schon zur Zeit von Carsons Besuch wurden wieder um die 350 gezählt, davon die Hälfte im Red-Rock-Lakes-Schutzgebiet. Inzwischen (2000) soll es wieder um die 23 000 von ihnen geben.[24]

Auch hier wurden die Gäste vom Manager herumgeführt; Carson revanchierte sich später – das tat sie auch in allen anderen Fällen – mit einem signierten Exemplar von *Under the Sea- Wind*. Weiter ging es danach nach Missoula, Montana, und zur Besichtigung der National Bison Range. Der Bison streifte einmal millionenfach – man redet von vielleicht 50 Millionen – über die Ebenen östlich der Rocky Mountains. Mit der Eroberung des Kontinentes durch die weißen Einwanderer aber setzte deren Niedergang ein. Es begann in der zweiten Hälfte des 19. Jahrhunderts damit, dass die Armee die Bisons systematisch abzuschlachten begann, um den Prärieindianern ihre Lebensgrundlage zu entziehen und sie zum Aufgeben zu zwingen. Danach kamen die kommerziell motivierten professionellen Jäger, die die Tiere meist nur der als Delikatesse geltenden Zunge wegen töteten, und auch die bahnreisenden Touristen, für die das Abknallen von Bisons ein unterhaltsamer Sport war. Um 1890 blieben nur um die 500 Exemplare übrig. Danach aber setzten Schutzmaßnahmen ein, und man begann im Yellowstone Nationalpark, in der 1908 gegründeten National Bison Range und

24 Nach http://de.wikipedia.org/wiki/Trompeterschwan, 6.6.12.

anderswo Herden aufzubauen. Zur Zeit von Carsons Besuch wurde die gesamte Population auf um die 5000 geschätzt. Heute gibt es wieder eine Viertelmillion Bisons.

Danach schalteten Carson und Howe eine Pause ein. Sie verbrachten ein Wochenende in Portland, Oregon, und an der Küste, wo beide zum ersten Mal den Pazifik sahen. In der folgenden Woche nahm ein FWS-Biologe sie mit auf eine Fahrt den Columbia River hinauf zu verschiedenen Fischbrutanlagen und weiter zum 1937 gebauten Bonneville-Damm, wo sie die Fischtreppen besichtigen konnten. Als Carson den Lachsen zusah, wie sie diese Treppen hinaufsprangen, machte sie sich Gedanken, wieso das Leben dieser Fische so eingerichtet ist, dass sie diese aufwändige Reise flussaufwärts unternehmen müssen, wo doch ebenso gut ihr Zyklus ganz im Ozean hätte ablaufen können. In Oregon City südlich von Portland trafen sie am Willamette-Fluss auf Papierfabriken, und Carson war entsetzt über die von ihnen verursachte Gewässerverschmutzung. Sie besuchten auch noch den Grand Coulee Dam weiter oben am Columbia und kehrten dann nach Portland zurück.

## Wasservögel aller Art

Von Portland aus nahmen Rachel und Kay den Zug nach Ogden, Utah, für ihr letztes Ziel, das Bear River Migratory Bird Refuge am nordöstlichen Rand des Great Salt Lake. Der Bear River kommt aus den Bergen östlich von Salt Lake City und fließt zum Salzsee, wo er in der angrenzenden Ebene einst ausgedehnte Sumpfgebiete bildete, Lebensgrundlage für Millionen von Wasservögeln. Die im 19. Jahrhundert auftauchenden Siedler aber legten große Flächen für ihre Landwirtschaft entweder direkt trocken oder aber sie trugen indirekt zur Verminderung des Sumpfareals bei, indem sie den Fluss weiter oben zur Bewässerung ihrer Felder anzapften. Der Verlust des Lebensraums war aber nur ein Grund für den seither eingetretenen drastischen Schwund der Vogelpopulationen, der andere war eine überbordende Jagd. Gegen Ende des 19. Jahrhunderts wurden jedes Jahr um die 200 000 Enten geschossen. Begünstigt durch den abgesenkten Wasserstand und das Zusammengedrängtsein der Tiere auf kleinerem Raum gab es darüber hinaus auch noch Ausbrüche von Krankheiten, insbesondere von Botulismus, bei dem ein bakterielles Nervengift zur Lähmung der Muskeln führt. Um die Jahrhundertwende aber setzten Schutzmaßnahmen ein und 1928 wurde das Bear-River-Schutzgebiet etabliert. Die Folge: »Ein Wunder des Naturschutzes ist vollbracht worden und wieder … sind die Himmel über dem Bear River von Millionen von Flügeln gemustert« (Wilson und Carson 1950, 1).

»Der Erfolg des Programms kann vom Besucher, von der Besucherin, beurteilt werden, wenn er, sie, über das Refugium hinweg blickt … Überall sind Vögel zu sehen. Vom Verwaltungsgebäude aus kann man die Schmuckreiher mit ihrem glänzend weißen Federkleid erblicken, wie sie neben dem den Fluss überspannenden Damm fischen. Fast immer kann man eine Gruppe von Renntauchern sehen, wie sie die Kanäle hinauf und hinunter schwimmen, plötzlich dem Blick entschwinden und ebenso mysteriös wieder auftauchen. Vielleicht bewegt sich ein Trupp amerikanischer Säbelschnäbler über eine seichte Wattfläche, die ihre langen, nach oben gebogenen Schnäbel hin und her schwingen wie ebenso viele Mäher mit ihren Sensen, und damit eines der großartigsten Schauspiele im Refugium bieten. Stattliche Reihen von Nashornpelikanen, ihre Köpfe eintauchend und wieder aufrichtend, bewegen sich über die Sümpfe, ihre weißen Körper im Kontrast zum blauen Hintergrund der Berge. Aber was ihre Zahl anbelangt, werden alle von den Wasservögeln in den Schatten gestellt« (6).

Im August und September wimmelt es von anderthalb bis zwei Millionen Wasservögeln, die auf dem Weg in den Süden hier Halt machen. Dazu gehören eine der in den USA größten Konzentrationen von Pfeifschwänen, häufig bis zu 15 000 Individuen umfassend, und Tausende von Kanada- und Schneegänsen. Zahlenmäßig dominant aber sind die Spieß- und die Krickenten mit jeweils Populationen von je einer halben Million, gefolgt von um die 100 000 Riesentafelenten. Viele dieser Vögel bleiben bis in den Winter hinein und brechen erst nach Süden auf, wenn das Wasser gefriert. Im Frühling kommen sie zurück, aber weniger zahlreich, und sie bleiben nicht so lange.

Die Reise in den Westen stellte einen Höhepunkt in Carsons Arbeit dar und trug viel zu ihrem Verständnis für vernetzte ökologische Zusammenhänge bei.

## 5.5 Ein Ort zum Bleiben

### Eine glückliche Entdeckung

1946 waren zehn Jahre vergangen seit Carsons Eintritt in den Staatsdienst. Sie hatte im Hinblick auf dieses Jubiläum Anrechte auf Urlaub aufgespart, um einen ganzen Monat wegbleiben zu können. Ende Juni machte sie sich mit ihrer Mutter und den beiden Katzen Kito und Tippy auf den Weg. Ihr Ziel war Boothbay Harbor in Maine, das sie nach einer Fahrt von rund 1000 Kilometer erreichten. Carson hatte aufs Geratewohl eine Hütte am Sheepscot River westlich der Stadt gemietet; sie war nie vorher dort gewesen und kannte so die Gegend überhaupt nicht. Aber das Risiko sollte sich bezahlt machen, ja sich geradezu zum Glücksfall wenden. Wäre sie selbst zu einer vorherigen Inspektion an Ort und Stelle gewesen, sie hätte keine andere Hütte gewählt. Sie verfügte über einen Raum mit einer kleinen Küche und Kajütenbetten und dazu einen kleinen, über eine Leiter erreichbaren Dachboden mit weiteren Betten. Dieser war ein idealer Rückzugsraum zum Lesen, aber das dort vorhandene große Fenster lud auch zur Vogelbeobachtung ein, und Carson machte – zusammen mit den Katzen, schreibt Lear (2009, 134) – von dieser Möglichkeit ausgiebig Gebrauch. Auf der ganzen Frontseite der Hütte war außerdem eine durch ein Insektengitter geschützte Veranda.

Entscheidend aber war die Umgebung. Fichten und Birken rahmten die Hütte ein, hinter ihr erhob sich ein felsiger Hügel, und sie war unmittelbar am Wasser gelegen. »Würde man auf der einen Seite durch das Fenster hinausspringen, fiele man hinein, und vorne trennen uns nur ein paar Fuß Gras vom Wasser. Mit wenigen Ausnahmen sind die einzigen Laute das Plätschern von Wasser, die Schreie von Möwen, Reihern und Fischadlern«, schrieb Carson an Briggs (B 14.7.46, Brooks 1989, 87). Blickte man auf das Meer hinaus, sah man eine Reihe von bewaldeten Inseln. Eine unter ihnen war allerdings eine bloße Felsklippe, aber ein beliebter Landeplatz für Möwen und Kormorane. Auch Reiher und Fischadler belebten die Szene. Carson konnte stundenlang die Vögel beobachten, aber nicht nur die auf oder über dem Wasser, sondern auch die Singvögel in der unmittelbaren Nachbarschaft, von denen es eine Menge gab. Sie unternahm auch regelmäßige Exkursionen an Stellen des Strandes, an denen bei Ebbe in den Tidentümpeln nach interessanten Kreaturen geforscht werden konnte. Nicht zuletzt liebte sie es aber auch, durch den dichten Wald zu wandern und dessen Düfte und Laute aufzunehmen.

Carson war begeistert, verzaubert von diesem Ort. Sie schilderte ihre Eindrücke in einem Brief an Briggs und schrieb: »Bei alledem wirst du verstehen: Der einzige Grund für mich, überhaupt zurückzukommen [nach Washington], ist der, dass ich nicht gescheit genug bin, eine Möglichkeit zu finden, für den Rest meines Lebens hier zu bleiben. Was ich aber weiß: Es ist mein größter Ehrgeiz, so weit zu kommen, dass ich hier ein Stück Land kaufen und mir dann leisten kann, viel Zeit hier zu verbringen – zumindest die Sommer!« (B 14.7.46, Lear 2009, 136). Ihre Liebe zu diesem Landstrich kommt in einem fragmentarischen Text mit dem Titel »An Island I Remember« zum Ausdruck, den sie gegen Ende ihres Aufenthaltes in Maine schrieb (Carson 1998h).

## »An Island I Remember«

»Es war nur eine kleine Insel, vielleicht ein Meile lang und halb so breit. Sie zeigte sich gegenüber der Festlandküste als eine dunkle Mauer von Nadelwald, die in massiver, undurchdringlicher Schwärze bis dorthin reichte, wo die Wipfel der Fichten in einer gezackten Linie in den Himmel ausfransten. So weit ich sehen konnte, gab es nirgendwo eine Lücke in dieser Mauer, keine Andeutung von durch den Inselwald laufenden Trampelpfaden, keine Einladung zum Eintritt. …

Etwa eine Viertelmeile Wasser trennte die Insel von der Festlandküste, an der unsere Hütte stand … Tag für Tag lag die Insel unter der Sommersonne, kein Laut kam von ihr, und nichts bewegte sich am sichtbaren Rand des Waldes (34). …

Zur Zeit der Dämmerung erwachte die Insel, die den ganzen Tag so stumm dagelegen hatte, zum Leben. Nun konnte man die Silhouetten von großen, dunklen Vögeln sehen, wie sie sich zwischen den Bäumen bewegten, und heisere, über das Wasser dringende Schreie weckten Vorstellungen von vorsintflutlichen Monster-Reptilien. Gelegentlich tauchte einer der Vögel aus den Schatten auf, flog herüber zu unserer Küste und gab sich dabei als Kanadareiher zu erkennen, auf dem abendlichen Ausflug zum Fischen.

Es war während dieser frühen Abendstunden, dass die Aura von Geheimnis, die die Insel einhüllte, sich verstärkte, so dass ich umso mehr den Wunsch verspürte, zu wissen, was jenseits der Mauer von dunklen Fichten lag. … die Inselstimme, die jeden Abend sehr klar und wunderschön zu uns herüber drang, war die Stimme eines Waldgeistes, einer Einsiedlerdrossel. Zur Stunde des Abendbeginns schwebten ihre gebrochenen, silbrigen Rhythmen mit unendlicher Bedächtigkeit über das Wasser. Ihre Phrasen waren mit Schönheit gefüllt und einer Bedeutung, die nicht nur der Gegenwart entsprang, wie wenn die Drossel von anderen Sonnenuntergängen singen würde, die weit hinter ihr eigenes Gedächtnis zurück reichten, durch ganze Zeitalter, in denen ihre Vorfahren diesen Ort gekannt und von Fichten, die schon lange wieder zu Erde geworden waren, die Schönheit des Abends besungen hatten (35).

Ebenfalls an den Abenden lernte ich die Silbermöwen so kennen, wie ich sie vorher nie gekannt hatte. … Sie waren Fischerinnen, und wie die Menschen, die die Netze auswerfen, lebten sie von ihren eigenen Anstrengungen (35-36).

Ich nehme an, dass regelmäßig auch tagsüber etwas gefischt wurde, aber besonders auffallend war die Aufregung, die die Züge der Heringe begleiteten, die jeden Abend unsere Bucht aufsuchten. …

Indem wir das Verhalten der Möwen beobachteten, wussten wir, wann die Heringe kamen. Den größten Teil des späten Nachmittags dösten sie auf ihren felsigen Sitzplätzen entlang der Inselküste. Aber mit nahendem Sonnenuntergang … machte sich unter den Möwen Aufregung breit. Viele flogen den Kanal hinauf und hinunter, wie wenn Kundschafter kommen und gehen würden. Es schien, dass Nachrichten über die Bewegungen der Fische unter den Vögeln verbreitet wurden. Immer mehr Möwen schlossen sich den Spähergruppen an, bis schließlich der ganze Schwarm unterwegs war, wobei scharfe, abgehackte Schreie über das Wasser drangen (36).

War das Wasser ruhig und spiegelglatt, so dass die Farben des Abendhimmels auf seiner Oberfläche schimmerten, konnten wir die Ankunft der Heringe in unserer Bucht so genau wie die Möwen zeitlich bestimmen. Plötzlich wurde jeweils die seidene Fläche von tausend kleinen Nasen gekräuselt, die gegen den Wasserfilm stießen, und von tausend kleinen Wellen gestreift, die begierig gegen die Küste rollten. Sie wurde von tausend silbrigen Nadeln durchschossen, wenn die unmittelbar unter der Oberfläche schwimmenden Fische die friedliche Fläche störten. Und dann begannen die Heringe in die Luft zu schnellen. … Sie taten dies, als würde es großen Spaß bereiten. … Ich glaube, es war eine Art Spiel, dem sich die jungen Kinder der Heringe hingaben (36-37). …

Die Möwen begrüßten die Ankunft der Heringschulen mit einer ekstatischen Aufregung: sie stürzten sich nach unten, schossen gegen das Wasser und schrieen laut. Eine Möwe taucht nicht, wie dies eine Küstenseeschwalbe tut; sie kommt im Sturzflug zur Wasseroberfläche, auf der sie nur andeutungsweise landet, und pflückt ihren Fisch aus dem Wasser. Das braucht ein gutes Auge und eine gute Zeitabstimmung (37). …

An sonnigen Tagen pflegten die Möwen empor zu fliegen, um auf den warmen, aufsteigenden Luftströmungen zu reiten. Immer weiter hinauf, so segelten sie in langsamen weiten Kreisen, bis man sie fast nicht mehr sehen konnte. Ich lag dann jeweils auf dem Rücken auf dem Dock, mich im warmen Sonnenschein entspannend, und beobachtete die Möwen über mir im blauen Himmel (37-38). ...

Ein gutes Stück Vogelbeobachtung war rein über das Gehör möglich, wenn ich da im Halbschlaf auf dem Dock lag. Wenn ich die Laute durch Blinzeln mit halboffenen Augen mal identifiziert hatte, wusste ich ohne zu Schauen, dass das mäuseartige Rascheln und Trappeln von sehr kleinen Füßen auf dem Dock, um meinen Kopf herum und gerade am ausgestreckten Arm vorbei, der Singammer gehörte, auf deren Territorium wir lebten. ...

Häufig, wenn ich dort lag, konnte ich das hohe, piepsende Pfeifen eines Fischadlers hören, und wenn ich meine Augen öffnete, sah ich ihn entlang des inneren Ufers der Insel herunterkommen. Ich denke, dass ein Paar von ihnen irgendwo im Norden der Insel ein Nest hatte; wenn sie einen Fisch im Schnabel hatten, flogen sie immer nordwärts.

Und dann gab es auch die Stimmen von anderen, kleineren Vögeln – der klappernde Ruf eines Gürtelfischers, der zwischen seinen Streifzügen nach Fischen auf den Pfosten des Docks hockte; der Ruf des Weißbauch-Phoebetyranns, der unter der Traufrinne der Hütte nistete; die Schnäpperwaldsänger, die bei den Birken auf dem Hügel hinter der Hütte nach Futter suchten (38). ...

... der Wald dort auf dem Hügel machte mit den sich bewegenden, huschenden Formen von vielen Waldsängern einen fröhlichen Eindruck ... am zahlreichsten ... war der adrette kleine Grünwaldsänger, dessen träumerischer, wehmütiger Gesang den ganzen Tag lang durch den Wald schwebte, wobei kleine Lautfetzen wie Nebelstreifen in den Baumwipfeln verweilten. Vielleicht weil ich ihn in diesem Wald derart beständig hörte, erscheint mir, wenn ich mich an den Gesang erinnere, immer ein lebhaftes Bild von diesem sonnigen Hügel, gefleckt mit den dunklen Schatten der Nadelbäume, und der Geruch von all den berauschenden, aromatischen, bitter-süssen Düften, gemischt aus Kiefer und Fichte und Gagelstrauch, erwärmt von den sonnigen Stunden eines Juli-Tages« (39-40).

## 5.6 Höhen und Tiefen

### Ein Gelöbnis

Der Aufenthalt in Maine verstärkte Carsons Verlangen nach finanzieller Unabhängigkeit, aber war dies angesichts der Engpässe, die sich immer wieder auftaten, nicht ein unsinniger Wunschtraum? Noch bevor sie wieder nach Hause und zu ihrer Arbeit zurückkehrte, war sie auf einen vom Magazin *Outdoor Life* ausgeschriebenen Wettbewerb aufmerksam geworden. Es wurden Preise offeriert für die beste Formulierung eines Gelöbnisses, sich für Naturschutz einzusetzen, und einen erklärenden Text, wieso man dies als wichtig erachtete. Sie beschloss, daran teilzunehmen. Ihr Gelöbnis lautete im Original (Lear 2009, 137):

»I pledge myself to preserve and protect
America's fertile soils, her mighty forests
and rivers, her wildlife and minerals,
for on these her greatness was established
and her strength depends.«

Im begleitenden Essay mit dem Titel »Why America's Natural Resources Must Be Conserved« kam Carsons ökologisches Verständnis für die Bedrohung von Populationen und ihren Lebensräumen zum Ausdruck: Sie schrieb über Umweltverschmutzung, Überfischung, unregulierte Jagd und das übermäßige Aufstauen von Flüssen, die Fische als Wanderwege zu ihren Laichplätzen benutzten. Ein halbes Jahr später, im Dezember 1946, erhielt sie die Mitteilung, sie hätte den zweiten Preis gewonnen – dieser war die damals stolze Summe von 1000 Dollar wert!

## Die rote Flut

Trotz ihrer ständigen Überbelastung schaffte es Carson, sich nebenbei noch mit dem als »Red Tide Mystery« bekannten Phänomen auseinanderzusetzen und darüber einen Artikel zu schreiben, der im Magazin *Field & Stream* veröffentlicht wurde (Carson 1948b). Es hatte im Januar 1947 die Golfküste Floridas heimgesucht und war auch früher schon immer wieder mal aufgetreten. Es hieß so, weil sich bei seinem Auftreten das Wasser in längeren Küstenabschnitten rot oder rotbraun färbte und dabei eine ganz schleimige, sirupartige Konsistenz annahm. Und es war begleitet von einem großen Sterben, das vor allem Fische und Krabben, zum Teil aber auch Schildkröten, Tümmler und Seekühe erfasste. Zudem verursachte es eine Gasentwicklung, die bei der Bevölkerung Husten und Atemnot hervorrief. Als im Juli sich im gleichen Gebiet die rote Tide schon wieder bemerkbar machte, ersuchte Florida den FWS um Hilfe bei der Aufklärung, wodurch dieses Desaster eigentlich hervorgerufen wurde. Bis anhin hatte man es nicht herausgefunden. Unter den Biologen, die an der Untersuchung beteiligt waren, befand sich auch Paul S. Galtsoff, ein alter Kollege Carsons aus der FWS-Zeit in College Park. Wohl auch deshalb interessierte sie sich für dieses Thema.

Die Untersuchung ergab, dass der Verursacher ein Mikroorganismus war, eine Alge, genauer ein Dinoflagellat namens *Karenia brevis* (früher *Gymnodinium breve* genannt). Wenn er in normaler Anzahl auftritt, ist er völlig harmlos. Aber plötzlich kann es zu einer explosiven Vermehrung kommen, als deren Folge ein Liter Wasser dann 50 bis 60 Millionen Individuen enthalten kann. *Karenia* sondert ein Gift ab, das die genannten Todesfälle unter größeren Organismen hervorruft und das auch im Gas enthalten ist, das beim Menschen Atemprobleme verursacht. Damals konnte dieses Gift chemisch noch nicht bestimmt werden, seither ist aber bekannt geworden, dass es sich um sogenannte Brevetoxine handelt. Der Dinoflagellat benötigt für seinen Lebensvollzug Phosphor. Dieser kommt unter normalen Umständen nur in geringer Konzentration vor, aber beim Ausbruch einer roten

Tide schnellt sie auf das fünf- bis zehnfache hinauf. Welches die Ursache für diese Veränderung ist, blieb lange Zeit umstritten. Da Phosphor im Spiel ist, lag es aber nahe, an vom Menschen verursachte Gewässerverschmutzung zu denken. Tatsächlich haben vor ein paar Jahren Forscher von der National Oceanic and Atmospheric Administration (NOAA) herausgefunden, dass vom Mississippi geliefertes nährstoffreiches Wasser eine solche Tide verursachen kann, wenn es vom Wind gegen Florida getrieben wird (Schmid 2007).

## Ein Mann akzeptiert eine Frau als Chefin

Im Juli 1948 gab Kay Howe ihre Arbeit im FWS auf. Als Ersatz stellte Carson Bob Hines an, einen erfahrenen Illustrator von Texten über Wildtiere, der vorher für das Naturschutzamt in Ohio gearbeitet hatte. Hines konnte sich anfänglich nicht so recht vorstellen, dass es eine gute Sache sein könnte, unter einer Frau als Chefin zu arbeiten, aber er begrub seine Zweifel bald. Er stellte fest, dass er sie mochte, und sie hatte rasch seinen Respekt. Später urteilte er über sie so: »Sie war eine sehr fähige Leiterin, deren Führungsqualitäten fast denjenigen eines Mannes entsprachen. Sie wusste, wie man Dinge auf die schnellste, einfachste und direkteste Art zu erledigen vermochte. Sie konnte auf eine herzliche, ruhige Art ›nein‹ sagen wie niemand anderer. Aber das stand dann wie der Fels von Gibraltar, der sich nicht verschieben lässt. Mit Leuten, die unehrlich waren oder sich irgendwie drückten, hatte sie keine Geduld, und sie goutierte es nicht, wenn jemand dumm war. Aber sie zeigte immer mehr Toleranz gegenüber einer abgestumpften Person, die ehrlich war, als für einen hellen Kopf, der es nicht war. Schäbige Arbeit oder schäbiges Verhalten konnte sie hingegen nicht ertragen» (Sterling 1970, 111). Hines wurde für Carson nicht nur zu einem guten Kollegen und wichtigen Mitarbeiter, sondern zwischen den beiden entwickelte sich eine tiefe Freundschaft.

Abb. 5-9: Der Wildtierzeichner Bob Hines am Zeichentisch. Quelle: National Conservation Training Center, US Fish and Wildlife Service, Shepherdstown, WV.

Dass Carson sich auf ihr Team verlassen konnte, war wichtig. 1949 wurde Walford, ihr Vorgesetzter, zum Chef des Bureau of Fisheries befördert, und sie erbte seine bisherige Aufgabe der Hauptredaktion aller Publikationen des FWS. Damit war auch, wie Carson nicht zum ersten Mal schmerzlich erfahren musste, immer noch eine Geschlechterdiskriminierung verbunden: sie musste die volle Verantwortung ihres Vorgängers übernehmen, erhielt aber nicht dessen Position und Salär.

## Abschied von Mary Scott Skinker

Ende 1948 gab es für Carson einen emotionalen Tiefschlag. Sie erhielt einen Anruf aus einem Krankenhaus in Evanston, Illinois, Mary Scott Skinker sei mit Krebs eingeliefert worden, liege im Sterben und hätte nach Rachel Carson verlangt. Obschon keine Korrespondenz zwischen den beiden überliefert ist, darf angenommen werden, dass sie weiterhin im Kontakt waren und sich vermutlich auch gelegentlich trafen, jedenfalls solange sich Skinker noch im Osten aufhielt. Diese hatte 1938 ihre Anstellung am USDA (vgl. p. 58) nach einem Chefwechsel mit unerfreulichen Folgen aufgegeben, danach die Stelle einer Direktorin einer Residenz für Frauen in New York übernommen und daneben Kurse in Schuladministration am Columbia Teachers College besucht und an einem Lehrbuch über Parasitologie gearbeitet. Seit 1946 war sie für zwei Jahre auf einer administrativen Stelle an einer Schule in Dallas, Texas, gewesen und hatte danach eine Fakultätsposition am National College of Education in Evanston angenommen, an dem Lehrpersonal für die Primarschule ausgebildet wurde.

Carson lieh sich das Geld für den Flug nach Chicago aus, um bei ihrer ehemaligen Mentorin sein zu können. Sie blieb bis Skinkers Bruder Thomas und dessen Frau kamen, um die Kranke mit nach St. Louis zu nehmen. Dort starb sie am 19. Dezember 1948, bloß 57 Jahre alt. Zurück im Büro konnte sich Carson mit niemandem über diesen Tiefschlag austauschen; sie musste ihre Trauer allein verarbeiten. Es gab eine Ausnahme: Marie Rodell, zu der Carson an sich in einer geschäftlichen Beziehung stand – Rodell war seit dem Sommer ihre Literaturagentin (s. p. 136) –, aber auch in kurzer Zeit ein intensives Freundschafts- und Vertrauensverhältnis entwickelt hatte. So schrieb Carson an Rodell: »Die Krankheit meiner Freundin und die damit verbundenen tragischen Umstände haben mich emotional total zerstört zurückgelassen, aber nun versuche ich, mich wieder auf einige der Dinge zu konzentrieren, an denen ich arbeiten sollte« (B 12.12.48, Lear 2009, 150).

Lear (2009, 150) fasst Skinkers Bedeutung für Carson so zusammen: »Mary Scott Skinker formte Rachel Carsons ökologisches Bewusstsein, förderte ihr Talent, unterstützte ihre Ambitionen, weckte ihre Begeisterung und liebte sie bedingungslos. Skinker war sowohl Mentorin wie auch innige Freundin, von Carson intensiver geliebt als man sich je vorgestellt haben mag. Ihr Tod brachte einen wichtigen Abschnitt von Carsons eigenem Leben ebenfalls zu einem Abschluss und ließ sie in einem Gefühlsvakuum zurück.« Und Levine (2007, 100) schreibt: »Nie mehr würde Rachel eine Freundin haben, mit der sie eine so ähnliche Lebensreise verband.«

# 6 »Geheimnisse des Meeres«

**Rachel Carson hat längst gemerkt, dass sich Wissenschaft und Poesie kombinieren lassen und demonstriert dies mit einem zweiten Buch, in dem sie das Meer als physisches Gebilde und als Lebensraum schildert. Es wird ein Bestseller und macht sie finanziell unabhängig**

> »Die Winde, das Meer, und die hin und her strömenden Gezeiten sind, was sie sind. Wenn es Wunder, Schönheit und Majestät in ihnen gibt, wird die Wissenschaft diese Eigenschaften entdecken. Wenn sie nicht da sind, kann die Wissenschaft sie nicht schaffen. Wenn es Poesie gibt in meinem Buch über das Meer, ist sie nicht da, weil ich dies so beabsichtigt habe, sondern weil niemand in wahrhaftiger Weise über das Meer schreiben und die Poesie beiseite lassen kann.« (Rachel Carson 1998n, 91)

## 6.1 Ein neuer Anlauf

### In geheimer Mission

1948 nahm Carson doch wieder einen Anlauf zu einem neuen Buchprojekt. Den Anstoß dazu hatte sie vor zwei Jahren vom berühmten Ozeanografen Henry Bigelow erhalten, ehemals Direktor der Woods Hole Oceanographic Institution, jetzt Professor für Zoologie an der Harvard University. Carson hatte ihn damals anlässlich ihrer Studie des Parker River Refuge (s. p. 123 f.) besucht und er hatte sie ermuntert, sich den neuen Ergebnissen der Meeresforschung zuzuwenden, die gerade jetzt bekannt wurden. »Während des Zweiten Weltkriegs wurden enorme Mengen von Information über den Ozean und die Umwelt im Allgemeinen gesammelt. Diese Forschung hätte um Jahrzehnte länger gedauert, wäre da nicht die durch den Krieg bewirkte Dringlichkeit gewesen« (Quaratiello 2010, 61). Zur Kriegszeit waren die Resultate unter Verschluss gehalten worden, aber jetzt wurden sie frei zugänglich und verlangten nach einer Aufarbeitung.

Carson stellte sich eine Naturgeschichte des Meeres vor, die auch die Beziehung des Menschen zu ihm zur Sprache bringen sollte. »Meine Überzeugung, dass unsere Abhängigkeit vom Ozean noch wachsen wird, je mehr wir das Land zerstören, ist eigentlich das Thema des Buches«, schrieb sie an William Beebe (B 6.9.48, Brooks 1989, 110). Entsprechend gab sie ihm den Arbeitstitel *Return to the Sea.* Nun begann sie systematisch und hartnäckig Material zu sammeln, indem sie alle verfügbare Literatur sichtete und eine Reihe von Fachleuten befragte. Später gefragt, wie lange sie denn an diesem Buch gearbeitet habe, meinte sie: »Ich glaube, ich habe im Minimum etwas über tausend gedruckte Quellen durchgesehen. Zusätzlich habe ich mich mit Ozeanografen auf der ganzen Welt ausgetauscht und das Buch mit vielen Spezialisten diskutiert« (Brooks 1989, 111). Carson sagte kaum jemandem etwas von ihrem Projekt, aber da sie ständig Unterlagen aus der Bibliothek des Innenministeriums holte und zudem Hines den Auftrag hatte, ihr Bücher aus anderen Bibliotheken zu bringen, war bald das Gerücht im Umlauf, dass sie an etwas Größerem saß. Briggs (T 3.3.48, Lear 2009, 148) witzelte in einem Tagebucheintrag aus dieser Zeit: »Ray heckt ein erlesenes Komplott aus, das zu einem Bestseller führt – ein Thema für eine Romanze –, in dem sie vielleicht einen Audubon-Society-Hintergrund benützt, und sie wird damit reich, kann dann ihre Stelle aufgeben und über Naturgeschichte schreiben.« Briggs konnte nicht ahnen, wie gut sie mit ihrer Schlussfolgerung Carsons Zukunft voraussagte.

Eine der wenigen mit Carsons Plan wirklich vertrauten Personen war Charles Alldredge, ein ehemaliger FWS-Kollege, mit dem sie eng befreundet war, und der jetzt ein eigenes Beratungsbüro führte. Er ermunterte sie, nach dem Misserfolg mit Simon & Schuster einen neuen Verlag zu suchen, vor allem aber, sich von einer Literaturagentur betreuen zu lassen. Carson widerstrebte die Idee zuerst, insbesondere die Vorstellung, ihre Honorare dann mit einer anderen Person teilen zu müssen. Aber sie sah schließlich ein, dass sie Hilfe benötigte, und kontaktierte die Leute, die Alldredge auf seiner Liste hatte. Sie entschied sich für Marie Rodell, Redakteurin und Krimi-Autorin, die gerade in New York ein Büro eröffnet hatte. Dies sollte sich als absoluter Glücksfall erweisen: Rodell kannte die Verlegerlandschaft in- und auswendig und ihre Kundinnen und Kunden konnten sich immer auf ihren vollen Einsatz verlassen. Sie verfügte von Natur aus über die intellektuellen und sozialen Fähigkeiten, die man von einer Person erwartet, die Autoren, Autorinnen als Literaturagentin vertreten soll.

Lear (2009, 153) beschreibt Marie Rodell anschaulich als energiegeladene, ehrgeizige, aufgeschlossene und gesellige Frau – die oft mit ihren Kunden und Kundinnen rasch befreundet war –, als Kettenraucherin und geschickte Kartenspielerin (Bézique und Poker). »Sie war geistreich, hatte ein kühnes Lachen und konnte sich, obschon sie radikale Weiblichkeit in Person darstellte, auf angenehme Art auch derb ausdrücken.« Archäologie und Anthropologie waren Hobbies von ihr, und das bedeutete, dass sie auf Reisen war, so oft es ging. In Verlegerkreisen war Rodell bekannt als effizient operierende Frau, die zäh und hart verhandelte, aber immer genau das meinte, was sie sagte, so dass man sich auf ihr Wort verlassen konnte. Insgesamt war sie eine absolut integre Person, sie erwartete genau dasselbe von ihrem jeweiligen Gegenüber und verzieh es nicht, wenn dies nicht der Fall war.

## Licht auf dem Scheffel

Carson fühlte sich sofort gut aufgehoben bei Rodell, und es entwickelte sich zwischen den beiden rasch nicht nur eine gute Partnerschaft, sondern eine echte Freundschaft. Rodell verlor auch keine Zeit, sie hielt nichts von tiefstapeln und setzte für Carson denn auch einen entsprechend ambitiösen strategischen Plan mit den folgenden Zielen auf: Erstens Finden eines angesehenen Verlags, der für das geplante Buch einen Vertrag anbietet; zweitens Erlangen eines Stipendiums, das Carson gestattet, für eine gewisse Zeit einen unbezahlten Urlaub zu nehmen und ungestört an ihrem Buch zu arbeiten; drittens Unterbringung fertig geschriebener Kapitel bei Magazinen zur Erzielung eines Zusatzeinkommens und Erhöhung des Bekanntheitsgrades von Carson, und schließlich viertens Festigung ihres Ansehens derart, dass sie Kandidatin für einen Wissenschafts- oder Literaturpreis wird.

Es war aber nicht so, dass nur Rodell einen Plan entwickelte und Carson sich passiv in diesen einfügte. Nach dem Misserfolg mit *Under the Sea-Wind* war ihr sehr daran gelegen, nicht noch einmal mit großem Aufwand ein Buch zu produzieren, ohne dann auch finanziell davon profitieren zu können. So war sie selbst immer wieder aktiv im Überlegen, wie sie es diesmal auf einen grünen Zweig würde bringen können, welche Art von Unterstützung sie dafür benötigte. Sie war zweifellos ehrgeizig genug und von sich so weit überzeugt, dass sie keine Aufforderung brauchte, ihr Licht doch bitte nicht unter den Scheffel zu stellen. Das sollte sich auch später zeigen, als es um die Frage ging, wie die Werbung für das Buch aussehen sollte oder wie man die Chance auf eine Auszeichnung erhöhen konnte. »Preise, Stipendien und Publizität, das waren Fragen, die Carson stark beschäftigten« (Lear 2009, 183).

## Kleiner Rückschlag

Jetzt aber setzte sich Carson sogleich an die Arbeit, um eine detaillierte Inhaltsangabe für das geplante Buch zu entwerfen und ein geeignetes, beispielhaftes Kapitel zu schreiben. Sie wählte dazu eine Beschreibung der Entstehung der ozeanischen Inseln. So schnell wie eigentlich gewünscht, kam sie damit nicht voran, wie aus einem Brief an Rodell hervorgeht, in dem sie schrieb: »Meine hauptsächliche Schwierigkeit mit dem Kapitel über die Inseln ist die, dass ich so viel ungeheuer interessanten Stoff finde, was mich davon abhält, mit den Nachforschungen aufzuhören« (B 11.8.48, Lear 2009, 155). Schließlich konnte aber Rodell im September 1948 den Textentwurf zusammen mit einer Inhaltsübersicht des Buches und einem Exemplar von *Under the Sea-Wind* an den Verlag William Sloan Associates zur Begutachtung schicken.

Die einen Monat später eintreffende Antwort war negativ. Darunter litt, so scheint es, Rodell mehr als Carson, die sich schon an Ablehnungen gewohnt war und ihre Agentin tröstete. Diese fasste sich auch rasch wieder und zusammen überlegten sie das weitere Vorgehen. Sie kamen überein, dass offenbar das eine Kapitel für einen Verlag zu wenig Informationen bot, um zu einem positiven Entscheid zu gelangen. Es schien deshalb für Carson angezeigt, zuerst einen größeren Teil des Buches zu schreiben. Und nachdem das in einen Artikel umgewandelte Insel-Kapitel von verschiedenen Magazinen abgelehnt worden war, kam auch der Entschluss dazu, sich vorläufig nicht mehr mit solchen Versuchen zu verzetteln. Aber auch so war es harte Arbeit, und in dieser Phase entwickelte sich die Zusammenarbeit zwischen den beiden so, dass es umgekehrt nun Rodell war, die Carson wieder aufmunterte, wenn diese am Gelingen ihres Vorhabens zu zweifeln begann. Kam diese nach stressgeplagten

Tagen am FWS für das Wochenende nach Hause und fühlte sich zu ausgelaugt, um am Buch zu arbeiten, konnte sie sicher sein, dass sie Rodell nur zu telefonieren brauchte, um mit ihrem Zuspruch wieder auf die Beine zu kommen.

## Ein Stipendium und ein Vorschuss

Im Frühling 1949 hatte Rodell eine Stiftung ausfindig gemacht, die für Carsons Anliegen aussichtsreich schien. Es handelte sich um den Eugene F. Saxton Memorial Trust, vom Verlag Harper & Brothers eingesetzt, um Autoren, Autorinnen, die sich noch keinen Namen gemacht hatten, aber vielversprechend waren, unter die Arme zu greifen. Carson beantragte ein Stipendium für vier Monate, zwei im laufenden, zwei im nächsten Jahr; das würde ihr die Möglichkeit geben, das Buch im Sommer 1950 abzuschließen. Sie betonte auch, dass sie für ihre Recherchen Reisen unternehmen musste, die ein Verlag kaum mittels eines Vorschusses finanzieren würde, und wies auf die Last ihrer familiären finanziellen Verpflichtungen hin. Carson unterstützte zu jener Zeit nicht nur ihre Mutter, die wieder häufig krank war, sondern auch ihre Nichte Marjorie, die das College besuchte. Was sie im Sinne habe, so schrieb sie in ihrem Antrag, sei ein »Buch über den Ozean, wie ich es selbst gerne lesen würde, hätte es jemand anderer geschrieben.« Und es sollte auch eines sein, »das bei den Wissenschaftlern keinen Widerspruch erregen würde, eines, das ihnen vielleicht sogar einen neuen Ansatz und eine neue Interpretation des bisher allgemein Bekannten vermitteln könnte« (B 1.5.49, Lear 2009, 162-163).

Zu dieser Zeit hatte Carson auch ungefähr einen Drittel des Buches geschrieben und war mit Rodell einer Meinung, dass nun ein neuer Versuch gestartet werden sollte, es bei einem Verlag unterzubringen. Aber bevor die beiden etwas unternehmen konnten, meldete sich umgekehrt ein Verlag bei Rodell. Es handelte sich um die in England ansässige Oxford University Press, die vor kurzem eine Filiale in Nordamerika eröffnet hatte und sich nun in ihrem neuen geographischen Umfeld eine Reputation verschaffen wollte. Der Herausgeber Philip Vaudrin hatte auf Umwegen von Carsons Projekt erfahren und erkundigte sich bei Rodell über den Stand der Dinge. Diese sandte ihm das bisher vorliegende Material. Es wurde verlagsintern als hervorragend taxiert, und auch ein eingeholtes externes Gutachten war positiv.

Als Vaudrin nach Washington kam, um eine Buchhändler-Tagung zu besuchen, drängte er darauf, Carson persönlich zu sehen. Sie trafen sich zum Lunch und Vaudrin deutete im Gespräch schon mal an, wie ein Vertrag aussehen könnte. Seine endgültige Form wurde aber von Rodell ausgehandelt, und es brauchte ein gewisses Hin und Her, bevor es zum Abschluss kam. Vaudrin verlangte jedes Kapitel einzeln zu sehen, sobald es im Entwurf vorlag, aber Carson wehrte sich dagegen; wie eine Anfängerin behandelt zu werden, der man auf die Finger schauen musste, da fühlte sie sich beleidigt. Am 28. Juni 1949 aber kam es zur Unterzeichnung des Vertrages. Dieser sah einen Vorschuss von 1000 Dollar vor, der in zwei Raten ausbezahlt würde, und den 1. März 1950 als Abgabetermin für das Buch.

## 6.2 Ungewöhnliche Exkursionen

### In einer pfadlosen Weite von Gras und Himmel

Carson aber war fortan nicht einfach nur am Schreiben, sondern sie plante für den Juli (1949) zwei Exkursionen, um ihre Kenntnisse über das Meer mit eigenen Beobachtungen noch weiter vertiefen zu können. Die eine Reise ging nach Florida. Sie hatte von F. G. Walton-Smith, Ozeanograf an der University of Miami und Gründer des Miami Marine Laboratory, eine Einladung bekommen, bei seiner »Summer School« mitzumachen, die auch einen Tauchgang auf dem Programm hatte. Es war schon lange ihr Wunsch gewesen, das Meer auch einmal aus der Unterwasser-Perspektive zu erleben (vgl. p. 86) – sie nannte es das »Great Undersea Adventure« (Lear 2009, 165) –, und hier war nun die Chance, sich diesen zu erfüllen. Sie wollte aber, wenn sie schon mal in Florida war, auch die Gelegenheit nicht verpassen, sich für die FWS-Publikationsreihe einen Eindruck von den Everglades und einigen FWS-Stationen auf den Florida Keys zu verschaffen. Carson wurde von Briggs begleitet, die Wasservögel fotografieren wollte und hoffte, beim Tauchen auch mitmachen zu können.

Am ersten Tag ihres Aufenthaltes in Miami lud ein Aufsichtsbeamter des FWS die beiden zu einer Fahrt mit dem Schnellboot über 100 Kilometer durch die Florida Bay ein. Am nächsten Tag führte sie ein anderer FWS-Mann, »der im Innern der Everglades allein mit seinem jungen Hund und einer sieben Fuß langen blauen Indigonatter lebte« (Lear 2009, 166), in die äußeren Bereiche des Naturschutzgebietes. Carson (1998t, 156-157) war beeindruckt und berichtete später über ihr Erlebnis so:

»Vor allem anderen stellt sich bei der völligen Flachheit des Landes und der ausgedehnten Weite des Himmels der Eindruck eines unermesslichen Raumes ein. Das Raumgefühl ist fast dasselbe wie auf dem Meer. Das Spiel der Wolken war wunderschön und in steter Veränderung, und Regen nahte über das Gras mit einem wunderbaren sanften Spiel von wechselnden Farben – alles Grau und Mattgrün. … in den Everglades kommen immer wieder Korallenfelsen an die Oberfläche – sie liegen unter dem Wasser und erheben sich als zackige Brocken im Gras. Es gab eine Zeit, da wurde dieser Fels durch Korallentiere gebildet, die in einem seichten Meer lebten, das genau diese Fläche bedeckte. Heute bekommt man das Gefühl, dass das Land bloß einen äußerst dünnen Schleier über der darunter liegenden Plattform des einstigen Meeres gebildet hat – dass sich jederzeit das Verhältnis von Meer und Land wieder umkehren könnte.

Und als wir inmitten der ›hammocks‹ [Erhebungen] mit Palmettopalmen und anderen Bäumen, die sich hier und dort im großen Meer des Grases erheben, von einem zum nächsten fuhren, konnten wir nicht anders als an Inseln im Ozean denken. Mit der Ausnahme von verstreuten Zypressen sind in diesem Teil der Everglades alle Bäume in den Hammocks konzentriert, die sich dort bilden, wo sich in Felsvertiefungen ein wenig Boden ansammeln kann. Überall sonst gibt es nur Fels, Wasser und Gras.«

Abb. 6-1: Rachel Carson auf dem »Swamp Buggy« in den Everglades in Florida, 1949. Der Mann am Steuer ist vermutlich Don Poppenhager. Foto: Vermutlich Shirley Briggs. Quelle: Rachel Carson Council, Silver Spring, MD.

Nach dieser Erfahrung waren sich Carson und Briggs einig, dass sie nach Möglichkeit auch noch das Innere der Everglades erleben wollten. Sie wurden an Don Poppenhager verwiesen, einen lokalen Führer, der ein sumpfgängiges Fahrzeug entwickelt hatte, das er »glades buggy« nannte. Carson (1998t, 156) beschrieb dieses Vehikel so: »Er war ähnlich wie ein Traktor gebaut, mit sechs Paaren von sehr großen Rädern. Sein Motor lag gänzlich offen da und blies seine Hitze während der Fahrt auf uns drei, die wir auf dem einzigen Sitz des Buggy hockten.« Poppenhager war damit noch nie mit Frauen unterwegs gewesen, und er konnte sich nicht vorstellen, dass die beiden die Beschwerden der Fahrt und die Schwärme von Moskitos problemlos überstehen würden. Doch sie überzeugten ihn, dass sie dies bestens könnten. Es wurde ein neunstündiger, unvergesslicher Ausflug, bei dem »Poppenhager wunderbarerweise wusste, wohin er in der pfadlosen Weite von Gras und Himmel unterwegs war« (Lear 2009, 167), und bei dem auch dies nicht fehlen durfte: »Während des Tages besuchten wir auch einige Alligatoren, von denen Mr. Poppenhager wusste, dass sie bestimmte ›holes‹ bewohnten. Der erste war nicht zuhause, der zweite aber schon. Er lag offenbar in seinem Vorgarten, aber bei unserem Näherkommen krachte er durch die Weiden in seinen Teich. In den Everglades ist ein ›'gator hole‹ typischerweise eine wassergefüllte Depression in der Mitte eines kleinen Hammock. Meistens gibt es im Boden des Teiches eine Felshöhle, in die sich der Alligator zurückziehen kann« (Carson 1998t, 157).

## Ein Meilenstein des Lebens?

Im Gegensatz zur Everglades-Exkursion ging der Tauchversuch nicht so flott vonstatten. Dreimal stiegen Carson und Briggs zusammen mit Walton-Smith und seiner Gruppe von Studierenden in das kleine, *Nauplius* genannte Tauchboot und suchten nach einem angemessen geschützten Riff, von dem aus man tauchen konnte. Aber jedes Mal verhinderte stürmisches Wetter einen Tauchgang. Das vierte Mal aber klappte es, obschon auch diesmal in der Ferne der Donner rollte. Carson erhielt von Walton-Smith eine Rettungsleine und stieg die Leiter hinunter und bis zu den Schultern in Wasser, worauf sie sich den 40 Kilogramm schweren Taucherhelm überstülpte. Dann stieg sie weiter hinunter auf den nur ein paar Meter unter der Oberfläche liegenden Meeresboden.[25] Dieser war aber uneben und glitschig, und außerdem herrschte eine starke Strömung, so dass sie sich an der Leiter festhielt. Das Wasser war sehr trübe, und außer ein paar farbigen Fischen war nicht viel zu erkennen.

Trotz allem war es aber ein eindrucksvolles Erlebnis: »... der Unterschied zwischen einmal getaucht zu haben – auch unter schlechten Bedingungen – und dies nicht getan zu haben, ist so enorm, dass es einer dieser Meilensteine des Lebens war, nach denen alles ein bisschen anders scheint«, schrieb sie nachher an William Beebe (B 26.8.49, Lear 2009, 169). Später konnte sie sich im Rückblick auch kaum mehr an die misslichen Umstände erinnern, sondern nur noch an Momente der Verzauberung: »... ich brachte in Erfahrung, wie die Oberfläche des Wassers von unten aussieht und wie ungemein zart und vielfältig die Farben der Tiere auf dem Riff sind, und beim Anblick des nebelhaften grünen Panoramas überkam mich das Gefühl einer fremdartigen, nicht-menschlichen Welt« (Carson o.J., in Brooks 1989, 114). Lear (2009, 519) allerdings meint, Carson hätte hier der Werbung zuliebe ihr Erlebnis überhöht und die Fakten verzerrt, so dass die Leserin, der Leser glaube, ihr Tauchgang sei mehr als ein kurzer Aufenthalt unter Wasser gewesen, bei dem sie sich an die Leiter klammerte. Souder (2012, 136) geht noch ein bisschen weiter. Er redet von »diesem Abenteuer, das nur als ein Misserfolg gesehen werden könne, obschon es dann in ein mythologisches Ereignis in Carsons Leben verwandelt worden sei.«

## Mit Anstandsdame auf einem Fischerboot

Der dritte Höhepunkt des Florida-Aufenthaltes bestand in einem Telefon von Mutter Maria, in dem sie ihrer Tochter mitteilte, sie erhalte das Saxton-Stipendium, 2250 Dollar. Das bedeutete, dass Carson nun wirklich einen Urlaub zur Fertigstellung des Buches nehmen konnte. Daraufhin beendete sie ihre Nachforschungen so schnell wie möglich, kehrte kurz nach Hause zurück und machte sich dann auf nach Woods Hole, um dort das zweite

25 Souder (2012, 136) spricht von 8 Fuß (ca. 2,5 Meter), Sterling (1970, 118) dagegen von 15 Fuß (ca. 5 Meter).

Abenteuer an Bord des FWS-Schiffes *Albatross III* zu bestehen. Da schon zu jener Zeit die kommerziell interessanten Arten der Fischgründe vor der Küste Neuenglands zunehmend seltener wurden, hatte das Schiff die Aufgabe, mit Hilfe einer systematischen Stichprobenerhebung mit Schleppnetzen an ausgewählten Stationen einen Zensus der Fischpopulationen durchzuführen.

Carson ihrerseits hatte offiziell den Auftrag, für FWS-Publikationen Material über die Arbeit des Schiffes zusammenzutragen: Es »wurde entschieden ... dass ich hinsichtlich der Abfassung von Publikationen über die *Albatross* vermutlich bessere Arbeit würde leisten können, wenn ich mit ihr unterwegs gewesen war. Aber es gab ein großes Hindernis. Noch nie vorher war eine Frau auf der *Albatross* gewesen. Tradition wird in den Regierungsämtern hochgehalten, aber glücklicherweise halfen mir Mitverschwörer, das bisherige Selbstverständnis zu erschüttern. Aber für meine männlichen Kollegen, die die Antragspapiere unterschreiben mussten, war die Vorstellung von einer Frau auf einem Schiff mit um die fünfzig Männern undenkbar. Nach einer eingehenden Gewissensprüfung kam man zum Schluss, dass es in Ordnung sein könnte, wenn es *zwei* Frauen wären, worauf ich dafür sorgte, dass mich eine Freundin, selbst auch Schriftstellerin, begleiten konnte. Marie [Rodell] meinte, sie würde dann einen Artikel über ihre Erfahrungen schreiben und kündigte an, der Titel würde ›Ich war eine Anstandsdame auf einem Fischerboot‹ lauten« (Carson 1998t, 151-152).

Carson und Rodell gingen an einem späten Julitag an Bord und wurden dort in die Geheimnisse des Schiffes eingeführt. Einige Offiziere machten sich einen Spaß daraus, die

Abb. 6-2: Rachel Carson (rechts), Marie Rodell und Chefwissenschaftler Raymond Buller an Bord der *Albatross III*. Foto: Robert Brigham, 1949. Quelle: Northeast Fisheries Science Center (NEFSC), National Oceanic and Atmospheric Administration (NOAA).

beiden Frauen mit Schauergeschichten zu versorgen. »Halten Sie sich immer irgendwo fest, war die Warnung, denn Wellen werden das Deck überfluten; auf jeder Fahrt gibt es Knochenbrüche; das Essen ist grässlich, aber das ist egal, denn Sie werden furchtbar seekrank sein und sowieso keine Lust auf Nahrung verspüren« (Levine 2007, 106). Müde wie sie waren gingen die beiden Frauen zu Bett bevor das Schiff den ersten Ort erreichte, an dem das Schleppnetz in Aktion gesetzt werden sollte. Was dann passierte, beschrieb Carson (1998t) so:

»Marie und ich ... waren in tiefem Schlaf, als wir von einem lauten Aufprall geweckt wurden, offenbar genau gegen die Wand unserer Kabine, und wir richteten uns in unseren Kojen auf. Sicher waren wir von einem anderen Schiff gerammt worden. Dann begann eine Folge von entsetzlichem Knallen, Schlagen und Rumpeln direkt über unseren Köpfen, ein rhythmisches Donnern von Maschinerie, das jede Boilerfabrik in den Schatten gestellt hätte. Schließlich dämmerte es uns, dass nun gefischt wurde! Es wurde uns auch klar, dass wir dies während der nächsten zehn Tage aushalten mussten. Hätte es eine Möglichkeit gegeben, die *Albatross* zu verlassen, ich bin sicher, wir hätten von ihr Gebrauch gemacht (152-153).

Beim Frühstück am nächsten Morgen hatten die Männer ein Grinsen auf ihren Gesichtern. ›Haben Sie irgendwas gehört letzte Nacht?‹, fragten sie. Wir beiden bemühten uns um einen unbeteiligten Gesichtsausdruck. ›Nun‹, sagte Marie, ›einmal schien uns, wir hörten eine Maus, aber wir waren zu schläfrig, um uns darum zu kümmern.‹ Sie fragten uns danach nie mehr. Und nach einer Nacht oder zwei schliefen wir wirklich die Nacht hindurch.

Einer der lebhaftesten Eindrücke, die ich auf der *Albatross* erhielt, war der Anblick des Netzes, wenn es mit seiner Ladung Fische heraufkam. Die großen Fischtrawler wie dieser schleppen ein kegelförmiges Netz über den Boden des Ozeans und kehren damit alles zusammen, was auf dem Boden liegt oder knapp darüber schwimmt. Das bedeutet nicht nur Fische, sondern auch Krabben, Schwämme, Seesterne und andere Lebewesen des Meeresbodens. Meist wurde in Tiefen von ungefähr 100 Faden oder 600 Fuß [ca. 180 Meter]gefischt (153). ...

Dann sieht man die schlanken Formen von Haifischen, die auf Beute aus sind. Diese Haie hatten für mich etwas wundervolles – und es tat mir weh, als einige der Männer ihre Gewehre holten und sie zum ›sportlichen Vergnügen‹ töteten. ...

Das Meer nachts hat etwas tief Beeindruckendes, wenn man es von einem kleinen Schiff aus fern vom Land erlebt. Wenn ich in diesen dunklen Nächten auf dem Achterdeck stand, auf einer winzigen vom Menschen gemachten Insel aus Holz und Stahl, und nur schemenhaft die großen Formen der Wellen sah, die um uns herum rollten, war mir, so glaube ich, so bewusst wie nie zuvor, dass unsere Welt eine Wasserwelt ist, dominiert von der Unermesslichkeit des Meeres« (154).

## 6.3 Ereignisreicher Weg zum Erfolg

### Hindernisse

Was das Saxton-Stipendium betraf, gab es noch ein unerfreuliches Zwischenspiel. Im August (1949) erhielt Carson nämlich einen Brief von der Stiftung, die, nachdem sie von dem vom Oxford-Verlag gewährten Vorschuss gehört hatte, einen Teil ihres Geldes zurückforderte. Carson war wütend, und es gab einen gehässigen Briefwechsel, bei dem Saxton auf ihre limitierten Ressourcen und die von allen ihren Leuten ehrenamtlich geleistete Arbeit hinwies, und darauf, dass diese »sogar das Porto für den Brief bezahlten, in dem sie ihr das mitteilten. Die Saxton-Episode ist eine von vielen in Carsons Leben, die zeigen, wie hartnäckig sie ihre Finanzen und ihr Schreiben verteidigte. Schnell verärgert über eine wahrgenommene Ungerechtigkeit, war sie nie kompromissfreudig« (Souder 2012, 139). Nun, es war dann Rodell, die eine annehmbare Abmachung ausarbeitete. Carson würde drei Viertel der ursprünglich versprochenen Summe bekommen – drei der vierteljährlichen Auszahlungen bis zur vorgesehenen Abgabe des Buches an den Verlag im Frühling.

Vom Oktober an versuchte Carson, für ihr Schreiben nun wirklich Urlaub zu nehmen, was ihr allerdings nur halbwegs gelang; Krisensituationen am FWS verlangten öfters ihre Anwesenheit im Büro oder sie musste Arbeit von dort mit nach Hause nehmen. Sie arbeitete dessen ungeachtet hartnäckig weiter, so gut es ging, aber der Fortschritt war quälend langsam. Wie immer war sie sehr gewissenhaft und war mit einem Text üblicherweise erst nach mehreren Revisionen zufrieden. Es war ihr Anliegen, eine Sprache zu verwenden, die bei den Leserinnen, Lesern ohne allzu starke Vereinfachung verständliche Bilder hervorrufen konnte. Mit Fachleuten führte sie Gespräche über Themen, bei denen sie noch offene Fragen hatte und/oder sie sandte ihnen fertig geschriebene Kapitel zur Begutachtung. So war sie zum Beispiel im Kontakt mit Thor Heyerdahl, dessen Buch über seine Fahrt mit dem Balsaholz-Floss *Kon-Tiki* vor einem Jahr (1948) herausgekommen war und der ihr über seine Erfahrungen auf offener See berichten konnte.

Dann entstand für Carson eine zusätzliche Belastung, indem ihre Nichte Marjorie von einer ernsthaften Ohr- und Nasennebenhöhlen-Infektion befallen wurde, die diese in Kombination mit deren Diabetes zu einem Pflegefall werden ließ. Der Abgabetermin nahte, und Carson war frustriert. »Nichts an der Gegenwart oder der Zukunft ist sehr günstig für die letzte verzweifelte Anstrengung«, schrieb sie an Rodell. »Aber ich bin eisern entschlossen, irgendwie fertig zu werden. Ich habe jetzt das Gefühl, dass ich sterben würde, ginge dies noch viel länger« (B 19.2.50, Lear 2009, 175). Dabei war es schon klar, dass sie den Termin vom 1. März unmöglich würde einhalten können. Aber Rodell gelang es, mit Vaudrin eine Verschiebung bis Ende Juni auszuhandeln.

Ein anderes Problem war der Titel des Buches. *Return to the Sea*, der ursprüngliche Vorschlag, gefiel sowohl Carson wie Rodell mittlerweile nicht mehr. In diesem Wortlaut kam das im Text steckende epische Moment zu kurz, schließlich sollte dieser ja zu einer Art Biografie des Meeres werden. *The Story of the Ocean* war schon besser, aber Rodell protestierte, das töne langweilig. Auch *Story of the Sea* und *Empire of the Sea* wurden diskutiert und verworfen. Es gab auch Vorschläge aus dem weiteren Freundes- und Bekanntenkreis, von denen Carson aber nicht erbaut war. »Gegenwärtige Vorschläge von respektlosen Freunden und Verwandten schließen ›Out of My Depth‹ und ›Carson at Sea‹ ein. Wenn sie doch nur ihre Hirne kreativ einsetzen würden«, schrieb sie an Rodell (B o.D., Lear 2009, 174). Aber dann tauchte ein älterer Vorschlag wieder auf, der in der Zwischenzeit auf die Seite gelegt worden war, nun aber sowohl Carson wie auch dem Verlag der richtige schien: *The Sea Around Us*. Dabei blieb es dann auch.

Ende 1950 gab es noch eine kleine Auseinandersetzung mit dem Verlag, der Carsons Meinung nach einen falschen Schrifttyp brauchen wollte. So sah das Ganze wie ein wissenschaftliches Textbuch aus, und diesen Eindruck wollte sie unbedingt vermeiden. »Es wäre sehr traurig, wenn nach all den guten Dingen, die vor der Publikation geschehen sind, das Buch einfach als eine weitere ›Einführung in die Ozeanografie‹ abgetan würde« (B an Vaudrin 16.12.50, Brooks 1989, 124).

## Werbung mit Vorabdrucken

Carson arbeitete weiterhin hart, um nun den neuen Abgabetermin einhalten zu können. Sie tat dies jetzt aber in besserer Stimmung und neuer Zuversicht, denn die Fachleute, denen sie Kapitel zur kritischen Begutachtung geschickt hatte, sandten ihr ausnahmslos begeisterte Kommentare. Das renommierte Magazin *The New Yorker* – von vielen als das beste des Landes angesehen, und eines, das die Reputation einer Autorin, eines Autors, entscheidend beeinflussen konnte – meldete sein Interesse für Teile des Buches an, die es dann in kondensierter Form drucken würde. Auch die *Yale Review* wollte ein Kapitel abdrucken. Carson bedauerte lediglich, dass sie keine Zeit für Exkursionen hinaus in die Natur hatte. »Nicht ein einziger Morgenspaziergang zur Vogelbeobachtung, und der Frühling ist schon fast vorbei! Das ärgert mich wirklich, aber es scheint, dass mir die Energie fehlt, um mich dem auch noch zu widmen«, schrieb sie an Rodell (B 10.5.50, Brooks 1989, 119). Die Mutter tippte das endgültige Manuskript auf der Maschine und Carson schaffte es, dieses diesmal termingerecht dem Verlag abzuliefern. Dabei wäre »endgültig« in Anführungszeichen zu setzen, denn sie machte auch nachher noch Änderungen.

Nach einigem Hin und Her gab es hinsichtlich des Vorabdrucks im *New Yorker* eine Einigung mit dem Chefredakteur William Shawn. Er würde neun der vierzehn Kapitel übernehmen, sie selbst kondensieren und dann in einer dreiteiligen Serie als „Profil" bringen. Die Profile waren üblicherweise biographische Skizzen von bekannten Personen – zum ersten Mal sollte nun von dieser Tradition abgewichen werden. Entsprechend würde der Titel der Carson-Serie »Profiles: The Sea« heißen. Wichtig war das Zugeständnis Shawns, den Vorabdruck zeitlich so anzusetzen, dass das Publikationsdatum des Buches nicht unnötig verzögert werden würde. Das Honorar sollte die stolze Summe von 7200 Dollar umfassen und in drei Raten bezahlt werden – das war mehr als die 6400 Dollar, die Carson inzwischen am FWS pro Jahr verdiente, nachdem sie im Mai 1950 von »Information Specialist« zu »Biologist« befördert worden war. Da waren die 75 Dollar, die die *Yale Review* für das Kapitel »The Birth of an Island« offerierte – dieses erschien dann im September –, bloß noch ein kleiner Zustupf. Der Artikel sollte aber nachträglich noch ein Zusatzeinkommen generieren. Die American Association for the Advancement of Science (AAAS) zeichnete ihn nämlich im Dezember mit dem jährlich von der Westinghouse Educational Foundation gestifteten Preis für »excellence in science writing« im Wert von 1000 Dollar aus. Diese erstmalige öffentliche Würdigung der Qualität ihrer Arbeit stellte für Carson einen wichtigen Wendepunkt dar.

## Erfolg ist anstrengend

Im Februar 1951 wurde bekannt, dass der *New Yorker* die Publikation der dreiteiligen Zusammenfassung für den 2., den 9. und den 16. Juni plante. Daraufhin sah Vaudrin als Erscheinungsdatum des Buches bei der Oxford University Press den 2. Juli vor. Zur gleichen Zeit gab dieser aber auch seine Anstellung beim Verlag auf, was Besorgnis erregte, da er die treibende Kraft für die Aufnahme des Buches im Verlagsprogramm gewesen war. In Zukunft war die Bezugsperson der Präsident von Oxford, Henry Walck, der von einer Ausbildung in Buchhaltung her kam. Jetzt, da bezüglich der Publikation alles geregelt war, stellte sich als nächstes die Frage, wie Oxford für das Buch werben würde. Chefin der Werbeabteilung war Catherine Scott, die sich aus ihrer früheren Tätigkeit bei Columbia University Press vor allem mit der Promotion von wissenschaftlichen Fachbüchern auskannte, aber weniger mit der von Büchern vertraut war, die für eine breite Öffentlichkeit gedacht waren. Sie würde allerdings von dem durch den Vorabdruck beim *New Yorker* erzielten Werbeeffekt profitieren können. Trotzdem war Carson, die sich an den Misserfolg ihres ersten Buches erinnerte, unruhig und bestürmte Scott mit eigenen Vorschlägen. »Zur Ehrenrettung von Oxford und Catherine Scott sei gesagt, dass es wahrscheinlich keinen Verlag gab, der Carsons Erwartungen hätte befriedigen können«, schreibt Lear (2009, 192). Im Übrigen gab es noch die Einschränkung, dass der Vertrag mit Oxford nur auf den amerikanischen Markt gerichtet war, denn das Mutterhaus in England hatte es unverständlicherweise abgelehnt, *The Sea Around Us* auch zu übernehmen. Rodell gelang es aber, das Buch bei der Staples Press in London unterzubringen.

Schon bevor *The Sea Around Us* in den Buchläden war, begannen sich die Ereignisse zu überstürzen. Anfangs April wurde bekannt, dass der Book-of-the-Month-Club Carsons Buch im Juli oder August anbieten würde, wenn auch nicht als erste, sondern nur als zweite Wahl. Dieser Club war ein Versandhaus, das seinen registrierten Mitgliedern jeden Monat zwei Bücher anbot; diese waren verpflichtet, innerhalb eines Jahres eine bestimmte Anzahl zu kaufen. Magazine und Zeitungen meldeten sich in der Absicht, einzelne Teile des Buches abzudrucken oder eine Reportage über die Autorin zu bringen. So übernahm zum Beispiel das Magazin *Vogue* das Kapitel mit dem Titel »The Global Thermostat«, in dem Carson erklärte, wie das Meer mit seinen Strömungen das Klima reguliert. Die dreiteilige Serie, die dann im Juni im *New Yorker* erschien (Carson 1951a), verursachte schon einen eigentlichen Aufruhr. Von Shawn hörte man, er hätte noch nie vorher für ein »Profil« so viele begeistert lobende Briefe erhalten. Auch über Carson brach eine Lawine herein: Sie »würde nie wieder eine private Person sein. Sie erhielt Telefonanrufe, tonnenweise Briefe, Einladungen für Vorträge, und sie war fassungslos« (Levine (2007, 110). »Um Himmels willen, ist das alles wegen mir – das ist wirklich irrwitzig!«, schrieb sie an Rodell (B 14.6.51, Lear 2009, 201).

Es gab begeisterte Kommentare, unter anderem von Alice Longworth, der Tochter von Theodore Roosevelt, die einen Vorabdruck des ganzen Buches erhalten und diesen im Laufe einer Nacht zweimal durchgelesen hatte. Nachdem am 20. Juni im National Press Club eine vom Verlag organisierte »book party« mit vielen geladenen Gästen stattgefunden hatte, wurde Rodell bestürmt mit Anfragen über die Möglichkeit, Carson für einen Vortrag gewinnen oder von ihr einen Text bekommen zu können. »Ein Vertreter der Ford Foundation rief an um zu fragen, ob die Fernsehrechte zum Buch noch erworben werden könnten. Sie konnten. Die Schallplattenfirma RCA Victor erkundigte sich, ob Carson bereit wäre, für eine neue Aufnahme von Claude Debussys *La Mer* ... einen Kommentar für die Hülle zu schreiben. Sie war« (Lear 2009, 201). »Debussy hat eine Welt von Wasser und Himmel geschaffen, die von den eilenden Formen der Wellen durchquert wird und ein endloses Gespräch mit den großen Winden führt, die unablässig über die Erdoberfläche wehen. Es ist eine zeitlose, elementare Welt, in der das Vergehen der Jahre und der Jahrhunderte und der Zeitalter sich in der Zeit selbst verliert ...«, stand darin (Carson 1998m, 84-85), und Carson beschrieb dann, wie dies nach ihrem Empfinden in den drei Sätzen, »Morgengrauen bis Mittag auf dem Meer«, »Spiel der Wellen« und »Dialog zwischen Wind und Meer« zum Ausdruck kam (85-86).

## Wissen und Nichtwissen über das Meer

Um was geht es denn eigentlich in *The Sea Around Us*? Nun, dieses Buch hat einen ziemlich anderen Charakter als Carsons erstes Werk, *Under the Sea-Wind*. Hier hatte sie das Leben bestimmter Tiere sozusagen aus ihrem Erlebnishorizont heraus geschildert, was dem Leser, der Leserin ermöglichte, sich bis zu einem gewissen Grad in sie hinein zu versetzen. Das neue Buch dagegen stellte das Meer als solches mit seiner Geschichte und all seinen Aspekten in den Mittelpunkt. »Dieses zweite Buch hatte nicht weniger als das erste eine herrliche poetische Qualität, aber von ganz anderer Art. *Under the Sea-Wind* war lyrisch. *The Sea Around Us* war episch« (Sterling 1970, 121). Das jetzige Buch war auf alle Fälle ein gelungener Versuch, die gesamten damaligen Kenntnisse über die Ozeane auf populärwissenschaftlich-attraktive Weise darzustellen. »Carson war ein Genie, wenn es darauf ankam,

Wissenschaft so lebendig werden zu lassen, dass die Leserschaft sie gar nicht als Wissenschaft wahrnahm« (Souder 2012, 147).

Abb. 6-3: Die »Peanuts«-Charaktere Lucy und Linus philosophieren im Regen. Comic von Charles M. Schulz. PEANUTS © 1963 Peanuts Worldwide LLC. Dist. By UINIVERSAL UCLICK. Abgedruckt mit Bewilligung. Alle Rechte vorbehalten. Carson (1952a, 12-13) schrieb über die Entstehung der Meere: »Die Erde ... war von dichten Wolkenschichten umhüllt ... Sobald die Erdrinde genügend abgekühlt war, begannen die Regen zu fallen. ... Sie fielen unaufhörlich Tag und Nacht, und die Tage wurden zu Monaten, zu Jahren, zu Jahrhunderten. Das Wasser ergoss sich in die wartenden Ozeanbecken ...«

Natürlich ist seit 1951 viel zusätzliches Wissen über die Erde dazu gekommen und gewisse Interpretationen haben sich geändert. Zum Beispiel gab Carson (1952a, 10) ihr vermutliches Alter als 2,5 Milliarden Jahre an, während die heutige Schätzung ganze 4,6 Milliarden Jahre beträgt. Und sie schilderte die Entstehung des Mondes nach der damals akzeptierten Abspaltungstheorie, wonach die Erde in einer Frühphase so stark rotierte, dass sich Materie ablöste und das Becken des Pazifischen Ozeans als »Narbe« zurückblieb (11-12). Heute dagegen nimmt man an, dass die Geburt des Mondes die Folge der Streifkollision mit einem fremden Himmelskörper war. Über die Ortslage der großen Meeresbecken und der Kontinente sagte sie, diese sei seit der frühen Erdgeschichte dieselbe geblieben (12). Aber schon in den späteren 1950er Jahren kam die Vorstellung der sogenannten Plattentektonik auf, der zufolge die Erdkruste sich in Platten gliedert, die auf dem darunter liegenden Erdmantel gewissermaßen schwimmen. Die heutige Verteilung der Kontinente ergab sich durch ihr allmähliches Auseinanderdriften aus einer vor rund 300 Millionen Jahren bestehenden, zusammenhängenden Landmasse, Pangaea genannt. Zwar hatte der deutsche Geowissenschaftler Alfred Wegener (1880-1930) schon 1915 eine Kontinentaldrift postuliert, damals aber kein Gehör gefunden.

Auch hatte man zur Zeit von Carson über die Tiefsee und das dortige Leben nur bruchstückhafte Vorstellungen; das hat sich seither wesentlich geändert, wie etwa in einem Artikel von Herbert Cerutti (2007) in der Zeitschrift *NZZ Folio* nachzulesen ist. Der Titel des Heftes, in dem dieser erschienen ist, »Tiefsee. Rätselhaftes Reich der Finsternis«, deutet aber darauf hin, dass Vieles immer noch unsere Vorstellungskraft strapaziert. Umso mehr war dies damals der Fall, und eigentlich ist der Buchtitel der deutschen Übersetzung, *Geheimnisse des Meeres* (Carson 1952a), passender als der englische Originaltitel *The Sea Around Us.*

Das Buch gliedert sich in drei Teile. Im ersten Teil mit dem Titel »Das mütterliche Meer« (»Mother Sea«) schildert Carson die Entstehung der Erde, die Entwicklung des Lebens, seine jahreszeitlichen Zyklen, die überraschenden Lebensphänomene in der Tiefsee (lange Zeit glaubte man, das sei eine Todeszone), das untermeerische Relief, die ständige Anhäufung der von den Flüssen herbei transportierten Sedimentfrachten, die Entstehung von Inseln und die Verteilung von Land und Wasser und deren Veränderungen. Der zweite Teil mit dem Titel »Das ruhelose Meer« (»The Restless Sea«) ist der Bildung von Wellen, den Meereströmungen und den Gezeiten gewidmet sowie der Rolle, die je nach Phänomen die Sonne, der Mond, die Winde und die Erdrotation dabei spielen. Im letzten Teil mit dem Titel »Der Mensch und das Meer« (»Man and the Sea About Him«) ist vom Meer als Klimafaktor, von seinem Gehalt an Mineralien und deren Nutzung durch den Menschen sowie von der Geschichte der Entdeckungsfahrten auf dem Wasser die Rede.

## Herkunft und Rückkehr

Uns interessiert hier in erster Linie der erste Teil des Buches, in dem Carson ihre ökologische Sicht auf die Lebensphänomene entwickelt, die sie später einmal kurz und bündig mit »nothing lives to itself« – »nichts lebt nur für sich selbst« charakterisierte (s. p. 182). Die »Mütterlichkeit« des Meeres kommt schön in ihrem Hinweis zum Ausdruck, dass alle Landtiere im Wasser lebende Vorfahren hatten: »Fische, Amphibien, Reptilien, warmblütige Vögel und Säugetiere – alle tragen in ihren Adern einen salzigen Strom, in dem die Elemente Natrium, Kalium und Kalzium fast in den gleichen Proportionen wie im Meerwasser vorhanden sind. Das ist unser Erbteil von dem Tage her, als vor ungezählten Millionen Jahren weit entfernte Ahnen, nachdem sie vom einzelligen zum vielzelligen Zustand fortgeschritten waren, zum ersten Mal einen Blutkreislauf entwickelten, dessen zirkulierende Flüssigkeit einfach das Meerwasser war« (Carson 1952a, 21).

Carson erwähnt dann, dass einige der Landtiere später wieder in den Ozean zurückgekehrt seien, deren Nachkommen wir heute als Seelöwen, Seehunde, Seeelefanten und Wale kennen. »Und schließlich fand auch der Mensch seinen Weg zum Meer zurück. ... Er konnte nicht wieder mit seinem Körper in den Ozean eingehen ... Aber im Laufe von Jahrhunderten hat er mit aller Geschicklichkeit, Erfindungsgabe und Denkkraft seines Verstandes danach getrachtet, selbst die entlegensten Teile des Meeres zu erforschen und zu untersuchen, so dass er im Geiste und in der Fantasie zu ihm zurückkehren kann. ... Und trotzdem ist er zu dem mütterlichen Meer nur unter dessen eigenen Bedingungen zurückgekehrt. Er vermag den Ozean nicht zu beherrschen und zu verändern, wie er seit seiner kurzen Besitznahme des Landes die Kontinente unterworfen und ausgeplündert hat« (22). Wie wir sehen werden, wird diese Überzeugung Carsons aber weniger als zehn Jahre später ihre Risse bekommen haben (s. p. 246).

Die folgenden zwei Abschnitte enthalten Auszüge aus zwei Kapiteln des ersten Teils des Buches, die uns gestatten, den unnachahmlichen Schreibstil Carsons zu genießen, mit dem nicht einfach Fakten auf trockene Weise rapportiert werden, sondern immer auch die Schönheit der Natur besungen wird. Dabei darf man aber nicht in allzu romantische Vorstellungen verfallen. Wie gerade der erste Auszug aus dem dritten Kapitel (»Die Jahreszeiten«, Carson 1952a, 38-47, englisch »The Changing Year«) zeigt, hat die Natur, vom einzelnen Lebewesen aus betrachtet, immer auch eine brutale Seite: Die ökologischen Zusammenhänge im Meer definieren sich in besonderem Maße über Nahrungsketten, das heißt über das Ineinandergreifen des ständigen Fressens und Gefressenwerdens. Es kommen aber auch die mysteriösen angeborenen Antriebe zur Sprache, die die Lebewesen des Meeres im Jahresverlauf vertikale und horizontale Wanderungen auszuführen veranlassen.

Der zweite Auszug stammt aus dem siebten Kapitel (»Die Geburt einer Insel«, Carson 1952a, 99-116, englisch »The Birth of an Island«). Hier schildert Carson einerseits die geologische Seite der Geschichte, das heißt wie Meeresinseln von wenigen Ausnahmen abgesehen durch vulkanische Tätigkeit des Meeresbodens entstehen und dann durch Wind und Wellen langsam wieder abgetragen werden. Andererseits beschreibt sie, wie neu entstandene Inseln irgendwie durch Verfrachtung vom Festland her allmählich durch Pflanzen und Tiere besiedelt werden und wie sich dann infolge der Isolation mit der Zeit ganz eigenartige endemische (das heißt nur hier vorkommende) Lebensformen bilden können. Der unerfreuliche Aspekt der Geschichte liefert wie so oft der Mensch, der nach der Besiedlung solcher Inseln üblicherweise entweder direkt oder indirekt durch die absichtliche Einfuhr von Vieh und Haustieren und die unabsichtliche von Ratten die einzigartigen Ökosysteme in kürzester Zeit ruiniert hat.

## 6.4 »Die Jahreszeiten«

»Im Meere wie auf dem Lande ist der Frühling die Zeit der Erneuerung des Lebens (Carson, 1952a, 39). ...

In einem plötzlichen Erwachen, dessen Geschwindigkeit etwas Unglaubliches hat, fangen nun die einfachsten Gewächse des Meeres an, sich zu vervielfältigen. Ihre Vermehrung erreicht astronomische Proportionen. Die Frühlingssee gehört zunächst den Diatomeen und dem ganzen übrigen mikroskopischen Pflanzenleben des Planktons. In der wilden

Intensität seines Wachstums bedeckt es weite Strecken des Ozeans mit dem lebendigen Teppich seiner Zellen. Meilenweit sieht das Wasser nun braun oder grün aus, da seine gesamte Oberfläche die Farbe der winzig kleinen Pigmentkörnchen annimmt, die in jeder Pflanzenzelle vorhanden sind.

Nur für eine kurze Zeit behalten die Pflanzen diese unbeschränkte Oberherrschaft über das Meer. Fast sofort folgt ihrem eigenen Vervielfältigungsausbruch eine ähnliche Vermehrung der kleinen Tierchen des Planktons. Es beginnt die Laichzeit des Ruderfuß-Krebschens und des Pfeilwurms, der pelagischen Garnele und der Ruderschnecke. Hungrige Schwärme dieser kleinen Planktongeschöpfe schweifen durch das Wasser, nähren sich von dem üppigen Pflanzenwuchs und fallen selbst wieder größeren Tieren zur Beute. Jetzt im Frühling wird das Oberflächenwasser zu einer riesigen Kinderstube. Von den Hügeln und Tälern der weit drunten liegenden Ränder des Kontinents und von den überall vorhandenen Untiefen und Sandbänken steigen die Eier oder die Jungen vieler Tiefseetiere zur Oberfläche auf. Selbst diejenigen, die in erwachsenem Zustand zu einem sesshaften Leben auf dem Meeresgrund niedersinken, verbringen die ersten Wochen ihres Lebens als frei umher schwimmende Planktonjäger. Während nun der Frühling fortschreitet, kommen täglich neue Haufen von Larven an die Oberfläche, und die Nachkommenschaft von Fischen, Krabben, Muscheln und Röhrenwürmern mischt sich für eine Weile unter die dauernden Mitglieder des Planktons (40). …

Im Frühling ist das Meer von wandernden Fischen erfüllt, deren einige nach den Mündungen der großen Flüsse ziehen, die sie hinaufsteigen, um dort ihren Laich abzusetzen. Zu ihnen zählen die frühlingstrunkenen Königslachse, die aus den tiefen pazifischen Weidegründen heraufkommen, um sich den strömenden Fluten des Columbia-Rivers entgegenzuwerfen, die Maifische, die sich in den Chesapeake, den Hudson und den Connecticut-Fluss begeben, die Großaugenheringe, welche die vielen Küstenflüsse Neuenglands aufsuchen, und die Lachse, die den Weg zu den Flüssen Penobscot und Kennebec finden. Monate- und jahrelang haben diese Fische nur die weiten Räume des Ozeans gekannt. Nun aber führen das Frühlingsmeer und die Reife ihres Körpers sie zu den Flüssen zurück, in denen sie geboren wurden (41).

Noch manches andere geheimnisvolle Kommen und Gehen ist mit dem Fortschreiten des Jahres verbunden. Kapelane häufen sich in dem tiefen kalten Wasser der Barentssee, und ihren Schwärmen folgen Scharen von Alken, Eissturmvögeln und Dreizehenmöwen. Dorsche nähern sich den Bänken der Lofoten und versammeln sich an der Küste Islands. Vögel, deren Wintergebiet den ganzen Atlantischen oder Pazifischen Ozean umfasst haben mag, kommen auf irgendeiner kleinen Insel zusammen, wobei die ganze Brut-Gesellschaft im Verlauf von wenigen Tagen eintrifft. Wale erscheinen plötzlich an den Abhängen der Küstenbänke, wo die Schwärme von Krill laichen, sie sind weiß Gott woher gekommen und auf Wegen, die niemand kennt (41-42).

Abb. 6-4: Rachel Carson in Woods Hole. Foto: Edwin Gray 1950. Quelle: Linda Lear Collection of Rachel Carson Books and Papers, Connecticut College, New London, CT.

Nach der Abnahme der Diatomeen und dem Abschluss der Laichzeit vieler Plankton-Tiere und der meisten Fische nimmt das Leben der Oberflächen-Gewässer den langsameren Rhythmus des Hochsommers an. Entlang den Stellen, wo verschiedene Strömungen zusammentreffen, versammelt sich die bleiche Mondqualle *Aurelia* zu Tausenden und bildet schlängelnde Linien oder Einfassungen über weite Meilen des Meeres hinweg, und die Vögel erspähen ihre blassen schimmernden Formen tief unten im grünen Wasser. Bis zum Hochsommer kann die große rote Qualle *Cyanea* von dem Umfang eines Fingerhutes bis zu dem eines Regenschirms angewachsen sein. Diese große Qualle bewegt sich mit rhythmischem Pulsieren durch das Meer, wobei sie lange Fühler hinter sich her zieht und wahrscheinlich eine kleine Schar von jungen Dorschen oder Schellfischen beherbergt, welche unter ihrer Glocke Zuflucht finden und mit ihr weiterwandern.

Eine starke, glänzende, funkelnde Phosphoreszenz erleuchtet zuweilen die sommerliche See. In Gewässern, wo das einzellige Urtierchen *Noctiluca* häufig ist, bildet es die Hauptquelle dieses Sommerleuchtens und bewirkt, dass Fische, Tintenfische oder Delfine das Wasser mit vorüber streichenden Flammen erfüllen oder sich in geisterhaften Glanz kleiden. Dann wieder kann die Sommersee von tausend beweglichen leuchtenden Stecknadelköpfen erglänzen wie ein ungeheurer Schwarm von Leuchtkäfern, die sich durch einen dunklen Wald bewegen. Diese Wirkung wird durch Scharen der stark phosphoreszierenden Garnele *Meganyctiphanes* hervorgebracht, ein Geschöpf der Kälte und Dunkelheit und jener Stellen, wo eisiges Wasser aus den Tiefen nach oben quillt und mit weißen Bläschen an der Oberfläche schäumt (42). …

Während der Herbst näher rückt, sind wieder andere Bewegungen zu beobachten, die das Ende des Sommers anzeigen, manche an der Oberfläche, manche verborgen in den grünen Tiefen. In den nebligen Wassern der Beringsee, die tückischen Engpässe zwischen den Inseln der Alëuten-Kette hinunter und südwärts in den offenen Pazifik hinein ziehen die Herden der Pelzrobben. Hinter sich lassen sie zwei kleine Inseln zurück, baumlose Fleckchen vulkanischen Bodens, die sich in den Gewässern der Beringsee erheben. Auf diesen Inselchen ist es jetzt still, jedoch mehrere Sommermonate lang tönten sie wider von dem Gebell der Millionen Robben, die alle dort an Land gegangen waren, um ihre Jungen zu gebären und aufzuziehen – sämtliche Pelzrobben des östlichen Pazifik zusammengedrängt auf einige Quadratkilometer nackten Felsens und brüchigen Bodens. Jetzt aber wandern die Robben wiederum südwärts, um sich drunten an den steilen, unter Wasser befindlichen Klippen am Rande des Kontinents herumzutreiben, wo der Felsgrund fast senkrecht in das tiefe Meer abfällt. Hier, inmitten einer Schwärze, die vollkommener ist als die des arktischen Winters, finden die Seehunde reiches Futter, wenn sie hinunter tauchen und die Fische dieses dunklen Reiches erjagen.

Der Herbst tritt im Meere mit einem neuen Ausbruch phosphoreszierenden Lichtes ein, das den Kamm jeder Woge in Flammen setzt. Hie und da kann die ganze Oberfläche von Schichten kalten Feuers erglänzen, während darunter Scharen von Fischen durch das Wasser wie durch geschmolzenes Metall ziehen. Oft wird diese herbstliche Phosphoreszenz durch die Herbstblüte der Dinoflagellaten verursacht, die sich wie wild in einer kurzlebigen Wiederholung ihrer Frühjahrsblüte vermehren (43). …

Gleich den strahlenden Farben der Herbstblätter, bevor sie verwelken und zu Boden fallen, zeigt auch diese Phosphoreszenz das Kommen des Winters an. Nach ihrem kurzen Aufleben schwinden die vielen Flagellaten und anderen winzigen Algen auf wenige verstreute Einzelexemplare zusammen, ebenso ergeht es den Garnelen und den Ruderfußkrebsen, den Pfeilwürmern und den Kammquallen. Die Larven der Meerboden-Fauna haben ihre Entwicklung lange zuvor beendet und sind fortgetrieben, eine jede der ihr bestimmten Existenz entgegen. Selbst die umherstreifenden Schwärme der Fische haben die Oberflächengewässer verlassen, sind in wärmere Breiten ausgewandert oder haben eine ihnen entsprechende Temperatur in den tiefen, stillen Wassern entlang dem Rande des Schelfs gefunden. Dort überfällt sie mehr oder weniger die Erstarrung des Winterschlafs und nimmt sie während der kalten Monate gefangen (45-46).

Die Oberflächengewässer sind nun zum Spielplatz der Winterstürme geworden. Während die Winde die riesigen Sturmwellen in die Höhe treiben und über ihre Kämme hinwegbrausen, indem sie das Wasser zu Schaum und fliegenden Spritzern zerstäuben, sieht es so aus, als habe das Leben für immer diesen Ort verlassen. …

Dennoch fehlt es nicht an Symbolen der Hoffnung inmitten des grauen, düsteren winterlichen Meeres (46). …

... die Öde, Hoffnungslosigkeit und Trauer des winterlichen Meeres [sind] eine Täuschung. Überall ist zu bemerken, dass sich der Kreis geschlossen und die geheimen Mittel zu seiner Erneuerung bewahrt hat. Die Verheißung eines Wiedererwachens ist gerade in der bitteren Kälte und dem eisigen Wasser der See enthalten, welches, bevor viele Wochen vergangen sind, so schwer geworden sein wird, dass es nach unten sinkt und damit die Umwälzung einleitet, mit welcher der erste Akt im Drama des Frühlings beginnt. ...

Schon schweben von den grauen Gestalten der Kabeljaue, die sich, unsichtbar jedem Menschenauge, durch die kalte See hindurch an ihre Laichplätze begeben haben, die glasartigen Kugeln der Eier zur Oberfläche empor. Noch in der rauen Welt des winterlichen Meeres werden diese Eier alsbald mit jener raschen Zellteilung beginnen, mittels derer ein Protoplasma-Körnchen zum lebendigen Fischchen wird.

Die allersicherste Bürgschaft jedoch besteht vielleicht in dem feinen lebendigen Staub, der auch während des Winters in den Oberflächengewässern bleibt, den unsichtbaren Sporen der Diatomeen, die nur der Berührung durch die wärmenden Sonnenstrahlen und befruchtender chemischer Stoffe bedürfen, um die Magie des Frühlings zu erneuern« (47).

## 6.5 »Die Geburt einer Insel«

»Vor Millionen Jahren warf ein Vulkan einen Berg am Grund des Atlantischen Ozeans auf. Im Verlaufe wiederholter Ausbrüche stieß er einen großen Kegel vulkanischen Gesteins empor, bis er einen Haufen zusammengebracht hatte, dessen Basis ungefähr 160 Kilometer breit war und der bis an die Oberfläche des Meeres heraufreichte. Endlich ragte der Kegel als Insel heraus, die ein Gebiet von etwa 500 Quadratkilometern umfasste. Tausende von Jahren vergingen und nochmals Tausende und aber Tausende. Zum Schluss trugen die Wogen des Atlantik den Kegel wieder ab und reduzierten ihn – abgesehen von einem kleinen Bruchstück, das über Wasser blieb – zu einer bloßen Untiefe. Das restliche Fragment ist uns unter dem Namen Bermuda bekannt (Carson 1952a, 99).

Mit den entsprechenden Variationen ist die Lebensgeschichte von Bermuda beinahe für jede Insel typisch, welche die weite Meeresfläche abseits von jedem Kontinent unterbricht. Denn solche im Meere isoliert dastehenden Inseln sind von den Kontinenten grundsätzlich verschieden. Die größeren Landmassen und die Ozeanbecken sind heutzutage ziemlich genau so beschaffen, wie sie schon während des Hauptteils der Erdgeschichte beschaffen waren. Inseln aber sind ephemer, heute entstanden und morgen zerstört. Mit wenigen Ausnahmen stellen sie das Ergebnis von heftigen, explosiven, erderschütternden Ausbrüchen unterseeischer Vulkane dar, die vielleicht Millionen Jahre daran arbeiteten, um dieses Resultat zu zeitigen. Es gehört zu den Paradoxien im Charakter von Erde und Meer, dass ein anscheinend zerstörerischer Prozess von solch katastrophaler Natur in einen Schöpfungsakt auslaufen kann (99-100). ...

Um das Jahr 1830 herum erschien solch ein Eiland plötzlich im Mittelmeer zwischen Sizilien und der afrikanischen Küste und erhob sich aus einer Tiefe von 180 Metern, nachdem sich in diesem Gebiet Anzeichen vulkanischer Tätigkeit bemerkbar gemacht hatten. Es war wenig mehr als ein schwarzer Schlackenhaufen, ungefähr 60 Meter hoch. Wellen, Wind und Regen attackierten es. Sein weiches und poröses Material war leicht auszuwaschen; seine Substanz wurde schnell aufgezehrt, und es sank unter den Meeresspiegel. Nun ist es nur mehr eine felsige Untiefe, die auf den Seekarten als Grahams Riff bezeichnet wird (102). ...

Fast vom Augenblick ihrer Schöpfung an ist eine vulkanische Insel bereits zum Untergang bestimmt. Sie trägt den Keim ihrer eigenen Auflösung in sich, denn neue Explosionen oder Landrutsche ihres weichen Bodens können ihren Zerfall rasch beschleunigen. Ob die Zerstörung einer Insel schnell vor sich geht oder erst nach langen Erdzeitaltern eintritt, kann auch von äußeren Mächten abhängen: von Regengüssen, wie sie ebenfalls zu Lande die höchsten Berge abtragen, vom Meer und schließlich auch von den Menschen (102-103). ...

Zuweilen nimmt eine solche Zerstörung plötzliche und heftige Formen an. Die größte derartige Katastrophe in historischer Zeit war die Vernichtung der Insel Krakatau. Im Jahre 1680 hatte sich auf dieser kleinen Insel an der Sunda-Straße zwischen Java und Sumatra in Niederländisch-Indien schon ein erster bedrohlicher Ausbruch ereignet. Zweihundert Jahre später erfolgte eine Serie von Erdbeben. Im Frühling 1883 aber begannen Rauch und Dampf aus den Spalten des vulkanischen Gipfels hervorzudringen. Der Boden wurde merklich warm, und ein warnendes Grollen und Zischen drang aus dem Vulkan. Dann, am 27. August, explodierte Krakatau buchstäblich. In einer erschreckenden Reihe von Ausbrüchen, die zwei Tage lang andauerten, stürzte die nördliche Hälfte des Vulkankegels zusammen. Der plötzliche Einbruch des Meerwassers trug durch das Toben überhitzten Dampfes noch zu dem allgemeinen Hexenkessel bei. Als das Inferno aus weißglühender Lava, geschmolzenem Gestein, Dampf und Rauch sich endlich zurückzog, war die Insel, die etwa 420 Meter über das Meer emporgeragt hatte, zu einer Hohlform von 300 Metern unter dem Meeresspiegel geworden. Nur an der einen Ecke des ehemaligen Kraters blieb ein Überrest der früheren Insel stehen (103).

Die Zerstörung von Krakatau wurde in der ganzen Welt bekannt. Der Vulkanausbruch erzeugte eine 30 Meter hohe Woge, die viele Dörfer der Sunda-Straße fortriss und Zehntausende von Menschen tötete. Die Flut machte sich auch an den Küsten des Indischen Ozeans und am Kap Hoorn bemerkbar; um das Kap herum in den Atlantik brandete sie nordwärts und war sogar noch im Englischen Kanal deutlich wahrnehmbar. Das Getöse der Explosionen wurde auf den Philippinen, in Australien und auf Madagaskar, also fast 3000 Meilen weit gehört. Wolken vulkanischen Staubes von dem pulverisierten Gestein, das aus dem Herzen von Krakatau herausgerissen worden war, stiegen bis in die Stratosphäre empor und wurden um den Erdball gewirbelt, um fast ein Jahr lang die auffallendsten Sonnenuntergänge in jedem Lande der Erde hervorzurufen (104). ...

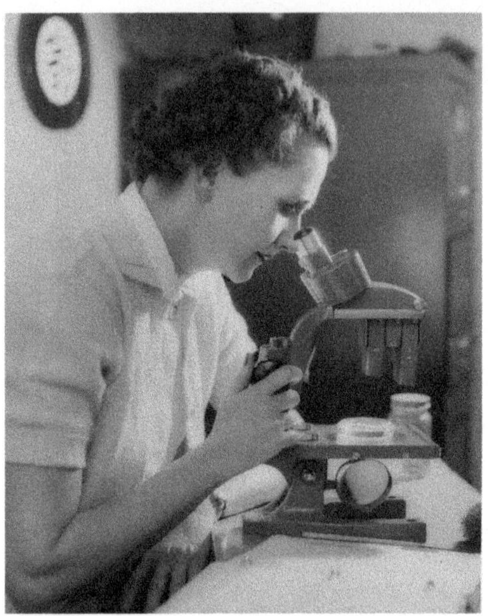

Abb. 6-5: Rachel Carson am Mikroskop, 1951. Quelle: Rachel Carson Papers. Yale Collection of American Literature. Beinecke Rare Book and Manuscript Library, Yale University, New Haven.

Eine der wenigen Ausnahmen der fast allgemeingültigen Regel, dass die Inseln des Meeres vulkanischen Ursprungs sind, scheint die bemerkenswerte, faszinierende Gruppe kleiner Eilande zu sein, die den Namen Felsen von St. Paul tragen. Im offenen Atlantik zwischen Brasilien und Afrika liegend, sind die St. Pauls-Felsen ein vom Meeresboden aus in der Mitte des rasch fließenden Äquatorialstroms in die Höhe getriebenes Hindernis, eine Masse, an der sich die Gewässer, die ungehemmt 1000 Meilen weit einher gerollt sind, mit plötzlicher Gewalt brechen. Diese gesamte Felsmasse ist nicht mehr als 400 Meter lang und verläuft in einer hufeisenförmigen Kurve. Der höchste Punkt erhebt sich nicht mehr als 18 Meter über das Meer, und Spritzer der Brandung befeuchten ihn bis zum Gipfel. Unvermittelt tauchen die Felsen unter Wasser und fallen steil in große Tiefen ab. Seit der Zeit Darwins haben die Geologen an dem Ursprung dieser schwarzen, wellenumspülten Inselchen herumgerätselt. Die meisten von ihnen stimmen darin überein, dass sie aus einem dem Meeresboden gleichen Material bestehen. In einer weit zurückliegenden Erdzeit müssen hier unvorstellbare Spannungen in der Erdkruste eine kompakte Gesteinsmasse mehr als 3000 Meter in die Höhe getrieben haben (105-106).

Da sie so kahl und verlassen sind, dass nicht einmal Flechten auf ihnen wachsen, erscheinen die St. Pauls-Felsen zunächst als der letzte Fleck auf der Welt, wo man eine Spinne vermuten würde, die ihr Netz dort in der Hoffnung webt, vorüber fliegende Insekten einzufangen. Und doch fand Darwin hier Spinnen vor, als er die Felsen im Jahre 1883 besuchte, und 40 Jahre später berichteten die Naturforscher der *H.M.S. Challenger* ebenfalls von ihnen und dass sie fleißig ihre Netze weiter webten. Es sind hier auch tatsächlich ein paar Insekten vorhanden, darunter einige Parasiten der Meeresvögel, von denen drei Arten auf den Felsen nisten. Eines dieser Insekten ist eine kleine braune Motte, die von Federn lebt. Damit ist das Inventar der Bewohner der St. Pauls-Felsen so gut wie erschöpft, abgesehen von den grotesken Krebsen, von denen es auf den Inselchen wimmelt und die sich hauptsächlich von den fliegenden Fischen ernähren, welche die Vögel ihren Jungen bringen (106).

Die St. Pauls-Felsen sind nicht die einzigen Inseln, die eine solch eigentümlich zusammengestellte Bewohnerschaft aufweisen, denn Faunen und Floren der ozeanischen Inseln sind überhaupt erstaunlich verschieden von denen der Kontinente. Der Stil des Insellebens ist charakteristisch und voller Sonderheiten. Abgesehen von den neuerdings durch die Menschen eingeführten Formen, werden entlegene Inseln nie von Landsäugetieren bewohnt, außer manchmal von dem einzigen Säugetier, das fliegen gelernt hat, der Fledermaus. Niemals findet man dort irgendwelche Frösche, Salamander oder andere Amphibien. An Reptilien mögen ein paar Schlangen, Eidechsen und Schildkröten vorhanden sein, doch je weiter eine Insel von einer größeren Landmasse entfernt ist, desto weniger Reptilien existieren auf ihr, und die wirklich ganz isolierten Eilande besitzen gar keine. Dort gibt es gewöhnlich einige wenige Gattungen von Landvögeln, ein paar Insekten und Spinnen (106-107). ...

Angesichts einer so selektiven Liste von Einwohnern ist es schwer einzusehen, dass diese Inseln, wie einige Biologen glauben, durch Einwanderung über Landbrücken kolonisiert worden sein sollen, selbst wenn für die Existenz solcher Brücken gültige Beweise vorlägen. Gerade diejenigen Tiere, die trockenen Fußes über jene hypothetischen Brücken hätten einwandern sollen, fehlen auf den Inseln. Die Pflanzen und Tiere aber, die wir auf den ozeanischen Inseln vorfinden, sind solche, die durch den Wind oder übers Wasser dorthin gelangt sein könnten. Als die andere Alternative müssen wir demnach annehmen, dass die Bevölkerung solcher Inseln sich durch die seltsamste Art von Einwanderung, die es in der ganzen Erdgeschichte gibt, vollzogen hat – eine Einwanderung, die lange begann, bevor der Mensch auf der Erde erschien, die immer noch weitergeht und die eher wie eine Serie kosmischer Vorfälle als wie ein gewöhnlicher Naturvorgang wirkt.

Wir können nur Vermutungen darüber anstellen, wie lange nach ihrem Auftauchen aus dem Meere eine ozeanische Insel unbewohnt bleiben mag. Gewiss ist sie im Urzustand ein kahles, raues Land, abweisend bis zu einem Grade, der außerhalb der menschlichen Erfahrung liegt. Nichts Lebendiges bewegt sich über die Hänge ihrer vulkanischen Berge; keine Pflanzen bedecken ihre nackten Lavafelder. Doch nach und nach, vom Winde hergeweht, von Strömungen angeschwemmt, oder an Treibholz, schwimmendes Gebüsch oder Bäume geklammert, kommen von entfernten Kontinenten Pflanzen und Tiere an, welche dazu bestimmt sind, sie zu kolonisieren (107). ...

Die weit umherziehenden Vögel, welche bei ihrer Wanderung die Inseln des Ozeans besuchen, mögen ebenfalls zu der Verteilung von Pflanzen und selbst von Insekten und winzigen Land-Schalentieren in hohem Maße beitragen. In einem Schmutzbällchen, das er dem Gefieder eines Vogels entnahm, fand Charles Darwin 82 verschiedene Pflanzen, die zu fünf verschiedenen Arten gehörten! Zahlreiche Pflanzensamen haben Haken oder Stacheln, die wie dazu geschaffen sind, an Federn hängen zu bleiben (109). ...

Von der großen Masse des Lebens auf den Kontinenten abgeschlossen und ohne Gelegenheit zu Kreuzungen – welche die Tendenz haben, Durchschnittliches zu erhalten und

Neues, Ungewöhnliches zu unterdrücken – weist das Inselleben bemerkenswerte Entwicklungen auf. Auf diesen entlegenen Fleckchen Erde hat sich die Natur in der Schöpfung seltsamer und wunderbarer Formen selbst übertroffen. Wie um ihre unglaubliche Vielseitigkeit zu beweisen, hat fast jede Insel Arten entwickelt, die endemisch sind – das heißt, sie sind ihr allein eigen und wiederholen sich sonst nirgendwo (110). …

Von den ›neuen Lebewesen‹, die sich auf den Inseln entwickelten, sind einige der auffallendsten Beispiele Vögel gewesen. In irgendeinem vergangenen Zeitalter, bevor es noch Menschen gab, fand ein kleiner taubenähnlicher Vogel den Weg auf die Insel Mauritius im Indischen Ozean. Durch irgendwelche Entwicklungsvorgänge, bezüglich derer wir auf bloße Vermutungen angewiesen sind, verlor dieser Vogel die Fähigkeit zu fliegen, entwickelte kurze, kräftige Beine und wurde immer größer, bis er das Format des heutigen Truthahns erreicht hatte. Das war der Ursprung des fabulösen Dodo, welcher die Ankunft des Menschen auf Mauritius nicht lange überlebte. Neu-Seeland war der einzige Wohnort des Moa. Eine gewisse Spezies dieses straußenartigen Vogels erreichte eine Höhe von mehr als drei Metern. Von Moas hatte es seit der frühen Tertiärzeit in Neu-Seeland nur so gewimmelt; diejenigen, die bei der Ankunft der Maoris noch übrig waren, starben aus (111). …

Eines des interessantesten und ansprechendsten Charakteristika der Insel-Arten ist ihre außerordentliche Zahmheit – eine gewisse Unschuld im Umgang mit der menschlichen Rasse, welche selbst die bitteren Lehren der Erfahrung nicht so schnell beseitigen. … Als der englische Ornithologe David Lack ein Jahrhundert nach Darwin die Galapagos-Inseln besuchte, entdeckte er, dass die dortigen Habichte sich ohne weiteres berühren ließen und dass die Fliegenschnäpper sich bemühten, Haare von den Köpfen der Männer als Material für ihren Nestbau zu entführen. ›Es ist ein seltsames Vergnügen‹, schrieb er, ›zu erleben, wie die Vögel der Wildnis sich einem auf die Schultern niederlassen, und dieses Vergnügen könnte ein sehr viel häufigeres sein, wären die Menschen weniger zerstörerisch.‹

Der Mensch als Zerstörer hat jedoch unglücklicherweise die finstersten Spuren auf den ozeanischen Inseln zurückgelassen. Selten hat er auf eine Insel Fuß gesetzt, ohne katastrophale Veränderungen auf ihr hervorzurufen. Er hat die Umwelt zerstört, indem er fällte, rodete und verbrannte; er hat als Zufallsgefährten die verhängnisvolle Ratte mit sich gebracht; und fast unfehlbar hat er jedes Mal auf den Inseln eine ganze Arche Noah von Ziegen, Schweinen, Rindern, Hunden, Katzen und anderen von Natur nicht ansässigen Tieren oder auch Pflanzen losgelassen. Darauf verfiel eine einheimische Spezies nach der anderen der schwarzen Nacht der Ausrottung (112). …

Auf Tristan da Cunha sind beinahe alle die einzigartigen Landvögel, die sich dort im Laufe von vielen Zeitaltern entwickelt hatten, von Schweinen und Ratten vernichtet worden. Die einheimische Fauna der Insel Tahiti verliert an Boden gegenüber der Horde fremder Arten, die der Mensch hier eingeführt hat. Die Hawaiischen Inseln, die ihre einheimischen Pflanzen und Tiere schneller als die meisten andern Gebiete der Welt eingebüßt haben, sind ein klassisches Beispiel für die Resultate eines Eingriffs in die natürlichen Gleichgewichte. Gewisse Beziehungen vom Tier zur Pflanze und von der Pflanze zum Erdboden hatten sich hier im Verlauf der Jahrhunderte hergestellt. Als der Mensch dazukam und plump dieses Gleichgewicht störte, leitete er damit eine ganze Kette von entsprechenden Reaktionen ein (113). …

Die Tragödie der ozeanischen Inseln liegt in der Einzigartigkeit und Unersetzbarkeit der Arten, die sie im langsamen Verlaufe der Zeitalter entwickelt haben. In einer vernünftigen Welt würde der Mensch diese Inseln als Kostbarkeiten behandelt haben, als natürliche Museen, die mit schönen und eigenartigen Werken der Schöpfung angefüllt sind, unbezahlbar, weil sich nirgends in der Welt ihresgleichen findet« (116).

## 6.6 Begeisterung, daneben ein paar Nörgeleien

### Enthusiasmus bei den Medien und in Fachkreisen

Am 1. Juli erschien auf der ersten Seite der *New York Times Book Review* eine Besprechung von *The Sea Around Us* von Jonathan Norton Leonard, dem Wissenschaftsredakteur des *Time*-Magazins. Sie trug den Titel »And His Wonders in the Deep« und erfasste damit, wie Lear (2009, 201) meint, die »biblische Reichweite« von Carsons Thema. Dieser Titel bezieht sich nämlich auf den 107. Psalm, in dem es heißt: »23. Those who go down to the sea in ships, who do business on great waters; 24. They have seen the works of the LORD, and His wonders in the deep,« bzw. in Deutsch: »23. Die mit Schiffen auf dem Meer fuhren und trieben ihren Handel in großen Wassern; 24. die des Herrn Werke erfahren haben und seine Wunder im Meer.«

Leonard (1951) schrieb im ersten Absatz: »Wenn Poeten über das Meer schreiben, ärgern sich die Wissenschaftler über deren Fehler. Wenn Wissenschaftler über das Meer schreiben, erstarren die Poeten ob der öden und technischen Fachsprache. Gegen *The Sea Around Us* können aber beide nichts einbringen. Das Buch ist mit einer Genauigkeit geschrieben, die seinem Zweck mehr als genügt, und sein Stil und seine Vorstellungskraft garantieren eine freudvolle Lektüre.« Am Schluss der Rezension stand: »Jedes Kapitel von Carson ist es wert, gekostet und genossen zu werden, und das ganze Buch summiert sich zu einem Vergnügen, das man sich nicht entgehen lassen sollte. Jede Person, die es liest, wird das Meer mit neuem Wohlgefallen betrachten. Sie wird wissen, dass es voll von Lichtern und Tönen und Bewegungen ist, von untergegangenem Land und gesunkenen Bergen, vom Schutt von Meteoriten, von mit alten Haifischzähnen und Walohrknochen übersäten Flächen.« Carson freute sich über das Lob, aber sie hätte es lieber gehabt, die Rezension wäre von William Beebe, von dessen Tiefseeforschungs-Ergebnissen (vgl. p. 86) sie ausgiebig Gebrauch gemacht hatte, gekommen – eine Zeitlang hielt sich das Gerücht, er würde eine schreiben. Leonard kommentierte im Übrigen Carsons Schilderung des Fressens und Gefressenwerdens im Meer mit: »Everybody eats everybody, and Miss Carson enjoys and describes it all.«

Es gab mehrere Besprechungen, die mit Leonard insofern übereinstimmten, als sie ebenfalls den erfolgreichen Versuch Carsons lobten, ein komplexes Thema so publikumsnah auf einfache, verständliche, ja genussvolle Weise darzustellen und trotzdem dabei wissenschaftlich korrekt zu bleiben. Austin H. Clark (1951, 13) von der *Saturday Review of Literature* etwa meinte, es sei sehr selten, dass dies einer Autorin, einem Autor gelinge. »Rachel Carson ist eine solche Autorin. Viele Bücher sind schon über das Meer geschrieben worden, die meisten davon durch Wissenschaftler mit sehr detailliertem Wissen über gewisse Aspekte der Ozeanografie, aber mit wenig Verständnis für eine volkstümliche Präsentation. Miss Carsons Buch ist anders.« Clark deutete damit auf eine Verpflichtung der Wissenschaft hin, der sie allzu selten nachkommt. Die renommierte Fischbiologin Francesa La Monte (1951) stimmte damit überein, indem sie in der *New York Herald Tribune Book Review* schrieb: »Die Geschichte des Meeres ... ist schon vorher und oft erzählt worden. Aber Rachel Carson hat daraus eines der schönsten Bücher unserer Zeit gemacht. Ihr Talent und die grundlegende Sicherheit ihres Wissens haben es ihr ermöglicht, auf einfache Weise mit Rhythmus und hinreißender Kraft zu schreiben.«

Dorothea Cruger (1951) von der *Washington Post* betonte in ihrer Rezension das hinter dem Buch stehende ungewöhnliche Engagement von Carson: »Rachel L. Carson ... ist eine Frau, die in Liebe entbrannt ist, aber nicht zu einem Menschen oder zu materiellen Dingen wie du und ich. Der Gegenstand ihrer Zuneigung ist zwei Milliarden Jahre alt und bedeckt drei Viertel der Erdoberfläche. Es ist der Ozean.«

Aus wissenschaftlichen bzw. wissenschaftsjournalistischen Kreisen gab es einige enthusiastische Reaktionen. Eine davon stammte von Henry Bigelow (vgl. p. 135), der schrieb: »Die Menge von Material, die Sie gesammelt haben, ist für mich erstaunlich. Obschon ich mich schon fünfzig Jahre lang mit dem Meer beschäftige, haben Sie eine gute Anzahl von Fakten gefunden, die mir nicht bekannt waren« (B 4.5.51, Lear 2009, 203). E.H. Martin, der Buchkritiker der in Baltimore erscheinenden *Evening Sun* (Carson hatte für dieses Organ einst Artikel geschrieben), sprach von einer »brillanten Studie des Meeres«, die «nicht nur ein hervorragendes Beispiel für wissenschaftliche Berichterstattung, sondern auch ein Stück Kunst war« (Martin 1951, in Lear 2009, 206).

## Ist Rachel Carson überhaupt eine Frau? Wenn ja, was für eine?

Es gab aber auch Reaktionen missgünstiger Art. Zum Beispiel erschienen Besprechungen, in denen Carsons Qualifikationen in Frage gestellt wurden. Schließlich war sie ja nicht Forscherin, sondern arbeitete bloß in der Publikationsabteilung eines Regierungsamtes. Es war nicht richtig, dass eine Frau von außerhalb der Hochschule, mit nur einem Master in Zoologie, einfach so die Öffentlichkeit für sich einnehmen und über Nacht eine Berühmtheit werden konnte. Angenommen aber, der wissenschaftliche Gehalt des Buches war wirklich solider Art, wie war es dann überhaupt möglich, dass eine Frau ein so umfangreiches und komplexes Thema abhandeln konnte? Löste das Problem sich vielleicht so, dass der Name »Rachel Carson« ein Pseudonym war und sich dahinter ein Mann verbarg?

Abb. 6-6: Pressefoto von Rachel Carson für *The Sea Around Us*. Foto: Brooks Photography 1951. Quelle: Rachel Carson Papers. Yale Collection of American Literature. Beinecke Rare Book and Manuscript Library, Yale University, New Haven, CT.

Carson war im Laufe ihres Werdeganges mit Äußerungen sexistischer Natur mehr als vertraut geworden und hatte die Fähigkeit erworben, diese entweder einfach zu ignorieren oder aber mit Ironie zu kommentieren. Auf die jetzige Situation reagierte sie so: »Unter den männlichen Lesern gab es eine gewisse Abneigung anzuerkennen, dass eine Frau sich mit einem wissenschaftlichen Thema befassen könnte. Einige, die die Bibel offenbar nie richtig gelesen hatten und nicht wussten, dass Rachel ein weiblicher Name ist, schrieben: ›Aufgrund des Wissens des Verfassers nehme ich an, dass er ein Mann sein muss.‹ Ein anderer, der seinen Brief korrekt an Miss Rachel Carson adressierte, begann ihn ungeachtet dessen mit ›Dear Sir.‹ Der Betreffende erklärte diese Anrede mit seiner bisherigen Überzeugung, dass die höchste Intelligenz in dieser Welt den Männern zukomme, und er sich nicht dazu bringen könne, diese aufzugeben« (Brooks 1989, 132).

War Carson aber wirklich eine Frau, dann gehörte es sich, dass man wusste, wie sie aussah. Diesen Anspruch hatte auch Leonard (1951), der am Schluss seiner Besprechung schrieb: »Es ist schade, dass der Verlag kein Foto von Miss Carson auf den Umschlag gedruckt hat. Es wäre wohltuend zu wissen, wie eine Frau aussieht, die über eine anspruchsvolle Wissenschaft mit derartiger Schönheit und Genauigkeit schreiben kann.« Nun, das war noch harmlos im Vergleich zu jenen Leuten, die beim Versuch, sich ein Bild von ihr zu machen, meinten, sie müsse wohl von männlich-derber Statur sein und sich dann höchlichst überrascht zeigten, wenn sie Carson zu Gesicht bekamen. »Fast jeder Mann, der das Buch besprach, erging sich in Spekulationen über das Aussehen der Frau, die ein derartiges Buch schreiben konnte« (Lear 2009, 206). Einer der Herausgeber der Oxford University Press, der Carson vorher noch nie gesehen hatte, äußerte sich ihr gegenüber in wenig diplomatischem Ton so: »Sie sind wirklich eine Überraschung für mich. Ich dachte, sie wären eine große und Furcht einflößende Frau« (Brooks 1989, 132). Einen ähnlichen Ton schlug

Cyrus Durgin, ein Journalist des *Boston Globe* an, der nach einem Interview mit Carson schrieb: »Stellen Sie sich vor, dass eine Frau, die ein Buch über die sieben Meere und ihre Wunder geschrieben hat, eine physisch deftige Konstitution hat? Das trifft auf Miss Carson nicht zu. Sie ist klein und schlank, mit kastanienbraunem Haar und Augen, deren Farbe sowohl an das Grün wie auch das Blau des Meerwassers anklingt« (Durgin 1951, 1). Im Übrigen vermasselte Durgin seinen Artikel mit der Bemerkung, Carson hätte schon einmal ein Buch geschrieben, und zwar *Under the Seaweed.*

Immerhin hatte das Ganze auch noch eine humoristische Seite. Shirley Briggs hatte eine Zeichnung angefertigt, auf der Rachel als eine die Meere überschreitende Amazone dargestellt war, ihre Haare im Wind wehend, in der einen Hand einen Kraken, in der anderen einen Dreizack. Darunter stand: »Rachel so wie ihre Leser sie sich offenbar vorstellen.« Diese Karikatur hing nun im Wohnzimmer der Carsons und spielte eine Rolle, als Rachels Mutter ein Gespräch mit einer Frau führte, die sich als Haushalthilfe anbot, aber klar nicht geeignet war. Als diese nun mit gerunzelter Stirn die Zeichnung betrachtete, meinte Mrs. Carson: »›Ach, auf dieser Zeichnung ist meine Tochter Rachel dargestellt, mit der Sie eng zusammenarbeiten müssen, wenn sie diese Stelle antreten.‹ Die offensichtlich entsetzte Frau kam zum Schluss, es sei besser, in einem anderen Haushalt eine Anstellung zu suchen« (Lear 2009, 207).

## Wissenschaftliche und religiöse Fragezeichen

Im Januar 1952 hörte Carson, dass sie den begehrten »National Book Award for Non-Fiction« gewonnen hatte. Carson selbst meinte dazu in ihrer Ansprache bei der Entgegennahme des Preises: »Viele Leute haben sich verwundert gezeigt über die Tatsache, dass ein wissenschaftliches Werk beim Publikum einen derartig großen Absatz finden kann. Aber diese Vorstellung, ›Wissenschaft‹ sei etwas, das in eine separate, eigene Schublade gehöre, getrennt vom Alltagsleben, ist eine, die ich in Frage stellen möchte. Wir leben in einem wissenschaftlichen Zeitalter, doch nehmen wir an, das Recht auf wissenschaftliches Wissen komme nur einer kleinen Zahl von Menschen zu, die isoliert und priesterhaft in ihren Laboratorien sitzen. Aber das ist falsch. Das Material der Wissenschaft ist das Material des Lebens selbst. Wissenschaft ist Teil der lebendigen Realität; es geht um das Was, das Wie und das Warum von allem, das im Bereich unserer Erfahrung liegt. Es ist unmöglich den Menschen zu begreifen ohne ein Verständnis seiner Umwelt und der Kräfte, die ihn physisch und psychisch geformt haben« (Carson 1989a, 128). Nicht überraschend verursachte diese Aussage in Teilen der wissenschaftlichen Gemeinde eine gewisse Irritation: Wie konnte sich diese Frau getrauen, hinter den Elitestatus der Wissenschaft Fragezeichen zu setzen?

Umgekehrt machten sich einige Leute Sorgen über Carsons religiöse Orientierung bzw. deren anscheinendes Fehlen. In der Tat war sie nicht besonders religiös gestimmt, aber auch nicht eigentlich eine Atheistin. Dazu die folgende Anekdote: »Als ihre Mutter zu ihr einmal sagte, Gott sei der Schöpfer der Welt, meinte sie: ›Ja, und General Motors kreierte mein Oldsmobile. Aber *wie*, das ist die Frage‹« (Anticaglia 1975, 212). Sie anerkannte durchaus die Vorstellung, hinter den Wundern dieser Welt stehe eine göttliche Kraft. In einem Brief an Dorothy Freeman (vgl. p. 176 ff.) drückte sie dies so aus: »... ich bin sicher, es gibt eine großartige und geheimnisvolle Kraft, die wir nicht verstehen und vielleicht auch nie verstehen können« (B 1.1.58, Freeman 1995, 241).

Jetzt aber warf ihr ein Fundamentalist in einem Brief vor, sie nehme in ihrem Buch keinen Bezug auf das Wirken Gottes und die Bibel. Carson nahm sich die Mühe, ausführlich darauf zu antworten: »Es trifft zu, dass ich die Theorie der Evolution als die logischste akzeptiere, die bislang für die Erklärung der Entwicklung der Lebewesen auf dieser Erde vorgebracht worden ist. So wie ich es sehe, gibt es aber überhaupt keinen Konflikt zwischen einem Glauben an die Evolution und einem Glauben an Gott als dem Schöpfer. Wenn ich, wie ich dies tue, an die Evolution glaube, dann stelle ich mir anders gesagt einfach vor, dass dies die Methode ist, mit der Gott das Leben auf der Erde geschöpft hat und immer noch schöpft. Und diese Methode ist auf eine so fabelhafte Weise konzipiert, dass ihr Studium im Detail unweigerlich Andacht und Ehrfurcht sowohl gegenüber dem Schöpfer wie auch dem Evolutionsprozess erhöht – und sicherlich nie vermindert« (Brooks 1989, 9).

## Ausdruck einer tieferen Sehnsucht

Der allgemeine Publikumserfolg aber war auf alle Fälle überwältigend. Drei Wochen nach der Publikation von *The Sea Around Us* erschien das Buch auf der Bestseller-Liste der *New York Times*, zuerst an fünfter, dann an zweiter, schließlich an erster Stelle, verharrte in dieser Position für 32 Wochen, rutschte dann allmählich wieder nach unten, stand aber insgesamt 86 Wochen lang auf der Liste. Schon einen Tag nach Erscheinen war die vom Verlag gedruckte Auflage ausverkauft und danach kam dieser kaum nach mit Nachdrucken und musste sich in Inseraten entschuldigen, wenn das Buch wieder mal nicht sofort lieferbar war. Nach vier Monaten waren bereits 100 000 Exemplare verkauft; um die Weihnachtszeit gingen täglich um die 4000 Stück über den Ladentisch, und bis Ende des Jahres belief sich der Absatz auf über eine Viertelmillion Exemplare. Von Carsons Werk gab es in den folgenden 20 Jahren nach der Originalpublikation 45 verschiedene Ausgaben in 27 Ländern, darunter Übersetzungen in 32 fremde Sprachen (s. Brooks 1989, 339-341; Freeman 1995, 547-548). Eine deutsche Übersetzung erschien unter dem Titel *Geheimnisse des Meeres* 1952 bei Biederstein in München.

Dass *The Sea Around Us* in der Öffentlichkeit so großen Anklang fand, ist nur schwierig zu erklären. Im Vergleich mit seinem Vorgänger, *Under the Sea-Wind*, war dieses Buch, bei aller kunstvollen Verbindung von Wissenschaft mit Poesie, doch auch um einiges »trockener«, da es ja auch viele Fakten zu vermitteln versuchte. So gesehen hätte man ein viel größeres Interesse für *Under the Sea-Wind* mit seiner berührenden, gewissermaßen

»persönlichen« Schilderung des Lebens ausgewählter Geschöpfe erwarten können. Viele betrachten dieses auch als das beste Buch Carsons, und für sie selbst war es ihr liebstes, was etwas über ihr Verhältnis zu dem von ihr bearbeiteten Thema aussagt. Natürlich wissen wir, dass dieses Buch bei seinem damaligen Erscheinen vom Wind der kriegerischen Ereignisse verweht wurde (s. p. 86), aber dies erklärt umgekehrt noch nicht den sensationellen Erfolg von *The Sea Around Us*.

Vielleicht kann da die Fan-Post, die Carson erhielt, Aufschluss geben – bei der National-Book-Award-Ansprache nahm sie auch darauf Bezug (Carson 1989a, 129). Sie hätte aus allen Bevölkerungskreisen Briefe erhalten, sagte sie, »von College-Präsidenten zu Fischern und von Wissenschaftlern zu Hausfrauen,« und berichtete weiter: »Die meisten dieser Leute sagten, sie hätten das Buch begrüßt, weil es sie von den Belastungen und Beanspruchungen menschlicher Probleme weg führte. Sie deuten an, dass sie in der Betrachtung von Millionen und Milliarden von Jahren – in der langen Reihe geologischer Zeiten, da der Mensch noch nicht existierte – Stärkung und Befreiung von Anspannung gefunden haben, realisierend, dass wir zwar auf das Äußerste von dieser Erde abhängen, diese gleiche Erde aber keinen Bedarf an uns hat. ›Diese Art der Darstellung‹, schrieb ein Leser, ›hilft einem, so viele der vom Menschen gemachten Probleme im richtigen Verhältnis zu sehen. Ein anderer sagte: ›Ich bin überwältigt vom Gefühl der unermesslichen Weite des Meeres und empfinde entsprechend Demut, wenn ich an unser eigenes Tun denke.‹ Bei solchen Briefen stellt sich mir die Frage, ob wir nicht allzu lange durch das falsche Ende des Teleskops geschaut haben. Zuerst haben wir den Menschen mit seinen Eitelkeiten und seiner Gier betrachtet und seine Probleme, die einen Tag oder ein Jahr betreffen; und erst danach, und von diesem voreingenommenen Gesichtspunkt aus, haben wir unseren Blick nach außen auf die Erde und das Universum gerichtet, von dem unsere Erde ein so winziger Teil ist. Aber das sind die großen Realitäten, und ihnen gegenüber sehen wir unsere menschlichen Probleme in einem neuen Licht. Vielleicht wenn wir das Teleskop umdrehten und durch diese langen Zeiträume hindurch auf den Menschen richteten, würden wir weniger Zeit und Neigung finden, unseren eigenen Untergang zu planen.«

Carsons Buch, so folgert Lear (2009, 205), berührte offenbar eine tiefere Sehnsucht nach einem Wissen über die natürliche Welt. Eine Einsicht in das Geschehen der Natur konnte helfen, sich selbst und die Menschheit insgesamt anders zu sehen. Auf einer konkreteren Ebene spielte dabei sicher auch die damalige politische Situation eine Rolle. Die Vereinigten Staaten waren nur sechs Jahre nach Ende des Weltkriegs schon wieder in einen Krieg verwickelt, den in Korea, und außerdem erzeugte der Atomwaffen-Rüstungswettlauf mit der Sowjetunion Unsicherheit und Spannung. Wollte man nicht an solchen immer wieder auftretenden Zwischenfällen der Menschheitsgeschichte verzweifeln, brauchte man eine grundlegendere, längerfristige, eben über diese Geschichte hinausgehende Perspektive.

Dazu kam, dass durch den Weltkrieg ein intensiviertes Bewusstsein für die politische und wirtschaftliche Bedeutung des Meeres entstanden war. Die militärische Forschung hatte vorher unbekanntes Wissen angehäuft, das nun für die Öffentlichkeit frei gegeben worden war, und diese war begierig, darüber zu hören.

## 6.7 Erfüllung eines Traumes, aber mit Trübungen

### Schmerzliche Zwischenfälle

Mit diesem Geschehen hatte Carson einen Traum realisiert, nämlich eine erfolgreiche Schriftstellerin zu werden. Aber sie konnte ihr Glück nicht voll genießen, denn es wurde überschattet von persönlichen und familiären Problemen. Schon im Jahr vorher, im September 1950, hatte eine ärztliche Untersuchung ergeben, dass sie einen Tumor in ihrer linken Brust hatte. Dieser wurde im Laufe eines viertägigen Krankenhausaufenthaltes operativ entfernt. Die zuständigen Ärzte waren danach der Meinung, eine weitere Behandlung sei nicht notwendig, und als Carson den Chirurgen explizit fragte, ob der Tumor Zeichen von Bösartigkeit aufweise, verneinte dieser. Damit war die Angelegenheit für den Moment erledigt, und Carson nahm sie auf die leichte Schulter.

Erheblich mehr Aufruhr verursachte die Entdeckung, dass die unverheiratete Nichte Marjorie, Tochter der früh verstorbenen Schwester Marian, ein Verhältnis mit einem verheirateten Mann gehabt hatte und nun schwanger war. Angesichts des noch in den 1950er Jahren vorherrschenden sozialen Selbstverständnisses bedeutete dies nicht weniger als eine Katastrophe. Sollte die Öffentlichkeit erfahren, dass Marjorie ein uneheliches Kind hatte, würde ihr weiteres Leben ruiniert sein. Und das dann unweigerlich einsetzende moralisierende Gerede würde sicher auch einen negativen Effekt für Rachel als nunmehr öffentliche Person haben. Um dies zu vermeiden, entwarf sie daher zusammen mit ihrer Mutter einen Plan, wie mit der Situation in einer Weise umgegangen werden konnte, dass sie vom Bekanntenkreis abgeschirmt und ihre Privatsphäre damit geschützt war. Marjorie lebte während der Schwangerschaft in einer kleinen Wohnung in Downtown Washington, und zwar in der Nähe von Carsons Vertrauensarzt; die Schwangerschaft war schwierig und erforderte eine häufige ärztliche Betreuung. Das Kind, ein Knabe, kam dann am 18. Februar 1952 auf die Welt und bekam – die Mutter hatte sich den Familiennamen Christie zugelegt – den Namen Roger Allen Christie. Den Bekannten wurde die Geschichte präsentiert, Marjorie sei kurz verheiratet gewesen, leider aber schon wieder geschieden.

Später zog Carson einige Freundinnen ins Vertrauen, z.B. Dorothy Freeman. In einem Brief an diese kam zum Ausdruck, wie die Schwierigkeiten Marjories und die ganze Geheimnistuerei an ihren Nerven gezehrt und ihre Freude über den Erfolge ihres Buches getrübt hatten: »Alles, was auf die Publikation von *The Sea* folgte – der Beifall, die Begeisterung auf Seiten der Kritiker und des Publikums über die Entdeckung einer ›viel versprechenden‹ neuen Schriftstellerin – wurde von der privaten Tragödie, die mich genau zu dieser Zeit einhüllte, schlicht völlig verdunkelt. Ich weiß, dass es nie wieder so geschehen wird, und wenn ich jemals Bitterkeit verspüre, ist es darüber« (B 1.2.56, Freeman 1995, 148). Das Ironische an der ganzen Geschichte war, dass es Leute gab, die meinten, da Carson nie geheiratet habe, könne sie keinerlei Vorstellung von Verantwortung für eine Familie haben. In Tat und Wahrheit hatte sie mit der Sorge für die Eltern, die Geschwister, die Nichten und jetzt für den Großneffen davon mehr als genug.

## Keine Amazone

Carson aber wurde mit Anfragen für Interviews und Vorträge überschwemmt. »Für eine Schriftstellerin von Rachels Temperament, die ohnehin schon mehr als genug unausweichlichen Forderungen nachkommen musste, war der Status einer Berühmtheit ablenkend, oft lästig und immer anstrengend« (Lear 2009, 236). In der Tat, das Buch zu schreiben, war fast einfacher gewesen! In einem Brief an Fon Boardman, Nachfolger von Vaudrin beim Oxford-Verlag, schrieb sie: »Alle diese Anfragen für ein persönliches Erscheinen hier und dort deprimieren mich. Um nur schon die Hälfte der Dinge zu tun, die die Leute von mir erwarten, müsste ich eine Art von Alice-im-Wunderland-Charakter sein, der wie verrückt in alle Richtungen gleichzeitig rennt. Und es ist überflüssig zu sagen, dass es dann auch keine Carson-Bücher mehr geben würde, aber natürlich legt sich das liebe Publikum darüber keine Rechenschaft ab« (B 1.3.52, Lear 2009, 225).

Es kam dazu, dass Carson von Natur aus scheu war und öffentlichen Auftritten mit Unbehagen entgegen sah. Sie versuchte deshalb, so viele Einladungen wie möglich auszuschlagen, aber alle ablehnen konnte sie nicht. Zum Beispiel die nicht, die sie von Irita Van Doren, der Herausgeberin der *New York Herald Tribune Book Review*, zum jährlich veranstalteten »Book and Author Luncheon« erhielt. Es fand in diesem Jahr (1951) am 16. Oktober statt. Carson trat zum ersten Mal vor großem Publikum auf und war entsprechend nervös: »Sie hatte das Gefühl, um ihr Leben rennen zu müssen, als sie vor sich eine Zuhörerschaft von 1500 Leuten sah« (Sterling 1970, 125). Bei der Vorbereitung für den Vortrag hatte sie sich vorgestellt, dass sie schwerlich nur mit Reden würde die Aufmerksamkeit des Publikums fesseln können. Deshalb war sie auf die Idee verfallen, mittels Hydrofon-Aufnahmen der Woodshole Oceanographic Institution zu demonstrieren, welche Art von Lauten Krabben, Fische und Wale von sich geben. Das würde einige Zeit in Anspruch nehmen, und so müsste sie nicht allzu viel sagen.

Bei dem, was sie dann aber doch sagte, war überraschend, dass sie die Geschlechterfrage ansprach, mit der sie ja seit der Publikation von *The Sea Around Us* mehrfach konfrontiert worden war. Wir erinnern uns an die von männlicher Seite gestellten Fragen: Wie ist es überhaupt möglich, dass eine Frau ein solches Buch schreibt, und wenn sie dies tut, wie sieht sie dann aus? (s. p. 160 ff.) Sie nahm darauf so Bezug: »Die Leute scheinen oft überrascht zu sein, dass eine Frau ein Buch über das Meer geschrieben hat. Das trifft nach meiner Erfahrung vor allem auf Männer zu. Vielleicht haben sie sich daran gewöhnt, die spannenderen

Gebiete wissenschaftlichen Wissens als eine ausschließlich männliche Domäne zu sehen. … Denn selbst wenn sie mich als Frau anerkennen, gibt es immer noch einige, die überrascht sind herauszufinden, dass ich nicht eine übergroße Frau vom Typ Amazone bin« (Carson 1998k, 77). Diese Vorstellung muss Carson, so meint Lear (2009, 215) gewurmt haben, denn in Wirklichkeit hatte sie eine schlanke, zierliche Figur und war stolz auf ihre Weiblichkeit. Die in diesem Vortrag gemachten Äußerungen aber hatten zur Folge, dass das Interesse an ihrem privaten Leben nicht abflaute, im Gegenteil.

So gab es auch immer wieder einzelne Leute, die bei Carson mit einer rücksichtslosen Verletzung ihrer Privatsphäre für Irritationen sorgten. Bei ihrem Vortrag bei der Theta-Sigma-Phi-Vereinigung (vgl. p. 182) schilderte sie dazu zwei Beispiele: »Einige Monate nach der Publikation von *The Sea* befand ich mich für mein neues Buch auf einer langen Feldexkursion im Süden. In einer fremden Stadt ging ich in einen Schönheitssalon, und als ich unter dem Haartrockner saß – den ich bis dahin als einen unverletzlichen Zufluchtsort betrachtet hatte – kam der Betriebsinhaber, stoppte den Trockner und sagte: ›Ich hoffe, Sie haben nichts dagegen, aber da ist jemand, der sie kennen lernen möchte.‹ Ich gebe gerne zu, dass ich mich nicht gerade gut fühlte, mit einem Handtuch um meinen Nacken und Lockenwickler in meinem Haar. An einem anderen Ort während derselben Reise klopfte jemand eines Morgens früh an die Türe unseres Motelzimmers. Als meine Mutter öffnete, drängte sich eine fest entschlossene Frau an ihr vorbei und hielt einer Autorin, die noch im Bett lag und, ja es ist wahr, ziemlich verärgert war, zwei Bücher zum Signieren vor die Nase« (Brooks 1989, 131).

## Zu viele Auszeichnungen

Die vielen Auszeichnungen, die Carson erhielt, verschafften ihr einerseits zwar eine Genugtuung, andererseits aber halsten sie ihr weitere Verpflichtungen auf. Sie bedeuteten zusätzliche Gala-Zeremonien, bei denen nicht nur ihre persönliche Anwesenheit erwartet wurde, sondern auch, dass sie einen Vortrag hielt. Deshalb ging sie mit den Zusagen an die Hochschulen, die ihr ein Ehrendoktorat anboten, sparsam um und akzeptierte nur deren vier. Darunter war auch das Pennsylvania College for Women, und als die Feier für den 26. Mai 1952 angekündigt war, »verriet sie einer früheren Studienkollegin, sie würde viel lieber barfuß im Sand spazieren als mit hohen Absätzen auf einem Hartholzboden stehen« (Levine 2007, 119). Im Juni folgte die Verleihung von Ehrendoktoraten durch das Drexel Institute of Technology in Philadelphia und das Oberlin College in Oberlin, Ohio. Ein Jahr später kam dann noch eine Ehrung durch das Smith College in Northampton, Massachusetts, dazu. Außer bei Oberlin, das eine Auszeichnung in Naturwissenschaften (»D. Sci.«) verlieh, handelte es sich um Ehrendoktorate in Literatur (»D. Litt.« oder «D. Let.«). Damit wurde Carsons Anliegen, Wissenschaft und Poesie miteinander zu verbinden, von beiden Seiten des Grabens gewürdigt, den der englische Physiker Charles P. Snow etwas später (1959) zwischen den »zwei Kulturen«, der natur- und der geisteswissenschaftlichen, postulierte.

Beim Drexel-Festakt hielt Carson eine Ansprache an die Ingenieurstudenten über die falsche Unterscheidung von Wissenschaft und Literatur: »Den wissenschaftlich Tätigen wird häufig vorgeworfen, sie schrieben nur für andere Wissenschaftler. Und sie werden sogar angeklagt, sie wehrten sich gegen jeglichen Versuch, ihre Befunde sprachlich auf eine Weise zu interpretieren, die auch Laien verstehen könnten. Literatur ist einfach der Ausdruck von Wahrheit. Und wissenschaftliche Wahrheit hat die Macht, unsere Welt zu verbessern, wenn sie ausgedrückt wird. Sie haben einer der heute wichtigsten Funktionen der Schriftstellerei Ihren Segen erteilt. Diese besteht darin, die Welt um uns herum für den durchschnittlichen Menschen zu beschreiben und zu interpretieren« (Lear 2009, 224).

Neben dem National Book Award (s. p. 162) wurde Carsons Buch auch mit der »Henry Grier Bryant Gold Medal« der Philadelphia Geographical Society, der »Frances K. Hutchinson Medal« des Garden Club of America, der »John Burroughs Memorial Medal« der gleichnamigen Gesellschaft[26] (alle 1952) und der »Gold Medal« der New York Zoological Society (1953) ausgezeichnet. Ferner erhielt Carson Mitgliedschaften in der Royal Society of Literature (in England) und im National Institute of Arts and Letters sowie eine Ehrenmitgliedschaft in Theta Sigma Phi, der nationalen Organisation der journalistisch tätigen Frauen.

Bei der Burroughs-Feier sprach Carson davon, wie es angesichts der wachsenden Umweltbeeinträchtigung wichtig und eine moralische Verpflichtung sei, dass die Ergebnisse der Naturwissenschaften einem weiteren Publikum in verdaulicher und attraktiver Form verständlich gemacht würden: »Ich selbst bin überzeugt, dass es nie zuvor eine größere Notwendigkeit für Berichte über die natürliche Welt und Interpretationen derselben gegeben hat. Die Menschheit hat sich sehr weit in eine selbst geschaffene künstliche Welt hinein begeben. Der Mensch hat versucht, sich in seinen Städten von Stahl und Beton von den Realitäten der Erde und des Wassers und der wachsenden Saat zu isolieren. Berauscht vom Gefühl seiner eigenen Macht geht er immer weiter und weiter mit seinen Experimenten, sich selbst und seine Welt zu zerstören. Sicher gibt es kein einzelnes Rezept, um dieser Situation abzuhelfen, und ich biete kein Wundermittel an. Aber es scheint vernünftig anzunehmen – und ich selbst glaube dies –, dass, je klarer wir unsere Aufmerksamkeit auf die Wunder und Wirklichkeiten des Universums fokussieren können, wir desto weniger an einer Vernichtung unserer Rasse Geschmack finden werden. Verwunderung und Demut sind ganzheitliche Gefühle, die eine Lust auf Zerstörung an ihrer Seite ausschließen« (Carson 1998o, 94).

26 John Burroughs (1837-1921) war seinerzeit an bekannter Naturschriftsteller und ein Zeitgenosse von John Muir (s. Steiner 2011, 337, 360, 381-382). Die Gedenkgesellschaft wurde in Burroughs' Todesjahr gegründet.

## Wiederbelebung von *Under the Sea-Wind*

Es lag nahe, dass Oxfords Henry Walck nach dem Großerfolg mit *The Sea Around Us* den Plan fasste, *Under the Sea-Wind*, das frühere Buch Carsons, in einer Neuauflage herauszubringen. Diese aber zögerte, denn sie war nicht sicher, ob sie nicht besser mit Houghton Mifflin verhandeln sollte. Schließlich war bei Oxford nicht alles wunschgemäß verlaufen: Die Anfangsauflage war viel zu klein gewesen, und es hatte Probleme mit der Bindung des Buches gegeben. In dieser Situation griff Rodell zu einem taktischen Manöver: Sie schrieb an Oxford über das Missbehagen Carsons und darüber, dass sich diese überlege, an einen anderen Verlag zu gelangen. Das wirkte, noch vor Weihnachten 1951 offerierte Oxford 20 000 Dollar für den Kauf der Rechte an *Under the Sea-Wind*, zahlbar im Laufe des nächsten Jahres.

Die Neuauflage des Buches erschien am 13. April 1952, und schon vor diesem Datum waren 40 000 Stück verkauft. Carsons Ruhm, der zu diesem Zeitpunkt ohnehin schon eine Spitze erreicht hatte, wurde noch verstärkt, ebenso aber auch der Rummel um ihre Person. Sie wurde zum seltenen Fall einer Schriftstellerin, die gleichzeitig zwei Bücher auf der Bestsellerliste hatte: Schon Ende April, als *The Sea Around Us* gerade vor Wochenfrist vom ersten auf den zweiten Platz verdrängt worden war, befand sich *Under the Sea-Wind* an zehnter Stelle. Für Carson war es natürlich eine tief greifende Genugtuung, dass ihr erstes Buch, das vor zehn Jahren praktisch ignoriert worden war, nun doch noch die ihm gebührende Anerkennung fand. Aber auch das war typisch für sie: »Unabhängig davon, wie viel Erfolg die beiden Bücher hatten, war Carson immer der Meinung, es hätte noch besser sein können« (Souder 2012, 160). So beklagte sie sich in diesem Fall, der Oxford-Verlag hätte nicht genug in die Werbung investiert.

Besondere Freude hinwiederum bereitete ihr aber eine schöne Besprechung von Henry Beston, dem Naturschriftsteller, dessen Buch *The Outermost House* (1928) sie immer als Vorbild für ihr eigenes Schreiben bewundert hatte. Beston hatte als 38-Jähriger auf der Suche nach Ruhe und Einsamkeit ein Jahr in einer Hütte verbracht, die er auf den Sanddünen an der Ostküste von Cape Cod nordöstlich von Eastham (heute bekannt als Coast Guard Beach) gebaut hatte. Im Buch beschrieb er seine äußeren und inneren Erfahrungen.

## Streit um einen Film

Eine große Enttäuschung brachte Carson der Versuch, aus *The Sea Around Us* einen Dokumentarfilm zu machen. Im Herbst 1951 meldete sich RKO (Radio-Keith-Orpheum Pictures), eines der zu den »Großen Fünf« gehörenden Filmstudios in Hollywood, mit der Absicht einen solchen Film zu drehen. Irwin Allen sollte nicht nur als Produzent und Skriptverfasser, sondern auch als Regisseur fungieren – es war seine erste Regiearbeit. Carson und Rodell handelten via Shirley Collier, die sich als ihre Filmagentin in Hollywood betätigte, einen Vertrag aus, von dem sie naiverweise glaubten, ein gutes Maß an Kontrolle über die Gestaltung des Films zu behalten. Der Vertrag wurde im August 1952 unterzeichnet und Carson erhielt 17 500 Dollar für die Filmrechte. Sie verpflichtete sich, das Skript zu begutachten und für den Film nach dessen Veröffentlichung Werbung zu betreiben.

Im November 1952 erhielt Carson den Skriptentwurf. Sie war restlos entsetzt; er war sensationell aufgemacht, voll von in amateurhafter Weise präsentierten unwissenschaftlichen Konzepten und in anthropomorphistischer Sprache gehalten. Sie reagierte mit einem scharfen Brief an Shirley Collier: »Ehrlich, ich traute bei der ersten Lektüre meinen Augen nicht und musste es [das Skript] weglegen und mich am nächsten Tag ihm vorsichtig wieder nähern, um zu sehen, ob es wirklich so schlecht war, wie ich dachte. Aber jedes Mal, wenn ich es lese, schnellt mein Blutdruck in die Höhe« (B, 9.11.52, Lear 2009, 239). Zu spät wurde Carson und Rodell bewusst, dass die Begutachtungsklausel im Vertrag bedeutete, dass sie Änderungswünsche zwar äußern, aber nicht durchsetzen konnte. Allen war sich solch beißende Kritik an seinem Werk nicht gewohnt und reagierte seinerseits aufgebracht. Collier gab sich Mühe zu vermitteln, hatte aber keinen großen Erfolg. Allen machte zwar einige kleinere Änderungen, die aber ungenügend waren. Carson drohte, ihre Kritik an die Öffentlichkeit zu bringen, worauf Allen mit der Gegendrohung aufwartete, sie wegen Ehrverletzung und Vertragsbruch zu verklagen. So wurde der Film letztlich in einer für Carson unannehmbaren Form dem Publikum präsentiert. Sie erhielt Unterstützung von einigen Filmkritikern, die auch der Meinung waren, der Film haben keinen Bezug zum Buch. Dessen ungeachtet gewann er aber den Academy Award für den besten Dokumentarfilm von 1953. Carson aber fand sich in ihren Vorbehalten gegenüber den populären Medien wieder bestätigt, wo sie doch geglaubt hatte, sie im Fall des Films ablegen zu können.

# 7 »Am Saum der Gezeiten«

Rachel Carson baut ein Ferienhaus an der von ihr heiß geliebten Küste von Maine, lernt die Freundin ihres Lebens kennen und schreibt ein weiteres erfolgreiches Buch, in dem sie die Lebensformen und –gemeinschaften der Küsten darstellt

> »Die Küste ist eine urtümliche Welt, denn seit es eine Erde mit Meeren gibt, haben sich hier Land und Wasser getroffen. Aber es ist auch eine Welt, in der die Bedeutung der kontinuierlichen Schöpfung und der unaufhaltsame Drang zum Leben lebendig bleibt. Jedes Mal, wenn ich sie besuche, gewinne ich ein neues Bewusstsein ihrer Schönheit und ihrer tieferen Bedeutung, indem ich das verschlungene Gewebe des Lebens spüre, in dem jedes Geschöpf mit einem anderen und auch mit seiner Umgebung verbunden ist.«
>
> (Rachel Carson 1955b, 11-12)

## 7.1 Frei!

### Noch eine Buchidee

Schon vor der Fertigstellung von *The Sea Around Us* war die Idee für ein weiteres Buchprojekt aufgetaucht. Das kam so: Marie Rodell kannte Paul Brooks, Chefherausgeber der Buchabteilung von Houghton Mifflin, und nachdem die beiden mal über Carson gesprochen hatten, las Brooks *Under the Sea-Wind* und war davon hell begeistert. Bei einem von Rodell organisierten Treffen lernte Brooks im Dezember 1949 Carson kennen. Er war selbst ein erfahrener Naturkundler und Amateur-Ornithologe und auf der Suche nach jemandem, der ein Handbuch oder einen Führer über die Kreaturen der Küsten schreiben würde. Wäre sie an so etwas interessiert? Ja, meinte Carson, sie hätte nach einer Diskussion mit Edwin Way Teale – einem Naturschriftsteller, den sie besonders schätzte – ohnehin schon selbst einen ähnlichen Gedanken gehabt. Brooks bot daraufhin an, einen Vertrag zu entwerfen.

Im Oktober 1950 erlaubte sich Carson eine Woche Urlaub am Strand in North Carolina, den sie aber, wie wäre es anders möglich, nicht frei von wissenschaftlichen Beobachtungen hielt. Daneben hatte sie aber Zeit, sich Gedanken zur Gestaltung des von Brooks vorgeschlagenen Buches zu machen. Dabei wurde ihr klar, dass sie nicht einfach eine Art Bestimmungsbuch herstellen wollte, ein solches – das war eine nicht unwichtige Überlegung – würde keinen Absatz außerhalb der USA finden! Nein, was ihr vorzuschweben begann, war eine in erzählerischem Stil gehaltene Darstellung der biologischen und ökologischen Prinzipien, die das Leben an der Küste bestimmen. Den nötigen Freiraum zum Schreiben im Auge entschloss sich Carson, einen Antrag für ein sechsmonatiges Stipendium bei der Guggenheim-Stiftung zu stellen. Sie schaffte knapp die Einreichungsfrist vom 15. Oktober, aber der Antrag war mit Empfehlungen unter anderem von Henry Bigelow, William Beebe, Edwin Way Teale und Paul Brooks versehen. Es dauerte dann bis Ende März 1951, bis eine positive Nachricht von der Stiftung eintraf. Daraufhin bewarb sie sich beim FWS um einen im Juni beginnenden, einjährigen unbezahlten Urlaub und bekam ihn von dessen damaligem Direktor, Alastair MacBain, auch zugesprochen.

Das neue Buch sollte ein reich illustriertes sein, und auf Anraten von Carson sicherte sich Brooks die Dienste von Bob Hines für die Anfertigung von Zeichnungen. Dieser war in der Folge einige Male mit Carson auf Küstenwanderungen unterwegs, bei denen es darum ging, als Vorlagen taugliche Exemplare der wichtigen Lebewesen zu finden. Als Carson und ihre Mutter im Sommer 1951 an der Boothbay Ferien verbrachten – für Rachel waren es »Arbeitsferien« –, war auch Hines eine gewisse Zeit dort. Wie Lear (2009, 209) anmerkt, war er »ein scharfer Beobachter der Mutter-Tochter-Beziehung.« Er hatte Maria wirklich gern, aber er sah auch, dass sie Rachel über Gebühr mit Beschlag belegen konnte. »Bob Hines war immer charmant und höflich, aber er ermutigte Rachel auch, sich Zeit für sich selbst zu nehmen.« Zweifellos hatte die Mutter auf ihre Tochter bis in ihr hohes Alter einen bestimmenden Einfluss, und Brooks (1989, 242) meint sogar: »Es ist wahrscheinlich eine Untertreibung zu sagen, dass Maria Carson Rachel nie dazu drängte, zu heiraten.«

Abb. 7-1: Bob Hines und Rachel Carson in den Florida Keys auf der Suche nach Organismen, von denen Hines eine Zeichnung anfertigen soll. Foto: Rex Gary Schmidt, Sommer 1952. Quelle: National Conservation Training Center, US Fish and Wildlife Service, Shepherdstown, WV.

Ein Jahr später (1952) war Carson mit Hines drei Wochen lang in den Florida Keys unterwegs. Sie wateten stundenlang mit Kamera und Eimern versehen in Mangrovensümpfen oder seichten Korallenbänken herum und suchten nach Muster-Lebewesen, die sich eignen würden, um von Bob gezeichnet zu werden. Dieser erinnerte sich später, dass Rachel beim Herumwaten Selbstgespräche führte über was sie tat und nach was sie suchte. Sie wusste ganz genau, was sie wollte und wo es zu finden war, und zu jedem Fund hielt sie einen kleinen Vortrag über die Art von Leben, die die betreffende Kreatur führte. »Bob schätzte Rachels Sinn für Humor. ... einmal gab sie drei Krabben in ihrem Eimer die Namen von FWS-Leuten, die beiden bekannt waren« (Lear 2009, 232). Hines, befragt von Sterling (1970, 135), sagte später, er habe nicht mehr im Gedächtnis, über was sie gelacht hätten. »Das einzige, an das ich mich erinnern kann, ist ihr wunderschönes, klingelndes Lachen in Momenten, in denen sie die Freude, am Leben zu sein, stark spürte.«

Am Ende ihres Aufenthaltes lud Carson Hines zum Abendessen ein und gestand ihm, dass sie von einem ekstatischen Gefühl erfüllt war. Was war geschehen? Nun, sie sah der Freiheit entgegen, sie hatte sich entschlossen, ihre Stelle am FWS nun wirklich zu quittieren!

## Freies Schreiben, freies Forschen, freie Meinung

Inzwischen lagen ja zwei von Carson geschriebene Bestseller in den Buchläden auf, und dies hatte derart erfreuliche finanzielle Konsequenzen, dass sie auf ein Einkommen aus fester Arbeit nicht mehr angewiesen war. Schon im Frühling hatte sie auf die restlichen Zahlungen der Guggenheim-Stiftung verzichtet, und nun verfasste sie ihr Kündigungsschreiben mit Rücktritt auf Anfang Juni 1952 mit der Begründung: »Um meine Zeit dem Schreiben zu widmen« (Lear 2009, 233). In der Tat würde sie nun, abgesehen von den weiterhin existierenden familiären Verpflichtungen, frei über ihre Zeit verfügen können. Und sie würde auch nicht mehr mit finanziellen Engpässen zu kämpfen haben – man kann sich vorstellen, wie groß ihre Erleichterung gewesen sein muss! Dass ihre neu gewonnene Freiheit aber auch jetzt begrenzt war, erfuhr sie auf schmerzliche Weise, als sie vom Scripps Oceanographic Institute in La Jolla, Kalifornien, eine Einladung erhielt, an einer von November 1952 bis Februar 1953 dauernden Expedition in den Südpazifik teilzunehmen. Das war ein äußerst verlockendes Angebot, aber Carson musste widerwillig zum Schluss kommen, dass die Arbeit am Buch und die familiären Verpflichtungen ein Mitmachen nicht zuließen.

Carson investierte nun viel Zeit, um für ihr neues Buch weitere Beobachtungen zu sammeln, wobei allerdings ihr neuer Status als berühmte Autorin ihr manchmal in die Quere kam. Spätsommer und Frühherbst 1952 verbrachte sie mit Forschungen am MBL in Woods Hole. Sie arbeitete tagsüber in der Bibliothek, nachts in ihrem privaten Labor, das sie sich mit einem Salzwasser-Aquarium und einem hoch auflösenden binokularen Mikroskop eingerichtet hatte. Sie stellte auch eine junge Frau an, die einige Routine-Untersuchungen für sie anstellen sollte. Häufig kamen auch Leute aus dem Freundeskreis zu Besuch, oder sie wurde umgekehrt zu Ausflügen eingeladen. »Rachel fand zwar an solchen Exkursionen Gefallen, aber sie nahmen ihr Zeit weg, die dann für ihre Arbeit am Küstenbuch fehlte« (Lear 2009, 234).

So war Carson froh, im September wieder mit Hines an der Küste in Boothbay und Umgebung unterwegs zu sein. Mehrere Male blieb sie während eines ganzen Gezeitenintervalls draußen bei den Tidentümpeln. »Sie wurde so starr und steif im eisigen Wasser, dass sie Schwierigkeiten bekundete, über die Felsen wieder ans Trockene zu kommen. Bob erinnerte sich, dass er bei solchen Vorkommnissen hinaus watete und Rachel an Land trug« (Lear 2009, 234).

Carsons berufliche Unabhängigkeit hatte noch eine andere, nicht unwesentliche Konsequenz: Bei Äußerungen über die Gefährdungen der Umwelt war sie nun nicht mehr den für die Angestellten des Bundes geltenden Beschränkungen unterworfen. Und schon bald gab es Gelegenheit für sie, ihre unzensurierte Meinung kund zu tun. Als im November 1952 Dwight D. Eisenhower für die Republikaner die Wahl zum Präsidenten gewann, bedeutete dies einen Wandel zu einer wirtschaftsfreundlicheren Politik, was auch Umbesetzungen in der Verwaltung zur Folge hatte. Im Zuge der Neuausrichtung wurde Douglas McKay, Gouverneur von Oregon und ehemaliger Autohändler, neuer Innenminister. Man wusste von seiner Meinung, öffentliche Ländereien müssten vermehrt Holz- und Bergbaufirmen geöffnet werden, und hatte auch davon gehört, dass er jene, die sich für Naturschutz einsetzten, »langhaarige Punker« zu nennen pflegte (Brooks 1980, 250). McKay fackelte denn auch nicht lange und feuerte FWS-Direktor Albert Day und andere sachkundige Topbeamte und ersetzte sie durch politisch »richtig« orientiertes Personal.

Carson (1953) protestierte in einem Brief an die *Washington Post*: Die Entlassung von Day und auch andere Änderungen seien alarmierend. »Diese Handlungen zeigen deutlich, dass der Weg für einen Raubzug auf unsere natürlichen Ressourcen freigemacht werden soll, wie ihn das gegenwärtige Jahrhundert bisher noch nicht erlebt hat.« Day habe sich einen Ruf als fähiger und gerechter Administrator erworben, »mit dem Mut, sich den Minderheitsgruppierungen in den Weg zu stellen, die eine Lockerung des Schutzes der Wildtiere verlangten ...« Viele Jahre lang hätten sich Bürger und Bürgerinnen mit Gemeinsinn, die sich der Bedeutung der natürlichen Ressourcen für das Land bewusst waren, für deren Schutz eingesetzt. »Offenbar soll nun aber der von ihnen hart gewonnene Fortschritt ausgelöscht werden, indem uns eine politisch orientierte Administration ins dunkle Zeitalter der unbegrenzten Ausbeutung und Zerstörung zurückwirft.«

In der Tat förderte der politische Wechsel von 1953 die ständige Expansion von privaten Interessen im angeblich sakrosankten Nationalpark-System. Irston Barnes von der Audubon Naturalist Society schrieb ein »bissiges Editorial« im *Atlantic Naturalist*, in dem er als Hauptgefahr für die Integrität der Nationalparks die hohen Beamten im National Park Service identifzierte, also der Dienststelle des Bundes, die für den Schutz der Parks zuständig sein sollte. Carson leistete finanzielle Unterstützung, so dass ein Separatdruck des Editorials im ganzen Land verbreitet werden konnte (Lear 2009, 258).

## 7.2 Ein Ferienhaus und eine Freundin

### »Silverledges«

Im September 1952 fuhr Carson vom MBL in Woods Hole aus (vgl. p. 173) immer am Wochenende mit ihrer Mutter zur Boothbay-Gegend in Maine. Während Rachel die Küste erforschte, soll Maria Briefe schreibend im Auto gesessen und wenn jemand vorbei kam, mit dem Zeigefinger weisend gesagt haben: »Das ist meine Tochter, Rachel Carson. Sie hat ›The Sea Around Us‹ geschrieben« (*New York Times* 1964).

Rachel aber tauchten Gedanken an den Besitz eines eigenen Ferienhauses (»cottage«) auf. Sie informierte sich bei einer Immobilienagentur über Angebote, fand aber nichts Passendes; die Gebäude waren entweder zu teuer, zu wenig geräumig oder stark reparaturbedürftig. Freunde empfahlen ihr, doch nach einem Stück Land Ausschau zu halten, auf dem sie dann ihre eigene Cottage würde bauen können. Sie tat dies und erlag dem Charme eines dicht bewaldeten Fleckens an der Westküste der westlich von Boothbay Harbor gelegenen Southport Island. Sie kaufte das rund 100 Meter tiefe Landstück mit einer Uferzeile von über 40 Meter und unterschrieb einen Vertrag mit einem Baugeschäft, der ein Haus mit einem geräumigen Wohnzimmer, zwei Schlafzimmern, einem Studio, einer geschützten Veranda auf der Wald- und einer Sonnenterrasse auf der Meerseite vorsah. Gegen dieselbe Seite hin verfügte das Wohnzimmer über eine Fensterfront, in der ein großes, nahezu quadratisches Fenster eine zusammenhängende Aussicht gestattete – Carson nannte es

Abb. 7-2: Das im Frühjahr 1953 entstandene und zwei Jahre später am rechten Ende um zwei Schlafzimmer erweiterte Ferienhaus von Rachel Carson am Sheepscot River auf Southport Island in Maine. Foto: D.S., 3.10.2013.

»picture window«. Das Ganze dürfte nach Roger Christie um die 15 000 Dollar gekostet haben, davon der Landkauf um die 2000.[27] An Marie Rodell schrieb Carson: »Ich bin im Begriff, Eigentümerin … eines absolut wundervollen Stückes der Küste von Maine zu werden, und im nächsten Juni wird dort mein eigenes liebliches Zuhause stehen, bereit um bewohnt zu werden! Es bietet einen Ausblick auf die Mündung des Sheepscot River, die sehr tief ist, so dass ab und zu … Wale vorbei kommen und in all ihrer Majestät blasen und sich wälzen!« (B 9.9.52, Lear 2009, 235).

Carson nannte die Cottage »Silverledges« und gab damit der Erfüllung eines Traumes Ausdruck. In Zukunft sollte sie jeden Sommer dort verbringen und damit die Möglichkeit haben, die am Strand und an der Küste lebenden Lebewesen immer wieder zu beobachten. Zum ersten Mal hielt sie sich im Juli 1953 zusammen mit ihrer Mutter und mit Muffin, der neuen Katze, dort auf. Bald hatten sie sich in ihrem neuen Heim eingelebt. Von der Hütte führte eine steile Treppe über die Felsen hinunter zur Küste, was Carson ermöglichte, Material von ihrem Freiluftlabor, den Tidentümpeln und den Verstecken unter dem Tang, hinauf zur mikroskopischen Betrachtung zu tragen und nachher wieder hinunterzubringen. Ja, in der Tat, was ihr schon zur Kinderzeit ihre Mutter beigebracht hatte, nämlich die Lebewesen nach der Inspektion wieder zum Fundort zurückzutragen, praktizierte sie jetzt auch als erwachsene Biologin: Was immer sie in Obhut genommen hatte, Seesterne, Gespensterkrabben oder Schnecken, landete schließlich unversehrt wieder am Ursprungsort. Die Mutter vertrieb sich währenddem die Zeit mit dem Füttern von Möwen, jedenfalls bei Ebbe. »Während der Dämmerung saßen sie auf der Veranda, lauschten auf die Gezeitenwellen, und auf die sich für die Nacht niederlassenden Vögel und schauten dem Sonnenuntergang zu« (Lear 2009, 245).

## Eine intensive Freundschaft

Ungefähr einen Kilometer weiter nördlich an der Spitze des als Dogfish Head bekannten Teils der Southport-Insel besaß ein Paar namens Freeman ein Ferienhaus. Sie, Dorothy, geb. Rand, war neun, er, Stanley, sieben Jahre älter als Carson, und sie waren seit 29 Jahren miteinander verheiratet. Beide hatten *The Sea Around Us* mit Begeisterung gelesen und der Autorin höchst erfreut einen brieflichen Willkommensgruß geschickt, nachdem ihnen klar geworden war, wer in das neue Haus einziehen würde. Dorothy, Hauswirtschaftslehrerin, eine Tätigkeit, der sie auch nach ihrer Heirat noch nachging, war damals und jetzt immer noch eine engagierte Hobby-Naturkundlerin, die wie Rachel die Natur, das Meer, die Vögel und die Katzen liebte. So war es nicht erstaunlich, dass die beiden in kürzester Zeit zueinander fanden. Was die beiden weiter aneinander schmiedete, war der Umstand, dass beide eine alte Mutter zu betreuen hatten, eine nicht immer einfache Situation, und da war es befreiend, wenn sie sich gegenseitig über ihre Probleme austauschen konnten.

27 Gespräch mit Roger Christie am 30. September 2013. Seither sind die Preise um rund das 15-fache gestiegen.

Abb. 7-3: Dorothy Freeman, Rachel Carson und Stanley Freeman an der Sheepscot-Küste der Southport-Insel in Maine. Quelle: Linda Lear Collection of Rachel Carson Books and Papers, Connecticut College, New London, CT.

Für Carson war es ein Glücksfall. Sie war ja froh, nicht mehr Arbeit für eine Behörde leisten zu müssen, aber sie vermisste auch die täglichen Kontakte zu Kolleginnen und Kollegen, die sie am FWS gehabt hatte. Ohne jemanden, mit dem sie ihre innerste Gedankenwelt teilen konnte, fühlte sie sich verloren. Sie sehnte sich nach einem Gegenüber, von dem sie ohne wenn und aber akzeptiert wurde, das ihr ohne gute Ratschläge zu erteilen zuhörte, dem sie sich selbst nach eigenen Bedürfnissen zuwenden konnte. Dorothy Freeman ihrerseits »war aufgeschlossen, liebevoll und eine chronische Briefschreiberin« (Levine 2007, 127). Aber sie war unter dem Eindruck, von einer so berühmten Autorin als Vertraute auserkoren zu werden, zunächst von etlicher Scheu erfüllt. Rachel musste ihr gut zureden: »Eine Schriftstellerin ist einfach eine ganz gewöhnliche Person, eine, die rasch sehr einsam werden könnte, wenn ihr Freundeskreis beginnt, sie auf das Podest zu stellen, wo sie so oder so sicher nicht hingehört!« (Lear 2009, 249). Jedenfalls fanden sich hier zwei Frauen, die im gegenseitigen Austausch eine seltene Erfüllung erlebten. Die erste kurze Begegnung in diesem Sommer genügte, um nachher auf Vornamen-Basis miteinander zu verkehren, und Rachel schrieb an Dorothy: »Ich möchte Dir sagen, dass jeder einzelne Brief von Dir mir große Freude gemacht hat. Es ist, wie wenn ich Dich schon seit Jahren, statt nur Wochen gekannt hätte, denn Zeit spielt keine Rolle, wenn zwei Menschen über so viele Dinge gleich denken und fühlen« (B 28.9.53, Freeman 1995, 6). Diese Freundschaft entwickelte in der Folge eine derartige Intensität, dass die beiden während der folgenden zwölf Jahre mehr Zeit aufwendeten für das Schreiben von Briefen und für Telefongespräche als für gegenseitige Besuche.

»Sie schrieben einander über Musik, Poesie, Bücher, die sie am Lesen waren, Naturerlebnisse und über ihre Freude, gegenseitig eine ›verwandte Seele‹ gefunden zu haben« (Levine 2007, 128) und natürlich eben auch über die Schwierigkeiten, die sie in ihrem Leben antrafen.

Abb. 7-4: Dorothy Freeman, die beste Freundin von Rachel Carson. Quelle: Rachel Carson Papers. Yale Collection of American Literature. Beinecke Rare Book and Manuscript Library, Yale University, New Haven, CT. Bewilligung: Martha Freeman, Portland, ME.

Stanley Freeman hatte Tierernährung studiert und war jetzt Manager in einem Unternehmen, das Dienstleistungen auf diesem Gebiet erbrachte. In der sich anbahnenden intensiven Beziehung zwischen Carson und seiner Frau fand er sich als Randfigur wieder, die aber immer noch gut in die Szenerie passte, jedenfalls für die Sommeraufenthalte in Southport: Er war nämlich ein begabter Naturfotograf und außerdem ein begeisterter Segler. Aber es ist anzunehmen, dass ihn die neue Situation auch beschäftigte. Rachel machte sich deswegen Gedanken, es schien ihr klar, dass ihre intensive Beziehung zu Dorothy, diese «Art von ›Verrücktheit‹ für jemanden außer ihnen beiden etwas schwer zu verstehen sein würde.« Zum Abbau von möglichen Spannungen schlug Rachel vor, sie könnten sich ja immer wieder Mal einen Umschlag zuschicken, der zweierlei Briefe enthielt, einen »öffentlichen« und darin eingefaltet einen privaten (B an Dorothy, 25.1.54, Freeman 1995, 18). Dorothys Enkelin Martha Freeman (1995, xvii) gibt dazu diese Erklärung: »Die öffentlichen Briefe, die Rachel und Dorothy ›Familien-‹ oder ›Gemeinschaftsbriefe‹ nennen, waren dazu bestimmt, von Familie und Freunden gelesen zu werden. Die privaten Briefe, die Dorothy und Rachel als Briefe ›für Dich‹ oder als ›Äpfel‹ bezeichnen, waren von jeder Frau ausschließlich für die andere geschrieben. Dorothy erklärte mir, dass die ›Apfel‹-Benennung auf ein Spielzeug zurückging, einen kleinen hölzernen Apfel, der, wenn man den Deckel entfernte, im Innern einen kleineren Apfel enthielt.«

Der intensive Briefverkehr führte aber auch zu beidseitigen Unsicherheiten hinsichtlich persönlicher Begegnungen außerhalb der speziellen Feriensituation in Maine. Würden sie mit Enttäuschungen verbunden sein? Nun, sich häufig zu sehen, war nicht möglich; Silver

Spring als nördlicher Vorort von Washington und West Bridgewater als südlicher Vorort von Boston, wo die Freemans lebten, lagen um die 700 Kilometer voneinander entfernt. Die erste Gelegenheit ergab sich aus Anlass des am 29. Dezember in Boston stattfindenden AAAS-Symposium (vgl. p. 181 f.). Dorothy holte Rachel nach deren Vortrag ab und zusammen fuhren sie nach West Bridgewater. Nach diesem ersten Besuch im Haus der Freemans schrieb Carson (B an Dorothy, 1.1.54, Freeman 1995, 15): »Ich sage es noch einmal: Es war wirklich alles perfekt. Die Realität kann so leicht Hoffnungen und Erwartungen enttäuschen, besonders wenn diese hoch gewesen sind. Ich hoffe, dass Du, wie es auch für mich der Fall ist, eine Erinnerung an den Mittwoch behältst, die ungetrübt von Gefühlen der Enttäuschung oder nicht verwirklichter Hoffnungen ist. Was Dich betrifft, meine Liebe, gibt es absolut nichts, das ich an Dir ändern würde, auch wenn ich es könnte. ... Mir haben schon seit langem diese Zeilen von John Keats gefallen und nun tauchen sie immer wieder in meinen Gedanken auf, da sie die zwischen uns bestehenden Gefühle zu beschreiben scheinen:

A thing of beauty is a joy forever:
Its loveliness increases; it will never
Pass into nothingness; but still will keep
A bower quiet for us, and a sleep
Full of sweet dreams.[28]

In einer deutschen Übersetzung (in Koppenfels und Pfister (Hrsg.) 2000, 301):

Ein Werk der Schönheit ist ein Glück für immer:
Stets wächst noch seine Anmut; es wird nimmer
Ins Nichts vergehn - wird ständig ein Gemach
Der Stille uns bereiten, einen Schlaf
Voll süßer Träume.

Die Zärtlichkeit, die im Briefwechsel zwischen Rachel und Dorothy zum Ausdruck kommt, hat unnötiger- aber offenbar unvermeidlicherweise zu Spekulationen über die Art ihrer Liebesbeziehung geführt, ob sie einander nur auf der seelischen, oder aber auch auf der körperlichen Ebene begegneten (vgl. Koch-Kanz und Pusch 2005). Wir können es nicht wissen, und das ist gut so, es ist unwichtig. Wichtig ist, dass Carson nicht nur mit der Befreiung aus den vorherigen materiellen Zwängen, sondern darüber hinaus mit dem Finden eines Menschen, dem gegenüber sie ihr Herz öffnen und sich anvertrauen konnte, neue Lebensfreude zu gewinnen vermochte. Dass sie dies nach Jahren vielfältiger Unbill erleben durfte, ist ihr zu gönnen.

28 John Keats (1795-1821) war ein Dichter der englischen Romantik. Die Zeilen stellen den Anfang seines 1818 erschienenen epischen Gedichtes »Endymion« dar, das auf dem gleichnamigen griechischen Mythos basiert. Er starb nur 25-jährig an Tuberkulose.

### Nicht nur eitel Freude

In Carsons neuem Lebensgefühl machten sich allerdings auch Schatten breit. Den Charakter einer langfristigen Trübung hatte der Umstand, dass die Betreuung der Familienangehörigen in wachsendem Maße Zeit und Energie in Anspruch nahm. Maria, die Mutter, litt zunehmend an Altersbeschwerden und war häufig krank. Rachel musste ihr viel Zeit widmen, und dies bedeutete, dass der Tagesablauf von den mütterlichen Bedürfnissen bestimmt wurde. »Maria Carsons emotionale Anforderungen an ihre Tochter nahmen zu, als ihre körperlichen Kräfte schwanden« (Lear 2009, 248).

Auch Marjorie, der Nichte, ging es gesundheitlich gar nicht gut, was bedeutete, dass sich Carson zusätzlich häufig auch um sie und um deren Kind, Roger, kümmern musste. Sie bezahlte auch Marjories Wohnungsmiete und Krankenhausrechnungen. Rachels Bruder Robert und Marjories Schwester Virginia entwickelten kein Gespür für diese Situation, die oft einen zermürbenden Charakter anzunehmen drohte – jedenfalls boten sie nie ihre Hilfe an. Als die Belastung wieder einmal einen Höhepunkte erreichte, schrieb Carson an Freeman: »Notwendig ist ein Zwilling von mir, der alles machen kann außer schreiben und mir dieses überlässt!« (B 3.2.56, Freeman 1995, 151).

Der Tod einer Katze scheint daneben eine Bagatelle zu sein, aber nicht für Carson. Seit sie entdeckt hatte, was die Beziehung zu einer Katze bedeuten konnte, waren diese Tiere zu einem wichtigen Bestandteil ihres Lebens geworden. In einem Brief an die Cat Welfare Association hatte sie einmal geschrieben: »Ich habe es immer erlebt, dass eine Katze eine wirklich große Kapazität für Freundschaft hat. Sie verlangt nur, dass wir ihre persönlichen Rechte und ihre Individualität respektieren; ihre Gegenleistung besteht in Hingabe, Verständnis und Kameradschaft. Katzen reagieren extrem empfindlich auf Freuden und Sorgen ihrer menschlichen Freunde, sie haben Teil an unseren Interessen« (Brooks 1989, 33, Fn). Umso schlimmer war dies: Während des andererseits doch so belebenden ersten Aufenthaltes der Carsons in ihrer neuen Cottage in Maine hatte sich Muffin eine Lungenentzündung zugezogen und diese nicht überlebt. Rachel war untröstlich und schrieb an Rodell: »Ich denke, ich sollte nie wieder eine Katze haben. … Solchen Kummer kann ich nicht nochmals ertragen. Ich habe auch die anderen innig geliebt, aber Muffie war anders« (B 18.7.53, Lear 2009, 533, En 5).

## 7.3 Auf dem Weg zum erneuten Erfolg

### Was ist die richtige Art des Buches?

In der ersten Hälfte des Jahres 1953 war Carson auf der Suche nach dem richtigen Ansatz für ihr nächstes Buch. Später schrieb sie dazu: »Eine Schriftstellerin darf nie versuchen, sich selbst dem Thema aufzuzwingen. Sie soll bei dessen Formung nicht ihrer Vorstellung folgen, was ihre Leser oder Herausgeber gerne lesen würden. Ihre erste Aufgabe ist, sich mit dem

Thema in intimer Weise vertraut zu machen, alle seine Aspekte verstehen zu lernen, sich von ihm erfüllen zu lassen. Dann wird es einen Wendepunkt geben, an dem das Thema das Kommando übernimmt, womit ein echter Schöpfungsakt beginnen kann. ... Die Schriftstellerin muss lernen, in disziplinierter Weise zu schweigen und zu horchen, was ihr das Thema zu erzählen hat« (B an Ruth Nanda Anshen, 7.1.56, Brooks 1989, 1-2).[29]

Zu jener Zeit aber wartete Carson allmählich verzweifelt auf einen solchen Wendepunkt. Die richtige Idee für das Buch wollte sich nicht einstellen. »Carson fand, dass die von ihr schon so lange begehrte ›Freiheit,‹ nichts anderes zu tun als zu schreiben, in Wirklichkeit ein Gefängnis war. Wie kam es, ... dass sie ... jetzt, da nichts ... ihre Gedanken störte, es keine Ansprüche an ihre Zeit und ihre Konzentration gab als die, die sie selber an sich stellte, sich so verirren konnte?« (Souder 2012, 186). Bis Mitte Sommer 1953 verlor sich Carson im Versuch, »strukturlose Kapitel mit kleinen Skizzen von einzelnen Geschöpfen des Meeres zu schreiben« (Lear 2009, 242).

Doch dann stellte sich die zündende Idee ein: Es wurde ihr klar, dass sie alles in einen größeren Zusammenhang bringen musste, und so schrieb sie dem Verlag, sie hätte die Gestaltung des Buches bisher auf die falsche Art angepackt. Jetzt wäre in ihr der Plan gereift, drei verschiedene Küstenumwelten darzustellen, und zwar »die felsige Küste des Nordens, wo das Leben den Regeln der Gezeiten folgt; die mittelatlantischen sandigen Strände, wo die Wellen dominieren; die südliche Korallen- und Mangrovenküste, wo die Lebensformen zum großen Teil von den Meeresströmungen bestimmt werden« (Levine 2007, 126). Carson sah in dieser Art der Darstellung eine wichtige Ergänzung zu *The Sea Around Us*, indem es ihr erlaubte zu schildern, wie Leben sich in der Meereswelt bzw. einem Teil davon entwickeln und an die speziellen Umweltbedingungen anpassen konnte. Damit standen jetzt biologische, nicht mehr physische Aspekte des Meeres im Vordergrund. »Dieses neue Schema erlaubte ihr, über jedes geologisch definierte Gebiet als einer lebenden ökologischen Gemeinschaft zu schreiben statt bloß einzelne Organismen anzusprechen« (Lear 2009, 243). Dieser Wandel wirkte sich auch auf den Titel aus: Ursprünglich war von *Guide to Seashore Life on the Atlantic Coast* die Rede gewesen, während sich jetzt heraus kristallisierte, dass das Buch *The Edge of the Sea* heißen würde.

## Rationales und Emotionales

Einen Vortrag mit genau diesem Titel, nämlich »The Edge of the Sea« – sie stützte sich auch auf das für das Buch gesammelte Material – , hielt Carson am 29. Dezember 1953 im Rahmen eines Symposiums der American Association for the Advancement of Science (AAAS) in Boston, das dem Thema »The Sea Frontier« gewidmet war. Hier traf sie auf

29 Ruth Nanda Anshen war eine Herausgeberin bei Harper & Brothers (später Harper & Row) (vgl. p. 193).

ein ausschließlich akademisches Publikum, und entsprechend hatte ihre Darbietung auch, im Gegensatz zu ihren bisherigen Vorträgen, einen rein wissenschaftlichen Charakter. Es sollte auch ihr einziger Beitrag dieser Art bleiben. »Er zeigt Carson als eine äußerst genaue, einfallsreiche Biologin, die die neueste theoretische Forschung auf ihre Feldarbeit anwendet und diese auch in ihr Schreiben einarbeitet« (Lear 2009, 250). Carson sprach über die ökologischen Voraussetzungen für die Entfaltung des Lebens der in der Küstenregion vorkommenden Arten, zum Beispiel über die Bedeutung des Klimawandels und damit der Veränderung der Wassertemperatur. Die damit verbundene grundlegende Botschaft war: »Ja, sogar bei der Betrachtung der Wasser des Meeres werden wir an die fundamentale Wahrheit erinnert, dass nichts nur für sich selbst lebt. … Das ist ein Feld für einfallsreiche und kreative Studien auf höchster Ebene, denn bei ihm stehen wir einem der großen Geheimnisse des Meeres gegenüber« (Carson 1998s, 146). Carson musste bei diesem Auftritt gegen eine gewisse Nervosität ankämpfen, da sie eminente Wissenschaftler wie etwa Bigelow im Publikum wusste. Sie war erleichtert, als sie ihren Auftritt hinter sich gebracht hatte.

Vier Monate später hielt Carson in Columbus, Ohio, vor fast 1000 Frauen einen völlig anders gearteten Vortrag mit dem Titel »The Real World Around Us«. Sie war von Theta Sigma Phi, der Vereinigung der im Journalismus und im Kommunikationswesen tätigen Frauen, mit dem Wunsch eingeladen worden, sie möchte doch über ihre Erfahrungen als schriftstellerisch tätige Frau berichten. Carson kam ihm auch nach und sprach über die Bedeutung der Natur in ihrer Kindheit, ihre frühe Sehnsucht nach dem Meer, ihren Wunsch, eine Schriftstellerin zu werden und den scheinbaren Konflikt, der sich daraus im Hinblick auf ihre Liebe zur Wissenschaft ergab (s. Eingangszitate bei Kap. 1, 2 und 3, sowie p. 20 und 75). Sie glossierte dann einige der männlichen Reaktionen auf ihre Arbeit. Zu einem Höhepunkt ihrer Rede wurden aber schließlich ihre Gedanken über die Bedeutung einer spirituellen Verankerung jedes Menschen, ja der Menschheit überhaupt. Sie sagte:

»Dem, was ich Ihnen schon erzählt habe, können Sie entnehmen, dass mich während eines großen Teils meines Lebens die Schönheiten und Geheimnisse unserer Erde und die noch größeren Geheimnisse des auf ihr vorkommenden Lebens beschäftigt haben. Niemand kann sich lange bei diesen Themen aufhalten ohne auf tiefschürfende Gedanken zu kommen, ohne sich selbst suchende und oft nicht beantwortbare Fragen zu stellen, und ohne zu einer gewissen philosophischen Haltung zu kommen.

Es gibt eine Eigenschaft, die alle von uns auszeichnet, die sich mit den Wissenschaften der Erde und ihres Lebens befassen – es wird uns nie langweilig. Das kann uns gar nicht passieren. Immer wieder gibt es etwas Neues zu untersuchen. Jedes gelüftete Geheimnis bringt uns zur Schwelle eines noch größeren. …

Die Freude, die sich aus der Begegnung der natürlichen Welt ergibt, und der damit verbundene Wert beschränken sich nicht auf die wissenschaftlich tätigen Menschen. Sie sind für alle da, die sich in den Einfluss eines einsamen Berggipfels begeben – oder des Meeres

– oder der Stille eines Waldes; oder die sich die Zeit nehmen, um über ein so kleines Ding wie das Geheimnis eines wachsenden Keimes nachzudenken.

Es macht mir nichts aus, sollten Sie mich heute Abend als sentimental betrachten, wenn ich hier stehe und Ihnen sage, dass ich glaube, natürliche Schönheit habe unausweichlich eine Bedeutung für die spirituelle Entwicklung jedes Menschen und jeder Gesellschaft. Ich bin überzeugt, dass jedes Mal, wenn wir Schönheit zerstören oder wenn wir eine natürliche Erscheinung der Erde durch etwas vom Menschen Gemachtes und Künstliches ersetzen, wir einen Teil des spirituellen Wachstums des Menschen hemmen.

Ich glaube, dass diese Affinität des menschlichen Geistes zur Erde und ihren Schönheiten eine tiefe und logische Wurzel hat. ... Unser Ursprung ist hier auf der Erde. Und deshalb gibt es als Teil unseres Menschseins eine aus der Tiefe kommende Reaktion auf das natürliche Universum» (Carson 1998t, 159-160).

## Geschriebenes vom Besten, auch dank »kätzlicher« Mithilfe

Für den Sommer 1954 kaufte Carson zum Entzücken des kleinen Roger ein neues Auto, eine hellgrüne Oldsmobile-Limousine. Und da sie fand, sie könne nicht ohne Katze als »Mitarbeiterin« auskommen, hatte sie eine neue namens »Jeffie« erworben. In der Vergangenheit hatten Buzzie und Kito die Entstehung von *Under the Sea-Wind* unterstützt, Tippy die von *The Sea Around Us*, und Muffin war am Anfang von *The Edge of the Sea* dabei gewesen. Nun sollte Jeffie zur erfolgreichen Fertigstellung des letzteren Buches beitragen.

Mitte Juni 1954 wurde bekannt, dass William Shawn, der Herausgeber des *New Yorker*, wie schon für *The Sea Around Us* nun auch die Rechte zur kondensierten Präsentation des ganzen neuen Buches in Folgen erwerben wollte. Das war seine Reaktion auf die Lektüre des Kapitels »Rim of Sand« (deutsch: »Die Sandküste«), das ihm Rodell zugeschickt hatte, und für das allein er schon 2500 Dollar zu zahlen bereit war. Carson war freudig erregt und ungemein erleichtert, denn bis jetzt hatten sie Zweifel geplagt, ob sie noch stets imstande wäre, Texte von der alten Qualität zu produzieren. Das große Interesse von Shawn

Abb. 7-5: Paul Brooks, Herausgeber bei Houghton Mifflin, der *The Edge of the Sea* und *Silent Spring* betreute. Foto: Kranzler. Quelle: Linda Lear Collection of Rachel Carson Books and Papers, Connecticut College, New London, CT

schien anzudeuten, dass dem wirklich so war. Ein Vorabdruck im *New Yorker* würde auch den künftigen Buchverkauf sicher nicht schmälern, insbesondere auch weil er nur Text und keine Zeichnungen von Bob Hines enthalten sollte. Jedenfalls war dies die anfängliche Absicht, für die auf den August festgelegte Magazin-Publikation wählte dann Shawn überraschenderweise doch ein paar Skizzen von Hines aus. Für den letzteren hatte dies den Vorteil eines willkommenen finanziellen Zuverdienstes.

Eine weitere Bestätigung für ihre weiterhin intakten schriftstellerischen Fähigkeiten erhielt Carson im März 1955, als sie das fast fertige Manuskript an Brooks sandte. Dieser reagierte mit: »Was für eine wunderbare Frau sind Sie! ... Ich habe es [das Manuskript] nochmals gelesen und bin überzeugt, dass einiges davon zum Besten gehört, das Sie je geschrieben haben, und dass es hier Passagen gibt, die alles in *The Sea Around Us* übertreffen« (Lear 2009, 268). Brooks hatte nur wenige Anmerkungen und kleinere Abänderungsvorschläge.

## Der dritte Bestseller

*The New Yorker* brachte *The Edge of the Sea* in zwei Teilen am 20. und 27. August 1955 (Carson 1955a), und die Publikation rief viele positive Reaktionen hervor, wenn auch nicht in einem Ausmaß wie damals bei *The Sea Around Us*. Schon nach dem ersten Teil erhielt Carson ein Schreiben von Edwin Way Teale: »Wenn der Rest des Buches so gut ist ..., hat der Mann [Shawn] Recht: Sie haben es wieder geschafft! Das Wundervolle daran ist, dass trotz der Strapazen, Anstrengungen und Frustrationen, die, wie ich weiß, hinter der Gestaltung des Buches in seiner endgültigen Form stecken, es keine Anzeichen von ›ermüdetem Schreiben‹ gibt. Es ist heiter und frisch und stark, ohne Rückstände von Ermattung und Stress – und das ist wirklich eine sehr große Leistung« (B 22.8.55, Lear 2009, 271).

Als die Freemans am 9. Oktober ihren Hochzeitstag feierten, erhielten sie von Carson ein Vorausexemplar des Buches. Zu ihrer Überraschung entdeckten sie, dass es ihnen gewidmet war: »Für Dorothy und Stanley Freeman, die mit mir die Welt der Ebbe besucht und ihre Schönheit und ihr Geheimnis gespürt haben« (Carson 1955b, iv). Carson bekräftigte damit die tiefe Freundschaft, die sich zwischen ihnen entwickelt hatte. Die Freemans waren äußerst gerührt und schenkten Rachel eine Anstecknadel mit einem Diamanten in der Form einer Muschel.

Das mit vielen Zeichnungen von Bob Hines geschmückte Buch erschien schließlich offiziell am 26. Oktober und fand sich nach kurzer Zeit auf der Bestsellerliste der *New York Herald Tribune* und der *New York Times* wieder. Es schaffte es nie ganz an die Spitze, aber doch für eine Weile auf den zweiten bzw. den dritten Platz. Im Fall der *Times* blieb es für 23 Wochen auf der Liste. Als das Buch Ränge zu verlieren begann, keimte in Carson auch in diesem Fall wieder der Verdacht auf, der Verlag vernachlässige die Werbung, und sie beklagte sich entsprechend bei Paul Brooks. »Höflich, aber verständlicherweise abwehrend, schrieb Brooks zurück, erklärte Carson, sie hätten bereits 20 000 Dollar für die Werbung ausgegeben, und sandte ihr eine lange Liste von Zeitungen und Magazinen, in denen Inserate geschaltet worden waren« (Souder 2012, 265). Eine deutsche Übersetzung erschien 1957 bei Biederstein in München unter dem Titel *Am Saum der Gezeiten.*

## Wieder ein Höhepunkt, oder doch nicht ganz?

Auch jetzt wieder gab es viele positive Besprechungen. Am meisten freute sich Carson über eine Zuschrift von Henry Bigelow, dem Ozeanografen, und eine Rezension von Shirley Briggs, ihrer ehemaligen Mitarbeiterin beim FWS. Carson (1955b, vi) hatte Bigelow in ihrer Danksagung lobend erwähnt: »Bei Professor Henry B. Bigelow von der Harvard University stehe ich dauerhaft in Schuld für seine Ermutigungen und freundlichen Ratschläge, die er mir über viele Jahre hat zukommen lassen.« Bigelow revanchierte sich mit Gegenlob: »Es gibt viele Leute, die über das Meer schreiben ... aber niemand tut dies mit der gefühlvollen Zuwendung zur See, das sich in jedem Ihrer Sätze zeigt. Und niemand sonst kann sich mit der wunderbaren Weise messen, auf die Sie sich ausdrücken« (B 14.10.55, Lear 2009, 276). Briggs (1955, 90) schrieb im *Atlantic Naturalist,* Carson müsse sich nicht wie andere Schreibende Mühe geben, die Leserinnen, Leser zu einem pfleglichen Umgang mit der Natur zu ermahnen, denn »die ansteckende Qualität ihrer eigenen Freude über jede Erscheinungsform des Lebens« würde deren Haltung der natürlichen Welt gegenüber verwandeln.

Jonathan Leonard, den wir schon als Rezensent von *The Sea Around Us* kennen gelernt haben (s. p. 159), ging zunächst von einem Vergleich von diesem mit dem neuen Buch aus: »›The Edge of the Sea‹ kommt ohne die Orgeltöne von Miss Carsons ›The Sea Around Us‹ aus.« Danach aber betonte er den eigenständigen Wert des neuen Buches auf einfühlsame Weise: »Wenn die Ebbe beginnt (Miss Carson kann den Gezeitenwechsel *hören*), folgen sie und die Möwen der Wassergrenze hinunter über die tropfenden Felsen. Die Möwen halten Ausschau nach Muscheln und Krabben, die groß genug und damit essbar sind. Für Miss Carson ist nichts zu klein, um darauf aufmerksam zu machen. ... Jeder Art, die auftaucht, zollt sie liebenden Respekt: Die haufenweise auftretenden Seepocken, das Seegras, die Miesmuscheln, die Schnecken und Krabben. Jede hat eine faszinierende Geschichte und ihre eigene Art des Lebens. ... Miss Carsons Buch ist wunderschön geschrieben und technisch korrekt. Leute, die am Strand herumhängen und sich zu langweilen beginnen, sollten es als Naturführer lesen« (Leonard 1955).

Es gab jedoch auch Rezensionen, die mit einem »Aber« verbunden waren. Jacquetta Hawkes etwa, eine bekannte englische Archäologin, Anthropologin und Autorin, meinte einerseits: »Miss Carson gelingt es, in bewundernswerter Weise ein Gefühl für den Reichtum und die komplexen Verflechtungen des von ihr beschriebenen Lebens zu vermitteln. Kein Juwelier könnte ein derart delikat ineinander gefügtes und glänzendes Schmuckstück kreieren« (Hawkes 1956, 17, in Quaratiello 2010, 92). Andererseits monierte sie, Carsons Wahl des Themas habe sich negativ auf ihre literarischen Fähigkeiten ausgewirkt, womit gesagt war, dass dies bei den früheren Büchern anders war.

Carson reagierte darauf in einem Brief an ihre Freundin Dorothy (B 29.1.56, Lear 2009, 537, En 23). Die Ansicht von Hawkes habe einen gewissen Wahrheitsgehalt, meinte sie, enthalte »aber auch die merkwürdig kurzsichtige Klage, dass ich nicht zweimal dasselbe Buch geschrieben habe!« Die teilweise Zustimmung Carsons hatte wohl mit dem Umstand zu tun, den sie in einem Brief drei Tage später ansprach (B 1.2.56, Freeman 1995, 148). Sowohl beim Schreiben von *Under the Sea-Wind* wie auch bei dem von *The Sea Around Us* hatte sie die Erfahrung gemacht, dass sie an einem bestimmten Punkt derart eins mit dem bearbeiteten Stoff wurde, dass dieser gewissermaßen die Regie übernahm und die Schriftstellerin als Instrument benutzte, um sich selbst Ausdruck zu geben. »Das war das, was mit *The Edge* nicht geschah«, schrieb sie, »oder aber es trat so selten und in so begrenztem Maße ein, dass ich nicht das Buch schrieb, das ich sonst hätte schreiben können. Und ich weiß, dass, damit es geschehen kann, die Autorin für eine Zeitlang völlig in ihrer Arbeit aufgehen muss. In diesen vier Jahren ist mir dies nie gelungen. Das ist das Problem, das ich lösen muss, wenn ich jemals wieder die Schriftstellerin sein will, die ich sein könnte« (vgl. p. 180 f.).

Dass Vergleiche mit *The Sea Around Us* angestellt wurden, war verständlich, aber vielleicht nicht angemessen. In der Tat war ja *The Edge of the Sea* nur schon deshalb grundsätzlich anders, weil sein Inhalt im Gegensatz zu den früheren Büchern stark auf eigener Feldarbeit beruhte und in diesem Sinne zum persönlichsten Buch von Carson wurde. Lag in diesem Umstand vielleicht der Kern der von Carson oben geschilderten Schwierigkeiten im Umgang mit dem Thema? Musste sie, unbewusst vielleicht, die Kontrolle behalten, sich des Themas bemächtigen, und konnte sie nicht zulassen, dass das Thema sich ihrer bemächtigte?

Nach *The Sea Around Us* war Carson eine berühmte Meeresbiologin und genoss deshalb zweifellos im Hinblick auf das neue Buch gewisse Vorschusslorbeeren. Im unvoreingenommenen Rückblick betrachtet verliert das Buch etwas an Glanz. Carol B. Gartner (1983, 84) gehört zu jenen, die es aus kritischer Distanz betrachten: »Obschon *The Edge of the Sea* so wie *The Sea Around Us* ein Bestseller war, haben es wenige gelesen oder erinnern sich heute noch daran. Küstengebiete sind zugänglicher als die Tiefsee, aber auch weniger anregend. Ein dramatischer Stil hat mehr Anziehungskraft als eine entspannte Vertrautheit. Die Darstellungsform ist problematisch. Auch die Verbannung von vielen Details in den Anhang hilft nicht, das gelegentliche Gefühl loszuwerden, man wate durch einen Katalog von Meeresgeschöpfen.« In der Tat, die Dichte von sachlichen Informationen macht die Lektüre nicht immer einfach.

## Eine Begegnung seit Urzeiten

Wichtig ist aber auf alle Fälle die philosophisch-spirituelle Gestimmtheit, mit der Carson das Thema behandelt. Dies kommt im Vorwort wunderbar zum Ausdruck (Carson 1957, 5-6):

»Wie das Meer selbst, so zieht uns auch seine Küste unwiderstehlich an; denn wir kehren an jenen Ort zurück, wo in grauer Vorzeit das Leben seinen Anfang nahm. Angesichts des ewigen Wechsels von Ebbe und Flut, des Rhythmus der Brandung und der Fülle der

Lebewesen, die den Gezeitensaum bevölkern, offenbart sich uns in immer neuen Bildern die Schönheit der belebten Natur. Dort spüren wir zutiefst ihren inneren Sinn und die Größe ihrer Bedeutung.

Sobald wir hinaus wandern bis an den schmalen Streifen, den das Meer bei Ebbe freigibt, betreten wir eine Welt, die so alt ist wie unser Planet selbst; hier begegnen sich seit Urzeiten die Elemente Erde und Wasser, hier herrschen Kampf ums Dasein, Anpassung und ewiger Wandel. Weil auch wir Lebewesen sind, bedeutet uns dieses Gebiet besonders viel, denn zuallererst schwamm in den seichten Wassern seines Bereichs ein Wesen, das als lebendiges Geschöpf bezeichnet werden konnte; es vermehrte sich, entwickelte sich weiter und brachte Tiere und Pflanzen in unerschöpflicher Mannigfaltigkeit hervor. Sie wurden zu jenem Strom, der durch Zeit und Raum flutete und die Erde in seinen Besitz nahm.

Um die Küste zu verstehen, genügt es nicht, die Geschöpfe aufzuzählen, die an ihr hausen. Begreifen können wir sie nur, wenn wir am Ufer stehen und ein Gefühl dafür bekommen, wie lange die Gezeiten mit ihren Rhythmen und die Veränderungen der Erde selbst an der Gestaltung des Festlandes gearbeitet haben; sie formten den Felsen und schufen den Sand, aus denen die Küste besteht.

Nur wenn wir innerlich aufnehmen können, was wir sehen und hören, werden wir spüren, dass es die Wogen des Lebens sind, die unablässig gegen die Ufer branden – blindlings, unerbittlich drängend, um sich neuen Raum zu erobern. Für ein echtes Verständnis ist es nötig, die gesamten Lebensäußerungen eines Geschöpfes zu erfassen: wie es inmitten von Brandung und Stürmen bestehen konnte, wer seine Feinde waren, wie es Nahrung fand, seine Art fortpflanzte und wie es sich der besonderen Umwelt der See anpasste.«

Mit dieser letzteren Passage lässt Carson ein Kindheitserlebnis wieder auftauchen, nämlich die Äußerung ihrer Mutter, dass die Benennung eines Lebewesens und ein Verständnis für dessen Lebensgestaltung zwei verschiedene Dinge sind (s. p. 21). Aber die Wissenschaft kommt natürlich nicht ohne das erstere aus, und so gibt es am Schluss des Buches einen klassifikatorischen Anhang (243-263), auf den Carson am Ende ihres Vorwortes so aufmerksam macht: »Denen zu Gefallen, die gerne ihre Funde säuberlich in wohlgeordnete Systeme einschachteln, wie sie der menschliche Geist ersonnen hat, bringt ein Anhang die herkömmlichen Gruppen oder Stämme der Tiere und Pflanzen und beschreibt typische Beispiele« (6).

## 7.4 Die Faszination des Küstenlebens

### Gespür für das Prinzip Leben

Im ersten Kapitel schildert Carson, wie die Küste ein Ort ist, an dem man ein Gespür für das Leben, seine Entwicklung und seine Vernetzung bekommen kann (vgl. Eingangszitat). Sie illustriert das angesprochene Gefühl mit eigenen erlebnisreichen Begegnungen mit verschiedenen Lebewesen: Mit Schwämmen, Seescheiden, Weichkorallen, Seesternen und Köpfchen-Polypen in einer Grotte, die nur bei Ebbe zugänglich ist; mit Vögeln wie Schlammtretern, Sanderlingen und Schwarzmantel-Scherenschnäbeln, die sich auf den Strandflächen tummeln; mit Gespenstkrabben, die nachts im Schein der Taschenlampe aufleuchten, Tellmuscheln, die auf einer Schlammfläche wie Rosenblätter verstreut liegen, und schwarzschaligen Nadelschnecken, die auf der Suche nach Futter auf ihr umherkriechen; mit der zwischen Mangroven durchführenden Fährte eines Waschbärs, der sich offenbar an Austern erlabt hat; mit Uferschnecken, die auf den Ästen und Wurzeln dieser Bäume weiden.

»Ein Gemeinsames verbindet diese Bilder und Erinnerungen: das Schauspiel des Lebens in all seinen verschiedenen Äußerungen – wie es sich entfaltete, weiterentwickelte und manchmal ausstarb. Sein tiefer Sinn entzieht sich unserem grübelnden Verstand, und es drängt uns, immer wieder in das Reich der Natur hinaus zu wandern, um dort den Schlüssel zu den Rätseln des Lebens zu suchen« (Carson 1957, 15).

Im zweiten Kapitel kommt Carson auf die Lebensformen der Küstenregion zu sprechen. Sie erinnert daran, wie aus Fossilien die Entwicklung des Lebens sichtbar wird, während aber seine Entstehung im Dunkel der Vorzeit verschwindet. Nach alter Auffassung ist der um eine halbe Milliarde Jahre zurückliegende, Kambrium genannte Abschnitt der Erdgeschichte das Zeitalter, in dem es die ersten Lebewesen gibt. Inzwischen sind schon auf frühere Zeiten datierbare Lebensspuren entdeckt worden, aber das Überraschende ist, dass im Kambrium die Fauna »plötzlich« in voller Fülle auftritt: Alle größeren Gruppen der wirbellosen Tiere sind vorhanden. Es ist wie wenn eine Art organische Explosion stattgefunden hätte. Danach findet über die Jahrmillionen ein unentwegter Wandel statt, alte Arten verschwinden, neue Arten entstehen. Immer ist die Anpassungsfähigkeit ein Thema, besonders auch für die Lebewesen der Küstenregion: »Die Küste mit ihren schwierigen und wechselnden Daseinsbedingungen ist seit je ein Raum gewesen, in dem die Geschöpfe eine Bewährungsprobe zu bestehen hatten; wer hier am Leben bleiben wollte, musste sich bis in alle Einzelheiten seiner Umwelt anpassen können« (18).

Im Fall einer Küste kann man sich vorstellen, dass Anpassung eine Verträglichkeit mit dem Wechsel von Flut und Ebbe bedeutet und dass es innerhalb der Gezeitenzone von ihrem oberen zu ihrem unteren Rand eine Abstufung der Lebensbedingungen gibt. Noch entscheidender für die Möglichkeiten des Lebens ist aber die physische Beschaffenheit der Küste: »Das Muster des Lebensmosaiks, das wir heute vor uns sehen, wird vor allem davon geprägt, ob der Gezeitensaum und der Boden der seichten Gewässer aus Felsklippen, aus weiten Sandebenen oder aus Korallenriffen mit ihren flachen Becken besteht« (18). Wie schon früher (p. 181) erwähnt: Im ersten Fall stellen die Gezeiten den die Lebensmöglichkeiten entscheidenden Faktor dar, im zweiten die Wellen und im dritten die Meeresströmungen. Man kann so von einer Dreiteilung der Küstenformen reden.

## Dreierlei Küste

Der Hauptteil von Carsons Buch befasst sich in faszinierender Weise mit dieser Dreiteilung und den Auswirkungen der dabei zum Tragen kommenden unterschiedlichen Bedingungen auf pflanzliche und tierische Lebensformen und deren Lebensgemeinschaften. Die Atlantikküste der Vereinigten Staaten kann dazu als Paradebeispiel dienen, weil an ihre alle drei Formen auftreten: Von Norden her bis zum Cape Cod die Felsküste, von hier bis nach Florida hinunter der Sandstrand, und noch weiter südlich die Koralleninseln der Florida Keys mit den Mangrovewäldern.

Die Eigenheiten der Felsküste konnte Carson bei ihren Sommeraufenthalten in ihrer Cottage auf der Southport-Insel immer wieder beobachten. Eine solche Küste ist, geologisch gesprochen, jung; sie entstand aus einer relativ raschen Überflutung des Landes, und die Wellen haben seither noch keine Zeit gehabt, an Abtrag und Einebung des Gesteins zu arbeiten. Der Übergang von Land zu Wasser ist ziemlich abrupt. »Entlang der Küste zeichnet sich scharf und klar der Waldsaum ab, der eine Landschaft aus Brandung, Himmel und Felsen umrahmt« (Carson 1957, 47).

Aus Carsons detailreicher Schilderung des vielfältigen Lebens der Felsküste greifen wir ein interessantes Beispiel heraus: »Im Bau und in den Lebensgewohnheiten der drei Schneckenarten, die man an der Küste Neuenglands antrifft, kann man deutlich erkennen, wie die

Abb. 7-6: Die felsige Küste der Southport-Insel in Maine bei Ebbe mit Tidentümpeln. Die Tümpel mit ihrer Vielfalt an Kleinlebewesen waren ein beliebtes Untersuchungsobjekt von Carson. Der helle Fleck im Wald in der rechten Bildhälfte markiert den Standort von Carsons Cottage. Foto: D.S., 2.10.2013.

Entwicklung verläuft, wenn sich ein Meeresgeschöpf in einen Landbewohner verwandelt« (53-54). Es handelt sich um unterschiedliche Ausprägungen der Uferschnecke. Die Stumpfkegelige Uferschnecke ist noch gänzlich ein Tier des Meeres und kann sich nur kurz außerhalb des Wassers aufhalten. Bei Ebbe sucht sie Zuflucht im feuchten Seetang. Die Gemeine Uferschnecke lebt in einer Zone des Ufers, in der sie nur während der Flut kurze Zeit von Wasser bedeckt ist. Die raue Uferschnecke schließlich hat sich vom Meer fast ganz unabhängig gemacht. Sie ist lebendgebärend und lebt in einer Höhe auf den Felsen, die nur alle vierzehn Tage bei Springfluten von Wasser erreicht wird.

Gänzlich anders sind die Lebensbedingungen an einer Sandküste. Auf den ersten Blick kann diese gänzlich leblos aussehen, aber das ist eine Täuschung: »Die Kreaturen eines Sandstrandes verstecken sich meist unter der Oberfläche, um sich vor den Fischen bei Flut und den Vögeln bei Ebbe zu schützen« (Quaratiello 2010, 89). Für viele spielt dabei die Menge Wasser eine Rolle, die ihnen während der Ebbe zur Verfügung steht. Dazu muss man sich vorstellen, dass Sand, wenn er nicht allzu grob ist, nur oberflächlich austrocknet, in tieferen Schichten aber so viel Wasser enthalten kann, wie beinahe seinem eigenen Volumen entspricht, und hier somit feucht und kühl bleibt.

Abb. 7-7: Zeichnung von Bob Hines als Eingangs-Illustration zum Teil »The Coral Coast« in *The Edge of the Sea* (in der deutschen Ausgabe nicht vorhanden). Quelle: Rachel Carson Papers. Yale Collection of American Literature. Beinecke Rare Book and Manuscript Library, Yale University, New Haven, CT.

Die Hochwasserzone eines Sandstrandes ist »Übergangsgebiet und eine Art Zwischenreich« (156), und das wirkt sich auch auf die Lebewesen aus. Ähnlich wie schon bei den Uferschnecken an der Felsküste identifiziert Carson auch hier Momentaufnahmen einer Evolution, die aus Wassergeschöpfen Landtiere werden lässt. »Vielleicht haben sich hier manche Tiere des Gezeitensaums nach und nach daran gewöhnt, außerhalb des Wassers zu leben, möglicherweise befinden sich auch aus dem gleichen Grund unter den Bewohnern dieser Zone einige Formen, die in ihrem derzeitigen Entwicklungsstadium weder völlig dem Festland noch dem Meer angehören« (156).

Ein Beispiel ist die Gespenstkrabbe, die schon fast ein Landtier ist, aber eben doch nicht ganz. Sie muss in regelmäßigen Abständen immer wieder zum Meer zurückkehren, weil sie noch nicht Luft atmet und immer wieder einen in der Kiemenkammer befindlichen Tropfen von Meerwasser erneuern muss. Dazu kommt, dass die Weibchen zum Laichen ins Wasser zurückkehren und die Nachkommen ihr Leben als winzige Bestandteile des Planktons beginnen (156). Ein zweites Beispiel ist der Strandfloh, ein kleiner Flohkrebs, dessen Vorfahren Meerestiere waren, der sich aber jetzt in einem Übergangsstadium zum Dasein auf dem Lande befindet. »Das ist eine missliche Lage; denn obwohl es [das Tier]bis in die oberen Uferzonen vorgedrungen ist, bleibt es weiterhin vom Meer abhängig und wird gleichzeitig von dem Element bedroht, dem es sein Dasein verdankt« (160). Der Strandfloh ist ein schlechter Schwimmer, braucht aber die Feuchtigkeit und vermutlich auch das Salz im Ufersand.

Eine von den Fels- und Sandküsten völlig verschiedene Umwelt bietet die Korallenküste im Süden Floridas. In einem sanften Bogen erstreckt sich eine um die 300 Kilometer lange Inselkette von Sands Key südlich von Miami bis nach Loggerhead Key im Westen.[30] Die Inseln verdanken ihre Existenz Korallenriffen, die sich während der letzten Zwischeneiszeit bei hohem Meeresniveau entwickelten, dann aber wegen des während der folgenden Eiszeit absinkenden Meeresspiegels abstarben und zu Korallenkalkbänken wurden. Lebende Korallenriffe finden sich heute gegen die offene Meeresseite hin am Rande eines um die 10 Kilometer breiten, seichten und leicht abfallenden Saums. Auf der geschützten Seite gegen das Land hin gehen die Inseln in einen »wahren Irrgarten aus Mangrovesümpfen in die seichten Gewässer der Bai von Florida über« (189).

Hier ist, wenn wir uns zur Abwechslung mal einer Pflanze zuwenden wollen, die Mangrove ein interessantes Lebewesen. Es hat im Vergleich zu den vorher erwähnten Schnecken und Krustentieren den umgekehrten Weg genommen: »Die Mangroven gehören zu den Samenpflanzen, deren erste Formen sich auf dem Festland entwickelt haben. Sie bilden auf botanischem Gebiet ein Beispiel für eine Rückkehr zum Meer» (235). Warum das so geschehen ist, dazu können wir nur Vermutungen anstellen. Vielleicht hat sich dieser Baum, um der Konkurrenz auf dem Land ausweichen zu können, eine neue Nische gesucht. Jedenfalls ist es ihm gelungen, sich in subtropischen und tropischen seichten Uferzonen erfolgreich einzunisten. Das Rezept dazu war und ist eine reichliche Produktion von Sämlingen, die von der Mutterpflanze ins Wasser fallen und dann von den Strömungen auf unter Umständen monatelangen Reisen an neue Gestade gespült werden.

30 Im Buch ist fälschlicherweise von 110 Meilen (= ca. 180 Kilometer) die Rede (Carson 1955b, 168).

### Im Strom der Zeit

Carson beschließt ihr Buch mit einem kurzen Epilog mit dem Titel »Ewig rauscht das Meer« (»The Enduring Sea«). Er enthält eine berührende Schilderung der Gedanken, die ihr kommen, wenn sie durch das Fenster ihres Studienzimmers aufs Meer hinaus schaut. »Jetzt vernehme ich rings um mich die Laute des Meeres; die nächtliche Flut ist im Steigen, die Wasser wirbeln, sie wälzen sich rauschend gegen die Felsen ... Wenn ich höre, wie die Flut anschwillt, denke ich daran, dass sie auch gegen andere Ufer brandet, die ich kenne ...« Carson schließt damit an ihre Beschreibung der drei Küstenarten an und meint, dass sie bei aller Verschiedenheit durch die »gemeinsame Berührung mit der See zu einer Einheit« verschmelzen. Dieses Felsenufer, auf das sie jetzt blickt, war mal eine Sandebene, bis das vordringende Meer eine neue Küste formte, die aber in ferner Zukunft durch die Brandung wieder zu Sand zerrieben sein wird. Die »Uferformen ... ziehen wie in einem Kaleidoskop in ihrer wechselnden Gestalt vorüber, bei der es keinen endgültigen, letzten und unveränderlichen Zustand gibt ...« (241).

Wenn wir uns vergegenwärtigen, dass auch die Formen des Lebens sich immerfort wandeln, werden wir uns des Lebens als einer starken, zielstrebigen Macht bewusst, und da liegen die letzten Fragen nahe. Wir bekommen den aufwühlenden Eindruck, es wolle sich uns hier eine grundlegende allgemeine Wahrheit mitteilen, aber was ist sie? »Die ewig ungelöste Frage nach dem tieferen Sinn der Schöpfung verfolgt uns, und indem wir ihr nachspüren, nähern wir uns dem letzten Geheimnis des Lebens selbst« (242).

## 7.5 Weitere Projekte

### Bücher schreiben kann süchtig machen, aber auch zur Verwirrung führen

Noch während Carson an *The Edge of the Sea* arbeitete, stimmte sie bereits einem weiteren Buchprojekt zu. Harper & Brothers hatten vor, im Rahmen ihrer von Ruth Nanda Anshen betreuten »World Perspective Series« einen Band über die Evolution, genauer: über den Ursprung des Lebens zu bringen. So unterzeichnete Carson schon im Dezember 1952 einen Vertrag mit dem Verlag für ein Buch mit dem Arbeitstitel *Origin of Life* und erhielt auch gleich einen Vorschuss von 5000 Dollar. Nicht überraschend stand dieses Projekt drei Jahre später aber immer noch am Anfang. Aber nun war Carson sehr erpicht darauf, vorwärts zu machen. In Reaktion auf das 1953 bei Harper erschienene Buch *Evolution in Action* von Julian Huxley hatte sie sich bereits vorgenommen, ihr Thema von der Entstehung und Entwicklung des Lebens zu dessen Umweltbeziehungen, unter Einschluss des Menschen, zu verlagern, und den Arbeitstitel zu *Remembrance of Earth* verändert. In einem Brief an Dorothy Freeman schrieb sie, wie die Aussicht auf eine weitere namhafte Publikation sie geradezu süchtig werden ließ: »Ich stürze mich in diese Forschung wie ein alter Alkoholiker auf seine Flasche. Nein wirklich, sie ist so stimulierend, und in meinem Kopf gären die Ideen« (B 2.12.55, Freeman 1995, 145).

Und sie machte auch klar, um welche Art von Buch es sich handeln würde: »Meinen Beitrag zu wissenschaftlichen Fakten betrachte ich als viel weniger wichtig als mein Versuch, eine emotionale Reaktion auf die Welt der Natur zu wecken« (B 4.11.57, Freeman 1995, 231).

Im Juni 1956 hielt Carson einen auf die Thematik des geplanten Buches bezogenen Vortrag. Der Anlass war der mit einem Geldpreis von 2500 Dollar verbundene »Achievement Award« , den sie von der American Association of University Women (AAUW) für ihre als außerordentlich eingestufte wissenschaftliche Arbeit verliehen bekam. In ihrer Präsentation kam Carson auf das Rätsel der Entstehung des Lebens zu sprechen: »Bisher habe ich zu jenen gehört, die der Meinung waren, das Geheimnis der Lebensentstehung ließe sich nie aufhellen. Nun aber, nachdem ich die Arbeiten einiger moderner Pioniere der Biochemie studiert habe, beginne ich zu glauben, dass die Wissenschaft zumindest eine einsichtige Theorie formulieren kann, die diesem Geheimnis aller Geheimnisse gerecht wird« (22.6.56, Lear 2009, 287).

Diese Darstellung drückte eine gewisse Sicherheit aus, aber wenn Carson damit das Gefühl zu verbinden versuchte, nun mit Vehemenz aus den Startlöchern zu kommen, erlag sie einer Selbsttäuschung. Sie verfiel in eine Art mentale Blockade, der sie im Austausch mit Bekannten zu entfliehen suchte. Im gleichen Sommer kam es in diesem Zusammenhang zu einem philosophischen Austausch mit Curtis Bok, einem Richter beim obersten Gericht von Pennsylvania, der nebenbei noch Schriftsteller und Hochseesegler war. Dieser hatte nach der Lektüre von *The Edge of the Sea* Kontakt mit Carson aufgenommen, woraus eine neue Freundschaft mit regelmäßiger Korrespondenz entstanden war. Carson anvertraute Bok die Schwierigkeiten, die sie mit dem Schreiben hatte. Dieser antwortete, das sei eben ein »morastiges Gelände.« Carsons zustimmende Antwort stand in völligem Kontrast zu ihren Äußerungen im oben erwähnten Vortrag: »Ich hoffe, dass ich einen Weg finden kann, der auf festerem Boden darum herum führt. Als Biologin muss ich mich an das halten, was wir beobachten und testen können – immer natürlich im Bewusstsein, dass das, was wir jetzt wissen, nur einen winzigen Teil dessen darstellt, was *wirklich ist!*« (B 12.7.56, Brooks 1989, 206).

Teil des Problems war auch Anshen, die Herausgeberin. Wiederholte Diskussionen mit ihr verliefen total konfus und waren keine Hilfe. Und letztlich war Carson selbst schuld an ihrer Situation, indem sie ständig zu viele Pläne wälzte, was sie auch noch machen könnte, so dass sie nur schon deshalb in ernsthafte Gefahr geriet, sich zu übernehmen. Als dann ab 1958 die schließlich zu *Silent Spring* führende Pestizid-Problematik in den Vordergrund rückte, fand Carson allmählich zu einem eindeutigen Konzentrationspunkt zurück, und die Idee mit dem Lebensbuch erhielt ein stilles Begräbnis.

Nachzuholen ist noch ein kurzer Blick auf ein noch weiter zurückliegendes Buchprojekt, das ein frustrierendes Ende fand. 1949 war in der FWS-Bibliothek eine Sammlung von farbigen Bildtafeln aufgetaucht, die vom Ornithologen und Maler Louis Agassiz Fuertes gezeichnete mexikanische Vögel zeigte.[31] Carson war fasziniert und stellte sich ein leicht zu erstellendes,

31 Louis Agassiz Fuertes (1884-1927) war ein Abkömmling einer bedeutenden spanischen Familie.

wunderschönes Buch vor, das mit einer Einleitung und einer biografischen Skizze von Fuertes versehen sein würde. Vaudrin von der Oxford University Press lehnte nach anfänglichem Interesse eine Aufnahme in deren Programm ab – er fürchtete die hohen Kosten einer Farbreproduktion. Auch sonst stellten sich Komplikationen ein: Die Eigentumsverhältnisse waren unklar, Fuertes Tochter, Mary Fuertes Boynton, verlangte ein Mitspracherecht und plante bald ihre eigene Biografie über ihren Vater. Ein Verlag, der das Buch herausbringen wollte, war mittlerweile gefunden, nämlich Harper & Brothers, und als Erscheinungsdatum wurde der Herbst 1952 vorgesehen. Aber mit Boynton kam es zu keiner Einigung, sie wollte selbst die Kontrolle über das Projekt übernehmen, drohte mit einer Gerichtsklage, und schließlich gab Carson entnervt auf.

## In den Wolken

Die Publikation von *The Edge of the Sea* hatte wiederum eine Flut von Anfragen zur Folge. Eine kam vom TV/Radio Workshop der Ford Foundation, die Unterlagen für *Omnibus*, einem Bildungs- und Unterhaltungsprogramm der Fernsehstation CBS herstellte. Die Programmmacher sagten, sie hätten eine Sendung über Wolken im Kopf, aber Carson könne auch ein Skript über irgendein ihr am Herzen liegendes Thema schreiben. Sie aber griff den Vorschlag mit den Wolken auf, schon vor ein paar Jahren hatte sie die Idee gehabt, mal so etwas zu tun. Seit dem Film über das Meer (s. p. 169 f.) wusste sie nicht so recht, was sie von den visuellen Medien halten sollte. Sie entschied sich aber, den Versuch mit dem Fernsehen zu wagen, denn ihr war bewusst, dass sie damit ein größeres Publikum erreichen und allenfalls beeinflussen konnte als auf irgendeine andere Weise.

Die Sendung ging dann am 11. März 1956 unter dem Titel *Something About the Sky* über den Bildschirm. Zu vorüber ziehenden Wolken wurde ein Text gesprochen. Hier eine Kostprobe (aus Carson 1998u):

»Zu den frühesten Erinnerungen von uns allen gehören die Bilder von Wolken, die über uns hinweg ziehen, flockige Schönwetterwolken, die einen sonnigen Himmel versprechen – Sturmwolken, die Vorboten von Regen und Schnee sind. Der Farmer, der sein Feld pflügt, liest die Wettersprache des Himmels. Dasselbe tun der Fischer auf dem Meer und auch alle anderen, deren Leben sich im Freien abspielt. Für diejenigen von uns, die in Städten wohnen, ist das Bewusstsein für Wolken vielleicht matt geworden; aber auch diejenigen, die auf dem Lande leben, sehen in ihnen möglicherweise nur einen schönen Hintergrund für eine ländliche Szene, oder eine ahnungsvolle Mahnung, heute doch einen Schirm mitzunehmen.

Die Wolken sind so alt wie die Erde selbst – so sehr ein Teil unserer Welt wie auch Land und Wasser. Sie sind die Schrift des Windes am Himmel. Sie tragen die Unterschrift der Luftmassen, die über Wasser und Land zu uns kommen. Sie sind für den Piloten ein Versprechen für gutes

Seine Vornamen hatte er erhalten, weil sein Vater vom Naturforscher und Glaziologen Louis Agassiz (1807-1973) begeistert war.

Flugwetter, oder aber ein Vorzeichen für Turbulenzen. Aber vor allem anderen sind sie kosmische Symbole eines Prozesses, ohne den auch das Leben auf der Erde nicht existieren könnte.«

## Das kindliche Vermögen, sich zu wundern

Vom populären Monatsmagazin *Woman's Home Companion* kam der Vorschlag, einen Artikel zu verfassen, der Eltern helfen würde, ihre Kinder in die Welt der Natur einzuführen. Die Zeitschrift hatte Carson vor ein paar Jahren schon mal kontaktiert, war dann aber, nachdem ihr deren Honorarforderung zu hoch erschien, wieder zurück gekrebst. Nun war sie bereit, die fragliche Summe auszulegen. Und Carson sagte zu; ihr schien die Möglichkeit attraktiv, mit einem Rückgriff auf die Erfahrungen mit ihrem Großneffen Roger ihr Leben auf der Southport-Insel einen literarischen Niederschlag von besonderer Art finden zu lassen. Roger war damals vier Jahre alt, und er durfte bei der Auswahl der beschriebenen Abenteuer mitreden. Es entstand ein Essay mit dem Titel »Help Your Child to Wonder« – zu deutsch etwa: »Bring deinem Kind das Staunen bei« –, in dem sie Möglichkeiten des Naturerlebnisses für Kinder beispielhaft schilderte und dessen Bedeutung für das spätere Erwachsenenleben betonte. Es erschien in der Juli-Nummer des Jahres 1956 (Carson 1956). Rodell und Brooks waren der Meinung, Carson sollte zu diesem Thema ein ganzes Buch schreiben, und diese hatte auch vor, genau dies zu tun, doch so weit kam es dann nicht. Aber der ursprüngliche Magazin-Text erschien posthum in Buchform unter dem Titel *The Sense of Wonder*, in einer ersten Auflage bebildert mit wunderschönen Fotos von Charles Pratt (Carson 1965), in einer zweiten mit ebensolchen von Nick Kelsh (Carson 1998a).

Unser Überleben auf diesem Planeten setzt einen Bewusstseinswandel voraus, der uns die Natur mit all ihren Geheimnissen wieder als gegebene und schützenswerte physische wie psychische Lebensgrundlage nahe bringt, statt dass wir sie zu beherrschen und bis zur Unkenntlichkeit zu verändern suchen. So gesehen gehört dieser Text zum Wichtigsten, das Rachel Carson geschrieben hat. Genießen wir einen Auszug daraus:

»Ich verbringe die Sommermonate an der Küste von Maine, wo ich mein eigenes Stück Ufer und meine eigene kleine Parzelle Wald habe. Gagelstrauch, Wacholder und Heidelbeere fangen schon gleich an der Kante der Granit-Felsküste an zu wachsen, und wo der Boden von der Bucht weg sich zu einer bewaldeten Hügelkuppe erhebt, beginnt die Luft von Fichten und Balsamtannen zu duften. Am Boden finden wir den vielfältig gemusterten nördlichen Bewuchs von Heidelbeeren, Scheinbeeren, Rentierflechten und Hartriegel, und auf einem Hügel mit vielen Fichten, mit schattigen mit Farn bewachsenen Mulden und felsigen Ausbissen ... kommen Frauenschuhe und Waldlilien und die schlanken Stängel der Clintonia mit ihren tiefblauen Beeren vor (Carson 1998a, 22).

Wenn Roger mich in Maine besucht und wir in diesem Wald wandern, bemühe ich mich nicht bewusst, Pflanzen oder Tiere zu benennen oder sie ihm zu erklären, sondern gebe einfach meiner eigenen Freude Ausdruck an dem, was wir sehen, und mache ihn auf dies und das aufmerksam, aber so wie ich es einer erwachsenen Person gegenüber tun würde. Es hat mich dann sehr erstaunt, wie Namen in seinem Gedächtnis bleiben, denn wenn ich ihm Farbdias von meinen Waldpflanzen zeige, kann Roger sie identifizieren. … Ich bin überzeugt, dass keine Art von Drill ihm die Namen so fest eingepflanzt hätte wie es nun passiert ist, da wir einfach durch den Wald gegangen sind in der Stimmung von zwei Freunden auf einer zu aufregenden Entdeckungen führenden Expedition (23). …

Wir haben Roger die Freude mit uns teilen lassen an Dingen, die die Leute den Kindern normalerweise versagen, weil es unbequem ist, mit der Zeit des Zubettgehens kollidiert oder zu nassen Kleidern führt, die dann gewechselt werden müssen, oder zu Schmutz auf dem Teppich, der dann geputzt werden muss. Wir haben ihm gestattet, mit uns im dunklen Wohnzimmer vor dem großen Panoramafenster zu sitzen und zu schauen, wie der Vollmond sich mehr und mehr auf das entfernte Ufer der Bucht senkt und die ganze Wasserfläche mit silbernen Flammen in Brand setzt, und die Tausenden von Diamanten in den Felsen zu entdecken, wenn das Licht auf die in sie eingebetteten Glimmerplättchen trifft. Nach unserem Gefühl wird, wenn er erwachsen ist, die Erinnerung an eine derartige, alljährlich von seinem kindlichen Geist aufgenommene Szene für ihn mehr bedeuten als die verlorenen Stunden von Schlaf (30-31). …

Die Welt eines Kindes ist frisch und neu und wunderbar, voll von Staunen und Aufregung. Unglücklicherweise verdunkelt oder verliert sich für die meisten von uns dieser klarsichtige Blick und dieser echte Instinkt für das, was schön und Ehrfurcht gebietend ist, bevor wir erwachsen sind. Hätte ich Kontakt zur guten Fee, die angeblich die Taufe aller Kinder überwacht, würde ich sie bitten, jedem Kind auf dieser Welt als Geschenk einen unverwüstlichen, lebenslangen Sinn für das Wunder mitzugeben. Das wäre ein unfehlbares Gegenmittel gegen die Langeweile und die Ernüchterungen späterer Jahre, gegen die unfruchtbare Beschäftigung mit künstlichen Dingen, gegen die Entfremdung von den Quellen unserer Kraft (54).

Soll ein Kind seinen angeborenen Sinn für das Wunder ohne die Unterstützung einer Fee am Leben erhalten, dann braucht es die Begleitung mindestens eines erwachsenen Menschen, der daran teilhaben kann, der mit ihm die Freude und die Begeisterung über die geheimnisvolle Welt, in der wir leben, wieder zu entdecken vermag. Eltern fühlen sich oft überfordert, wenn sie auf der einen Seite mit dem begierigen und empfindsamen Geist eines Kindes und auf der anderen mit einer Welt von komplexer Natur konfrontiert sind, einer Welt, die von so mannigfaltigem und fremdartigem Leben bewohnt wird, dass es hoffnungslos scheint, sie zu Ordnung und Wissen reduzieren zu können. Sie geben sich mit dem Ruf geschlagen: ›Wie soll ich denn meinem Kind etwas über die Natur beibringen, wenn ich nicht einmal den einen vom anderen Vogel unterscheiden kann!‹ (55).

Ich bin völlig überzeugt, dass sowohl für das Kind wie auch für die es anleitenden Eltern das *Wissen* viel weniger wichtig ist als das *Fühlen*. Wenn Fakten die Samen sind, aus denen später Wissen und Weisheit sprießen, dann sind die Emotionen und die Sinneseindrücke der fruchtbare Boden, auf den die Samen für ihr Wachstum angewiesen sind. Die Jahre der frühen Kindheit sind die Zeit, in der der Boden vorbereitet werden muss. Sobald einmal die Gefühle erweckt sind – ein Sinn für das Schöne, die Begeisterung ob dem Neuen und Unbekannten, ein Gefühl von Sympathie, von Mitleid, von Bewunderung oder von Liebe – dann entsteht der Wunsch, etwas über das Objekt zu wissen, das uns emotional anspricht. Was wir dabei finden, bekommt eine dauerhafte Bedeutung. Es ist wichtiger, dem Kind den Weg zur Wissbegier zu ebnen, als es mit Fakten zu füttern, für deren Aufnahme es nicht bereit ist (56).

Eltern, die der Meinung sind, ihre Umgebung hätte wenig Natur zu bieten, können trotzdem immer noch viel für ihr Kind tun. Wo immer sie sind und unabhängig von ihren Mitteln können sie immer noch den Himmel betrachten – seine Schönheit in der Morgen- und Abenddämmerung, seine wandernden Wolken, seine nächtlichen Sterne. Sie können dem Wind lauschen, ob er nun mit majestätischer Stimme durch einen Wald bläst oder in einem vielstimmigen Chor um die Dachrinnen ihres Hauses oder die Ecken ihres Wohnblockes singt, und im Hören können sie ihren Gedanken magischen Raum geben. Sie können immer den Regen im Gesicht spüren und sich dessen weite Reise vorstellen, seine vielen Verwandlungen, aus dem Meer zur Luft und auf die Erde. Auch wenn sie Stadtbewohner sind, können sie einen Platz finden, vielleicht einen Park oder einen Golfplatz, auf dem die mysteriösen Wanderungen der Vögel und der Wechsel der Jahreszeiten zu beobachten sind. Und mit ihrem Kind können sie über das Geheimnis eines wachsenden Samens sinnieren, auch wenn es nur einer ist, der in einen im Küchenfenster stehenden Topf mit Erde gepflanzt worden ist (66).

Die Erforschung der Natur zusammen mit einem Kind ist vorwiegend eine Sache der Offenheit für alles um uns herum. Dazu müssen wir den Gebrauch unserer Augen und Ohren, unserer Nase und Fingerspitzen wieder lernen, die brach liegenden Kanäle unserer Sinneswahrnehmung wieder öffnen. Für die meisten von uns entsteht das Wissen über unsere Welt durch unser Gesicht, aber wir sehen mit derart überschauenden Augen, dass wir halb blind sind. Ein Weg, um die Augen für ungesehene Schönheit zu öffnen, besteht darin, sich zu fragen: ›Was bedeutet es, wenn ich dies nie vorher gesehen habe? Und was, wenn ich wüsste, ich würde es nie wieder sehen?‹ (67). …

Das bleibende Vergnügen des Kontakts mit der natürlichen Welt ist nicht ein Vorrecht wissenschaftlich tätiger Menschen, sondern steht allen offen, die bereit sind, sich gegenüber dem Einfluss der Erde, des Meeres und des Himmels mit ihrem fantastischen Leben zu öffnen« (106).

## 7.6 Rettung tut Not, aber manchmal kommt sie zu spät

### Hektisches und Schönes

Der Sommer 1956 im Ferienhaus in Maine drohte, hektische Züge anzunehmen, denn der Strom von Besuchern aus dem Freundeskreis wollte nicht abreißen. In einem Brief an Rodell äußerte sich Carson zur Ambivalenz dieser Situation: »Das ist alles gewiss wohltuend, aber ich bin müde und überlege mir, ob ich nicht eine Kette mit der Hinweistafel ›Rachel Carson wird erst im November aus der Antarktis zurückkehren‹ über die Straße spannen soll« (B 29.8.56, Brooks 1989, 207). Dazu kam auch noch eine dreiwöchige Anwesenheit von Marjorie und Roger; Carson hatte für sie ein Quartier in der in der Nähe stehenden »little pink cottage« finden können.

In all dem Trubel gab es aber auch schöne Momente. Eines Abends sitzen Rachel und Marjorie am Strand und lassen sich durch das Phosphoreszieren des Wassers verzaubern, einem Lichtphänomen, das durch eine chemische Reaktion in Millionen von Dinoflagellaten (zum Plankton gehörende Einzeller) entsteht. Da fliegt ein Funke vorbei. Carson realisiert, dass es sich um einen Leuchtkäfer handelt. »Er flog so tief über dem Wasser, dass sein Licht sich als Streifen spiegelte, wie wenn er über einen kleinen Scheinwerfer verfügen würde. Dann wurde mir bewusst, was hier los war. Er ›dachte‹, die Blitze im Wasser seien andere Leuchtkäfer, die ihm auf die uralte Weise der Leuchtkäfer Signale sandten! Es war nicht zu vermeiden, dass er bald in Schwierigkeiten geriet und wir sahen, wie seine Lichtblitze einen Dringlichkeitscharakter annahmen, als er im nassen Sand herum gerollt wurde ...« (B an Stan und Dorothy Freeman, 8.8.56, Freeman 1995, 187). Rachel rettet den Leuchtkäfer und legt ihn in einen Eimer, damit er seine Flügel trocknen kann.

Im gleichen Sommer fassten Rachel und Dorothy den Plan, ein Stück noch unverdorbenen Kiefernwald, der sich der Küste der Southport-Insel entlang hinzog, zu kaufen und

Abb. 7-8: Blick von Rachel Carsons Ferienhaus nach Nordwesten auf den Sheepscot River. So ähnlich dürfte es auch in den »Lost Woods« ausgesehen haben, die Carson erwerben und unter Schutz stellen wollte. Foto: D.S. 1.10.2013.

zu schützen. Sie nannten ihn »Lost Woods«, nach einem Essay von Henry Major Tomlinson (1925), in dem er beschreibt, wie Poesie unser Leben verändern könnte, wie diese aber durch die moderne Zivilisation mit ihrer Faszination für Benzin und Motorfahrzeuge verdrängt wird. »Wir brauchen Benzin, nicht weil wir hoffen, dass es uns zu einem besseren Ort transportieren wird, sondern dass es uns schnell vom Ort entfernt, an dem wir gerade sind.«

Das vorhandene Geld reichte aber vorderhand nicht, um an einen Kauf wirklich denken zu können. Um sich zusätzliche Einnahmen zu verschaffen, versuchte Carson, kleinere Projekte, die sie früher einmal abgelehnt hatte, wieder zu reaktivieren. Da war einmal eine alte Idee von Simon & Schuster, für ihre populäre »Golden Book Series« Teile aus *The Sea Around Us* für ein jugendliches Publikum zu adaptieren. Carson stimmte diesem Plan zu, machte aber klar, dass sie den Text nicht selbst würde umschreiben können, dass für diese Aufgabe aber jemand beauftragt werden konnte, vorausgesetzt, sie selbst würde schließlich die Kontrolle über das Produkt haben. Vom selben Verlag ließ sich Carson auch überzeugen, dass es eine gute Sache wäre, unter dem Titel *The World of Nature* eine mehrbändige Anthologie von naturgeschichtlichen Texten zu produzieren. Auch hier war Carson vor einiger Zeit nicht interessiert gewesen, da sie fürchtete, es gäbe ohnehin schon zu viele solche Textsammlungen. Aber nun hatte sie eine Vorstellung, wie man eine Anthologie spezieller Art würde herstellen können. Man müsste einfach eine thematische Erweiterung vornehmen, das heißt, sich nicht auf Naturbeschreibungen beschränken, sondern die Entstehung und Entwicklung des Lebens und seine Beziehungen zur Umwelt mit einschließen.

## Krankheiten und Tod

Carson bekam das Gefühl, die Rettung der »Lost Woods« könnte gelingen, und diese Aussicht versetzte sie für eine Weile in Hochstimmung. Damit konnte sie auch besser die Herausforderungen bewältigen, die sich ihr zuhause stellten. Die Gesundheit der Mutter verschlechterte sich, sie litt an Arthritis und Atembeschwerden und war auf Pflege angewiesen, was über Tag die Anstellung einer Krankenschwester erforderte. Carson schaute sich aber auch nach einer Ganztags-Haushälterin um und wurde fündig in der Person von Ida Sprow, einer Schwarzen. Diese hatte sehr gute Referenzen, und verbesserte den guten Eindruck, den sie beim Interview ohnehin schon machte, dadurch, dass sie nicht protestierte, als Jeffie, die Katze, auf ihren Schoss sprang! Und in der Tat, es sollte sich herausstellen, dass Sprow ein Glücksfall war. Sie erledigte das Kochen, das Reinemachen und das Waschen auf speditive Weise und wehrte sich nicht dagegen, dass dabei Maria ihrem gesundheitlichen Zustand zum Trotz immer noch das Szepter führte und ihr Anweisungen gab.

Das neue Jahr (1957) aber ließ sich nicht gut an. Am 15. Januar wurde Marjorie mit Lungenentzündung ins Krankenhaus eingeliefert. Rachel verbrachte viel Zeit bei ihr, während Roger in der Obhut von Sprow blieb, aber natürlich auch die Aufmerksamkeit seiner Großtante in Anspruch nahm, wenn sie da war. Zum allem Überfluss erkrankte er noch an einer Grippe. Marjorie kam nach einer Woche wieder nach Hause und schien zuerst auf dem Weg der Besserung zu sein. Dann aber verschlechterte sich ihr Zustand rapid, sie kehrte ins Krankenhaus zurück und starb dort am 30. Januar, nur 31 Jahre alt. »Rachel blieb die Aufgabe, für die Beerdigung zu sorgen, einem verständnislosen, plötzlich Waise gewordenen Kind zu erklären, was passiert sei, und seine Zukunft zu planen« (Lear 2009, 300-301). Es wäre wohl logisch gewesen, dass Marjories Schwester Virginia und ihr Mann oder dann Rachels Bruder Robert und seine Frau die Elternfunktion übernommen hätten. Aber beide Paare wollten nichts davon wissen – sie hatten sich bislang auch nicht groß um Roger gekümmert und keine Beziehung zu ihm aufgebaut. So blieb nur eine Lösung: Der jetzt fünf Jahre alte Roger stand Maria, seiner Urgroßmutter, und Rachel, seiner Großtante, am nächsten, und so würde er bei ihnen bleiben. »Maria, jetzt achtundachtzig, betonte, sie würde sich der Aufgabe annehmen, aber Rachel war klar, dass die Verantwortung der Sorge für Roger ihr zufallen würde« (Lear 2009, 301).

Mitte April gab es eine weitere schlechte Nachricht: Der Tod von Alice Mullen, einer langjährigen Freundin der Familie, mit der Carson immer sehr verbunden gewesen war. Sie hatten sich immer wieder mal gegenseitig besucht, Alice hatte auch bei Audubon-Exkursionen mitgemacht, und Rachel hatte ihr als einer der wenigen in ihrem Bekanntenkreis immer alles anvertrauen können – zum Beispiel auch jene leidige Geschichte mit ihrer Nichte Marjorie (s. p. 165 f.). Eine Weile konnte Carson, von Kummer übermannt und belastet von den familiären Verantwortlichkeiten, gar nicht arbeiten, und so musste sie den Plan für die naturgeschichtliche Anthologie sistieren. Zu allem Übel zerschlug sich auch der Traum mit den »Lost Woods« auf Southport Island. Der jetzige Eigentümer wollte eigentlich gar kein Land verkaufen, und wenn doch, dann zu einem Preis, der für Carson unerschwinglich war. Etwas Ablenkung gab es durch das Hausbauprojekt, das Carson anfangs des Jahres in Angriff nahm. Sie hatte eine Zeitlang nach einem größeren Haus gesucht, keines gefunden und dann beschlossen, eines bauen zu lassen. Sie kaufte in Silver Spring eine passende Parzelle, ein Baugeschäft erhielt einen Auftrag, und erstaunlicherweise war das Haus Mitte Juli mit nur zwei Wochen Verspätung gegenüber dem versprochenen Datum bezugsbereit, Adresse: 11701 Berwick Road.

## Wird die Technik der Natur gefährlich?

Carson machte sich auch Sorgen über den raschen technologischen Wandel: Dieser schien alles zu bedrohen, was ihr teuer war. In einem Brief an Freeman schrieb sie: »Welch seltsame Zukunft haben wir alle vor uns! Es scheint mir, dass alles, was ich je gesagt oder geglaubt habe, im Lichte kürzlicher Ereignisse viel von seiner Bedeutung verloren hat« (B 7.11.57, Freeman 1994, 233). Es ist anzunehmen, dass Carson mit den »kürzlichen Ereignissen« die Lancierung der ersten Weltraumsatelliten (Sputnik I und II) durch die Sowjetunion im Oktober und November 1957 anspricht.

Was ihr Sorgen machte, kam in einem späteren Brief an ihre Freundin konkret zum Ausdruck. »Es war wohltuend zu glauben … das meiste der Natur sei für immer außerhalb der Reichweite des herum pfuschenden Menschen – er könne wohl die Wälder umlegen und die Flüsse aufstauen, aber die Wolken und der Regen und der Wind würden unter göttlicher Kontrolle bleiben ... Es war beruhigend anzunehmen, der Lebensstrom würde weiter durch die Zeit fließen, auf welchen Kurs auch immer Gott für ihn vorgesehen hatte – ohne Störung durch einen Tropfen des Stroms – den Menschen. Und anzunehmen, dass das wie auch immer durch die physische Umwelt geformte Leben nie das Vermögen erlangen würde, die natürliche Welt in drastischer Weise zu verändern – oder gar zu zerstören. Dieser Glaube ist, seit ich über diese Dinge nachgedacht habe, praktisch immer ein Teil von mir gewesen. Dass er, wie unbestimmt auch immer, bedroht sein könnte, war eine äußerst schockierende Vorstellung, und ... ich verschloss mich vor ihr – weigerte mich zuzugeben, was offensichtlich ist. Aber das führt zu nichts, und ich habe jetzt meine Augen und mein Bewusstsein dafür geöffnet. Es mag mir nicht gefallen, was ich sehe, aber es bringt nichts, es zu ignorieren, und es ist mehr als nutzlos, die alten ›ewigen Wahrheiten‹, die nicht ewiger sind als die Hügel der Poeten, ständig zu wiederholen. So ist nun die Zeit gekommen, dass jemand über das Leben im Lichte der Wahrheit schreibt, so wie sie uns jetzt aufscheint. Und ich denke, das könnte das Buch sein, das ich schreiben werde« (B 1.2.58, Freeman 1995, 248-249).

## Verschwindende Schönheit

Ein kleineres Projekt ergab sich aus einer Anfrage des Magazins *Holiday*, das im Juli 1958 ein spezielles Heft zum Thema »Nature's America« herausbringen wollte. Carson sagte zu, dafür einen Artikel über die Küstengebiete und ihre Beeinflussung durch den Menschen zu schreiben. Sie hoffte, dadurch etwas zu deren Schutz beitragen zu können.

Carson schildert, wie die Küste als Begegnungszone zwischen Wasser und Land sich über Jahrtausende, Jahrmillionen immer wieder verändert und verschiedene Formen angenommen hat. Entsprechend trägt ihr Essay den Titel »Our Ever-Changing Shore« (Carson 1958). Um etwas vom Wesen des Meeres verstehen zu können, müssen wir lauschen, was es zu sagen hat: »Der wahre Geist des Meeres ruht nicht in der sanften Brandung, die an einem Sommertag einen sonnengetränkten Badestrand netzt. Stattdessen braucht es ein einsames Ufer in der Morgen- oder Abendämmerung oder einen Sturm in der mitternächtlichen Dunkelheit, damit wir fühlen können, dass ein geheimnisvolles Etwas die Wirklichkeit des Meeres darstellt. Denn der Ozean hat nichts mit der Menschheit zu tun. Er ist zutiefst ohne Kenntnis über den Menschen, und wenn wir zu viele Fesseln der menschlichen Existenz mit uns zur Schwelle der Wasserwelt mittragen, dann sind unsere Ohren abgestumpft und wir hören die Töne der Erhabenheit nicht, in der sie spricht.

Gelegentlich erzählt das Ufer von der Erde und seiner eigenen Entstehung; ab und zu sagt es etwas über das Leben. Haben wir Glück in der Wahl unserer Zeit und unseres Ortes, mögen wir Zeuge eines Spektakels sein, in dem unermessliche und elementare Dinge ihr Echo finden. Bei Vollmond in einer Sommernacht tun sich das Meer, die anschwellende Strömung und eine Kreatur des uralten Ufers zusammen, um einen urweltlichen Zauber auf vielen der Strände von Maine bis Florida spielen zu lassen. In einer solchen Nacht treten die Pfeilschwanzkrebse auf, genau so, wie sie es schon unter einem paläozoischen Mond taten – genau so, wie sie es durch all die Hunderte von Millionen Jahren seit jener Zeit getan haben –, sie tauchen aus dem Meer auf, um ihre Nester im nassen Sand zu graben und ihre Eier abzulegen» (117).

So schildert Carson die tiefschürfenden Erlebnisse, die einem achtsamen Menschen an der Küste offen stehen, aber sie beklagt auch, wie die Schönheit dieser Szenerien bedroht ist. »Es mag scheinen, die Küste sei der Macht des Menschen zur Veränderung, zur Beschädigung entzogen. Aber dem ist nicht so. Unglücklicherweise sind einige der Orte, die ich beschrieben habe, nicht mehr wild und unverdorben. Stattdessen sind sie durch die erbärmliche Transformation der ›Entwicklung‹ verdorben worden – übersät mit Unterhaltungseinrichtungen, Imbissständen, Fischerhütten – mit all dem unordentlichen Müll dessen, was unter den Begriff der Zivilisation fällt. Und so lärmig sind diese Kennzeichen des Menschen, dass das Meer nicht zu hören ist« (119).

Carson ruft dazu auf zu überdenken, was hier geschieht, und sich für den Schutz dieser Gebiete stark zu machen: »Irgendwo sollten wir noch sehen können, welches der Weg der Natur war; wir sollten sehen können, in welchem Zustand die Erde wäre, hätte der Mensch nicht eingegriffen. Und deshalb sollten wir neben öffentlichen Parks zur Erholung auch einige Wildnisgebiete an der Küste unter Schutz stellen, in denen die Beziehungen zwischen Meer und Wind und Ufer – zwischen den Lebewesen und ihrer physischen Welt – so bleiben wie sie über lange Zeiten waren, in denen der Mensch noch nicht existierte. Denn es ist in diesem Zeitalter der Raumfahrt nicht ausgeschlossen, dass der Weg des Menschen nicht immer der beste ist« (120).

# 8 Aufbruch zum dritten Weltkrieg

Mit während des Krieges entwickelten Giftstoffen wird ein Krieg gegen missliebige Insekten geplant und in Gang gesetzt. Berichte über Wildtierschäden beunruhigen Rachel Carson, aber sie legt das Thema zunächst auf die Seite, wird aber Jahre später von einem Gerichtsfall aufgerüttelt

> »All das, was wir heute an DDT so unheimlich finden – die Tatsache, dass es alles tötete, was mit ihm in Berührung kam, und fortfuhr, alles zu töten, was mit ihm in Berührung kam –, war genau das, was zu jener Zeit Begeisterung auslöste.« (Malcolm Gladwell 2001, 47)

## 8.1 Ein Wundermittel darf nicht brach liegen

### Einstieg ins Zeitalter der synthetischen organischen Pestizide

»Während des Zweiten Weltkriegs wurde die Forschung in chemischer Kriegsführung enorm gesteigert. Die Chemiker suchten nach Chemikalien, mit denen Menschen andere Menschen, deren Feldfrüchte und Viehbestände vernichten konnten. Aus diesen unzweifelhaft unheimlichen Ursprüngen entwickelte sich nach dem Zweiten Weltkrieg die Pestizid-Industrie« (Egler 1964, 115). Es handelte sich bei diesen Stoffen um synthetische organische Verbindungen, wobei zwei Klassen zu unterscheiden sind: Organophosphate und Chlorkohlenwasserstoffe (CKW). Die ersteren gehen in der Tat auf Versuche mit Nervengasen zurück, während die letzteren demgegenüber »friedlichen« Ursprungs sind. Entsprechende Experimente hatten zwar ebenfalls einen Kriegshintergrund, aber nicht den von Kampfhandlungen. Im Prinzip ging es damals um eine DDT genannte Substanz, Abkürzung für Dichlordiphenyltrichlorethan, die für die Entwicklung der CKWs eine Initiatorrolle spielte; in der Folge entstanden

Abb. 8-1: Demonstration wie in der US Army mit einem Handzerstäuber DDT zur Lausbekämpfung direkt auf die Haut appliziert wurde. Quelle: Public Health Image Library, Centers for Disease Control and Prevention, Atlanta, GA.

verschiedene verwandte Chemikalien. Das DDT war vom Militär noch während des Krieges erfolgreich zur Insektenbekämpfung eingesetzt worden. Zum Beispiel war es in Süditalien gelungen, eine von infizierten Läusen verursachte Fleckfieberepidemie zu stoppen (s. Wheeler 1946), und auf dem pazifischen Kriegsschauplatz hatten durch den Einsatz gegen die Moskitos – »Sprühflugzeuge durchtränkten ganze Inseln« (Kinkela 2011, 30) – viele Soldaten vor einer Malaria-Erkrankung bewahrt werden können. Aber auch als Pflanzenschutzmittel für die Nahrungsmittelproduktion unter kriegswirtschaftlichen Bedingungen hatte DDT eine große Bedeutung erlangt. So konnte mit ihm z.B. das zur Bekämpfung des Kartoffelkäfers verwendete Bleiarsenat ersetzt werden, das zwar sehr wirksam, aber auch giftig für alle Lebewesen war.

Jetzt aber herrschte Waffenruhe, und die Firma DuPont hatte noch große Mengen der Chemikalie auf Lager. Die Vorstellung lag nun nahe, DDT könnte nun auch in Friedenszeiten zu einem Wundermittel gegen alle möglichen Arten von Ungeziefer werden. »DDT stieg zum Symbol einer durch die chemische Wissenschaft und die chemische Industrie verbesserten Welt auf. Dieses Symbol stand für das Programm einer von Plagen und Seuchen freien Umwelt für die Menschen« (Simon 1999, 14). Eine gewisse kriegerische Geisteshaltung hatte in den USA auch noch in der Nachkriegszeit Bestand, und der damit verbundene Elan suchte nach Anwendungsmöglichkeiten. Und so war es auch offensichtlich, wer nach den mit dem DDT während des Krieges gemachten hervorragenden Erfahrungen der neue Feind sein würde: Die die Menschheit bedrohende Natur in Form von Käfern, Motten, Ameisen und Unkräutern. Und man war sicher, dass das Gift nur dem Feind und niemand anderem schaden würde: »Die Regierung und die chemischen Firmen lobten die Vorteile von DDT über alle Maßen, und Ämter der öffentlichen Gesundheit demonstrierten dessen Sicherheit, indem sie Kinder besprühten, die im Freien aßen oder spielten« (Quaratiello 2010 101).

## Geigy, Paul Müller, Gesarol und Neocid

Die Geschichte des DDT reicht ins 19. Jahrhundert zurück. In den frühen 1870er Jahren studierte der Wiener Othmar Zeidler an der damals gerade deutsch gewordenen Universität Straßburg. Im Rahmen seiner Dissertation synthetisierte er erstmals diese Chemikalie, aber die Frage, zu was sie gut sein könnte, war nicht Teil seiner Arbeit. Rund 65 Jahre später wiederholte der bei der J.R. Geigy AG in Basel in der Schweiz arbeitende Chemiker Paul Müller die Herstellung dieses Stoffes, und zwar ohne von Zeidlers Arbeit Kenntnis zu haben. Müller war seit 1935 mit der Entwicklung von Insektiziden betraut. Er setzte dazu Schmeißfliegen in einem Kasten Kontakt- und Fraßgiften aus. Er hatte schon über 300 Substanzen so geprüft, als er am 25. September 1939 DDT ausprobierte. Es war ein voller Erfolg. Zwar starben die Fliegen nicht sofort, wie eigentlich erwünscht, aber dafür war die Wirkung des Giftes lange andauernd. Auch wenn er seinen Kasten mehrmals gewaschen hatte, blieben

Abb. 8-2: Deckel einer Dose Neocid der Firma Geigy mit der folgenden Aufschrift: »Dichlordiphenyltrichlorethan 10%. Vernichtet Parasiten wie Flöhe, Läuse, Ameisen, Wanzen, Schwabenkäfer, Fliegen etc. Man pudere mit Neocid die Verstecke der Schädlinge, die Orte, an denen sich Insekten aufhalten und auch ihre Wechselwege.« Foto: Lamiot, 17.1.2011. Quelle: Wikimedia Commons.

immer noch genügend Rückstände, die die Fliegen umzubringen vermochten. Am 7. März 1940 meldete Geigy die Chemikalie in der Schweiz zum Patent an, und 1942 brachte die Firma zwei DDT-haltige Produkte auf den Markt, zuerst »Gesarol« als Spritz- und Stäubemittel, danach »Neocid« zur Bekämpfung von Ektoparasiten wie Läusen, Flöhen und Wanzen (Straumann 2005, 203-205).

Ein Jahr später ließ Geigy DDT auch in Deutschland und in den USA patentieren, wo es dann in unterschiedlichem Maße zur Anwendung gelangte. In Deutschland wurden zwar sowohl Gesarol wie auch Neocid – vom Reichsministerium für Ernährung und Landwirtschaft bzw. von der Wehrmacht getestet – als gut befunden und zum Teil auch eingesetzt. Zum Großeinsatz kam es aber aus Konkurrenzgründen nicht. Geigy verhandelte mit IG Farben in Frankfurt am Main und mit Schering AG in Berlin über die Möglichkeit eines Lizenzvertrags und gab schließlich der letzteren Firma den Zuschlag. IG Farben, als einziger Hersteller des zur DDT-Synthese benötigten Chlorals stellte daraufhin die Lieferungen ein und entwickelte darüber hinaus ein eigenes Läusemittel namens »Lauseto« für die Armee. Dieses war aber dem Neocid abgeschaut; IG Farben musste später zugeben, dass es eine Imitation war, und entsprechend Lizenzgebühren an Geigy zahlen (Straumann 2005, 236-245).

Anders verlief die Karriere des DDT in den USA; es gab ein viel größeres, wenn auch ein verzögertes Echo. Zum Patent für Geigy kam es dort zur gleichen Zeit wie in Deutschland.

Für den Einsatz von Insektiziden bei den Truppen war das Bureau of Entomology and Plant Quarantine des US Department of Agriculture (USDA) in Orlando, Florida, federführend. Es ging um die Entwicklung eines Pulvers gegen die Fleckfieber übertragenden Läuse und einer Sprühlösung zur Behandlung von Innenräumen gegen die Malaria verbreitenden Moskitos. Nach der Überprüfung vieler Substanzen entschied man sich in beiden Fällen für ein Mittel auf der Basis von Pyrethrum. Das Problem war nur: Dieser pflanzliche Stoff musste aus Kenia importiert werden, was nur beschränkt möglich und zudem teuer war. Das Interesse an einem Ersatzprodukt war deshalb groß. Im November 1942 testete das Bureau of Entomology von Geigy erhaltene Gesarol-Proben mit durchschlagendem Erfolg. Im Frühjahr 1943 begann die DDT-Produktion in den Cincinnati Chemical Works, der gemeinsamen Produktionsstätte der Firmen Geigy, Ciba und Sandoz in den USA, und im Herbst desselben Jahres erhielt die Firma DuPont eine Lizenz zur Herstellung des Insektizids. In der Folge war die gesamte Produktion für die US-Streitkräfte reserviert, zunächst nur in Form eines Läusepulvers, später auch in Form von Sprühmittel zur Bekämpfung der Malariamücken im pazifischen Raum am Boden oder aus der Luft. Übrigens: Die neutrale Bezeichnung »DDT« anstelle der Geigy-Handelsnamen Gesarol und Neocid bürgerte sich bei den Behörden in den USA ein und ging allmählich, auch in Europa, in den allgemeinen Sprachgebrauch über. Und Paul Müller erhielt 1948 den Nobelpreis für Physiologie und Medizin (Straumann 2005, 246-250).

## Insektenbomben und Todeszellen

Noch während des Krieges waren Artikel erschienen, die beschrieben, wie man den lästigen Insekten zu Leibe rücken konnte, so zum Beispiel 1944 in der Zeitschrift *Popular Mechanics.* Die April-Nummer dieses Jahres war voll von militärischen Beiträgen zu den neuesten Waffensystemen, und dazu passte ein in kriegerischer Sprache verfasster Artikel mit dem Titel »Our Next World War – Against Insects.« Er begann so:

»Neben den Auswirkungen des Japsen-Stahls fürchten unsere Kämpfer im Fernen Osten am meisten den Stich eines Moskitos. Neben dem Getöse eines Japsen-Bombers haben sie Angst vor dem Summen dieser tropischen Plage, die eine tödliche Ladung von Malaria- und Gelbfieber-Erregern mit sich führt. ... In den Vereinigten Staaten hat der Mangel an Arbeitskräften dazu geführt, dass Millionen von Acres ungepflügt daliegen und dem frischen Übergriff von hungrigen Insektenhorden freien Raum bieten. ... Die Ankurbelung des Reisens hat alle diese Gefahren verschärft, denn sowohl die Insekten wie die Keime, die sie mit sich tragen, sind rastlose Tramper. ... Die relative Schrumpfung der Größe der Erde hat die Insekten-Bedrohung zum ersten Mal in der Geschichte alarmierend werden lassen. Onkel Sam, der in einem Weltkrieg kämpft, bereitet sich schon auf den nächsten vor – und dieser wird eine lange und bittere Schlacht sein, um die kriechenden, zappelnden, fliegenden, grabenden Milliarden zu vernichten, deren Zahlen und Verwüstungen menschliches Verständnis übersteigen« (66-67).

Es folgte ein längeres Lamento über die von den Insekten verursachten enormen Schäden und Kosten, die in der Summe jährlich auf 1 Milliarde Dollar geschätzt wurden. Und es wurde ein Ausblick gegeben auf die sich anbahnende chemische Kriegsführung. Von DDT war dabei nicht die Rede – es herrschte noch eine militärische Zensur, die erst zwei Monate später aufgehoben werden sollte –, dafür von einer Pyrethrum enthaltenden Substanz, die in passenderweise »Bombe« genannte Behälter abgefüllt und dann versprüht werden konnte. Geschildert wurde auch, wie das USDA und die chemische Industrie Tausende von giftigen Stoffen auf ihre Wirksamkeit überprüften, indem sie bestimmte Insekten zuerst fütterten und dann in »Todeszellen« einer bestimmten Chemikalie aussetzten, um festlegen zu können, wie hoch eine tödliche Dosis sein musste.

Richtig lanciert wurde dieser Krieg dann mit der Freigabe von DDT für den zivilen Gebrauch am 1. August 1945. Die Firma DuPont erhielt vom USDA grünes Licht für dessen kommerziellen Vertrieb, und dies löste einen Werbeboom aus. Zum Beispiel schaltete das Warenhaus Gimbels in New York ein ganzseitiges Inserat mit der Ankündigung, die erste Lieferung von DDT sei eingetroffen: »Released Yesterday! On Sale Tomorrow! Gimbels Works Fast!« (Kinkela 2011, 8). Auch das Magazin *Time* (August 1945) machte in Aufbruchstimmung: »Es zeichnet sich ab, dass ein früher Segen des Friedens die Befreiung von Fliegen und Mücken sein wird. Nachdem die Army und die Navy einige ihrer neuen Insektizide für zivile Anwendung frei gegeben haben, ist der Krieg gegen das geflügelte Ungeziefer unterwegs.« Es wurden »sensationelle Resultate« der Besprühung großer Flächen mit DDT vom Flugzeug aus erwähnt und danach seine Verwendung für den Hausgebrauch hoch gelobt: »… sobald Flaschen mit DDT für die Haushalte auf den Ladentischen zu erscheinen begannen, hörte man enthusiastische Berichte über DDT-Bravourstücke. … Rund um das Haus auf den Rasen gesprüht, bildet es eine Barriere gegen Mücken. Auf Schutzgitter aufgetragen, hält es ein Haus frei von Fliegen für drei Monate.« Auch von der oben erwähnten

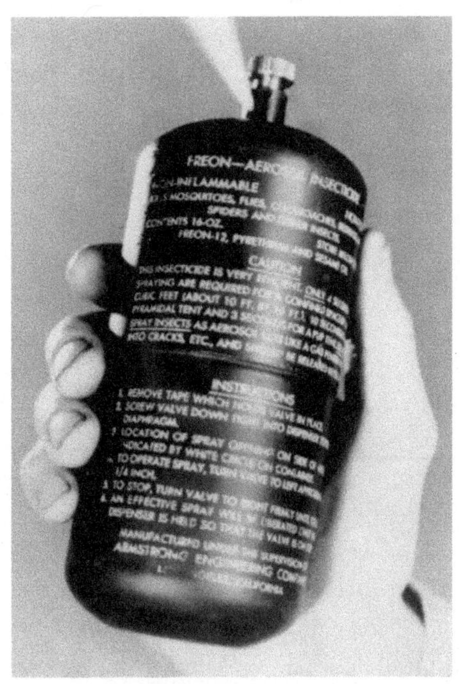


Abb. 8-3: Vom USDA 1943 patentierte »Insektenbombe«, die ein Insektizid-Aerosol und ein Treibgas (»Freon«, Handelsname von DuPont) enthält. Die »Bombe« wurde z.B. von Soldaten benützt, die das Innere ihrer Zelte besprühten. Quelle: Agricultural Research Service (ARS), USDA, via Wikimedia Commons.

»Insektenbombe« war die Rede, und, Zufall oder Absicht, auf der gleichen Seite wurde neben dem einspaltigen Artikel eine Serie von Bildern der ersten, am 16. Juli 1945 bei Alamogordo in New Mexico erfolgten Atombomben-Explosion gezeigt (*Time* 1945b).

»Die patriarchalischen Entscheidungsträger in der Agrarpolitik und chemischen Industrie bauten ihre Verteidigung nach dem Bild des Krieges auf: Sie bezeichneten Insekten als Feinde, benutzten die Chemie als Waffe und sahen sich selbst als Helden.« So kommentiert Patricia Hynes in ihrem Buch *Als es Frühling war. Von Rachel Carson zur feministischen Ökologie* (1990, 103) diese Mentalität.

## Warnende Stimmen

Über mögliche schädliche Auswirkungen von DDT auf andere Lebewesen, inklusive den Menschen, war nur wenig bekannt, und was an diesbezüglichen Beobachtungen vorlag, wurde schlicht ignoriert. Dabei hatte es schon früh erste warnende Stimmen gegeben. In wissenschaftlichen Kreisen, die mit dem Schutz von Wildtieren befasst waren, schwelte ein Unbehagen über mögliche weiter reichende Folgen des Einsatzes von DDT.

Interessanterweise hatte *Time*, das den Feldzug gegen die Insekten sonst begeistert begleitete, schon im August 1944 eine »DDT Warning« publiziert: »Das außergewöhnliche neue Insektizid DDT hat auch seine Nachteile. Letzte Woche gaben Ärzte des U.S. Public Health Service eine Warnung aus, dass DDT nicht nur für Insekten, sondern allgemein für Mensch und Tier giftig sein kann.« Und es wurden die Ergebnisse von Versuchen mit Labortieren erwähnt, die zeigten, dass DDT das zentrale Nervensystem angreift. Und noch einmal wies das Magazin im April 1945 auf »DDT Dangers« hin. Ausgedehnte Sprühaktionen von der Luft aus hatten gezeigt, dass die Chemikalie ebenso gut schädlich wie nützlich sein konnte. Eines der Versuchsgebiete war der Algonquin Park nördlich von Toronto in Kanada, in dem der Falter des Fichtentriebwicklers massenhaft auftrat. Dessen Raupe frisst die Knospen und Nadeln von Fichten und Tannen ab. Zur Verteilung des DDT wurde ein Autogiro, ein Vorläufer des Hubschraubers, eingesetzt, dann wurden die Überlebenden gezählt. »Das Resultat: die tödliche Chemikalie brachte nicht nur die Falter und andere Insekten um, sondern praktisch alle wirbellosen Tiere« (*Time* 1945a).

Ausführlich mit dieser Zweischneidigkeit befasste sich Edwin Way Teale in einem Artikel mit dem Titel »DDT – It Can Be a Boon or a Menace« (es kann eine Wohltat oder aber eine Bedrohung sein), der im März 1945 im *Nature Magazine* erschien. Teale beschrieb, wie er an einem einsamen See in den Adirondacks auf einen Enthusiasten gestoßen war, der ihm schilderte, wie man mit flächendeckenden Giftsprühkampagnen vom Flugzeug aus die ganze Gegend zu einem insektenfreien Freizeit-Paradies machen könne. Teale dazu: »Es gibt keinen Zweifel, DDT hat die Möglichkeit eröffnet, über weite Gebiete die Insekten zu eliminieren. Vorausgesetzt wir haben genug Insektizide, Flugzeuge und kopflose Nachkriegs-Beamte, dann sind wir rasch im Freudentaumel eines Kreuzzugs gegen alle Insekten gefangen. Wenn nicht etwas geschieht, um dies zu stoppen, sind wir auf dem Weg zu einer Insekten-Blitzkriegs-Orgie, die ein Naturschutz-Problem von historischen Ausmaßen hinterlassen wird« (41).

Teale verhehlte nicht die kriegszeitlichen Erfolge, die mit DDT erzielt worden waren (s. p. 204), aber er machte klar auf die mit dem Gift verbundenen Gefahren aufmerksam: DDT ist persistent, d.h. bleibt in der Umwelt lange aktiv, im Körper von Lebewesen akkumulieren sich kleine harmlose Mengen zu einer gefährlichen großen Dosis, größere Mengen können nicht nur Insekten, sondern auch Fische, Frösche und sogar Warmblüter schädigen oder gar umbringen. Vergiftete Tiere zeigen mit krampfartigen Zuckungen ein Versagen des Nervensystems an, so dramatisch, dass Kommentatoren vorgeschlagen haben, DDT sollte als Abkürzung für »doppeltes *Delirium tremens*« gelesen werden (42).

Teale argumentierte auch ökologisch: Man kann nicht eine Komponente in einem Netzwerk eliminieren, ohne dass damit das Netz insgesamt in Mitleidenschaft gezogen wird. DDT darf nur angewendet werden, wenn mit ihm nachgewiesenermaßen ein bestimmtes Ziel ohne unliebsame Nebenwirkungen attackiert werden kann. Das ist bei flächendeckenden Sprühkampagnen sicher nicht der Fall: »Die Besprühung eines Feldes oder eines Waldes aus der Luft hat die Vernunft einer Vorsorge, bei der ein Pulk von Freunden mit einem Maschinengewehr umgelegt wird, nur damit gleichzeitig ein flüchtiger Bandit getötet werden kann.« Wenn es sich bei den Freunden um bestäubende Insekten wie Honigbienen und Hummeln handelt, können die Folgen katastrophal sein. Selbst wenn es gelingt, einen Schädling zielgerichtet zu eliminieren, kann es durchaus passieren, dass ein anderer, vom DDT weniger betroffener, zum noch größeren Problem wird. Teale (43) betonte ferner, wie sehr die Insektenwelt eine Welt der gegenseitigen Kontrolle ist, und wie diese verunmöglicht wird, wenn der Mensch in seiner Unvernunft riesige Flächen mit Monokulturen von Baumwolle, Weizen, Kartoffeln und Mais bepflanzt. »Wir haben das der Natur eigene System des diversifizierten ›Landbaus‹ ignoriert und damit ideale Bedingungen für die Vermehrung von Insekten wie Baumwollkapselkäfern, Langwanzen, Kartoffelkäfern und Maiszünslern geschaffen« (42).

17 Jahre vor Carsons *Silent Spring* hatte Teale schon die Horrorvision einer stummen Landschaft: »Würden wir die Insekten, die guten, die schlechten, wie auch die neutralen über ein größeres Gebiet eliminieren, dann wären die Folgen für viele zukünftige Generationen fühlbar. Die Singvögel, die von Insekten abhängen oder von Samen, die durch die bestäubende Tätigkeit der Insekten entstehen, würden das Gebiet verlassen. Eine Stille wie im Winter würde über die Felder und Wälder fallen« (44).

## Ein zweischneidiges Schwert

Gegen Ende des Krieges wurde Carson erstmals darauf aufmerksam, dass die intensive Verwendung von Pestiziden, insbesondere von DDT, zu Problemen führen konnte. Der Fish and Wildlife Service (FWS) befasste sich zu jener Zeit intensiv mit der Frage, wie weit das hoch gelobte DDT für nicht beabsichtigte Umweltschäden verantwortlich war. Er hatte auf Veranlassung des Bureau of Entomology and Plant Quarantine des USDA ein ausgedehntes Testprogramm an die Hand genommen. Unter der Leitung seiner Patuxent Research Refuge genannten Forschungsstation arbeiteten auch verschiedene andere Regierungsämter und Organisationen mit. Patuxent war ein 1936 unter Präsident Franklin D. Roosevelt speziell für Forschungszwecke eingerichtetes Wildtier-Reservat bei Laurel in Maryland, zwischen Washington und Baltimore gelegen. Detaillierte Ergebnisse dieser Untersuchungen wurden 1946 in einer speziellen Nummer des *Journal of Wildlife Management* publiziert.

Eine zusammenfassende Darstellung lieferten Clarence Cottam, Wildbiologe, und Elmer Higgins, Carsons früherer Chef, in einem FWS-Zirkular mit dem Titel »DDT: Its Effect on Fish and Wildlife« (Cottam und Higgins 1946). »DDT ist, wie jedes andere wirksame Insektizid oder Rodentizid durchaus ein zweischneidiges Schwert«, stand in der Einleitung, »je potenter das Gift, desto mehr Schaden kann es anrichten« (1). Es waren Freilandversuche unternommen worden, die einerseits in der Besprühung von bestimmten Habitaten aus der Luft und andererseits im Auftragen des Giftes auf Wasseroberflächen vom Boden aus bestanden. Dabei galt das Hauptinteresse nicht der Wirkung auf Insekten – allerdings wurde erwähnt, dass einige der angepeilten Populationen sich schon nach einigen Wochen bis Monaten wieder erholt hatten –, sondern der auf Krabben, Fische, Amphibien (Frösche und Kröten), Vögel und kleine Säugetiere (Mäuse und Kaninchen).

Erwartungsgemäß zeigten kleine Mengen des Giftes keine sichtbare Wirkung, mit steigender Dosis aber gab es die ersten Todesfälle und höhere Mengen konnten den Verlust eines größeren Teils einer Population bedeuten. Die Vergiftungssymptome wurden beschrieben als: »Übermäßige Nervosität, Appetitsverlust, Zittern, Muskelzuckungen und eine andauernd Steife der Beinmuskulatur.« Diese nahmen im Allgemeinen von Krabben bis Säugetieren in der oben angegebenen Reihenfolge der Tiere ab. Dabei gab es aber Unterschiede hinsichtlich der Form, in der das DDT appliziert wurde: Als Pulver, als Lösung, als Suspension oder als Emulsion. (12).

In verschiedenen Versuchen ging es darum herauszufinden, ab welcher Dosis die Mortalität einsetzte. Zum Beispiel gab es ein derartiges Experiment mit der Virginiawachtel, und man fragt sich, in welcher Art von mentalem Zustand man sein muss, um einen Versuch durchführen zu können, der zum Resultat führt: »Dosierungen von 200 Milligramm kristallinem DDT in Gelatine pro Kilogramm Körpergewicht waren nötig, um einen signifikanten Prozentsatz von Todesfällen zu verursachen» (12).

Schon vor der Publikation dieses Berichtes gab der FWS eine Reihe von warnenden, von Carson geschriebenen oder redigierten Pressemitteilungen heraus. Eine vom 18. Mai 1945 zum Beispiel enthielt die Empfehlung: »Man verwende DDT für die Kontrolle von Insekten-Schädlingen nur nach einer Abwägung des Wertes einer solchen Kontrolle gegenüber dem bei nützlichen Lebensformen verursachten Schaden.« Sie endete mit dem Hinweis, das Zirkular könne für 5 Cents beim Government Printing Office in Washington, DC, bezogen werden. Am 10. August desselben Jahres wurde ein Schreiben veröffentlicht, das speziell die Fischverarbeitungsbetriebe als Adressaten hatte. Wenn sie aus hygienischen Gründen DDT verwendeten, sollten sie ja nicht sorglos damit umgehen, hieß es. Eine resultierende Verunreinigung der Lebensmittel könnte für die Konsumenten gesundheitsschädigende Folgen haben.

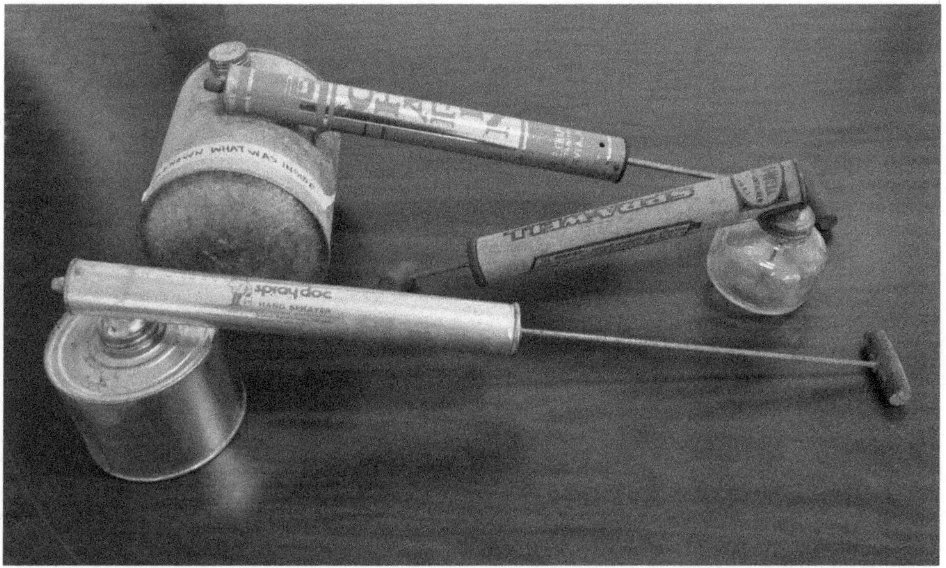


Abb. 8-4: Eine Kollektion von alten Insektizid-Handsprühapparaten, die in Rachel Carsons Geburtshaus in Springdale, PA, von der Rachel Carson Homestead Association als Ausstellungsobjekte aufbewahrt werden. Auf dem Kleber steht: »Unknown what was inside.« Foto: D.S., 17.9.2013.

Carson selbst war beunruhigt und dachte, eine breitere Öffentlichkeit müsse informiert und aufgerüttelt werden. So wandte sie sich im Juli 1945 an Harold Lynch beim *Reader's Digest* mit der Absicht, dort einen Artikel über die Risiken des DDT-Gebrauchs zu platzieren. Vor einem Jahr war ja von diesem Magazin ihr Artikel über das Ortungssystem der Fledermäuse akzeptiert worden (s. p. 115), und die Redaktion hatte sie ermuntert, weitere Beiträge zu liefern. »Der *Digest* aber fand dies ein unverdauliches Thema« und lehnte ab (Lear 2009, 119). Carson insistierte nicht, legte ihre Unterlagen in die Schublade, sammelte zwar weiterhin Material zur Pestizid-Frage, wandte sich ansonsten aber wieder anderen, »normaleren« Themen zu. Lear (2009, 119) taxiert diese Rückweisung im Rückblick als einen Glücksfall: Als Carson sich zwölf Jahre später wieder mit den Auswirkungen der chemischen Schädlingsbekämpfung zu beschäftigen begann, tat sie dies als private Bürgerin und konnte sich dabei in einer Weise frei äußern, wie es ihr als Angestellte der Administration nicht möglich gewesen wäre.

## 8.2 Vernichtungsfeldzüge aus der Luft

### »Erste wirkliche Ausradierungs-Operationen der Geschichte«

Das USDA ließ sich aber von solchen Warnungen nicht beirren, zu groß war seine Begeisterung für das DDT als Wundermittel für eine radikale Schädlingsbekämpfung. Wie unter seiner Regie riesige Waldflächen von der Luft aus besprüht wurden, darüber berichtete die März-Nummer 1950 von *Popular Mechanics.* »Wenn, wie die Wissenschaftler sagen, eines Tages die Insekten die Herrschaft übernehmen, ist es ziemlich sicher, dass der Schwammspinner nicht dabei sein wird. Dasselbe gilt für den Trägspinner, den Spanner, den Fichtentriebwickler und eine ganze Schar von anderen kleinen Monstern, die sich jedes Jahr durch um die 500 000 000 ›board feet‹ [= ca. 1.2 Millionen Kubikmeter] Nutzholz hindurch kauen«, lautete die Prognose. Der Grund dafür wurde wiederum in penetrant militärischem Jargon erklärt: An rund einem Dutzend Fronten sei mit der »air force« des USDA als Speerspitze eine Offensive lanciert worden, die in den »ersten wirklichen Ausradierungs-Operationen der Geschichte« resultiert habe. Im letzten Frühling seien rund hundert mit DDT-Sprühanlagen versehene Regierungs- und private Flugzeuge aufgestiegen, »um von Küste zu Küste mehr als eine Million Acres [= 4000 Quadratkilometer] von befallenem Wald mit einem Todesnebel zu duschen« (92).

### Tod der Feuerameise!

In den folgenden Jahren setzte das USDA diese Art von Kriegsführung fort. »In den chemischen Pestiziden hatte … [dieses Amt] ein fesselndes neues Spielzeug gefunden, mit dem es stolz prunkte. Bot sich keine Gelegenheit dazu, schuf es eben eine, wie etwa für sein berüchtigtes Feuerameisen-Programm« (Graham 1971, 26). Damit ist der groß angelegte Ausrottungsfeldzug gegen die aus Südamerika eingewanderte Feuerameise angesprochen, den das Amt im Herbst 1957 für die folgenden Jahre ankündigte. Als Carson davon hörte, begann sie sich wieder ernsthaft dem Thema der Schaden stiftenden Pestizide zuzuwenden. Rund 80 000 Quadratkilometer sollten von der Luft aus mit Insektiziden besprüht werden, und zwar nicht mit DDT, sondern mit Dieldrin und Heptachlor. Dies waren zwei relativ neue Chemikalien, von denen lediglich bekannt war, dass ihre Giftigkeit diejenige des DDT bis zu einem Faktor 40 überstieg. Welcher Art die Konsequenzen einer Anwendung dieser Stoffe für die weitere Umwelt sein könnten, darüber hatte das USDA keine Vorstellung. Carson war die Gefährlichkeit des vorgesehenen Vorgehens unmittelbar klar. Dabei war die geplante Vernichtung der Feuerameise nur ein Beispiel für die enorme Intensivierung und

Ausdehnung des Einsatzes von Giftstoffen seit der Zeit, da Carson zum ersten Mal mit der Materie in Berührung gekommen war (s. p. 210 f.)

Die Feuerameise hat ihren Namen ihres Stiches wegen bekommen, »der sich wie ein brennendes, zu nahe an die Haut gehaltenes Zündholz anfühlt« (Wilson 2002, 359). Sie war kurz nach Ende des Ersten Weltkrieges in Alabama erstmals beobachtet worden und hatte sich seither in fast alle Südstaaten ausgebreitet. So steht es bei Carson (1963a, 167). Das Problem dabei ist, dass hier nur von *der* Feuerameise die Rede ist, während es verschiedene Arten gibt, einheimische und eingeschleppte. Die ersteren sind unproblematisch, bei den letzteren müssen zwei Arten unterschieden werden, die schwarze Feuerameise – die obige Aussage betreffend ihrer Einwanderung bezieht sich auf sie – und die rote Feuerameise, die ebenfalls per Schiff aus Südamerika eingewandert ist, aber später. Edward O. Wilson, der große Ameisenforscher, beschrieb 1942 als 13-jähriger Pfadfinder zum ersten Mal eine Kolonie, die er auf einem Grundstück in der Hafenstadt Mobile, Alabama, entdeckt hatte. Nun ist die rote Feuerameise die weitaus aggressivere Art, die, wie sie heute beschrieben wird, tatsächlich eine gewisse Gefahr für Mensch und Tier darstellt. Ironischerweise zeigt sie dabei auch ein nützliches Verhalten, indem sie als Räuber gewisse andere Insektenschädlinge vernichtet. Allerdings verdrängt sie auch die einheimischen Feuerameisen-Arten (Cerutti 2002, Wilson 2007).

Dass Carson die beiden Spezies nicht voneinander unterschied, ist nicht ganz verständlich, denn sie war damals im Briefkontakt mit Wilson. Dieser hatte von Carsons Beschäftigung mit der Pestizid-Problematik Kenntnis bekommen und sie daraufhin auf neuere Forschungsresultate aufmerksam gemacht. Er schickte ihr auch einen Sonderdruck einer seiner Arbeiten über die Feuerameise und aufmunternde Zeilen: »Das Thema ist ein grundlegend wichtiges und muss durch eine Schriftstellerin mit Ihrem Talent und Prestige an die Öffentlichkeit gebracht werden« (B 1.10.58, Lear 2009, 332). Dass Carson damals aufgrund der ihr vorliegenden Berichte aus den Südstaaten die Feuerameise als relativ unproblematisch einstufte, hat wohl damit zu tun, dass sich diese Berichte vorwiegend auf die schwarze Art bezogen, die zu jener Zeit vermutlich noch in weiten Gebieten verbreitet war, aus denen sie später durch die rote Art verdrängt worden ist.

Carson (1963a, 167-170) schrieb also, bisher sei die Feuerameise nicht als wirklich gefährlich eingestuft worden, Schäden an Nutzpflanzen und -tieren habe es kaum gegeben, und die Stiche seien für Menschen zwar unangenehm, aber weniger gefährlich als die von Wespen und Bienen. Die Ameise habe lediglich den Status eines Plaggeistes erworben, weil sie Hügel baue, die 30 Zentimeter und höher würden, was für den Gebrauch der landwirtschaftlichen Maschinen lästig sei. Lokale Behandlungsmethoden genügten aber, um diese Hindernisse zu eliminieren.

Das USDA aber lancierte zwecks Förderung der Akzeptanz seiner vorgesehenen Sprüh-Kampagne eine umfangreiche PR-Aktion. »Die Feuerameise war kein Schädling bis die kommerziellen Giftsprüher dem leichtgläubigen Ministerium für Landwirtschaft sagten, sie sei einer« (Egler 1964, 120). Cottam meinte, das Feuerameisen-Programm habe den Charakter des Skalpierens eines Patienten, der damit von seinen Schuppen befreit werden soll (nach Stein 2012, 73).

»Die Feuerameise wurde plötzlich zur Zielscheibe eines wahren Sperrfeuers von amtlichen Berichten, Filmen und amtlicherseits angeregten Geschichten, in denen das Insekt als Verderben der Landwirtschaft des Südens und als Mörder von Vögeln, Vieh und Menschen dargestellt wurde. Ein gewaltiger Krieg wurde angekündigt … «, schilderte Carson (1963a, 168) später die Situation in *Der Stumme Frühling.* Das USDA produzierte einen Propaganda-Film *Fire Ant on Trial*, den Carson in einer Vorschau sah. Sie war entsetzt und schrieb danach an Cottam: »Wie man erwarten kann, wird jegliche Gefahr für Wildtiere abgestritten und der Eindruck erweckt, das Programm habe die volle Unterstützung der mit Wildtieren befassten Ämter und Organisationen.« Der Film ist eine «schamlose Propaganda zur Befürwortung eines Programms, das weit herum als wenig durchdacht, unverantwortlich und gefährlich in Frage gestellt worden ist« (B 18.3.59, Lear 2009, 343).

Viele staatliche Naturschutzstellen und private Naturschutzorganisationen, darunter die National Wildlife Federation und die Audubon Naturalist Society, protestierten gegen die Pläne des USDA, aber auch aus wissenschaftlichen Kreisen der Ökologie und der Entomologie gab es Einwände. Regierungsintern getraute sich das FWS, Kritik zu äußern. Die Schreiben, die an Ezra Benson, den damaligen Landwirtschaftminister gerichtet wurden, bemängelten die fehlende Forschung und damit das fehlende Wissen bezüglich unerwünschter Nebenfolgen solcher Gifteinsätze. Nachdem der Kongress 2,4 Millionen Dollar für ein erstes Jahr gesprochen hatte, konnte es sich das USDA aber leisten, die Proteste zu ignorieren und 1958 mit dem Programm zu beginnen und gleich rund 4000 Quadratkilometer mit Insektiziden zu belegen. Schon bald häuften sich die Schadensmeldungen, aber das USDA blieb ungerührt, bezeichnete diese als irreführend, und setzte die Kampagne in den nächsten drei Jahren fort, wenn auch in vermindertem Maße.

In *Silent Spring* berichtete dann Carson (1963a) etwas später zusammenfassend über die Verwüstungen, die der gegen die Ameisen gerichtete Vernichtungsfeldzug angerichtet hatte. Hier Beispiele: »Nachdem die Chemikalie … über den Landkreis Hardy in Texas niedergegangen war, verschwanden die Opossums, die Neunbinden-Gürteltiere und eine reiche Population von Waschbären fast völlig. … In einem Landstrich von Alabama, den man im Jahre 1959 behandelt hatte, wurde die Hälfte der Vögel getötet. Von Arten, die auf dem Boden leben oder sich häufig in Stauden oder niedrigem Strauchwerk aufhalten, gingen hundert Prozent zugrunde. Selbst ein Jahr nach den Bekämpfungsmaßnahmen gingen im Frühling die Singvögel ein …« (172). »Aus allen Bezirken innerhalb des Gebietes, wo man die Feuerameise bekämpfte … wurden verheerende Wirkungen auf Wassertiere gemeldet« (147). Es gab tote Fische überall, aber auch Amphibien und Reptilien waren betroffen. In einigen Meldungen war sogar von Opfern bei Nutz- und Haustieren die Rede. Von einem

Tierarzt in Brainbridge, Georgia, gab es die folgende Beschreibung; »Innerhalb eines Zeitraums von zwei Wochen bis zu mehreren Monaten, nachdem das Gift gegen die Feuerameise angewandt worden war, begannen Rinder, Ziegen, Pferde, Küken, Vögel und andere wildlebende Tiere an einer oft tödlichen Krankheit des Nervensystems zu leiden. Es wurden nur Tiere davon befallen, die Zugang zu verunreinigtem Futter und Wasser hatten. Stalltiere waren nicht betroffen« (175).

Die Ironie der Geschichte: Aus vielen Gebieten, die die chemische Kriegsführung über sich ergehen lassen mussten, kamen bald nachher Berichte, die Zahl der Feuerameisen habe nicht ab-, sondern zugenommen. Dies war damals schon Carson (1963a, 178) bekannt. Was passierte, war dies: Die rote Art konnte zwar vorübergehend eliminiert werden, aber dies traf auch auf die anderen Arten und weitere Insekten zu. Das dadurch entstehende Vakuum wurde anschließend aus benachbarten Gebieten am raschesten wieder von der roten Feuerameise als der aggressivsten Art aufgefüllt. Fazit: Auf diese Art ist dieses Insekt nicht unterzukriegen; nicht von ungefähr enthält sein wissenschaftlicher Name das Attribut *invicta* - unbesieglich. Wilson (2007, 32) sprach vom »Vietnam der Entomologie.«

## Wer spinnt hier?

Zu jener Zeit existierte noch keine Umweltbewegung, und nur wenigen Leuten war die Gefährlichkeit der Pestizide überhaupt bewusst. Eine der wenigen Ausnahmen betraf eine Gruppe von Leuten in Long Island, die im Frühling 1957 den Aufstand probten und das USDA einklagten. Der Ursprung des Problems, um das es sich hier handelte, lag im Jahre 1869. Damals experimentierte ein französischer Naturforscher namens Léopold Trouvelot (1827-1895) im Bostoner Vorort Medford mit aus Europa eingeführten Exemplaren des Schwammspinners, eines Nachtfalters. Er wollte herausfinden, ob sich dessen Kokons zur Faserproduktion eignen würden. Und wie es so oft passiert in solchen Fällen: Einige Exemplare entwichen und von da an breitete sich das Insekt stetig in die Neuengland-Staaten und nach New York und New Jersey aus. Das war nicht folgenlos, denn die gefräßigen Raupen sorgten für eine Entlaubung der befallenen Bäume. Wie schon bei der eben beschriebenen Feuerameise handelte es sich auch hier um einen klassischen Fall von Bioinvasion: Ein Fremdorganismus kann sich, weil natürliche Feinde fehlen, in einem einheimischen Ökosystem ungehindert ausbreiten und es aus den Angeln heben.

In den 1950er Jahren beschloss das USDA, in Zusammenarbeit mit den zuständigen Behörden der Staaten New York, New Jersey, Pennsylvania und Michigan eine Vernichtungskampagne zu starten. Zunächst sollte die weitere Diffusion des Schädlings nach Westen und Süden gestoppt werden. So wurde die Auslöschung des Insekts mittels einer von Flugzeugen aus versprühten Mischung von Dieselöl und DDT in einer 40 Kilometer breiten Zone geplant, die sich von den Adirondack-Bergen im Nordosten des Staates New York bis nach Long Island erstreckte. Dabei wurden die Piloten nicht, wie man hätte erwarten können, nach der Größe der Flächen bezahlt, die sie überflogen, sondern nach der Menge der Gallonen Gift, die sie verspritzten. Man kann sich lebhaft vorstellen, wie sie dadurch motiviert wurden, möglichst viel von dem Zeug loszuwerden (Quaratiello 2010, 102).

Nach der 1956 durchgeführten Befliegung gab es Berichte über Schäden, was zu ersten Protesten führte. Das aber ließ auch hier die Behörden gänzlich kalt – unbekümmert sahen sie weitere Kampagnen für nächstes Jahr vor. Long Island war eine Zielregion, und als dortige Einwohner Kenntnis davon bekamen, dass 1957 wieder ein Gifteinsatz stattfinden sollte, formierte sich eine Opposition, die versuchte, ein vorläufiges gerichtliches Verbot zu bewirken. Die Initiative ging von zwei Frauen aus: Marjorie Spock, Schwester des bekannten Kinderarztes Benjamin Spock, und ihre vermögende Freundin Mary Richards. Die beiden hatten in den frühen 1950er Jahren eine Liegenschaft in Brookville gekauft, und darauf einen ungefähr ein Hektar großen Garten eingerichtet, in dem sie biologisch-dynamische Landwirtschaft nach anthroposophischen Kriterien betrieben – Spock hatte die Philosophie Rudolf Steiners bei einem Aufenthalt in der Schweiz kennen gelernt. Die Folge der Besprühung im vorigen Jahr bestand in ruiniertem Gemüse, verseuchtem Boden und kontaminierten Tieren. Das Vorhaben, einen vom Gericht verfügten Stopp zu erreichen, misslang aber; Long Island musste einen erneuten Sprühregen über sich ergehen lassen.

Abb. 8-5: DDT-Sprühkampagne aus der Luft, hier nicht zur Bekämpfung des Schwammspinners, sondern zur Behandlung der vom Trägspinner befallenen Douglastannen im nördlichen Idaho 1947. Das Flugzeug ist ein Ford Trimotor, zwischen 1925 und 1933 gebaut. Quelle und Bewilligung: Malcolm Furniss, History Committee, Western Forest Insect Work Conference (WFIWC) Archives.

Carson (1963a, 163-164) beschrieb die Fragwürdigkeit dieses Programms später so: »Der Bezirk von Long Island, der im Jahre 1957 in die Sprühmaßnahmen gegen den Schwammspinner einbezogen wurde, bestand hauptsächlich aus dichtbevölkerten kleinen Städten und Vorstädten sowie aus Küstengebieten mit angrenzenden Salzsümpfen. ... Als Gipfel der Ungereimtheit erscheint es ..., dass man behauptete, ›das Zentrum der Großstadt New York sei von der Ansteckung bedroht‹, und dies als eine wichtige Rechtfertigung für das Bekämpfungsprogramm anführte. Der Schwammspinner ist ein Waldschädling, aber in Städten kommt er bestimmt nicht vor. ... Trotzdem ließen ... die Flugzeuge ... die vorgeschriebenen Mengen DDT, mit Kerosin vermischt, unparteiisch herabregnen. Sie sprühten Gemüsegärten und Meiereien, Fischteiche und Salzsümpfe. Sie sprühten die 1000 Quadratmeter umfassenden Grundstücke der Vorstädte, verschonten auch eine Hausfrau nicht, die sich verzweifelt bemühte, ihren Garten abzudecken, ehe die dröhnenden Flugzeuge sie erreichten, und sie überschütteten spielende Kinder und wartende Fahrgäste an den Eisenbahnstationen mit dem Insektizid. In Setauket trank ein schönes Pferd aus einem Trog auf einem Feld, das die Flugzeuge besprüht hatten; zehn Stunden später war es tot. Automobile wurden von der öligen Mischung beschmutzt, Blumen und Sträucher vernichtet. Vögel, Fische, Krabben und nützliche Insekten wurden getötet.«

## 8.3 Ein Fall für ein unwilliges Gericht

### Murphy v. Benson: Bezirksgericht

Der durch die Klage ausgelöste Gerichtsfall, der seinerzeit große Teile der Bevölkerung der Region aufwühlte, ist als »Murphy v. Benson« in die Geschichte eingegangen. Hauptkläger war seines Bekanntheitsgrades wegen – er war ein weltberühmter Ornithologe – Robert Cushman Murphy, der als Nachbar der beiden genannten Frauen diese unterstützen wollte und auch für die Anwaltskosten aufkam. Ein paar weitere sich betroffen fühlende Landbesitzer machten auch mit. Umgekehrt war der Landwirtschaftsminister Ezra Taft Benson der Hauptbeklagte. Er blieb aber davon verschont, vor Gericht erscheinen zu müssen, weil dieses fand, es genüge, wenn Lloyd Butler, der im USDA Leiter der Abteilung für Pflanzenschutz und Schädlingsbekämpfung und damit für die Organisation der Sprühflüge zuständig war, anwesend sei. Dazu kam Daniel Carey, Kommissar des New York State Departments for Agriculture and Markets.

Die Klage wurde am 8. Mai 1957 eingereicht und war in erster Linie auf ein Verbot der Sprühflüge gerichtet, erst danach auf einen Schadenersatz. Das Argument war, die landwirtschaftliche Gesetzgebung, die den Landwirtschaftsminister des Bundes berechtige, zur Kontrolle oder Vernichtung von Schädlingen Maßnahmen allein oder aber in Kooperation mit den zuständigen Stellen des betreffenden Staates (in diesem Falle New York) zu ergreifen, sei verfassungswidrig, wenn sie flächendeckende Besprühungen mit Pestiziden erlaube.

Damit war eine Verletzung des sogenannten »Fifth Amendment« der Verfassung gemeint, in welchem steht, privates Eigentum dürfe ohne eine ausgleichende Kompensation nicht für öffentliche Zwecke benutzt werden. Genau dies geschehe aber, argumentieren die Klagenden: Die unterschiedslose Beregnung mit DDT stelle einen mit Schäden verbundenen Übergriff auf Privateigentum dar.

Nun war die nächste Sprühkampagne schon für den Juni geplant, womit dem Gericht – zuständig war das Distriktgericht für den östlichen Distrikt von New York – die nötige Zeit für eine grundsätzliche Abklärung des Falles fehlte. Diese musste auf später verschoben werden. Die Klagenden reichten deshalb hinsichtlich der vorgesehenen nächsten Befliegung gleichzeitig einen Antrag für einen provisorischen Stopp ein. Nach dem Studium einer Reihe von eidesstattlichen Erklärungen von beiden Seiten und einem Hearing kam das Gericht am 24. Mai zu einem für die klagende Seite negativen Entscheid: Diese habe keine überzeugenden Belege dafür liefern können, dass die durch eine Besprühung entstandenen Schäden größer wären als diejenigen, die die Gemeinschaft insgesamt bei der Absenz eines solchen Einsatzes – also die durch den Schwammspinner verursachten – zu erdulden hätte (District Court for the Eastern District of New York 1957).

Es regnete also noch einmal DDT vom Himmel, und der eigentliche Prozess begann dann am 10. Februar 1958 und dauerte ganze 22 Tage. Carson war inzwischen auf den Fall aufmerksam geworden, nicht zuletzt auch, weil Murphy zu ihrem Bekanntenkreis gehörte. Sie versuchte den Schriftsteller Elwyn Brooks White (meist einfach E.B. White genannt), der Kolumnen für *The New Yorker* verfasste – und von dem sie wusste, dass er sich auch schon über die Pestizid-Programme aufgeregt hatte –, dafür zu gewinnen, die Verhandlungen zu verfolgen und darüber zu schreiben. Er antwortete, er sei leider nicht in der Lage, dies zu tun, aber er würde dafür sorgen, dass das Magazin einen Reporter schicke.

Carson nahm auch mit Spock Kontakt auf und bat sie, ihr nach Möglichkeit Informationen über den Fortgang der Verhandlungen zu schicken. »Marjorie Spock hatte in einen Thermofax-Apparat investiert, eines der frühesten Modelle, das in ihrem Keller aufgestellt war. Es handelte sich um eine primitive Maschine, die ständig überhitzt war, Rauch und übel riechende Dämpfe ausstieß ... und versengtes, manchmal ganz verbranntes braunes Papier lieferte, das kaum lesbar war« (Lear 2009, 320). Aber Spock kopierte damit jeden Abend unentwegt ihre eigenen Aufzeichnungen und weitere Dokumente und sandte sie an Carson.

Zur Gruppe der Klagenden war noch eine weitere prominente Person gestoßen: Archibald B. Roosevelt, Sohn des einstigen Präsidenten Theodore Roosevelt. Für die eine oder die andere Seite traten an die 50 Zeugen und Zeuginnen auf, darunter eine Reihe von Experten. Die Auseinandersetzung betraf im Wesentlichen vier Fragenkomplexe: 1. Beeinträchtigt DDT die menschliche Gesundheit? 2. Hat DDT eine schädliche Wirkung auf »Vögel, Fische, Bienen und wachsende Kulturpflanzen«? 3. Wurde die Sprühkampagne nach bestem Wissen und Können durchgeführt? 4. Sind die angesprochenen landwirtschaftlichen Gesetze wirklich verfassungswidrig? (District Court for the Eastern District of New York 1958).

Abb. 8-6: Erster öffentlicher Test einer Insektizid-Sprühmaschine am Strand des Jones Beach State Park, Wantagh, Long Island, NY, am 8. Juli 1945. Auf dem Fahrzeug steht: »D.D.T. Powerful Insecticide Harmless to Humans.« In der Überzeugung, DDT schade nur den Insekten, wurden so schon damals unabsichtlich Versuche mit Menschen durchgeführt. Quelle: Bettmann-Archiv, Bewilligung: Corbis Images.

Einer der, die menschliche Gesundheit betreffend, für die Verteidigung aussagte, war Wayland J. Hayes, Cheftoxikologe beim US Public Health Service in Atlanta und international bekannt, weil er auch für die World Health Organization (WHO) der UNO arbeitete. Er vermochte das Gericht zu beeindrucken mit einem Bericht über ein von ihm durchgeführtes Experiment an Menschen (!), denen er ein Jahr lang DDT verabreicht hatte, und bei dem er zum Schluss gekommen war, das Pestizid verursache auch im Fall einer Sprühkampagne keine gesundheitlichen Schäden. Carson befasste sich später mit den Details dieser Untersuchung: Es war klar, dass sie wertlos war (vgl. p. 261). Die Ärzte, die für die Anklage aussagten, konnten aber zu jenem Zeitpunkt nicht dagegen halten; sie berichteten über Autopsien, mit denen sie die Anreicherung von DDT im menschlichen Körper dokumentierten, über eine mögliche negative Wirkung auf die Gesundheit aber nur Vermutungen anstellen konnten. Jedenfalls kam das Gericht zum Schluss, »dass die Klagenden den Beweis schuldig blieben, dass die Besprühung für die Gesundheit abträglich war« (District Court for the Eastern District of New York 1958).

Ein ausgesprochener Witz war Hayes‘ ernst gemeinte Aussage, wenn Leute Bedenken hätten, könnten sie ja Biogemüse essen, das nicht mit Pestiziden behandelt worden sei –

dabei war ja durch die Überflüge das Gift überall verteilt worden war, eben auch im Biogarten von Spock und Richards!

Viel knapper wurde die Frage der Wirkung auf nicht-menschliche Organismen abgehandelt. Jedenfalls kam der Richter rasch zum Schluss, dass es sich hier um einen von den Klagenden angefachten Sturm im Wasserglas handelte: »Nur ein paar wenige Fische und Vögel wurden getötet ... Es gibt keine Belege für Schäden bei Bienen ... Experten erbrachten den Nachweis, dass es bei Verlusten [also doch?] innerhalb kurzer Zeitspannen zu einer Erholung der Populationen kommt« (District Court for the Eastern District of New York 1958). Das stand natürlich voll im Widerspruch zu den von den Klagenden gemachten Beobachtungen, die aber offenbar als anekdotisch abgetan wurden.

Was die Frage einer korrekten Durchführung der Sprühflüge betraf, wurde immerhin eingeräumt, dass es natürlich schwierig bis unmöglich sei, einzelne Flächen auszugrenzen, dass hier aber trotzdem Verbesserungspotenzial bestehe.

Mehr zu reden gab das Problem der Verfassungswidrigkeit. Aber auch hier kam das Gericht zu einem ablehnenden Entscheid. Mit Bezug auf einen vom Supreme Court behandelten Präzedenzfall heißt es in der Urteilsverkündung vom 23. Juni 1958: »Unser oberstes Gericht entschied ... dass der Staat die Wahl und die Macht hat, sich für die Zerstörung einer Klasse von Eigentum zu entscheiden, wenn damit eine andere, die nach dem Dafürhalten der Legislative von größerem Wert für die Öffentlichkeit ist, gerettet werden kann« (District Court for the Eastern District of New York 1958).

## Murphy v. Benson bzw. Butler: Appellations- und Oberstes Bundesgericht

Die Klage wurde also abgewiesen. Spock meinte dazu später: »Die Regierung überrannte rücksichtslos alle, die sich der neuen Technologie in den Weg stellten. Sie schüttelten uns ab wie lästige Fliegen« (Lear 2009, 319). Die Protestgruppe aber zog den Fall weiter zur nächst höheren Instanz, dem Appellationsgericht. Dieses fand in seinem Urteil vom 1. Oktober 1959, die Frage eines Stopps für die Sprühflüge sei irrrelevant, weil der Stein des Anstoßes, die Befliegung von 1957, der Vergangenheit angehöre und mit großer Wahrscheinlichkeit (aber nicht absoluter Sicherheit!) keine weiteren Kampagnen dieser Art mehr stattfinden würden. Bezüglich der Frage eines Schadenersatzes folgte das Gericht der Vorinstanz: Die Klage ist abzuweisen, weil es keine überzeugenden Beweise für erlittene Schäden gibt (United States Court of Appeals Second Circuit 1959).

Schließlich landete der Fall, jetzt unter der Bezeichnung »Murphy v. Butler«, beim Obersten Gerichtshof, der aber am 28. März 1960 bekannt gab, er könne aus Formalitätsgründen gar nicht darauf eintreten. Einer der Richter, William O. Douglas, ließ sich aber mit einer abweichenden Beurteilung verlauten, die auch in vollem Umfang im Magazin *Saturday Review of Literature* publiziert wurde. Er monierte, die hier aufgeworfenen Fragen seien von großer öffentlicher Bedeutung und verdienten eine ernsthafte Behandlung. Unter anderem schrieb er: »Die Wirkung von DDT auf Vögel und ihr Fortpflanzungsvermögen und auf andere Wildtiere, die Wirkung von DDT als ein Faktor bei bestimmten menschlichen Krankheiten wie Kinderlähmung, Gelbsucht, Leukämie und andere das Blut betreffende Störungen, die zunehmende Unfruchtbarkeit des Weißkopfseeadlers, all dies hat in weiten Kreisen wachsende Bedenken ausgelöst, ob es klug ist, dieses und andere Insektizide zu verwenden.« Er untermalte auch seine Aussage, indem er aus einem Brief zitierte, den Carson an die *Washington Post* geschickt hatte (s. p. 232) (United States Supreme Court 1960).

Trotz des Misserfolgs wurde dieser Gerichtsfall zu einem Weckruf für die Öffentlichkeit: Sie wurde »darauf aufmerksam, dass man zunehmend bestrebt ist, Insektizide in Massen anzuwenden, und dass die Stellen, die sich mit der Bekämpfung befassen, die Macht haben und auch geneigt sind, angeblich unverletzliche Eigentumsrechte von Privatleuten zu missachten« (Carson 1963a, 165). Nach Carsons Empfinden war dies ein weiteres Anzeichen dafür, dass mit den Aktionen des USDA etwas Diabolisches in Gang gekommen war, dem sie unbedingt ihre Aufmerksamkeit zuwenden musste. Ihr Interesse für den Prozess hatte übrigens eine positive Nachwirkung: Sie und Spock wurden gute Freundinnen. Die Biogärtnerin konnte gut mit Kindern umgehen, wovon Roger profitierte, denn sie versorgte ihn mit Spielen und Büchern, von denen sie dachte, sie würden ihn freuen. An Carson schickte sie weiter alles Material zur Pestizid-Problematik, dessen sie habhaft werden konnte, und vermittelte ihr Kontakte.

## 8.4 Die Beunruhigung wird zu einer nationalen Angelegenheit

### Einrichtung einer Kommission

Wie wir gesehen haben, hatte es schon lange vor *Silent Spring* in gewissen Kreisen der Wissenschaft einzelne kritische Stimmen zum massiven Einsatz von Pestiziden gegeben. Es ist anzunehmen, dass der Long-Island-Gerichtsfall, bei dem das USDA und seine Forschungsabteilung, der Agricultural Research Service (ARS), ins kritische Blickfeld geraten waren, ein wesentlicher Faktor dafür war, dass jetzt die Frage nach Sinn und Unsinn dieser Praxis zu einer nationalen Angelegenheit gemacht wurde. Die Folge war 1960 die Einrichtung eines »Committee on Pest Control and Wildlife Relationships« unter der Ägide der National Academy of Sciences (NAS) und des National Research Council (NRC).

Die Mitglieder dieser Kommission setzten sich aus Vertretern der Hochschulen und der Behörden zusammen. Ira L. Baldwin, Professor für landwirtschaftliche Bakteriologie an der University of Wisconsin, war Vorsitzender, W. H. Larrimer, Chef der Insect Control Division des USDA, amtete als Sekretär. Die Arbeit für die drei zu behandelnden Themen – I »Evaluation of Pesticide Wildlife Problems«, II »Policy and Procedures for Pest Control« und III »Research Needs« – wurde von entsprechenden Subkommissionen geleistet, die aus zusätzlichen Wissenschaftlern bestanden, aber je von einer Person aus der

Hauptkommission geleitet wurden. Entsprechend war dann der Schlussbericht dreiteilig. Die ersten zwei Teile erschienen noch vor der Publikation von *Silent Spring* (NAS-NRC 1962a, 1962b), der dritte Teil nachher (NAS-NRC 1963). Noch vorher aber gab es eine Art Zwischenbericht, den die Kommission anlässlich eines Symposiums schon nach einem Jahr publizierte (NAS-NRC 1961).

Mitglied der Subkommission III war auch der uns schon bekannte Clarence Cottam (vgl. p. 210), der sich darüber aufhielt, dass die Kommission insgesamt eine schiefe, industrie- und damit pestizidfreundliche Zusammensetzung aufweise. Zum Beispiel war der oben erwähnte Larrimer bekannt für »seinen passionierten Glauben an den Segen der synthetischen Pestizide vom Typ der Chlorkohlenwasserstoffe« und George C. Decker, Vorsitzender der Subkommission I war »ein häufiger Berater der chemischen Industrie« (Lear 2009, 565, En 16). Das verspätete Erscheinen des Berichtes dieser Subkommission ergab sich denn auch aus dem Umstand, dass sich Cottam weigerte, die erste Fassung des Berichtes der Subkommission III zu unterschreiben und erst einer modifizierten Version zustimmte.

Mit der folgenden inhaltlichen Zusammenfassung der NAS-NRC-Berichte versuchen wir einen Eindruck von der darin zum Ausdruck kommenden grundlegenden Geisteshaltung zu bekommen.

## Alles nur halb so schlimm

Ausgangspunkt ist die Grundvorstellung, dass der Mensch schon seit biblischen Zeiten in einer unvermeidlichen, kriegerischen Auseinandersetzung mit der Natur steht, dass er darunter gelitten hat, jetzt aber im Begriff ist, dank Chemikalien wie dem DDT die Oberhand zu gewinnen. Vom menschlichen Gesichtspunkt aus gibt es nützliche und schädliche Pflanzen und Tiere. Die ersteren sind lebens- und damit schützenswert, aber es kann auch innerhalb dieser Kategorie zu Konflikten kommen: »Niemand möchte zwischen Bäumen und Vögeln zu wählen haben, aber eine solche Wahl muss gelegentlich getroffen werden« (NAS-NRC 1962a, 2). Mit dieser Aussage soll vermutlich an den Fall der Ulmen und der Wanderdrosseln erinnert werden (s. p. 253 ff.). Die schädlichen Lebewesen stellen für den Menschen eine große Gefahr dar und müssen deshalb nach Möglichkeit vernichtet werden. Dazu sind Chemieeinsätze unerlässlich und gewisse unerwünschte Nebeneffekte unvermeidlich.

Wenn es bei den bisherigen Sprühprogrammen Verluste unter den Wildtieren gegeben hat, ist dies nicht ein grundsätzliches Problem, sondern bloß die Folge von Unachtsamkeiten und von auf mangelnder Erfahrung beruhenden Fehlern. So ist es zu überdimensionierten Ausrottungsprogrammen und übermäßigen Behandlungsdosen gekommen. Das kann vermieden werden, wenn in Zukunft neue Pestizide vor dem Einsatz gründlich getestet werden. Im Übrigen sind die negativen Auswirkungen der Pestizide auf Wildtiere viel geringer als die anderer anthropogener Faktoren wie Verstädterung, Gewässerverschmutzung, Entwässerung, Jagd und Feuer.

In der herkömmlichen Landwirtschaft gab es eine Tradition agronomischer Schädlingsbekämpfungsmethoden: Die Wahl optimaler Pflanzdaten, die Beachtung von Fruchtwechselprinzipien, die Verwendung von hochstehendem Saatgut und von passendem Dünger und eine adäquate Vorbereitung des Bodens. Da dies nicht mehr genügt hat, ist es zur Anwendung von Chemie gekommen. Natürlich kann man sich fragen, ob der Mensch nicht versuchen sollte, die Natur – die so ausgezeichnete Arbeit in der Aufrechterhaltung von Gleichgewichten zwischen den Arten leistet – nachzuahmen und mit biologischer Methodik Zielorganismen mittels Räuber, Parasiten oder Krankheiten im Zaum zu halten. Solche Verfahren haben aber nur in wenigen Fällen zum Erfolg geführt, zum Beispiel bei den Zitruspflanzungen in Kalifornien (s. p. 271). Das ist deshalb so, weil der Mensch schon so stark in die Natur eingegriffen hat, dass verloren gegangene Gleichgewichte nicht wieder hergestellt werden können. Durch die grundlegende Veränderung der Ökologie eines Gebietes (Entwaldung, Entwässerung), durch einseitige landwirtschaftliche Anbautechniken (kein Fruchtwechsel, Hochleistungssorten) und durch Einführung fremder Arten hat der Mensch unabsichtlich selbst günstige Bedingungen für Schädlinge geschaffen. (Diese Aussage steht in eklatantem Widerspruch zur vorher genannten These des ewigen Krieges!).

So bleibt nur die chemische Schädlingsbekämpfung. »Es ist der einzig noch verbleibende Ausweg, auch wenn man von ihm nur widerstrebend Gebrauch macht» (NAS-NRC 1962a, 6). Mit dem »Widerstreben« wird suggeriert, es seien die Farmer gewesen, die in ihrer Verzweiflung nach dem intensiven Einsatz von Pestiziden gerufen hätten, während sich die Wissenschaft dagegen sträubte. An anderer Stelle steht im Gegensatz dazu aber, die Farmer würden vom landwirtschaftlichen Beratungsdienst beeinflusst, der von Forschungsinstitutionen entwickelte Vorgehensweisen weitergebe.

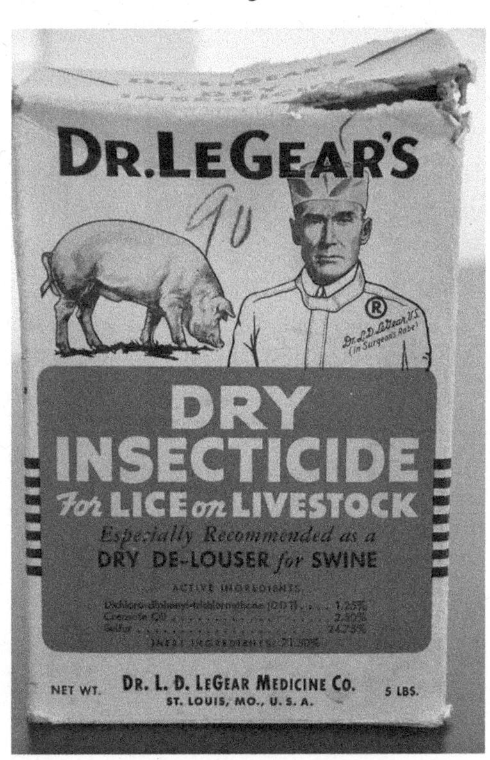


Abb. 8-7: Insektizidpulver zur Entlausung von Vieh, speziell geeignet für Schweine, von der Firma Dr. L. D. LeGear Medicine Co. in St. Louis, MO. Auf der Packung steht, dass das Pulver 1,25 % DDT, 2,5 % Kreosot (Teeröl) und 24,75 % Schwefel enthält. Ein Ausstellungsobjekt der Rachel Carson Homestead Association, Springdale, PA. Foto: D.S., 17.9.2013.

Bei der Frage der Rolle von Chemikalien im Gesundheitswesen werden die unbestrittenen Erfolge herausgestrichen: Die Eindämmung von Malaria, Gelbfieber, Fleckfieber und Dysenterie. Die Bekämpfung von Mücken zur Erhöhung der Attraktivität von Tourismusorten wird als ökonomisch gerechtfertigt betrachtet. Mit Hinweis auf Studien der Weltgesundheitsorganisation (WHO), des US Public Health Service etc. wird festgestellt, dass es als Folge des Kontaktes mit Pestiziden keine gesundheitlichen Beeinträchtigungen des Menschen gebe, solange jedenfalls sorgfältig mit ihnen umgegangen werde.

Schließlich wird zugegeben, dass bezüglich des Einsatzes von Pestiziden, sei es im Bereich der Landwirtschaft, der Forstwirtschaft oder des Gesundheitswesens, viele offene Fragen bestehen: »Neue und ausgeweitete Forschungen zur Entwicklung von sichereren und effektiveren Methoden der Schädlingsbekämpfung sind dringend gefordert. … Da das Thema sehr kontrovers diskutiert wird und man offensichtlich die Fakten kennen sollte, ist ein objektives Forschungsprogramm unabdinglich« (NAS-NRC 1963, 1).

Das tönt einsichtig, aber bei der vorangehenden Berichterstattung liegt der Verdacht nahe, ihr Ziel sei es gewesen, dem Publikum eine Beruhigungspille zu verabreichen. Frank Egler (1962, in Graham 1971, 43) jedenfalls sieht es so: »Diese offiziellen Bekanntmachungen dürfen nicht als wissenschaftliche Beiträge gewertet werden. Sie haben den Stil von Veröffentlichungen eines geschulten Pressechefs der Industrie und sind nur darauf angelegt, bestimmte Bevölkerungsgruppen, die Unruhe stiften, zu besänftigen.« Der Gebrauch von Pestiziden sollte auf alle Fälle nicht grundsätzlich in Frage gestellt, sondern im Gegenteil gerechtfertigt werden. Nicht überraschend wurde deshalb der NAS-NRC-Bericht in der Folge immer gerne von der chemischen Industrie zitiert.

Die Vermutung ist wohl nicht abwegig, dass, wäre *Silent Spring* nicht zum endgültigen Unruhestifter geworden, man versucht hätte, die Fragen rund um Sinn und Unsinn des Gebrauchs von Pestiziden auf kleiner Flamme weiter kochen zu lassen.

# 9 »Der stumme Frühling«

**Rachel Carson will einen Artikel zur Pestizidproblematik schreiben, findet sich aber in einem vierjährigen Buchprojekt wieder, in dem sie sorgfältig alle Fakten über negative Auswirkungen auf Pflanzen, Tiere und Menschen sammelt. Trotz Krankheiten bringt sie es zu einem Abschluss**

> »Nein, ich habe nie gedacht, dass die hässlichen Tatsachen dominieren würden, und ich hoffe, sie tun es nicht. Die Schönheit der lebendigen Welt, die ich zu retten versuchte, war immer zuvorderst in meinem Kopf – sie und Wut über die sinnlosen, brutalen Dinge, die ihr angetan werden. Ich habe mich an die feierliche Verpflichtung gebunden gefühlt, zu tun was ich konnte – wenn ich es nicht zumindest versuchte, hätte ich nie mehr glücklich in der Natur sein können.« (Rachel Carson, B an Lois Crisler, 8.2.62, in Lear 2009, 397)

## 9.1 Von den Verirrungen der Zivilisation

### Vom Ursprung des Lebens zu seiner Gefährdung

Wir erinnern uns, dass Carson 1952 einen Vertrag für ein Buch über den Ursprung des Lebens unterzeichnet hatte (s. p. 192) und seither zur Überzeugung gelangt war, dass dies ein zu enges Thema wäre, dass sie besser daraus eine Art kritische Ökologie oder gar Humanökologie machen würde. Damit wollte sie das zu Papier bringen, was ihr in zunehmendem Masse Sorgen bereitete, nämlich: Über die Jahre hatte sie in der Zuversicht gelebt, dass, was auch geschehen mochte, der Mensch nie in der Lage sein würde, das Leben auf der Erde in grundlegender Weise zu gefährden. Jetzt war sie, nicht zuletzt auch nach der Erfindung der Atombombe, nicht mehr so sicher. Wir haben gesehen, wie sie ihre diesbezügliche Stimmung in einem Brief an Dorothy Freeman schilderte und davon sprach, wie jemand vom Leben im Lichte der sich jetzt zeigenden Wahrheit schreiben sollte (s. p. 200 f.).

Zu dem, was Carson nicht gefiel, gehörte auch die bedenkenlose Anwendung von Pestiziden, und sie hatte vor, im geplanten Buch neben vielen anderen Themen die damit verbundenen Gefahren zu beschreiben. Sie war ja schon am Ende des Zweiten Weltkrieges, als die zivilen Versuche mit DDT einsetzten, mit Berichten über Wildtierschäden konfrontiert gewesen (s. p. 209 f.) und hatte daraufhin begonnen, zu diesem Thema Material zu sammeln. In der Folge entwickelten sich die aktuellen Umstände aber so, dass in Carson allmählich die Absicht reifte, der Pestizidproblematik separat ihre schreibende Aufmerksamkeit zu widmen. Zunächst dachte sie an eine Recherche über einige Monate und einen Artikel, allenfalls an ein Kapitel in ihrem Buch über die Ökologie des Menschen, aber es wurden daraus vier Jahre und ein Buch!

## Sind wir ein Kulturvolk?

Carson gelangte aus den zu ihr dringenden Berichten über die Verwüstungen, die die Sprühprogramme anrichteten, zur Überzeugung, dass diese nicht nur ein wissenschaftliches, sondern auch ein moralisches Problem darstellten. Ihre Betroffenheit formulierte sie später so: »Es geht hier um die Frage, ob irgendein Kulturvolk einen erbarmungslosen Krieg gegen Lebewesen führen kann, ohne sich selbst zu vernichten und ohne das Recht zu verlieren, sich noch als Kulturvolk zu bezeichnen« (Carson 1963a, 108). Es wurde ihr auch bewusst, dass weite Kreise der Bevölkerung höchst beunruhigt waren. In dieser Haltung kam sie mit Personen in Kontakt, die persönlich betroffen waren und zu protestieren begannen, und Carson wurde klar, dass diese aufkeimende Bewegung unbedingt unterstützt werden musste. Letztlich ausschlaggebend dafür, dass sie sich ernsthaft auf eine Kritik des wahllosen Einsatzes von Pestiziden zu fokussieren begann, war schließlich Post, die sie von einer ihr bekannten Frau namens Olga Owens Huckins erhielt (B 27.1.58, Lear 2009, 314). Huckins war Schriftstellerin und hatte vor Jahren als damalige Literatur-Redakteurin bei der *Boston Post* eine glänzende Besprechung von *The Sea Around Us* geschrieben. Carson hatte ihr damals ein Dankesschreiben geschickt, und daraus hatte sich ein fortgesetzter freundschaftlicher Briefkontakt ergeben.

Neulich nun war Huckins in einen Disput verwickelt gewesen, der im *Boston Herald* in Briefform ausgetragen wurde und die Gefährdung von Mensch und Tier durch die Sprühkampagnen betraf. Das Ganze hatte am 12. Januar 1958 mit einem wütenden Brief von Beatrice Trum Hunter begonnen, einer Frau, die den durch die Giftspritzerei unter Wildtieren angerichteten Schaden detailliert schilderte und die Leserinnen und Leser aufforderte, sich gegen »diese Massenvergiftung« zu wehren (Lear 2009, 314). Auf Hunters Brief gab es eine Reihe von Reaktionen, darunter die eines Mannes, der sich als aktiv Mitwirkender bei den Sprühprogrammen im Staat Massachusetts zu erkennen gab, irgendwelche dadurch verursachten Schäden in Abrede stellte und Frauen, die das Gegenteil behaupteten, »hysterisch« nannte (Codman 1958, in Lear 2009, 314).

Das brachte nun Huckins auf die Palme, die daraufhin ihrerseits einen geharnischten Brief an den *Herald* sandte, in dem sie die Verwüstung schilderte, die eine gegen die Moskitos gerichtete Giftkampagne auf ihrem Grundstück in Duxbury, Massachusetts, südöstlich von Boston an der Atlantikküste, hinterlassen hatte. Und dies war nicht irgendein Stück Land, sondern eines, auf dem sie zusammen mit ihrem Gatten Stuart ein großes Vogelreservat unterhielt. Nun also umfasste die erwähnte Post an Carson Kopien der Briefe, die im *Herald* veröffentlicht worden waren.

Im Brief von Huckins (1958, in Brooks 1989, 232) an den *Herald* stand: »Das ›harmlose‹ Brausebad tötete sieben unserer lieblichen Singvögel sofort. Am nächsten Morgen lasen wir bei der Türe drei weitere Kadaver auf. Es waren Vögel, die in unserer Nähe gelebt, uns vertraut und ihre Nester jedes Jahr in unseren Bäumen gebaut hatten. … Am folgenden Tag fiel eine Wanderdrossel plötzlich von einem Zweig in unserem Wald. Wir waren zu traurig um nach weiteren Leichen Ausschau zu halten. Alle diese Vögel starben einen schrecklichen Tod … Ihre Schnäbel klafften weit offen, und ihre gespreizten Krallen hatten sie im Todeskampf auf ihrer Brust verkrampft.« Und Huckins schilderte weiter, wie die Moskitoplage nicht etwa verschwunden, sondern schlimmer denn je war: »Mr. Codman … sagt, wenn er sich zwischen DDT und Moskitos entscheiden müsse, ziehe er DDT vor. Wir hatten keine Wahl, wir hatten beides. Den ganzen Sommer lang, jedes Mal, wenn wir in den Garten gingen, wurden wir von den gefräßigsten Moskitos attackiert, die je hier aufgetaucht sind. Aber die Heuschrecken, die Bienen und andere harmlose Insekten waren alle verschwunden.« Am Schluss schrieb Huckins: »Besprühung aus der Luft ist dort, wo sie nicht notwendig oder angefordert ist, unmenschlich, undemokratisch und wahrscheinlich verfassungswidrig. Für uns, die wir uns hilflos auf der gefolterten Erde befinden, ist sie unerträglich.«

Später, nachdem das Buch *Silent Spring* im Herbst 1962 herausgekommen war, schrieb Carson an Huckins, ihr persönlicher Brief damals vor viereinhalb Jahren sei der letztendliche Anstoß dafür gewesen, dass sie sich der intensiven Erforschung der Pestizid-Affäre zugewandt habe. Huckins hatte in jenem Schreiben angenommen, Carson müsste mittlerweile weitherum gut vernetzt sein und könnte deshalb vielleicht via einen Kontakt in Washington auf eine Beendigung dieser Sprühprogramme hinwirken. Carson nahm darauf Bezug und meinte: »Dieses Finden von ›jemandem‹ war für mich der Auslöser für meinen klaren Schluss, dass ich dieses Buch schreiben musste« (B 3.10.62, Brooks 1989, 233).

## Die dringend notwendige Aufklärung

Im Januar 1958 hörte Carson von der Absicht des Magazins *Reader's Digest*, einen den Pestiziden wohlgesinnten Artikel zu veröffentlichen. Sie wandte sich sofort an den Herausgeber DeWitt Wallace und wies auf die inzwischen vorliegenden wissenschaftlichen Belege für die Gefährlichkeit dieser Chemikalien hin. Sie sei überzeugt, schrieb sie, dass »ein Organ wie der *Digest* mit seiner enormen Macht, die öffentliche Meinung landesweit zu beeinflussen, doch sicher nicht seine Zustimmung zu etwas geben wolle, das für das Wohlergehen der Bevölkerung so risikoreich sei« (B 27.1.58, Souder 2012, 292). Carson erhielt umgehend Antwort, man danke ihr für ihre Mitteilung und werde alle Fakten sorgfältig abwägen. Dies wurde offenbar sehr ernsthaft getan, denn als der Artikel im Juni 1959 endlich erschien, trug er den Titel »Backfire in the War against Insects« und war sehr pestizid-kritisch gehalten. Der Autor, Robert S. Strother, listete ausführlich Beobachtungen über Wildtierverluste auf und zitierte George J. Wallace, der sich mit dem im Zusammenhang der Bekämpfung der Ulmenkrankheit registrierten Vogelsterben beschäftigte (s. p. 254, 256), mit dessen Warnung, wenn wir so weiter führen, würden wir im nächsten Jahrzehnt Zeugen der größten Vernichtung tierischen Lebens in der Geschichte der Menschheit sein. Strother (1959, 69) dazu: »Das mag übertrieben pessimistisch sein. Niemand weiß es. Aber warum das Risiko eingehen?«

Je mehr Carson zu wissen bekam, desto stärker wurde ihre Absicht, über den unverantwortlichen Gebrauch von Chemikalien selbst etwas zu schreiben und damit zur Aufklärung eines weiteren Publikums beizutragen. Es war nun auch klar, dass es dazu ein Buch brauchte, und sie begann dafür systematisch Material zu sammeln. Gleichzeitig versuchte Rodell, ein interessiertes Magazin zu finden, stieß aber überall auf Ablehnung – die zuständigen Herausgeber befürchteten, wohl nicht ohne Grund, mit einem solchen kritischen Beitrag würden sie die Werbeaufträge der chemischen Industrie verlieren.

Carson nahm im Februar Kontakt mit Paul Brooks von Houghton Mifflin auf und stellte fest, dass dieser für ein kleineres Buch zum Thema Interesse zeigte und gleich einen Vertrag unter dem Arbeitstitel *How to Balance Nature* offerierte. Für Carson, die sich zuhause um eine gebrechliche Mutter und ein kleines Kind kümmern musste, stellte sich die Frage, ob sie für dieses Projekt nicht einen Mitarbeiter oder eine Mitarbeiterin haben sollte. Brooks war der Meinung, zwecks Beschleunigung des Prozesses wäre die Kooperation einer Person angezeigt, die sowohl Nachforschungen anstellen wie auch selbst schreiben würde. Marie Rodell kümmerte sich um die Suche und glaubte, im Wissenschaftsredakteur von *Newsweek*, Edwin Diamond, fündig geworden zu sein. Sie präsentierte ihn dem Verlag gegenüber als Koautor mit einem Anrecht auf die Hälfte der Honorare. Dabei war die Vorstellung die, es gehe um ein rasch zu produzierendes Buch. Carson aber wurde es allmählich bewusst, dass sie sich auf ein Thema eingelassen hatte, das unbedingt eine vertiefte Behandlung erforderte. Sie merkte auch bald, dass die Zusammenarbeit mit Diamond nicht klappen würde; was sie brauchte, war eine Forschungshilfe, nicht einen Koautor, aber Diamond wollte sich nicht mit einer untergeordneten Position zufrieden geben. Rodell musste hier vermitteln und Diamond reinen Wein einschenken; nach vier Monaten war der untaugliche Versuch beendet. Schließlich stellte Carson Bette Haney an, eine College-Studentin, die in den Bibliotheken der mit Pestiziden befassten Regierungsämter – Department of Agriculture, Food and Drug Administration, Public Health Service – recherchierte und Zusammenfassungen von Artikeln und Berichten lieferte.

Hinsichtlich der Magazine hatte Carson bei William Shawn vom *New Yorker* Erfolg, der von E.B. White vom Long-Island-Gerichtsfall (s. p. 217 ff.) Kenntnis bekommen hatte und nun Interesse an einem Artikel zum Thema der Pestizide zeigte. Das war gegen Ende Winter; später im Jahr kam es zu einem persönlichen Treffen mit dem Herausgeber, der nun einen substanziellen Beitrag vorsah – so substanziell, dass dafür eine Fortsetzung in drei Teilen notwendig sein würde – und dafür ein sehr gutes Honorar zu zahlen bereit war. Carson stellte sich die etwas sorgenvolle Frage, ob sie mit diesem Umfang nicht sich selbst mit dem kleinen Buchprojekt für Houghton Mifflin konkurrenzieren würde. Doch letztlich überwog ihre Freude an der Wertschätzung, die Shawn ihr gegenüber damit ausdrückte. In einem Brief an Freeman berichtete sie darüber: »Wir redeten zweieinhalb Stunden miteinander! Er ist vom Thema total fasziniert und offensichtlich glücklich und begeistert von der Aussicht, es im *New Yorker* präsentieren zu können. Das Beste aber ist: Ich kann … alles strikte von meinem Gesichtspunkt aus darstellen und muss mich nicht zurückhalten. Er sagt: ›Schließlich gibt es gewisse Dinge, gegenüber denen man nicht objektiv und vorurteilslos sein muss – Mord wird nicht stillschweigend geduldet!‹ Er findet das Thema wichtig (›Im Allgemeinen gehen wir nicht davon aus, dass der *New Yorker* die Welt verändern kann, aber diesmal könnte dies der Fall sein‹) und betrachtet daneben das Material auch einfach als faszinierend und denkt, dass er 50 000 Wörter haben möchte!« (B 12.6.58, Freeman 1995, 257).

Dass sich Carson nun in dieser Richtung engagieren wollte, führte übrigens bei ihrer Freundin Dorothy zu einer gewissen Verstimmung. Diese konnte nicht ganz verstehen, dass Rachel, die mit der Schilderung der Schönheiten, der Geheimnisse und des Zaubers der Natur berühmt geworden war, sich nun diesem neuen unappetitlichen Thema widmen wollte. Rachel gab sich Mühe, die Bedeutung ihres Vorhabens für die Gesellschaft und für sie selbst zu erklären: »Natürlich weiß ich, dass Du Dich nicht freust über mein Projekt. … Aber Dir ist bewusst, denke ich, wie intensiv ich an die Wichtigkeit dessen glaube, was ich tue. Mit dem Wissen, das ich jetzt habe, könnte es für mich keine ruhige Zukunft geben, wenn ich schweigen würde« (B 28.6.58, Freeman 1995, 259).

## 9.2 Arbeit mit Netzwerkbildung, Unterbrüchen und Geheimhaltung

### Cornelis Jan Briejèr und Robert L. Rudd

Carson begann alle verfügbaren relevanten Informationen so sorgfältig wie möglich zu sammeln, genau zu überprüfen und ihre Quellen zu dokumentieren. Sie tat dies zwecks Absicherung nicht zuletzt aus ihrem vorausahnenden Bewusstsein heraus, dass sie sich mit ihrer Kritik am Gebrauch von Pestiziden in die Nesseln setzen und den Zorn der chemischen Industrie, der mit ihr verbundenen Hochschulinstitute und auch der Landwirtschaftsministerien auf sich laden würde.

Zu Carsons Forschungsprogramm gehörte auch eine umfangreiche Korrespondenz mit Fachleuten und Ämtern, aber auch mit Jagd- und Fischerei-Organisationen – die letzteren waren potenzielle Alliierte. Eine der besten Informationsquellen war der Entomologe Cornelis Jan Briejèr vom Pflanzenschutzdienst der Niederlande. Dieser schrieb an Carson: »Wieder einmal benehmen wir uns in der Natur wie ein Elefant im Porzellanladen« (Carson 1963a, 88). Auf Vorschlag Carsons brachte der *Atlantic Naturalist* einen seiner Artikel – von Marjorie Spock ins Englische übersetzt –, in dem von der Ehrfurcht vor dem Leben die Rede war: »Wir werden uns sehr energisch bemühen müssen, andere Bekämpfungsmaßnahmen zu erforschen, Maßnahmen, die biologisch, nicht chemisch sein müssen. Unser Ziel sollte es sein, die natürlichen Vorgänge so behutsam wie möglich in die gewünschte Richtung zu lenken, statt rohe Gewalt zu gebrauchen. … Was wir nötig haben, ist eine großherzigere Einstellung und eine tiefere Einsicht, die ich bei vielen Forschern vermisse. Das Leben ist ein

Wunder, das unser Fassungsvermögen übersteigt, und wir sollten es achten, selbst wo wir es unterdrücken müssen. … Wenn man, um Leben zu bekämpfen, Zuflucht zu Waffen wie Insektiziden nimmt, ist dies ein Beweis für mangelndes Wissen und für die Unfähigkeit, die Vorgänge in der Natur so zu lenken, dass rohe Gewalt überflüssig wird. Demut ist am Platze; hier gibt es keine Entschuldigung für wissenschaftliche Überheblichkeit« (Briejèr 1958, in Carson 1963a, 277).

Carson freute sich über den Artikel, war aber auch erstaunt über die Fülle und die Art der Reaktionen, die er in wissenschaftlichen Kreisen hervorrief. »Zu meiner großen Überraschung schien die Idee einer funktionierenden biologischen Kontrolle für viele neu zu sein, und sie waren äußerst fasziniert von der Vorstellung, etwas Positives unterstützen zu können, statt einfach gegen das Giftsprühen zu sein« (B an Brooks, 24.9.58, Brooks 1989, 241).

Dank Fairfield Osborn (vgl. p. 116) wurde Carson auch auf Robert Rudd aufmerksam, einen Zoologen an der University of California in Davis. Dieser beschäftigte sich mit der Wirkung von Pestiziden auf die Umwelt und war daran, darüber ein Buch zu schreiben. Sie nahm Kontakt mit ihm auf, und sie informierten sich gegenseitig über ihre Arbeit. Carson war klar, dass es hier nicht darum ging, sich gegenseitig zu konkurrenzieren, sondern sich zu unterstützen. Entsprechend schrieb sie an Rudd: »Es sollte uns nicht beunruhigen, denn ich habe schon vor langem gelernt, dass es keine Rolle spielt, wie viele Leute über dasselbe schreiben; jede Person wird ihren eigenen Beitrag leisten. Und ich habe das Gefühl, dass das Thema, mit dem wir uns beide befassen, für die heutige Zeit ein extrem wichtiges ist, und mir ist die Vorstellung willkommen, dass andere auch daran arbeiten« (B 27.4.58, Lear 2009, 330).

Mitte Juli war Rudd mit seiner Familie auf dem Weg für einen Aufenthalt in Kanada, und er ließ es sich nicht nehmen, Carson in ihrer Cottage in Maine einen Besuch abzustatten. Sie hatten viel zu diskutieren, aber »unglücklicherweise wurde ihre Konversation so von Maria Carson dominiert, dass sie keine Zeit fanden, eingehend nur unter sich zu reden. Mama hielt sich zusammen mit den beiden im Wohnzimmer auf, und weil sie das Gespräch kontrollierte, war ein echter intellektueller Austausch nicht möglich. Nichtsdestotrotz fanden beide in ihrem Gegenüber viel Liebens- und Bewundernswertes, und ihre Diskussion war lebendig und interessant« (Lear 2009, 330).

## Abschied von der Mutter

Spät im November 1958 erlitt Maria Carson einen Schlaganfall und starb ein paar Tage später. An Dorothy Freeman sandte Rachel daraufhin einen berührenden Brief: »Während der letzten qualvollen Nacht saß ich die meiste Zeit am Bett und hatte meine Hand unter dem Rand des Sauerstoffzeltes durchgeschoben, damit ich Mamas Hand halten konnte. Natürlich konnte ich nicht fühlen, dass sie das wahrnahm, und ab und zu schlich ich weg in das dunkle Wohnzimmer, um durch das Panoramafenster die Bäume und den Himmel anzuschauen. Irgendwann zwischen 5:30 und 6:00 tat ich das. Orion stand in seiner ganzen Pracht gerade über dem Horizont unseres Waldes, und verschiedene andere Sterne funkelten heller als ich sie in Erinnerung hatte. Dann ging ich zurück ins Zimmer und um 6:05 glitt sie hinüber, ihre Hand in der meinen. Ich erzählte Roger von den Sternen, wie sie aussahen kurz bevor Oma uns verließ, und er meinte: ›Vielleicht waren das die Lichter der Engel, die kamen um sie in den Himmel zu begleiten‹« (B 4.12.58, Freeman 1995, 273).

Am gleichen Tag gab Carson ihrer Trauer über den Tod ihrer Mutter auch Marjorie Spock gegenüber Ausdruck: »Ihre Liebe zum Leben und zu allen lebenden Wesen war ihre herausragende Eigenschaft, und alle reden darüber. Aber mehr als alle anderen weiß ich, dass sie Albert Schweitzers ›Ehrfurcht vor dem Leben‹ verkörperte. Und während sie einerseits sanft und mitfühlend war, konnte sie andererseits heftig gegen alles kämpfen, was ihr als falsch erschien, so wie in unserem gegenwärtigen Kreuzzug! Zu wissen, wie sie darüber dachte, wird mir helfen, bald zu ihm zurückzukehren und ihn zu Ende zu führen.« Und Carson schrieb auch über die Sorgen, die sie sich Roger wegen machte: »Armer kleiner Kerl, das ist ein neuer Schlag für ihn, denn er liebte seine Oma, und ihre Liebe zu ihm war überströmend. Es ist klar, dass damit auch alle seine Erinnerungen an den Verlust seiner Mutter vor weniger als zwei Jahren wieder hoch kommen« (B 4.12.58, Lear 2009, 338, 337).

## Fast eine Spionage-Geschichte

Mitte Januar 1959 war Carson wieder an der Arbeit. Sie bekam von der National Wildlife Federation eine Einladung, an der am 27. Februar stattfindenden Jahrestagung bei einer von Cottam moderierten Sitzung einen Vortrag über durch Pestizide verursachte Gesundheitsrisiken zu halten. Das war verführerisch, aber sie rang sich zu einer Absage durch. Sie war zum Schluss gekommen, dass es angezeigt sei, nicht jetzt schon mit Details ihrer Arbeit an die Öffentlichkeit zu treten, sondern diese unter Verschluss zu halten, bis sie alles im zusammenhängenden Kontext eines ganzen Buches präsentieren konnte. Sie war dann froh zu hören, dass an ihrer Stelle Hargraves von der Mayo Clinic (vgl. p. 260 f.) sprechen würde, und sie konnte mit diesem ein wertvolles Gespräch führen, als sie anonym an der Tagung teilnahm.

In der Tat war Vorsicht geboten; ihre Recherchen beinhalteten schließlich ein explosives Potenzial. Das USDA, insbesondere seine Forschungsabteilung, der Agricultural Research Service (ARS), unterhielt enge Verbindungen zur chemischen Industrie, und seine Belegschaft fühlte sich nicht frei, Red und Antwort zu stehen und verweigerte meist die Auskunft. »Einige ihrer [Carsons] Kontakte zum Regierungspersonal hatten nun die Qualität einer Spionage-Geschichte, die einem reißerischen Roman gut angestanden hätte« (Levine 2007, 152).

Einer von Carsons »Spionen« war Reece Sailer, Entomologe im ARS, mit einem ausgesprochenen Interesse für Ökologie und biologische Schädlingsbekämpfungsmethoden. Die Bedeutung von Carsons Unternehmen war ihm unmittelbar klar, und er war stolz darauf, ihr Hilfe leisten zu können. Diese war einfach mit der Auflage verknüpft, ihn nie als

Quelle für die vermittelte Information zu nennen. Wertvolle Informantin in den National Institutes of Health (NIH), in deren Bibliothek Carson mit Hilfe von Davis über die Frage gesundheitlicher Auswirkungen von Pestiziden recherchierte, war Dorothy Algire, unter dem ledigen Namen Hamilton vor Jahren eine Kollegin im Bureau of Fisheries, jetzt eine NIH-Angestellte. Als solche hatte sie Zugang zu Dokumenten, die für Außenstehende nicht verfügbar waren. Oft lieh Algire Unterlagen über Nacht aus, brachte sie Carson und Davis zur Durchsicht und retournierte sie am nächsten Morgen.

Einmal wagte sich Carson ausnahmsweise vor mit einem Brief an die *Washington Post* mit dem Titel »Vanishing Americans«. Diese Zeitung hatte einen Leitartikel publiziert, in dem auf einen Bericht der National Audubon Society Bezug genommen wurde, der von den Folgen eines harschen Winters für die Zugvögel handelte. Sie wies darauf hin, dass das schlechte Wetter nicht der einzige für den Rückgang der Populationen verantwortliche Faktor war, sondern dass auch das Sprühen von giftigen Pestiziden eine wesentliche Rolle spielte: »Während der letzten 15 Jahre hat sich der Gebrauch von hochgiftigen Kohlenwasserstoffen und organischen Phosphaten, die den Nervengasen der chemischen Kriegsführung verwandt sind, von einem bescheidenen Anfang zu dem entwickelt, was ein bekannter englischer Ökologe [es handelte sich um Charles S. Elton] vor kurzem ›einen unglaublichen Todesregen auf die Oberfläche der Erde‹ genannt hat. Die meisten dieser Chemikalien lassen lange fortbestehende Rückstände auf der Vegetation, in Böden und sogar in den Körpern von Regenwürmern und anderen Organismen zurück, die für die Vögel Futterquellen darstellen.« Das war, wie Carson (1998v, 190) weiter ausführte, der entscheidende Faktor für die Dezimierung der Wanderdrosseln, deren Ernährung von den Regenwürmern abhing (vgl. p. 255).

## Aus den Augen, aus dem Sinn – aber nicht für immer

Eine Unterbrechung von Carsons Recherchen zu den Pestiziden und ihren Auswirkungen, eine, die sie selbst auch wichtig fand, war die Arbeit an einer neuen Ausgabe von *The Sea Around Us*. Der Oxford-Verlag hatte Interesse an einer Revision, die die in den letzten Jahren gewonnenen neuen Erkenntnisse über das Meer berücksichtigen würde. Carson aber war sich klar, dass die Vorstellung, diese könnten in den Text eingearbeitet werden, unrealistisch war. Sie entschloss sich, stattdessen die wichtigsten Ergebnisse in einer Einführung zusammenzufassen. Besondere Erwähnung verdienten neues Wissen über den Meeresboden und Strömungen der Tiefe, die zeigten, dass man es hier nicht mit einem statisch ruhenden, sondern mit einem durchaus dynamischen Gebilde zu tun hatte. Auch die Lebensformen dieser Meeresregion waren ein Thema. Carson wies auf deren wirtschaftliche Bedeutung und auf die Gefahren der Verschmutzung hin.

Hinsichtlich der letzteren stand die Entsorgung von Atommüll in Betonfässern im Meer im Vordergrund. Man hatte sich diese Praxis angeeignet, ohne sich über langfristige Risiken die geringste Rechenschaft abzulegen und ohne Wissen der Öffentlichkeit. Die Gefahr war ähnlich einzuschätzen wie bei den persistenten Pestiziden: Radioaktive Chemikalien konnten sich genau so wie die synthetischen in Organismen akkumulieren und über Nahrungsketten anreichern (s. p. 266 ff.). »Die Wahrheit ist, dass die Entsorgung viel schneller vorangetrieben worden ist, als unser Wissen zulassen würde. Wenn man zuerst entsorgt und sich erst später Fragen stellt, lädt man die Katastrophe geradezu ein, denn einmal im Meer deponierte radioaktive Elemente können nicht wieder zurück gewonnen werden. Die Fehler, die wir jetzt machen, machen wir für alle Zeiten« (Carson 1961b, xii). Die so revidierte neue Ausgabe (Carson 1961a) erschien am 23. Februar 1961. Sie war Henry Bigelow gewidmet, der sich darüber sehr freute.

## 9.3 Erschüttertes Selbstverständnis

### Das amerikanische Wappentier verschwindet

Es gab zwei Ereignisse, die das Selbstverständnis der amerikanischen Bevölkerung, oder mindestens eines großen Teils derselben erschütterten. Das eine betraf den Weißkopfseeadler, den »bald eagle«, der 1782 vom Kongress als Symbol von Kraft und Geschicklichkeit zum Wappentier der USA gewählt worden war – dies obschon Benjamin Franklin der Meinung war, er sei »ein Vogel mit schlechtem moralischem Charakter«, und sich deshalb für den wilden Truthahn einsetzte. In der Tat gehörte es zum Volksglauben, dass der Adler Lämmer und sogar Kleinkinder stahl – aber das war schlicht ein Märchen (*Popular Science Monthly* 1962).

Vor der Ankunft der Europäer gab es, so lautet die Schätzung, etwa eine halbe Million dieser Vögel. Sie kamen überall entlang der Atlantik- und der Pazifikküste, aber auch im Innern des Kontinentes an größeren Flüssen und Seen vor. Für die Ureinwohner hatte der Adler eine spirituelle Bedeutung, aber trotzdem oder gerade deswegen stellten sie ihm seiner Federn wegen nach. Dies konnte aber seine Population nicht wesentlich beeinträchtigen. Das änderte sich mit der europäischen Einwanderung: Vielerorts wurde durch die Besiedlung sein Lebensraum zerstört und auch, Wappentier oder nicht, gnadenlos Jagd auf ihn gemacht. Jäger und Fischer betrachteten den Adler als Konkurrenten, und Farmer und Rancher sahen in ihm einen Störenfried. In Alaska wurde bis 1952 sogar eine Abschussprämie bezahlt – es wird geschätzt, dass in diesem Staat in der ersten Hälfte des 20. Jahrhunderts mehr als 100 000 Adler geschossen wurden. In den anderen US-Staaten (in den »lower states«) wurde der Weißkopfseeadler 1940 durch den »Bald Eagle Protection Act« unter Schutz gestellt; Alaska folgte dann zwölf Jahre später ebenfalls nach.

Trotz der intensiven Bejagung konnten sich aber ansehnliche Adler-Populationen bis in die späteren 1940er Jahre halten. In der folgenden Zeit brachen diese aber ziemlich rasch zusammen. Die *New York Times* vom 13. September 1958 brachte die Schlagzeile: »U.S. Is Losing Its Bald Eagles; Sterility Suspected, DDT Cited« – Die Vereinigten Staaten verlieren ihren Weißkopfseeadler; Unfruchtbarkeit wird vermutet, DDT als Ursache zitiert« (Devlin 1958). »... Berichte der Audubon-Gesellschaft ... bestätigen diese Entwicklung, die uns wohl zwingen könnte, ein neues nationales Wappentier zu finden«, war Carsons (1963a, 126-127) Kommentar .

Abb. 9-1: Ein Weißkopfseeadler (»bald eagle«, *Haliaeetus leucocephalus*) im Flug mit einem Fisch im John Heinz National Wildlife Refuge bei Tinicum, PA, südwestlich von Philadelphia. Foto: Ron Holmes. Quelle: US Fish and Wild Service, National Digital Library, Shepherdstown, WV.

Was ging hier vor? Ornithologen hatten schon seit einiger Zeit auf ein bedrohliches Schwinden der Zahl dieser Vögel aufmerksam gemacht, so zum Beispiel Charles Broley. Dieser hatte 1939 mit der Beobachtung der Adler an der Westküste Floridas zwischen Fort Myers und Tampa begonnen, und während er anfänglich immer ungefähr 125 belegte Nester beobachten konnte, nahm ihre Zahl seit 1947 ständig ab. Zehn Jahre später konnte er kaum noch Nester und Jungvögel finden, oder wenn es Nester gab, waren sie häufig ohne Eier (Carson 1963a, 126; Colborn u.a. 1996, 15-16). Andernorts wurde beobachtet, dass in Nestern, in denen es noch ein Gelege gab, keine Jungen schlüpften, weil die Eier eine so dünne Schale hatten, dass sie vorzeitig zerbrachen, oder aber die Embryos auch ohne solche Unfälle starben. Der Schluss lag nahe, dass die Fortpflanzungsfähigkeit der Adler irgendwie gestört sein musste. Da dies vor allem in Gebieten der Fall war, in denen zur Bekämpfung der Moskitos DDT von Flugzeugen aus versprüht worden war, wurde ein Zusammenhang vermutet. Schon zur Zeit, als Carson ihr Buch schrieb, war dieser nach Experimenten mit verschiedenen Vogelarten zur Gewissheit geworden. Es war auch rasch klar, dass das DDT über die Nahrung aufgenommen wurde und sich in der Nahrungskette anreicherte (vgl. p. 266 ff.) – und die Adler standen ja an der Spitze derselben! Über die dabei eine Rolle spielenden Wirkungsmechanismen war allerdings noch kaum etwas bekannt.

## Der Moosbeeren-Schreck

Das zweite Ereignis war im November 1959 der »cranberry scare«, der gerade um die Zeit des Thanksgiving-Festes ausbrach. Eine Sauce der großfrüchtigen Moosbeere ist ein wichtiger Bestandteil des traditionellen »turkey dinner« an diesem Festtag. Wissenschaftliche Studien hatten ergeben, dass das vom USDA erlaubte Herbizid Aminotriazol Schilddrüsenkrebs in Ratten verursachte. Die Food and Drug Administration (FDA) verbot den Verkauf von Moosbeeren, die mit dieser Chemikalie besprüht worden waren. Der Kongress veranstaltete ein Hearing, bei dem Arthur S. Flemming, der damalige Minister für Gesundheit, Erziehung und Wohlfahrt, dem die FDA unterstellt war, Red und Antwort stand.

Auch Carson war dabei; sie schilderte den Verlauf dieser Veranstaltung in einem Brief an ihre Freundin Dorothy so: »Gestern besuchte ich die Moosbeeren-Sitzung, die sehr interessant war. Flemming stieg beträchtlich in meiner Achtung; er behandelte die Angelegenheit mit großer Würde und Höflichkeit, ... Ich denke, er wird hart bleiben. Es war erfreulich, dass er von verschiedenen unabhängigen Organisationen, die sich zu Wort gemeldet hatten, unterstützt wurde« (B 19.11.59, Freeman 1995, 290-291). Die Vertreter der Industrie gaben sich relativ milde; offenbar hatte auch in diesen Kreisen dieses Vorkommnis einen ziemlichen Schock ausgelöst. Allerdings trat ein Mediziner von der Tufts University als Industriesprecher auf und behauptete, Aminotriazol sei harmlos, er verwende die Chemikalie bei Erkrankungen der Schilddrüse. Carson dazu: »Oje – diese Zeugenaussage kann so weit durchlöchert werden, dass sie gänzlich wertlos ist, und der entmutigende Aspekt dabei ist, dass ihm das durchaus bewusst sein muss, wenn er denn der große Spezialist ist, der er sein soll« (291).

Was der Skandal klar offenlegte, war dies: Die bisherige Regulierung des Gebrauchs von Pestiziden war ungenügend. Eine Gesetzgebung war dringend notwendig, die der Industrie vorschrieb, neue Chemikalien ausgiebig zu testen, bevor sie in den Verkauf gelangten, nicht erst nachher. Das war eine Voraussetzung dafür, dass die Behörden – in diesem Fall die FDA – Angaben über tolerierbare Rückstände auf Produkten entwickeln konnten. Für Aminotriazol hatte es bisher keine Toleranzinformation gegeben.

## 9.4 Die Überwindung von Widrigkeiten aller Art

### Hindernisse, aber doch auch ein gelegentliches Glanzlicht

Der Fortschritt im Schreiben des Buches gestaltete sich quälend langsam. Nach dem ursprünglichen Plan hätte es Ende 1959 fertig sein sollen, aber das erwies sich als unmöglich. Ein verzögernd wirkender Faktor war Carsons akribische Arbeitsweise. Sie akzeptierte keine Aussagen aus zweiter Hand und versuchte stets zurück zur Originalquelle zu gehen. Konnte sie eine Aussage so nicht verifizieren, verwendete sie diese nicht.

Auch gab es äußere erschwerende Umstände. Bette Haney musste während des Semesters zurück zu ihrem Studium, aber Carson fand schließlich einen mehr als vollwertigen Ersatz in Jeanne Davis, einer etwas über 40 Jahre alten Frau, die Ökonomie studiert hatte, eine

Zeitlang Mitarbeiterin bei zwei Medizin-Professoren an der Harvard University gewesen war und auch eine Ausbildung als Sekretärin absolviert hatte. Sie war auch gänzlich vertraut mit den mit medizinischer Forschung verbundenen Komplikationen; ihr Mann, ein Arzt, war für das staatliche Gesundheitswesen tätig. Sie »war ... eine Frau mit Talent, Intelligenz und Mitgefühl, die ausgedehnte soziale und berufliche Verbindungen in Washington hatte» (Lear 2009, 355), und damit für Carson eine ideale teilzeitliche Assistentin, die Recherchen unternehmen und Sekretariatsarbeiten erledigen konnte. Später fanden die beiden heraus, dass sie miteinander entfernt verwandt waren, durch die Familie des Vaters auf der Seite von Davis und durch den Gatten von Tante Ida auf der Seite von Carson.

Abb. 9-2: Das Haus von Rachel Carson an der Berwick Road 11701, Silver Spring, MD, das sie sich 1956 bauen ließ. Hier (und in ihrem Ferienhaus auf der Southport-Insel, s. Abb. 7-2) arbeite sie an ihrem Buch *Silent Spring*. Foto: Eli.pousson, 18.4.2009. Quelle: Wikimedia Commons.

Ein ernsthafteres Hindernis war Carsons Gesundheitszustand. Schon anfangs 1959 litt sie längere Zeit an einer chronischen Kieferhöhlenvereiterung. Dies wiederholte sich ein Jahr später, wobei aber jetzt noch ein Darmgeschwür und eine Lungenentzündung dazu kamen. Danach entdeckte sie eine Zyste in ihrer Brust. Wegen ihrer früheren Krankheitsgeschichte (s. p. 117) wurde eine Operation, und zwar eine radikale Masektomie anberaumt. Als Carson wissen wollte, ob es sich um einen bösartigen Tumor handle, verneinte der Arzt und sagte, die operative Entfernung der Brust sei aus präventiven Gründen erfolgt, eine weitere Behandlung sei nun nicht notwendig. Carson verbrachte eine lange und schmerzhafte Erholungszeit, während der sie, unentwegt wie sie war, nach Möglichkeit im Bett weiterschrieb.

Auch sonstiges Ungemach heftete sich an Carsons Fersen. Zum Beispiel: »Eines Morgens startete Rachel ihr Auto, nur um von einer Explosion und einem Motorbrand begrüßt zu werden. Jemand hatte während der Nacht den Vergaser gestohlen und allgemeinen Schaden am Fahrzeug angerichtet. Sie musste eines mieten, um zur Bibliothek zu gelangen« (Lear 2009, 342).

Zwischendrin gab es im Sommer 1959 aber auch ein kleines Erfolgserlebnis. Carson hatte von Plänen gehört, Gebiete in Silver Spring, die auch ihr Grundstück umfassten, zu besprühen. Sie ging zur Versammlung der lokalen Eigentümergesellschaft und konnte die Anwesenden mit einer kurzen, aber flammenden Rede davon abhalten, ihre Absicht in die Tat umzusetzen.

Während des Sommers und des Herbstes 1960 erlaubte sich Carson einen spannenden politischen Seitensprung. Unter der Administration des republikanischen Präsidenten Eisenhower (1953-1961) hatte sich eine massiv fortschreitende Umweltverschmutzung zum Desaster entwickelt, während vom demokratischen Kandidaten John F. Kennedy bekannt war, dass er ein offenes Ohr für Naturschutzanliegen hatte. So arbeitete sie für ein mit natürlichen Ressourcen befasstes Komitee der Demokraten; sie skizzierte, welche Schritte auf den Gebieten von Natur- und Umweltschutz für eine neue Administration vordringlich sein sollten. Als Kennedy die Wahl gewann, wurde Carson zu einer speziellen Antrittsveranstaltung für »Distinguished Ladies« in der National Gallery of Arts eingeladen, und von Kennedy erhielt sie eine Dankesnotiz – der jetzt fast achtjährige Roger war sehr beeindruckt.

## In einer Zwischenwelt

Im November bemerkte Carson in ihrer Brust auf der früher operierten Seite einen harten Knoten. Die konsultieren Ärzte wussten nicht so recht, was sie damit anfangen sollten, oder taten jedenfalls so, als ob sie vor einem Rätsel stünden. Trotzdem verordneten sie ohne weitere Untersuchungen eine Radio- und eine anschließende Chemotherapie. Carson reagierte auf die Bestrahlungen sehr schlecht und war eine Zeitlang bettlägerig. Sie hatte Zeit, über ihre Situation nachzudenken, und es wurde ihr klar, dass sie den behandelnden Ärzten nicht traute und deshalb das Einholen einer Zweitmeinung angesagt war.

Im Dezember wandte sie sich an George Crile, den Krebsspezialisten an der Cleveland Clinic, den sie im November 1951 in Cleveland beim Signieren ihres Buches *The Sea Around Us* via seine Frau Jane kennen gelernt und danach mit den beiden eine freundschaftliche Beziehung etabliert hatte. Sie schrieb ihm, es sei vorgesehen, die Chemotherapie in der Klinik der George Washington University durchzuführen, aber sie zögere, denn sie wisse, dass diese Klinik Geld von den National Institutes of Health für eine Forschungsstudie über die Chemotherapie bekommen habe. Es sei deshalb anzunehmen, dass die dortigen Ärzte sehr erpicht darauf seien, Chemikalien auszuprobieren. »Ich will schon tun, was getan werden muss, aber nicht mehr. Schließlich warten noch einige Bücher darauf, geschrieben zu werden, und ich kann nicht den Rest meines Lebens in Krankenhäusern verbringen« (B 7.12.60, Lear 2009, 379).

Crile bat sie, für eine Untersuchung nach Cleveland zu kommen und dafür zu sorgen, dass ihre bisherigen Ärzte ihm alle medizinischen Unterlagen schickten. Nun kam heraus, dass diese sie angelogen, beziehungsweise ihr nicht gesagt hatten, dass sie an einem bösartigen Tumor litt. In jenen Jahren war es üblich, nicht öffentlich über Krebs zu sprechen, und häufig kam es bei der Behandlung einer erkrankten Frau vor, dass ein Arzt seine Diagnose nicht ihr, sondern ihrem Mann mitteilte. Carson war eine allein stehende Frau, und so bekam sie keine ehrliche Antwort, obschon sie direkt gefragt hatte. Crile kam zum Schluss, dass eine weitere Bestrahlung, aber nur auf der befallenen Seite, sinnvoll sei, eine Chemotherapie im jetzigen Stadium dagegen nicht.

Carson sandte an Crile nach ihrer Rückkehr einen brieflichen Dank: »Ich schätze es, dass Du genügend Respekt vor meiner Geistesverfassung und emotionalen Stabilität hast, um alles offen und ehrlich mit mir zu besprechen. Es tut meiner Seelenruhe gut, wenn ich den Eindruck habe, die Fakten seien mir bekannt, obschon ich wünschte, sie wären anders« (B 17.12.60, Lear 2009, 380). Und an ihre Freundin Dorothy schrieb sie: »Du weißt, dass ich viele Gründe sehen kann, die Anlass für Hoffnung sein können, aber Du weißt auch, dass ich allen Möglichkeiten ins Auge geschaut habe. Daraus hat sich, so glaube ich, ein vertieftes Bewusstsein für die Kostbarkeit der mir verbleibenden Zeit ergeben, sei diese nun lang oder kurz, und der Wunsch, ein stärker bejahendes Leben zu führen und das Beste aus den Gelegenheiten zu machen, wenn sie sich anbieten, und nicht einen anderen Tag abzuwarten.« Carson verhehlte aber auch nicht, dass sie sich Sorgen um Roger machte: »Wenn es sein muss, dass seine Welt noch einmal ineinander stürzt, bevor er erwachsen ist, dann will ich mindestens so viele ›Wunder‹ wie möglich mit ihm teilen, so lange dafür Zeit ist« (B 17.1.61, Freeman 1995, 332).

Der Anfang des Jahres 1961 bestand für Carson in einem ständigen Hin und Her zwischen Zuhause und dem Krankenhaus. Die Bestrahlungstherapie setzte ihr sehr zu; auf ihr Konto ging auch eine Wiederbelebung ihres Darmgeschwürs vom vorigen Jahr. Damit nicht genug, brach in ihren Knien und Knöcheln eine durch eine Staphylokokken-Infektion ausgelöste septische Arthritis aus, so dass sie eine Zeitlang kaum gehen und stehen konnte. Dies und ihr allgemeiner Schwächezustand hatten zur Folge, dass sie die meiste Zeit im Bett oder in einem Rollstuhl verbringen musste. Nachdem im März aber alles einigermaßen vorüber war, freute sich Carson wieder an allen Anzeichen des Frühlings, an der Rückkehr der Vögel, am Quaken der Frösche, am Sprießen der Krokusse. »Alle diese Erinnerungen daran, dass die Zyklen und Rhythmen der Natur noch immer funktionieren, sind sehr befriedigend«, schrieb sie an Freeman (B 4.3.61, Freeman 1995, 355).

## Mit letzter Kraft

Unter diesen Umständen war es Carson unmöglich, den ursprünglichen Plan, das Buch im März fertig zu haben, einzuhalten. Sie arbeitete, wenn sie konnte, und sandte fertig gestellte Teile an Paul Brooks. Kaum hatte sie sich aber wieder einigermaßen erholt, stürzte sie sich voll in die Arbeit und machte sich an die letzten Kapitel. Dabei stellte Kapitel 3, »Elixirs of Death« – »Elixiere des Todes«, in dem Carson die als Pestizide verwendeten synthetischen Chemikalien beschrieb, eine spezielle Herausforderung dar. Dies kam in einem Brief an Dorothy Freeman zum Ausdruck: »Ich arbeite jetzt meistens spät am Abend. Wenn es mir gelingt, den Wunsch, um 11:30 ins Bett zu gehen, zu verdrängen, finde ich neue Kraft und kann fortfahren. Dieses Kapitel ist sehr schwierig gewesen, ... Wie viel man deutlich machen muss, damit ein Verständnis der gravierendsten Auswirkungen der Chemikalien möglich ist, ohne dass es zu technisch wird, wie man vereinfachen kann, ohne dass es zu Fehlaussagen kommt – dies waren Probleme ganz erheblichen Ausmaßes.« Doch Carson war auch überzeugt, dass sie diese Probleme jetzt gelöst hatte: »Aber ich bin jetzt so weit, dass ich mich selbst und meine Art des Arbeitens so gut verstehe, dass ich weiß, ich bin über dem Berg, und alles passt so zusammen wie es sollte« (B 26.9.61, Freeman 1995, 386-387).

Brooks brachte die Frage von Illustrationen auf und schlug vor, sich die Dienste von Lois und Louis Darling in Westport, Connecticut, zu sichern. Sie, eine Biologin und Zeichnerin, und er, Fotograf und Landschaftsmaler, hatten zusammen schon eine Reihe von illustrierten Büchern zu biologischen Themen publiziert. Carson schaute sich Beispiele ihrer bisherigen Illustrationen an und fand sie zwar »wunderschön und sorgfältig,« aber irgendwie nicht passend für ihr Buch (B an Brooks, 14.7.61, Lear 2009, 391). In der Folge entwickelte sich das Illustrationsproblem zu einer etwas leidigen Angelegenheit; Brooks insistierte, die Darlings lieferten Entwürfe, aber Carsons Begeisterung hielt sich in engen Grenzen. Das Buch aber erschien schließlich mit Zeichnungen der beiden, die die Kapitelanfänge zierten.

Als ein noch schwierigeres Problem entpuppte sich die Wahl des Buchtitels. Carson war zusammen mit Brooks und Rodell schon länger auf der Suche nach einer passenden Idee. Der ursprüngliche Arbeitstitel hatte *How to Balance Nature* gelautet, von Brooks dann zu *The Control of Nature* abgeändert. Seither war Carson zur Meinung gekommen, bei ihrem Thema gehe es ja aber weder um das Gleichgewicht mit, noch um die Kontrolle der Natur, sondern um die Störung des Gleichgewichtes durch den Menschen, das kriegerische Züge annehmen könne. Sie zog deshalb *Dissent in Favor of Man*, *Man Against the Earth*, *The War Against Nature* und *At War with Nature* in Betracht, aber diese Vorschläge sagten sowohl Brooks wie Rodell nicht zu. Rodell hatte schon früher einmal *Silent Spring* in die Diskussion gebracht, ein Vorschlag, der jetzt auch Brooks zusagte. Rodell hatte die Idee gekriegt, nachdem ihr die ersten Zeilen des Gedichtes »La Belle Dame Sans Merci« von John Keats (1819, vgl. 7.2.2) in den Sinn gekommen waren:

»Oh what can ail thee, knight-at-arms,
Alone and palely loitering?
The sedge has withered from the lake,
And no birds sing.«

In der deutschen Übersetzung von Gisela Etzel (Keats 1910):

»Was fehlt dir doch, du armer Wicht,
Was schweifst du einsam bleich umher?
Das Schilf ist längst schon welk, es singt
Kein Vöglein mehr.«

Aber Carson war vorläufig nicht überzeugt, dass *Silent Spring* ein guter Titel sein könnte.

## Weitere Unbill und die Erlösung

Ende 1961 wurde Carson von einer bedrohlichen Augenentzündung heimgesucht und sie konnte fast nichts mehr sehen. Die Iris war betroffen, vermutlich als Folge der starken Bestrahlungen. An Freeman schrieb sie daraufhin: »Wäre ich abergläubisch, dann würde ich sicher an irgendeine bösartige Macht denken, die mit allen Mitteln zu verhindern versucht, dass das Buch fertig wird. ... Ich krieche nur noch vorwärts, ein paar Stunden pro Tag. Und ich weiß, dass, bevor es zur Druckerei gehen kann, noch eine riesige Arbeit zu bewältigen ist, die nur meine Augen tun können« (B 6.1.62, Freeman 1995, 390). Im gleichen Brief kam zum Ausdruck, dass Carsons Gefühle verständlicherweise zwischen Endzeitstimmung und Hoffnung hin und her schwankten: »Letztes Jahr, als ich von Cleveland nach Hause flog, ging ich in mich, wie Du Dir vorstellen kannst, und es war mir klar, dass ich, sollte meine Zeit bald abgelaufen sein, vor allem anderen dieses Buch fertig stellen will. ... Aber jetzt, da es den Anschein macht, ich könnte

Abb. 9-3: Rachel Carson nach der Fertigstellung von *Silent Spring* bei einem Ausflug an die Küste. Foto: Alfred Eisenstaedt, 1.2.1962. Quelle: Time & Life Pictures. Bewilligung: Getty Images, München.

dieses Ziel irgendwie erreichen, bin ich natürlich nicht zufrieden – nun möchte ich noch Zeit haben für das ›Help-Your-Child-to-Wonder‹-Buch und das große ›Man-and-Nature‹-Buch. Und dann gibt es noch mehr, denke ich – wenn ich bis 90 am Leben bleibe, will ich weiterhin etwas zu sagen haben« (B 6.1.62, Freeman 1995, 391).

Allen Widrigkeiten zum Trotz blieb Carson aber mit eiserner Entschlossenheit an der Arbeit. Sie schöpfte ihre Motivation aus ihrer tiefen Überzeugung, dass die Gesellschaft hinsichtlich des Pestizid-Missbrauchs wachgerüttelt werden musste, koste es, was es wolle. Schon zwei Wochen später schickte sie 15 der 17 Kapitel an Houghton Mifflin, auch wenn sie hier und dort noch mit Revisionen beschäftigt war und auch einzelne Kapitel noch zur Begutachtung an Fachleute verteilt hatte. Gleichzeitig ging eine Kopie an den *New Yorker*, bei dem inzwischen klar war, dass die einst vereinbarte dreiteilige Serie (vgl. p. 228 f.) nicht einen separaten Beitrag, sondern einen Auszug aus dem Buch darstellen würde. Shawn, der Herausgeber, hatte vor, selbst eine kondensierte Version zu erstellen – schließlich sollte ungefähr ein Drittel von *Silent Spring* in diesem Magazin erscheinen.

Der ungeheure Druck, unter dem Carson während dieser Zeit lebte, löste sich, als am Montag, den 22. Januar 1962, um neun Uhr abends das Telefon klingelte. Shawn war am Apparat. Er hatte das Manuskript gelesen, beglückwünschte Carson und meinte, es sei ein brillantes Stück Arbeit, wiederum nicht einfach ein wissenschaftlicher Bericht, sondern ein Stück Literatur, das Sinne und Gefühle anrühre. »Plötzlich wusste ich aus seiner Reaktion«, so schrieb Carson am nächsten Tag an ihre Freundin Dorothy, »dass meine Botschaft ankommen würde. Nachdem Roger eingeschlafen war, nahm ich Jeffie [die Katze] mit in mein Arbeitszimmer und hörte das Violinkonzert von Beethoven - eines meiner Lieblingsstücke, wie Du weißt. Und plötzlich schwand die Anspannung von vier Jahren und ich kauerte auf den Boden und umarmte Jeffie und ließ meinen Tränen freien Lauf. Mit seiner kleinen warmen, rauen Zunge teilte er mir mit, dass er verstand. Ich glaube, ich habe Dir schon im letzten Sommer anvertraut, was ich tief in meinem Innern empfand, als ich sagte, ich könne nie wieder dem Gesang einer Drossel lauschen und glücklich sein, wenn ich nicht alles in meiner Macht stehende getan hätte. Und letzte Nacht dachte ich an all die Vögel und anderen Kreaturen und an die Schönheit, welche die Natur in sich birgt; mich durchströmte ein tiefes Glücksgefühl bei dem Gedanken, dass ich getan *habe*, was ich konnte – dass ich in der Lage war, das Werk zu beenden –, und dass es nun ein eigenes Leben hat« (B 23.1.62, Freeman 1995, 394).

Auch Paul Brooks war begeistert. »Ich kann mir niemand anderen vorstellen, der über diese Kombination von wissenschaftlichem Verständnis und literarischem Geschick verfügt und damit aus einer solch schwierigen und komplizierten Materie ein so schönes Buch machen kann«, schrieb er an Carson (B 30.1.62, Lear 2009, 397). Allerdings war er mit Kapitel 3, »Elixirs of Death«, noch nicht zufrieden. Es schien ihm immer noch zu wissenschaftlich zu sein, und es war doch wichtig, dass das Buch nicht nur von Leuten gelesen würde, die mit dem Problem schon vertraut waren, sondern dass es eine breite Masse erreichen konnte, die davon noch nichts wusste. Das Kapitel in seiner jetzigen Form war eine große Hürde, und wer die nicht bewältigen konnte, für den war der viel leichter zu lesende Rest des Buches verloren. So schlug Brooks grundlegende Änderungen und eine Reduktion des Kapitels auf die Hälfte seines ursprünglichen Umfangs vor, und Carson schrieb es entsprechend neu.

## 9.5 Im Vorfeld der Publikation

### Vorwarnungen und Vorkehrungen

Einzelne Kapitel schickte Carson nach deren Fertigstellung jeweils an Experten. Die meisten antworteten, sie fänden alles bestens und würden nichts ändern. Ein paar aber gaben sich die Mühe, eine detaillierte Kritik zu verfassen, ergänzende Hinweise und Unterlagen zu liefern und veränderte Formulierungen vorzuschlagen. Dazu gehörten: Der Pflanzenökologe Frank Egler, der sich schon lange mit der Industrie und der Regierung über den Herbizid-Einsatz entlang von Transportwegen angelegt hatte (s. z.B. Egler 1958) und entsprechend das Kapitel »Das grüne Kleid der Erde« las; der Wildbiologe Clarence Cottam (vgl. p. 210), der sich die Kapitel über die Wildtiere vornahm, und der aquatische Biologe Clarence Tarzwell, wie Cottam Mitglied der Pestizid-Wildtier-Kommission (Subkommission »Research Needs«, s. 8.4.1), der sich mit dem Kapitel »Der Tod zieht in die Flüsse ein« befasste.

Sie alle gaben sich Mühe, Carson zu einer hieb- und stichfesten Darstellung der Pestizidproblematik zu verhelfen, so dass den zu erwartenden Attacken von Seiten der den Gifteinsatz befürwortenden Interessengruppen nach Möglichkeit die Angriffspunkte fehlen würden. Sie hatten Erfahrung mit den Umgangsformen von Regierungsämtern und Industriefirmen und leiteten daraus Vorwarnungen ab: Carson müsse damit rechnen, persönlich angegriffen zu werden. Clarence Cottam zum Beispiel meinte: »Ihre Schreibe ist hervorragend. Ich bin sicher, dass Sie der Öffentlichkeit einen gewaltigen Dienst erweisen, aber ich will Ihnen nicht verhehlen, dass ich ebenso überzeugt bin, dass es Kreise geben wird, die Sie als Lachfigur hinstellen und verdammen werden. Eingefleischte Vertreter der Schädlingskontrolle und jene, die namhafte finanzielle Unterstützung von den Pestizid-Produzenten bekommen, werden sich nicht um Fakten kümmern« (B an Carson, 14.2.62, Lear 2009, 401). Trotzdem oder gerade deswegen war es wichtig, dass in Carsons Buch alle Feststellungen und Aussagen lückenlos dokumentiert waren.

Natürlich war es Carson von allem Anfang klar gewesen, dass sie mit einer Publikation, die den Gebrauch von Pestiziden in Frage stellte, in ein Wespennest stechen würde. Man muss sich dazu die wachsende wirtschaftliche Bedeutung der Pestizide in jenen Jahren vorstellen: Als Carson 1958 am Buch zu schreiben begann, wurden Schädlingsbekämpfungsmittel im Umfang von 200 Millionen Dollar verkauft. Beim Erscheinen des Buches vier Jahre später war der Umsatz bereits auf eine halbe Milliarde gestiegen! (Sterling 1970, 164).

Zur weiteren Absicherung schickten Carson und Rodell auch Vorabdrucke des Buches an verschiedene prominente Leute. Bezüglich ihrer Auswahl baten sie Charles Alldredge um Hilfe (vgl. p. 136). »Sie wollten, dass Entscheidungsträger, Minister, Mitarbeiter des Weißen Hauses, Vorsitzende von Komitees des Kongresses mit ihrem Stab, Direktoren von Naturschutzverbänden und leitende Personen von Frauenorganisationen ein Exemplar in die Hand bekamen« (Lear 2009, 399). Um zur nötigen Anzahl von Vorabdrucken zu kommen, mussten Anne Ford, Houghton Mifflins Werbedirektorin, und Paul Brooks entsprechend bearbeitet werden. Etwas murrend angesichts der damit anfallenden Kosten stimmten die beiden schließlich zu. Zur Präventionstaktik gehörte auch die Organisation von Mittagessen mit ausgewählten Gästen. Zum Beispiel erging für den 14. Mai eine Einladung der Journalistin und Mäzenin Agnes Meyer – sie war mit Eugene Meyer, Bankier und Besitzer der *Washington Post*, verheiratet – an eine Anzahl von führenden Frauen, darunter Politikerinnen und Präsidentinnen von Frauenorganisationen.

Schon länger hatten Carson und Rodell auch sorgsam darauf geachtet, dass der Text keine Anhaltspunkte für gerichtliche Klagen der zu erwartenden Gegnerschaft bieten würde, zum Beispiel der Industrie, die eine Absatzeinbuße hätte geltend machen können. Im Hinblick darauf war klar, dass sie bei der Erwähnung von Pestiziden keine Handelsnamen nennen durfte, während Bezeichnungen wie Dieldrin und Chlordan als ungefährlich eingestuft werden konnten, weil sie sich auf chemische Verbindungen bezogen, die als Grundlage für verschiedene Produkte dienten. Trotzdem ging sie mit Brooks zusammen eine Liste von Namen durch, um hinsichtlich der Formulierung heikler Passagen in ihrem Buch sich auch der Zustimmung des Verlags sicher sein zu können. Carson konnte sich keinen Prozess leisten, denn es gab keine entsprechende Versicherung für Autorinnen. Im Fall einer Klage gegen den Verlag sah das Reglement eine Kostenbeteiligung der Autorin bis zu 5000 Dollar vor, eine Summe, die dann Rodell noch auf die Hälfte herunterhandeln konnte (Lear 2009, 409-410).

Im Auge zu behalten waren diesbezüglich aber auch die im Text genannten Ämter. Aus ihr zugesandten Briefen war Carson bekannt, dass verschiedene für das USDA tätige Biologen gefeuert worden waren, weil sie sich getraut hatten, die staatlichen Pestizidprogramme, zum Beispiel die Kampagne gegen die Feuerameisen (s. p. 212 ff.), wegen der unter Wildtieren angerichteten Schäden in Frage zu stellen. Sie durfte aber aus diesen Briefen nicht zitieren und hatte keinen direkten Beweis für diese Vorkommnisse. Auch wenn es ihren Gerechtigkeitssinn heftig strapazierte, sie konnte im Buch keinen Gebrauch von diesem detaillierten Wissen machen und nur ganz allgemein von möglichen politischen Auswirkungen reden (Levine 2007, 157-158, Lear 2009, 402).

## Unaufhaltsam

Im März musste Carson feststellen, dass sich in den Lymphdrüsen auf ihrer rechten Seite schmerzhafte Knoten gebildet hatten. Wieder flog sie nach Cleveland, um sich von Crile untersuchen zu lassen. Die Diagnose war niederschmetternd: In der unteren Hals- und in der Achselregion hatten sich in allen Lymphdrüsen Metastasen gebildet. Crile empfahl ein weiteres Bestrahlungsprogramm. Sie ging daraufhin jeden Tag ins Krankenhaus und fühlte sich von der Behandlung so ermüdet, dass sie kaum arbeiten konnte. »Ich stelle nicht die Frage, ob das das Richtige ist. Ich weiß, dass ein 2-Millionen-Volt-Monster mein einziger Verbündeter in diesem wichtigen Kampf ist – aber es ist ein beängstigender und grässlicher Verbündeter, er bringt zwar den Krebs um, aber ich weiß auch, was er mir antut«, schrieb sie an Dorothy Freeman (B 28.3.62, Freeman 1995, 399). Carsons Gefühlswelt pendelte zwischen Zuversicht und Hoffnungslosigkeit, und in einem Brief an ihre Freundin ein paar Tage später nahm sie darauf Bezug: »Meine Stimmung ist gegenwärtig ziemlich launenhaft, aber schließlich ist es schwierig, dem Problem philosophisch oder mutig zu begegnen, wenn sich einem der Magen umdreht!« (B 1.4.62, Freeman 1995, 401).

Ende April aber war das Buch trotzdem fertig. »Zu sagen, es sei ein Wunder, dass sie ihre Arbeit überhaupt zu Ende führen konnte, ist eine Untertreibung. Aber viele gaben an, als Folge ihrer gesundheitlichen Beschwerden hätte sie ein verschärftes Bewusstsein von Dringlichkeit und Zielsetzung gehabt« (Murphy 2005, 27). Es war auf alle Fälle eine außergewöhnliche, ja unglaubliche Leistung. Sie selbst konnte es kaum fassen. »Es ist für mich ganz unmöglich zu realisieren, dass das Buch fertig ist«, schrieb sie an Brooks (B 20.4.62, Lear 2009, 404). Was noch blieb, war, dass sie in einem Fotostudio ein Bild von sich für den Buchumschlag machen lassen musste, ein Gräuel für sie. Es war ihr auch bewusst, dass sich die öffentliche Aufmerksamkeit auf sie richten würde, und sie war entschlossen, sich nichts von ihrer Krankheit anmerken zu lassen. Um ihr Haar, das unter der Radiotherapie gelitten hatte, zu verbergen, kaufte sie sich eine Perücke. Und an ihre Freundin Dorothy schrieb sie: »Du gehst bald zurück nach Maine und wirst dort Leute sehen, die mich kennen und vielleicht nach mir fragen werden. … Es gibt keinen Grund zu sagen, dass es mir nicht gut geht. Wenn Du etwas Negatives sagen willst oder denkst, es sei nötig, dies zu tun, sage, ich hätte Probleme mit einer Augenentzündung gehabt, die meine Arbeit bremste, aber die sei nun gut ausgeheilt. Und ich hätte *nie besser ausgesehen*. Bitte sag das« (B 20.5.62, Freeman 1995, 405). Carson war sich bewusst, dass die Öffentlichkeit nichts von ihrer Krebserkrankung erfahren durfte, denn sonst hätten die Kritiker darin ihre Motivation erblickt, das chemische Establishment anzugreifen.

William Shawn vom *New Yorker* hatte Probleme mit der Kondensierung von Carsons Buch zu einer dreiteiligen Serie und verschob ihren Beginn um zwei Wochen auf den 16. Juni 1962 (Carson 1962b). Carson war damit nicht unzufrieden, im Gegenteil: Wenn sie näher an die für September geplante Buchveröffentlichung heran rückte, konnte das nur von Vorteil sein. Die systematischen Werbeaktionen für das Buch, speziell die weit gestreuten Vorabdrucke, taten aber schon vorher ihre Wirkung. Auf Verlangen von Präsident Kennedy berief der damalige Innenminister Stewart Udall für den 25. Mai eine »White House

Conference on Conservation« ein. Carson wurde als »distinguished guest« dazu eingeladen, und sie bekam Gelegenheit, sich mit Udall und einigen Mitgliedern seines Stabes wie auch mit David Brower, dem Geschäftsleiter des Sierra Club, zu unterhalten. Weitere Gespräche ergaben sich nach der Konferenz mit Paul Knight, einem Mitglied des Stabes von Udall, der auf Wunsch seines Vorgesetzten mehr über das Buch und den Fortgang seiner Veröffentlichung zu erfahren wünschte.

## Die Anmaßung des Menschen der Natur gegenüber

Schon seit Jahren hatte das Scripps College in Claremont, Kalifornien, versucht, einmal Carson als Rednerin für die jährliche Abschlussfeier zu gewinnen. Jetzt, mit *Silent Spring* in der Luft, wurde die Einladung noch drängender, und Carson hatte das Gefühl, nun nicht mehr ausweichen zu können. So nahm sie die Anstrengung – ja angesichts ihres gesundheitlichen Zustandes die Tortur – einer Reise nach Kalifornien auf sich. Sie schaffte es auch noch, einen Zwischenstopp in Denver einzuschalten, um Lois Crisler zu besuchen, mit der sie seit vier Jahren befreundet war. Diese hatte ihr im Sommer 1958 einen Brief geschickt, in dem sie beschrieb, wie Carsons Bücher ihr eigenes Schreiben beeinflusst hätten. Sie hatte nämlich damals bei Harper gerade ein Buch mit dem Titel *Arctic Wild* publiziert, in dem sie schilderte, wie sie und ihr Mann, Herb Crisler, ein Naturfotograf, eine Wölfin gerettet und dann ihre Jungen aufgezogen hatten (Lear 2009, 329). Seither waren Carson und Crisler im Kontakt miteinander gewesen und hatten einander ein paar Mal auch persönlich getroffen.

Am 12. Juni war Carson dann in Claremont und hielt ihren Vortrag zum Thema »On Man and the Stream of Time« (Carson 1962a). Darin äußerte sie sich zum Verhältnis des Menschen zur Natur:

»Der Begriff Natur hat viele und unterschiedliche Bedeutungen, aber für den Moment bevorzuge ich diese Definition: ›Die Natur ist der Teil der Welt, der nicht vom Menschen gemacht ist‹ (5) …

Für lange Zeit hat der Mensch ziemlich arrogant über die Eroberung der Natur gesprochen; jetzt hat er die Macht, seine Prahlerei zu verwirklichen. Es ist unser Pech – es könnte durchaus zu unserer endgültigen Tragödie werden –, dass dieses Vermögen nicht durch Weisheit gemildert, sondern durch Unverantwortlichkeit gekennzeichnet ist; dass unser Bewusstsein viel zu wenig den Menschen als Teil der Natur sieht, und dass der Preis für die Eroberung sehr wohl die Selbstzerstörung des Menschen bedeuten kann (5-6). …

In der westlichen Welt ist unser Denken viele Jahrhunderte lang vom jüdisch-christlichen Konzept der Beziehung des Menschen zur Natur beherrscht worden, bei dem der Mensch als Herr über alle anderen Bewohner der Erde gesehen wird. Daraus hat sich folgerichtig der Gedanke ergeben, dass alles auf der Erde … ausdrücklich für den Menschen geschaffen worden ist.

John Muir[32] … hat diese naive Sicht auf die Natur mit beißendem Spott beschrieben: ›Zahlreich sind die Menschen, die schmerzlich erstaunt sind, wenn sie etwas Totes oder Lebendiges finden, das sie nicht essen oder sonst in irgendeiner Weise für sich als nützlich betrachten können. … Wale sind Lagerhäuser von Öl für uns … Unter den Pflanzen ist Hanf offensichtlich dazu bestimmt, zur Takelung von Schiffen, zu Verpackungsmaterial und zu Stricken zum Hängen der Bösewichte zu werden.‹ (7)

Die Einstellung des Menschen der Natur gegenüber ist heute von entscheidender Bedeutung, ganz einfach wegen dessen neuerdings entstandener Macht, sie zu zerstören. … Ich erinnere mich sehr gut, dass ich mich in den Tagen vor Hiroshima fragte, ob die Natur … wirklich menschlichen Schutz benötige. Sicher war doch das Meer unverletzlich und für immer jenseits des Vermögens des Menschen, es zu verändern. …

Aber ich irrte mich. …

Heute benutzen wir das Meer als Deponie für radioaktiven Müll, (8) …

Der einst wohltätige Regen ist nun zu einem Werkzeug geworden, das die tödlichen Produkte von Atombomben-Explosionen aus der Atmosphäre herunter bringt. …

Wir führen Krieg gegen andere Lebewesen, indem wir das schreckliche Arsenal der modernen Chemie gegen sie richten, und wir maßen uns das Recht an, ganze Arten auszurotten. …

So gesehen benötigt die Natur wirklich unseren Schutz; aber auch der Mensch selbst muss vor seinen eigenen Taten geschützt werden, denn er ist Teil der lebendigen Welt. Sein Krieg gegen die Natur ist unentrinnbar ein Krieg gegen sich selbst. (9) …

Dies ist ein Zeitalter, in dem eine Unmenge von Büchern produziert worden sind, wie etwas gemacht werden soll, und es ist auch ein Zeitalter der Wissenschaft des Machens. Mit anderen Worten, es ist das Zeitalter der Technologie, in dem wir, wenn wir wissen, *wie* etwas gemacht werden kann, dies unverzüglich tun, ohne uns zu überlegen, ob wir es auch tun *sollten*.

Statt dass wir immer versuchen, der Natur unseren Willen aufzuzwingen, sollten wir manchmal still sein und lauschen, was sie uns zu sagen hat. Täten wir dies, würden wir unsere fieberhafte Lebensführung in anderem Licht sehen, da bin ich sicher. …« (10).

## Hast der Pharmaindustrie und ihre Folgen

Carson und Rodell hofften, dass zwischen dem Erscheinen der Serie im *New Yorker* und der für September geplanten Buchpublikation nichts auftauchen würde, was die Aufmerksamkeit der Öffentlichkeit wieder ablenken könnte. Tatsächlich kam etwas Grauenvolles ans

32 Der Schotte John Muir (1838-1914) kam 1868 nach Kalifornien, entdeckte dort die überwältigende Schönheit der Landschaft der Sierra Nevada und setzte sich für deren Schutz ein, die 1890 in der Schaffung des Yosemite-Nationalparks mündete (s. Steiner 2011). Die von Carson zitierten Muir-Worte finden sich in *A Thousand-Mile Walk to the Gulf*, Houghton Mifflin, Boston 1981, 136-137.

Licht, das sich aber in der Endabrechnung zugunsten von Carsons Anliegen auswirkte. Ende 1961 flog nämlich der Thalidomid-Skandal auf. Thalidomid war ein Wirkstoff und diente als Bestandteil von Medikamenten, die seit einigen Jahren in vielen Ländern als Schlaf- und Beruhigungsmittel verschrieben wurden. Diese erschienen unter verschiedenen Handelsbezeichnungen auf dem Markt – in Deutschland unter dem Namen »Contergan«. Schwangere Frauen, die das Medikament eingenommen hatten, brachten häufig Kinder mit verkrüppelten oder fehlenden Gliedern zur Welt. Es wurde schließlich vom Markt zurückgezogen – in Deutschland im November 1961, in anderen Ländern wie z.B. Kanada erst im März 1962. Dies geschah erst, nachdem geschätzte 10 - 20 000 Kinder mit solchen Defekten geboren worden waren und der Zusammenhang mit Thalidomid eindeutig war.

In den USA war dieses Arzneimittel nicht auf den Markt gekommen, weil die Pharmakologin Frances Kelsey, damals als Angestellte der US Food and Drug Administration (FDA) zuständig für die Zulassung neuer Medikamente, dafür kein grünes Licht gegeben hatte. Der Grund: Die verfügbaren Angaben der Herstellerfirma, Richardson-Merrell, waren nach ihrer Ansicht nach nicht vertrauenswürdig genug, die Testergebnisse ungenügend und nicht überzeugend. Kelsey wurde von der Firma bestürmt, gab aber nicht nach. »Für sie war ihre Aufgabe eine einfache, ernste Angelegenheit, und sie nahm sie wahr und erdauerte Andeutungen, sie sei eine bürokratische Erbsenzählerin, unvernünftig – ja sogar … dumm« (Mintz 2008, 94).

Abb. 9-4: Frances Kelsey von der US Food and Drug Administration (FDA) erhält aus den Händen von Präsident Kennedy den »President's Distinguished Federal Civilian Service Award« bei einer Zeremonie im White House 1962. Quelle: US Food and Drug Administration, Silver Spring, MD.

Wie das Aufbrechen des Skandals dann bewies, erfuhren Kelseys Zweifel im Nachhinein ihre volle Rechtfertigung. Die Schlagzeilen in den Zeitungen lenkten die Aufmerksamkeit der Öffentlichkeit auf die Gefahren, die mit überhasteten chemischen »Lösungen« von Problemen verbunden sind. »Es ist mit allem dasselbe, ob Thalidomid oder Pestizide – sie sind repräsentativ für unsere Bereitschaft, vorwärts zu stürmen und etwas Neues zu gebrauchen, ohne zu wissen, was die Resultate sein könnten«, lautete der von Carson gegenüber einem Reporter der *New York Post* geäußerte Kommentar (Lear 2009,

412). Kelsey aber erhielt für ihre Standfestigkeit von Präsident Kennedy den »Award for Distinguished Federal Civilian Service« überreicht.

## 9.6 Hochmut kommt vor dem Fall

### »Ein Zukunftsmärchen«

Unter diesem Titel (englisch: »A Fable for Tomorrow«) beginnt *Der stumme Frühling* mit der schockierenden Schreckensvision eines Ortes, an dem das Leben abzusterben begonnen hat (Carson 1963a, 15-17): »Es war einmal eine Stadt im Herzen Amerikas, in der alle Geschöpfe in Harmonie mit ihrer Umwelt zu leben schienen. ... Dann tauchte überall in der Gegend eine seltsame schleichende Seuche auf, und unter ihrem Pesthauch begann sich alles zu verwandeln« (15). Hühner, Rinder und Schafe wurden zunehmend von seltsamen Krankheiten dahingerafft, die Singvögel verschwanden oder wurden in letzten Zuckungen liegend aufgefunden; »es war ein Frühling ohne Stimmen« (16). In den Flüssen waren alle Fische zugrunde gegangen. Auch unter den Menschen gab es immer mehr Krankheits- und sogar Todesfälle; die Ärzte waren rat- und machtlos. Ebenso war die Pflanzenwelt betroffen: »Die einst so anziehenden Landstraßen waren nun von braun und welk gewordenen Pflanzen eingesäumt, als wäre ein Feuer über sie hinweggegangen« (16). Was war hier passiert? »Kein böser Zauber, kein feindlicher Überfall hatte in dieser verwüsteten Welt die Wiedergeburt neuen Lebens im Keim erstickt. Das hatten die Menschen selbst getan« (16).

Mit dem so skizzierten Horrorszenario möchte Carson aufrütteln. Sie stellt klar, dass es in Wirklichkeit zwar keinen derartigen Ort gibt, an dem all die beschriebenen Phänomene gleichzeitig eingetreten wären, schon aber unzählige Orte, die am einen oder anderen Ereignis dieser Art tatsächlich gelitten haben. Sie sind das Resultat rücksichtsloser flächendeckender Giftsprühkampagnen. Wenn wir so weiterfahren, droht Gefahr: »Diese Tragödie, vorerst nur ein Fantasiegebilde, könnte leicht raue Wirklichkeit werden, die wir alle erleben« (17).

### Wider die Natur führt zur Selbstvernichtung

Im zweiten Kapitel mit dem Titel »Die Pflicht zu erdulden«[33] schildert Carson (18-26) wie unsere westliche Zivilisation, geblendet von der Hybris des vermeintlichen technologischen Fortschritts, an einer grundlegend fragwürdigen Geistesverfassung leidet. Auf diesem Hintergrund versucht sie, ein Problem – hier das der Bekämpfung der sogenannten Schädlinge – auf eingleisige Weise mit der Wucht eines Vorschlaghammers zu lösen und gefährdet damit nicht nur die Mitwelt, sondern auch sich selbst. Es ist ein Affront der Natur gegenüber

33 Dieser Titel nimmt Bezug auf einen Ausspruch des französischen Biologen und Pilosophen Jean Rostand (1894-1977): »Die Pflicht zu erdulden gibt uns das Recht zu wissen.«

zu glauben, auf diese Weise ließen sich Probleme lösen. Diese hat sich zu ihrer Vervollkommnung immer Zeit gelassen: »Es dauerte Hunderte von Millionen Jahren, die Lebewesen hervorzubringen, die jetzt die Erde bewohnen – Äonen, in denen dieses Leben sich entfaltete, weiterentwickelte und die verschiedensten Formen annahm, bis es einen Zustand erreichte, in dem es der Umgebung angepasst und mit ihr im Gleichgewicht war« (19). In der heutigen, vom Menschen gestalteten Welt fehlt es aber an Zeit. »Der schnelle Wandel und die Geschwindigkeit, mit der immer neue Situationen geschaffen werden, richten sich mehr nach dem ungestümen und achtlosen Hasten des Menschen als nach dem bedächtigen Gang der Natur« (19).

Hierzu stellen gerade die Chemikalien einen paradigmatischen Fall dar. Früher mussten die Lebewesen ihren Stoffwechsel an Erzeugnisse der Natur wie Kalzium, Kieselerde und Kupfer anzupassen versuchen und hatten genügend Zeit, um das Problem auch erfolgreich zu lösen. Heute dagegen »geht es um synthetische Erzeugnisse des erfinderischen Menschengeistes, die in Laboratorien zusammengebraut werden und kein Gegenstück in der Natur haben« (19). Damit Lebewesen sich auf sie einstellen können, wären evolutionäre Zeiträume erforderlich, und diese gibt es nicht. Selbst wenn eine rasche Anpassung gelänge, wäre damit nicht ein einmaliges Problem endgültig gelöst, sondern es würde sich immer wieder stellen, »denn die neuen Chemikalien kommen in einem endlosen Strom aus unseren Laboratorien; nahezu fünfhundert finden allein in den Vereinigten Staaten jährlich den Weg zum Verbraucher« (19-20).

Viele der neuen Chemikalien sind zur Vernichtung von Schadinsekten entwickelt worden und werden daher Insektizide genannt. Ihr Hauptproblem ist, dass sie nicht selektiv wirken, was heißt, dass sie nicht nur die Zielorganismen, also die »schlechten« Insekten, sondern auch die »guten« umbringen und sich zudem auch auf Vögel und Fische tödlich auswirken können. Außerdem sind sie langlebig und verseuchen damit die Umwelt auf längere Zeit. »Kann irgendjemand wirklich glauben, es wäre möglich, die Oberfläche der Erde einem solchen Sperrfeuer von Giften auszusetzen, ohne sie für alles Leben unbrauchbar zu machen? Man sollte die Stoffe nicht Insektizide, Insektenvertilgungsmittel, sondern ›Biozide‹, Töter allen Lebens, nennen« (20).

Zur Zeit Carsons war die Bedrohung der Menschheit durch einen Atomkrieg ein heißes Thema. Aber ebenso, so diagnostiziert sie, ist die chemische Verschmutzung der Umwelt ein gefährliches Kernproblem geworden. »Wie nur konnte ein intelligentes Wesen ein paar unerwünschte Arten von Geschöpfen mit einer Methode zu bekämpfen suchen, die auch die gesamte Umwelt vergiftete und selbst die eigenen Artgenossen mit Krankheit und Tod bedrohte?« (21) Gleichzeitig behauptet Carson nicht etwa, dass Insekten nie ein Problem darstellten. In bestimmten Situationen können Kontrollmaßnahmen notwendig werden, sicher etwa dort, wo es um Krankheiten geht, die von Insekten übertragen werden. Aber wir müssen uns intelligentere Methoden einfallen lassen.

Carson macht auch darauf aufmerksam, dass wir Menschen selbst Insekten den Weg dazu bereitet haben, Schädlinge zu werden (vgl. p. 223). Unter den traditionellen Verhältnissen einer kleinräumigen, vielfältigen Landwirtschaft gab es wenig Schwierigkeiten. Probleme entstanden erst mit ihrer Intensivierung und der Entwicklung von großflächigen Monokulturen. »Ein solches System bildete den richtigen Rahmen für eine ungestüme, geradezu explosionsartige Zunahme der Populationen bestimmter Insekten. ... Wird nur eine einzelne Getreidesorte angepflanzt, macht sich der Farmer nicht die Grundregeln zunutze, nach denen die Natur arbeitet; es ist eine Landwirtschaft, die sich ein Ingenieur ausgedacht haben könnte« (22-23).

Noch ein anderer Umstand spielt eine wichtige Rolle und ist ebenfalls eine Folge menschlicher Tätigkeiten. Mit dem internationalen Handel rings um den Planeten, vor allem mit Pflanzen, werden in über lange Zeiten etablierte Ökosysteme immer wieder fremde Arten eingeschleppt, die dort dann quasi nicht auf der Rechnung stehen, das heißt, sich unbehindert auszubreiten vermögen, weil Feinde nicht existieren, die sie kontrollieren könnten. »Es ist daher kein Zufall, dass unsere lästigsten Insekten eingeschleppte Arten sind« (24).

Vernichtungsaktionen mit dem massenhaften Einsatz von Pestiziden können ein Problem allenfalls kurzfristig lösen, führen aber unweigerlich zu langfristigen neuen Problemen. Um dies zu vermeiden, dürfen wir nicht nur auf der technischen Seite nach Lösungen fahnden, sondern müssen vor allem versuchen, ökologische Zusammenhänge zu verstehen, um die Bildung von Gleichgewichten zwischen Populationen fördern zu können. »Wir bilden auf unseren Universitäten Ökologen aus und stellen sie sogar in unseren Regierungsbehörden an, aber wir folgen selten ihrem Rat« (24).

Carson macht klar, dass ihr Anliegen nicht etwa ein Verbot der Anwendung von Pestiziden überhaupt ist: »Ich trete nicht etwa dafür ein, dass chemische Insektizide niemals verwendet werden dürfen. Ich behaupte aber, dass wir giftige und biologisch stark wirksame Chemikalien wahllos in die Hände von Personen geben, die weitgehend oder völlig ahnungslos sind, welches Unheil sie anrichten können« (25). Carson kritisiert auch das Fehlen dessen, was wir heute Vorsorgeprinzip nennen würden. Chemikalien sind immer wieder für den Gebrauch freigegeben worden, ohne dass man vorher sorgfältig abgeklärt hätte, wie sie auf Wildtiere und den Menschen wirken. Schließlich wehrt sie sich dagegen, dass Menschen ohne ihre Zustimmung einem von privater oder staatlicher Seite aus veranlassten Giftregen ausgesetzt werden können.

Am Schluss dieses Kapitels kommt Carson auf einen grundlegenden Faktor zu sprechen, der das ganze Unheil antreibt: »Es ist ... ein Zeitalter, das von der Industrie beherrscht wird, in dem das Recht, um jeden Preis Geld zu verdienen, selten angefochten wird« (26). Macht die Öffentlichkeit auf offensichtliche Schäden des sorglosen Umgangs mit Chemikalien aufmerksam, wird versucht, sie mit Halbwahrheiten zur Ruhe zu stellen. Die Bevölkerung hat aber Anrecht auf Transparenz, damit sie voll informiert darüber entscheiden kann, ob sie sich Risiken aussetzen will oder nicht. Alles andere ist undemokratisch.

## 9.7 Sprühprogramme und ihre Folgen

In den folgenden Kapiteln beschreibt Carson eine Reihe von groß angelegten chemischen Vernichtungsaktionen gegen Organismen, die als Schädlinge gelten, und was dabei herauskam. Im Zusammenhang mit der Frage, welche Art von Ereignissen Carson aufrüttelten und ihren Willen bekräftigten, zur Pestizid-Problematik ein Buch zu schreiben, habe ich auf p. 212 ff. schon auf zwei gegen die Feuerameise und den Schwammspinner gerichtete Sprühprogramme hingewiesen und dazu Kommentare von ihr aus *Silent Spring* vorgezogen. Hier ergänze ich das Bild mit Angaben zu den von Carson dokumentierten Insektizid-Aktionen gegen missliebige Insekten – den Japankäfer (Kapitel 7: »Unnötige Verwüstung«, 94-109), den Fichtentriebwickler (Kapitel 9: »Der Tod zieht in die Flüsse ein«, 136-160) und den Ulmensplintkäfer (Kapitel 8: »Und keine Vögel singen«, 110-135) – und, mittels Herbiziden, gegen ebensolche Pflanzen – den Wermut-Strauch und allgemeine Straßenrandvegetation (Kapitel 6: »Das grüne Kleid der Erde«, 72-93).

### Der Japankäfer

Der Japankäfer ist ein dem europäischen Maikäfer verwandtes Insekt – beide gehören zur Familie der Blatthornkäfer. Er sieht auch ähnlich aus, nur weisen sein Kopf und sein Halsschild eine metallisch glänzende grüne Farbe auf. Die Heimat dieses Käfers ist, wie der Name sagt, Japan, und er wurde von dort – offenbar zusammen mit importierten Sämlingen – in Nordamerika eingeschleppt und als fremder Eindringling erstmals 1916 in New Jersey entdeckt, von wo aus er sich dann in viele Staaten östlich des Mississippi ausbreitete. Außer dass er gelegentlich massenhaft auftrat, stellte er im Grunde genommen kein großes Problem dar. In den östlichen Gebieten hatte man versucht, ihn mit biologischen Methoden – mit aus dem fernen Osten importierten, dem Käfer zusetzenden räuberischen und parasitischen Insekten – im Zaum zu halten, nicht ohne Erfolg.

Im Mittleren Westen jedoch war man beunruhigt über seine weitere Ausbreitung und war zum Schluss gekommen, diese könne nur mit Gift abgestoppt werden. So startete das Michigan Department of Agriculture in Zusammenarbeit mit dem USDA im Herbst 1959 eine Vernichtungskampagne. Rund 110 Quadratkilometer im südöstlichen Michigan, inklusive einige Vororte von Detroit, wurden mit Aldrin, einem der gefährlichsten Chlorkohlenwasserstoffe, behandelt. Dieses Gift wurde deshalb gewählt, weil es zu jener Zeit das billigste war, nicht etwa, weil es sich in Tests als besonders wirksam gegen den Käfer erwiesen hätte. In einer amtlichen Verlautbarung wurde die Sicherheit des Verfahrens betont; für Pflanzen, Tiere (außer dem Käfer natürlich) und Menschen sei es absolut gefahrlos. Diese Aussage stand im Widerspruch zu bereits veröffentlichten Berichten, darunter auch solche des FWS, in denen auf die extreme Giftigkeit des Stoffes hingewiesen wurde. Wer hatte Recht?

»Als die Flugzeuge sich ans Werk machten, fielen die Insektizid-Kügelchen gleicherweise auf Käfer wie Menschen, Schauer von ›unschädlichem‹ Gift rieselten auf Leute herab, die Einkäufe machten oder an ihre Arbeit gingen, und auf Kinder, die zur Mittagszeit aus der Schule kamen. Hausfrauen fegten die Körnchen von Veranda und Gehsteig, wo sie wie Schnee ausgesehen haben sollen« (98-99).

Ein paar Tage später gab es massenweise Berichte über tote und sterbende Vögel: »Sie waren gelähmt, konnten nicht mehr fliegen, zitterten und wanden sich in Krämpfen« (99). Hunde und Katzen litten unter Durchfall und Erbrechen und auch bei Menschen zeigten sich verschiedene Vergiftungssymptome: Übelkeit, Erbrechen, Schüttelfrost, Fieber, Erschöpfung, Husten. »Tote Kaninchen und Hasen, Bisamratten, Opossums und Fische wurden ebenfalls in Mengen gefunden ...« (100).

Ungeachtet dieser und auch schon früherer entsprechender Erfahrungen – zum Beispiel hatte es schon seit 1954 in Illinois Sprühprogramme zur Elimination des Japankäfers gegeben, bei denen schwere Verluste bei Wild- und Haustieren auftraten – wurden weiterhin ähnliche Kampagnen durchgeführt. Dabei kam es zu einem sehr ungleichen Einsatz von Geldmitteln, was das Giftsprühen einerseits und die Überwachung seiner Auswirkungen andererseits betrifft. Innerhalb der acht Jahre, die das Programm dauerte, gab die Bundesregierung 375 000 Dollar für die Bekämpfungsmaßnahmen aus, und weitere Tausende steuerten die einzelnen Staaten bei, während die biologischen Fachkräfte für ihre Untersuchungen in der freien Natur mit insgesamt 6000 Dollar abgespeist wurden (104). Was schließlich das Resultat der chemischen Kriegsführung betrifft, galt dasselbe wie schon bei der Feuerameise (vgl. p. 212 ff.): Der Japankäfer war weiter auf dem Vormarsch.

## Der Fichtentriebwickler

Im Gegensatz zum Japankäfer ist der Fichtentriebwickler ein einheimisches Insekt, ein Kleinschmetterling, dessen Raupen Nadelbäume – nicht in erster Linie Fichten, wie der Name vermuten ließe, sondern die für die Papierindustrie wichtigen Balsamtannen – befallen und bei massenhaftem Auftreten in der Tat ernsthafte Schäden verursachen können. An verschiedenen Orten in Nordamerika (in den USA in Maine, Wyoming inklusive Yellowstone-Nationalpark!, Montana, Idaho u.a., in Kanada in New Brunswick und Quebec) wurden zu dessen Ausrottung großflächige Sprühkampagnen unternommen.

Betrachten wir ein kanadisches Beispiel: Im Einzugsgebiet des Miramichi-Flusses an der Ostküste der Provinz New Brunswick wurde in den frühen 1950er Jahren ein Anschwellen der Fichtentriebwickler-Populationen beobachtet, worauf die kanadische Regierung ein umfangreiches Bekämpfungsprogramm startete, bei dem in Öl gelöstes DDT zum Einsatz gelangte. Die oberen Einzugsgebiete des Miramichi waren bekannt als hervorragende Laichgebiete für die atlantischen Lachse, die jeden Spätsommer und Herbst aus dem fernen Ozean kommend in ihren Heimatfluss hinauf schwammen. »Hier wiederholte sich der uralte geregelte Ablauf der Ereignisse, die den Miramichi zu einem der besten Lachsgewässer Nordamerikas gemacht haben. Doch dieses Jahr sollte die festgefügte Ordnung gestört werden (136). ...

Im Jahre 1954, im Juni, besuchten also die Flugzeuge die Wälder des Nordwest-Miramichi, sie zogen kreuz und quer ihre Bahn, die sich in einem Muster aus weißen Wolken herabsinkenden Nebels abzeichnete. Die Sprühnebel ... sickerten in die Wälder aus Balsamtannen, und ein Teil davon erreichte schließlich den Boden und die Wasserläufe (137). ...

Bald nach dem Abschluss des Sprühens entdeckte man untrügliche Anzeichen dafür, dass keineswegs alles in Ordnung war. Binnen zwei Tagen fand man entlang der Bachufer verendende und tote Fische, einschließlich vieler Junglachse. Unter den toten Fischen tauchten auch Bachsaiblinge auf und an den Straßen und in den Wäldern gingen die Vögel ein. Im Bach war alles Leben erstorben. Vor dem Sprühen hatte man hier eine reiche Auswahl an Wassertieren gefunden, die das Futter für Lachs und Bachsaibling bilden ... Doch nun waren die Insekten des Baches tot, vom DDT vernichtet, und für einen Junglachs war nichts mehr zum Fressen da.

Inmitten eines solchen Bilds des Todes und der Zerstörung durfte man kaum erwarten, dass die Junglachse selbst heil davonkamen, und das war auch nicht der Fall. Bis zum August war nicht einer der jungen Lachse, die aus den Nestgruben im Kies hervorgegangen waren, übrig geblieben. Die Brut eines ganzen Jahres war vernichtet. Den älteren Jungfischen, die vor einem Jahr oder früher geschlüpft waren, erging es nur um ein Geringes besser« (137-138).

Der Zielorganismus aber, der Fichtentriebwickler, erwies sich als überraschend widerstandsfähig. Deshalb und in Missachtung der verheerenden Folgen für die übrige Fauna – man wischte die Rapporte über die Schäden als unerheblich oder anderweitig verursacht zur Seite – wurde die Giftbehandlung hier und auch in anderen Gebieten (Quebec und British Columbia) für eine Weile fortgesetzt.

## Der Ulmensplintkäfer

Die Ulme ist in den USA ein beliebter Baum, der seit Generationen entlang von Straßen und auf Plätzen angepflanzt worden ist. Um das Jahr 1930 herum wurde bei Cleveland, Ohio, erstmals eine Ulmenkrankheit beobachtet, die die Bäume zum Absterben brachte. Sie wird durch einen Schlauchpilz verursacht, der in die Wasser leitenden Gefäße der Bäume eindringt, diese verstopft und zudem Giftstoffe ausscheidet, was für die Bäume früher oder später tödlich ist. Diese Krankheit wird in Amerika »Dutch Elm Disease« genannt, da der Krankheitserreger via Holzimporte aus den Niederlanden eingeschleppt worden ist. Verbreitet wird der Pilz durch seine Sporen, die an den Körpern von Ulmensplintkäfern haften bleiben, die von einem Baum zum anderen fliegen. Seit ihrem ersten Auftreten »hat die zerstörerische Krankheit über 20 Staaten überrannt oder ist in sie eingedrungen und hat

Millionen von toten und sterbenden Ulmen hinter sich gelassen. Millionen von Dollars sind für erfolglose Versuche aufgewendet worden, die fortgesetzte Verbreitung der Krankheit zu verhindern und dabei sind Millionen von Vögeln umgebracht worden.« So fasste anfangs der 1960er Jahre der Zoologe George J. Wallace mit zwei Kollegen die Situation zusammen (Wallace u.a. 1961, 7).

Abb. 9-5: Mittels eines »Mist Blower« werden von der Ulmenwollschildlaus (*Gossybaria spuria*) befallene Ulmen in Wichita, Kansas, mit einem Insektizid eingenebelt (1960). Auf ganz ähnliche Weise wurden von der Ulmenkrankheit (»Dutch Elm Disease«) heimgesuchte Bäume mit DDT behandelt. Quelle und Bewilligung: Thane Rogers Photography.

Damit ist kurz und bündig beschrieben, um was es hier ging: Man versuchte mit Pestizid-Besprühung (DDT) der Ulmenkrankheit zu Leibe zu rücken, konnte damit aber den Käfer, der für dessen Ausbreitung sorgt, nicht besiegen. Stattdessen brachte man ganze Vogelpopulationen um. Was das letztere betrifft, war zum vornherein klar, dass dies passieren würde, denn schon in den 1940er Jahren von FWS-Biologen ausgeführte Tests hatten gezeigt, dass die für die Bekämpfung der Krankheit empfohlene Giftdosis Vögel töten würde (s. p. 210 f.). Aber dieser Befund wurde von den zuständigen Stellen schlicht ignoriert.

Nehmen wir als Beispiel den Campus der Michigan State University in East Lansing. Hier wurde 1954 mit dem Sprühen von DDT begonnen. Im Frühling 1955 und, nachdem das Ausrottungsprogramm in den nächsten Jahren seine Fortsetzung fand, in allen folgenden Frühlingen, bot sich das gleiche Bild: Tote und sterbende Wanderdrosseln. »Der gespritzte Bezirk war zu einer Todesfalle geworden, in der jede Welle dieser Zugvögel binnen einer Woche ausgerottet war. Dann kamen neue Wanderdrosseln an, nur um die Scharen der zum Tode verurteilten Vögel zu mehren, die man auf dem Universitätsgelände in qualvollen Zuckungen beobachten konnte, ehe sie verendeten« (114).

Diese Zuckungen, genauer: ein Zittern in den Flügeln und im Schwanz, Krämpfe, begleitet von einem aufgerissenen Schnabel, verleiteten die nach der Ursache forschenden Wissenschaftler zuerst an eine Nervenkrankheit zu denken, da sie die Versicherung der Insektizid-Befürworter, DDT sei für Vögel völlig unschädlich, für bare Münze nahmen. Nach einiger Zeit aber wurde klar, dass es genau diese angeblich ungefährliche Chemikalie war, die die Vögel vergiftete. Die noch offene Frage war wie, weil es schien, dass nicht der direkte Kontakt mit dem Gift verantwortlich sein konnte. Es war dann Roy J. Barker vom Illinois Natural History Survey in Urbana, der Licht ins Dunkel brachte (Barker 1958). Er hatte seine Untersuchungen auf dem Campus der University of Illinois in Urbana angestellt, auf dem ein Sprühprogramm schon in den Jahren 1949 bis 1953 durchgeführt worden war. Carson fasste Barkers Befunde so zusammen:

Abb. 9-6: Wanderdrossel (»American robin«, *Turdus migratorius*) auf einem Feld in Missouri. Man muss sich Brust und Bauch des Vogels rot gefärbt vorstellen. Foto: Dakota Lynch 19. Januar 2013. Quelle: Wikimedia Commons.

»Die Bäume werden im Frühling gesprüht ... Oft wiederholt man das Sprühen im Juli mit ungefähr der halben Konzentration. Mächtige Spritzgeräte richten einen Giftstrahl auf alle Teile der höchsten Bäume, sie töten nicht nur den Ulmensplintkäfer, der die Zielscheibe ist, sondern auch andere Insekten, darunter Arten, die der Bestäubung dienen, räuberische Spinnen und Käfer. Das Gift bildet auf Blättern und Borke einen zäh haftenden Film, den der Regen nicht abzuwaschen vermag. Im Herbst fallen die Blätter zu Boden, häufen sich zu durchnässten Schichten an und beginnen so langsam wieder mit der Erde eins zu werden. Dabei hilft ihnen die mühevolle Arbeit der Regenwürmer, die sich im Laubabfall ihr Nahrung suchen, denn Ulmenblätter gehören zu ihrem Lieblingsfutter. Wenn die Würmer die Blätter verzehren, verschlingen sie auch das Insektizid, sie sammeln und konzentrieren es in ihrem Körper. ... Zweifellos erliegen auch manche der Regenwürmer selbst dem Gift, doch andere bleiben am Leben und werden zu ›biologischen Verstärkern‹. Im Frühling kehren die Wanderdrosseln wieder und bilden ein weiteres Glied in dem Kreislauf. Schon die geringe Anzahl von elf Regenwürmern kann auf eine Wanderdrossel eine tödliche Dosis DDT übertragen. Elf Würmer sind aber nur ein kleiner Teil der Tagesration eines Vogels, der in ebenso vielen Minuten zehn bis zwölf Regenwürmer verspeist.«

Die Wanderdrosseln waren deutlich die Hauptopfer des Giftkrieges. Wallace schätzte den gesamten Verlust als Folge der DDT-Behandlung der Ulmen in den North-Central-Staaten[34] bis 1958 auf 100 Millionen. Es waren aber auch andere Vögel betroffen – Wallace stellte eine hohe Mortalität bei rund 90 Arten fest –, wobei allerdings oft nicht ohne weiteres klar war, auf welchem Wege sich das DDT bei ihnen auswirkte (in Rudd 1962, 11). Für einige Arten mag die Vernichtung ihrer Futterquelle, der Insekten, die Hauptrolle gespielt haben. Darüber hinaus gab es aber noch beunruhigende Anzeichen dafür, dass die schon beim Weißkopfseeadler beobachtete Reduktion der Fortpflanzungsfähigkeit (s. p. 234) zu einem allgemeinen Phänomen der indirekten Dezimierung der Vogelpopulationen werden würde.

## Die Wermutsteppe

Die für die Trockengebiete des Westens typische, an die ökologischen Gegebenheiten dieser Gegenden bestens angepasste Strauchvegetation besteht aus verschiedenen Wermut- oder Beifuß-Arten und wird im Englischen »sagebrush« genannt. Was die Natur hervorgebracht hat und was den Viehzüchtern richtig scheint, das sind aber zwei verschiedene Dinge. Den letzteren war in den 1950er Jahren der Wermut ein Dorn im Auge; für ihr Vieh hätten sie als Weideland gerne ununterbrochene Grasflächen gehabt. Auf ihr Betreiben hin wurde deshalb ein riesiger chemischer Feldzug gestartet, der die Wermutsträucher vernichten und damit die Methoden der Natur »verbessern« sollte. Fortan wurden jedes Jahr um die 16 000 Quadratkilometer Weideland besprüht. Carson dazu:

»Eines der tragischsten Beispiele dafür, wie gedankenlos in den Vereinigten Staaten die Landschaft vergewaltigt wird, bietet die sogenannte Wermutsteppe des Westens, wo ein riesiger Feldzug im Gange ist, um den ›sagebrush‹ … zu vernichten und durch Grasland zu ersetzen. Wenn sich die Menschen je bei einem Unternehmen von einem Sinn für die Geschichte und die Bedeutung der Landschaft leiten lassen mussten, dann bei diesem Vorhaben. Denn hier gibt die Naturlandschaft beredtes Zeugnis von den Kräften, die sie geschaffen haben. Sie liegt wie die Seiten eines aufgeschlagenen Buches vor uns, in dem wir lesen können, warum das Land zu dem wurde, was es ist, und warum wir ihm seine Eigenart unversehrt bewahren sollten. Aber das offene Buch bleibt ungelesen« (72-73).

Carson beschreibt dann, wie wir es hier mit einem Gebiet mit schroffen klimatischen Gegensätzen zu tun haben: Schwere Schneestürme im Winter, große Hitze und dörrende Winde im Sommer. Es dauerte lange bis sich eine Gruppe von Pflanzen fand, die unter diesen Umständen überleben konnte, eben die Wermutsträucher. Im Verein mit dem Vegetationsbewuchs entwickelte sich auch die Tierwelt. Besonders die Gabelantilope und das Wermuthuhn sind völlig an ihn angepasst, für beide liefert er die Nahrungsgrundlage,

34 Es ist von den »seven North Central States« die Rede. Nach der heute üblichen geographischen Einteilung der USA ist nicht ohne weiteres klar, welche Staaten damit genau gemeint sind. Sicher gehören aber Michigan, Illinois, Ohio, Indiana und Wisconsin dazu.

dem letzteren bietet er auch Obdach. »Die rauen Hochebenen, die purpurn schimmernden Wermut-Einöden, die wilde, flinke Gabelantilope und das Wermuthuhn vereinen sich zu einer natürlichen Gemeinschaft, die vollkommen im Gleichgewicht ist.« War, müsse man nun sagen, meint Carson, nachdem die Ausrottung des »sagebrush« angelaufen ist. Das Ziel ist, stattdessen eine zusammenhängende Grasnarbe zu erhalten, was aber bei spärlichem Niederschlag ein frommer Wunsch bleiben muss; Gras kann nur im Schutz der Sträucher gedeihen, wo es von der von diesen zurückgehaltenen Feuchtigkeit profitieren kann (73-74).

William O. Douglas, der Richter (vgl. p. 220 f.), beschrieb eine im Rahmen eines Programms des US Forest Service mit Herbiziden traktierte und von ihm danach besuchte Region in Wyoming in seinem Buch *My Wilderness: East to Kathadin.* Er ging hin in dem Jahr, als gesprüht wurde, und er war angesichts der sterbenden Vegetation zutiefst schockiert. Er kehrte im nächsten Jahr zurück und stellte fest, dass eine ganze Lebensgemeinschaft restlos zerstört worden war. Nicht nur der Wermut war weg, sondern auch die die Bachläufe begleitenden Weidendickichte. Diese bildeten im natürlichen Zustand ein Habitat für Elche und Biber, und in den durch die Biberdämme gestauten kleinen Seen tummelten sich Forellen. Mit dem allem war es nun vorbei.

Und dies war nur ein Beispiel von vielen, bei denen sogenannte Unkräuter durch Chemieeinsatz vernichtet wurden. Der Kommentar von Carson: »Die chemischen Unkrautbekämpfungsmittel sind ein prächtiges neues Spielzeug. Sie wirken in einer höchst eindrucksvollen Weise; sie verleihen denen, die sie handhaben, ein schwindelerregendes Gefühl der Macht über die Natur, und die weittragenden, aber weniger augenfälligen Wirkungen werden leichthin als grundlose Fantasien von Pessimisten abgetan. Die ›landwirtschaftlichen Ingenieure‹ sprechen munter von ›chemischen Pflügen‹ in einer Welt, der man eindringlich empfiehlt, ihre Pflugscharen in Spritz- und Stäubegeräte umzuschmieden« (77).

## Straßenrandvegetation

Dass die Vegetation entlang von Straßen, insbesondere wenn diese durch Wälder führen, im Zaum gehalten werden muss, ist offensichtlich. Nur kann dies auf verschiedene Weise geschehen. Früher wurde einfach geschnitten und gemäht, aber dann wurden die chemischen Unkrautvertilgungsmittel entdeckt, insbesondere die Herbizide 2,4-D und 2,4,5-T: »Die Stadtväter von Tausenden von Gemeinden leihen dem Verkäufer chemischer Mittel und den diensteifrigen Leuten, die sie anwenden, ein williges Ohr, wenn diese sich erbötig machen, ihnen die Randstreifen der Landstraßen – natürlich gegen Bezahlung – von ›Gestrüpp‹ zu säubern. Es ist billiger als Mähen, lautet das Schlagwort« (77-78). Maine war einer der Staaten, in denen diese Art der Straßenrand-Säuberung in rigorosem Stil betrieben wurde, so rigoros, dass sowohl Einheimische wie Besucher sich zu beklagen begannen.

Carson selbst schilderte ihre Erfahrungen so: »Mir selbst ist ein Straßenabschnitt wohlbekannt, wo die Natur bei der Gestaltung der Landschaft für einen Saum aus Erlen,

Schneeballsträuchern, Farnmyrten und Wacholder gesorgt hatte, während leuchtende Blumen, die mit den Jahreszeiten wechselten, im Herbst auch Früchte, deren herabhängende Trauben einem Geschmeide glichen, dem Bild stets eine besondere Note gaben. Die Straße war nicht mit Verkehr überlastet, sie besaß nur wenige scharfe Kurven oder Kreuzungen, wo Unterholz dem Fahrer die Sicht behindern konnte. Doch die Sprüher übernahmen das Kommando, und damit wurden die Kilometer, die man auf dieser Straße zurücklegte, zu einer Strecke, die man möglichst schnell hinter sich brachte; den Anblick, den die Gegend bot, konnte man nur ertragen, wenn man sich zwang, nicht daran zu denken, dass diese unfruchtbare und scheußliche Welt das Werk unserer Techniker ist, denen wir freie Hand lassen« (80).

Diese Techniker haben kein Sensorium für die Schönheiten der Natur. Als krasses Beispiel verwies Carson auf eine Stelle im Buch *My Wilderness: The Pacific West* (1960) von Douglas, wo dieser über eine Tagung berichtete, bei der es um Pro und Contra der im vorherigen Abschnitt beschriebenen Vernichtung der Wermutsträucher ging. Vertreter der Bundesbehörden vertraten die befürwortende, protestierende Bürgerinnen und Bürger die ablehnende Seite. »Bei diesen Leuten erregte es stürmische Heiterkeit, dass eine alte Dame den Plan anfocht, weil die wilden Blumen vernichtet würden« (81).

Aber zurück zu den Straßenrändern in Maine. Carson erwähnte einen kritischen Beobachter, der sich darüber erzürnte, dass er »Meile um Meile das Schandmal abgestorbener Vegetation« erblicken musste und sich fragte: »Wie steht es mit der wirtschaftlichen Seite der Angelegenheit, kann der Staat Maine es sich leisten, sich durch einen solchen Anblick die Gunst der Touristen zu verscherzen?« (79). In der Tat kann die Ästhetik zu einem wirtschaftlichen Faktor werden, aber es ging, wie Carson klar machte, um mehr: »Im Haushalt der Natur hat die natürliche Vegetation ihren lebenswichtigen Platz. Hecken, die sich an den Landstraßen entlang ziehen und Felder einfassen, bieten Vögeln Nahrung, Schutz und Nistgelegenheit, aber auch vielen kleinen Tieren einen Unterschlupf. … Eine solche Vegetation ist auch die Heimat wilder Bienen und anderer Insekten, die Blüten bestäuben. Der Mensch ist von dieser Bestäubung abhängiger, als er es sich gewöhnlich klarmacht. Selbst der Farmer begreift selten den Wert wilder Bienen und beteiligt sich oft an den Maßnahmen, durch die er sich ihrer Dienste beraubt. Manche Ackerfrüchte und viele wilde Pflanzen sind teilweise oder ganz auf die Mitarbeit einheimischer Insekten bei der Befruchtung angewiesen« (82).

## 9.8 Angriff auf die »innere Ökologie«

In den Kapiteln 11 bis 14 (»Das übertrifft die kühnsten Träume der Borgias«, 180-191; »Der Preis, den der Mensch zu bezahlen hat«, 192-203; »Durch ein schmales Fenster«, 204-221, und »Jeder vierte …«, 222-246) befasst sich Carson (1963a) mit den Auswirkungen der Pestizide auf die menschliche Gesundheit.

## Erinnerung an die Borgias

Dass Gifte, die andere Lebewesen umbringen können, auch für den Menschen eine potenzielle Gefahr darstellen, war wohl klar. Schließlich gab es genügend dokumentierte Fälle, in denen Personen an nachgewiesenen Vergiftungen gestorben waren. Dabei handle es sich ausschließlich um Unfälle und um Missbrauch, ließ sich, ähnlich wie schon bei den Wildtierschäden, die chemische Industrie bezüglich der Pestizide verlauten. Wenn man sich an die Vorschriften halte, könne nichts passieren. Das Problem war nur: Es ging nicht nur um die Personen, die beruflich mit diesen Chemikalien zu tun hatten, sondern um alle, die sich, von der Werbung dazu ermuntert, den Gebrauch von Insektiziden für den Hausgebrauch angewöhnt hatten. Da wurde in der Wohnung in alle Ecken gesprüht, in den Schränken kam auf die Tablare präpariertes Papier zu liegen, es wurden Streifen gegen Mottenfraß aufgehängt, die Böden wurden mit Insekten tötendem Wachs gebohnert, Insektenschutzmittel wurden auf die Haut aufgetragen, und für den Garten gab es Giftsorten zum Besprühen von Rasen und Zierpflanzen. »So vollkommen hat das Zeitalter der Gifte seine Herrschaft angetreten, dass jeder in einen Laden gehen und, ohne von Fragen belästigt zu werden, Substanzen kaufen kann, die eine weit stärkere todbringende Wirkung haben als die Arznei, bei deren Kauf man in der Apotheke nebenan vielleicht von ihm verlangt, dass er sich in ein ›Giftbuch‹ einträgt. ... Insektizide [werden] in Reihen aufgestapelt und in anheimelnder und farbenfreudiger Aufmachung zur Schau gestellt, auf der anderen Seite des Ganges sehen wir die eingemachten Essiggurken und Oliven« (180-181). Und was die Vermeidung von Unfällen und Missbrauch betrifft: Auf den Etiketten waren Warnungen nur im Kleindruck vorhanden – die meisten Benutzer merkten gar nicht, dass die Behälter warnende Aufschriften trugen –, und in den Werbeanzeigen gab es keinerlei Hinweise auf Gefahren. »Statt dessen zeigt die typische Illustration [in schönen Broschüren] eine glückliche Familienszene: Vater und Sohn schicken sich lächelnd an, den Rasen mit der Chemikalie zu behandeln, während kleine Kinder mit einem Hund im Gras herumtollen.« (184).

Gut, man konnte hoffen, mit einiger Aufklärungsarbeit die Bevölkerung wirklich auf die Risiken des Gebrauchs von Schädlingsbekämpfungsmitteln aufmerksam zu machen. Eine ganz andere Sache als der direkte Kontakt mit den Giften beim Gebrauch in Haus und Garten war deren Aufnahme über die Nahrung. Inzwischen befanden sich in allen Lebensmitteln Rückstände von Pestiziden, insbesondere von DDT – von der gänzlich ungerührten Industrie natürlich wieder zur Bagatelle erklärt. Das war auch bei der Milch der Fall, für die eigentlich eine Nulltoleranz galt. Für die anderen Nahrungsmittel gab es aufgrund von Versuchen mit Labortieren eruierte Toleranzgrenzen, und die Food and Drug Administration (FDA) war gehalten, Kontrollen durchzuführen. Das betraf aber nur den zwischenstaatlichen Handel von Produkten, und auch da nur ein Prozent desselben, da schlicht das Personal fehlte. Zudem: Was nützten Toleranzen, wenn die vorgeschriebenen Dosierungen von Farmern häufig überschritten wurden? Und war bekannt, welche verstärkten Effekte das Zusammenwirken von verschiedenen Pestiziden allenfalls hervorrufen konnte? Carson (1963a, 189) vertrat gegenüber der Toleranz-Problematik eine grundsätzlich-radikale Meinung: »Legt man Höchstmengen fest, bedeutet dies im Endergebnis …, dass man es gutheißt, wenn die Lebensmittel, mit denen das Volk versorgt wird, mit giftigen Chemikalien verunreinigt werden.«

DDT und die anderen CKWs sind fettlöslich und lagern sich deshalb im Fettgewebe des Körpers ab. Das kann harmlos bleiben bis sich solches Gewebe abbaut und das eingelagerte Gift aktiv wird. Da gab es den Fall eines Mannes in Neuseeland, der wegen Fettleibigkeit behandelt wurde. Als er Gewicht zu verlieren begann, traten plötzlich Vergiftungserscheinungen auf. Eine Untersuchung seines Fettgewebes zeigte, dass es Dieldrin enthielt (195). Es sind ja auch nicht die einzelnen kleinen Mengen von Pestiziden, die problematisch sind, sondern die Akkumulation von vielen kleinen Mengen. Entsprechend machte sich Carson Sorgen über »die unzähligen Gelegenheiten, bei denen wir Tag für Tag und Jahr für Jahr kleineren Mengen von Giften ausgesetzt sind. … Einerlei wie gering die Mengen jedes Mal sind, sie tragen ihren Teil zu der wachsenden Ansammlung von Chemikalien im Körper bei und damit zu einer fortschreitenden Vergiftung« (180). »So wie die Sache jetzt steht, ergeht es uns nur wenig besser als den Gästen der Borgias.« (191)

## DDT: Unser täglich Brot?

Trotz aller Indizien, dass Pestizide die Gesundheit des Menschen gefährden können, gab es darüber von Anfang an eine kontroverse Diskussion. Im Long-Island-Gerichtsfall (s. p. 217 ff.) hatten diesbezüglich für beide Seiten, sowohl für die Anklage wie auch die Verteidigung, Experten ausgesagt. Die letzteren, die behaupteten, es gebe keinerlei wissenschaftliche Beweise dafür, dass diese Chemikalien Krankheiten auslösen könnten, setzten sich durch. Carson kam aber bei dieser Gelegenheit durch Vermittlung von Spock mit Medizinern in persönlichen Kontakt, die die gegenteilige Meinung vertraten. In der Folge entwickelten sich Morton S. Biskin von Westport, Connecticut, und Malcolm Hargraves an der berühmten Mayo Clinic in Rochester, Minnesota, zu wichtigen Gewährsleuten. Später kam noch Wilhelm C. Hueper am National Cancer Institute (NCI) in Bethesda, Maryland dazu. Alle drei galten damals für das eine Lager als Autoritäten für das Gebiet der von Pestiziden verursachten Krankheiten und wurden vom anderen, gegnerischen Lager, das jegliches Gesundheitsrisiko abstritt, als unseriöse Fantasten belächelt. Carson aber sammelte alles Material, dessen sie habhaft werden konnte. Dabei war die Verbindung zu Hargraves besonders wertvoll, denn dieser verfügte über eine umfangreiche Sammlung von wohl dokumentierten Fällen, in denen Personen im Gefolge des Sprühens von Pestiziden gesundheitliche Probleme bekommen hatten.

Eines der krasseren Beispiele kam im Brief eines Sportsmannes an Bekannte zum Ausdruck. »Auf einer Jagdexkursion im Norden British Columbias im späteren August 1957 besprühten wir das Innere eines Zeltes einundzwanzig Nächte lang mit DDT. Wir lüfteten das Zelt ungenügend. Als ich im September nach Hause kam, waren mein Knochenmark und meine weißen und roten Blutkörperchen recht mitgenommen. Ich verlor beinahe mein Leben. Ich hatte in Philadelphia einundvierzig Infusionen in meinen Arm, von denen jede vier bis sechs bis acht Stunden dauerte, und nun geht es mir langsam besser.« Auf der Kopie dieses Briefes, die Carson erhalten hatte, findet sich unten eine handgeschriebene Notiz: »Starb an Leukämie im Mai 1959« (Brooks 1989, 255-256).

Klar, solche Einzelfälle kann man als wertlose Anekdoten abtun, aber oft ist es das einzige, was man zur Verfügung hat. So wie mit Labortieren nach streng wissenschaftlichen Kriterien lassen sich Gift-Experimente mit Menschen nicht durchführen, es sei denn mit Freiwilligen – wobei auch dies vom ethischen Standpunkt aus gesehen bereits fragwürdig sein kann. Wie schon im Zusammenhang mit dem Long-Island-Gerichtsfall erwähnt (s. p. 219 f.), war Wayland J. Hayes einer, der dies versuchte. Er brachte 51 Insassen eines Gefängnisses dazu, bei einem Versuch mitzuwirken. Er verabreichte ihnen eine Zeitlang eine tägliche Dosis von 35 Milligramm DDT, die das Zweihundertfache der »normalen« betrug, nämlich der Menge, die zu jenem Zeitpunkt im Durchschnitt überall in jedem Essen zu finden war. Hayes' Befund lautete, das Gift habe sich bis zu einem Gleichgewichtszustand akkumuliert, der Überschuss sei wieder ausgeschieden worden; Gesundheitsschäden wären bei keinem Teilnehmer aufgetreten (*Time* 1962, 45; Carson 1963a, 33). Daraus schloss er, Menschen und auch andere Säugetiere könnten problemlos große Dosen von Insektengiften tolerieren. Wenn also jede in den USA verzehrte Mahlzeit vermutlich Spuren von DDT enthalte, sei das kein Grund zur Sorge. In der Tat war zu jener Zeit eine Kontamination unvermeidlich, und Leute, die dachten Carson wisse einen Ausweg, sollen auf die Frage »Und was essen nun *Sie*? von ihr stets die Antwort: »Chlorierte Kohlenwasserstoffe, genau wie alle anderen auch« erhalten haben (Graham 1971, 76) (vgl. p. 266 ff.).

Hayes' Untersuchung aber hatte mindestens drei Haken. Zum ersten handelte es sich nicht um ein kontrolliertes Experiment, das wissenschaftlichen Ansprüchen hätte genügen können, denn die Zahl der Teilnehmer schrumpfte zunehmend. Dazu gibt es einen Kommentar von Carson in einem Brief an Teale (B 12.10.58, Lear 2009, 334): »Es waren nur 51 am ersten Tag; danach verloren die Teilnehmer ihren Geschmack an DDT rasch und verzogen sich, bis nur noch eine Handvoll den Kurs der vergifteten Mahlzeiten beendete.« Zum zweiten hatte Hayes, wie Carson im selben Brief bemerkte, es unterlassen, den Gesundheitszustand der übrig gebliebenen Versuchskaninchen später noch einmal zu untersuchen; schließlich konnte es unter Umständen Jahre dauern, bis sich ein Schaden zeigte. Und zum dritten hatte Hayes Klagen der Teilnehmer über Kopfweh und Schmerzen in allen Knochen – ähnliche Symptome wie die beim nachfolgend erwähnten Versuch beobachteten – kurz und bündig als psychoneurotisch abgetan! (197-198).

Beim angetönten Experiment handelte es sich um die Selbstversuche britischer Forscher am Royal Navy Physiological Laboratory. Durch die ständige Berührung von Wänden, auf die ein DDT-haltiger wasserlöslicher Farbanstrich aufgetragen worden war, ergab sich eine Absorption des Giftes durch die Haut. Die Probanden klagten bald über Müdigkeit, Schweregefühl und Gliederschmerzen, zeigten sich äußerst reizbar und lustlos irgendetwas zu arbeiten, und hatten das Gefühl, geistig unfähig zu sein, die einfachsten Denkaufgaben zu bewältigen (197-198).

Diesen Befunden wiederum steht ein anderer Selbstversuch gegenüber, der allerdings nur eine Person betrifft, den Biologen J. Gordon Edwards. Dieser war eine seltsam gespaltene Figur: Auf der einen Seite setzte er sich für Naturschutzanliegen ein und war Mitglied beim Sierra Club und der National Audubon Society, auf der anderen war er ein feuriger Vertreter des Gebrauchs von DDT. Um dessen Unschädlichkeit für den Menschen zu beweisen, aß er für längere Zeit jede Woche einmal einen Löffel voll DDT-Pulver, ohne irgendwelche negativen Konsequenzen, wie er behauptete. Das tat er später, nach Carsons Tod, als es um die Frage ging, ob DDT verboten werden sollte oder nicht. Wenn Edwards nicht geflunkert hat: Ist das ein Gegenbeweis? Nein, natürlich nicht. Ich denke, der Schluss liegt nahe, dass die Empfindlichkeiten für chemische Gifte individuell sehr verschieden sein können.

## Wo ansetzen: Bei der Ursache oder beim Symptom?

Welche Krankheiten aber konnten nun durch Schädlingsbekämpfungsmittel eigentlich ausgelöst werden? Von den CKWs war bekannt, dass sie die Funktionen der Leber zu stören vermochten. Diese Funktionen aber bestehen in der Überwachung vieler lebensnotwendiger Vorgänge, vor allem auch im Abbau von Giften, womit ein Leberschaden zu fatalen Konsequenzen führen kann. Carson wies darauf hin, dass es seit 1950 eine rasche Zunahme von Leberentzündungen (Hepatitis) gegeben habe. Wenn man bedenke, dass gleichzeitig der Gebrauch von Pestiziden stark angestiegen sei, liege der Verdacht nahe, dass es sich hier kaum um ein zufälliges Zusammentreffen handeln könne (195-197). Das Beispiel erinnert daran, dass einem bei solchen Fragestellungen wie der, ob Schädlingsbekämpfungsmittel Krankheitserreger sind, noch das Hilfsmittel der Statistik zur Verfügung steht. Eine gewisse Korrelation zwischen der Menge der versprühten Chemikalien und der Häufigkeit des Auftretens bestimmter gesundheitlicher Schäden entspricht allerdings nie einem wirklichen Beweis für eine Ursache-Wirkungs-Beziehung, sondern ist im besten Fall bloß Anlass für eine starke Vermutung.

Beide Hauptformen von Insektiziden, die Chlorkohlenwasserstoffe und die Organophosphate, greifen unmittelbar das Nervensystem an, aber auf unterschiedliche Weise. Eine Chemikalie wie das DDT wirkt hauptsächlich auf das Kleinhirn und beeinträchtigt die Motorik. Es können Zittern und Krämpfe, aber auch abnormale Sinnesempfindungen wie Prickeln, Brennen, Jucken und eben die von den Probanden in den oben erwähnten Experimenten vermeldeten Symptome auftreten (197). Das Parathion und verwandte Stoffe zerstören ein Cholinesterase genanntes Enzym, das im mit dem Nervensystem zusammenhängenden Stoffwechsel eine Rolle spielt. Folgeschäden können Lähmungen, aber auch psychische Störungen wie Geistesschwäche, Depressionen oder schizophrene Zustände sein (201-202, 205).

Da sie selbst an Krebs litt, hatte für Carson die Frage, wie weit Pestizide eine karzinogene Wirkung haben konnten, zweifellos einen wichtigen Stellenwert. Es war ihr bewusst, dass Krebs ein Urphänomen sein musste, da ja schon in der Natur gelegentlich Gifte vorkamen, die bei Lebewesen diese Krankheit hervorrufen konnten. Aber über die lange Zeit der Evolution hatte das Leben Gelegenheit gehabt, sich an wiederkehrende schädliche Situationen anzupassen. Mit dem Erscheinen des Menschen und seiner sich entwickelnden Zivilisation aber kamen neue Substanzen ins Spiel, an die keine Gewöhnung bestand. Schon vor der Industrialisierung kam Ruß als möglicher karzinogener Faktor ins Spiel, mit der Industrialisierung vermehrte sich die Anzahl potenziell schädlicher Stoffe rasant. Noch gegen Ende des 19. Jahrhunderts waren es bloß ein halbes Dutzend – dazu gehörten zum Beispiel Teer und Pech –, während ihre Vermehrung im 20. Jahrhundert kaum mehr überschaubar ist (222-223). »Nicht allein im Beruf sind heute Menschen gefährlichen Chemikalien ausgesetzt; jeder findet sie in seiner Umwelt vor, sie wirken sogar auf die noch ungeborenen Kinder ein. Es überrascht daher kaum, dass wir jetzt eine beängstigende Zunahme krebsartiger Erkrankungen bemerken« (224).

Bezüglich der Frage, wie aus normalen Zellen Krebszellen werden konnten, schien es drei Möglichkeiten zu geben. Die eine war die, dass die Gifte in den Chromosomen der Körperzellen Mutationen bewirkten, die aus dem normalen ein pathologisches Zellverhalten werden ließen. Es war bekannt, dass radioaktive Strahlung eine derartige Veränderung bewirken konnte, und Carson sah denn auch eine Parallele zwischen dem durch die Atombombentests verursachten radioaktiven »Fallout« und einem chemischen Pendant. Im Vordergrund stand allerdings die zweite Möglichkeit, die These, dass Krebs mit einer Störung des Funktionierens der »Energiekraftwerke« der Zellen, der Mitochondrien, verbunden war, bei dem ihr normaler Stoffwechsel aus dem Geleise geriet, und dass chemische Gifte einen solchen Prozess auslösen konnten. Carson berief sich dabei auf Befunde des deutschen Biochemikers Otto Warburg (1883-1970), der festgestellt hatte, dass in Krebszellen die normale Zellatmung behindert und durch einen Gärungsprozess als Energielieferanten ersetzt wird. Diese Erklärung schien ihr überzeugend, und sie bekam bezüglich dieser Auffassung Sukkurs von ihren anderen Gewährsleuten, vor allem aber von Biskin. Die dritte Möglichkeit der Krebserzeugung war eine indirekte über eine Störung des Hormongleichgewichtes. In diesem Fall kam die Leber wieder mit ins Spiel, indem eine solche Störung mit Funktionseinbussen dieses Organs zusammenhängen musste.

»Heute ist unsere Welt voll von krebserzeugenden Stoffen und Kräften.« Was tut man in dieser Situation? Sagt man, gerade weil auch die Zusammenhänge nicht ohne weiteres klar sind, Krebs kommt ohnehin vor, also konzentrieren wir uns sinnvollerweise auf dessen Heilung? Oder neigen wir dazu, die Lösung des Problems in der größtmöglichen Beseitigung der Ursache zu sehen? Carson gab darauf diese Antwort: »Ein Angriff auf den Krebs, der sich ausschließlich oder auch nur größtenteils auf therapeutische Maßnahmen beschränkt – selbst wenn man annimmt, ein Heilverfahren ließe sich finden –, wird nach Dr. Huepers Ansicht scheitern. Denn die großen Reserven karzinogener Stoffe werden davon nicht berührt, sie würden auch weiterhin schneller neue Opfer fordern, als ein – leider noch nicht entdecktes – Heilverfahren die Krankheit eindämmen könnte« (244). Fazit also: So wenig Chemie in der Umwelt wie möglich.

Wie sieht die damalige Diskussion über Möglichkeiten der Krebsentstehung im Licht des heutigen Wissensstandes aus? Souder (2012, 352) schreibt: »Carsons Erklärung der Verbindung zwischen Pestiziden und Krebs des Menschen ... war beängstigend und spekulativ, abgestützt auf das damalige primitive Verständnis der Zellbiologie und auf anekdotischen Beobachtungen von Ärzten wie Malcolm Hargraves von der Mayo-Klinik ...« Aber ist dem wirklich so? Klar, im Vordergrund steht heute die These, wonach die Regulierung von Wachstum, Teilung und Tod der Zellen als Folge von Mutationen der dafür verantwortlichen Gene aus dem Ruder läuft. Interessanterweise hat aber in neuerer Zeit die lange auf Ablehnung gestoßene »Warburg-Hypothese« eine gewisse Renaissance erlebt.

## 9.9 Von (der äußeren) Ökologie müsste man etwas verstehen

Neben der Kritik spezifischer Sprühkampagnen (s. p. 251 ff.) arbeitet Carson auch heraus, welches die Auswirkungen des Einsatzes von Chemikalien in einem allgemeineren ökologischen Sinne sind. Sie macht auf drei Problemkomplexe aufmerksam: Erstens werden ökologische Gleichgewichte gestört (Kapitel 15: »Die Natur wehrt sich«, 247-264), zweitens gibt es eine Akkumulation von Giftstoffen über die Nahrungsketten eine sogenannte »Bioakkumulation« (Kapitel 4: »Oberflächengewässer und unterirdische Fluten«, 50-62) und drittens lässt sich das Problem langfristig auf diese Art sowieso nicht lösen, weil die Zielorganismen früher oder später resistent, d.h. gegen die Gifte unempfindlich werden (Kapitel 16: »Das erste Grollen einer Lawine«, 265-277.) Betrachten wir diese Phänomene im Folgenden etwas genauer.

### Störung ökologischer Gleichgewichte

Die von Carson beschriebenen Pestizid-Sprühkampagnen zur Ausrottung der einen oder anderen vermeintlich oder wirklich schädlichen Art sind in jedem Fall brutale Eingriffe in funktionierende ökologische Zusammenhänge. Natürlich stimmt es, dass landwirtschaftliche Kulturen, allenfalls auch stark anthropogen veränderte Wälder, künstliche und damit störungsanfällige Ökosysteme sind und deshalb der ständigen menschlichen Pflege bedürfen. Umso wichtiger wäre es, für die Schädlingsbekämpfung nicht Vorschlaghammer-

Methoden einzusetzen, denn diese können sehr leicht bewirken, dass das Ganze endgültig aus den Fugen gerät.

Tatsächlich ist der große Witz der meisten in *Der stumme Frühling* erwähnten Pestizid-Programme der: Sie endeten in einem totalen Misserfolg, und zwar nicht nur in dem Sinne, dass sich am missliebigen Zustand nichts änderte, sondern dass sich dieser noch verschlechterte. So brachte die Bekämpfung des Japankäfers (vgl. p. 251 f.) nur eine zeitweilige Unterdrückung. Danach kehrte er in voller Stärke wieder und breitete sich weiter aus. In den Gebieten, in denen man versuchte hatte, die Feuerameisen auszuradieren (vgl. p. 212 ff.), vergrößerte sich gegenüber vorher deren Zahl vielerorts. Auf Long Island war der Schwammspinner (vgl. p. 215 ff.) nach mehreren Jahren der Bekämpfung wieder recht munter und trat in Scharen auf. Und das Resultat des Versuchs, den Ulmensplintkäfer auszurotten (vgl. p. 253 ff.), war, dass im Allgemeinen die Krankheit dort am schlimmsten wütete, wo gesprüht worden war. Und es gab entsprechende Phänomene auch bei der Unkrautbekämpfung: Zum Beispiel endete der Versuch der Vernichtung des an den Straßenrändern häufig vorkommenden Traubenkrauts (vgl. p. 257 f.) – dieses ist für alle, die an Heufieber leiden, eine Problempflanze – damit, dass es auf den besprühten Flächen prächtiger gedieh als je zuvor.

Wie war es möglich, dass die eingesetzten Pestizide genau das Gegenteil dessen bewirkten, was sie hätten verursachen sollen? Man hatte sich das Ganze viel zu einfach vorgestellt, zwar die Effekte der Chemikalien bezüglich bestimmter Arten getestet, aber die verwickelten ökologischen Zusammenhänge, die in Lebensgemeinschaften herrschen, außer Acht gelassen. So hat die Anwendung von Insektiziden üblicherweise zur Folge, dass nicht nur der Zielorganismus, sondern auch dessen natürliche Feinde (andere Insekten, Vögel) vernichtet werden. Und es ist möglich, dass andere Insekten, die bisher nicht auffallend waren, eine stärkere Verbreitung erfahren und sich zu Schädlingen entwickeln. Das war zum Beispiel beim Feuerameisen-Ausrottungsversuch der Fall, indem nun vorher unschädliche Arten dem Zuckerrohr zuzusetzen begannen. Und in Gebieten, in denen der Fichtentriebwickler bekämpft worden war, wurde plötzlich die Spinnmilbe, die normalerweise durch Feinde wie Marienkäfer und Raubmilben in Schach gehalten wird, zu einem großen Problem und richtete riesige Verwüstungen an: »... in ... Gegenden des Staates Montana und südwärts bis nach Idaho hinein sahen die Wälder aus, als wären sie versengt worden« (255). Und wiederum kann die Pflanzenwelt in ähnlicher Weise auf die Anwendung von Herbiziden reagieren. So fördert etwa die Ausrottung breitblättriger Pflanzen die Verbreitung von Gräsern, die dann ihrerseits den Charakter von »Unkräutern« annehmen können.

Es ist alles eine Frage der Beachtung ökologischer Gleichgewichte, und ihre Nichtbeachtung hat Folgen. »In manchen Kreisen ist es heute modern, das Gleichgewicht der Natur als einen Zustand abzutun, der wohl in einer früheren, einfacheren Welt herrschte, jetzt aber so gründlich gestört worden ist, dass wir ihn nicht mehr zu berücksichtigen brauchen. Manche finden es bequem, das anzunehmen, doch wollten wir unsere Handlungsweise davon bestimmen lassen, wäre das höchst gefährlich. Das Gleichgewicht der Natur ist heute anders als in der Zeit des Diluviums, aber es ist immer noch vorhanden als verwickeltes, genau ausgewogenes und weitgehend zu einem übergeordneten Ganzen zusammengeschlossenes System von Beziehungen zwischen Lebewesen. Man kann sich über dieses System genauso wenig ungefährdet hinwegsetzen, wie ein Mensch, der hoch oben am Rande eines steilen Felsens sitzt, ungestraft dem Gesetz der Schwerkraft trotzen kann. Das Gleichgewicht der Natur ist nicht ein Status quo; es ist fließend, es verlagert sich ständig und passt sich dauernd neuen Gegebenheiten an. Auch der Mensch hat an diesem Gleichgewicht teil« (248).

## Bioakkumulation

Dieser Begriff steht für das Phänomen der wachsenden Anreicherung eines chemischen Stoffes im Körper eines Lebewesens. Eine Akkumulation tritt besonders auch bei persistenten, d.h. langlebigen Pestiziden auf. Geht es speziell um einen mit der Nahrungsaufnahme verknüpften Vorgang, wird auch von Biomagnifikation gesprochen. Nimmt ein Lebewesen wiederholt durch einen Giftstoff kontaminierte Nahrung zu sich, und lagert sich die betreffende Chemikalie in seinem Körpergewebe ab, wird dieses mit der Zeit notwendigerweise eine erhöhte Konzentration des Giftes aufweisen. Damit wird auch klar, dass dies in Nahrungsketten zu sprunghaften Anstiegen von Stufe zu Stufe führen wird. Das Resultat kann in hohen Organbelastungen bestehen.

Ein mittlerweile klassisches Beispiel: Anfangs der 1950er Jahre wurde damit begonnen, dem Wasser des Clear Lake, eines bei Erholungssuchenden sehr beliebten, um die

Abb. 9-7: Westtaucher (»western grebe«, *Aechmophorus occidentalis*) bei Morro Bay in Kalifornien. Foto: »Mike« Michael L. Baird, 21.5.2007. Quelle: Wikimedia Commons.

145 Kilometer nördlich von San Francisco gelegenen Sees, DDD (ein dem DDT verwandter Stoff) in so großer Verdünnung beizumengen, dass angenommen werden durfte, das würde den Fischen nicht schaden. Das Ziel war, einer im Wasser brütenden Mückenart, die zwar nicht blutsaugend, aber infolge ihrer großen Zahl lästig war, den Garaus zu machen. Nach anfänglichem Erfolg erholte sich die Mückenpopulation aber wieder, so dass die Pestizidbeigabe wiederholt wurde. Und nun geschah Beunruhigendes.

Die Westtaucher (eine Vogelart aus der Familie der Lappentaucher), die sich von Fischen ernähren, begannen einzugehen. Die zuerst geäußerte Vermutung, es handle sich um eine Infektionskrankheit, konnte bei der Untersuchung toter Vögel nicht bestätigt werden. Die Lösung des Rätsels ergab sich erst, als jemand auf die Idee kam, deren Fettgewebe zu analysieren. Siehe da: Es fanden sich enorme Konzentrationen von DDD. Als dann weiter auch Fische und Plankton-Organismen untersucht wurden, ergab sich ein zusammenhängendes Bild: Über die Nahrungskette fand eine Anreicherung des Giftes statt: Die Ausgangskonzentration als Folge der Einleitung von DDD ins Wasser betrug 0,02 ppm[35], in den Planktonorganismen hatte sie sich auf 5 ppm erhöht, in den Plankton fressenden Fischen auf 40 bis 300 ppm, und die sich an der Spitze der Nahrungskette befindenden, Fische fressenden Westtaucher und Raubfische wiesen einen Giftgehalt von 1600 ppm bzw. 2500 ppm auf (59). Somit wirkte hier vom unteren zum oberen Ende der Nahrungskette ein Vergrößerungsfaktor von 80 000 bis 125 000! Dies geschah, weil DDD nicht nur persistent (dauerhaft) ist, d.h. sich nur langsam abbaut, sondern auch fettlöslich, was eine Einlagerung in den Fettgeweben der betroffenen Organismen zur Folge hat. Wenn also ein Räuber wiederholt Beutetiere verzehrt, kommt es in ihm zu einer Akkumulation des Pestizids.

Auf den speziellen, im Zusammenhang mit der Bioakkumulation stehenden Aspekt einer Störung der Fortpflanzungsfähigkeit von Vögeln, ist im Zusammenhang mit dem drohenden Verschwinden des Weißkopfseeadlers schon hingewiesen worden (s. p. 234). Es wurde bald klar, dass dieses Phänomen allen von tierischer Nahrung abhängigen Vogelarten zum Verhängnis werden konnte. Auch wenn das Gift sie selbst nicht umbrachte, führte es zu einer Veränderung ihrer hormonalen Physiologie. Schon bei den Westtauchern am Clear Lake und bei den Wanderdrosseln im Fall der Bekämpfung des Ulmensterbens konnte beobachtet werden, dass überlebende Paare nicht mehr fähig waren, Nachwuchs zu zeugen. Dasselbe galt auch für andere Greifvögel wie den Wanderfalken, den Fischadler und den Braunpelikan; auch ihnen drohte damals das Aussterben.

Die Frage lag natürlich nahe, wie sich diese Giftanreicherung beim Menschen auswirken würde, der mit seinen Ernährungsgrundlagen ja an die natürlichen Nahrungsketten anschließen muss. Proben von menschlichem Körperfett, die in der Mitte der 1950er Jahre analysiert wurden, enthielten rund 5-7 Teile pro Million DDT. Das schien nicht sehr hoch,

35 ppm = »parts per million«, Teile pro Million; zum Beispiel 1 ppm bedeutet also 1 Milligramm Gift pro Kilogramm Körpergewicht.

Abb. 9-8 (links): Ein Wanderfalke (»peregrine falcon«, *Falco peregrinus*). Foto: Frank Doyle. Abb. 9-9 (rechts): Ein Fischadler (»osprey«, *Pandion haliaetus*), der seinem Namen gerade alle Ehre macht. Foto: Robert Burton. Quelle: US Fish and Wildlife Service, National Digital Library, Shepherdstown, WV.

aber es war daran zu denken, dass der Mensch ja nicht am Ende bloß einer Nahrungskette steht, sondern infolge seines diversifizierten Ernährungsverhaltens eher an der Spitze einer Nahrungspyramide, bei der verschiedene Nahrungsketten zusammenlaufen. Auf alle Fälle aber stammten die Pestizidrückstände aus Lebensmitteln, bei denen entsprechende Analysen ergaben, dass sie alle DDT-haltig waren.

Gefährlich war die Sache für Menschen alleweil, und Carsons Kommentar zu dieser Situation war: »Was am Clear Lake geschah, ist bezeichnend für eine große und wachsende Zahl von Fällen: Man löst ein augenfälliges, doch oft ganz unwesentliches Problem, schafft aber ein weit ernsteres, das nur den Vorteil hat, weniger greifbar zu sein. Hier befreite man die Leute von der Mückenplage, doch dafür mussten alle, die sich Wasser oder Nahrung aus dem See holten, eine Gefahr in Kauf nehmen, die man nicht eindeutig feststellte und wahrscheinlich nicht einmal klar begriff«[36] (61).

36 Hat Carson das wirklich so gesagt, ein weniger greifbares Problem sei ein Vorteil? Ja, aber sie meinte es natürlich in einem ironischen Sinne. Das kommt im englischen Original (Carson 1962, 49-50) besser zum Ausdruck: »... where solution of an obvious and often trivial problem creates a far more serious but conveniently less tangible one.« Eine wörtlichere Übersetzung, die von einem Problem gesprochen hätte, das bequemerweise weniger greifbar ist, hätte der Stimmung besser entsprochen. Denn was nicht so offensichtlich ist – und dies betrifft die Frage, ob der verseuchte See jetzt eigentlich für den Menschen eine Gefahr darstellt oder nicht –, kann leichter ignoriert und übergangen werden.

## Resistenzbildung

Im zweiten Kapitel ihres Buches legte Carson dar, dass sich die Lebewesen an in der Natur vorkommende Gifte über lange Zeiträume anpassen konnten (s. p. 249). Mit den heute plötzlich und immer neu eingeführten synthetischen Chemikalien ist dies nicht möglich. Aber es gibt eine wichtige Ausnahme, die Insekten. Es ist eine Ironie des Schicksals, dass die Organismen, die ein Giftstoff treffen sollte, dagegen in kurzer Zeit Unempfindlichkeit erlangen können, während als Nebenwirkung die Organismen, denen man nichts antun möchte, Schaden nehmen.

Wir reden hier über die sogenannte Resistenzbildung, ein Phänomen, das man eigentlich hätte voraussehen können oder müssen, denn es war schon weit zurück in der Vor-DDT-Zeit beim Gebrauch von anorganischen Insektiziden beobachtet worden, zum Beispiel bei den Obstschädlingen San-José-Schildlaus (gegen Schwefelkalk) und Apfelwickler (gegen Bleiarsenat). Beide sind typischerweise auch Fremdorganismen, die im Zuge des internationalen Handels mit dem Import von ausländischen Produkten in die USA gelangt sind; die Schildlaus stammt ursprünglich aus China, der Apfelwickler aus Europa.

Mit dem Wechsel zu CKWs aber hat die Zahl resistenter Insekten stark zugenommen. Waren vor 1945 zwölf gegenüber irgendeinem Insektizid resistente Arten bekannt, gab es 1960 schon deren 137. Diese Entwicklung ist nicht nur Anlass zur Sorge im land- und forstwirtschaftlichen Bereich, sondern vor allem auch für das Gesundheitswesen hinsichtlich der von Insekten übertragenen Infektionskrankheiten wie Malaria (Überträger eine Mückenart), Gelbfieber (eine andere Mückenart), Ruhr (Stubenfliege), Augenkrankheiten (Stubenfliege), Flecktyphus (Kleiderlaus), Pest (Rattenflöhe), Schlafkrankheit (Tsetse-Fliege), verschiedene Fieberkrankheiten (Zecken) usw.

Die Geschwindigkeit, mit der Insekten resistent werden können, ist unterschiedlich, aber auf alle Fälle beachtlich. Ein Beispiel: Gegen Ende der 1940er Jahre fanden Wissenschaftler, die sich mit der Bekämpfung der Malaria befassten, fünf Arten von Moskitos, denen DDT nichts anhaben konnte. Nur vier Jahre später hatte sich die Zahl der resistenten Arten auf 28 erhöht! (Sterling 1970, 157). Generell schwankt die Geschwindigkeit zwischen einem Monat und mehreren Jahren.

Ein entscheidender Faktor dabei ist die Häufigkeit der Generationenfolge, d.h. der Anzahl von Generationen pro Jahr, die bei Insekten recht hoch sein kann. Man stellt sich folgenden Mechanismus vor: In einer Insektenpopulation gibt es immer eine gewisse genetische Variabilität; einzelne Individuen können von allem Anfang an schon widerstandsfähig gegen ein anzuwendendes Gift sein. Diese haben dann natürlich bessere Überlebenschancen und können die Eigenschaft der Resistenz an ihre Nachkommen weitergeben. Ein paar Generationen später werden in der Population praktisch nur noch »starke« Individuen vorhanden sein. Man kann dann zu einem anderen Pestizid wechseln, aber natürlich wiederholt sich das Spiel. »Wenn Darwin heute lebte, wäre er entzückt und erstaunt, wie eindrucksvoll die Insektenwelt jetzt beweist, dass seine Theorien vom Überleben der Tauglichsten richtig sind« (265). So ist auch verständlich, dass die Resistenzbildung umso rascher erfolgt, je mehr und je stärker gesprüht wird. Es entstehen »Superinsekten«, auch deshalb, weil die Populationen ihrer natürlichen Gegenspieler, der Räuber, normalerweise kleiner sind und deshalb weniger rasch gegen ein Gift unempfindlich werden können. Am Schluss hat man ein größeres Problem als vorher (Kinkela 2011, 94). Die intensive Anwendung von Pestiziden ist also völlig kontraproduktiv; die Natur weiß sich zu wehren.

## Am Scheideweg

Im 17. und letzten Kapitel mit dem Titel »Der andere Weg« (»The Other Road«) macht Carson (278) klar, dass wir zwei Möglichkeiten haben: Wir können entweder mit der Vergiftung der Umwelt fortfahren und dabei auch uns selbst gefährden, oder aber versuchen, die Schädlingsprobleme mit sanften, biologischen Methoden zu lösen. Sie schreibt:

»Wir stehen nun an einem Scheidewege. Doch es ist nicht, wie in Robert Frosts bekanntem Gedicht, gleich gut, wohin wir uns wenden. Der Weg, den wir seit langem eingeschlagen haben, ist trügerisch bequem, eine glatte moderne Autobahn, auf der wir mit großer Geschwindigkeit vorankommen. Doch an ihrem Ende liegt Unheil. Der andere Weg, der abzweigt, ist weniger befahren, doch er bietet uns die letzte und einzige Möglichkeit, ein Ziel zu erreichen, das die Erhaltung unserer Erde sichert. …

Außer der Bekämpfung von Insekten mit Chemikalien steht uns eine wahrlich außerordentliche Vielzahl anderer Möglichkeiten zur Verfügung. Einige werden bereits genutzt, und man hat damit glänzende Erfolge erzielt. Andere werden noch in Laboratorien überprüft. Manche wiederum sind vorerst kaum mehr als Ideen in den Köpfen einfallsreicher Wissenschaftler … Alle haben eines miteinander gemein: Sie sind *biologische* Lösungen. Sie beruhen auf einer genauen Kenntnis der lebenden Organismen, die man zu bekämpfen trachtet, und berücksichtigen die gesamte Lebensgemeinschaft, der diese Organismen angehören.«

Als ein »zu den interessantesten neuen Methoden« gehörendes Verfahren nennt Carson die Sterilisierung der Männchen einer schädlichen Insektenart. Sie verweist auf die Untersuchungen von Edward F. Knipling, Mitarbeiter und später Chef der Entomology Research Division des Agricultural Research Service (ARS) des USDA, der sich die Bekämpfung der an Viehbeständen der Südost-USA großen Schaden anrichtenden Schraubenwurmfliege vorgenommen hatte. Dieses Insekt war, wie so viele andere auch, ein eingeschleppter Fremdling. Das Weibchen legt Eier in Wunden von Warmblütern, und die geschlüpften Larven tun sich am Fleisch des Wirtsorganismus gütlich. Knipling hatte herausgefunden, dass sich Männchen mittels Röntgenstrahlen sterilisieren ließen und unternahm erste Freilandversuche auf Inseln vor Florida. Dann folgte 1954 ein größeres Experiment auf Curaçao, bei dem Tausende von behandelten Männchen aus dem Flugzeug abgeworfen wurden. Es wurde zu einem vollen Erfolg: Schon nach sieben Wochen war die Schraubenwurm-Population am Ende. Ein paar Jahre später gelang es auch in Florida, Georgia und Alabama das Insekt in einem monatelangen Einsatz zu eliminieren.

Carson erwähnt, dass jetzt versucht werde, mit einer entsprechenden Methode auch der Tsetsefliege in Afrika zu Leibe zu rücken. Allerdings sei das Bestrahlungsverfahren mit Schwierigkeiten verbunden, so dass man als Alternative mit chemischen Sterilisierungsmitteln zu arbeiten begonnen habe. Man müsse einfach daran denken, dass es sich dabei auch hier wieder um hochwirksame Stoffe handle, mit denen sorgfältig umgegangen werden sollte. Aber es habe bereits wieder ein paar Unverbesserliche gegeben, die deren Versprühen aus der Luft gefordert hätten (282-285). Carson dazu: »Ein derartiges Verfahren anzuwenden, ohne vorher die womöglich damit verbundenen Gefahren gründlich zu erforschen, wäre der Gipfel der Verantwortungslosigkeit« (285).

Unter den weiteren Verfahren nennt Carson die Arbeit mit Lockstoffen als aussichtsreich. Zum Beispiel senden die Weibchen des Schwammspinners als Nachricht an die Männchen einen Duftstoff aus. Eine Nachahmungs-Chemikalie kann dazu dienen, die letzteren in Fallen zu locken oder sie zur fruchtlosen Kopulation mit Ersatzobjekten zu verleiten (286-288).

Eine weitere Bekämpfungsmethode basiert auf der Infektion der fraglichen Insekten mit Krankheiten erregenden oder Vergiftungen hervorrufenden Bakterien oder Viren. Carson verweist hier auf Versuche mit dem *Bacillus thuringiensis* (Bt), die »große Hoffnungen erwecken.« In den östlichen Wäldern Nordamerikas habe es damit ermutigende Anfangsergebnisse gegeben. Es handelt sich um ein Bakterium, dessen Sporen ein Protein produzieren, das sich im Verdauungstrakt von Insektenlarven in ein tödliches Gift verwandelt. »Die technische Hauptschwierigkeit ist nun, eine Trägersubstanz zu finden, ein Lösungsmittel, das die Sporen der Bakterien an den Nadeln der Bäume haften lässt« (291).

Die älteste und eigentlich naheliegendste Methode der Bekämpfung eines Schädlings besteht einfach darin, dass man seine natürlichen Feinde fördert. Dazu gibt es ein schon altes, berühmt gewordenes Beispiel. 1872 wurde in Kalifornien die australische Wollschildlaus eingeschleppt, und diese machte sich unverzüglich über die Zitrus-Pflanzungen her und vernichtete vielerorts die Ernte. Der Entomologe Albert Koebele kam dann auf die Idee, nach Australien zu reisen, um dort nach Wollschildlaus verzehrenden Räubern zu fahnden. Er wurde fündig und kam mit dem australischen Marienkäfer (auch Vedala-Käfer genannt) nach Hause, mit dem sich in der Folge der Schädling gut kontrollieren ließ. Doch der große Erfolg verkehrte sich in den 1940er Jahren in sein Gegenteil, als die Zitrus-Rancher sich von den Anpreisungen für die gloriose Wunderwaffe DDT verführen ließen und dieses Insektizid zur Bekämpfung anderer Insekten zu verwenden begannen. Nach kurzer Zeit waren die Marienkäfer-Populationen vernichtet und die offenbar resistentere Schildlaus konnte ihr Zerstörungswerk wieder in großem Stil aufnehmen (258-259, 292-293).

Carson schließt ihr Buch mit einem eindrücklichen Schlusswort: »Durch alle diese neuen, einfallsreichen und schöpferischen Bemühungen um eine Lösung des Problems, wie wir gemeinsam mit anderen Geschöpfen diese Erde bewohnen können, zieht sich ein Leitmotiv: das Bewusstsein, dass wir es hier mit lebenden Wesen zu tun haben. Es handelt sich um Populationen, die einen Druck ausüben und Gegendruck erzeugen, die sich jäh vermehren und wieder zusammenschmelzen. Nur wenn wir solche lebendige Kräfte berücksichtigen und sie vorsichtig in Bahnen zu lenken suchen, die für uns günstig sind, können wir hoffen, zwischen den Insektenhorden und uns zu einem vernünftigen Vergleich zu kommen.

Bei der derzeit herrschenden Vorliebe für Gifte hat man völlig versäumt, diese wichtigen, grundsätzlichen Erwägungen zu berücksichtigen. Man hat eine Gemeinschaft von Lebewesen mit einem Hagel von Chemikalien überschüttet, sie mit einer Waffe bekämpft, die so primitiv ist wie die Keule eines Höhlenmenschen. ... Die Fachleute für chemische Schädlingsbekämpfung ... haben für ihre Aufgabe keine ›hochherzige Einstellung‹ mitgebracht, keine Demut gegenüber den mächtigen Kräften, mit denen sie so stümperhaft spielen.

Die ›Herrschaft über die Natur‹ ist ein Schlagwort, das man in anmaßendem Hochmut geprägt hat. Es stammt aus der ›Neandertal-Zeit‹ der Biologie und Philosophie, als man noch annahm, die Natur sei nur dazu da, dem Menschen zu dienen und ihm das Leben angenehm zu machen. Die Begriffe und die üblichen Verfahren der angewandten Entomologie erwecken den Anschein, als stammten sie größtenteils aus dem ›Steinzeitalter‹ der Naturwissenschaften. Es ist ein beängstigendes Unglück für uns, dass sich eine so primitive Wissenschaft für ihren Kampf gegen die Insekten mit den modernsten und fürchterlichsten Waffen ausgerüstet und damit die ganze Welt gefährdet hat« (298).

# 10 Sturmböen

»Der stumme Frühling« von Rachel Carson löst eine heftige Debatte zwischen Befürwortern und Gegnern der breiten Anwendung von Giftstoffen aus. Die extremen Reaktionen gipfeln in höchstem Lob einerseits und infamen Verunglimpfungen andererseits

»Dieses Buch ist die wichtigste Chronik dieses Jahrhunderts für die Menschheit. Das Buch verlangt sofortiges Handeln und eine wirksame Kontrolle aller Gift-Händler.« (William O. Douglas 1962)

»Das Buch *Silent Spring* stellt wichtige Fragen, auf die zu antworten weder die Autorin noch der durchschnittliche Leser qualifiziert ist. Ich betrachte es als ›Science Fiction,‹ auf die gleiche Art zu lesen wie man das Fernsehprogramm ›Twilight Zone‹ schauen muss.«[37] (George C. Decker in *C&EN* 1962, 24)

## 10.1 Ein lärmiger Sommer

### Sturmwarnung

Kaum war der erste Teil der Kurzfassung des Buches im *New Yorker* erschienen, brach der Sturm schon los und nahm im Laufe der Veröffentlichung der beiden weiteren Teile und schließlich des Buches an Intensität noch zu. Eine überwältigende Flut von Briefen ergoss sich nicht nur über die Redaktion des Magazins, sondern auch über Kongressabgeordnete, Zeitungen, Regierungsbehörden und Carson selbst. Schon länger hatte es in der Bevölkerung eine unterschwellige Besorgnis über verschiedene Aspekte der Umweltverschmutzung gegeben. Es waren häufiger Frauen als Männer, die zur Feder griffen, und in den meisten Fällen wurde Carson dafür gelobt, dass dank ihres Einsatzes nun endlich auch das Pestizidproblem aufs Tapet kam. Viele ließen ihrer Wut darüber freien Lauf, dass die Behörden sich einer so ausgedehnten Anwendung von Giften mit den mittlerweile bekannten hässlichen Folgen verschrieben hatten. Es herrschte das Gefühl vor, diese seien der chemischen Industrie auf den Leim gekrochen.

Wie immer gab es aber auch einzelne Schreibende, die sich in Diffamierungen ergingen. Da war etwa ein Mann namens H. Davidson in Kalifornien, der sich so äußerte: »Dass Fräulein Rachel Carson den Herstellern von Insektiziden Eigennutz vorwirft, hat wahrscheinlich damit zu tun, dass sie mit dem Kommunismus sympathisiert, wie so viele Schriftsteller gegenwärtig. Wir können ohne Vögel und Tiere leben, aber nicht ohne Wirtschaft, wie der

---

37 »Twilight Zone« war in den 1950er- und 60er Jahren eine amerikanische TV-Serie mit rätselhaften Science-Fiction-Elementen.

momentane Markteinbruch zeigt. Was die Insekten betrifft: Typisch Frau, angesichts von ein paar kleinen Käfern Todesangst zu empfinden! Solange wir die H-Bombe haben, ist alles gut. P.S. Sie ist vermutlich auch eine Friedensverrückte« (B 29.6.62, Lear 2009, 409). Der Verdacht, Carson könnte eine verkappte Kommunistin sein, fand übrigens auch an höherer Stelle Zuspruch. »Das FBI tat, was das FBI in solchen Fällen gewöhnlich tat, es lancierte still und leise eine Überprüfung von Carson.« Es wurde untersucht, mit wem sie in letzter Zeit telefoniert hatte, ob darunter verdächtige Personen aus dem Ausland waren, aber die Schnüffler wurden nicht fündig (Souder 2012, 15, 344).

Eine der ersten Zeitungen, die auf die Serie im *New Yorker* reagierte, war die *New York Times* mit einem Leitartikel am 2. Juli (s. p. 300). Darin wurde betont, wie wichtig es sei, sich bewusst zu machen, was die Folge der jetzt praktizierten chemischen Schädlingsbekämpfung sei: Eine allmähliche Vergiftung der Umwelt. Carson warne mit Recht vor den Gefahren des falschen und übermäßigen Gebrauchs von Pestiziden, müsse aber damit rechnen, von der gegnerischen Seite der verantwortungslosen Angstmacherei bezichtigt zu werden.

In der Tat fielen die Reaktionen der chemischen Industrie geharnischt aus. Deren Gemütslage wurde von John M. Lee in einem ebenfalls in der *New York Times* am 22. Juli erschienenen Artikel schön zusammengefasst: »Die 300-Millionen-Pestizid-Industrie ist höchst irritiert wegen einer stillen Autorin, deren bisherige wissenschaftliche Werke für ihre Schönheit und Genauigkeit der Darstellung gelobt worden sind.…. In ihrem neuesten Buch ist Miss Carson aber nicht so sanftmütig. Eher pointiert als poetisch legt sie dar, dass der weit verbreitete Gebrauch von Pestiziden das sogenannte Gleichgewicht der Natur in gefährlicher Weise stört. … Die Leute, die die Pestizide herstellen, beschweren sich lauthals. ›Grober Kommerzialismus oder idealistisches Fahnengeschwenke‹, höhnt ein Industrie-Toxikologe. ›Wir sind entsetzt‹, sagt ein anderer. ›Unsere Mitglieder schlagen Krach‹, berichtet ein Handelsverband. Einige der landwirtschaftlichen Chemiekonzerne haben ihre Wissenschaftler beauftragt, Miss Carsons Werk Zeile für Zeile zu überprüfen. Andere Firmen bereiten Mitteilungen vor, in denen sie die Verwendung ihrer Produkte verteidigen. Treffen haben in Washington und New York stattgefunden. Stellungnahmen werden entworfen und Gegenangriffe geplant. … Die Industrie ist der Auffassung, dass sie das Ganze sehr einseitig darstellt und die aus der Entwicklung und der Verwendung moderner Pestizide folgenden enormen Vorteile der gesteigerten Nahrungsmittelproduktion und der verminderten Krankheitsanfälligkeit ignoriert. Die Pestizid-Industrie ist verärgert über die Unterstellung, sie sei selbst nicht aufmerksam gewesen und habe es versäumt, die mit dem Pestizid-Gebrauch verbundenen Probleme wahrzunehmen« (Lee 1962).

Klar: »Eine ganze Industrie – mit all ihren zugehörigen geschäftlichen Verknüpfungen, Aktionären, wissenschaftlichen Abteilungen und politischen Verbündeten – hing von dem stetig expandierenden Verkauf und Gebrauch von chemischen Giften ab« (Souder 2012, 305). Von Ökologie hatte noch kaum jemand gehört, und wenn doch, galt diese als subversive, wirtschaftsfeindliche Wissenschaft. So entfachte denn auch die Industrie in der Folge einen ziemlichen Rummel, der auch mit persönlichen Verunglimpfungen Carsons verbunden war. Diese aber profitierte letztlich vom Aufruhr, denn wie Brooks damals feststellte, sorgte er »für unendlich viel mehr Werbung als Houghton Mifflin sich je hätte leisten können« (Quaratiello 2010, 124).

## Wie warme Semmeln …

Carson war aus Anlass der Abschlussfeier am Scripps College noch in Kalifornien (s. p. 245 f.), als sie von Rodell ein Telegramm mit der Mitteilung erhielt, der Book-of-the-Month-Club habe *Silent Spring* als Buch für den Oktober gewählt. Carson war außerordentlich erfreut, als sie dies hörte und schrieb an Dorothy Freeman: »Mit BOM wird das Buch über das ganze Land verteilt, Farmen und Weiler erreichen, die nicht wissen, wie ein Buchladen aussieht … Das ist außerordentlich gut, und ich empfinde heute Nacht tiefes und stilles Glück. Vielleicht ist es nicht schamlos zu sagen, dass man nach drei Bestsellern bei solchen Nachrichten nicht in wilde Aufregung verfällt. Das mag schade sein, aber eine tiefe Befriedigung ist schon vorhanden» (B 13.6.62, Freeman 1995, 407). Lear (2009, 408) vermeint, in dieser Formulierung einen Schimmer von für Carson sonst uncharakteristischem Dünkel zu entdecken. Richter William O. Douglas (vgl. p. 220 f., 257) schrieb auf Anfrage der Redaktion der *Club News* für die Mitglieder einen Kommentar zum Buch (Douglas 1962, s. daraus das Eingangszitat). Und der Club ließ eine Auflage von 150 000 Stück drucken.

Zurückgekehrt nach Maryland erfuhr Carson, dass die National Audubon Society mit dem Einverständnis des *New Yorker* in der September-Oktober-Ausgabe ihres Magazins einen Auszug aus *Silent Spring* bringen wolle. Dieser erschien dann unter dem Titel »Poisoned Waters Kill Our Fish and Wildlife« (Carson 1962d). Damit nicht genug, meldete sich die Konsumentenschutzorganisation »Consumers Union« mit der Absicht, 40 000 Exemplare zum Wiederverkauf an ihre Abonnenten zu erwerben. Daraus wurde dann eine spezielle Taschenbuchausgabe.

Das Buch selbst kam erst am 27. September 1962 offiziell auf den Ladentisch. Angesichts der Wellen, die schon die Vorinformationen einschließlich natürlich der *New Yorker*-Serie warfen – schon ein Monat vorher war Carsons Arbeit in 52 Leitartikeln und 20 Kolumnen besprochen worden (Harvey 1962) –, druckte Houghton Mifflin noch vorher eine zweite Auflage. Insgesamt war nun die eindrückliche Zahl von 60 000 Exemplaren auf Lager, aber Rodell, die einen guten Riecher hatte, meinte, das sei immer noch lächerlich wenig. Und tatsächlich, *Silent Spring* war fast den ganzen Herbst lang bis Weihnachten Nummer 1 auf der Bestseller-Liste der *New York Times*. Während dieser Zeit wurden schon über 100 000 Exemplare verkauft, bis im Frühling erhöhte sich der Verkaufserfolg auf eine stolze halbe Million. Trotzdem lagen Carson und Rodell dem Verlag im Ohr, er solle angesichts des schweren Geschützes, das die chemiefreundlichen Kreise auffuhren, eine etwas auffälligere

Werbekampagne starten. Sie konnten schließlich bewirken, dass Houghton Mifflin ein Inserat mit einer Sammlung von positiven Aussagen von Wissenschaftlern lancierte, nicht ohne darauf hinzuweisen, dass diese unabhängig, uneingeladen und unbezahlt, entstanden seien. Es folgte noch eine Broschüre mit dem Titel *The Story of »Silent Spring«*, von der 100 000 Exemplare an Zeitungen, Magazine, Buchläden, Bibliotheken usw. verteilt wurden.

## Im Schutzraum

Carson registrierte mit Genugtuung die überwältigende Beachtung, die *Silent Spring* zuteil wurde, und sie schrieb an ihre Freundin Dorothy: »Ich habe nie vorhergesagt, dass das Buch zu einem umwerfenden Erfolg würde. Ich hatte in dieser Hinsicht Zweifel, und so ist das alles nun auch für mich unerwartet und wundervoll. Es handelte sich einfach um etwas, das mir so wichtig war, dass es keinen anderen Weg gab; nichts das seither geschehen ist, ließ mich je an eine Umkehr denken. … Würde ich mich still halten, so habe ich Dir mal gesagt, könnte ich nie mehr ohne überwältigende Selbstvorwürfe dem Gesang einer Wilson-Drossel lauschen« (B 27.6.62, Freeman 1995, 408).

Die ihr selbst gewidmete Aufmerksamkeit fand Carson allerdings eher lästig. Der Artikel von Lee (1962) in der *New York Times* (s. p. 274) schloss mit dem Satz: »Letzte Woche hieß es, Miss Carson sei für den Sommer ›in einem längeren Urlaub‹ und für Kommentare zu den Widerlegungen der Industrie nicht erreichbar.« In der Tat, sie hatte sich entschlossen, das Weite zu suchen. Sie floh vor dem ständig läutenden Telefon, das sie mit Anfragen für Auftritte, Interviews und Vorträge überschwemmte. Ende Juni fuhr sie mit Roger und den beiden Katzen – zu Jeffie war inzwischen noch Moppet gestoßen – zu ihrer Cottage in Maine. Zu ihren Haustieren hatte sie immer ein spezielles Verhältnis. Roger Christie erinnert sich heute noch daran, wie die eine Katze nur leicht angewärmtes Fleisch fraß, während die andere ausschließlich mit übel riechender Hühnerleber gefüttert werden musste.

Für Carson bedeutete der Aufenthalt im Ferienhaus eine neuerliche Nachbarschaft der Freemans und der Genuss von etwas Ruhe, allerdings nicht für lange. Der Strom von Anfragen prasselte nun einseitig auf Rodell nieder und nach einer Weile sah sich diese genötigt, nach Southport zu fahren, um mit Carson zusammen alles auszusortieren und dann zu entscheiden, wo eine positive Antwort opportun schien und ihre Folge auch zu verkraften war. Bei alledem verlor Carson aber ihren Humor nicht und Anfang August schrieb sie an Shirley Briggs: »Bis jetzt habe ich nicht zu Verkleidungen Zuflucht nehmen müssen, aber ich bin daran, meine Telefonnummer zu einer ungelisteten zu ändern, aber auch mit dieser Maßnahme, so fürchte ich, wird mich die Presse überfallen« (B 1.8.62, Lear 2009, 420).

## Ein formidabler Klüngel

Nicht nur die Industrie bezog eine Verteidigungsstellung, sondern auch die mit ihr durch sich ergänzende Interessen verbundenen Landwirtschaftsbehörden und entomologischen

Hochschulinstitute fühlten sich angegriffen. War es bei den Chemiefirmen – dazu gehörten Monsanto, DuPont, Dow, Shell Chemical, Allied Chemical, Union Carbide, Velsicol und American Cyanamid – die Sorge um ihre Profite, fürchteten die Ämter und die universitären Einrichtungen um ihr Prestige und ihre Forschungsgelder. Alle drei zusammen bildeten als wissenschaftlich-industrieller-behördlicher Komplex eine Schicksalsgemeinschaft. »Für Carson war es eine unheilige und nicht ganz freiwillige Dreierallianz …« (Murphy 2005, 33).

»Die akademischen Forscher konzentrierten sich auf die Wirksamkeit [der Pestizide], und nicht auf mit ihnen verbundene Risiken und Nebeneffekte. Die Forscher wussten, dass Chemikalien Schädlinge umbringen; aber sie schienen nicht daran interessiert zu sein zu wissen, was die Chemikalien sonst noch taten« (Murphy 2005, 33). Vor *Silent Spring* war kaum bekannt, dass sogenannte unabhängige Hochschulforscher auf der Gehaltsliste von chemischen Firmen standen und dass die Angestellten der hier in Frage stehenden Regierungsämter oft aus der chemischen Industrie stammten. Als Carson später im Januar 1963 einen Vortrag beim Garden Club of America hielt, nahm sie auf die Allianz von Industrie und Wissenschaft kritisch Bezug:

»Es fällt auf, dass wissenschaftliche Gesellschaften ein Dutzend oder mehr Riesen der ihnen nahe stehenden Industrie als ›unterstützende Partner‹ anerkennen. Wenn die wissenschaftliche Organisation spricht, welche Stimme hören wir dann – die der Wissenschaft oder die der unterstützenden Industrie? Die Öffentlichkeit nimmt an, dass es sich um die Stimme der Wissenschaft handelt. Ein anderer Grund, beunruhigt zu sein, ist die wachsende Größe und Zahl von Zuwendungen der Industrie an die Hochschulen. Auf den ersten Blick erscheint eine derartige Bildungsförderung wünschbar, aber auf den zweiten wird klar, dass dies nicht für eine unvoreingenommene Forschung sorgt – es kann damit kein echter wissenschaftlicher Geist entstehen. In zunehmendem Maße wird derjenige, der seiner Universität die größten Gelder verschafft, ein Unberührbarer, mit dem sich anzulegen sogar der Präsident und die Kuratoren sich nicht getrauen. … Wenn Sie sich mit der gegenwärtigen Kontroverse über Pestizide beschäftigen, dann rate ich Ihnen sich zu fragen – Wer redet? – Und Warum?« (Carson 1998x, 221-222).

Für das männlich dominierte wissenschaftlich-industrielle-behördliche Establishment war Carsons Werk eine gewaltige Provokation, ein schwerwiegender Angriff auf die sich fortschreitend industrialisierende und technisierende und damit angeblich doch zum Besseren wendende Zivilisation. »Ihre Gegner waren zum Schluss gekommen …, dass sie nicht nur den unterschiedslosen Gebrauch von Giften in Frage stellte, sondern die grundlegende Unverantwortlichkeit einer industrialisierten, technologischen Gesellschaft der natürlichen Welt gegenüber: Sie weigerte sich, die Schädigung der Natur als unausweichliche Kosten des ›Fortschrittes‹ anzuerkennen« (Brooks 1989, 293).

Dass die von dieser Ansicht betroffenen Kreise gar nicht erbaut waren und auf Abwehr schalten würden, ist klar. Vielen schien die beste Verteidigung darin zu bestehen, sich mit dem Buch gar nicht zu befassen, in der Überzeugung, sie wüssten ohnehin schon, was darin stehe, und das bisher Bekannte genüge vollauf und rechtfertige den Status quo. In einem am 5. Dezember 1962 gehaltenen Vortrag beim Women's National Press Club nahm Carson (1998w, 202) auf diese Situation Bezug. Sie erwähnte ein Editorial im *Bennington Banner* (Bennington, Vermont), in dem es hieß: »Die schmerzgeplagte Reaktion auf *Silent Spring* hat darin bestanden, Aussagen anzufechten, die gar nie geäußert wurden.« Und sie zitierte aus einer Berichterstattung über Interviews mit zwei Farmbüros in der in Bethlehem, Pennsylvania, erscheinenden *Globe Times*: »Von den heute angesprochenen Leuten hatte niemand, weder im einen noch im anderen Farmbüro, das Buch gelesen, aber alle lehnten es von ganzem Herzen ab.« Das war auch in den höchsten chemie-freundlichen Kreisen nicht anders. Egler (1964, 116) berichtete später, er hätte alle, die sich durch eine ausgeprägte Kritik an *Silent Spring* bemerkbar machten, diesbezüglich gefragt. Sein Fazit: »In aller Aufrichtigkeit gebe ich hier bekannt, dass ich einen Pro-Pestizid-Menschen, der die Lektüre des Buches eingesteht, zuerst noch finden muss.« Das bedeutete, dass Vieles an den geäußerten Einwänden in der Luft hing, was aber die Kritiker nicht zu stören schien.

## 10.2 Die chemische Industrie befürchtet ein Davonschwimmen ihrer Felle

### Eine gemäßigte Stichelei

Die erste von chemischer Seite publizierte Reaktion auf die Serie im *New Yorker* tönte relativ zurückhaltend. Sie erschien am 14. Juli in der Zeitschrift *Chemical Week* (1962a), dem Blatt, das über Neuigkeiten aus der chemischen Industrie berichtete. In wohl neckisch gemeinter Absicht hieß ihr Titel in Anlehnung an *The Sea Around Us* »The Chemicals Around Us«, womit ironischerweise zugegeben wurde, dass die Menschen inzwischen überall von Chemikalien umgeben waren. Die chemische Industrie könne die *New Yorker*-Folge nicht einfach als Werk einer Spinnerin abtun, hieß es. »Die Autorin, Rachel Carson, ist nicht nur eine Schriftstellerin ..., sondern auch eine Biologin mit einer langen und angesehenen Karriere bei der Bildung und der öffentlichen Hand.« Die Art und Weise, wie sie operiere, erinnere aber nicht an eine Wissenschaftlerin, die eine Untersuchung durchführe, sondern eher an eine Anwältin, die einen Schriftsatz vorbereite. Im Klartext ist damit gemeint, dass sie in ihre Befunde zu viel hinein interpretiere: »Ihre Fakten sind korrekt, ihre Folgerungen schon weniger sicher, ihre Unterstellungen irreführend.« Carsons Aussage: Wir leben »in einem von der Industrie dominierten Zeitalter, in dem das Recht Geld zu scheffeln, ohne Rücksicht auf Verluste für andere, kaum je hinterfragt wird,« deute auf eine Unterströmung von Antipathie. »Offensichtlich ist die Industrie mit einer feindseligen und zum Teil fehlinformierten Anklägerin konfrontiert. ... Wieder muss die Industrie die Sisyphusarbeit auf sich nehmen, noch und noch zu wiederholen, dass ihre Forschung einen Profit durch Wissen zum Ziel hat, nicht durch den Verkauf von mehr und mehr Pestiziden ...«

Schon zwei Wochen später aber wurde der Ton schärfer (*Chemical Week* 1962b). Carson war zwar selbst keine Spinnerin, aber sie war der Unterstützung der Spinnerei schuldig. »... auf die summarischen und zum Teil unberechtigten Schlüsse, die sie zieht, stürzen sich die Extremisten als Rechtfertigung für ihre Irrlehren.« Wer aber waren die »Extremisten«? »Die Biolandwirte, die Gegner der Vivisektion und diejenigen, die Fluoridierung, chemische Pestizide, Bluttransfusionen etc. ablehnen.« Sie sind »ein kunterbunter Haufen.« Aber »ungeachtet ihrer Unterschiedlichkeit hält der Glaube an einen extravaganten Trugschluss sie zusammen: dass die ›Natur‹ gut ist und alles, was gegen die ›Natur‹ ist, schlecht.« Dabei zeichne sich doch die ganze Geschichte des Menschen durch einen Kampf gegen die Natur aus, die ihn mit einer feindlichen Umwelt umgebe. Demzufolge müsse er sich gegen die Natur stellen, wenn er überleben wolle. Dazu passte der Titel des Artikels: »Nature is for the Birds«, der in zwei Bedeutungen gelesen werden konnte. Zum einen, dass die »Extremisten« sich zwecks Erhaltung der Vögel für den Schutz der Natur einsetzten, zum anderen, dass die Natur ohne den Eingriff des Menschen »für die Katz« sei, wert- und nutzlos!

Zur gleichen Zeit erschien in der Zeitschrift *Chemical & Engineering News* ein Editorial des damaligen Herausgebers Richard L. Kenyon (1962) mit dem Titel »Pesticides on Trial.« Er schrieb, aufgrund der Fakten sei es völlig klar, dass der Gebrauch von Pestiziden der Menschheit mehr Vor- als Nachteile bringe. Sind Schäden für Wildtiere unvermeidlich, ist das hinzunehmen: »Ja, ein paar wilde Tiere kommen um. Aber wir stufen ihren Wert für den Menschen viel tiefer ein als den Wert von Menschen, die in Gebieten an Hunger sterben, in denen Insekten die Ernte, die sie am Leben erhalten hätte, vernichtet haben, oder die an Krankheiten sterben, die von Insekten übertragen werden.« Kenyon gibt aber zu, dass hinsichtlich der Möglichkeit langfristiger negativer Auswirkungen des Chemieeinsatzes Fragezeichen bestünden. Das müsse von einem Ausschuss von kompetenten Wissenschaftlern und Laien untersucht werden. Es sei einfach darauf zu achten, dass man dabei bei objektiven Fakten bleibe und Emotionen keinen Raum gebe, sonst könnten diese überhand nehmen und den Erfolg der Chemie gefährden.

## Vergebliche Suche nach einer geeinigten Abwehrfront

Die beiden Handelsorganisationen, die Manufacturing Chemists' Association (MCA, heute American Chemistry Council ACC) und die National Agricultural Chemical Association (NACA), der Verband der speziell auf die Herstellung von Agrochemikalien spezialisierten Unternehmen, versuchten auf die schon bestehende und noch zu erwartende wachsende Kritik an der chemischen Industrie mit koordinierten Gegenaktionen zu antworten. Sie ließen anfangs August verlauten, dass sie sich zusammen dem Problem widmen würden, wie auf die Carson-Folge im *New Yorker* geantwortet werden solle. Daraufhin gab es eine gemeinsame Mitteilung, aber auch separate Positionspapiere der beiden Organisationen. Dabei war der vorherrschende Tenor, man habe es mit einem Thema zu tun, das doch eigentlich gar nicht neu sei, jetzt aber aufgebauscht werde. Der richtige Gebrauch von gefährlichen Produkten sei den Herstellern wie dem Handel schon immer ein zentrales Anliegen gewesen und werde dies auch weiterhin sein. Man müsse sich einfach bewusst sein, dass Risiken so oder so zum menschlichen Leben gehörten (*Chemical Week* 1962c, *C&EN* 1962, 24).

Wenn das Ganze doch nicht neu und schon immer kontrovers diskutiert worden war, wieso dann die Aufregung? Das breite Publikum war nicht gut informiert und reagierte emotional. Somit musste man mit der Präsentation von Fakten aufklärerisch tätig werden. Die NACA kreierte eine 13-seitige Broschüre mit dem Titel *Fact and Fancy*, in der versucht wurde, die Aussagen von Carson Punkt für Punkt zu diskreditieren. Sie enthielt ohne Quellenangabe eine Liste von Zitaten aus *Silent Spring*, denen jedem ein angeblich entkräftendes Gegenzitat einer »wissenschaftlichen Autorität« gegenüber gestellt wurde. Sie wurde weit verbreitet und auch an Magazine und Zeitungen versandt, gespickt mit einem Wink mit dem Zaunpfahl: Die Organe würden doch sicher nicht gerne auf die Werbeaufträge der chemischen Industrie verzichten … Mindestens beim *Reader's Digest* verfing diese Drohung: Das Magazin sah vom ursprünglichen Vorhaben ab, eine Zusammenfassung von *Silent Spring* von 20 000 Wörtern zu drucken. Die NACA hoffte, mit der genannten Publikation auch die Mitglieder des Book-of-the-Month Club beeinflussen zu können. Die MCA schrieb alle Firmen an im Versuch, sie auf eine gemeinsame Abwehrfront einzuschwören, hatte aber kaum Erfolg; die meisten hüllten sich in Schweigen. Sie befürchteten offenbar zeitaufwendige Sitzungen und Diskussionen (*Chemical Week* 1962c, *C&EN* 1962, 24-25).

An der NACA-Jahresversammlung im September war das Hauptthema die Frage, wie man mit Carson weiter verfahren solle. Man kam überein, es sei besser, statt sich zu verteidigen und *Silent Spring* zu attackieren, auf eine »positive« Strategie umzuschwenken und nur noch den großen Nutzen der Pestizide für die menschliche Ernährung und Gesundheit zu schildern. Im November allerdings gab der Verband entgegen diesem Beschluss eine Broschüre mit dem Titel »How to Answer Rachel Carson« heraus – sie erschien als spezielles Heft der Zeitschrift *County Agent and Vo-Ag Teacher*[38] –, in der stand, Carsons Buch sei »giftiger als die Pestizide, die sie verdamme« (Lear 2009, 432). Insgesamt machte die NACA für PR-Aktionen mehr als eine Viertelmillion Dollar locker (Kinkela 2011, 126). Die MCA dagegen verfolgte fortan das offensive Vorgehen. Ebenfalls im November begann sie monatlich einen Sonderbericht an die Medien zu schicken, in dem die »positive Seite« der Anwendung von Chemikalien betont wurde.

## Mit schwerem Geschütz

Die einzelnen Chemiefirmen kümmerten sich wenig um die von der MCA und der NACA herausgegebenen Devisen und begegneten dem »Problem Carson« schon gar nicht gemeinsam,

38 Vo-Ag Teacher steht für Vocational Agriculture Teacher.

obschon sich zweifellos alle um ihren profitträchtigen Absatz von giftigen Stoffen sorgten. Aber die einen fanden, es sei am besten sich still zu halten, um nicht noch mehr Aufmerksamkeit auf *Silent Spring* zu lenken, während andere dagegen eine Art Kombination von Lob und Tadel wählten, bei der zunächst die Schreibe Carsons gute Noten erhielt, nur um dann anschließend um so heftiger verunglimpft zu werden. Diesem Muster folgte zum Beispiel Pincus Rothberg, Präsident der Montrose Chemical Corporation of California, damals größte Herstellerin von DDT in den USA. Dessen Kommentar endete mit der Feststellung, es sei klar, dass Miss Carson nicht »als eine Wissenschaftlerin schreibe, sondern eher als eine fanatische Anhängerin des Kultes des Gleichgewichts der Natur« (Lee 1962).

Die Velsicol Chemical Corporation of Chicago, alleinige Herstellerin der von Carson erwähnten Pestizide Chlordan und Heptachlor, suchte ihr Heil in handfesten Einschüchterungsaktionen. Nach dem Erscheinen des ersten *Silent Spring*-Teils im *New Yorker* meldete sich Louis A. McLean, Leiter der Rechtsabteilung der Firma, telefonisch bei Milton Greenstein, Chefanwalt des Magazins, mit versteckten Drohungen in der Absicht, die weitere Publikation der Carson-Serie zu unterbinden. Greenstein ließ sich aber nicht beeindrucken und antwortete: »Alles in diesen Texten ist auf seinen Wahrheitsgehalt überprüft worden. So gehen Sie nur und klagen Sie uns ein« (*The New Yorker* 1991, 79; Levine 2007, 170).

Danach nahm McLean Houghton Mifflin ins Visier. Er sandte am 2. August einen fünfseitigen eingeschriebenen Brief, in dem er *Silent Spring* als das Resultat einer linken Verschwörung zur Untergrabung des westlichen Kapitalismus brandmarkte: »Unglücklicherweise … müssen Mitglieder der chemischen Industrie dieses Landes und in Westeuropa sich mit unheimlichen Einflüssen auseinandersetzen, deren Attacken auf die chemische Industrie ein doppeltes Ziel haben: (1) den falschen Eindruck zu erwecken, dass alles Wirtschaften habgierig und unmoralisch ist, und (2) den Gebrauch von landwirtschaftlichen Chemikalien hier und in den westeuropäischen Ländern so weit einzuschränken, dass unsere Versorgung mit Lebensmitteln derjenigen hinter dem eisernen Vorhang gleichgestellt ist« (Graham 1980, 75). Das Schreiben war mit der Empfehlung verbunden, von der Veröffentlichung des Buches abzusehen, sonst würde der Verlag eingeklagt. In diesem Fall führte dies beim Adressaten schon zu einer gewissen Nervosität, auch an Carson ging diese Drohung nicht spurlos vorbei. Ein Prozess konnte einen Haufen Geld verschlingen, auch wenn man ihn gewann. Aber was konnte ihr eigentlich passieren? Sie hatte nichts erfunden, sondern Tatsachen gesammelt. Es konnte also nur um unterschiedliche Meinungen über die Interpretation dieser Fakten gehen, und das war kein Stoff für ein Gerichtsverfahren. Auch Brooks kam zum Schluss, dass Velsicol nichts in der Hand hatte, dass es sich um einen Bluff handelte, und er schrieb an McLean, er hätte sich selbst überzeugt davon, dass alles in Ordnung gehe.

Das nächste Ziel der Velsicol war die Audubon Society, die amerikanische Vogelschutz-Gesellschaft, die angekündigt hatte, dass sie im Herbst 1962 zwei Auszüge aus *Silent Spring* in ihrem Magazin bringen wolle (vgl. p. 275). In diesem Fall sprachen Velsicol-Anwälte persönlich bei John Vosburgh, dem Herausgeber der Zeitschrift, vor und rieten ihm drohend davon ab, Carson ein Forum zu bieten. »Big Chemical was gearing up to blast her out of the water – Die Chemie-Großmacht rüstete sich, um sie [Carson] vernichtend zu schlagen.« Aber auch hier hatten die noblen Herren keinen Erfolg. Wie geplant brachte Vosburgh später die Carson-Texte, und nicht nur das, sondern er schrieb auch ein Editorial, in dem er die Pestizidprogramme von Velsicol anprangerte (Brinkley 2012).

Nach einer Weile wurde klar, dass *Silent Spring* auf diese grobe Weise nicht zu bodigen war. So reichte auch niemand aus Industriekreisen eine Klage ein. Die Firmen verlagerten ihre Anstrengungen auf das Gebiet der Öffentlichkeitsarbeit; mit ihr musste es möglich werden, das missliebige Buch in ein schiefes Licht zu stellen.

## Die Horrorgeschichte auf den Kopf gestellt

Was sich Schreckliches ereignen konnte, wenn man sich dem »Gleichgewicht der Natur« anvertraute, versuchte die Firma Monsanto auf den Punkt zu bringen. Sie brachte im Oktober-Heft ihres Magazins die Geschichte »The Desolate Year«, die als Parodie auf »A Fable for Tomorrow« (»Ein Zukunftsmärchen«), das erste Kapitel in *Silent Spring* (s. p. 248), gedacht war (Monsanto 1962). Das Pamphlet begann mit dem Satz: »Ein lebensverlangsamender Winter lag über dem Land an diesem Neujahrstag, dem Tag, an dem es der Natur überlassen blieb, ihr eigenes Gleichgewicht zu finden.« Das Resultat dieser fatalen Entscheidung wurde dann so geschildert:

»Ruhig begann so das trostlose Jahr. Nicht vielen Leuten war die Gefahr bewusst. Schließlich war im Winter kaum eine Stubenfliege zu sehen. Was konnten ein paar Insekten hier und dort schon ausrichten? Wie konnte ein gutes Leben von etwas scheinbar so Trivialem wie Insektenspray abhängig sein? Wo *waren* die Insekten überhaupt? Sie waren überall. Nicht zu sehen. Nicht zu hören. Unglaublich universal. Auf oder unter jedem Quadratfuß Boden, jedem Quadratyard, jedem Acre, jedem County, jedem Staat und jeder Region in der ganzen Ausdehnung der Vereinigten Staaten. In jedem Heim, in jeder Scheune und jedem Wohnblock und jedem Hühnerstall, im Holz, in der Grundmauer, im Mobiliar. Im Boden, im Wasser, auf und in Ästen, Zweigen und Stängeln, unter Steinen, im Innern von Bäumen und anderen Insekten – und ja, auch im Innern von Menschen. Die zahlreichsten und grausamsten aller sichtbaren natürlichen Feinde des Menschen lauerten ruhig an diesem Tag, wartend. Sie waren nicht in Tausenden, Millionen oder Milliarden zu zählen. Nicht weniger als Billionen, zum Mindesten, waren notwendig, um ihre Zahl zu erfassen. Sie waren da, als Eier oder Larven oder Puppen oder gefräßigen Erwachsenen – wartend« (Monsanto 1962, 4-5).

Wir können uns vorstellen, wie die Erzählung weitergeht: »… die nächste frühe Ernte wurde bedrängt. Die ersten am Fressen waren die verborgenen Erdeulen, die unter der Erde zarte Stängel abraspelten. Dann die Milben und Blattläuse, und die hübschen Schmetterlinge, die über die Felder flatterten – und Eier auf Weißkohl und Blumenkohl und Broccoli und Grünkohl fallen ließen. Grüne Würmer, hellbraune, gestreifte, gefleckte, alle hungrig und am Fressen, ... Schließlich rissen die Käfer, Wanzen und Motten die Blätter von den Kartoffeln und den Buschbohnen und den Limabohnen, und ihre Kollegen im Feld drangen in Hülsen und Schoten ein und infizierten sie mit Eiern und anderem Zeug. Das war das Ende des frischen, sauberen Gemüses« (Monsanto 1962, 5). Die Botschaft ist klar: Der Mensch muss die Natur mit der chemischen Keule bändigen, sonst übernehmen die Insekten diesen Planeten. Man fragt sich, wie er in früheren Zeiten, als es die modernen Pestizide noch nicht gab, überhaupt hat überleben können. Tatsächlich weist auch LaMont C. Cole (1962, 173) auf die Absurdität dieser Schilderung hin: Vor dem Zweiten Weltkrieg gab es weder Chlorkohlenwasserstoffe noch organische Phosphate und trotzdem Ernteüberschüsse ...

## Die Speerspitzen der chemischen Industrie

Das gerade genannte Traktat erschien anonym, aber es wird vermutet, dass Thomas H. Jukes dahinter steckte, der anderswo – in *Chemical Week* (Jukes 1962a) und in *NAC News and Pesticide Review* (Jukes 1962b) – Carsons »Zukunftsmärchen« explizit unter seinem Namen parodierte. Jukes war damals ein Mitarbeiter bei der Agricultural Division der American Cynanamid Company und fühlte sich bemüßigt, für die chemische Kriegsführung gegen die Natur eine Lanze zu brechen (Murphy 2005, 95). Auch hier ging es darum zu betonen, wie gefährlich es war, wenn der Mensch es nicht verstand, das von Carson beschworene Gleichgewicht der Natur zu seinen Gunsten zu stören, und diese Gefahr dann mit drastischen Bildern zu illustrieren: »Schwache Geräusche waren zu hören, eine freundliche Ratte, die im Keller an etwas nagte; ... das hohe Surren der Fliegen ..., und das heimliche Trappeln von Kakerlaken, die über den Boden huschten« (Jukes 1962a).

Die Einstellung von Jukes war gelinde gesagt seltsam, denn als Bewunderer der Sierra Nevada in Kalifornien war er auch Mitglied beim Sierra Club geworden. Wie passte das zusammen? Für Jukes kein Problem: »Zwei große, auf Tom wirkende Einflüsse waren seine Liebe zur wilden Natur und seine Liebe zur Wissenschaft, die für ihn eine mächtige Kraft für das Gute darstellte, und er sah keinen grundlegenden Konflikt zwischen den beiden« (Carpenter 2000, 1522). Also keine Rede davon, dass die Wissenschaft die Natur zu beeinträchtigen vermochte, sie konnte sie nur »verbessern«. Diese Überzeugung war schon früher zum Tragen gekommen, als er noch als Direktor bei der pharmazeutischen Firma Lederle Laboratories amtierte. Mit seiner Gruppe arbeitete er an Problemen der Ernährung von Farmtieren und entdeckte dabei, dass die Beigabe von geringen Dosen von Antibiotika im Futter von jungen Hühnern und Schweinen das Wachstum dieser Tiere beschleunigte (Carpenter 2000, 1522). Wie wir wissen, ist eine entsprechende Behandlung in der Tierhaltung seither aus kommerziellen Gründen zu einer weit verbreiteten fragwürdigen Praxis geworden.

Die allerdings bedeutendere Figur in der Abwehrschlacht der Industrie war Robert White-Stevens, ein feuriger Verfechter der chemischen Schädlingsbekämpfung und als Assistent des Forschungsdirektors ebenfalls Mitarbeiter von American Cyanamid. White-Stevens hielt nur schon 1962 um die 30 Vorträge gegen *Silent Spring und* entwickelte sich so zum eigentlichen Sprachrohr der Industrie. »White-Stevens wurde über Nacht zum Anti-Carson. Mit seinem nach hinten geglätteten Haar, seinem dünnen Schnurrbart und seiner schwarzen Hornbrille glich er aufs Haar dem aus Horrorfilmen bekannten Vincent Price. Er schien überall zu sein, salbungsvoll und sauer, er rollte seine r's und sprach in widerhallendem Shakespearischem Rhythmus« (Souder 2012, 360). »White-Stevens war ... in Debatten ein gefürchteter Gegner, außerordentlich beweglich, humorvoll, schnell und gebieterisch, und er klagte Carson regelmäßig an, sie ›verteidige fanatisch den Kult des Gleichgewichtes der Natur,‹ so als wäre sie ein geheimes Mitglied einer Druidensekte« (Lear 2009, 434). Er brandmarkte damit ein in seinen Augen völlig irrationales Verhalten. Wir werden später nochmals auf ihn stoßen (s. p. 308 f.).

## 10.3 Unterschiedliche Reaktionen im politischen System

### Die gesetzliche und administrative Situation

Zur Zeit von *Silent Spring* waren zwei für die Pestizid-Problematik maßgebliche Gesetze in Kraft: Der »Federal Insecticide, Fungicide, and Rodenticide Act« (FIFRA) von 1947 und der »Federal Food, Drug, and Cosmetic Act« (FDCA) von 1938 mit dem sogenannten Miller-Zusatz von 1954. FIFRA verpflichtete die Hersteller, ihre Produkte mit Etiketten zu versehen, die Inhaltsangaben und Gebrauchsanweisungen enthielten, und neue Produkte bei der Behörde anzumelden. Dies diente in erster Linie dem Eigenschutz der Industrie vor unlauterem Wettbewerb, erst in zweiter Linie auch dem Verbraucherschutz. Der Staat hatte keine Kontrollaufgabe, trug aber im Fall von Konflikten die Beweislast. FIFRA entstand ohne jegliche öffentliche Diskussion: »Ein in sich weitgehend geschlossenes System, hier das ›Eiserne Dreieck‹ aus parlamentarischer Kommission, staatlicher Verwaltung und Industrie, handelte Zielsetzungen und Maßnahmen unter sich aus« (Simon 1999, 125). Das Ziel des FDCA war es, die Sicherheit von Nahrungsmitteln, Medikamenten und Kosmetika zu garantieren, in diesem Fall unter staatlicher Kontrolle. Das Gesetz erstreckte sich aber nicht auf Verunreinigungen durch die neuen synthetischen Pestizide. In den frühen 1950er Jahren kam es diesbezüglich zu einer öffentlichen Diskussion und zu parlamentarischen Hearings, die im genannten Miller-Zusatz mündeten. Dieser betraf Maßnahmen zur Bestimmung von Pestizid-Toleranzwerten, d.h. erlaubten maximalen Konzentrationen von Rückständen in Nahrungsmitteln, Futtermitteln und Textilien. Damit sollte ein Schutz der Bevölkerung vor karzinogenen Substanzen bewirkt werden, aber die Kontrolle erstreckte sich nur auf den zwischenstaatlichen Handel, und der Industrie standen Schlupflöcher zur Verfügung: Sie konnte gegen amtliche Verfügungen Einspruch erheben und auch die Wahl der die Behörde beratenden Experten beeinflussen (Moore 1987, 16; Simon 1999, 125-141).

Unter den nun von *Silent Spring* aufs Korn genommenen Behörden figurierten das US Department of Agriculture (USDA), die US Food and Drug Administration (FDA) und der US Public Health Service (PHS). Das USDA bzw. dessen Pesticide Regulation Division (PRD) kontrollierte im Sinne des FIFRA die Zulassung von Pestiziden mittels eines Registrierungs- und Etikettierungsverfahrens. Dabei waren aber nur beabsichtigte Wirkung und Sicherheit des Gebrauchs Kriterien, nicht aber negative Umwelteinwirkungen. Im Prinzip diente dieses Vorgehen dazu, der Industrie für ein neues Produkt jeweils den Absatzmarkt zu öffnen. Zudem hatte das USDA die Oberaufsicht über alle von Bundesämtern ausgeführten Schädlingsbekämpfungsprogramme. Die FDA war zuständig für die Einhaltung von Toleranzen bezüglich Pestizidrückständen beim zwischenstaatlichen Verkehr von Nahrungsmitteln; dazu führte es entsprechende Inspektionen durch. Der PHS schließlich war verantwortlich für die öffentliche Gesundheit, vor allem im Sinne von Präventivmaßnahmen.

## Abwehr bis scheinbare Zustimmung beim US Department of Agriculture

»Hauptangeklagter« war klar das USDA. Sein »Ausweis in der Durchsetzung des Gesetzes spiegelte seine Voreingenommenheit als begeisterte Förderin von Pestiziden wider. Die … PRD … hatte keine Neigung zu ökologischem Denken« (Briggs 1992, 279). Das zeigte sich auch in den vom USDA durchgeführten großflächigen Sprühkampagnen (vgl. p. 212 ff., 251 ff.). Nun wurde dieses von Briefen überschwemmt, die gegen diese Praxis protestierten, und von der Kritik völlig überrumpelt. So gab es zunächst keine offizielle Stellungnahme des Amtes, sondern nur einzelne Reaktionen von Beamten, zum Beispiel von Ernest G. Moore, Sprecher für den Agricultural Research Service (ARS). Dieser meinte, Carson hätte ihre Argumente wie in einem juristischen Schriftstück vorgetragen, »indem sie alles niedergeschrieben hat, was zu ihren Gunsten sprach, und alles andere ignorierte. Das Gleichgewicht der Natur ist etwas Wundervolles für Leute, die sich zurücklehnen und Bücher schreiben wollen oder hinaus zum Walden Pond gehen und so wie Thoreau leben möchten. Aber ich kenne keine heutige Hausfrau, die die Art von wurmstichigen Äpfeln begehrt, die wir vor den Pestiziden hatten.« Moore betonte, dass nichts Böses passieren könne, wenn die Pestizide vorschriftsgemäß angewendet würden (Lear 2009, 413-414). Der Direktor des ARS, Byron T. Shaw, machte den Landwirtschaftsminister (»Secretary of Agriculture«, Chef des USDA) Orville Freeman, auf die Artikelserie im *New Yorker* aufmerksam und meinte, diese schade sehr dem Ansehen des Amtes, es müsste etwas unternommen werden. Es gab eine Reihe von internen Diskussionen zur Frage, was eine angemessene Reaktion wäre, und diese verlief ähnlich wie bei der chemischen Industrie: Freeman trug seinen Stabsleuten auf, sich Überlegungen zu zwei möglichen Strategien zu machen, zu einer ersten, bei der man Carson attackieren, und zu einer zweiten, bei der man das Schwergewicht auf die positiven Aspekte der Pestizidanwendung legen würde.

Freeman ließ sich schließlich von Beratern davon überzeugen, dass eine geharnischte Antwort das Image des USDA noch mehr beschädigen würde. Er legte den in der Folge in offiziellen Verlautbarungen zu beachtenden Tenor fest: Keine scharfe Kritik von *Silent Spring* und auch nicht die Einnahme einer Abwehrhaltung, sondern Darstellung des USDA als einer fortschrittlichen Institution, die in ihrem Denken mindestens so weit wie Carson war. »Miss Carson bietet eine klare Beschreibung der wirklichen und potenziellen Gefahren des Missbrauchs von chemischen Pestiziden an ... Sie drückt die Sorge vieler Leute über die Auswirkungen von chemischen Pestiziden auf Vögel, Tiere und Menschen aus. Wir sind uns dessen völlig bewusst und teilen diese Besorgnis«, hieß es entsprechend (Lear 2009, 414). Im Einzelnen wurde das Folgende wiederholt festgehalten: Das Vorkommen von Wildtierschäden ist bei der bisherigen Verwendung von Pestiziden nicht von der Hand zu weisen, aber das Problem ist erkannt, und es wird deshalb vermehrte Sorgfalt beim Gebrauch gefordert. Carsons Buch kann hier vor allem auch mithelfen, Heimgärtner auf die Gefährlichkeit von Chemikalien aufmerksam zu machen. Das USDA hat letztes Jahr einen Pest Control Review Board eingesetzt, der jeden vorgeschlagenen Gebrauch von Pestiziden genauestens untersucht. Zwar ist unter gegenwärtigen Bedingungen der Einsatz chemischer Schädlingsbekämpfung noch unerlässlich, aber man hat schon große Anstrengungen auf dem Gebiet biologischer Methoden gemacht und wird diese in der Zukunft noch verstärken (*Chemical Week* 1962d). War dieses Bekenntnis wirklich ehrlich gemeint oder war es bloß ein politischer Schachzug? Jedenfalls konnte sich das Amt auf diese Weise selbst einen Persilschein ausstellen.

In einem später dem *US News & World Report* gegebenen Interview, das im Februar 1963 im *Boston Globe* abgedruckt wurde, äußerte sich Byron T. Shaw entsprechend. Er gab über den Pestizidgebrauch des USDA und den damit verbundenen Risiken offen Auskunft, versuchte aber das Ganze in einem besseren Licht erscheinen zu lassen, indem er auch betont auf die in der Vergangenheit mit biologischen Bekämpfungsmethoden erzielten Erfolge hinwies (Shaw 1963). Er nannte zwei Beispiele. Das eine betraf das aus Europa eingeschleppte Johanniskraut (in den USA »Klamath weed« genannt), das auf Weiden im Westen zur Pest geworden war, weil es ganze Flächen überwucherte und vom Vieh nicht gefressen wurde. Von gewissen Käferarten war bekannt, dass sie auf den Verzehr eben dieser Pflanze spezialisiert waren. Man importierte diese und löste damit das Problem (s. auch Winston 1997, 127). Beim zweiten Beispiel handelte es sich um die von Carson selbst schon lobend erwähnte Dezimierung der Neuwelt-Schraubenwurmfliege durch die massenhafte Aussetzung von sterilisierten Männchen (s. p. 270 f., vgl. auch Winston 1997, 85-86).

## Ganz oben wird die Sache ernst genommen

Die Wellen, die *Silent Spring* warf, gelangten auch zu den Spitzen der Regierung. Als erstem hohem Beamten war Innenminister Stewart Udall die Bedeutung des Werkes klar geworden;

er wurde in der Folge zu einem der zuverlässigsten Supporter der von Carson vertretenen Auffassungen und in der Kennedy-Administration zum ersten Advokaten für eine Pestizid-Regulierung. Er veranlasste eine gründliche Überprüfung aller Schädlingsbekämpfungsprogramme innerhalb seines Ministeriums, insbesondere auch die bei Naturschutzleuten berüchtigten Aktivitäten der Abteilung für Raubtier- und Nagetierbekämpfung des US Fish and Wildlife Service, die im Westen der USA darauf abzielten, die Kojoten auszurotten und systematisch alle Präriehundsiedlungen zu vergiften.

Den Anstoß dafür, dass die Pestizidfrage ein Thema im Weißen Haus wurde, lieferte, wie sich Udall später erinnerte, Jerome B. Wiesner, Professor für Elektronik am Massachusetts Institute of Technology (MIT) und spezieller Berater für Wissenschaft und Technik von Präsident John F. Kennedy. Um dessen Aufmerksamkeit auf das Thema zu lenken, berief Wiesner am 30. Juli ein Treffen von Bürochefs aus den von dieser Problematik betroffenen Departementen ein. Nach einer lebhaften Diskussion wurde eine Arbeitsgruppe unter der Leitung von Boisfeuillet Jones, einem speziellen Assistenten des Gesundheitsministers, eingesetzt. Sie erhielt die Aufgabe, die Politik aller Departemente, die mit Pestizidgebrauch und chemischer Umweltverschmutzung befasst waren, bezüglich Kontrolle, Regulierung und Forschung zu evaluieren, und in zwei bis drei Monaten einen Bericht abzuliefern (Lear 2009, 415, 569: En65).

Tatsächlich nahm Präsident Kennedy die Pestizid-Kontroverse früh zur Kenntnis – es wird vermutet, dass er den Vorabdruck im *New Yorker* selbst gelesen hatte. Am 29. August 1962 hielt er eine seiner Pressekonferenzen ab. Ein Journalist sprach die wachsende Unruhe innerhalb der wissenschaftlichen Gemeinde hinsichtlich der mit der Verwendung von DDT und anderen Pestiziden verbundenen Risiken an. Er fragte, ob die zuständigen Regierungsämter sich nicht mit diesem Problem beschäftigen sollten. Kennedy: »Ja, und ich weiß, dass sie dies bereits tun, ich denke besonders wegen Miss Carsons Buch, aber auf alle Fälle untersuchen sie die Angelegenheit« (Lear 2009, 419). Auffallenderweise sprach der Präsident von »Carsons Buch«, obschon dieses noch gar nicht erschienen war.

Am nächsten Tag ging dann die Meldung durch die Presse, Kennedy hätte einen Ausschuss des President's Science Advisory Committee (PSAC), also seines wissenschaftlichen Beirats, beauftragt, sich unter Leitung von Wiesner mit den strittigen Fragen der Schädlingsbekämpfung zu befassen, dabei insbesondere auch die von den Ämtern in diesem Bereich verfolgte Praxis unter die Lupe zu nehmen und dann Bericht zu erstatten. Dass damit die Pestizidfrage in höchsten Kreisen Aufmerksamkeit fand, brachte die chemische Industrie vollends in Alarmstimmung. Und wen wundert es, sie startete einen Versuch, den Ausschuss zwecks Verwässerung von Aussagen unter Druck zu setzen. Dieser aber ging unbeirrt seinen Weg, und dazu gehörte, Carson zu einer informellen Sitzung am 19. Januar 1963 einzuladen.

## Der »Wiesner Report«

Der Bericht des PSAC-Ausschusses, als »Wiesner Report« bekannt, wurde mit Ungeduld erwartet. Würde er die Kritik Carsons am Gebrauch von Pestiziden unterstützen oder aber in die Schranken weisen? Er wurde mit dem Titel »Use of Pesticides« relativ plötzlich, ohne Vorwarnung, am 15. Mai 1963 veröffentlicht (PSAC 1963).

Er begann mit der Feststellung, dass wir in einem grundlegenden Dilemma stecken: Die Entstehung der organisierten Landwirtschaft und die damit einhergehende räumliche Konzentration von bestimmten Gewächsen bietet Schädlingen die Möglichkeit, sich auszubreiten. Gegen sie muss vorgegangen werden, soll der Anbau effizient sein, was aber mit Risiken verbunden ist. Mit dem Wachstum der Bevölkerung und der weiteren Intensivierung der Landwirtschaft hat sich das Problem noch verschärft. »Es ist die Auffassung des Panels, dass Pestizide weiterhin gebraucht werden müssen, wollen wir uns weiterhin der Vorteile versichern, die aus der Arbeit von sachkundigen Nahrungsmittelproduzenten und den Verantwortlichen für die Kontrolle von Krankheiten resultieren« (PSAC 1963, 2). Mit diesem Satz hätte die Befürchtung aufkommen können, das PSAC-Gremium befinde sich auf dem Weg zur Reinwaschung der bisherigen Praktiken im Umgang mit Pestiziden. Dem war aber nicht so, wie schon die unmittelbare Fortsetzung zeigte: »Andererseits ist klar geworden, dass der korrekte Gebrauch nicht einfach ist; Pestizide, die schädliche Insekten und Pflanzen vernichten, können auch giftig für nützliche Pflanzen und Tiere sein, auch für den Menschen« (PSAC 1963, 2). Es wurde also nicht nur vom Nutzen der chemischen Schädlingsbekämpfung gesprochen, sondern auch von den damit verbundenen Gefahren.

Der Bericht hätte ebenso gut »Rachel Carson gewinnt« genannt werden können, findet Douglas Brinkley (2012). In der Tat stützte sein Inhalt im Wesentlichen ihre Befunde. Sprühprogramme hatten große Schäden unter Wildtieren angerichtet. Insofern damit die Ausrottung von Schädlingen (Schwammspinner, Feuerameise, Japankäfer) angestrebt wurde, mussten sie als Misserfolge bezeichnet werden. Krankheiten wie die Malaria konnten stark eingedämmt werden, aber nicht gänzlich eliminiert, nicht zuletzt wegen der zunehmenden Bildung von Resistenzen der den Parasiten übertragenden Mücken. Als größtes Problem der am häufigsten verwendeten Pestizide, der CKWs wie das DDT, wurde ihre Langlebigkeit sowohl im Fettgewebe von Lebewesen wie auch in der Umwelt genannt, was zur Akkumulation der Giftstoffe in den Nahrungsketten führt und mitverantwortlich für ihre mittlerweile enorme geographische Verbreitung ist. Generell wurde kritisiert, dass man sich bisher bedeutend mehr mit der Wirksamkeit der Chemikalien gegenüber Schädlingen als mit der Sicherheit ihrer Anwendung beschäftigt hatte.

Bei den Empfehlungen des PSAC-Ausschusses wird man sich des enormen Wissensdefizites gewahr, das den ganzen damaligen Problemkreis der Pestizidanwendung betraf. Es wurde ein Informationssystem gefordert, das Daten über die Anreicherung von Chemikalienrückständen im menschlichen Körper sammeln würde, bei speziell beruflich exponierten

Personen, aber auch bei der übrigen Bevölkerung. Die Festlegung von Toleranzen sollte beschleunigt vorangetrieben und dann von einem unabhängigen Gremium begutachtet werden. Das war aber nicht möglich, wenn nicht gleichzeitig die Forschungslücken hinsichtlich der effektiven Auswirkungen der Stoffe auf den Menschen gefüllt wurden – schließlich hing die Frage der Zulassung neuer Chemikalien und die der tolerierbaren Rückstände davon ab. Aber auch die Untersuchung der Effekte der Pestizide auf Wildtiere musste vorangetrieben werden.

Soweit eine chemische Schädlingsbekämpfung unumgänglich ist, soll sie mit erhöhter Vorsicht betrieben werden. Die Anwendung von persistenten Pestiziden ist allmählich zu reduzieren. Ersatz bieten können Stoffe, die selektiver wirken oder auch mit selektiveren Methoden gebraucht werden können und die allgemein für die weitere Umwelt weniger schädlich sind. Unbedingt muss aber auch die Suche nach nicht-chemischen Verfahren der Bekämpfung intensiviert werden. In den USA hat die Forschung im Bereich biologischer Methoden bisher keine große Rolle gespielt; das muss sich ändern.

Zwischen den Departementen, die mit Pestiziden zu tun haben, ist die Koordination unzulänglich. Die bestehenden Mechanismen müssen grundlegend revidiert werden, so dass es auch zu einer klaren Aufteilung der Verantwortlichkeiten kommt. Auch sind interne Abhängigkeiten durch den Beizug externer Fachkräfte zu reduzieren. Zur Zeit der Berichterstattung diente ein 1961 gegründeter Federal Pest Control Review Board für die Behandlung departementsübergreifender Probleme. Technische Fragen wurden aber immer intern von Mitarbeitern der beteiligten Amtsstellen behandelt.

Schließlich sind die Informationen, die der Öffentlichkeit bezüglich der ganzen Pestizidproblematik zur Verfügung stehen, mangelhaft. »Aus veröffentlichter Literatur und aus den Erfahrungen der Panel-Mitglieder geht hervor, dass bis zur Publikation von ›Silent Spring‹ von Rachel Carson die Leute sich der Giftigkeit der Pestizide allgemein nicht bewusst waren« (PSAC 1963, 43). Es braucht also eine Aufklärungskampagne.

Auf einer ersten in den Bericht eingefügten Seite ließ Präsident Kennedy verlauten, dass er die Befunde des Wiesner-Berichtes voll und ganz unterstütze: »Ich habe bereits die verantwortlichen Ämter aufgefordert, die Empfehlungen des Berichtes umzusetzen. Dabei eingeschlossen ist die Erarbeitung von legislativen und technischen Vorschlägen, die ich dem Kongress vorlegen werde.«

Das Fernsehunternehmen CBS brachte zum Bericht und seinen Feststellungen eine spezielle Sendung (s. p. 309 f.). Darin wurde Carson mit der folgenden Aussage zitiert: »Ich finde, das ist ein famoser Bericht. Er ist aussagekräftig. Er ist objektiv und meiner Meinung nach eine faire Beurteilung des Problems. Ich sehe, dass er meine Haltung und meine Behauptungen rechtfertigt. Besonders freut mich auch die Wiederholung der Feststellung, die Öffentlichkeit habe ein Recht auf Information, denn dies war ja für mich der Grund, *Silent Spring* zu schreiben« (Lear 2009, 452). Carson veröffentlichte auch eine Evaluation des Berichtes in der *New*

*York Herald Tribune*, in der sie diesen als »eines der wichtigsten Dokumente, das in vielen Jahren die Druckereien der Regierung verlassen hat« charakterisiert. Allerdings, so moniert sie, müssen die darin gemachten Empfehlungen jetzt auch umgesetzt werden (Carson 1963b).

Dorothy Freeman schrieb einen begeisterten Brief: »Liebling, ich denke das ist ein Tag, der als Rachels Triumph in die Geschichte eingehen wird ... Ich bin sicher, dass der Name Rachel Carson länger als der Name Gordon Cooper im Gedächtnis bleiben wird (B 15.5.63, Freeman 1995, 461).[39] Souder (2012, 382) kann die damalige Freude über den Wiesner-Bericht nicht ganz nachvollziehen. »Wenn man den Bericht genauer anschaut«, schreibt er, »wird offenbar, dass interne Meinungsverschiedenheiten unter den Komitee-Mitgliedern ihn so ausgeglichen gestaltet hatten, dass er letztlich unwirksam war. Nirgends im Bericht wurde eine sofortige Reduktion der Anwendung von Pestiziden gefordert oder auch nur vorgeschlagen.« Tatsächlich war ja, wie Souder betont, in einer einleitenden Bemerkung (s. p. 288) auf die Unausweichlichkeit einer chemischen Schädlingsbekämpfung hingewiesen worden, und es sollte noch Jahre dauern, bis die Pestizid-Landschaft grundlegende Veränderungen erfuhr.

## Parlamentarische Anhörungen

Mit dem Vorliegen des Wiesner-Berichts kehrte aber nicht Ruhe ein in der Gewissheit, es liege nun alles in guten Händen. Engagierte Politiker wollten mehr wissen. Am Tag nach der Fernsehsendung *CBS Reports:* »The Silent Spring of Rachel Carson« (s. p. 305 ff.) wurde bekannt, dass Senator Abraham Ribicoff, Demokrat von Connecticut, für den Kongress eine Erhebung von Umweltrisiken inklusive der Pestizidproblematik durchführen würde – sie sollte in der Folge ganze zwei Jahre dauern. Zu diesem Zweck wurde ein Subkomitee des Government Operations Committee des Senates gebildet, das er präsidierte und ihm erlaubte Hearings, durchzuführen. Auch Carson bekam eine Einladung, die sie annahm. Das Hearing fand am 4. Juni 1963 statt. Die Medien waren in großer Zahl anwesend, und Ribicoff begrüßte Carson in Anlehnung an die Bemerkung von Abraham Lincoln beim Treffen mit Harriet Beecher Stowe (Autorin von »Onkel Toms Hütte«) mit den Worten: »Miss Carson, Sie sind die Dame, die alles in Gang gebracht hat« (Quaratiello 2010, 131).

Carsons Aussage dauerte über 40 Minuten. Sie ging von der in vielen Köpfen vorhandenen falschen Vorstellung aus, das Ausbringen eines Giftes in die Umwelt sei, außer dass es in einem größeren Rahmen stattfinde, eigentlich nichts wesentlich anderes als ein kontrollierbares Laborexperiment. Dem sei natürlich angesichts der Komplexität ökologischer Zusammenhänge überhaupt nicht so. Diese sorgten dafür, dass immer unbeabsichtigte Nebenwirkungen auftreten würden. Als Beispiel zeigte sie, wie lokale Anwendungen von

39 Gordon Cooper (1927-2004) war der Astronaut, der am gleichen Tag, also am 15. Mai 1963, im Rahmen des amerikanischen Mercury-Raumfahrtprogramms zu einem Flug um die Erde gestartet war. Er umrundete sie 22 mal.

Chemikalien infolge der vielfältigen Transportwege der Natur zu deren globalen Verbreitung führen konnten, jedenfalls wenn es sich um dauerhafte, schlecht abbaubare handelte. Beim Sprühen von Flugzeugen aus bleibt ein Teil in Form kleiner Kristalle in der Luft und fällt dann als »Drift« der atmosphärischen Zirkulation anheim. Regen wäscht Gifte aus besprühten Flächen in Flüsse, Seen und ins Meer aus. Dabei ist die Verdunstung noch eine weitere Quelle für die atmosphärische Verbreitung. Bei Trockenheit werden aus behandelten Böden stammende Staubpartikel vom Winde verweht. Schließlich sorgen Organismen, die Rückstände in ihrem Körpergewebe anreichern, für eine weitere Verteilung, entweder geographisch, indem sie wandern, oder aber biologisch, indem sie an einer Nahrungskette beteiligt sind. Aus alledem lässt sich erklären, wieso etwa DDT in gewissen Konzentrationen auch in Vögeln und Fischen arktischer Gebiete gefunden wird, in denen gar nie Sprühoperationen stattgefunden haben. Die Folgerung daraus: Der Gebrauch persistenter Pestizide sollte so rasch wie möglich eingeschränkt und schließlich ganz gestoppt werden.

Abb. 10-1: Rachel Carson bei der Anhörung beim Ausschuss des Senate Government Operations Committee, der sich mit dem Pestizid-Problem befasste, am 4. Juni 1963. Quelle: Associated Press Photos. Bewilligung: Keystone, Zürich.

Carson gab dann eine Reihe von Empfehlungen ab: 1. Die Möglichkeit, seinen Grund und Boden gegen von anderer Seite verordnete chemische Übergriffe zu schützen, sollte als Menschenrecht anerkannt sein; 2. Forschung und Lehre in Pestizid-Toxikologie sollen staatlich gefördert werden, denn es gibt zu viele Ärzte, denen Kenntnisse über Vergiftungen und deren Behandlung völlig fehlen; 3. Der Kauf und die Verwendung von Pestiziden soll nur jenen gestattet sein, die die dabei vorkommenden Risiken und die Verwendungsvorschriften verstehen können; 4. Die Registrierung von Pestiziden sollte nicht eine Aufgabe nur des USDA sein, sondern eine gemeinsame Angelegenheit aller mit Schädlingsbekämpfungsmitteln befassten Amtsstellen; 5. Die Produktion von Chemikalien soll auf solche beschränkt sein, für die ein Bedarf nachgewiesen ist, denn gegenwärtig kommen als Folge der

Firmenkonkurrenz viel zu viele auf den Markt, womit die Forschung mit der Untersuchung ihrer Auswirkungen immer hinten nachhinkt; 6. Alternative, möglichst nicht-chemische Methoden der Schädlingsbekämpfung mit spezifischer Wirkung auf bestimmte Arten sollen massiv gefördert werden (Carson 1963c).

Nach ihrem Vortrag wurde Carson während weiterer rund 45 Minuten von den Senatoren befragt. Wie Lear (2009, 578, En 80) festhält, verließ während der ganzen Zeit kein einziger der anwesenden Senatoren den Raum, was absolut ungewöhnlich war. Des weiteren beschreibt sie den damaligen Auftritt von Carson so: »Diejenigen, die Rachel Carson an diesem Morgen hörten, sahen im Zeugenstand nicht eine reservierte und zurückhaltende Frau, sondern eine versierte Wissenschaftlerin, eine Expertin für chemische Pestizide, eine brillante Schriftstellerin und eine ihrem Gewissen folgende Frau, die die sich bietende Gelegenheit zur Darlegung der eigenen Meinung so gut wie möglich nutzte, etwas, das Bürgern und Bürgerinnen von welchem Stand auch immer nur selten zufällt« (Lear 2009, 454).

Zwei Tage später fand eine weitere Anhörung statt, zu der Carson zusammen mit Roland Clement, Vizepräsident und Chefbiologe bei der National Audubon Society, eingeladen war. Diesmal war es das vom demokratischen Senator aus Washington, Warren Magnuson, präsidierte Senate Committee on Commerce, das Befragungen durchführte. Es standen von der Senatorin Maurine Neuberger von Oregon eingereichte Vorschläge für zwei Gesetze zur Diskussion: Eines, das verhindern würde, dass der Bund Sprüheinsätze ohne Wissen der betroffenen Staaten durchführen konnte, und eines, das ein verbessertes, mögliche Schäden für Wildtiere betreffendes Warnsystem vorsah.

Carson sagte, sie betrachte die beiden Gesetzesvorlagen als wichtig und unterstützenswert, möchte aber auch klarstellen, dass sie diese insgesamt als zu schwach empfinde. Nicht gelöst sei die Behandlung immer wieder auftretender Konflikte zwischen den Interessen verschiedener Regierungsstellen. Als Beispiel nannte sie einen Fall, in dem die Interessen der Landwirtschaft jenen der Fischerei entgegenstanden: Zwecks Bekämpfung der Feuerameise wurde ein landwirtschaftliches Gebiet in South Carolina mit Heptachlor behandelt, was infolge der Auswaschung von Rückständen ins Meer zu einem Garnelen-Sterben an der benachbarten Küste führte. Sie plädiere deshalb, so meinte sie, für die Bildung einer übergeordneten unabhängigen »Pestizid-Kommission«, die aus hoch qualifizierten Personen aus Medizin, Genetik, Biologie und Naturschutz zusammengesetzt wäre und keine Vertreter von Regierungsämtern und Chemiefirmen enthielte. Damit auftretende Konflikte tatkräftig gelöst werden könnten, müsste diese Kommission über eine entsprechende Entscheidungsbefugnis verfügen (Carson 1963d).

Auf die Regulierung der Verwendung von Pestiziden gemünzte Gesetzesentwürfe gab es übrigens nicht nur auf Bundesebene, sondern schon vor Ende 1962 wurden mehr als deren 40 den Legislativen der Staaten vorgelegt (Quaratiello 2010, 123).

## 10.4 Die abhängige und die unabhängige Wissenschaft

### Das Volk weiß nicht, dass die Wissenschaft immer nur Gutes will und tut

Carson (1968, 260-261) präsentierte diese Statistik: Zwei Prozent der Vertreter der angewandten Entomologie befassen sich mit biologischer Schädlingsbekämpfung, 98 Prozent mit chemischen Insektiziden. »Warum ist das so? Die größeren chemischen Werke lassen den Universitäten laufend Geld zufließen, um die Erforschung von Insektiziden zu unterstützen. Dadurch werden verlockende Stipendien für Studenten geschaffen, die ihre Doktorarbeit machen, und es ergeben sich ebenso verlockende Aussichten auf leitende Stellungen. ... Daraus erklärt sich auch die sonst verwirrende Tatsache, dass einige hervorragende Entomologen zu den führenden Verteidigern der chemischen Schädlingsbekämpfung gehören. Wirft man einmal einen Blick hinter die Kulissen, stellt sich bei manchen dieser Männer heraus, dass ihr gesamtes Forschungsprogramm von der chemischen Industrie finanziell gefördert wird. Ihr berufliches Ansehen, manchmal sogar ihre Stellung hängen davon ab, dass diese chemischen Methoden beibehalten werden. Können wir erwarten, dass sie sich ins eigene Fleisch schneiden?« (Carson 1968, 261).

Wissenschaftler an Universitäten, die von der chemischen Industrie Forschungsgelder bekamen, sahen denn auch ihre Arbeit in Gefahr und scheuten sich nicht, arrogant aufzutreten und hart auszuteilen. Frederick J. Stare, Arzt und Leiter des Department of Nutrition an der Harvard School of Public Health und Vertreter der 1941 zur Unterstützung von Forschung und Lehre gegründeten Nutrition Foundation betonte die großartige Arbeit, die die Wissenschaftler leisteten, und lobte die Verwendung landwirtschaftlicher Chemikalien als »eine brillante Technologie«. Leider sei der breiten Bevölkerung nicht bewusst, wie viel Dank sie in dieser Hinsicht der Wissenschaft schuldeten. Und nun komme so jemand wie Miss Carson, die das alles in Frage stelle. »Miss Carson schreibt leidenschaftlich und schön, aber mit wenig wissenschaftlicher Distanziertheit. Nüchterne wissenschaftliche Belege und leidenschaftliche Propaganda sind zwei Paar Schuhe, die keine Person gleichzeitig anziehen kann. ... Es ist bedauerlich für die wissenschaftliche Gemeinschaft und für das Land als Ganzes, dass das Buch von Miss Carson von den sie unterstützenden Kreisen als das Werk einer Wissenschaftlerin angepriesen wird. Ich habe nichts gesehen in ›Silent Spring‹, das rechtfertigen würde, Miss Carson eine Wissenschaftlerin zu nennen.« Trotzdem sah er einen Wert in ihrem Werk, wenn auch nicht den, der Carson am Herzen lag: »Sie hat uns einen Dienst erwiesen, indem sie indirekt einem apathischen, unwissenschaftlichen Publikum ein äußerst ernsthaftes Problem ins Bewusstsein gebracht hat – genug Nahrung für eine explodierende Bevölkerung zu produzieren und die Menschen vor der Plage von epidemischen Krankheiten zu schützen« (Stare 1963).

Zum Carson disqualifizierenden Instrumentarium gehörte es, die Benennung »Miss Carson« und damit das Fehlen eines Doktortitels zu betonen. »White-Stevens benützte dieses

Mittel zu seinem besonderen Vorteil, indem er in den Interviews für die *CBS Reports* bei jeder Nennung von ›Miss Carson‹ eine zischende Aussprache verwendete« (Murphy 2005, 106). Stare seinerseits zelebrierte sich als Kontrast zu Carson dadurch, dass sein Name nie ohne akademische Grade erschien, am besten mit allen vier: B.S., M.S., Ph.D., M.D. (Murphy 2005, 236, En 70).

## Die Lektüre von *Silent Spring* kann zu Psychoneurosen führen …

Die angebliche Unwissenschaftlichkeit von Carson war somit bei den Kritikern aus den industriefreundlichen Kreisen ein beliebtes Sujet. Die oben genannte Nutrition Foundation stellte im Frühjahr 1963 eine Faktensammlung zusammen, die eine vom New York State College of Agriculture erstellte Verteidigung der Anwendung von Pestiziden enthielt. In einem Begleitbrief legte der Präsident der Stiftung, Charles G. King, Wert auf die Feststellung, alle Kritiker von *Silent Spring* seien gänzlich unabhängig, Carson selbst aber sei in ein Netzwerk von irrationalen Spinnern eingebunden: »Das Problem wird verschärft, indem Publizisten und Anhänger Carsons unter den Ernährungsnarren, Gesundheitsscharlatanen und speziellen Interessengruppen für das Buch werben, wie wenn es wissenschaftlich wasserdicht und von einem Wissenschaftler geschrieben worden wäre« (Graham 1980, 77).

Ebenso verunglimpfend drückte sich William J. Darby aus, Chef des Department of Biochemistry, School of Medicine, Vanderbilt University. Er publizierte in *Chemical & Engineering News* eine Besprechung unter dem hinsichtlich der Beurteilung des Buches schon aufschlussreichen Titel »Silence, Miss Carson« (Darby 1962). Darin meinte er, die Quellenangaben, die sich über ganze 55 Seiten erstreckten, seien künstlich aufgebläht und damit Augenwischerei: »Diese Menge wird jenen Lesern gefallen, die so unkritisch wie die Autorin sind, oder jenen, denen das Aroma ihres Produkts ihrem Geschmack entspricht. Zu diesen Konsumenten werden die Biogärtner, die Antifluorid-Verbündeten, die Verehrer von ›natürlichen Nahrungsmitteln‹, die Anhänger der Philosophie eines Lebensprinzips gehören, wie auch die Pseudo-Wissenschaftler und die, die einer Marotte verfallen sind« (60).

Darby kritisierte weiter, Carson beziehe sich häufig auf veraltete Aussagen, und störte sich daran dass sie Wilhelm Carl Hueper – damals Direktor der Environment Cancer Section, National Cancer Institute (vgl. p. 260) – öfters zitierte (60). Wieso? Ein bisschen Recherche bringt Licht in das Dunkel: Hueper hatte früher für die Chemiefirma DuPont gearbeitet und dabei begonnen, sich mit beruflichen Gesundheitsrisiken zu befassen. Er nahm auch DuPont selbst unter die Lupe und stellte fest, dass der Kontakt mit gewissen Industriefarben bei den Arbeitern zu Blasenkrebs führen konnte. Sein diesbezüglicher Bericht fiel aber der Zensur der Firma zum Opfer, die das Ganze unter den Teppich wischen wollte. Auch nachdem Hueper die Firma verlassen hatte, sorgte sie über ihre weitreichenden Verbindungen dafür, dass seine Forschungsarbeiten diskreditiert wurden. In den industrieabhängigen Zirkeln war es damals damit offenbar ausgemachte Sache, dass wer Hueper zitierte, selbst unglaubwürdig war.

Carson nehme, so Darby, keinen Bezug auf die seriösen Befunde von unzähligen herausragenden wissenschaftlichen Experten, Organisationen und Komitees, denen schon längst klar sei, dass der Einsatz von Chemikalien – der auch mit den notwendigen Sicherheitsvorkehrungen erfolge – zur Sicherung der Ernährung einer wachsenden Bevölkerung und eines gehobenen Lebensstandards und Gesundheitszustandes unabdinglich sei. Als Folge davon sei Carsons Buch verwirrend, indem es Informationen mit Meinungen vermische, und es dem Laien unmöglich mache, zwischen Fakt und Fantasie zu unterscheiden. »Angesichts ihrer [Carsons] wissenschaftlichen Qualifikationen, die im Gegensatz zu jenen unserer hervorragenden wissenschaftlichen Führungspersonen und Staatsmännern stehen, verdient dieses Buch keine Beachtung« (60).

Dabei war es Darby natürlich klar, dass das Buch entgegen seiner Empfehlung auf dem Weg zu einer weiten Verbreitung war. Erwartungsgemäß würden es zwar nicht viele Leute richtig lesen. Trotzdem konnte es Schaden anrichten: »Es ist zweifelhaft, dass viele Leser es schaffen werden, durch die schrille Folge von Angstzuständen zu waten. Es ist wahrscheinlich, dass es unkritisch angeschaut und vom Laien als maßgeblich (was es nicht ist) betrachtet wird, was zu Beklemmungszuständen und Psychoneurosen führen dürfte …« (60).

## Fragen zu Wissenschaft und Technik in einem mechanistischen Weltbild

Ganz anders reagierten die Wissenschaftler, die eigene, von der Industrie unabhängige Forschung betrieben. Viele namhafte unter ihnen hatten ja schon vor der Publikation von *Silent Spring* Kontakt mit der Autorin gehabt, und sie bekannten sich recht energisch zu den von ihr geäußerten kritischen Ansichten. Sie waren Teil eines Netzwerks geworden, das sich aus Leuten zusammensetzte, die nicht wirtschaftliche Erfolge im Auge hatten, sondern sich echt Sorgen über eine wachsende Vergiftung der Umwelt machten. Diese Wissenschaftler monierten, Carson habe erstmals eine zusammenhängende Sicht auf die Pestizid-Problematik entwickelt und dabei das vorhandene Wissen und die darauf aufbauenden Folgerungen hervorragend zusammengefasst. Sie erkannten in ihnen die Einsicht, dass Ökologie eine Angelegenheit ist, die die durch die moderne Entwicklung zu einem mechanistischen Weltverständnis entstandenen Grenzen sprengen muss. Zu überwinden ist eine Sichtweise, die unter Ausblendung größerer Zusammenhänge immer auf ausgewählte Details fokussiert bleibt. Dies führt zu einer eng formulierten Wissenschaft und einer aus ihr abgeleiteten Technik, die, wie das Beispiel der Pestizide zeigt, das Risiko verheerender Folgen mit sich trägt. Zwischen Carson und ihren Kritikern ergab sich daraus die paradoxe Situation, dass man ihr Unwissenschaftlichkeit vorwerfen konnte, wo sie doch nach erweitertem Verständnis weitaus wissenschaftlicher als ihre Gegner operierte.

Unter den Pro-Carson-Wissenschaftlern war zum Beispiel Clarence Cottam, der sich zweimal zu *Silent Spring* äußerte, einmal im *Sierra Club Bulletin* allein und einmal im *Journal of Wildlife Management* zusammen mit Thomas G. Scott. Er schrieb: »Miss Carson ist in beleidigender Weise als Priesterin der Natur bezeichnet worden, als Vogel-, Katzen- oder Fischliebhaberin, als Anhängerin eines mystischen Kultes, der mit dem Universum zu tun hat, von dem die Kritiker offenbar unabhängig sind« (Cottam 1963, 4). So ähnlich hatte sich ja auch Darby ausgedrückt (s. p. 294 f.), und Cottam ging ins Gericht mit ihm. Wenn er sage: Carsons Buch sei »total ohne irgendeine Ähnlichkeit mit wissenschaftlicher Objektivität,« dann müsse man sich fragen, wie es denn mit Darbys eigener wissenschaftlicher Bildung stehe. Schließlich habe Carson vier Ehrendoktorate und über 15 nationale Auszeichnungen erhalten. »Jene, die versuchen sie herabzusetzen, setzten sich selbst herab« (5).

Cottam warnte vor Extremismus und verhehlte nicht, dass es solchen auf beiden Seiten gebe. So habe es im Anti-Pestizid-Lager Leute, die ein gänzliches Verbot chemischer Schädlingsbekämpfung forderten, und das sei ja nie Carsons Position gewesen (vgl. p. 250). Ihr Gesichtspunkt sei ein ökologischer, und da verstünden eben viele nicht, um was es gehe, auch wenn sie noch so ausgezeichnete Biochemiker, Entomologen oder was immer wären. Sich nach ökologischen Konzepten zu richten, bedeute, nach Möglichkeit agronomische und biologische Verfahren einzusetzen, ohne auf Pestizide ganz zu verzichten. Diese letzteren müssten dann allerdings besser, selektiver und weniger gefährlich sein. Im Vordergrund stehe die Notwendigkeit einer Korrektur der Ineffizienz der gegenwärtigen Methoden. Und Cottam lieferte dazu eine quantitative Aussage: »Bis vor einigen Jahren sind die Ernteverluste infolge Insektenschäden vom Department of Agriculture und ökonomischen Entomologen generell auf etwa 10 Prozent geschätzt worden. Es ist alarmierend festzustellen, dass mit der Zunahme der Menge von giftigen Chemikalien auch die Ernteverluste gestiegen sind; jetzt wird ein Viertel der jährlichen Produktion von Insekten vernichtet!« (14).[40]

Der gemeinsam mit Scott veröffentlichte Artikel enthielt die Feststellung, dass die nun heftig protestierenden Verfechter der chemischen Insektenbekämpfung vor zehn Jahren noch eine andere, Carson nahe kommende Meinung vertreten und seither aber eine rätselhafte Wandlung durchgemacht hätten. So hatte sich etwa George C. Decker, auf den wir im Zusammenhang mit dem NAS-NRC-Bericht über Pestizide und Wildtiere (s. p. 222) schon gestoßen sind, an der Jahresversammlung der North Central States Branch der American Association of Economic Entomologists im März 1950 so geäußert: »Die chemische Bekämpfung der Insekten ist nur eine Möglichkeit der Insektenkontrolle, aber es scheint, dass der dringende Bedarf an Information über neue Insektizide uns alle im großen Stil zu einem Schwenker zum Kult der auf Insektenvernichtung ausgerichteten Untersuchungen auf Kosten unserer anderen Forschung verführt hat. ... Ich glaube, ... dass der Mensch als rationales und intelligentes Wesen imstande sein sollte, die Insekten zu überlisten, ohne sich

40 Cottam stützte sich dabei auf Angaben von George C. Decker: Die 10 Prozent erwähnte dieser an der Jahrestagung 1950 der North Central States Branch of Economic Entomologists, die 25 Prozent erscheinen im Bericht des von Decker präsidierten NAS-NRC Subcommittee on Evaluation of Pesticide-Wildlife Problems (NAS-NRC 1962a, 3).

gänzlich auf chemische Kriegsführung zu verlassen. ... Wenn sie [die Insektizide] angemessen benutzt werden, sind sie sehr wertvolle Werkzeuge, aber auf unkluge und falsche Weise angewandt können sie, ähnlich wie die A-Bombe, zu unserem Untergang führen« (Cottam und Scott 1963, 153).

Im Dezember-Heft 1962 der Zeitschrift *Scientific American* erschien eine Rezension von *Silent Spring* von LaMont C. Cole, einem Ökologie-Professor an der Cornell University in Ithaca, NY., der aber nicht bei einer Buchbesprechung stehen blieb, sondern daraus ein eigenes Essay zur ökologischen Problematik werden ließ. Er schrieb: »Als Ökologe bin ich froh, dass dieses provokative Buch geschrieben worden ist« (Cole 1962, 173). Es war provokativ, weil Carsons Schilderung nach Meinung Coles nicht von Vorurteilen frei war und mit Übervereinfachungen operierte. Es war aber durchaus vertretbar, auf diese Weise Alarm zu schlagen, denn es gab genügend Belege für die von den Chemikalien verursachten wüsten Schäden. Insbesondere auch wusste niemand etwas über mögliche langfristige negative Effekte. Und es war schließlich richtig, wenn es ein Gegengewicht zur Werbekampagne der chemischen Industrie gab: »Die extreme Gegendarstellung ist dem Publikum von geschickten Modellierern der öffentlichen Meinung eingetrichtert worden« (173). Insgesamt konnte Carsons Buch als bedeutsame Botschaft betrachtet werden, die für die Gesellschaft zum Anlass werden sollte, bisherige Praktiken zu überdenken.

Cole wäre aber kein Wissenschaftler gewesen, wenn er nicht auch nach Mängeln in Carsons Buch Ausschau gehalten hätte. So kritisierte er zum Beispiel die Verwendung des Begriffs »balance of nature«, »Gleichgewicht der Natur«: »Die meisten Ökologen haben heute etwas gegen die Verwendung eines statischen Begriffs wie ›Gleichgewicht,‹ um das dynamische System von sich drehenden Rädern innerhalb von Rädern zu beschreiben. Wenn man in zufälliger Weise Universalschraubenschlüssel in eine solch komplizierte Maschine hineinwirft, muss man sich auf notwendige Reparaturen gefasst machen, die weit über das bloße Verschieben eines Gewichtes zur Wiederherstellung des Gleichgewichtes hinausgehen« (180).[41] Über gelegentliche Ungenauigkeiten in Carsons Text, so meinte Cole, könne man hinwegsehen: »Tatsachen betreffende Fehler sind so selten, trivial und irrelevant hinsichtlich des grundlegenden Themas, dass es ungalant wäre, sich mit ihnen zu beschäftigen« (173). Insgesamt erhielt Carson in diesem Artikel durchaus gute Noten.

Der Zoologe Robert L. Rudd (1962, 11) wandte sich in einer Besprechung von *Silent Spring* gegen die ausschließliche Orientierung an wissenschaftlichem Faktenwissen. Ein grenzenloses Vertrauen in dieses sei nicht gerechtfertigt, weil es immer unvollständig sei. Rudd drückte seine Überlegungen so aus: »Während ihre [Carsons] Kritiker ihr literarische

41 Hier müsste man Cole eine kritische Frage stellen: Ist es angebracht, für eine Lebensgemeinschaft eine Maschinenmetapher zu verwenden? Und ob es passend ist, von »Gleichgewicht« zu reden oder nicht, ist letztlich eine Frage der Wortwahl. Was Carson damit meint, ist ja nichts anderes als das eine gewisse Stabilität erzeugende komplexe Interaktionsmuster zwischen einer Vielzahl von Arten.

Fähigkeiten zugestehen, stellen sie ihre technische Kompetenz hinsichtlich der von ihr behandelten Themen in Frage. Haben sie Recht? Ich würde sagen, ›Ja, zum Teil, wenn man letztendliches Wissen über jeden Aspekt des Problems erwartet.‹ Aber niemand hat heute ein derartiges Wissen, auch ihre Kritiker nicht. Spezialisten neigen viel zu stark dazu, bloß Fakten in Rechnung zu stellen, und wagen es viel zu wenig, mit Urteilsvermögen und konzeptionellem Denken zu operieren. … Meines Erachtens ist sie [Carson] hervorragend qualifiziert, Tatsachen, Synthese und Argumente zu präsentieren, so wie sie es in *Silent Spring* tut. Ich warte darauf, dass ihre Kritiker das ebenso gut machen.«

Von Roland Clement (vgl. p. 292) erschien eine Besprechung von *Silent Spring* im *Audubon Magazine* (Clement 1962). Da stand unter anderem: »In der heutigen Technologie ist in weiten Zirkeln die Behauptung zu einem Glaubensbekenntnis geworden, dass, würden wir nur Chemikalien *sicher* anwenden, den Vorschriften folgend, die meisten unserer Probleme verschwänden. Aber ist das wirklich so? … Vielleicht ist die Zeit gekommen zu realisieren, dass unsere Technologie uns Werkzeuge von solcher Macht zur Verfügung stellt, dass sie die Fähigkeit der Menschheit übersteigen, sie auf intelligente Weise zu gebrauchen. … Ich finde, Sie sollten dieses Buch lesen und ihre Freunde, und deren Freunde, dazu animieren, es ebenfalls zu lesen. Es ist Teil des Überlebenskurses für Fortgeschrittene.«

Clement engagierte sich im Übrigen auch in der Öffentlichkeit, indem er eine eigentliche Kampagne gegen die Anschuldigungen der Chemie lancierte. Er hielt Vorträge und konterte White-Stevens am Radio oder auch bei öffentlichen Streitgesprächen. Es war nicht leicht, gegen dessen Wortgewalt anzukommen, und so suchte Clement nach Möglichkeiten, sein Gewicht zu verstärken. Einmal sagte er für ein Treffen nur unter der Bedingung zu, dass er zuerst reden dürfe. Dies wurde ihm zugesagt, und er nutzte dies aus, indem er prognostizierte, was White-Stevens sagen würde. Das nahm diesem sämtlichen Wind aus den Segeln.[42]

Unterstützung gab es auch von dem Genetiker Hermann J. Muller und dem Anthropologen und Wissenschaftshistoriker Loren Eiseley. Muller hatte schon in den 1920er Jahren entdeckt, dass energiereiche Strahlung genetische Veränderungen in Organismen hervorrufen kann und dafür 1946 den Nobelpreis für Medizin erhalten. Somit war ihm sehr bewusst, was es bedeutete, wenn Carson in ihrem Buch aufgrund ihrer gesammelten Belege darlegte, dass die für die Schädlingsbekämpfung eingesetzten Chemikalien dieselbe Wirkung haben konnten. Eiseley war durch seine erfolgreichen Bücher *The Immense Journey* (1957) und *Darwin's Century* (1958) bekannt geworden. Das erstere enthielt eine Sammlung von Essays über die Geschichte der Menschheit, das letztere eine Abhandlung über die Entstehung und Entwicklung des evolutionären Denkens. Eiseley teilte mit Carson ein Bewusstsein für die Wunder der Natur und die Befürchtung, dass das mit dem wissenschaftlichen Fortschritt entstandene mechanistische Weltbild der Neuzeit einem solchen Bewusstsein feindlich gesinnt war (Lear

42 Gespräch mit Roland Clement am 24. September 2013 in Hamden, CT.

2009, 437). In der *Saturday Review of Literature* schrieb er (Eiseley 1962): »Es ist ein vernichtender, wohl dokumentierter, unerbittlicher Angriff auf die menschliche Sorglosigkeit, Gier und Verantwortungslosigkeit – eine Verantwortungslosigkeit, die auf Mensch und Land eine Flut von gefährlichen Chemikalien losgelassen hat, eine Situation, für die es ... in der Medizingeschichte keine Parallele gibt« (18), und: »Das normale Gleichgewicht des Lebens wird ... zunehmend gestört. Der Mensch schleift die Schneide der natürlichen Selektion, aber die Schneide wendet sich gegen ihn selbst und seine Verbündeten in der Tierwelt» (34).

## Eine bunte Mischung

Die renommierte Zeitschrift *Science* brachte eine Besprechung von *Silent Spring* von Ira L. Baldwin (1962), der, wie wir uns erinnern, Vorsitzender der Kommission zur Berichterstattung über »Pesticides and Wildlife Relationships« war (s. p. 221). Diese enthielt eine Mischung von Lob und Kritik. Es hätte eine chemische Revolution stattgefunden, meinte Baldwin, die unser Leben mit der Verfügbarkeit von Kunstfasern, Plastik, neuen Medikamenten und landwirtschaftlichen Chemikalien stark verändert habe. Diese Entwicklung sei mit Vorteilen, aber auch mit Kosten verbunden: »Rachel Carsons *Silent Spring* ... dramatisiert in sehr wirksamer Weise die Verluste, die die Gesellschaft wegen des Gebrauchs der neuen Pestizide erlitten hat. Ihre Betonung liegt auf der Gefahr für die menschliche Gesundheit und dem möglichen irreparablen Schaden für verschiedene Wildtiere. *Silent Spring* ist hervorragend geschrieben und herrlich mit Zeichnungen illustriert« (1042).

Dann aber folgte eine Reihe von kritischen Bemerkungen. Ähnlich wie schon die Zeitschrift *Chemical Week* (s. p. 278) war auch Baldwin der Meinung, Carsons Argumentation sei nicht eine ausgewogene Darstellung von Gewinn und Verlust, sondern eher ein Plädoyer einer anklagenden Staatsanwältin. Viele der Schadensmeldungen, die die Autorin unter die Lupe genommen habe, seien nicht typisch, sondern einfach unglückliche Unfälle. Sie spreche von der Möglichkeit karzinogener oder mutagener Wirkungen der Pestizide, habe aber keine Beweise. Baldwin störte es vor allem, dass Carson vom »Fallen eines chemischen Todesregens« sprach. Das sei irreführend, denn es töne so, wie wenn Chemikalien überall gesprüht würden, so wie Regen überall fällt. Dabei werde weniger als fünf Prozent der Fläche der USA jährlich mit Pestiziden behandelt (1042).

Am meisten aber wurmte Baldwin, was er als einen ungerechtfertigten Angriff auf die Seriosität der Wissenschaftler betrachtete: »Ich verstehe, dass die Autorin es als nötig erachtete, all jene, die den Gebrauch von Pestiziden empfehlen als ›bad guys‹, und all jene, die ihn ablehnen, als ›good guys‹ zu porträtieren. Was ich aber nicht dulden kann, ist der sarkastische und ungerechtfertigte Angriff auf die Ethik und Integrität vieler wissenschaftlich Arbeitender.« Baldwin betonte, die moderne Landwirtschaft, das moderne Gesundheitswesen, ja überhaupt die moderne Zivilisation könnte nicht existieren, wenn sie nicht einen unerbittlichen Krieg gegen die Rückkehr eines wahren Gleichgewichtes der Natur führe. Und er empfahl die NAS-NRC-Berichte als Korrektur-Lektüre (1043). Das musste er ja wohl tun, als Präsident der entsprechenden Kommission ...

## 10.5 Die Stimmung in den Medien

Alles was, wie die Pestizid-Kontroverse, einen Aufruhr verursacht, ist für die Medien natürlich ein gefundenes Fressen; sie berichteten ausführlich darüber. »*Silent Spring* wurde überall besprochen. Mehr als siebzig Zeitungen brachten auch Leitartikel, und viele publizierten Auszüge« (Souder 2012, 355). Erwartungsgemäß gab es auch in diesem Fall eine gewisse Spaltung zwischen positiv und negativ getönten Stellungnahmen. In der Tendenz allerdings neigten sich die Medien eher auf die Seite von Carson oder aber bemühten sich um eine ausgewogene Darstellung. Betrachten wir als Beispiele eine Tageszeitung, die *New York Times*, zwei Magazine, *Life* und *Time*, und ein TV-Unternehmen, das Columbia Broadcasting System (CBS).

### *The New York Times*

Anfangs Juli erschien in der *New York Times* (1962) ein Leitartikel unter dem Titel »Rachel Carson's Warning«. Darin stand: »Rachel Carson, die Leser, Leserinnen mit ihrer schwärmerischen Beschreibung des natürlichen Lebens des Meeres und der Küste bezaubert hat, hat eine dreiteilige Serie für *The New Yorker* geschrieben, die nur wenige ohne zu schaudern lesen werden, selbst bei heißem Wetter. Sie behandelt das kontroverse Thema unseres wachsenden Gebrauchs von chemischen Giften in einem allgemein nicht erfolgreichen Versuch, schädliche Insekten zu eliminieren. ... Es ist kontrovers, weil es um Regierungspolitik geht und eine wichtige Quelle von Profit für die chemische Industrie berührt.«

Der Text enthielt auch eine Prognose: »Miss Carson wird man Alarmismus vorwerfen, oder Mangel an Objektivität, dass sie nur die schlechte Seite der Pestizide zeigt und die gute ignoriert. Aber, so ist anzunehmen, das ist genau ihr Zweck und ihre Methode. Wir kämpfen nicht gegen Sorglosigkeit auf der Straße, indem wir nur die Statistik der Millionen zitieren, die sicher wieder in ihre Garagen zurückkehren ... Miss Carson behauptet nicht, dass Pestizide überhaupt nie verwendet werden sollten, aber sie warnt vor den Gefahren des Missbrauchs und der übermäßigen Anwendung durch ein Publikum, das von der Vorstellung hypnotisiert worden ist, die Chemiker seien im Besitz göttlicher Weisheit und aus ihren Reagenzgläsern könne nur Nützliches kommen.«

Der Schreibende hoffte auch, die Serie würde so viel Wellen werfen, dass die Bürokratien der Verwaltung unter dem Druck der Öffentlichkeit fortan eine adäquate Kontrollfunktion übernehmen und nicht mehr einfach den Schmeicheleien der Chemie-Lobby erliegen würden. Wenn das gelänge, so meinte er, »würde die Autorin den Nobel-Preis ebenso gut verdienen wie der Erfinder des DDT« (vgl. p. 204, 206).

Am 11. September meldete sich Brooks Atkinson zu Wort. Dieser war bis zu seinem altersbedingten Rücktritt (1960) Theaterkritiker der *New York Times* gewesen und schrieb nun zwei Mal die Woche noch eine Kolumne mit dem Titel »Critic at Large«. Nun nahm er, nach telefonischen Interviews mit Carson, deren Buchauszug im *New Yorker* zum Anlass, um auf die Bedeutung der häufig missachteten ökologischen Zusammenhänge hinzuweisen: »Der grundlegende Trugschluss – oder vielleicht die Ursünde – ist die Annahme, der Mensch könne die Natur kontrollieren. Die Natur schlägt auf nicht erwartete Weise zurück. Denn die Natur hat Millionen von Jahren dafür aufgewendet, eine Ordnung des Lebens zu schaffen, bei der Parasiten und Räuber einander kontrollieren. Wenn wir mit Flächen deckendem Sprühregen dem Schwammspinner [vgl. p. 215 f.] auf den Leib rücken, dann bringen wir auch die Vögel um, die sich vom Schwammspinner ernähren ... Es ist der Gipfel der Ironie, dass es uns damit nicht gelingt, den Schwammspinner auszurotten. ... Die Artikel von Miss Carson und das bald erscheinende Buch bekräftigen die Bedeutung der Ökologie, und dazu gehört auch die Menschheit ...« (Atkinson 1962).

Am 23. September, vier Tage vor dem offiziellen Erscheinungsdatum von *Silent Spring*, veröffentlichte das Biologen-Paar Lorus und Margery Milne eine Besprechung des Buches in der *New York Times Book Review*. Die beiden waren bekannt für ihre Bücher *The Balance of Nature* (1960) und *The Senses of Animals and Men* (1962). Die Rezension trug den Titel »There's Poison All Around Us Now« und begann so: »Menschen zu vergiften ist falsch. Zum Zweck der ›Kontrolle‹ aller möglichen Arten von Insekten, Pilzen und Unkräutern werden trotzdem Menschen in einem Ausmaß vergiftet, von dem die berüchtigten Borgias nie zu träumen wagten.« Die Schreibenden nahmen damit Bezug auf Kapitel 11, »Beyond the Dreams of the Borgias« und sie erinnerten als Beispiel an den »Moosbeeren-Schreck« vor drei Jahren (s. p. 234 f.).

Die Milnes hieben dann in die gleiche Kerbe wie vorher schon Atkinson, indem sie die von Carson beschriebene Nutzlosigkeit und Kontraproduktivität der großen und teuren Sprühprogramme betonten: »Sie schildert im Detail ... das Feuerameisen-Programm [s. p. 212 ff.], das Kühe tötete und Fasane ausmerzte, aber nicht die Feuerameisen; und Dutzende von weiteren Unternehmungen, die zu mehr Schädlingen (oder neuen Schädlingen) führten, indem sie die natürlichen Mittel der Kontrolle zerstörten.«

Einhelliges Lob gab es aber von den Milnes nicht. Sie drückten ein gewisses Verständnis dafür aus, dass die von der Carsonschen Kritik angesprochenen Firmen und staatlichen Stellen sich dagegen wehren würden: »Miss Carson muss mit einer lautstarken Zurückweisung der Pestizid-Produzenten und -Nutzer rechnen. ... *Silent Spring* ist derart einseitig, dass Streit vorprogrammiert ist, auch wenn es schwierig ist, die sorgfältig dokumentierten Aussagen von Miss Carson zu widerlegen.« Sie sahen dahinter einen gewissen religiösen Übereifer am Werk: »Mit der Inbrunst eines Ezechiel [des vorchristlichen israelitischen Propheten] versucht Miss Carson die Natur und die Menschheit vor den chemischen Bioziden zu retten ...« Trotzdem war der Grundtenor der Besprechung: »Ihre Darstellung ist bedrückend« (Milne und Milne 1962).

Am Tag, an dem Silent Spring erstmals über den Ladentisch ging, also am 27. September, erschien eine kürzere und noch etwas stärker in zögerlicher Zustimmung gehaltene Besprechung von Walter Sullivan, seines Zeichens Wissenschaftsredakteur bei der *Times*. Generell machte er auf die Ambivalenz der zivilisatorischen Entwicklung aufmerksam: Die wachsende Bevölkerung der Erde macht zu deren Ernährung einen zunehmenden Einsatz technischer Mittel in der Landwirtschaft notwendig, aber diese technischen Mittel können auch zur Zerstörung der Umwelt beitragen. In dieser Hinsicht läute Carson bezüglich der Pestizide die Alarmglocke, läute aber zu laut: »In ihrem neuen Buch versucht sie uns zu Tode zu erschrecken, und das gelingt ihr auch großenteils. In ihrem Werk klingen Zorn, Empörung und Protest an. Es ist eine ›Onkel Toms Hütte‹ des 20. Jahrhunderts.« Aber: »Indem sie ihr Anliegen so einseitig vertritt, verliert sie die Überzeugungskraft bei jenen, die wissen, dass sie nicht die ganze Geschichte erzählt.« Trotzdem: »... es ist ein wichtiges Buch. ... Die von Carson so lebhaft geschilderten Gefahren sind überbewertet, aber real« (Sullivan 1962).

Taktisch klug wählte Atkinson den 2. April 1963 – das war ein Tag vor der CBS-Sendung über *Silent Spring* (s. p. 306 ff.) –, um in seiner Kolumne »Critic at Large« nochmals auf Carson und ihre Gegner Bezug zu nehmen. Zu den Reaktionen der Chemiefirmen schrieb er: »Zu den mildesten Erwiderungen der chemischen Industrie gehört der Vorwurf, sie [Carson] sei ›eine fanatische Anhängerin des Kultes des Natur-Gleichgewichtes‹ – wie wenn das Gleichgewicht der Natur auf die gleiche Stufe wie Nudismus oder Tauchen ohne Geräte zu stellen wäre.« Carsons Anliegen sei es gewesen, sich gegen den folgenschweren, verantwortungslosen Umgang mit Giften zu wenden, und alle seither bekannten Forschungsresultate unterstützten ihre Ansicht. »Die Beweise häufen sich, dass sie Recht hat und dass ›Silent Spring‹ der Status ›der Menschenrechte‹ der jetzigen Generation zukommt« (Atkinson 1963).

## *Life* Magazine

*Life* gab den Wunsch bekannt, über Carson ein »close-up«-Essay mit Fotos zu veröffentlichen. Carson hatte da Hemmungen, und es kostete Rodell einige Anstrengung, sie zu überzeugen, dass das vom Werbestandpunkt aus eine gute Idee sei. Das Porträt erschien am 12. Oktober 1962 unter dem Titel »The Gentle Storm Center: A Calm Appraisal of ›Silent Spring‹« in Form eines Artikels der Journalistin Jane Howard[43] und von Bildern des Fotojournalisten Alfred Eisenstaedt. Die Fotos zeigen Carson in ihrem Heim, einmal am Mikroskop, einmal mit ihrer Katze Moppet, und im Freien, einmal mit Kindern im Wald und einmal mit Mitgliedern der Audubon Naturalist Society bei der Vogelbeobachtung. Carson

43 Hinsichtlich der Identität der Autorin des »Close-Up« stütze ich mich auf Lear (2009, 421, 423). Im Magazin erscheint ihr Name nicht.

Abb. 10-2: Rachel Carson in ihrem Arbeitszimmer in Silver Spring mit ihrer Katze Moppet. Foto: Alfred Eisenstaedt, 24.9.1962. Quelle: Time & Life Pictures. Bewilligung: Getty Images, München.

wird zitiert mit der Aussage: »Ich habe nicht die Absicht, einen Carrie-Nation-Kreuzzug[44] zu lancieren. Ich habe das Buch geschrieben, weil ich eine große Gefahr sehe, dass die nächste Generation keine Möglichkeit haben wird, die Natur so zu kennen, wie wir es können – wenn wir sie nicht schützen, wird der Schaden irreversibel sein« (105). Carson wird denn auch beschrieben als »eine scheue Frau der leisen Töne, in der Rolle einer Kreuzritterin fehl am Platz.« »Trotz all ihres sanften Gebarens« sei sie aber »eine Respekt einflößende Kontrahentin« (105); insgesamt haben wir es mit «Hurrikan Rachel« zu tun (110). Wie so oft findet der Single-Status von Carson Erwähnung, verbunden mit der Aussage, das bedeute aber nicht, dass diese sich als Feministin betrachte. Sie hätte gesagt: »Mich interessieren nicht Dinge, die von Frauen oder Männern getan werden, wohl aber Dinge, die von Menschen getan werden« (105). Und mit Bezug auf die Kontroverse, in die sie verwickelt sei, äußere sie sich so: »Es ist immer einfach anzunehmen, jemand anderer kümmere sich um die Dinge. Die Leute sagen, ›man würde uns nicht erlauben, diese Dinger [Pestizide] zu verwenden, wenn sie gefährlich wären.‹ Aber genau das stimmt nicht. Es genügt nicht, einer sogenannten Autorität zu vertrauen. Was dringend benötigt wird, ist ein Sinn für persönliche Verantwortung« (105).

Im zweiten Teil des Artikels skizziert Howard die Darstellungen beider Seiten, die der Anklägerin Carson und die der angeklagten chemischen Industrie, als einseitig. Die von

44 Carrie A. Nation (1846-1911) war eine Frau, die sich mit radikalen Methoden für die Prohibition (Alkoholverbot) und die Rechte der Frauen einsetzte.

Carson genannten Fälle mit toten Vögeln und Fischen seien isolierte Beispiele, aber auch die Darstellung der Produzenten der chemischen Pestizide, wonach bei Verzicht auf dieselben die Welt von den Insekten beherrscht würde, sei übertrieben. Die Wahrheit liege wohl dazwischen: »Irgendwo zwischen der von Rachel Carson geschilderten Wüste und dem von den chemischen Kriegern vorausgesagten Dschungel gibt es einen mittleren Grund, auf der Chemie, Biologie, Wildtiere und Menschheit zu einer friedlichen Koexistenz kommen und die Bienen weiterhin summen können.« Es brauche aber weitere intensive Forschung, um diese Basis zu finden und sicher auch eine vermehrte Zurückhaltung beim Einsatz von Chemie (110).

Abb. 10-3: Rachel Carson unterhält sich mit Kindern unter den Bäumen auf ihrem Grundstück in Silver Spring, MD. Foto: Alfred Eisenstaedt, 24.9.1962. Quelle: Time & Life Pictures. Bewilligung: Getty Images, München.

## *Time* Magazine

Das Magazin *Time* stellte eine gewisse Ausnahme dar, indem es einen pestizid-freundlichen Kurs fuhr. Unter dem Titel »Pesticides: The Price for Progress« erschien im September eine Besprechung von *Silent Spring* (*Time* 1962). Darin wird klar gemacht, dass diese Chemikalien ein Zeichen des Fortschritts sind, und dass jeglicher Fortschritt nun einmal nicht gratis zu haben ist, sondern seinen Preis hat. »Die Bösewichter in *Silent Spring* sind chemische Pestizide, gegen die Miss Carson alarmiert und verärgert ihre Feder ergriffen, und dabei ihr literarisches Talent hinter die Aufgabe, die Leserschaft zu ängstigen und aufzurütteln, zurückgestellt hat. …

Wissenschaftler, Ärzte und andere technisch informierte Leute werden ... von *Silent Spring* schockiert sein. ... Sie werden die Fähigkeit von Miss Carson anerkennen, einen schreckenerregenden Fall aufzubauen, aber einwenden, dass dieser auf unfaire Weise einseitig und hysterisch übertrieben dargestellt wird.« Es wird kritisiert, dass das Buch an übermäßigen Vereinfachungen und Fehlern leide. Natürlich seien die Pestizide giftig, aber man müsse sie nur richtig anwenden, dann könne nicht viel passieren. Beobachtete Schäden bei Mensch und Tier seien auf unsachgemäße Anwendung und auf seltene Unfälle zurückzuführen (45). Im Übrigen sei es nun mal so, dass der Mensch die dominante Spezies auf diesem Planeten sei, und das bedeute, dass schwächere Arten eben ausgelöscht würden. (48).

Im Juli des nächsten Jahres erschien ein Bericht über die Hearings beim Senats-Komitee, das sich mit Pestizid-Fragen befasste (*Time* 1963, s. 10.3.5). Es wurde beklagt, dass die Vertreter der Industrie benachteiligt würden: »Die chemische Industrie hatte ihren Tag auf Capitol Hill letzte Woche, als ihre Vertreter als Zeugen aussagten ... Aber kaum jemand schien zuzuhören. Die Meeresbiologin Rachel Carson erhielt Fernseh-Zeit, so dass sie die möglichen Gefahren des wahllosen Sprühens verdeutlichen konnte. Die Chemie-Leute bekamen bloß wenige Zoll Platz auf der Innenseite von Zeitungen, um die möglichen Gefahren von wahllosen Kontrollen zu erklären, die darauf abzielen, die Pestizide statt die Schädlinge zu eliminieren.« Der Präsident der NACA, Park C. Brinkley, habe dargelegt, dass ohne Pestizide Hunger ausbrechen, die Moskito-Plage zurückkehren und Malaria überhand nehmen würde. Persistente Chemikalien wie DDT seien zu wertvoll, um aufgegeben zu werden; die Persistenz sei ja gerade ein Vorteil, weil dann weniger gespritzt werden müsse. Und was sei vom vorgeschlagenen »Recht des Bürgers« zu halten, »sich in seinem eigenen Heim gegen das Eindringen von Giften, die von anderen Personen angewendet werden, absichern zu können?« Bei Lichte betrachtet, heiße dies doch, dass eine gemeinschaftlich beschlossene Sprühkampagne »durch ein einzelnes streitsüchtiges und unwissendes Individuum« gestoppt werden könne.

## Columbia Broadcasting System (CBS)

Während der ganzen Zeit des Tumultes um *Silent Spring* litt Carson unter ihrer Krebserkrankung und hatte oft große Schmerzen. Sie nahm nur wenige Einladungen für öffentliche Auftritte an. Eine davon betraf ein Fernsehprogramm von CBS. Früh im August 1962 wurde vertraglich festgehalten, dass Carson in einer Sendung der Serie *CBS Reports* auftreten würde. Im September erschien der für die Produktion verantwortliche Jay McMullen mit einem Kameramann bei Carsons Cottage in Maine, um von ihr in der dortigen Umgebung Aufnahmen zu machen. Als sie im Oktober in Washington bei der Jahresversammlung der National Parks Association einen Vortrag hielt, war das Team auch wieder anwesend. Und im November wurde Carson schließlich zuhause von dem damals bekannten Reporter und Kommentator Eric Sevareid interviewt. »Kameraleute mit ihrem Stab fielen in ihr Heim an der Berwick Road ein und richteten sich für mehrere Tage ein, um Carson in ihrem Arbeitszimmer zu filmen. Roger liebte die Aufregung und Carson nahm alles ruhig, ... aber es war so oder so strapaziös« (Lear 2009, 425). Die CBS-Leute gingen hoch zufrieden nach Hause, aber McMullen und Sevareid waren erschrocken über Carsons schlechten Gesundheitszustand und waren sich einig, dass die Sendung so bald wie möglich ausgestrahlt werden sollte. Trotzdem geschah dies erst fast ein halbes Jahr später.

McMullen holte auch die Meinungen von etlichen Vertretern der Behörden und der Industrie ein, er reiste dazu durch das ganze Land und arbeitete insgesamt acht Monate lang an der Vorbereitung der Sendung. Ende März erschien die Pressemitteilung, in der die Sendung *CBS Reports:* »The ›Silent Spring‹ of Rachel Carson« angekündigt wurde. Carson ärgerte sich, als sie die Liste der von McMullen interviewten Personen sah; sie war sich sicher, dass die Mehrzahl von ihnen gegen sie eingestellt sei. Sie machte sich auch Sorgen wie sie am Fernsehen erscheinen würde und schrieb an Freeman: »Nun, ich hoffe, dass ich nicht wie eine völlige Idiotin aussehe und töne. Wenn ich mich an den Zustand völliger Erschöpfung während jener zwei Tage [im November] und die Heiserkeit meiner Stimme erinnere, dann kann ich nicht sehr optimistisch sein« (B, 1.4.63, Freeman 1995, 451).

Das Fernsehen war natürlich das Medium, mit dem am meisten Leute erreicht werden konnten – CBS schätzte denn auch nach der Sendung, dass 10 bis 15 Millionen sie angesehen hatten –, und dementsprechend stieg das Unbehagen der chemischen Industrie. Noch einmal versuchte sie, eine weitergehende Diskussion über Sinn und Unsinn von Pestiziden abzuwürgen, diesmal nicht mit der Drohung einer Gerichtsklage, sondern mit einer konzertierten Aktion, bei der CBS von über tausend vervielfältigten Briefen überflutet wurde, die verlangten, dass die Sendung abgesagt würde. Und einige der kommerziellen Sponsoren stiegen kurz vorher noch aus, was für die Fernsehstation einen finanziellen Verlust bedeutete, daneben aber den wohltuenden Effekt hatte, dass das Programm mit weniger Werbung belastet war.

Die einstündige Sendung ging am 3. April 1963 durch den Äther. Carson hätte sich keine Sorgen zu machen brauchen, die Struktur des Programms war in wohlwollender Weise auf sie ausgerichtet und ließ sie ausgiebig zum Zug kommen. Sie machte auch einen ausgezeichneten Eindruck: »Carson wich nie von ihrem Muster des Sprechens ab, sie wurde nie aufgeregt oder dogmatisch, und zählte einfach folgerichtig die Fakten auf, so wie sie ihr erschienen. Sie erschien als würdevolle, beunruhigte Wissenschaftlerin, die kein anderes Motiv hatte als das, die Öffentlichkeit auf ein bedeutsames Problem aufmerksam zu machen« (Lear 2009, 449). Es war gar nichts von der hysterischen Panikmacherin zu sehen, als die sie von ihren Gegnern immer wieder hingestellt wurde.

Carson las eine Reihe von markanten Stellen aus ihrem Buch vor, zum Beispiel aus Kapitel 2 (»Die Pflicht zu erdulden«), wo von der universell vor sich gehenden Vergiftung der Umwelt die Rede ist, die mit dem Satz endet: »Man sollte die Stoffe nicht Insektizide,

Abb. 10-4: Der CBS Reporter Eric Sevareid interviewt im November 1962 Rachel Carson in ihrem Heim in Silver Spring für die am 3. April 1963 ausgestrahlte Sendung *CBS Reports*: »The Silent Spring of Rachel Carson«. Quelle: CBS Photo Archive. Bewilligung: Getty Images, München.

Insektenvertilgungsmittel, sondern ›Biozide‹, Töter allen Lebens, nennen« (Carson 1968, 20, vgl. p. 249), oder auch die, wo sie klarstellt, dass sie nicht einfach ein Verbot von Pestiziden fordert, wohl aber dass diese nur höchst sorgfältig und nach ausgiebigen Untersuchungen über ihre Auswirkungen gebraucht werden dürfen (25-26, vgl. p. 250). Carsons Aussagen wurden mit passenden Bildern untermalt, von Sprühaktionen aus der Luft und auf dem Boden – in einer Sequenz lief eine Gruppe von Kindern hinter einem DDT-Wolken ausstoßenden Fahrzeug her –, von Tablaren voll von käuflichen Giften in Dosen und Flaschen, von sterbenden Vögeln und toten Fischen.

Zum anderen wurden auch Ausschnitte aus dem Interview gezeigt, das Sevareid mit Carson bei ihr zuhause geführt hatte, zum Beispiel diese: »Wir müssen daran denken, dass heute geborene Kinder diesen Chemikalien von Geburt an ausgesetzt sind, vielleicht sogar noch vor der Geburt. Welche Auswirkungen wird dies haben, wenn sie erwachsen sind? Wir wissen es schlicht und einfach nicht, denn wir haben nie vorher eine entsprechende Erfahrung gemacht. Wir wissen aber von Experimenten an Tieren, dass diese Stoffe sich im Körpergewebe anhäufen. Wir wissen, dass einige davon Lebergifte sind. Andere sind Nervengifte, und für wiederum andere haben wir Beweise, dass sie Genmutationen hervorrufen … Wenn es uns nicht gelingt, diese Chemikalien besser zu kontrollieren, steht uns sicher Unheil bevor.«

Insgesamt hatte Carson einen eindrücklichen Auftritt, der mit der Aussage endete: »Die Einstellung des Menschen gegenüber der Natur ist von kritischer Wichtigkeit, ganz einfach deshalb, weil wir jetzt das schicksalhafte Vermögen gewonnen haben, die Natur zu verändern und zu zerstören. Dabei ist der Mensch ein Teil der Natur, und sein Krieg gegen die Natur ist unweigerlich ein Krieg gegen sich selbst. Ich bin überzeugt, dass wir noch in der jetzigen Generation mit der Natur ins Reine kommen müssen, und ich denke, dass wir als Menschheit wie nie zuvor herausgefordert sind, den Beweis für unsere Reife anzutreten, für unsere Fähigkeit, nicht die Natur, sondern uns selbst zu beherrschen.«

Neben dem geradlinigen, ruhigen und bedachtsamen Auftreten von Carson hinterließen die befragten Vertreter der Regierungsämter – Orville Freeman, Landwirtschaftsminister (vgl. p. 285 f.); George Larrick, Chef der US Food and Drug Administration (FDA); Luther Terry, Direktor des US Public Health Service (PHS); Wayland Hayes, Toxikologe am PHS (vgl. p. 219, 261), und Page Nicholson, Gewässerverschmutzungsexperte daselbst; John Buckley, Direktor des US Fish and Wildlife Research Center – im Allgemeinen einen gar nicht überzeugenden, ziemlich fahrigen Eindruck. Lobten sie anfänglich noch all das Gute, das Pestizide bewirken konnten, deuteten ihre auf kritische Fragen folgenden, oft diffusen und ausweichenden Antworten auf grundlegende Unsicherheiten, Nichtwissen und fehlende Regulierungen hin. Freeman etwa musste zugeben, dass die Bevölkerung nicht in genügendem Maße über die potenziellen Gefahren der Pestizide aufgeklärt sei. Auf die Frage, wie viel das USDA für die Entwicklung biologischer Kontrollmethoden ausgebe, sagte er etwa 1,5 Millionen Dollar pro Jahr, worauf der Interviewer, McMullen, trocken bemerkte: »Diese Zahl muss man mit den zwei Millionen vergleichen, die, wie die Industrie sagt, die Entwicklung von gerade einem Pestizid kostet.« Nicholson vom PHS bejahte die Frage bezüglich des Vorkommens von Pestizidrückständen im Trinkwasser, konnte aber wegen fehlender Untersuchungen nicht sagen, um welche es sich dabei handelte. Auch auf die Frage, wie stark das Grundwasser kontaminiert sei, hatte er keine Antwort.

Einzig Buckley war eine wohltuende Ausnahme. Er hatte sich offensichtlich schon ernsthaft mit der Frage unliebsamer Wirkungen von Pestiziden auf Enten und Fasane befasst und erklärte nun, wie deren Fortpflanzung beeinträchtigt wurde: Die Zahl der Eier war reduziert, die Fruchtbarkeit der gelegten Eier vermindert, die Zahl der aus diesen geschlüpften Küken kleiner und letztlich dann auch die Lebensfähigkeit derselben unternormal. Er zeigte auf zwei ausgestopfte Fasanenmännchen, das eine mit einem normalen, das andere mit einem veränderten Federkleid, das mehr dem weiblichen glich. Dieses letztere hatte in seiner Nahrung ein gewisses Quantum von Chlorkohlenwasserstoffen aufgenommen, und damit lag hier ein früher Beweis dafür vor, dass Pestizide den Hormonhaushalt von Organismen stören können.

Ein Spezialfall war der Industriesprecher Robert White-Stevens. Er »trug, der Situation angemessen, einen weißen Labormantel, der offenbar seine fachliche Kompetenz im

Gegensatz zu ›Miss Carsons‹ hysterischer Albernheit betonen sollte« (Souder 2012, 374). Und er sprach mit dem inbrünstigen Tonfall eines Sektenpredigers: »Die wichtigsten Behauptungen im Buch von Miss Rachel Carson … sind grobe Verzerrungen von wirklichen Fakten, überhaupt nicht gestützt durch wissenschaftliche experimentelle Nachweise und allgemeine praktische Erfahrung im Feld. Die Andeutung, Pestizide seien in Wirklichkeit alles Leben vernichtende Biozide ist offensichtlich absurd, wenn man bedenkt, dass sie biologisch gesehen ja gerade selektiv wirksam sein müssen, sollen sie nicht nutzlos sein. Die wirkliche Gefahr für das Überleben der Menschheit ist nicht chemischer, sondern biologischer Natur.« White-Stevens beschrieb dann, wie ohne den Einsatz von Pestiziden Menschen massenhaft durch Hungersnöte und Krankheiten dahingerafft würden, und meinte schließlich: »Würden wir getreulich den Lehren von Miss Carson folgen, wäre ein Rückfall ins Mittelalter unvermeidlich, und die Insekten und Krankheiten und Ungeziefer würden wieder über die Erde herrschen.«

Es scheint, dass dies ein verzweifelter Versuch von White-Stevens war, mittels derartiger apodiktischer Aussagen Sicherheit auszustrahlen. Denn offensichtlich war er selbst nicht restlos überzeugt davon, was er hier von sich gab, denn später in der Sendung wurde er mit einer Aussage eingeblendet, die in völligem Widerspruch zu seiner anfänglichen Tirade stand: »Gut, in ihrem [Carsons] Buch gibt es eine Reihe von wissenschaftlichen Irrtümern, fehlerhaften Zitaten und offensichtlichen Falschinterpretationen, aber ansonsten muss zugegeben werden, dass viel von ihrem Material mindestens zum Teil wissenschaftlich korrekt ist. Die Meinungsdifferenzen zwischen Miss Carson und Fachleuten der angewandten landwirtschaftlichen Chemie haben klar mit ihrer falsch gewählten Gewichtung zu tun.«

Die Fernsehsendung rüttelte viele Menschen auf, sie setzte das Umweltthema recht eigentlich auf die Agenda der Öffentlichkeit. CBS erhielt Hunderte von lobenden Briefen, während das USDA, der PHS und die FDA mit protestierenden Schreiben eingedeckt wurden. Auch Carson erhielt viele begeisterte Briefe, zum Beispiel von Frank Egler: »Wunderbar, Sie haben einen bemerkenswerten Triumph erzielt! Ihre Botschaft war *herrlich* klar!« (B, 4.4.63, in Lear 2009, 450). Carson selbst war mit der Sendung sehr zufrieden und bedankte sich bei McMullen telefonisch.

Die Publikation des Berichtes »Use of Pesticides« des PSAC-Ausschusses am 15. Mai (s. p. 288 ff.) war für CBS Anlass noch am selben Abend im Rahmen der *CBS Reports* eine Nachfolgesendung mit dem Titel »The Verdict on the ›Silent Spring‹ of Rachel Carson« auszustrahlen. Dabei wurden Ausschnitte aus dem vorherigen Programm, Aussagen von Carson und von White-Stevens, wiederverwendet. Ihr Grundtenor aber war, dass der PSAC-Bericht Carsons Analyse der Pestizid-Situation voll bestätigen und nun Druck auf die Politik zur Gestaltung einer korrigierenden Gesetzgebung ausüben würde. Sevareid lieferte am Schluss der Sendung einen zusammenfassenden Kommentar in prägnanter Form: »Miss Rachel Carson verfolgte zwei unmittelbare Ziele. Eines bestand darin, die Aufmerksamkeit der Öffentlichkeit zu erregen; das zweite, der Regierung Beine zu machen. Sie erreichte das erste Ziel schon vor Monaten. Der heute erschienene Bericht des Panels des Präsidenten lässt auf den ersten Blick erkennen, dass sie nun auch das zweite erreicht hat« (Levine 2007, 184-185).

## 10.6 Über und unter der Gürtellinie

### Dankbar und solidarisch

Carson hatte Silent Spring Albert Schweitzer gewidmet, wohl nicht zuletzt im Andenken an ihre Mutter (vgl. p. 231), und ihn gleich auch zu Wort kommen lassen: »Der Mensch hat die Fähigkeit, vorauszublicken und vorzusorgen, verloren. Er wird am Ende die Erde zerstören« (Carson 1968, 6). Anfangs 1963 erhielt sie von Schweitzer ein signiertes Foto und einen handgeschriebenen Brief, in dem er ihr dafür dankte. Eingerahmt wurde er zu einem Schmuckstück in ihrem Arbeitszimmer. Auf derselben Seite stand auch ein Spruch des Schriftstellers E.B. White (vgl. p. 218): »Ich bin pessimistisch, was die Menschheit anbelangt, denn sie hat mehr Erfindergeist als ihr gut tut. Unser Zugang zur Natur hat das Ziel ihrer Unterwerfung. Unsere Überlebensaussichten wären besser, wenn wir uns an diesen Planeten anpassten und ihm mit Dankbarkeit begegneten statt in misstrauischer und herrischer Haltung« (Carson 1983, 5). Auch von ihm erhielt sie einen Dankesbrief.

Support erhielt Carson auch von der National Audubon Society, wenn auch nicht hundertprozentige – sie setzte sich nie für ein DDT-Verbot ein. Ihr Präsident, Carl Buchheister, war, als die Serie im *New Yorker* unterwegs war, durch die Lektüre eines Probedrucks von *Silent Spring* aufgerüttelt worden. Das Magazin brachte, Drohungen der Firma Velsicol missachtend, Auszüge aus Carsons Buch (vgl. p. 281 f.). Zweiggesellschaften in verschiedenen Städten und Staaten boten sich Carson während der schlimmsten Zeit des Aufruhrs als Zufluchtsorte an.

Im Herbst 1963 brachte das *Audubon Magazine* auch den Abdruck eines Vortrags, den Carson am 17. Januar bei der New England Wildflower Society unter dem Titel »A Sense of Values in Today's World« gehalten hatte. Sie hatte damals gesagt: »Sind wir sentimental, wenn es uns nicht gleichgültig ist, ob die Wanderdrossel wieder in unseren Vorgarten zurückkehrt ...? Eine Welt ohne Platz für wilde Pflanzen, eine Welt ohne die Zierde des Vogelflugs, eine Welt mit leeren und leblosen Flüssen und Wäldern ist bestimmt auch kein passender Lebensraum für den Menschen, denn diese Dinge sind Symptome einer leidenden Welt« (Lear 2009, 440-441). Carson traf bei dieser Gelegenheit zum ersten Mal auf Frank Egler, der sich, wie schon bemerkt, schon lange für ein sanfteres Management der Straßenrand-Vegetation mit selektivem Herbizideinsatz einsetzte und ihr Kapitel »Earth's Green Mantle« kritisch durchgesehen hatte (vgl. p. 242). Nun erschien die schriftliche Fassung des Vortrags in der Audubon-Zeitschrift als »Rachel Carson Answers Her Critics« (Carson 1963f).

## Sexistische Gehässigkeiten

Einige chemielastige Opponenten Carsons nahmen zum Rezept Zuflucht, auf sie als Frau zu spielen. Nun war sie sich an sexistische Reaktionen auf ihre Arbeiten ja schon seit längerem gewöhnt. Wir erinnern uns, dass es schon bei *The Sea Around Us*, bei aller Bewunderung und allem Ruhm, die ihr für dieses Buch zuteil wurden, auch sehr kritische Bemerkungen von Männern gab (s. p. 160 ff.). Jetzt allerdings, nach *Silent Spring*, nahmen die Beschimpfungen eine besonders wüste Form an. Was zweifellos am meisten irritierte, war die Tatsache, dass Carson als Frau es wagte, in eine bisher exklusiv männliche Domäne einzubrechen. Wie kam sie dazu, die Wissenschaftler herauszufordern? Sie hatte die dazu nötige Ausbildung nicht und wäre gescheiter bei ihrer Poesie über das Meer geblieben.

Der gehässigste Spruch war wohl derjenige, der in Anspielung auf die Vermutung Carsons, Pestizide könnten genetische Veränderungen in Organismen bewirken, zirkulierte: »Sie ist doch eine alte Jungfer, wozu sorgt sie sich dann um die Vererbung?« Als Quelle dieser Verunglimpfung wird meist der Mormone Ezra Taft Benson genannt, der unter Präsident Eisenhower Landwirtschaftsminister gewesen war. Er soll sich in einem Brief an Eisenhower so geäußert haben (Levine 2007, 175). Dass Carson als attraktive Frau ledig geblieben war, strapazierte schon immer die Neugier vieler Männer. Irgendwie war das für sie nicht normal. Ein Reporter der *Baltimore Sun* fragte sie einmal, warum sie nie geheiratet habe. Ihre Antwort: »No time«. Dann fügte sie bei, dass sie manchmal verheiratete Schriftsteller beneide, denn diese hätten Gattinnen, die für sie sorgten, Essen kochten und sie vor unnötigen Unterbrechungen schützten. Der Reporter mutmaßte, es sei Carsons Mutter zuzuschreiben, dass sie nie in den Hafen der Ehe gefunden habe (Lear 2009, 429-430, 573, En 4).

Die chemische Industrie und ihre Handelspartner, die sich vor neuen staatlichen Regulierungen fürchteten, versuchten, Carson und ihr Werk in verschiedenen Varianten als lächerlich hinzustellen. Sie betonten die angeblichen Qualitäten einer Frau, die es ihr verunmöglichen würden, rational-wissenschaftlich zu denken. Sie war ja bloß eine Katzen-, Vogel- und Fisch-Närrin und dazu noch eine Reformkost-Fanatikerin. Und das Umschlagbild des Magazins *Farm Chemicals* vom Oktober 1963 zeigte drei Männer, die zornig auf den Tisch klopfen, während im Hintergrund eine Hexe auf dem Besen vorbeifliegt (Hazlett 2004, 707). »Indem sie [die Chemievertreter] Rachel als eine in emotionaler Panik machende Frau anschwärzten, hofften sie, den Kampf um die Aufmerksamkeit der Öffentlichkeit auf dem Marktplatz zu gewinnen und damit einen gesetzgebenden Kampf im Kongress zu vermeiden« (Lear 2009, 429).

Zur Anzweifelung der Wissenschaftlichkeit Carsons in den Kreisen, die diese als Abwehrstrategie gewählt hatten, gehörte auch das Mittel, sie durch ihre persönlichen und physischen Merkmale zu charakterisieren – »eine zierliche, leise sprechende, unverheiratete Frau« –, währenddem von ihren Kritikern als von Dr. soundso von dieser oder jener Organisation gesprochen wurde (Levine 2007, 176). Es gab auch eine Kritikerin, die selbst auf diese Unterscheidung Wert legte, Cynthia Westcott, Entomologin und Autorin von Handbüchern über Pflanzenkrankheiten und der damals populären Kolumne »The Plant Doctor« in *American Woman*, die in etlichen anderen Frauen-Magazinen abgedruckt wurde. Im Gegensatz zu *Miss* Carson war sie *Dr.* Westcott! Während jene an Gefühlsduselei litt, war sie eine mit trocken-verstandesmäßigem Denkvermögen ausgestattete Frau. Sie war deshalb bei der chemischen Industrie beliebt, wurde immer wieder engagiert und als Kontrapunkt zu Carson vorgeschoben. Zum Beispiel schrieb sie eine von der Manufacturing Chemists Association (MCA) an Tausende Mitglieder von Gartenclubs verteilte Besprechung von *Silent Spring*, in der sie zwar anerkannte, dass Carson die Öffentlichkeit aufgeweckt habe, dass aber Panikmacherei fehl am Platze sei: »... es werden uns Pillen von Halbwahrheit verabreicht, die sicher nicht beruhigend wirken, und die Tatsachen sind sorgfältig so ausgewählt, dass sie nur die eine Seite der Geschichte wiedergeben« (Lear 2009, 436).

Ein Arzt namens William B. Bean (1963) bedauerte in einem Artikel in einer Medizinzeitschrift den Umstand, dass männliche Vernunft gegen weibliche Redekunst keine Chance habe. Zwar sah er in Carsons Buch einen gewissen Nutzen: »Es mag weisen Männern Zeit und Gelegenheit zum Nachdenken geben» (311). Bean warnte aber davor, es als wissenschaftliches Produkt zu betrachten: »Ich wunderte mich immer wieder über ihre Missachtung der Beweisführung, ihre fehlende Berücksichtigung wissenschaftlicher Gültigkeit und ihren Mangel an Gefühl dafür, dass ihre Präsentation unvoreingenommen sein sollte« (310). »Wissenschaftlich gesehen ist alles Quatsch« (311). Bean endete seinen Artikel mit: »*Silent Spring*, das Buch, das ich Wort für Wort mit einem gewissen Schock gelesen habe, erinnerte mich wiederholt an den Versuch, ein Argument gegenüber einer Frau zu gewinnen. Es ist unmöglich« (311).

## Ein roher Diamant

Nach der Veröffentlichung des Wiesner-Berichts (s. p. 288 ff.) flammte die Aufregung in den chemiefreundlichen Zirkeln noch einmal auf: »Sprecher der Industrie zeigten sich wütend über die Rechtfertigung, die Carson mit dem PSAC-Bericht erhalten hatte« (Lear 2009, 461). So waren weitere Attacken zu erwarten, und tatsächlich erschien noch einmal eine harsche Kritik, diesmal in der *Saturday Evening Post* Ende September mit dem Titel »The Myth of the ›Pesticide Menace‹«. Überraschend war nur der Autor: Es war kein anderer als Edwin Diamond, der einmal als Mitarbeiter von Carson vorgesehen, aber dann wieder ausgeladen worden war (s. p. 228). Er war jetzt Redakteur bei *Newsweek* und hatte offenbar das Bedürfnis, noch späte Rache für seinen damaligen Rauswurf zu üben. Dass Pestizide eine Bedrohung darstellten, sei ein reiner Mythos, schrieb er, den Leuten sei fälschlicherweise der Glaube eingeimpft worden, die Welt werde vergiftet. »Dank einer Frau namens Rachel Carson hat es ein großes Getue gegeben, um das amerikanische Volk zu Tode zu erschrecken. ... Es spielte keine Rolle, dass ihre Schlussfolgerungen vorgefasst waren, und es tat auch nichts zur Sache, dass ihre Argumente eher emotional als genau waren« (Diamond 1963, 16).

Diamond beschrieb dann den von Carsons Buch verursachten Aufruhr, wie dieses zum Bestseller wurde, wie die Regierung darauf reagierte, wie sogar CBS daraus eine Fernsehsendung machte. Und dann gab es noch Hearings beim Senat, und, man glaubt es kaum, einer der Senatoren erbat von Carson ein Autogramm! Der Erfolg des Buches sei nur erklärbar erstens, weil Carson durch ihre früheren Bücher zur Meeresbiologie bekannt geworden sei, zweitens weil sie vom Thalidomid-Skandal (s. p. 246 ff.) profitiert habe, und drittens, weil sie es verstanden habe, mit Übertreibungen und Übervereinfachungen auf die Pauke zu hauen (16). Diamond äußerte sich, wie andere vor ihm, auch zum »mystisch beschworenen ›Gleichgewicht der Natur.‹« Wenn es ein solches überhaupt gibt, ist der Mensch gezwungen, es zu verletzen, wenn er existieren will. »Die Natur ist vom Menschen verändert worden seit der Zeit, da er aufrecht zu gehen anfing. Wenn DDT einige Katzen tötet, aber viele Menschen rettet, wenn ein Unkrautvertilger einen Fleck Unterschlupf für Wildtiere zerstört, aber die Sicherheit auf der Straße erhöht, so ist das völlig in Ordnung« (18).

## Lorbeeren

1963 war das Jahr der Auszeichnungen; Carson wurde damit regelrecht überhäuft. Den Anfang machte das Animal Welfare Institute in New York, eine 1951 gegründete Tierschutzorganisation. Sie hatte von Albert Schweitzer die Erlaubnis erhalten, in seinem Namen eine Medaille für besondere Verdienste im Tierschutz zu vergeben. Dieser hatte sich dazu sehr erfreut geäußert: »Ich hätte nie gedacht, dass meine Philosophie, die eine leidenschaftliche Haltung allen Kreaturen gegenüber in unsere Ethik aufnimmt, aufgegriffen und anerkannt würde.«[45] Nun wurde also am 7. Januar Carson die Schweitzer-Medaille überreicht. In ihrer Ansprache nahm sie auf die Haltung Schweitzers Bezug: »Dr. Schweitzer hat uns klar gemacht, dass wir nicht wirklich zivilisiert sind, wenn wir uns nur mit der Beziehung von Mensch zu Mensch befassen. Wichtig ist die Beziehung des Menschen zu allem Leben. Nie ist dies auf so tragische Weise übersehen worden als in unserem gegenwärtigen Zeitalter, in dem wir mit unserer Technologie gegen die natürliche Welt Krieg führen. Wir müssen uns fragen, ob eine Zivilisation dies tun und dabei das Recht, sich zivilisiert zu nennen, behalten kann. Indem wir unnötige Zerstörung und Leiden dulden, wird unsere Stellung als menschliche Wesen herab gemindert« (Brooks 1989, 316).

Nur sechs Tage später wurde Carson von der Women's National Book Association in New York der »Constance Lindsay Skinner Achievement Award«[46] verliehen. Dies war eine

45 awionline.org/content/schweitzer-medalists, 5.4.13.

46 Constance Lindsey Skinner (1877-1939) war eine kanadische Schriftstellerin. Lear (2009, 442) redet hier fälschlicherweise vom »Constance Lindsay Skinner Woman of Conscience Award«.

Auszeichnung, mit der herausragende amerikanische »Bücherfrauen« prämiert wurden, sei es, dass sie einen außergewöhnlichen Beitrag irgendwelcher Art zum Phänomen Buch oder aber – mittels Bücher – zur Gesellschaft geleistet hatten. Carson konnte krankheitshalber an der Übergabezeremonie nicht teilnehmen, und ihre Dankesrede wurde von der Präsidentin verlesen. Darin betonte sie einmal mehr die allseitigen ökologischen Abhängigkeiten: »In jedem meiner Bücher habe ich darzulegen versucht, dass alles Leben des Planeten in wechselseitiger Beziehung zueinander steht, dass jede Spezies auf ihre eigene Weise an andere gebunden ist und dass alle in Beziehung zur Erde stehen. Das ist das Thema von ›Geheimnisse des Meeres‹ und den anderen Büchern über das Meer, und es ist auch die Botschaft, die ›Der stumme Frühling‹ verkündet« (Graham 1971, 55).

Auch bei zwei folgenden Ehrungen konnte sie nicht persönlich dabei sein. Dies betraf den »Conservation Award« der Rod and Gun Editors of Metropolitan Manhattan am 21. Februar und den »Conservationist of the Year Award« der National Wildlife Federation am 2. März. Im ersteren Fall wurde Carson durch Rodell vertreten, im letzteren durch Cottam.

Wieder dabei war Carson im Juni zur Entgegennahme des ersten »Woman of Conscience Award«, verliehen vom National Council of Women an Frauen, die durch ihren Einsatz zur Verbesserung der Welt beigetragen haben. Dies war kurz bevor sie sich für sieben Wochen in ihre Cottage in Maine verzog.

Am 3. Oktober verlieh ihr die Audubon Naturalist Society der mittelatlantischen Staaten für ihre Beiträge zur Naturgeschichte den »Paul Bartsch Award«. In diesem Fall war Carson wegen ihrer Krankheit wieder an einer Teilnahme verhindert.

Die letzten öffentlichen Auftritte von Carson gab es im Dezember. Sie schaffte es, in Begleitung von Jeanne Davis sechs Tage in New York zu verbringen und bei drei Auszeichnungen persönlich anwesend zu sein. Am 3. Dezember erhielt sie am Jahrestreffen der National Audubon Society als erste Frau die »Audubon Medal« für außerordentliche Leistungen im Natur- und Umweltschutz. »Carson nutzte die Gelegenheit darauf hinzuweisen, wie die gegenwärtige Krise ein Spiegelbild derselben Gier und Kurzsichtigkeit war, die historisch schon den Kampf um das natürliche Erbe des Landes charakterisiert hatte« (Lear 2009, 471).

Am 5. Dezember wurde Carson von der American Geographical Society mit der »Cullum Geographical Medal« (benannt nach George Washington Cullum, 1809-1892, einem früheren Vizepräsidenten der Gesellschaft) ausgezeichnet – Robert Cushman Murphy, auf den wir im Zusammenhang mit dem Long-Island-Gerichtsfall gestoßen sind (s. p. 217) war dabei die treibende Kraft. Bei dieser Gelegenheit sah sie auch Dorothy und Stan Freeman wieder.

Am Tag danach erfolgte Carsons Aufnahme als Mitglied der prestigeträchtigen American Academy of Arts and Letters. Deren Mitgliedschaft war damals auf 50 begrenzt. Immer nur dann, wenn ein Sitz vakant geworden war, konnte eine Person aus den Reihen des National Institute of Arts and Letters nachfolgen; diesem hatte Carson seit 1953 angehört (s. p. 168). Bei ihrer Wahl gab es nur drei andere weibliche Mitglieder.

# 11 Ein leidvoller Abschied mit freudigen Tupfern

Rachel Carson leidet an Krebs in fortgeschrittenem Stadium, hat aber trotzdem noch ein paar öffentliche Auftritte. Sie sinnt über den Tod nach und findet Trost in der Betrachtung des Lebens von Wanderfaltern. Sie möchte auch noch weitere Bücher schreiben, aber dieser Wunsch bleibt unerfüllt

»The river is flowing – flowing and growing – The river is flowing back to the sea – Mother Earth carry me – Child I will always be – Mother Earth carry me – Back to the sea.« (Lied indianischen Ursprungs)

## 11.1 Mit Momenten des Trostes dem Verfall ausgeliefert

### Ohnmacht

Als Carson am 5. Dezember 1962 beim Women‘s National Press Club einen brillanten Vortrag hielt (vgl. p. 278), konnte niemand ahnen, welche physischen und psychischen Ressourcen sie für einen solch anstrengenden Auftritt aufbieten musste. »Rachel war wunderbar heute beim Mittagessen des Women‘s Press Club. Ich denke, das war ihr bester und aktuellster Vortrag von allen«, kommentierte Anne Ford (Lear 2009, 426). Am folgenden Tag aber konsultierte Carson Dr. Caulk. Da sie Rückenschmerzen hatte, wurde eine Röntgenaufnahme ihrer Wirbelsäule gemacht, doch auf dieser war keine Veränderung sichtbar. Der Schmerz aber verschlimmerte sich zusehends, und so kam es zu einer erneuten Untersuchung vor Weihnachten. Da Metastasen nicht ausgeschlossen werden konnten, empfahl Caulk ein halbes Dutzend Bestrahlungen; der immer zusätzlich konsultierte Crile unterstützte diese Maßnahme.

Eine Woche vor Weihnachten fiel Carson beim Einkaufen in Ohnmacht, etwas das ihr bisher noch nie passiert war. Ihre wiederkehrenden Schmerzen deuteten auf den Beginn einer durch die Bestrahlungen verursachten *Angina pectoris*, einer Durchblutungsstörung des Herzens infolge verengter Herzkrankgefäße, und damit bestand die Gefahr eines Herzinfarkts. Carson wandte sich an Dr. Bernard Walsh, einen bekannten Kardiologen, und der machte ihr strikte Vorschriften: Keine Reisen, keine öffentlichen Auftritte, einige Dosen von Nitroglycerin – dieser Stoff hat gefäßerweiternde Wirkung. Nach dieser Diagnose hoffte Carson insgeheim, an einem Herzversagen sterben zu können, damit ihr ein qualvolles Dahinsiechen mit dem Krebs erspart bliebe.

Im Februar war sich Crile sicher, dass der Krebs nun auch auf die Knochen übergegriffen hatte. Er versuchte aber Carson Mut zu machen und sagte, dass auch Metastasen in den Knochen durch Bestrahlung aufgelöst würden. Somit gab es gegen Ende des Monats deshalb eine neue Runde von Radiotherapie. Mitte März war die Angina unter Kontrolle, aber nun gab es Befürchtungen, die Wirbelsäule könnte kollabieren. Carson scheute deshalb jegliche Aktivität. Sie hatte von Krebiozen gehört, einem angeblichen Anti-Krebs-Mittel, und fragte sich, ob das helfen könnte. Das Medikament war umstritten; die American Medical Association (AMA) machte heftig Front dagegen. Carson hielt von der AMA aber nicht allzu viel; sie hatte den Eindruck, diese führe einen ähnlichen Krieg gegen alternative Ideen, wie die chemische Industrie gegen die Pestizid-Kritiker. So entschloss sie sich anfangs April zu einem Versuch, aber im Juli war klar, das Krebiozen absolut keine Wirkung erzielte. Später wurde aufgedeckt, dass es sich bei diesem Mittel um einen Fall von Betrug handelte.

## Mehr als Nichts?

Am 24. Januar schrieb Carson einen Abschiedsbrief an Dorothy Freeman, den sie in den Tresor legte; er sollte erst nach ihrem Ableben geöffnet werden. In einem Brief vom 2. März aber ließ sie Freeman wissen, dass ein solches Schreiben existierte: »Ich sage Dir jetzt, dass in meiner ›tin box‹, in der ich wichtige Papiere aufbewahre, ein Brief liegt, den ich Dir vor mehr als einem Monat geschrieben habe. Es war in einer Nacht bevor ich bei Dr. Walsh war, die Schmerzen waren so häufig und so stark, dass mir bewusst wurde, es könnte kein morgen geben, und ich stellte mir vor, wie eine große Leere dies für Dich sein müsste, wenn es keine Gelegenheit für irgendeine Art von Abschied gegeben hätte. Deshalb schrieb ich Dir am nächsten Abend einen Brief und legte ihn auf die Seite. Ich weiß nicht, ob er wirklich ausdrückt, was in meinem Herzen ist, aber vielleicht füge ich von Zeit zu Zeit etwas dazu« (B 2.3.63, Freeman 1995, 439).

Danach sprachen die beiden offener über das Sterben und was der Tod bedeuten könnte. Freeman bekannte, dass sie eines Nachts eine Art Erleuchtung gehabt habe. Bis dahin habe sie geglaubt, die Rede von Unsterblichkeit bedeute einfach, dass man im Gedächtnis von Bekannten weiter lebe. Nun aber erscheine ihr dies als nicht genug, und sie sei überzeugt, dass es ein weiter existierendes Bewusstsein geben werde (B an Carson, 6.3.63, 441-442).

Carson ihrerseits erklärte, dass sie als Biologin an eine Art von materieller Unsterblichkeit glaube, so wie sie dies am Ende von »Undersea« dargestellt habe (s. p. 76). Dem komme eine große Bedeutung und Schönheit zu, aber letztlich sei es nicht ganz zufriedenstellend. Die Vorstellung, dass andere Menschen weiterhin an einen denken würden, sei in persönlicher Hinsicht eigentlich viel befriedigender. »Aber, genau wie Du fragst, ist das genug? Nein, ist es nicht. Zum einen ist das Konzept des Nichts schwer zu akzeptieren. Wie kann es möglich sein, dass das, was wahrhaftig das Selbst von einem ist, zu existieren aufhört? Und wenn dies nicht der Fall ist, welche Art von spirituellem Dasein kann es geben? Wenn wir versuchen, zu einer bestimmten Vorstellung zu kommen, kann es sich natürlich nur um eine Vermutung handeln, aber mir scheint, wenn wir sagen, wir wüssten es nicht und könnten es uns auch nicht ausmalen, bedeutet es nicht, dass wir nicht an eine persönliche Unsterblichkeit glauben. Weil ich etwas nicht verstehen kann, heißt das noch nicht, dass es nicht besteht. Die Wunder

der Atom- und Kernphysik und die mathematischen Konzepte der Astronomie übersteigen gänzlich meine Fähigkeit, sie zu begreifen. Aber ich weiß, dass sich diese Konzepte auf bewiesene Realitäten beziehen, und so ist es nicht schwerer sich vorzustellen, dass es eine Art von Leben jenseits des ›Horizontes‹ gibt, und zu akzeptieren, dass wir nicht wissen können, was es ist. ... Barneys [Dr. Criles] Vergleich der Beziehung zwischen Leben und Tod mit Flüssen, die ins Meer fließen, ist für mich nicht nur wunderschön, sondern auch eine Quelle von großem Trost und großer Kraft« (B 27.3.63, Freeman 1995, 446-447).

## Trotz fehlender Rückkehr keine Trauer

Der Sommer von 1963 war für Carson der letzte in ihrer Cottage in Southport. Am 25. Juni fuhr Jeanne Davis mit Rachel, Roger – der einen Monat in einem Summer Camp verbringen würde – und den zwei Katzen, Moppet und Jeffie dorthin. Mit Bob Hines war abgemacht, dass er anfangs September kommen und sie wieder heimfahren würde. Aber es gab eine Verzögerung: Moppet erkrankte. Die Diagnose eines Veterinärs in Brunswick lautete auf Bauchspeicheldrüsenentzündung, er konnte ihr nicht mehr helfen, und sie starb am 9. September. »Jetzt liegt sie begraben an einem wunderschönen Fleck nahe bei der Hintertüre, und so wird sie Teil ihres geliebten Maine« (B an Anne Ford, 10.9.63, in Lear 2009, 457).

Am Tag nach Moppets Tod fuhr Dorothy mit Rachel zur Newagen Inn, einem ihrer Lieblingsorte am Ende von Southport Island. Carson hatte seit kurzem wachsende Schmerzen in ihrem Beckengürtel, so dass jeder Schritt zu einer Tortur wurde, und sie schleppte sich mit Mühe vom Auto zur Holzbank oberhalb der Felsküste. Es war ein wunderschöner Morgen mit blauem Himmel, und die beiden Freundinnen saßen stundenlang da und sahen den Monarch-Schmetterlingen zu, wie sie in Scharen auf ihrer Wanderung nach Süden vorbeikamen und auf den Goldruten Zwischenstation machten.

Abb. 11-1: Monarchfalter (»monarch«, *Danaus plexippus*). Seine Flügel weisen eine in eine schwarz-weiße Zeichnung eingefasste orange Grundfarbe auf. Foto: Richiebits 8.7.2007, im Brooklyn Botanic Garden. Quelle: Wikimedia Commons.

Die Monarchen sind wunderschöne Wanderfalter, deren orangefarbene Flügel von einem schwarzen Netz eingefasst werden und an ihren Rändern weiße Farbtupfen tragen. Sie legen zwischen Sommer- und Winterquartier 3000 bis 4000 Kilometer zurück. Das letztere befindet sich in einem Waldgebiet in der Sierra Madre in Zentralmexiko. Es ist jeweils die letzte von zwei bis drei Sommergenerationen, die wandert; die Tiere verfügen über ein angeborenes Navigationssystem, das ihnen erlaubt, die Route zum Ziel sicher zu verfolgen (Reut 2001).

Noch am gleichen Tag schrieb Rachel an Dorothy einen Brief, in dem sie auf ihr gemeinsames Erlebnis mit den Monarchen Bezug nahm: »Am meisten blieben mir die Schmetterlinge im Gedächtnis ... Wir unterhielten uns ... über ihre Lebensgeschichte. Würden sie zurückkehren? Wir waren der Meinung nein ... und es fiel mir ein, dass wir gar keine Trauer verspürten ... Mit Recht, denn wenn ein Lebewesen ans Ende seines Lebenszyklus gekommen ist, akzeptieren wir sein Ende als natürlich. Für die Schmetterlinge umfasst dieser Zyklus eine bekannte Anzahl von Monaten. Für uns gilt ein anderes Maß, und ein Wissen um die Dauer unseres Lebens bleibt uns verborgen. Aber der Gedanke bleibt derselbe: Wenn dieser unbestimmte Zyklus abgelaufen ist, ist es ein natürliches und kein unglückliches Geschehen, dass das Leben zu Ende kommt. Das ist, was mich diese hell flatternden Stücklein Leben an jenem Morgen lehrten. Es überkam mich ein tiefes Glücksgefühl – ich hoffe, das gilt auch für Dich« (B, 10.9.63, Freeman 1995, 467-468).

Die Heimreise fand dann am 13. September statt. Vor der Abfahrt verbrachte Carson ein paar stille Abschiedsmomente auf ihrer Terrasse und beim Grab von Moppet. Dann war es Zeit, in das Auto einzusteigen, aber sie konnte fast nicht gehen, Hines musste sie praktisch tragen. Die lange Autofahrt war eine Tortur, und Hines dachte es sei am besten, ohne Zwischenhalt durchzufahren und möglichst rasch nach Hause zu kommen. Sie erreichten Silver Spring am nächsten Morgen.

## 11.2 Nach Möglichkeit immer noch aktiv

### Briefe diktieren statt Bücher schreiben

Die Wochen in Maine hätten in erster Linie eine Erholungszeit sein sollen, aber Carson konnte vom Versuch nicht lassen, ein paar kleinere Unternehmen zu Ende zu bringen. Tatsächlich war es ihr im August auch gelungen, ein ursprünglich für den vorangegangenen Februar versprochenes Essay mit dem Titel »The Living Ocean« für *The World Book Encyclopedia Yearbook* über Meeresressourcen irgendwie fertig zu stellen (Carson 1963e). Daneben sammelte sie Material für das größere der beiden Bücher, die sie noch im Auge hatte, für dasjenige über den Menschen und die Natur. Offensichtlich hatte sie die Hoffnung noch nicht aufgegeben, sie könnte es noch schaffen.

Dieselbe Hoffnung hatte Paul Brooks, nur machte er sich dazu Sorgen anderer Art. Er wusste, dass beide geplanten Bücher Harper versprochen waren, aber nicht, dass Carson einen Vertrag für eine Anthologie über das Meer unterzeichnet und einen Vorschuss erhalten hatte. Jetzt, da *Silent Spring* ein derartiger Erfolg geworden war, machte es keinen

Sinn, dass weitere Bücher von Carson irgendwo anders als bei Houghton Mifflin erscheinen würden. Brooks wandte sich deswegen an Rodell. Diese war mit Carsons Krebserkrankung bestens vertraut und sah schwarz. Bestand vielleicht wenigstens für das Kinderbuch noch eine Chance? Wahrscheinlich nicht, eigentlich war ihr klar, dass Carson nicht lange genug leben würde, um überhaupt nochmals ein größeres Projekt bewältigen zu können.

Ein paar Tage nach der Rückkehr von der Cottage war Carson im Washington Hospital Center für eine Reihe von Untersuchungen. Es wurde eine Behandlung mit Testosteronphosphat ins Auge gefasst; diese sollte ihre Schmerzen unterdrücken und ihr wieder zu mehr Beweglichkeit verhelfen. Diskutiert wurde auch die Möglichkeit einer chirurgischen Entfernung der Hypophyse (Hirnanhangdrüse). Diese war verantwortlich für die Produktion verschiedener Hormone, und nach der damals in der Medizin vorherrschenden Theorie hing eine Krebserkrankung mit einem gestörten Hormonhaushalt zusammen (Carson selbst favorisierte in *Silent Spring* allerdings eine andere Theorie, s. p. 263). Vor allem anderen aber gab es eine nochmalige Runde von Bestrahlungen; der Start zur Testosteron-Behandlung wurde auf Ende September festgesetzt.

Bald war klar, dass die Behandlung nicht anschlug, das Gehen wurde im Gegenteil noch schwieriger. In dieser Verfassung konnte Carson nicht viel tun und musste sich auf Korrespondenz beschränken. Sie diktierte Davis die Antworten auf die Briefe, die während ihres Aufenthaltes in Maine eingetroffen waren. Und sie regte in ihrem Freundeskreis die Bildung eines Gremiums an, das Bürgerinnen, Bürger in Pestizidfragen würde beraten können. Selbst in schlechten Zeiten war Carson die Vorstellung zuwider, sich zur Ruhe setzen zu müssen. Das zeigte sich auch darin, dass sie eine Einladung annahm, in einem Jahr, im September 1964, bei einer Jubiläumsfeier der Mayo Clinic neben dem Anthropologen Loren Eiseley, dem Physiker und Atombombenforscher Edward Teller und dem Zoologen Peter Medawar aufzutreten – eine Zusage, die sie dann allerdings im kommenden Frühling rückgängig machte.

## Vortrag im Rollstuhl: »Die Verschmutzung unserer Umwelt«

Carson war auch eingeladen worden, bei einem Symposium der mit Gesundheitspolitik und Gesundheitsaufklärung befassten Kaiser Foundation in San Francisco am 18. Oktober 1963 den Eröffnungsvortrag zu halten. Das Symposium trug den Titel »Man Against Himself«, Carsons Vortrag »The Pollution of the Environment«. Das war ein verlockendes Angebot, da sie dort zu einem einflussreichen Publikum würde sprechen können. Entsprechend wollte sie von dieser Möglichkeit unbedingt Gebrauch machen, aber die Frage war natürlich, ob in ihrem miserablen gesundheitlichen Zustand an eine Reise überhaupt zu denken war. Allein zu gehen konnte sie sich nicht zutrauen, aber in dieser Situation bot sich Marie Rodell als Begleiterin an, und Jeanne Davis kümmerte sich um Roger während ihrer Abwesenheit.

In einem mit 1500 Leuten voll gepackten Saal des Fairmont Hotels wurde Carson im Rollstuhl auf das Podium geschoben; die offizielle Erklärung der Veranstalter war, sie leide an

Abb. 11-2: Rachel Carson im Arbeitszimmer in ihrem Heim in Silver Spring, MD. Trotz fortschreitender Krebserkrankung hatte Carson im Frühling 1963 immer noch leise Hoffnung, weitere Bücher schreiben zu können. Foto: Bob Schutz, 14.3.1963. Quelle: Associated Press Photos. Bewilligung: Keystone, Zürich.

Arthritis. Unter enormer Anstrengung quälte sie sich durch einen einstündigen Vortrag, aber das Publikum war begeistert. »Ich habe lange darüber nachgedacht, was ich heute Abend Nützliches zu dem mir zugewiesenen Thema sagen kann«, meinte Carson. »Unglücklicherweise gibt es ungeheuer viel, das erwähnt werden könnte. Ich fürchte es trifft zu, dass der Mensch seit Anbeginn der Zeit ein äußerst unordentliches Tier gewesen ist. Aber in früheren Tagen spielte das wahrscheinlich eine kleinere Rolle. Als es noch nur wenige Menschen gab, waren ihre Siedlungen zerstreut, ihre produzierenden Tätigkeiten unentwickelt. Aber jetzt ist die Umweltverschmutzung zu einem der grundlegendsten Probleme unserer Gesellschaft geworden« (Carson 1998y, 238).

Carson sprach dann über die Entwicklung unseres Planeten, wie sich die physischen Bedingungen so gestalteten, dass Leben möglich wurde, und wie dieses Leben selbst wieder diese Bedingungen veränderte. »Verallgemeinert können wir sagen, dass es seit Beginn der biologischen Zeit zwischen der physischen Umwelt und dem von ihr ermöglichten Leben eine extrem enge Wechselbeziehung gegeben hat. … Das wissenschaftliche Fach, das sich mit diesen gegenseitigen Abhängigkeiten befasst, ist die Ökologie«, fuhr Carson fort, »und ich möchte unsere modernen Verschmutzungsprobleme vom Gesichtspunkt einer Ökologin aus betrachten.[47] Es stimmt, dass wir, um diese Probleme zu lösen oder mindestens im Zaum zu halten, die Dienste von vielen Spezialisten benötigen, von denen jeder sich mit einem besonderen Aspekt der Verschmutzung beschäftigt. Aber wir müssen das Problem auch in seiner Ganzheit sehen, wir müssen über das unmittelbare und einzelne Vorkommnis der Einführung eines Schadstoffes in die Umwelt hinaus sehen und die Kette von Ereignissen betrachten, die dadurch ausgelöst wird« (Carson 1998y, 230-231).

»Unsere Art und Weise, das ganze Problem anzugehen, ist voll von Trugschlüssen. Zulange haben wir eine Denkweise beibehalten, die in Pioniertagen angebracht gewesen sein mag, es nun aber nicht mehr ist – die Annahme, dass Flüsse, die Atmosphäre und das Meer ausgedehnt genug sind, um alles aufzunehmen, was wir in sie hinein schütten. ... Das trifft aus verschiedenen Gründen nicht zu. Ein Grund ... ist der, dass wir einfach zu viele sind, und so hat unser Ausstoß von verschmutzenden Stoffen aller Art ungeheure Ausmaße angenommen. Ein anderer Grund ist die äußerst gefährliche Natur eines großen Teils unserer heutigen Umweltverschmutzung; Substanzen, die die Kapazität haben, in biologische Reaktionen mit Lebewesen einzutreten. Der dritte, sehr wichtige Grund ist der, dass der Schadstoff selten dort bleibt, wo wir ihn eingeführt haben, und selten die Form beibehält, die er anfänglich hatte« (232-233).

Carson (233-241) begann nun Beispiele für die von den Pestiziden verursachten Probleme zu beschreiben, nicht zuletzt auch, wie die Schadstoffe die Tendenz haben, sich in einer Nahrungskette wie der beim Clear Lake beobachteten (s. p. 266 f.) zu akkumulieren. Als eine der besorgniserregendsten Verschmutzungen nannte sie daneben die Verkappung von Atommüll im Meer; diese war inzwischen für die Atomindustrie zur beliebten Entsorgungsmethode geworden. Und sie kam auch auf den durch die Atombombenversuche verursachten radioaktiven »Fallout« zu sprechen, wie er sich in der Atmosphäre ausbreitet und wie die fraglichen Stoffe sich wiederum über die Nahrungsketten anreichern.

Carson machte klar, dass es sich bei der Umweltverschmutzung nicht nur um ein wissenschaftlich-technisches Problem handelte: »Allen diesen zur Vergiftung der Umwelt führenden Problemen liegt die Frage der moralischen Verantwortung zugrunde – Verantwortung nicht nur für unsere eigene Generation, sondern für die zukünftigen Generationen. Wir kümmern uns richtigerweise über körperliche Schäden für die jetzt lebenden Menschen, aber die Gefahr ist unendlich viel größer für die Ungeborenen, für jene, die keine Stimme bei den heute gefassten Entscheidungen haben, und diese Tatsache allein macht unsere Verantwortung umso schwerer. ... Besonders interessiert mich die Frage von durch schädliche Elemente in der Umwelt verursachten genetischen Schäden. Ich habe andernorts empfohlen, die Pestizid-Chemikalien zu den Verdächtigen hinsichtlich der Verursachung genetischer Schäden beim Menschen zu zählen. Dieser Ratschlag wird von vielen in den Wind

47 Nach Lear (2009, 464) war es hier das erste Mal, dass sich Carson öffentlich »Ökologin« nannte.

geschlagen, weil es ja keinen Beweis dafür gebe, dass diese Stoffe eine solche Wirkung hätten. Ich bin der Meinung, wir sollten nicht auf eine dramatische Demonstration warten, bevor wir eine gründliche Untersuchung des möglichen genetischen Effektes von allen Chemikalien durchführen, die wir weit herum in die Umwelt einbringen« (242-243).

Carson (244-245) schloss ihren Vortrag, indem sie an die Rezeption der Evolutionstheorie von Charles Darwin erinnerte: Viele hätten nicht akzeptieren wollen, dass der Mensch den Tieren verwandt sei. »Heute wäre es schwierig, eine gebildete Person zu finden, die die Tatsachen der Evolution bestreiten würde. Doch viele lehnen die offensichtliche logische Konsequenz ab, nämlich dass die gleichen Umwelteinflüsse auf den Menschen wirken, die auch das Leben von vielen Tausenden von anderen Arten kontrollieren.«

## Ausflug im Rollstuhl

Der Vortrag fand einen guten Widerhall in der Presse. Ein Reporter für die Zeitung *San Francisco News Call* zitierte längere Passagen, aber er leistete sich den Lapsus, Carson taktlos als »mittelalterliche, durch Arthritis verkrüppelte alte Jungfer« zu beschreiben, die »schwach lächelte, als die Menge applaudierte, dann ihren Stock nahm und vom Podium humpelte« (Lear 2009, 464).

Am nächsten Tag besuchten Carson und Rodell unter der Obhut von David Brower, dem geschäftsleitenden Direktor des Sierra Club, und dessen Frau Anne die Muir Woods[48]. Ein Ranger stieß Carsons Rollstuhl durch die Galerie der gigantischen Redwood-Bäume. Dies einmal erleben zu können, war ein Wunschtraum von ihr gewesen, aber die Umstände, in denen es nun geschah, bedrückten sie. »Ich sehnte mich danach, *allein* den Weg ins Herz des Waldes unter meine Füße zu nehmen, um die Stimmung des Ortes erfahren zu können, statt von Leuten umgeben zu sein! Und dazu an einen Rollstuhl gefesselt!« schrieb Carson an Freeman (B, 26.10.63, Freeman 1995, 484). Anschließend folgte eine Exkursion nach Fort Cronkhite – während des Zweiten Weltkrieges und auch noch der ersten Zeit des Kalten Krieges ein Armeeposten, heute als Golden Gate National Recreation Area ein Teil des amerikanischen Nationalpark-Systems – und die nahe gelegene Rodeo Lagoon, wo sich eine Schar Braunpelikane niedergelassen hatte. Carson freute sich an den Vögeln und war auch vom Wiedersehen mit dem Pazifischen Ozean sehr berührt (vgl. p. 127).

Carson genoss auch den Flug über den ganzen Kontinent, aber wieder zuhause war sie in schlechterer Verfassung als je zuvor. Sie konnte sich nicht zu Fuß fortbewegen, auch mit einem Gehbock nicht. Ihre Rückenprobleme wirkten sich auch auf ihre Arme aus, ihre rechte Hand fühlte sich taub an, und sie hatte mit Schreiben Mühe. Die Behandlung mit dem Phosphor hatte nicht angeschlagen, der Krebs hatte sich weiter ausgebreitet. Auf Anraten von Crile starteten Caulk und Healy, die beiden Ärzte, einen Versuch mit Steroiden.

48 Ein Stück Wald, das nach dem Naturschutzpionier John Muir benannt ist (s. Steiner 2011, 383).

## 11.3 Vorkehrungen, Abschlüsse und ein weiterer Chemie-Zwischenfall

### Was geschieht mit Roger?

Carson selbst war klar, dass sie nicht mehr lange zu leben hatte. Ein Frage, die ihr Kopfzerbrechen bereitete war: Was sollte aus Roger werden, was würde mit ihm geschehen? Sie versuchte, sich damit auseinander zu setzen, bezahlte dies aber mit einem überwältigenden emotionalen Stress. Klar, sie konnte eine finanzielle Vorsorge im Form eines Treuhandfonds treffen, das war kein Problem, doch letztlich entscheidend war: Wer würde sich um Roger kümmern? Welchem Paar konnte zugemutet werden, soziale Eltern zu sein? »Gerade weil sie Roger liebte, hatte sie auch Schwierigkeiten, der Tatsache ins Auge zu sehen, dass er, nun elf Jahre alt, ein schwieriges und undiszipliniertes Kind war, und dass die Vorstellung, ihn zu betreuen und zu erziehen für die meisten ihrer Freunde und Familienmitglieder ziemlich abschreckend sein musste. Rachel hatte das unklare Gefühl, Dorothy und vielleicht auch Marie hätten ihrer Kindererziehung gegenüber eine kritische Haltung« (Lear 2009, 466). In ihrem Hinterkopf bewahrte sie eine Zeitlang noch die Hoffnung, Virginia – sie war ja Rogers Tante – und ihr Gatte Lee würden sich der Aufgabe stellen, aber diese hielten sich bedeckt und machten nie ein Angebot.

Eigentlich sah sie nur eine Möglichkeit, auch wenn dies in einem gewissen Sinne ein absurder Gedanke war: Paul Brooks und seine Frau Susie. Sie hatte beide als herzensgute Menschen kennen gelernt, und sie schienen so flexibel zu sein, dass eine derartige Betreuungsaufgabe ihnen vermutlich nicht allzu große Einschränkungen auferlegen würde. Das Problem war, dass sie sich nicht getraute, Brooks gegenüber dieses Thema anzusprechen; es ist anzunehmen, dass sie befürchtete, eine Absage zu bekommen.

Einfacher fiel Carson die Entscheidung, was mit ihrem schriftlichen Nachlass passieren sollte. Rodell war bereit, die Aufgabe der Nachlassverwaltung zu übernehmen. Sie hatte von einer neu eröffneten Bibliothek an der Yale University gehört, der Beinecke Rare Book and Manuscript Library, und diese schien der richtige Ort für die Aufnahme einer Sammlung wie der Schriften von Carson zu sein. So machte denn Rodell einen entsprechenden Vorschlag, und dieser fand bei Carson Anklang. Die *Yale Review* hatte vor 13 Jahren ihr Essay »The Birth of an Island« publiziert (Carson 1950, s. p. 146) und über die Jahre hatte sie zu verschiedenen Wissenschaftlern dort gute Beziehungen etabliert. Rodell würde dann nach Carsons Tod zwei Jahre damit verbringen, die Papiere zu sortieren und daraus eine geordnete Sammlung zu machen.

### Die chemische Industrie leistet Carson unfreiwillige Unterstützung

In diese schwierige Zeit fiel auch ein Umweltdesaster, das den noch bestehenden Zweifel an der Dringlichkeit des Handlungsbedarfs hinsichtlich der Pestizid-Situation ausräumte: Im November 1963 trat im Unterlauf des Mississippi ein ganz außerordentliches Fischsterben auf. »Schätzungsweise fünf Millionen toter Fische trieben mit dem Bauch nach oben in dem großen Strom, der ein Drittel der USA entwässert, Trinkwasser für über eine Million Menschen liefert und einen wesentlichen Anteil der Fischerei-Industrie des Landes unterhält« (Graham 1971, 97).

Nun waren zwar Fälle von Fischsterben seit Ende der 1950er Jahre zu einem alljährlichen Ereignis geworden, aber dieses war nun wirklich außergewöhnlich, und, eine große Ausnahme, die zuständigen staatlichen Stellen in Louisiana riefen die Bundesregierung in Washington an und baten um Hilfe. Die an Ort und Stelle eintreffenden Wissenschaftler des Gesundheitsdienstes fanden, dass alle sterbenden Fische die gleichen Merkmale zeigten: »krampfhafte Zuckungen, Verlust des Gleichgewichtes, einige blutende Stellen auf dem Körper und Schwimmen auf der Oberfläche« (Graham 1971, 99). Nach langwierigen chemischen Analysen von Kadavern und Sedimentproben vom Flussgrund konnte schließlich nachgewiesen werden, dass die Tiere einer Endrin-Vergiftung zum Opfer gefallen waren. Aber woher kam dieses Pestizid? Man wusste, dass die Zuckerrohrfelder der Gegend mit Endrin behandelt wurden und so war eine Hypothese, das Gift sei bei Regen in die Wasserläufe ausgeschwemmt worden. Das war zum Teil auch der Fall, das Problem war nur, dass dieser Vorgang nie die für ein Fischsterben des beobachteten Ausmaßes erforderliche Menge hätte liefern können. Dazu kam, dass die meisten Felder durch Dämme von den Flüssen getrennt waren.

Der Verdacht lag nahe, es müsse eine große Verschmutzungsquelle außerhalb von Louisiana irgendwo im Norden geben. Rund 800 Kilometer stromaufwärts wurden die Behörden in Memphis in Tennessee schließlich auch fündig. Hier befand sich eine Fabrik, die Endrin herstellte, und deren Abwässer und Abfälle verseuchten offensichtlich das Wasser, denn es wurden Fässer auf einem Platz abgelagert, der bei Hochwasser jeweils überschwemmt wurde! Wem aber gehörte die Fabrik? Der Velsicol Chemical Corporation von Chicago!

Für die Leute in der Regierung, die sich der Pestizid-Problematik wegen Sorgen machten, war dies der Beweis, den sie brauchten, um sich für regulierende Einschränkungen stark machen zu können. Senator Ribicoff organisierte eine neue Serie von Hearings und legte einen Gesetzesentwurf, eine »Clean Water Bill« vor. Innenminister Udall seinerseits fasste für sein Departement den Beschluss, eine Anwendung von Pestiziden nicht zuzulassen, wenn negative Auswirkungen auf die Umwelt nicht auszuschließen waren.

## »Eine Zeit großer Traurigkeit«

Ein schlimmer Tiefschlag war die Ermordung von Präsident Kennedy am 22. November 1963. Carson hatte Kennedy als einen Politiker kennen gelernt, der im Gegensatz zu seinem Vorgänger Eisenhower ein Verständnis für Anliegen des Natur- und Umweltschutzes hatte. In Erinnerung war seine spezielle Botschaft über natürliche Ressourcen an den Kongress vom 23. Februar 1961. Darin hatte er betont, wie das Land sich angesichts seiner reichen

Ausstattung mit Schätzen der Natur glücklich schätzen konnte. Aber: »Wenn es uns nicht gelingt, hinsichtlich Schutz und Entwicklung den richtigen Kurs einzuschlagen – wenn wir darin scheitern, diesen Segen klug zu nutzen – dann sind wir in kurzer Zeit in Schwierigkeiten.« Gegenwärtig, so hatte Kennedy gesagt, finde eine Übernutzung statt, die sich angesichts des Bevölkerungswachstums noch zu verschlimmern drohe. Wir müssten fähig werden, einen zukunftsverträglichen Weg einzuschlagen. Ein grundlegendes Problem war, dass es keine einheitliche Ressourcenpolitik gab, weil sie eine oft mit Konflikten beladene Angelegenheit verschiedener Regierungsämter war, zum Beispiel: »Eine Behörde, die zum Gebrauch von Pestiziden ermuntert, die Singvögel und Federwild schädigen können, deren Schutz das Ziel eines anderen Amtes ist.« Um diesem Problem zu begegnen, hatte Kennedy die Etablierung eines koordinierenden »Presidential Advisory Committee on Natural Resources« angekündigt (Kennedy 1961).

Nun waren also die mit Kennedy verbundenen Hoffnungen geknickt. Was damals aber nur Eingeweihten bekannt war: Kennedy hatte 1961 den Einsatz von Chemiewaffen für Entlaubungsaktionen im Vietnam-Krieg autorisiert. Hätte Carson dies gewusst, wäre ihre Wertschätzung des Präsidenten vermutlich geringer ausgefallen ... So aber war es ein Schock, und Carson schrieb zwei Wochen später an Freeman: »In diesen schrecklichen ersten Tagen nach dem Attentat war ich so verstört, dass ich, wenn ich zu Bett ging, das Gefühl hatte, ich müsse mich in den Schlaf lesen – aber was sollte ich lesen? Ich ging von einem Büchergestell zum anderen, aber nichts sprach mich an. Schließlich griff ich zu *Under the Sea-Wind!* Und irgendwie war dies das Richtige. Ein Kapitel oder zwei am Abend entspannten mich und ließen mich schlafen. ... Natürlich ist es der elementare Charakter des Themas, seine Zeitlosigkeit, neben der menschliche Probleme und sogar menschliche Tragödien verblassen« (B 8.12.63, Freeman 1995, 499).

Eine willkommene Unterbrechung von Mühsal und trüben Gedanken waren die sechs Tage im Dezember, die Carson zur Entgegennahme von Auszeichnungen in New York verbrachte (s. p. 314). Aber sie hatten auch ihren Preis: Als sie nach Silver Spring zurückkehrte, war sie total ausgepumpt. Und es stand eine neue Serie von Bestrahlungen an, und sie hatte Mühe, jeweils den Weg zum Krankenhaus und zurück hinter sich zu bringen.

Zuhause war Jeffie, ihre Katze, todkrank, und sie schaffte es nicht, mit ihr zum Tierarzt zu gehen, aber vermutlich hätte dies sowieso nicht mehr geholfen. »Vielleicht sollte ich Dir so kurz vor Weihnachten nicht in Trauerstimmung schreiben«, teilte sie Freeman mit, »aber das mit Jeffie tut meinem Herzen so weh, dass ich Dir das mitteilen muss. So rasch wie er weggleitet, ist mir klar, dass er an Weihnachten nicht mehr da sein wird – jeden Tag ist er schwächer, und jetzt frisst er selbst außer dem, was ich ihm mit dem Löffel eingebe, nichts mehr. ... Tief in meinem Herzen, Du verstehst das, muss ich die Kraft aufbringen, ihn gehen zu lassen und dies sogar mit Dankbarkeit tun, denn es wird so viel einfacher für ihn zu gehen, wenn ich noch da bin und für ihn sorgen kann. Du weißt, dass mir sein Schicksal immer ein Anliegen war. Aber es ist so schwierig mir vorzustellen, dass ich nachher ohne ihn auskommen muss. Sein kleines Leben war so verflochten mit dem meinigen über alle diese zehn Jahre hinweg. … Jetzt ist es Donnerstag morgen und mein kleiner heiß geliebter Begleiter ist gegangen. … Ich saß mit ihm noch spät im Wohnzimmer, trug ihn dann ins Schlafzimmer und schloss die Türe, so dass ich während der Nacht eine bessere Kontrolle haben würde. Um halb vier weckte mich das Geräusch seines keuchenden Atems und seiner Seufzer, und ich fand ihn bei der Türe. Ich setzte mich auf den Boden neben ihn und streichelte ihn und redete mit ihm für eine Weile. Schließlich stand er auf und verkroch sich unter dem Bett. Dort starb er heute Morgen. … wir legten ihn aufgerollt ihn den kleinen und abgenutzten ovalen Korb, den er so liebte. Ich werde Elliott beauftragen, ihn draußen unter den Kiefern bei meinem Studierzimmer zu begraben, einem Platz, von dem ich denke, dass er nie gestört werden wird« (B 18.12.63, Freeman 1995, 504).

Ein paar Tage über Silvester und Neujahr verbrachten Rachel und Roger bei den Freemans in West Bridgewater. Als Geschenk gab Carson ihnen die Manuskriptseiten aus dem ursprünglichen Entwurf für *Under the Sea-Wind*, auf denen sie den Kopf ihrer Katze Buzzie skizziert hatte, die ihr damals, auf dem Schreibtisch liegend, häufig Gesellschaft leistete (vgl. p. 85). Carson schrieb eine Notiz, die sie vor dem Weggang unter Dorothys Kissen zurück ließ. »Kein Besuch kann je lang genug sein, aber es war wunderbar, über diese durch Ablenkungen ungestörten vier Tage und Nächte, die Mußestimmung zu genießen. Es war eine kostbare Oase in der Zeit … Ich hoffe, ich habe nicht zu viel über die drohenden Schatten gesprochen …, aber es schien besser, über sie zu reden als nachher über sie zu schreiben. … Du hast mich an meinen Brief erinnert …, in dem ich, so glaube ich, den Vers zitierte: ›A thing of beauty is a joy forever – its loveliness increases …‹ [s. p. 179]. Das ist eine tiefe Wahrheit gewesen, durch all die zehn Jahre hindurch, seit ich ihn zitiert habe. Solange wir beide leben, wird unsere Liebe sicher nie ›ins Nichts vergehn‹, sondern ein stilles Gemach bewahren, voll von Frieden und mit kostbaren Erinnerungen an alles, was wir geteilt haben« (B, 2.1.64, Freeman 1995, 508-509).

Nur zwei Wochen später war Carson schon wieder zurück in West Bridgewater, und zwar für eine Beerdigung. Stanley Freeman hatte am 14. Januar, als er am Küchentisch saß und den Vögeln zuschaute, eine tödliche Herzattacke erlitten. »Es war eine Zeit großer Traurigkeit« (Lear 2009, 475). Stanley Junior, der Sohn, fuhr Carson nachher zum Flughafen, was für diese eine Gelegenheit war, jenen ein bisschen besser kennen zu lernen. Stanley war ein sympathischer junger Mann, hatte eine Familie mit zwei Kindern und als Assistenzprofessor an der University of Maine in Oron eine gewisse Mühe, für den nötigen Unterhalt sorgen zu können. Das Gespräch im Auto dürfte Carson auf den Gedanken gebracht haben, dass vielleicht der junge Freeman ein guter Pflegevater für Roger sein könnte, aber offenbar sprach sie auch mit ihm nie darüber.

### Testament

Im Januar und Februar hatte Carson mehrere Sitzungen mit ihrem Anwalt, um ein neues Testament aufzusetzen – das zusätzliche Einkommen aus *Silent Spring* hatte ihre materielle Situation in einem positiven Sinne verändert. Für Roger wurde ein Fonds eingerichtet, der ihm bis zum Alter von 35 Jahren ein Einkommen aus Wertpapieren für seinen Lebensunterhalt und für seine Ausbildung garantieren würde. Die Cottage auf Southport durfte nicht verkauft werden, denn sie sollte in seinen Besitz übergehen, sobald er 25 war. Auch waren Carsons wissenschaftliche Bücher, ihr Mikroskop und ihr Fotoapparat für ihn vorgesehen. Zwei Drittel des restlichen Vermögens sollten zu gleichen Teilen an die Nature Conservancy und den Sierra Club gehen. Vom verbleibenden Geld würden ihr Bruder Robert, ihre Nichte Virginia, Ida Sprow und Dorothy Freeman gewisse Summen erhalten.

Bezüglich einer Vormundschaft für Roger enthielt das Testament selbst keine Regelung – Carson getraute sich ja nicht, mit den in Frage kommenden Personen zu reden. Aber sie schrieb zwei Monate vor ihrem Tod einen Anhang, in dem die Ehepaare Paul und Susie Brooks und Stanley und Madeleine Freeman als Kandidaten genannt wurden. Sie schrieb dazu, sie habe die Auswahl so getroffen, dass Roger in liebevoller Umgebung mit ungefähr gleichaltrigen Kindern würde aufwachsen können – beide Paare hatten Kinder in Rogers Alter. Die Testamentvollstrecker seien aufgefordert, dies mit den genannten Personen zu besprechen. »Der Anhang war ein schockierender Verzicht von seiten Carsons, Verantwortung wahrzunehmen, aber er zeugt vom seelischen Schmerz, den sie bezüglich Rogers Zukunft litt, und von ihrer Unfähigkeit, den emotionalen Problemen ins Auge zu sehen oder mit der Möglichkeit einer Absage umzugehen« (Lear 2009, 478).

## 11.4 Dem weiteren Siechtum entronnen

### Der Faden reißt

Mittlerweile war Carsons Immunsystem durch die wiederholten Bestrahlungstherapien so geschwächt, dass die Gefahr von Infektionen bestand. Tatsächlich erkrankte sie an Hirnhautentzündung und musste ins Krankenhaus eingeliefert werden. Sie geriet damit vom Regen in die Traufe, denn dort las sie zusätzlich noch eine Gürtelrose auf. Wieder zuhause, litt sie unter ständiger Übelkeit. Auch eine Blutarmut war eine Folge der Bestrahlungen, und sie erhielt mehrere Bluttransfusionen. Bruder Robert, dem Rachel in ihrem unsicheren Zustand die Handlungsvollmacht übertragen hatte, sorgte dafür, dass eine Pflegefachfrau ins Haus kam, die auch nachts bleiben konnte. Es war eine Mrs. Patterson, eine freundliche Person. Carson hasste es zwar, auch abends unter Aufsicht zu stehen, aber sie fand es letztlich auch besser, besonders auch nachdem sie gemerkt hatte, dass Roger von ihr begeistert war.

Schließlich ging es ihr wieder etwas besser, und die Ärzte fanden, jetzt sei der Zeitpunkt günstig für die früher schon ins Auge gefasste Entfernung der Hypophyse (s. p. 319). Jeanne

Davis und ihr Mann, ein Kardiologe, fanden das keine gute Idee; Carson sollte nicht einem derart schwerwiegenden Eingriff unterworfen werden, wenn sie sowieso nicht mehr lange zu leben hatte, aber die Ärzte kümmerten sich wenig um andere Meinungen. Am 13. März flog Carson, begleitet von Roberts Frau Vera, nach Cleveland und trat in die dortige Klinik ein. Eine Untersuchung zeigte, dass mittlerweile auch die Leber von Metastasen befallen war. Einer der Ärzte fand, beim Zustand ihres Herzens sei eine Operation ein großes Risiko, aber er wurde mit dem Beschluss, es trotzdem zu wagen, überstimmt. Danach hing Carsons Leben eine Woche lang an einem seidenen Faden, aber dann verbesserte sich ihr Zustand wieder. Sie konnte am 6. April, jetzt unter der Obhut von Rodell, nach Hause zurückkehren. Am folgenden Wochenende kam Dorothy Freeman auf Besuch. Sie hatte den Eindruck, es gehe Rachel besser, aber der Schein trügte. Carson konnte nur zum Teil wahrnehmen, was um sie herum vor ging. Es war das letzte Mal, dass sich die beiden Freundinnen sahen.

Dorothy schrieb noch einen Brief: »Guten Morgen, Liebste. Wenn ich aufwache, ist mein erster Gedanke immer: Wie hat wohl Rachel geschlafen? Ich kann sicher sein, dass Du zum Vogelgesang aufwachst, an dem ich mich so freute in der gemütlichen kleinen Wohnung unter Dir. … Du sollst wissen, wie mir gestern gewahr wurde, dass ich Dich betreffend mit einem großen Gefühl des Friedens nach Hause gekommen bin – nicht wegen Deiner Krankheit – aber wegen der Tatsache, dass Du in guter Pflege bist. … Obschon mein kürzlicher Besuch bei Dir nicht dieselbe Beschaulichkeit [wie am Neujahr] haben konnte, gab es trotzdem sehr spezielle Momente, in denen ich spürte, dass wir in einem ›ruhigen Gemach‹ waren« (B 14.4.64, Freeman 1995, 541).

Carson bekam diesen Brief nicht mehr zu Gesicht. Am späten Dienstag Nachmittag, am 14. April, erlitt sie einen tödlichen Herzinfarkt. Die beiden im Haus angestellten Frauen, Ida Sprow und Mrs. Patterson, waren bei ihr, als sie starb. Rachel Carsons Hoffnung, einem langwierigen Siechtum entgehen zu können, hatte sich erfüllt.

## Bruder Robert vs. Freundeskreis

»Kaum eine Stunde später brach an der 11701 Berwick Road das Chaos aus, als Robert Carson erschien, um das Kommando zu übernehmen« (Lear 2009, 480). Rachels Wunsch war es gewesen, kremiert zu werden, und Ida und Mrs. Patterson hatten davon Kenntnis. Robert aber war davon unbeeindruckt – jetzt war für ihn der Moment gekommen, sich in Szene zu setzen. Statt einer Kremation sah er eine Erdbestattung vor und sandte die Leiche an ein Bestattungsinstitut zur kosmetischen Behandlung.

Carson hatte Pfarrer Duncan Howlett von der All Souls Unitarian Church gebeten, für sie, wenn es so weit wäre, eine einfache Abdankung abzuhalten. Außer dem Wunsch, er möchte aus dem letzten Teil von *The Edge of the Sea* vorlesen, gab sie ihm keine Details. Howlett hatte versprochen, dies zu tun. Robert aber wollte davon nichts wissen, er plante ein aufwendiges Staatsbegräbnis mit Bischof William F. Creighton in der Washington National

Cathedral auf Mount St. Alban. Als Marie Rodell am nächsten Tag eintraf, konnte sie daran nichts mehr ändern, nur noch die Sargträger im Sinne von Rachel auswählen.

Robert machte sich hinter die Akten seiner Schwester, durchwühlte sie und vernichtete oder entfernte offenbar ihm nicht passend erscheinende Dokumente. »Rogers Erinnerungen an dieses Geschehen sind beklemmend. Robert, der den Knaben nie gemocht hatte, stürmte in sein Zimmer, um das Fernsehgerät zu beschlagnahmen, ausgerechnet das eine Ding, das dem Jungen einen gewissen Trost geboten hatte« (Lear 2009, 481). Er meinte, Rachel habe ihm ihre persönlichen Sachen vermacht, also habe er ein Recht auf den Fernsehapparat.

Schon am 15. April erschien in der *New York Times* (1964) ein Nachruf. Viele hätten Rachel Carson als Kriegsbeil schwingende Amazone wahrgenommen, stand darin, sie selbst aber hätte sich nicht in einer solchen Rolle gesehen: »Dieser Vergleich wurde von Miss Carson ruhig zurückgewiesen; mit ihrer sehr sanften aber standfesten Haltung weigerte sie sich, eine Identifikation als gefühlsbetonte Kreuzritterin zu akzeptieren. Miss Carsons Position als Biologin war einfach die, dass sie als Naturwissenschaftlerin nach der Wahrheit suchte und dass der rücksichtslose Gebrauch von giftigen chemischen Sprühregen nach einer Aufklärung der Öffentlichkeit über das, was hier vor sich ging, rief.« Und aus dem, was Carson in der CBS-Sendung (s. p. 307 f.) gesagt hatte, wurde zitiert: »Es ist die Öffentlichkeit, von der verlangt wird, die von den Insekten-Kontrolleuren berechneten Risiken zu übernehmen. Die Öffentlichkeit muss entscheiden können, ob sie so weiterfahren will, und sie kann das nur tun, wenn sie über alle Fakten verfügt.«

Am gleichen Tag fasste Senator Abraham Ribicoff seine Betroffenheit, als er eine von ihm geleitete Anhörung eröffnete, prägnant so zusammen: »Heute trauern wir um eine große Frau. Die ganze Menschheit ist in ihrer Schuld« (Lear 2009, 485). Einen Tag später erschien Landwirtschaftsminister Orville Freeman vor einem Komitee des Kongresses und forderte ein Sofortprogramm für die Suche nach Ersatz von gefährlichen Pestiziden. Gleichzeitig gab er zu, sein Departement habe das Thema bisher fälschlicherweise auf die leichte Schulter genommen (*The Record* 1964).

Ein völlig überrumpelter Paul Brooks erhielt vom Anwalt einen Telefonanruf, seine Familie sei im Anhang zum Testament als mögliche Pflegefamilie für Roger aufgeführt, ob er sich ein solches Engagement vorstellen könne. Eine entsprechende Anfrage ging via Rodell an Dorothy Freeman zuhanden ihres Sohnes und dessen Frau. Während von dieser Seite ein negativer Bescheid eintraf, erklärten sich die Brooks bereit, die Aufgabe zu übernehmen. Man kam überein, dass Roger nach Schulende im Juni übersiedeln würde; bis dann konnte er bei Nachbarn unterkommen.

Der Trauergottesdienst fand um 11 Uhr am Freitag, den 17. April, in der Washington Cathedral statt. Sechs Leichenträger – Robert Cushman Murphy, Edwin Way Teale, Senator Abraham Ribicoff, Minister Stewart Udall, Charles Callison von der National Audubon Society und Bob Hines – brachten Carsons Sarg durch den Gang nach vorne. Prinz Philip von

England, ein Bewunderer Carsons, hatte ein großes Blumengebinde geschickt. Die Trauerrede des Bischofs enthielt keinen Lebensrückblick, dafür sprach er Gebete für diejenigen, die auf dem Meer gestorben waren; Robert Carson hatte dies passend gefunden und so von ihm verlangt. Hinter dem Rücken Roberts gelang es Rodell, mit Pfarrer Howlett Kontakt aufzunehmen, der sich sofort bereit erklärte, für eine Gedächtnisfeier im engsten Freundeskreis am folgenden Sonntag in der Kirche All Souls zu sorgen. Er las aus dem Brief vor, den Rachel nach dem Morgen mit Dorothy in Newagen (s. p. 318) geschrieben hatte.

Nach Roberts Willen sollte Rachel neben ihrer Mutter begraben werden, aber es gab einen Aufstand von ihren Freunden, die von ihrem Wunsch wussten, kremiert zu werden, und Robert musste schließlich einlenken. Allerdings behielt er sich vor, die Hälfte der Asche im Friedhof der Erde zu übergeben. »Irgendwann spät im Frühling 1964 fand Dorothy Freeman ein in braunes Papier eingewickeltes Paket von der Größe einer Schuhschachtel prekär mit ihrer Schnur an der Flagge ihres Briefkastens in West Bridgewater baumelnd. Ohne Notiz oder Erklärung enthielt es den Rest von Rachel Carsons Asche, geschickt von einem ungerührten Robert Carson« (Lear 2009, 483). Dorothy aber fuhr nach Newagen, dort wo sie im letzten Sommer zusammen noch den Monarch-Faltern zugeschaut hatten, und verstreute die Asche am Ufer.

Abb. 11-3: Küste bei der Newagen Inn an der Südspitze der Southport-Insel, ein Lieblingsort von Rachel Carson und Dorothy Freeman. Hier regten im September 1963 Monarchfalter auf ihrer Durchreise nach Süden sie zum Philosophieren über Leben und Tod an. Und im Spätfrühling 1964 verstreute Dorothy hier Rachels Asche. Foto: D.S., 3.10.2013.

# Epilog

»Rachel Carson würde sicher weinen, wenn sie heute noch lebte. Am fünfzehnten Jahrestag ihres Klassikers, *Der stumme Frühling*, wird klar, dass das Ziel ihres weit herum gefeierten Buches – die Flut des Pestizidgebrauchs verebben zu lassen – verfehlt worden ist.« Daniel Zwerdling (1977, 47)

»Es kann kein Zweifel bestehen, hätten wir eine Welt, in der globale Umweltpolitik im Sinne von Rachel Carson betrieben würde, wären wir und unsere Mitlebewesen in besserer Verfassung als wir es gegenwärtig sind.«
Bekoff und Nystrom (2004, 186)

## Grüne Welle vs. »Pestizid-Mafia«

*Silent Spring*, *Der stumme Frühling*, das war der Beginn einer großen grünen Welle, die, so schien es eine Weile lang, durch nichts aufgehalten werden könne, schreibt David Israelson (1991, 36, 39) in seinem Buch *Silent Earth*. Etliche Nachrufe nach Carsons Tod wurden denn auch in der Erwartung einer sich anbahnenden Trendwende verfasst. »Die Welt ist besser, weil Rachel Carson lebte und arbeitete und schrieb. Wir sind alle tief in ihrer Schuld. Und diese Schuld können wir nur begleichen, indem wir die natürliche Welt schätzen und schützen, deren Wahrheiten sie so lebhaft und wunderschön aufdeckte.« So äußerte sich Irston Barnes (1964) von der Audubon Naturalist Society. Und Innenminister Stewart Udall (1964, 23) schrieb: »Es scheint mir, es gab im Leben und Tod von Rachel Carson Anzeichen einer neuen amerikanischen Reife. Im Erfolg von *Silent Spring* lag die Hoffnung, dass jene, die sich wahrhaftig um die Erde sorgen, eine reelle Chance haben, sie zu ›erben‹.«

Auch noch 1970 herrschte in der entstehenden amerikanischen Umweltbewegung Hoch- und Aufbruchstimmung. Der Höhepunkt jenes Jahres war am 22. April der erste »Earth Day«, den Gaylord Nelson, Senator von Wisconsin, angeregt hatte. Um die 20 Millionen Menschen beteiligten sich an verschiedenen Veranstaltungen und Aktionen. Aber schon an diesem Tag warnte LaMont Cole, Ökologe von der Cornell University (vgl. p. 297), das Publikum eines »Teach-In« am Kearney State College in Nebraska vor der weiter schreitenden chemischen Vergiftung der Umwelt, woran mehr als eine halbe Million verschiedener Chemikalien beteiligt seien. Und »um 1975 begann die grüne Welle ihre Kraft zu verlieren, und 1980, da gab es Ronald Reagan« (Israelson 1991, 39), und 2000 George W. Bush, könnte man beifügen. Beide Präsidenten waren der Meinung, dem Land gehe es am besten, wenn der Wirtschaft möglichst wenig in den Weg gelegt würde, und das hieß, dass die Beschäftigung mit Umweltbelangen ein dabei störender Faktor war. Der Titel von Israelsons Buch deutet denn auch an, dass die grüne Welle verebbt ist und wir den Weg in eine Richtung eingeschlagen haben, die nicht nur zu einem stummen Frühling, sondern zu einer stummen Erde zu führen droht.

Das Hindernis, das die Welle zum Erliegen brachte, wurde von Robert van den Bosch, Entomologe an der University of California in Berkeley, offen als »Pro-Pestizid-Mafia« bezeichnet. Das ist »eine sehr mächtige Koalition von Institutionen und Individuen, die keine Veränderung wollen und erfolgreich abweichende Meinungen zum Verstummen gebracht und Anstrengungen in Richtung einer Reform hintertrieben haben« (van den Bosch 1980, 51). Dazu gehören Produktions- und Handelsfirmen, landwirtschaftliche Beratungsstellen, Kammerjäger- und Sprühflugzeug-Organisationen, Behörden, Hochschulen, Berufsverbände, Segmente der Politik und der Medien usw. Dazu passte, dass Robert Rudd (vgl. p. 230) für sein chemiekritisches Buch *Pesticides and the Living Landscape,* das 1964 erschien, von seiner Universität mit Nicht-Beförderung abgestraft wurde (56).

Sicher, einiges ist erreicht worden. Im Dezember 1970 ging mit der Etablierung des amerikanischen Umweltschutzamtes, der Environmental Protection Agency (EPA), Carsons Traum in Erfüllung, nämlich die Übertragung der Pestizid-Zulassung und Kontrolle an eine unabhängige Behörde. Diese verfügte zwei Jahre später ein Verbot des Gebrauchs von DDT, die anderen westlichen Länder zogen allmählich nach, und etappenweise wurden auch die übrigen CKWs aus dem Verkehr gezogen. Noch ehe zehn Jahre vorbei waren, konnte danach bezüglich der gefährdeten Existenz des Weißkopfseeadlers, des Wanderfalken, des Fischadlers und des Braunpelikans (vgl. p. 234, 267) weitgehend Entwarnung gegeben werden, wobei aber die Region der Großen Seen immer noch ein kontaminiertes Gebiet ist, in dem die Adler nicht gut gedeihen (Colborn u.a. 1996, 218-219). Forscher des FWS haben seither auch herausgefunden, dass nicht das DDT direkt, sondern DDE, eines seiner Zerfallsprodukte, für die Ausdünnung der Eierschalen verantwortlich war (Hall 1987, 95-97).

Die Produktion von CKWs war allerdings nicht verboten, und so gelangten sie, insbesondere DDT, weiterhin in die Entwicklungsländer. 2001 kam es auf Initiative der UNO in Stockholm zu einer internationalen Vereinbarung, ein weltweites Verbot des sogenannten »Dreckigen Dutzends« betreffend. Dieses umfasst neun CKWs, die PCBs sowie die Dioxine und Furane. Die PCBs (Abkürzung für »polychlorierte Biphenyle«) sind Industriechemikalien[49], die Dioxine und Furane treten bei Fabrikationsprozessen, z.B. bei der Herstellung von Pestiziden, als Nebenprodukte auf. Das Abkommen trat 2004 in Kraft und ist vorläufig von 178 Staaten ratifiziert worden. Nicht dabei sind bisher, was nicht untypisch ist, die USA. Und es gibt eine Hintertüre: Den von Malaria betroffenen Ländern kann die Konvention Ausnahmeregelungen gestatten. Dabei ist es höchste Zeit, dass diese dauerhaften Stoffe endgültig vom Markt verschwinden. Denn die ganze Zeit haben Wind und Wasser deren Rückstände auch in Gebiete verteilt, in denen sie nie eingesetzt worden sind. So belasten sie auch heute noch die Nahrungsketten in den Polargebieten, in denen ihre Langlebigkeit besonders ausgeprägt ist. Aber auch in den Böden unserer Breiten gibt es immer noch Rückstände.

49 Sie sind auf verschiedene Arten zur Anwendung gelangt, als Lösungsmittel, Farbstoffe, Weichmacher, Flammschutzmittel, Isoliermaterial, Korrosionsschutz, Kühlmittel, Reinigungsmittel etc.

Zu den positiven Entwicklungen gehört auch die schrittweise Einführung strengerer Gesetzgebungen zur Kontrolle der Pestizide. Dabei sollte aber nicht vergessen bleiben, was dies im Grundsatz bedeutet: Wir lenken, etwas boshaft formuliert, die Vergiftung der Umwelt in geordnete Bahnen! Und hier kann einem das heutige Arsenal von Tausenden von Pestiziden, die gegenüber ihren Vorgängern zwar gezielter wirken und weniger persistent sind, deren Giftigkeit aber oft um Faktoren höher ist, das Fürchten lernen.

Rückblickend lässt sich sagen, die zur Zeit von Rachel Carson verwendeten Chemikalien hätten den »Vorteil« gehabt, dass ihre verheerende Wirkung auf Lebewesen rasch sichtbar war. Was heute dagegen vor sich geht, ist ein subtiler, wenig sichtbarer, schleichender Vergiftungsprozess. »Vierzig Jahre nach *Silent Spring* haben wir es noch immer nicht geschafft, so etwas wie einen echten Wandel bezüglich der demokratischen Rechenschaftspflicht der chemischen Industrie hinzukriegen. Kollektiv verwerfen wir unsere Hände in Entsetzen, wenn wieder ein neuer, von den Großunternehmen angerichteter Albtraum auf unser Leben einstürmt. … Wir verbrauchen in jedem einzelnen Kampf so viel Energie, dass wir nicht mehr fähig sind, den ganzheitlichen Zusammenhang zu sehen«, so lautete vor einiger Zeit das Fazit von Martin J. Walker (1999, 325), einem englischen investigativen Journalisten. So gesehen war um 1960 die Welt noch eher in Ordnung als heute und ist es gut, dass Carson diese Entwicklung nicht mehr miterleben musste.

## Rachel Carson lebt weiter

Wir allerdings sollen uns bewusst machen, was seit Carsons Tod 1964 geschehen ist, und uns im Vergleich dazu an sie und ihre ökologische Weltanschauung zurückerinnern. Dazu müssen wir uns aber, so findet Shirley Briggs (1987), von Mythen befreien, denn beide Seiten, ihre Gegner wie ihre Verehrer, hatten sich bei den Beurteilungen Carsons von Vorurteilen leiten lassen. »Carson war weder eine Mystikerin, noch eine Einsiedlerin, und bestimmt nicht eine Reformerin von Natur aus,« wie sie zum Teil auf der befürwortenden Seite dargestellt wurde (4). Sie war auch keine unwissenschaftliche, emotionale Polemikerin, wie ihre Opponenten hinwiederum behaupteten. Nein, sie hat ihre Informationen für *Silent Spring* in höchst akribischer Weise zusammengetragen (8). Und sie war auch keine Untergangsprophetin, sondern versuchte uns einfach klar zu machen, »wie grundlegend Menschen ihre Welt schädigen können. Diese Lektion erstreckt sich auf viel mehr als bloß die Pestizide« (8-9). Zusammenfassend interpretiert Briggs die Spaltung, die sich in der Debatte über *Silent Spring* auftat, als eine »zwischen den Spezialisten mit Tunnelblick und jenen Individuen, die sowohl auf Details wie auf das Ganze achtgeben« (9).

Für Carson galt das Letztere, und Christof Mauch (2012) vom Rachel Carson Center in München sieht deshalb das auf Fotos von ihr zum Ausdruck kommende Nebeneinander von Mikroskop und Fernglas als symptomatisch an. »Kein anderes naturwissenschaftliches Werk bedient sich so konsequent wie ›Silent Spring‹ einer ständigen Zoomoptik, die die Mikro- und

Makrobereiche der Natur zusammen sieht: Klein und groß, Moleküle und Organismen, Fauna und Flora, Wasser, Land und Luft – alles gehörte für Carson aufs Engste zusammen« (3).

Erstaunlich ist aber, so findet William Dritschilo (2006), wie Carson ökologisches Denken entwickeln konnte zu einer Zeit, da Ökologie noch keine wirklich etablierte Wissenschaft war, und die wenigen Wissenschaftler, die sich Ökologen nannten, selbst keine Klarheit hatten, was sie sein sollte. Einige unter ihnen reagierten etwas herablassend auf *Silent Spring*, zum Beispiel LaMont Cole (vgl. p. 297). Zwar lag wohl die weitere Entwicklung dieser Disziplin ohnehin in der Luft, aber es kann keinen Zweifel geben, dass Carson wesentliche Impulse geliefert hat, dass aus ihr eine respektable Wissenschaft geworden ist. »Mit der offensichtlichen Ausnahme von Charles Darwin gibt es wohl wenige Biologinnen, Biologen, die im gleichen Maße wie Rachel Carson die Gesellschaft und die von ihnen vertretene Wissenschaft beeinflusst haben« (357).

Begreift man auch den Menschen als ökologisches Wesen, verändert sich die Art und Weise, wie man die Natur sieht. Ökologisches Denken hat darüber hinaus einen gesellschaftlich subversiven Charakter, denn, so legt die Umwelthistorikerin Maril Hazlett (2005) dar, es hilft, die durch kulturell verankerte Gender-Identitäten geschaffene gesellschaftliche Spaltung aufzuweichen. Eine patriarchal geprägte, also männer-dominierte, ökonomische und politische Struktur hat versucht, eine »schizoide Vorstellung von Natur und Gesellschaft« zu konservieren. Das war aber genau das, was Carson in Frage stellte (702). Anders ausgedrückt: Starre Glaubenssätze über die Trennung von Mensch und Natur korrelieren nach traditioneller Vorstellung mit strikten Definitionen des Unterschiedes von Mann und Frau. Daraus ergaben sich die meisten negativen Reaktionen auf *Silent Spring*, und Carson wurde als »eine mächtige, gesellschaftliche Unordnung stiftende Kraft« gesehen (708) (vgl. p. 311 f.). Interessant war, dass viele, die im Naturschutz engagiert waren, ebenfalls Kritik übten. Sie hatten sich bisher mit der Erhaltung von Wildnis und dem Management von natürlichen Ressourcen befasst und konnten sich nicht auf eine ökologische Sichtweise einstimmen. Umgekehrt verstanden diejenigen, die sich selbst immer wieder in der Natur bewegten, also auch Jäger und Fischer, bald einmal, um was es hier ging, und schlugen sich auf die Seite von Carson (703). *Silent Spring* war ein wichtiger Faktor für die Entstehung einer umfassenden Umweltbewegung, die die traditionelle Auffassung von Naturschutz sprengte (701).

Rachel Carson lebt aber auch auf andere Weise weiter, als Feindbild in Kreisen, für die ein ungestörtes, durch ständige technische Innovationen geöltes wirtschaftliches Wirken das Nonplusultra und der »Schutz der Lebensgrundlagen« ein Fremdwort ist. Klar, für sie stellt eine sich auf *Silent Spring* beziehende Umweltbewegung, die für eine radikale Eindämmung des allgemeinen Giftsprühens eintritt, eine enorme Gefahr dar. Das sich als »Denkfabrik« bezeichnende Cato Institute in Washington, DC, hat ein Buch mit dem Titel *Silent Spring at 50* (Meiners u.a. 2012) herausgegeben, dessen Untertitel – *The False Crises of Rachel Carson* – klar macht, auf was es abzielt. Carson's »größte Unterlassungssünde« bestehe darin, so wird gesagt, dass sie den Nutzen der Pestizide für die Kontrolle der Krankheiten übertragenden Insekten ignoriert habe (Meiners u.a. 2012, 4). Das stimmt nicht, aber sie hat schon die Frage gestellt, ob dazu der Chemieeinsatz eine zukunftsträchtige Methode sei (vgl. Carson 1963, 267-268). Ein zweiter angeblicher Fehler Carsons betrifft ihr Eintreten für ein Vorsorgeprinzip, nach dem eine neue Chemikalie nur auf dem Markt erscheinen darf, wenn sie nachgewiesenermaßen keinen Schaden außer dem beabsichtigten verursacht. Das sei innovationsfeindlich und behindere den Fortschritt, heißt es (Meiners u.a. 2012, 5). Ein Licht auf die hier zum Ausdruck gelangende Geistesverfassung wirft der Umstand, dass das Cato Institute von den »Koch Brothers«, Charles G. und David H. Koch, alimentiert wird, die ihr Geld auch der Tea-Party-Bewegung zufließen lassen und mit ihren »Koch Industries« zu den »größten Umweltverschmutzern in Texas« gehören (Kennedy 2005, 24).

Mit ganz grobem Geschütz tritt ein kritisch gestimmter Kreis auf, der ein vehementes »Carson Bashing« geradezu als eine Art Volkssport pflegt. In ausfälligen Tiraden wird Carson der »junk science«, zu deutsch etwa der »Pfuschwissenschaft« bezichtigt. Da wird rundweg geleugnet, dass Wildtiere durch Pestizide jemals zu Schaden gekommen seien; die rapportierten Fälle wären auf andere Ursachen zurückzuführen. Und es wird behauptet, wegen Carson sei DDT verteufelt und nicht mehr eingesetzt worden, und deshalb sei sie für 500 Millionen Malariatote verantwortlich. »Rachel Carson war eine ›Massenmörderin,‹ die es mit Stalin und Pol Pot aufnehmen kann«, schreibt etwa der Journalist James Delingpole (2009). Auch Politiker wirken hier mit. Im Mai 2007 plante der demokratische Senator Benjamin L. Cardin von Maryland, dem Senat einen gesetzlichen Beschluss vorzulegen, der aus Anlass des 100. Geburtstages von Carson deren Arbeit rund um *Silent Spring* würdigen würde. Dazu musste aber in der zuständigen Kommission Einstimmigkeit herrschen, und dies war nicht der Fall. Senator Tom Coburn von Oklahoma, Republikaner, blockierte die Eingabe. Seine Begründung: Carsons Arbeit sei ein reiner Schwindel gewesen (Fahrenthold 2007).

## Der chemischen Industrie geht es immer besser, der Umwelt schlechter

*Der stumme Frühling* gab zweifellos einen entscheidenden Anstoß für das später in vielen Ländern beschlossene Verbot der dauerhaften Chlorkohlenwasserstoffe (CKW). Die Abkehr von diesen Chemikalien war für die Industrie ein schwerer Schlag, aber sie hat es verstanden, sich mit der Entwicklung und Produktion immer neuer Gifte mehr als schadlos zu halten. Wird ein Produkt aus dem Verkehr gezogen, kann sie sich darauf verlassen, dass es eine Nachfrage nach Ersatzstoffen gibt. Von 1935 bis 2000 ist die weltweite jährliche Produktion von synthetischen organischen Chemikalien von unter 150 000 Tonnen auf über 150 Millionen Tonnen gestiegen (McGinn 2000, 80-81), die von Pestizid-Wirkstoffen allein von ca. 85 000 Tonnen im Wert von rund 150 Millionen Dollar im Jahre 1950 auf heute (2007) 2,4 Millionen Tonnen im Wert von rund 40 Milliarden Dollar angewachsen (Grube u.a. 2011, 4, 8; Zhang u.a. 2011, 126, und eigene Schätzung). Zu einem Umdenken im Sinne einer prinzipiellen Abkehr von der chemischen Schädlingsbekämpfung ist es also nicht gekommen, im Gegenteil. »Trotz der Kraft von Carsons Argumentation, trotz Handlungen wie des Verbots von DDT in den USA, hat sich die Umweltkrise verschlimmert, nicht verbessert« (Gore 2007, 69).

Früher entfiel ein großer Prozentsatz der Schädlingsbekämpfungsmittel auf Insektizide. Mit der Abkehr von den CKW (wie DDT) und auch von den Carbamaten und dem Wechsel zu Pyrethroiden, die in kleineren Mengen wirken, ist dieser Anteil gesunken, während die Herbizide stark zugelegt haben. Für 2007 wird global gesehen und auf das Gewicht bezogen die folgende prozentuale Aufteilung angegeben: Herbizide (inkl. Wachstumsregulatoren) 40, Insektizide 17, Fungizide 10. Der Rest umfasst diverse andere natürliche und synthetische Chemikalien (Grube u.a. 2011, 8). Was zu denken gibt, ist der Umstand, dass zehn multinationale Konzerne 90 Prozent des globalen Pestizidmarktes beherrschen; in den späten 1980er Jahren waren es immerhin noch 20 gewesen.

Ungefähr ein Fünftel des weltweiten Pestizidverbrauchs entfällt auf die USA. Davon wird rund 80 Prozent in der Landwirtschaft eingesetzt, und zwar, nach FAO-Statistik (FAOSTAT), mit einer durchschnittlichen Intensität von 2,4 Kilogramm pro Hektar (zum Vergleich: Deutschland 3,4, Österreich 2,6, Schweiz 4,8!). Der Witz dabei ist, dass in den 1940er Jahren die durch Schädlinge verursachten Ertragsverluste 7 Prozent betrugen und trotz Pestiziden – oder gerade wegen ihnen – bis heute auf das Doppelte angewachsen sind (PAN North America 2013, vgl. auch p. 296). Mit dem Einsatz von Chemie werden unweigerlich ökologische Zusammenhänge gestört und die Situation langfristig gesehen verschlechtert. »Die Verwendung von Pestiziden wird rasch zu einer sich beschleunigenden Tretmühle, in der Applikationen mit wachsenden Mengen und in wachsender Häufigkeit notwendig sind, und die Pestizidindustrie muss ständig neue Chemikalien erfinden, um mit der durch die Giftstoffe bewirkten Evolution von resistenten Organismen Schritt zu halten« (Winston 1997, 14). Mittlerweile gibt es um die 1000 Arten von Insekten, Pflanzenkrankheitskeimen, Unkräutern, die gegen die auf sie gemünzten chemischen Gifte immun sind (McGinn 2000, 83).

1993 schätzte der Ökologe David Pimentel von der Cornell University in Ithaca, NY, die wirtschaftliche Bedeutung der Nebenwirkungen der Pestizidwirtschaft in den USA auf 8,1 Milliarden Dollar pro Jahr. Dabei inbegriffen waren Gesundheitskosten, Viehverluste, Vernichtung von Lebensmitteln, Fischsterben, Überwachung und Reinigung, Regulierung durch die Behörden und schädliche Wirkung auf Räuber und Parasiten der Schädlinge. Dazu kommt noch der unbezifferbare Schaden an Wildtieren: Jedes Jahr müssen ca. 67 Millionen Vögel und 6 bis 14 Millionen Fische dran glauben (Pimentel und Lehman 1993, in Winston 1997, 13).

Ein rapides Wachstum des Einsatzes von Pflanzenschutzmitteln ist in den Entwicklungsländern zu beobachten. Dieses erklärt sich zu einem guten Teil aus der zwecks Abbau von Schulden geförderten exportorientierten Landwirtschaft. In Kamerun z.B. ist der Pestizidverbrauch von 1990 bis 2010 um mehr als das Vierfache auf etwas über 9000 Tonnen gestiegen (FAOSTAT). Dabei ist die ländliche Bevölkerung am stärksten dem Risiko von

Vergiftungen ausgesetzt, weil sie über keine Schutzkleidung verfügt, über die Risiken nicht richtig informiert ist oder vorhandene Informationen nicht lesen kann und in Notfällen keine adäquate gesundheitliche Versorgung bekommt. Um die Jahrtausendwende gab es nach Schätzungen der WHO und des UNEP weltweit über 26 Millionen Vergiftungsfälle mit 220 000 Toten (Richter 2002). Unfruchtbarkeit, Fehlfunktionen des Immunsystems, psychische Störungen, verschiedene Krebsarten und Geburtsfehler werden mit chronischen Pestizid-Kontakten in Verbindung gebracht (Winston 1997, 12).

Das Problem der Pestizide scheint je länger desto mehr von einer nachhaltigen Lösung entfernt zu sein. Nach Hans-Jochen Luhmann (1996, 219-220) ist *Silent Spring* zweifellos der Anlass für die Konzipierung und Durchsetzung einer Chemikalienpolitik gewesen. Aber diese war und blieb bis heute eine Einzelstoffpolitik, »eine umfassendere Stoffpolitik ... wurde sozusagen verschlafen« (220). Eine nachhaltige »grüne Chemie« wäre möglich (Scheringer 2012, 215), aber die konventionelle Chemie ist zu einem großen Geschäft geworden, das die Industrie nicht einfach aufgeben möchte. Mit ihren Investitionen, eingeschliffenen Produktionsweisen und funktionierenden Absatzmärkten ist ihr Beharrungsvermögen enorm, und dieses wird noch verstärkt durch das Wohlwollen, das die an Arbeitsplätzen interessierten Behörden ihr entgegen bringen. Es geht wie schon zur Zeit von Carson immer noch um einen »Kampf wie ›David gegen Goliath‹« (Luhmann 1996, 217).

## Chemie: Ein namhafter Beitrag zum Artensterben

Schon bei der damaligen Gefährdung des Weißkopfseeadlers und anderer Greifvögel (s. p. 234), konnte beobachtet werden, dass DDT Störungen des Hormonsystems hervorrief, die die Fortpflanzungsfähigkeit beeinträchtigten. In der Tat können alle im oben genannten »Dreckigen Dutzend« zusammengefassten chemischen Substanzen auf diese Art wirken, und dazu kommen noch 100 oder 200 – die Schätzungen gehen auseinander – andere Chemikalien mit derselben Eigenschaft. Sie können Hormone, insbesondere das weibliche Sexualhormon Östrogen, imitieren, sie können die normale Wirkung von Hormonen blockieren, oder sie können sonstige Interferenzen mit dem endokrinen System erzeugen. Es gibt auch Hinweise, dass verschiedene Chemikalien zusammen einen verstärkten kumulativen Effekt haben können. Die Zoologin Theo Colborn u.a. haben in ihrem Buch *Our Stolen Future* (1996, deutsch: *Die bedrohte Zukunft*) in minutiöser Arbeit die bis dahin bekannten Befunde zu dieser Problematik zusammengetragen. »Es hat lange gedauert, bis wir diese Gefahr erkannt und bemerkt haben, dass die Welt von synthetischen Substanzen, die den Hormonhaushalt stören, nur so wimmelt«, schreiben sie (121). Insbesondere die PCBs, deren Wirkung zu Carsons Zeit noch nicht bekannt war, sind heute überall, sie sind »echte Weltenbummler« (139). Die Folgen sind erschreckend.

Bei vielen Tierarten, bei Fischen, Amphibien, Reptilien, Vögeln und Säugetieren sind Abnormitäten verschiedener Art beobachtet worden. Einige Beispiele: Hodenverkleinerung bei männlichen Fischen in der Ostsee, Fertilitätsstörungen bei Weibchen der Weißwale (Belugas) im St. Lawrence River, Bildung von Hermaphroditen bei derselben Art, Verweiblichung von Männchen bei den Pumas in den Everglades in Florida, Störungen der inneren Geschlechtsorgane bei Alligatoren, Schnabelmissbildungen und Klumpfüße bei Vögeln, stark eingeschränkte Reproduktionsfähigkeit der Seehund-Populationen vor der niederländischen Küste. Vielfach sind gewisse Schadstoffkonzentrationen für erwachsene Tiere tolerierbar, können aber für deren Nachkommen verheerende Auswirkungen haben. Es ist auch möglich, dass eine chemische Kontamination das Immunsystem schwächt, so dass die betroffenen Tiere ein erhöhtes Risiko für Infektionskrankheiten haben. Dies ist bei Fröschen, Robben, Delfinen und Walen festgestellt worden. So wird das katastrophale Seehund-Sterben in der Nordsee 1988 auf einen solchen Zusammenhang zurückgeführt; die Tiere waren von einem Staupevirus befallen, und innerhalb kurzer Zeit starben 20 000 von ihnen (202-234).

»Durch unsichtbare Schäden dezimiert und geschädigt, verlieren ... Tiere den im Laufe von Jahrmillionen natürlicher Selektion erkämpften Vorteil. ... Ohne äußerlich sichtbaren Anlass verschwinden vielleicht viele von ihnen – plötzlich oder allmählich, unmerklich dem Aussterben preisgegeben« (234) Werden vielleicht die von Carson so lebhaft-mitfühlend beschriebenen Sanderlinge (s. p. 88 ff.) schon bald dieses Schicksal erleiden? Colborn u.a. (1996, 232) verweisen auf Zählungen, die darauf schließen lassen, dass ihre Population auf 20 Prozent des früheren Bestandes zusammengeschrumpft ist. Auf ihren Zwischenstationen an der Atlantikküste fressen und baden die Vögel an den Mündungen verschmutzter Flüsse und nehmen dabei Giftstoffe auf, die dann bei der Verbrennung der Fettreserven auf den unendlich langen Flügen in hoher Konzentration freigesetzt werden.

Die Hormonsysteme funktionieren bei allen Säugetieren prinzipiell gleich. Von daher können wir nicht damit rechnen, dass der Mensch ungeschoren davon kommt. In der Tat wird vermutet, dass die Zunahme der Häufigkeit verschiedener Krebsarten mit der chemischen Verseuchung zusammenhängt. Die Biologin Sandra Steingraber zeigt in ihrem Buch *Living Downstream* (1997) einen Zusammenhang zwischen Daten aus Krebsregistern und solchen aus Umweltverschmutzungs-Inventaren. Eine Schadstoffbelastung von Müttern kann auch eine gestörte Entwicklung der Kleinkinder nach sich ziehen. Und schließlich ist eine 50-prozentige Abnahme der Spermienzahl bei Männern in Europa und Nordamerika seit 1940 festgestellt worden (McGinn 2000, 89-90). Zyniker würden an dieser Stelle vermerken: So wird sich das Überbevölkerungsproblem auf diesem Planeten lösen ...

Bedrohlich ist das Bienensterben, das die westliche Honigbiene erfasst hat. Deren Völkerzahl hat in den Industriestaaten seit 2006 durchschnittlich um 30 Prozent, in den USA bis 70 Prozent abgenommen. Ihr Verschwinden würde bedeuten, dass gegen 80 Prozent der Wildpflanzen, aber auch Nutzpflanzen wie vor allem Obstbäume nicht mehr bestäubt würden. Ihr wirtschaftlicher Wert wird in den USA auf 18 Milliarden Dollar geschätzt, in Europa auf 5 Milliarden Euro (Steinberger 2007). Wir können nicht damit rechnen, dass im Ernstfall

Wildbienen die Arbeit übernehmen werden, denn diese sind ebenfalls im Rückgang begriffen. Vielerorts gibt es in den von Intensivlandwirtschaft überzogenen Flächen kaum noch welche.

Über die Ursachen dieses Phänomens ist man sich nicht einig. Sicher spielt die vor etwa 25 Jahren aus Ostasien eingeschleppte Varroa-Milbe, die nicht nur auf der Brut, sondern auch auf den erwachsenen Bienen parasitiert, eine wichtige Rolle. Immer mehr aber richtet sich das Augenmerk auf die sogenannten Neonicotinoide, Insektizide, die beim Anbau von Mais, Raps und Sonnenblumen Anwendung finden – Gewächse, die von den Bienen besucht werden. Mit den Chemikalien wird das Saatgut gebeizt und/oder der Boden »gedüngt«. Da sie wasserlöslich sind, imprägnieren sie das Gewebe der Pflanzen bei deren Wasseraufnahme gänzlich. Auf Insekten wirken sie dann als Fraßgift (Tennekes 2010, 5).

Im Frühling 2013 anerkannte die European Food Safety Authority (EFSA) die wachsenden Hinweise auf die Gefährlichkeit dieser Stoffe für die Bienen und die EU gab daraufhin bekannt, deren Anwendung werde für zwei Jahre suspendiert. Das schweizerische Bundesamt für Landwirtschaft (BLW) zog nach. Erwartungsgemäß protestierte die chemische Industrie umgehend, sekundiert von den wirtschaftslastigen Medien, das sei eine völlig überhastete Maßnahme, es gebe bislang keinen Nachweis dafür, dass diese Chemikalien ein Risiko für die Bienen darstellten.

Nun, man ist sich schon längst daran gewöhnt, dass die Industrie für sie kritische Forschungsergebnisse generös übersieht. Das ist auch hier nicht anders. Sie kann sich darauf berufen, die fraglichen Insektizide hätten das Zulassungsverfahren erfolgreich bestanden. Das Problem dabei ist dieses: Es ist immer möglich, dass schon kleine Dosen, die weit unter dem kritischen Punkt – 50 Prozent Mortalität – liegen, zwar nicht direkt zum Tod führen, aber trotzdem Schaden stiften. Das ist bei den Bienen offensichtlich der Fall. Forscher am Institut National de la Recherche Agronomique (INRA) in Avignon haben mit einem Neonicotinoid experimentiert und herausgefunden, dass schon eine subletale Dosis als Nervengift wirkt und derart das Navigationsvermögen der Bienen stört, dass diese den Heimweg nicht mehr finden können (Henry u.a. 2012).

## Unechte und echte »Grüne Revolutionen«

In der Nachkriegszeit wurde die Landwirtschaft von einer Industrialisierungswelle erfasst. Diese beinhaltete den Einsatz von neu gezüchtetem hybridem Saatgut, von Maschinen, von massiven Dosen von Kunstdünger und natürlich Pestiziden und, wo nötig, von intensivierter Bewässerung. In der Dritten Welt wurde dieser Prozess von der UNO mit Unterstützung der amerikanischen Regierung, anderer westlicher Länder und der mächtigen Rockefeller- und Ford-Stiftungen aktiv vorangetrieben – er ist als »Grüne Revolution« in die Geschichte eingegangen. Offiziell ging es darum, Armut und Hunger in den Entwicklungsländern zu überwinden. Wie David Kinkela (2011) darlegt, kam bei den USA aber auch eine aus der Situation des damaligen Kalten Krieges sich ergebende Motivation dazu. Der Gefahr kommunistischer Umstürze in den Ländern des Südens musste durch eine Verbesserung der Ernährungssicherheit und der Volksgesundheit begegnet werden. »DDT wurde zur primären Waffe gegen Insekten und Kommunisten« (Kinkela 2011, 47).

Zweifellos ist die damit verbundene Steigerung der globalen Nahrungsmittelproduktion eindrücklich: Sie wuchs von 1960 bis 2000 um das Zweieinhalbfache! Sie ist aber mit enormen Umweltkosten verbunden. Es gibt mittlerweile riesige Flächen mit ausgelaugten Böden, verseuchte Gewässer, eine Vielzahl von resistenten Schädlingen und eine reduzierte Arten- und Sortenvielfalt. Aber auch die sozialen Folgen sind alarmierend. Für die Großgrundbesitzer, die sich eine intensive Produktion leisten können, ist die Modernisierung gewinnträchtig, während die Kleinbauern mit dem Kauf des erforderlichen Inputs – Saatgut, Dünger und Pestizide – Mühe haben und sich häufig verschulden. Mit dieser Entwicklung sind ländliche Gemeinschaften zerrüttet worden, die Landflucht grassiert bis heute, und oft sehen betroffene Menschen als letzten Ausweg aus dem Elend nur den Suizid – häufig mittels Pestiziden! Vandana Shiva (1991) spricht von der »Gewalt« der Grünen Revolution und dokumentiert deren Folgen für den Staat Punjab in Indien. Das Ganze ist ein typisches Resultat des zur Anwendung gelangten technokratischen Tunnelblicks, der auch die Arroganz hatte, lokales Erfahrungswissen als rückständig und minderwertig zu betrachten. Für die multinationalen Chemiekonzerne aber ist die Grüne Revolution eine Goldgrube.

Und die nächste Welle des »Mehr vom Gleichen« ist schon unterwegs. Zur Sicherung der Welternährung wird eine zweite grüne Revolution gefordert, jetzt in Form von »grüner Gentechnik«. Als neues »Wunder« werden genmanipulierte, herbizid-tolerante Gewächse wie Mais, Soja, Raps und Baumwolle angepriesen. Die Unkräuter können nun mit Gift besprüht werden, ohne dass die Kulturen Schaden leiden. Und es wird behauptet, damit werde nicht nur der Herbizideinsatz einfacher, sondern er könne auch reduziert werden. Das Gegenteil ist der Fall, denn Unkräuter werden mit der Zeit auch resistent! (Benbrook 2009, 3). Führend ist hier die Firma Monsanto, deren »Ziel … nicht eine bessere Schädlingsbekämpfung, sondern ein höherer Pestizidabsatz« ist (Winston 1997, 147).

Es geht auch anders. Das ist die Botschaft des von der Weltbank und der FAO eingesetzten Weltagrarrates (englisch IAASTD, Abkürzung für International Assessment of Agricultural Knowledge, Science and Technology for Development), der unter dem Vorsitz des Schweizers Hans Rudolf Herren und der Kenianierin Judi Wakhungu einen »Weltagrarbericht« erarbeitete, der 2009 unter dem englischen Titel *Agriculture at a Crossroads* erschien. In diesem wird ein fundamentaler Kurswechsel gefordert: Weg von der industriellen, ressourcenintensiven, großflächigen und umweltschädlichen Landwirtschaft hin zu sanften, umweltfreundlichen Formen des Anbaus, die auf den lokal vorhandenen ökologischen Ressourcen und kleinräumigen Strukturen aufbauen (Cerutti 2011, 161 ff., Herren 2011).

Zum einen wird heute schon mindestens doppelt so viel Nahrung produziert, wie die Weltbevölkerung benötigt. Hunger gibt es, weil sie oft nicht dort ankommt, wo Not herrscht.

Dazu gibt es große Verluste: In den Entwicklungsländern verschwinden rund 40 Prozent der Produktion wegen ungenügender Lagerungs-, Verarbeitungs- und Transportkapazitäten, während wir uns im Norden leisten können, bis zu 50 Prozent der gekauften Lebensmittel im Abfall landen zu lassen. Zum anderen steht die Palette biologischer Schädlingsbekämpfungsmethoden zur Verfügung, wie sie schon Carson bekannt war (s. p. 270 ff., s. auch Beispiele in Winston 1997). Herren selbst hat mit der Methode, bei der durch die Einführung eines natürlichen Feindes ein Schädling dezimiert und ein ökologisches Gleichgewicht wieder hergestellt wird, in Afrika den Maniok-Anbau gerettet und schätzungsweise rund 20 Millionen Menschen vor dem Hungertod gerettet. Der ursprünglich aus Südamerika stammende Maniok war in den 1970er Jahren von der aus ihrer Heimat eingeschleppten Schmierlaus befallen worden, die bis vier Fünftel der Ernte vernichtete. Herren fand nach langer Suche in Paraguay den dazu passenden Räuber, eine Schlupfwespe. Nach sorgfältigen Versuchen wurde diese massenhaft gezüchtet und über große Flächen freigelassen. Das Problem löste sich damit und Herren wurde dafür 1995 mit dem Welternährungspreis ausgezeichnet (Cerutti 2011, 37 ff.).

Später hat Herren in Ostafrika gezeigt, wie man, wenn man auf die Zeichen der Natur achtet, zu genialen giftfreien Lösungen von Schädlingsproblemen kommen kann. Die Maispflanzungen können mit einem »Push-Pull« genannten Verfahren, bei dem eine Kombination von agronomischen und biologischen Methoden zum Einsatz gelangt, geschützt werden. Das anvisierte Insekt ist in diesem Fall der Stängelbohrer. Pflanzt man nun zwischen die Reihen von Mais die Bohnenpflanze Desmodium und sät um die Felder herum Napiergras aus, dann vertreibt der Geruch der ersteren die Motten (»Push«-Effekt), während der des letzteren sie anzieht (»Pull«-Effekt). Dort bleiben sie an einem klebrigen Stoff hängen und gehen ein (Cerutti 2011, 91 ff., Lüthi 2007). Herren erhielt 2013 für seine Arbeiten, die den Weg in Richtung einer echten »Grünen Revolution« weisen, den »Right Livelihood Award«, im Volksmund bekannt als »Alternativer Nobelpreis«.

## Malaria-Mücken: Ausrottung oder Kontrolle?

Die Malaria-Erkrankung wird von einzelligen Parasiten der Gattung *Plasmodium* verursacht und durch Stiche von weiblichen Mücken verschiedener Arten der Gattung *Anopheles* übertragen. Sie äußert sich in wiederkehrendem hohen Fieber, Schüttelfrost und Krämpfen und kann zum Tod führen. Um 1955 wurden weltweit jährlich bis zu 750 Millionen Menschen infiziert und rund 7,5 Millionen starben. Im gleichen Jahr startete die World Health Organization (WHO) ihr »Global Malaria Eradication Programme«, das diese Krankheit ein für alle Mal auf dem ganzen Erdball zum Verschwinden bringen sollte. Dazu mussten die Malaria übertragenden Moskitos ausgerottet werden, und hier war DDT das Mittel der Wahl. Die Kampagne wurde wiederum von der amerikanischen Regierung und der Rockefeller-Stiftung unterstützt. Dahinter stand das gleiche politische Kalkül wie schon bei der Förderung der Grünen Revolution (s. p. 339 f.). Das Programm hatte sehr rasch Erfolge zu verzeichnen. DDT schien wirklich die perfekte Waffe zu sein. Einerseits wurde das Innere von Gebäuden mit einer DDT-Petroleum-Mischung besprüht, andererseits Mücken-Brutgebiete wie Teiche, Sümpfe und stehendes Wasser behandelt und dabei oft auch große Flächen aus der Luft mit dem Gift überzogen. 1960 war die Malaria in elf Ländern ganz eliminiert, in vielen anderen stark reduziert.

Aber 1969 stellte die WHO ihr Programm ein. Die Kosten waren explodiert, es gab Budgetkürzungen, und die Mücken entwickelten Resistenzen. »Trotz der frühen Erfolge wurde offenbar, dass die Moskitos (und die Malaria-Parasiten) tüchtige Gegner waren, die nicht nur den gigantischen Chemieangriff zu überstehen vermochten, sondern mit der Zeit geradezu florierten« (Kinkela 2011, 2). Man realisierte, dass das Ziel einer Ausrottung der Krankheit eine Illusion war. In der Folge nahm die Zahl der Erkrankungen allmählich wieder zu. Heute werden pro Jahr 30-40 Millionen Menschen infiziert und anderthalb Millionen sterben daran. Diese Entwicklung Carson anzulasten (vgl. p. 335), ist natürlich blühender Unsinn. Sie sprach sich ja auch nie für ein totales Verbot von Pestiziden aus, schon aber für deren eingeschränkten Einsatz als Mittel bloß der letzten Wahl (vgl. p. 250).

Der Fehler der WHO war es gewesen, nicht ein alternatives Programm für eine sinnvolle Kontrolle der Krankheit an die Stelle der Ausrottungskampagne zu setzen. Das holte sie dann 1998 nach, als sie zusammen mit anderen internationalen Organisationen eine neue Kampagne startete, aus der sich seither die »Roll Back Malaria« (RBM) genannte Partnerschaft entwickelt hat. Dieses Programm arbeitet mit defensiven Methoden: Mit durch Insektizide behandelten Bettnetzen, mit dem Sprühen einer Rückstände bildenden Chemikalie im Innern der Gebäude, mit der Eliminierung von Mückenlarven in Brutgebieten durch technische oder biologische Maßnahmen und mit präventiven Medikamenten. Für das gebäudeinterne Sprühen waren ursprünglich Pyrethroide vorgesehen. Seit 2006 aber empfiehlt die WHO, auf den Gebrauch von DDT zurückzukommen, da es ein länger wirksames Gift, trotz Resistenzbildungen gegenüber einigen *Anopheles*-Arten immer noch erfolgreich und für den Menschen offenbar weitgehend unschädlich sei. Die Chemikalie wird auch in wachsendem Masse wieder produziert, vor allem in Indien und China, und entsprechend eingesetzt, bis 5000 Tonnen jährlich (Walser 2009).

Dagegen wehren sich Organisationen wie etwa die von Herren präsidierte Stiftung BioVision. Sie zeigt in Zusammenarbeit mit dem International Centre of Insect Physiology and Ecology (ICIPE) in Nairobi, wie eine integrierte Vorgehensweise die Malariagefahr weitgehend eindämmen kann. Am wichtigsten ist die Bekämpfung der Mücken an der Quelle: Stehende, als Brutgebiete dienende Gewässer werden entweder trockengelegt, mit Wasserdurchfluss versorgt oder aber mit Insektiziden auf der Basis von Bt-Toxinen (vgl. p. 271) oder Extrakten des Neem-Baums behandelt. Zusätzlich sollen sich die Menschen mit durch Pyrethroide imprägnierten Bettnetzen schützen können, und natürlich müssen die trotzdem an Malaria Erkrankten konsequent medizinisch versorgt werden. BioVision weist nach, dass der Gebrauch von DDT im Gebäudeinnern sehr wohl gesundheitsgefährdend sein kann, speziell für Neugeborene, und bei einer Gebäudereinigung auch in die Umwelt gelangen kann (Cerutti 2011, 99 ff., Infonet-BioVision 2014).

Sowohl hier, bei der Abwehr von Infektionskrankheiten wie der Malaria, wie auch bei der Schädlingsbekämpfung in der Landwirtschaft, ist die entscheidende Frage die, in welcher Mentalität wir mit dem Problem begegnen. Winston (1997, x) kritisiert die immer noch vorherrschende Haltung, die gefährliche Organismen ausrotten statt bloß reduzieren und kontrollieren will: »Wir pochen auf Herrschaft, statt dass wir lernen uns anzupassen. Die Schädlingsbekämpfung ist zu einem modernen Krieg gegen die Natur geworden, aber nun ist es Zeit, die Bedingungen unseres Einsatzes neu zu bedenken.«

## Wird das Meer zu unserem Schicksal?

Wenn wir uns heute mit Carson beschäftigen, ist es üblicherweise in Erinnerung an *Der stumme Frühling.* Das ist verständlich, denn wir müssen uns heute mehr denn je mit durch Chemikalien verursachten Problemen auseinandersetzen. Aber dabei geraten, wie Mauch (2012, 1) moniert, Carsons frühere Bücher über das Meer in Vergessenheit. Nun, ganz richtig ist das nicht. 2003 brachte die Oxford University Press *The Sea Around Us* mit vielen Tierfotos bebildert als Erinnerungsbuch heraus. Aber sonst stimmt es schon: Carson als Meeresbiologin hat kaum noch einen Platz in unserem Bewusstsein. Seine Auffrischung in dieser Hinsicht ist angebracht, und ein Motiv für das vorliegende Buch war genau, eine Hilfestellung in dieser Richtung zu leisten. Zur Zeit als Carson an *The Sea Around Us* arbeitete, war sie noch überzeugt, der Mensch werde angesichts der Unendlichkeit des Meeres keinen nennenswerten, zu großen Veränderungen führenden Einfluss auf dieses ausüben können (p. 150). Dass dies ein Irrtum war, musste sie nur zehn Jahre später einsehen (p. 242), und die weitere Entwicklung hätte sie zweifellos brennend interessiert. Wie sie umgegangen wäre mit ihrer Traurigkeit über das, was wir dem Meer und seinen Lebewesen seither infolge unserer Gier und Rücksichtslosigkeit mit wachsender Intensität direkt oder indirekt angetan haben und weiterhin antun, ist eine andere Frage. Der englische Meeresbiologe Callum Roberts beschreibt die beängstigende Situation in seinem Buch *Der Mensch und das Meer* (2013; englisch: *Ocean of Life* 2012) auf eindrückliche Art.[50] Es ist ein erschreckendes Dokument.

In aller Munde ist natürlich die rigorose Überfischung der Meere. Industriell operierende Fischereiflotten räumen mit immer riesigeren Schlepp- und Grundnetzen radikal ab, nach Schätzungen jedes Jahr eine Fläche des Meeresbodens, die der Hälfte aller Kontinentalsockel der Erde entspricht. Wenn noch Muschelbagger dazu kommen, ist das Resultat

50 Für sein früheres Buch *The Unnatural History of the Sea* (2007), in dem er die historische Entwicklung der menschlichen Ausbeutung der Meere schilderte, erhielt Roberts den von der Society of Environmental Journalism (SEJ) vergebenen Rachel Carson Environment Book Award. Zur Gefährdung des Meeres siehe auch WBGU 2006.

dies: »Dreidimensionale, komplexe Lebensräume, die reich an Korallen, Schwämmen, Gorgonien und Seetang waren, verwandeln sich in endlose monotone Flächen aus wanderndem Kies, Sand und Schlamm« (Roberts 2013, 75). Der damit verbundene Kollaps von Fischpopulationen lässt sich beispielsweise aus einer Statistik über die Fangmengen der englischen und walisischen Grundnetz-Fischereiflotte ablesen: 1889 betrug die angelandete Fischmenge 200 000 Tonnen, 1938 wurde ein Maximum von 700 000 Tonnen erreicht, aber nach dem Zweiten Weltkrieg gab es einen steilen Abstieg bis auf heute 35 000 Tonnen (68-69).

Ebenfalls bewusst ist uns der viel diskutierte, von uns verursachte Klimawandel, und damit bringen wir wahrscheinlich in erster Linie ein Abschmelzen der Gletscher und Eiskappen und einen daraus folgenden Anstieg des Meeresspiegels in Verbindung. Damit sind besonders Inseln und intensiv landwirtschaftlich genutzte Flussdeltas in Gefahr. Das ist aber lange nicht alles. Das Meerwasser erwärmt sich und versauert, und das hat einen vernichtenden Einfluss auf die Korallenriffe, um nur eine davon betroffene Lebensform zu nennen. »Eine Zunahme des Säuregehaltes ist das Letzte, was die Meereslebewesen angesichts der vielen anderen Methoden, mit denen wir ihnen das Leben in den Ozeanen schwer machen, gebrauchen können« (159). Die Windverhältnisse ändern sich und damit auch die Meeresströmungen, und man spekuliert darüber, was dies für den Europa wärmenden Golfstrom bedeuten könnte. Schon im Gang sind globale Wanderungen der Tierwelt, die sich angesichts der Erwärmung in Richtung der Polargebiete vollzieht. Was aber geschieht mit den dort bisher existierenden Lebewesen?

Sehr bedrohlich sind die vielfältigen chemischen Einflüsse. Da denken wir vermutlich zuerst an Unfälle, die massive Erdölverschmutzungen zur Folge haben. Die 2010 durch einen »Blowout« auf der BP-Bohrplattform »Deep Water Horizon« im Golf von Mexiko ausgelöste Katastrophe ist uns noch in bedrückender Erinnerung. Das Loch konnte erst nach mehr als zwei Monaten gestopft werden, nachdem Öl im Umfang von etwa zehn Tankerladungen ausgelaufen war. BP war auf einen Ernstfall völlig unvorbereitet und tat, was Unternehmen immer tun in solchen Situationen: Die Ausmaße des Unglücks herunterspielen. Roberts dazu: »Eine Ölpest ist das Krasseste, was Menschen dem Meer antun können: Sie ist dunkel, erstickend, unentrinnbar« (199). Dazu kamen noch drei Millionen Liter chemische Bindemittel, von denen niemand genau weiß, was sie biologisch gesehen bewirken.

Für eine ständige Belastung sorgen die von Flüssen ins Meer geschwemmten Kunstdünger-Rückstände, die für Blüten von pflanzlichem Plankton verantwortlich sind, dessen Zersetzung dann zu Sauerstoffmangel führt. Schon Carson hatte ja die »Rote Flut« vor der Westküste Floridas beschrieben (p. 122 f.). Die Folge sind »tote Zonen«, und sie wäre entsetzt, wenn sie heute hörte, dass solche auch in der Chesapeake Bay auftreten, mit der sie sich ja während ihrer FWS-Zeit intensiv beschäftigte.

Für die heimtückischsten Auswirkungen der Umweltverschmutzung sorgen aber Chemikalien wie die PCBs, Pestizide, Schwermetalle wie vor allem Quecksilber und Rückstände von Medikamenten. Die letzteren sind vor allem gefährlich, weil sie ja darauf angelegt sind, bei geringer Konzentration eine starke biologische Wirkung zu erzeugen. Viele der Stoffe, die heute im Meerwasser zirkulieren, neigen dazu, bei Organismen hormonale Störungen hervorzurufen (vgl. p. 267, 337 f.).

Eine relativ neue Klasse von potenziellen Umweltgiften stellen die immer weiter verbreiteten Nanopartikel dar. Hier handelt es sich um die verschiedensten chemischen Verbindungen in der Form von Teilchen mit einer Größe von 1 bis 100 Nanometer (1 Nanometer = 1 Millionstel Millimeter). Man verwendet sie zum Beispiel als bakterienhemmenden Wirkstoff in Unterwäsche, zur Verbesserung von kosmetischen Produkten, Farben und Lacken, als Bestandteil für die Herstellung einer neuen Art von Solarzellen, für einen zielgerichteteren Transport von Medikamenten im Körper etc. Mit ihrer Kleinheit sind diese Partikel prädestiniert, sich über Luft und Wasser in alle Winkel der Erde zu verbreiten. Darüber, was sie in Organismen bewirken können, weiß man noch kaum etwas. Es ist aber bekannt, dass chemische Verbindungen in dieser Kleinform mehr Wirkung entfalten als wenn sie in größeren Gebilden auftreten. Im Übrigen aber gilt wie immer: »In die Erforschung und Entwicklung der Nanotechnologie werden derzeit große Summen investiert, die Untersuchung ihrer möglichen Auswirkungen auf die Umwelt findet dagegen viel weniger Interesse« (217).

Nach dem Zweiten Weltkrieg sind wir ins Plastik-Zeitalter eingetreten. Heute werden jährlich um die 300 Millionen Tonnen Kunststoffe produziert. Es entstehen enorme Abfallmengen, von denen nur ein Teil entsorgt oder rezykliert wird; der Rest landet in der Umwelt. »Flüsse entlassen den Müll ins Meer. Ein Teil wird von Meeresströmungen aufgenommen und vereinigt sich mit Badespielzeug, Turnschuhen, Konservendosen und Gegenständen, die bei Meeresüberquerungen von Schiffen gefallen sind« (222). Von den kreisförmig verlaufenden Meeresströmungen mitgerissen, wird ein Teil dieses Abfalls nach außen getrieben und landet letztlich an Stränden, der andere Teil wandert nach innen und bildet riesige Müllflecken. Die damit verbundenen Hauptprobleme sind: Plastik wird nur langsam abgebaut, er wird mechanisch zu kleinen Teilchen zerrieben, die von Vögeln und Fischen mit Futter verwechselt werden, und an der Oberfläche der Partikel reichern sich Giftstoffe an (s. auch Shafy 2008).

Lärmprobleme gibt es nicht nur auf dem Festland, sondern auch im Meer. »Heute werden Frieden und Stille in den Ozeanen nicht nur durch Schiffe gestört, sondern auch durch weitaus heftigeren Lärm. Auf der ganzen Welt dringt das Knallen der Explosionen im unterseeischen Gestein durch die Meere, das man auf Öl- und Gasvorkommen untersucht« (244). Dazu kommt der Schall von Vermessungsschiffen, die Schockwellen durch den Meeresboden laufen lassen, und von militärischen Sonargeräten, die zur Verfolgung von U-Booten entwickelt worden sind. Das ist höchst problematisch, da bei geringem oder fehlendem Licht im Wasser viele Organismen auf eine Kommunikation mittels Schall angewiesen sind. Von manchen Walen ist bekannt, dass sie über Hunderte von Kilometern miteinander in

Verbindung treten können. Das ist möglich, weil Wasser den Schall viel besser und viel weiter leitet als Luft, aber es wird unmöglich, wenn das Meer verlärmt wird.

Dessen nicht genug, kommt noch eine neuere Form von Attacke auf das Meeresleben dazu, die von Roberts noch nicht beschrieben wird. Es wird immer noch wie wild gebaut, und entsprechend groß ist die Nachfrage nach Sand zur Herstellung von Beton. Weltweit wird fast so viel Sand verbraucht wie Wasser, und er ist zum knappen Rohstoff geworden. Es gibt zwar riesige Sandwüsten, aber vom Wind abgeschliffene Sandkörner eignen sich nicht als Baumaterial. Es werden deshalb in zunehmenden Masse ganze Sandstrände abgetragen, Flussbetten ausgehöhlt und, ja, auch Meeresböden abgebaggert. Welche zusätzliche ökologische Katastrophe damit verbunden ist, können wir uns ausmalen (vgl. Rau 2013). Und das ist nur der Anfang. Viele Meeresböden sind reich an Erzen, und wie man an diese gelangen könnte, wird heftig diskutiert und eifrig geplant.

Insgesamt müssen wir damit rechnen, dass diese Vielfalt von schädlichen Faktoren eine radikale Neuordnung des (überlebenden) Lebens im Meer zur Folge haben wird. Es gibt mindestens eine Tierart, die von den drei Faktoren Nährstoffanreicherung, niedrigem Sauerstoffgehalt und Überfischung profitiert: Die Quallen (Roberts 2013, 190, 317 f.). Es ist denkbar, dass sie irgendwann in der Zukunft die dominierende organismische Form sein werden.

## Der »moralische Mut von Rachel Carson«

Wenn man sich all dies bewusst macht, ist es schwer, trotzdem zuversichtlich zu sein. Roberts ist es: »Ich bin Optimist«, sagt er, »Hoffnung macht mir der Gedanke, dass wir nie zuvor über so viel schiere Kraft verfügt haben, mit der wir unsere Probleme lösen können« (347). Aber diese Kraft kann nur zum Zuge kommen, wenn ein weitreichender Bewusstseinswandel eintritt, einer, der uns in einer Kombination von emotionalem Engagement und rationaler Überlegung – Hynes (1992) redet von »Naturliebe und Sachverstand« – zu einem sorgsamen Umgang mit der Umwelt führt, nicht weil wir dazu gezwungen sind, sondern weil wir ihn aus unserem Innersten wollen. In diesem Sinne ist Lear (2007, 21) überzeugt, dass Carsons »Zeugnis für die Einheit des Lebens und ihre holistische Ethik, wie sie in ihrer Trilogie über das Meer zum Ausdruck kommt, letztlich für die Zukunft der Menschen und der natürlichen Welt … wichtiger ist als ihre Aufdeckung der Gefahren der Pestizidverschmutzung.« Ein Haupthindernis für den notwendigen Wandel ist, so wie ich es sehe, die Dynamik des globalen Wirtschaftssystems, angetrieben vor allem durch die Macht multinationaler Konzerne, die kaum ein Interesse daran haben, irgendetwas zu ändern. Wie kann ein alles niederwalzender Goliath in seine Schranken gewiesen werden? Viele gute Ansätze sind vorhanden, aber sie brauchen dringend Verstärkung. Der »moralische Mut von Rachel Carson« (Williams 2007) ist der Maßstab, an dem wir uns messen müssen!

# Angaben zu den Quellen und Danksagung

Das bedeutendste Werk über Carson ist *Rachel Carson. Witness for Nature* (Erstveröffentlichung 1997, Neuausgabe 2009), die umfangreiche Biografie der Umwelthistorikerin Linda Lear, hinter der zehn Jahre Arbeit stecken. Sie wurde 1999 von der History of Science Society mit dem Preis für das beste Buch über Frauen in der Wissenschaft ausgezeichnet. Auch ich habe mich stark auf dieses Buch gestützt. Ich danke Linda Lear für die Erlaubnis, daraus zitieren zu dürfen, wie auch für die von ihr und ihrem Gatten John Nickum gewährte Gastfreundschaft in ihrem Heim in Bethesda, MD, im September 2013.

Zusätzlich habe ich mich an den Carson-Büchern der folgenden Autoren, Autorinnen orientiert: Paul Brooks (1972/1989), Carol Gartner (1983), Ellen Levine (2007), Priscilla Coit Murphy (2005), Arlene Rodda Quaratiello (2010), William Souder (2012) und Philip Sterling (1970). Frank Graham (1971) und H. Patricia Hynes (1990) beleuchten die Pestizid-Situation in ihrer Entwicklung nach Carson, im letzteren Fall aus feministischer Perspektive.

Aus den Schriften von Carson selbst habe ich ausgiebig zitiert, aus ihren Büchern zum Teil auch längere Textabschnitte übernommen. Als Vorlage dienten mir zum einen die vorhandenen deutschen Übersetzungen *Unter dem Meerwind* (1947), *Die Geheimnisse des Meeres* (1952), *Am Saum der Gezeiten* (1957) und *Der stumme Frühling* (1963). Ich habe dabei kleinere Korrekturen vorgenommen, einerseits die neue Rechtschreibung, andererseits meines Erachtens falsch übersetzte Pflanzen- oder Tiernamen betreffend. Zum anderen habe ich aus Originalen selbst ins Deutsche übersetzt, vor allem aus *The Sense of Wonder* (1998) wie auch aus dem von Martha Freeman herausgegebenen Buch *Always, Rachel* (1995), das den Briefaustausch zwischen Carson und ihrer Freundin Dorothy Freeman enthält.

Den folgenden Personen spreche ich meinen herzlichen Dank aus:

Kathy Sykes, Environmental Protection Agency (EPA), Washington, DC, die mich für ein Gespräch empfing und mir den für Konferenzen benutzten »Rachel Carson Green Room« zeigte. Sykes ist Organisatorin des »Sense of Wonder Contest«, der an intergenerationelle Teams gerichtet ist, die ihre Sinneseindrücke aus Naturerlebnissen festzuhalten versuchen;

Diana Post, frühere Präsidentin und Geschäftsleiterin des Rachel Carson Council, und ihrem Gatten Cliff, die uns (meiner Frau, Mariann Hamel, und mir) das Heim Carsons in Silver Spring, MD, zeigten und uns erlaubten, in ihm zu übernachten. Diana versorgte mich auch mit verschiedenen Unterlagen. Der Council ist eine Organisation, die im Geiste von Carson die Öffentlichkeit über die Pestizid-Problematik auf dem Laufenden zu halten versucht;

Mark Madison vom National Conservation Training Center des US Fish and Wildlife Service (FWS) in Shepherdstown, WV, der mir gestattete, aus dem dortigen Carson-Archiv diverse Dokumente zu kopieren, und mich mit Bildmaterial versorgte;

Patricia DeMarco, frühere Präsidentin der Rachel Carson Homestead Association, die uns durch Carsons Geburtshaus in Springdale, PA, und auch über den Campus der

Chatham University in Pittsburgh führte, die aus dem damals von Carson besuchten Pennsylvania College for Women (PCW) hervorgegangen ist;

Rachel Grove Rohrbaugh, Bibliothekarin für die College Archives, Chatham University, die mich Dokumente aus der dortigen Rachel Carson Collection abfotografieren ließ;

Minnette B. Boesel, Houston, TX, für die Erlaubnis, das von ihrer Mutter, Minnette D. Bickel 1987 gemalte Porträt von Rachel Carson für den Buchumschlag zu verwenden;

Verschiedenen für die Yale Collection of American Literature, Beinecke Rare Book and Manuscript Library an der Yale University in New Haven, CT, tätigen Frauen, die meinen Besuch betreuten, mir Dokumente aus den Rachel Carson Papers (Carsons persönlicher Nachlass) heraussuchten und mir erlaubten, meine Kamera zu benutzen;

Roland Clement, 100 Jahre alt, in einem Altersheim in Hamden nördlich von New Haven, CT, lebend, der zur Zeit von *Silent Spring* ein Mitstreiter Carsons war und uns eine Stunde lang in aufgeweckter Weise an seinen Erinnerungen teilhaben ließ;

Benjamin Panciera, der die Linda Lear Collection of Rachel Carson Books and Papers (von Linda Lear während ihrer Biografie-Arbeit gesammelte Unterlagen) am Connecticut College in New London, CT, betreut, mir Einsicht in Dokumente ermöglichte und Fotos aussuchte;

Richard Borden, Rachel Carson Chair in Human Ecology, College of the Atlantic, Bar Harbor, ME, der mich mit den Adressen von Martha Freeman und Roger Christie versorgte;

Roger Christie, Carsons Großneffe, in Harvard, MA, nordwestlich von Boston zuhause, der uns für ein Gespräch empfing und uns eine viertägige Miete der Carson-Cottage auf der Southport Island in Maine ermöglichte;

Martha Freeman in Portland, ME, der Enkelin von Dorothy Freeman, der besten Freundin Carsons, für einen berührenden mündlichen Austausch und für die Erlaubnis, ein Foto ihrer Großmutter zu reproduzieren und aus zwei Briefen von ihr zu zitieren;

Christian Dittus, Literaturagentur Paul & Peter Fritz AG in Zürich, für die in Vertretung des Rachel Carson Estate (Frances Collin) erteilte Bewilligung für die Übernahme von Textausschnitten aus den Schriften von Carson;

Jennifer Royston, C.H. Beck Verlag, München, die zustimmte, dass ich, soweit vorhanden, für die Carson-Zitate die bestehenden deutschen Übersetzungen benutzte;

Clemens Herrmann vom oekom Verlag für die gute Betreuung meines Buchprojektes;

Janet Weaver, Iowa Women's Archives, University of Iowa, Iowa City; Laura Garner, Northeast Fisheries Science Center (NEFSC), National Oceanic and Atmospheric Administration (NOAA); Jim Stimpert, Sheridan Libraries, Johns Hopkins University, Baltimore, MD; Bernhard Glaeser, Berlin; Linda Tanner, Fotografin in Südkalifornien und Thane Rogers, Fotograf, Wichita, KS, für die kostenlose Überlassung von Fotomaterial.

Quellen von erworbenen Bildern waren: Rachel Carson Council, Silver Spring, MD; Rachel Carson Collection, Chatham University, Pittsburgh; Linda Lear Collection, Connecticut College, New London, CT; Keystone AG, Zürich; Corbis Schweiz, Zürich; Getty Images Deutschland, München; Universal Uclick, Kansas City; Western Forest Insect Work Co., Washon, WA.

# Literatur

Anmerkung: Rachel Carson zeichnete als Autorin unterschiedlich: Früher eher mit »Rachel Louise Carson« oder »Rachel L. Carson,« zeitweise mit »R.L. Carson« (vgl. p. 76) und später meist mit »Rachel Carson.« Der Einfachheit halber habe ich überall die letzte Version verwendet.


Anticaglia, Elizabeth 1975. *Twelve American Women.* Nelson-Hall, Chicago.

Atkinson, Brooks 1962. »Critic at Large: Rachel Carson's Articles on the Danger of Chemical Sprays Prove Effective.« In: *The New York Times*, 11. Sept.

Atkinson, Brooks 1963. »Critic at Large: Rachel Carson's ›Silent Spring‹ Is Called ›The Rights of Man‹ of Our Time.« In: *The New York Times*, 2. April.

Baldwin, Ira L. 1962. »Chemicals and Pests.« In: *Science* 137 (28. Sept.), 1042-1043.

Barker, R.J. 1958. »Notes on Some Ecological Effects of DDT Sprayed on Elms.« In: *Journal of Wildlife Management* 22/3, 269-274 (gekürzte Version in Dunlap, T.R. 2008, 65-67).

Barnes, Irston R. 1964. »The Not-So-Silent Bequest of Rachel Carson, Scientist and Humanist.« In: *The Washington Post*, 19. April (Nachruf).

Bean, William B. 1963. »The Noise of Silent Spring.« In: *Archives of Internal Medicine* 112/3 (Sept.), 308-311.

Beebe, William 1941. [Besprechung von *Under the Sea-Wind*] In: *The Saturday Review of Literature* 27. Dez.

Beebe, William (Hrsg.) 1944. *The Book of Naturalists: An Anthology of the Best Natural History.* Alfred A. Knopf, New York (Neuauflage 1988 bei Princeton University Press, Princeton, NJ).

Bekoff, Marc und Jan Nystrom 2004. »The Other Side of Silence: Rachel Carson's View of Animals.« In: *Human Ecology Review* 11/2, 186-200.

Benbrook, Charles 2009. *Impacts of Genetically Engineered Crops on Pesticide Use in the United States: The First Thirteen Years.* The Organic Center, Washington, DC.

Briejèr, Cornelis Jan 1958. »The Growing Resistance of Insects to Insecticides.« In: *The Atlantic Naturalist*, 13/Juli-September, 149-155.

Briggs, Shirley A. 1955. »The Edge of the Sea: A Review.« In: *The Atlantic Naturalist* 11/2 (Nov.-Dez.), 90.

Briggs, Shirley A. 1987. »Rachel Carson: Her Vision and Her Legacy.« In: Gino J. Marco u.a. (Hrsg.). *Silent Spring Revisited,* 3-11. American Chemical Society, Washington, DC.

Briggs, Shirley A. 1992. »U.S. Federal Regulation of Pesticides, 1910-1988.« In: Briggs, S.A. und Rachel Carson Council 1992, 279-283.

Briggs, Shirley A. und Rachel Carson Council 1992. *Basic Guide To Pesticides: Their Characteristics and Hazards.* Taylor & Francis, Washington, DC.

Brinkley, Douglas 2012. »Rachel Carson and JFK, an Environmental Tag Team.« In: *Audubon Magazine Online*, Mai-Juni.

Brooks, Paul 1980. *Speaking for Nature: How Literary Naturalists from Henry Thoreau to Rachel Carson Have Shaped America.* Houghton Mifflin, Boston.

Brooks, Paul 1989. *The House of Life. Rachel Carson at Work, with Selections from Her Writings.* Houghton Mifflin, Boston (Erstveröffentlichung 1972).

Carpenter, Kenneth J. 2000. »Thomas Hughes Jukes (1906-1999).« In: *Journal of Nutrition* 130/6, 1521-1523.

Carson, Maria 1907. »Baby Record.« Manuskript, Rachel Carson Papers. Yale Collections of American Literature, Beinecke Rare Book and Manuscript Library, Yale University, New Haven, CT.

Carson, Rachel 1918. »A Battle in the Clouds.« In: *St. Nicholas Magazine* 45 (Sept.), 1048.

Carson, Rachel 1919a. »A Young Hero.« In: *St. Nicholas Magazine* 46 (Jan.), 280.

Carson, Rachel 1919b. »A Message to the Front.« In: *St. Nicholas Magazine* 46 (Febr.), 375.

Carson, Rachel 1919c. »A Famous Sea Fight.« In: *St. Nicholas Magazine* 46 (Aug.), 951.

Carson, Rachel 1922. »My Favorite Recreation.« In: *St. Nicholas Magazine* 49 (Juli), 999 (wiedergegeben in Lear, L. (Hrsg.) 1998 ⇨ Carson, R. 1998c).

Carson, Rachel1925a. »Intellectual Dissipation.« Senior Thesis, Parnassus Highschool. Manuskript, Rachel Carson Collection, College Archives, Chatham University, Pittsburgh, PA.

Carson, Rachel 1925b. »Who I Am and Why I Came to PCW.« Essay, PCW. Manuskript, Rachel Carson Collection, College Archives, Chatham University, Pittsburgh, PA.

Carson, Rachel 1926a. »The Master of the Ship's Light.« In: *The Arrow* 5/13 (30. April), 7-10.

Carson, Rachel 1926b. »Why I am a Pessimist.« In: *The Arrow* 6/5 (19. Nov.), 16.

Carson, Rachel 1927a. »Keeping an Expense Account.« In: *The Arrow* 6/9 (11. Febr.), 7.

Carson, Rachel 1927b. »The Golden Apple.« In: *The Arrow* 6/12 (25. März), 10-11.

Carson, Rachel 1927c. »Broken Lamps.« In: *The Arrow* 6/16 (27. Mai), 6-9.

Carson, Rachel 1927d. »Let's Raise Chickens.« In: *The Arrow* 7/3 (28. Okt.), 14-15.

Carson, Rachel 1928a: »Triolet.« In: *The Arrow* 7/7 (13. Jan.), 11.

Carson, Rachel 1928b. »Let's Go Coasting«. In: *The Arrow* 7/11 (9. März), 3.

Carson, Rachel 1928c. »Homecoming.« In: *The Arrow* 7/11 (9. März), 9-10.

Carson, Rachel 1936a. »It'll Be Shad-Time Soon.« In: *Baltimore Sunday Sun*, 1. März.

Carson, Rachel 1936b. »Numbering the Fish of the Sea.« In: *Baltimore Sunday Sun*, 24. Mai.

Carson, Rachel 1937a. »The Northern Trawlers Move South.« In: *Baltimore Sunday Sun,* 3. Jan.

Carson, Rachel 1937b. »Shad Going the Way of the Buffalo.« In: Charleston *S.C. News-Current*, 14. Febr.

Carson, Rachel 1937c. »Undersea«. In: *The Atlantic Monthly* 160 (Sept.), 322-325 (wiedergegeben in: Lear, L. (Hrsg.) 1998 ⇨ Carson, R. 1998b).

Carson, Rachel 1938a. »Ducks Are On Increase, But The Short Hunting Season Will Continue.« In: *Baltimore Sunday Sun*, 16. Jan.

Carson, Rachel 1938b. »Baltimore New Mecca For Nation's Sportsmen And Conservationists.« In: *Baltimore Sunday Sun*, 13. Febr.

Carson, Rachel 1938c. »Fight for Wildlife Pushes Ahead.« In: *Richmond Times Dispatch Sunday Magazine*, 20. März, 8-9 (gekürzt wiedergegeben in: Lear, L. (Hrsg.) 1998 ⇨ Carson, R. 1998d).

Carson, Rachel 1938d. »Walrus and Carpenter Not Oyster's Only Foe. « In: *Baltimore Sunday Sun*, 21. Aug.

Carson, Rachel 1938e. »Giants Of The Tide Rip Off Nova Scotia Again.« In: *Baltimore Sunday Sun*, 28. Aug.

Carson, Rachel 1938f. »Mass Production for Diamond-Back Terrapins.« In: *Baltimore Sun*, 13. Sept.

Carson, Rachel 1938g. »Chesapeake Eels Seek the Sargasso Sea.« In: *Baltimore Sunday Sun*, 9. Okt. (wiedergegeben in Lear, L. (Hrsg.) 1998 ⇨ Carson, R. 1998e).

Carson, Rachel 1939a. »Starlings A Housing Problem.« In: *Baltimore Sunday Sun*, 5. März.

Carson, Rachel 1939b. »How About Citizenship Papers for the Starling?« In: *Nature Magazine* 32/6(Juni-Juli), 317-319.

Carson, Rachel 1941. *Under the Sea-Wind. A Naturalist's Picture of Ocean Life*. Simon & Schuster, New York.

Carson, Rachel 1943a. »Food from the Sea: Fish and Shellfish of New England.« *Conservation Bulletin* 33, US Fish and Wildlife Service, US Government Printing Office, Washington, DC.

Carson, Rachel 1943b. »Food from the Home Waters: Fishes of the Middle West.« *Conservation Bulletin* 34, US Fish and Wildlife Service, US Government Printing Office, Washington, DC.

Carson, Rachel 1944a. »Fish and Shellfish of the South Atlantic and Gulf Coasts.« *Conservation Bulletin* 37, US Fish and Wildlife Service, US Government Printing Office, Washington, DC.

Carson, Rachel 1944b. »The Bat Knew It First.« In: *Collier's*, 18. Nov., 24.

Carson, Rachel 1945a. »Fish and Shellfish of the Middle Atlantic Coast.« *Conservation Bulletin* 38, US Fish and Wildlife Service, US Government Printing Office, Washington, DC.

Carson, Rachel 1945b. »Sky Dwellers.« In: *Coronet*, Nov. (gekürzt, volle Version wiedergegeben in Lear, L. (Hrsg.) 1998 ⇨ Carson, R. 1998f).

Carson, Rachel 1947a. »Chincoteague: A National Wildlife Refuge.« *Conservation in Action* 1, US Fish and Wildlife Service, US Government Printing Office, Washington, DC.

Carson, Rachel 1947b. »Parker River, a National Wildlife Refuge.« *Conservation in Action* 2, US Fish and Wildlife Service, US Government Printing Office, Washington, DC.

Carson, Rachel 1947c. »Mattamuskeet, a National Wildlife Refuge.« *Conservation in Action* 4, US Fish and Wildlife Service, US Government Printing Office, Washington, DC. (gekürzt wiedergegeben in Lear, L. (Hrsg.) 1998 ⇨ Carson, R. 1998i).

Carson, Rachel 1947d. *Unter dem Meerwind*. Büchergilde Gutenberg, Zürich.

Carson, Rachel 1948a. »Guarding Our Wildlife Resources.« *Conservation in Action* 5, US Fish and Wildlife Service, US Government Printing Office, Washington, DC.

Carson, Rachel 1948b. »The Great Red Tide Mystery. An explanation of the marine phenomenon that had biologists really worried.« In: *Field & Stream*, Febr., 15-18.

Carson, Rachel 1950. »The Birth of an Island.« In: *Yale Review* 40/1 (Sept.), 112-126.

Carson, Rachel 1951a. »Profiles: The Sea«. In: *The New Yorker*, 2., 9. und 16. Juni (Auszug aus *The Sea Around Us*).

Carson, Rachel 1951b. *The Sea Around Us*. Oxford University Press, New York.

Carson, Rachel 1952a. *Geheimnisse des Meeres*. Biederstein, München.

Carson, Rachel 1952b. »Design for Nature Writing.« In: *The Atlantic Naturalist* (Mai-Aug.), 232-234 (wiedergegeben in Lear, L. (Hrsg.) 1998 ⇨ Carson, R. 1998o).

Carson, Rachel 1953. »Mr. Day's Dismissal.« In: *The Washington Post*, 22. April, A26 (wiedergegeben in Lear, L. (Hrsg.) 1998 ⇨ Carson, R. 1998p).

Carson, Rachel 1955a. »Profiles: The Edge of the Sea.« In: *The New Yorker*, 20. und 27. Aug. (Auszug aus *The Edge of the Sea*).

Carson, Rachel 1955b. *The Edge of the Sea*. Houghton Mifflin, Boston.

Carson, Rachel 1956. »Help your child to wonder.« In: *Woman's Home Companion* 83 (Juli), 25-27, 46-48.

Carson, Rachel 1957. *Am Saum der Gezeiten. Eine Küstenwanderung.* Biederstein, München.

Carson, Rachel 1958. »Our Ever-Changing Shore.« In: *Holiday* 24 (Juli), 71, 117-120 (wiedergegeben in Lear, L. (Hrsg.) 1998 ⇨ Carson, R. 1998r; leicht verändert auch in Brooks 1989, 216-226).

Carson, Rachel 1959. »Vanishing Americans.« In: *The Washington Post*, 10. April, A26 (wiedergegeben in Lear, L. 1998 ⇨ Carson, R. 1998v).

Carson, Rachel 1961a. *The Sea Around Us.* Revidierte Ausgabe, Oxford University Press, New York.

Carson, Rachel 1961b. »Preface to the 1961 Edition.« In: Carson, R. 1961a, vii-xiii.

Carson, Rachel 1962a. »Of Man and the Stream of Time.« In: *Scripps College Bulletin*, 12. Juni, Claremont, CA.

Carson, Rachel 1962b. »A Reporter at Large: ›Silent Spring.‹« In: *The New Yorker* 38/17 (16. Juni), 35-99; 38/18 (23. Juni), 31-89; 38/19 (30. Juni), 35-67 (Auszug aus *Silent Spring*).

Carson, Rachel 1962c. *Silent Spring.* Houghton Mifflin, Boston.

Carson, Rachel 1962d. »Poisoned Waters Kill Our Fish and Wildlife.« In: *Audubon Magazine* 64/Sept.-Okt, 250-253, 285, 296.

Carson, Rachel 1963a. *Der stumme Frühling.* Biederstein, München.

Carson, Rachel 1963b. »She Started It All – Here's Her Reaction. Rachel Carson Writes on Pesticide Report.« In: *New York Herald Tribune*, 19. Mai.

Carson, Rachel 1963c. »Statement of Rachel Carson Before the Subcommittee on Reorganization and International Organizations of the Committee on Government Operations. Environmental Hazards: Control of Pesticides and Other Chemical Poisons, June 4, 1963.« Manuskript, Rachel Carson Papers. Yale Collections of American Literature, Beinecke Rare Book and Manuscript Library, Yale University, New Haven, CT.

Carson, Rachel 1963d. »Statement of Rachel Carson Before the Senate Committee on Commerce at Hearing on S. 1250 and S. 1251, June 6, 1963.« Manuskript, Rachel Carson Papers. Yale Collections of American Literature, Beinecke Rare Book and Manuscript Library, Yale University, New Haven, CT.

Carson, Rachel 1963e. »The Living Ocean. Mother of Life: A Year Book Special Report.« In: *The World Book Encyclopedia Yearbook*, 52-64. Chicago World Book, Childcraft International, Chicago.

Carson, Rachel 1963f. »Rachel Carson Answers Her Critics.« In: *Audubon Magazine* 65/Sept.-Okt., 262-265, 313-315.

Carson, Rachel 1965. *The Sense of Wonder.* Harper & Row, New York (mit Fotos von Charles Pratt).

Carson, Rachel 1987. *Silent Spring.* 25th Anniversary Edition. Houghton Mifflin, Boston (mit einer Einleitung von Paul Brooks).

Carson, Rachel 1994. *Silent Spring.* Houghton Mifflin, Boston (mit einer Einleitung von Al Gore).

Carson, Rachel 1989a. »National Book Award Acceptance Speech.« In: Brooks, P. 1989, 127-129 (Ansprache am 29. Jan. 1952, gekürzte Version auch in Lear, L. (Hrsg.) 1998 ⇨ Carson, R. 1998n).

Carson, Rachel 1998a. *The Sense of Wonder.* HarperCollins, New York (mit Fotos von Nick Kelsh und einer Einleitung von Linda Lear).

Carson, Rachel 1998b. »Undersea.« In: Lear, L. (Hrsg.) 1998, 3-11 (ursprünglich Carson, R. 1937c).

Carson, Rachel 1998c. »My Favorite Recreation. «In: Lear, L. (Hrsg.) 1998, 12-13 (ursprünglich Carson, R. 1922).

Carson, Rachel 1998d. »Fight for Wildlife Pushes Ahead.« In: Lear, L. (Hrsg.) 1998, 14-19 (gekürzte Version, ursprünglich Carson, R. 1938c).

Carson, Rachel 1998e. »Chesapeake Eels Seek the Sargasso Sea.« In: Lear, L. (Hrsg.) 1998, 19-23 (ursprünglich Carson, R. 1938g).

Carson, Rachel 1998f. »Ace of Nature's Aviators.« In: Lear, L. (Hrsg.) 1998, 24-29 (Manuskript 1944, kondensierte Fassung als »Sky Dwellers« ⇨ Carson, R. 1945b).

Carson, Rachel 1998g. »Road of the Hawks.« In: Lear, L. (Hrsg.) 1998, 30-32 (nicht veröffentlichte Feldnotizen von 1945).

Carson, Rachel 1998h. »An Island I Remember.« In: Lear, L. (Hrsg.) 1998, 33-40 (nicht veröffentlichtes Essay von 1946).

Carson, Rachel 1998i. »Mattamuskeet: A National Wildlife Refuge.« In: Lear, L. (Hrsg.) 1998, 41-49 (gekürzte Fassung von Carson, R. 1947c).

Carson, Rachel 1998j. »Memo to Mrs. Eales on *Under the Sea-Wind*.« In: Lear, L. (Hrsg.) 1998, 53-62.

Carson, Rachel 1998k. »*New York Herald-Tribune* Book and Author Luncheon Speech.« In: Lear, L. (Hrsg.) 1998, 76-82 (Vortrag am 16. Okt. 1951).

Carson, Rachel 1998m. »Jacket Notes for the RCA Victor Recording of Claude Debussy's *La Mer* / National Symphony Orchestra Speech. In: Lear, L. (Hrsg.) 1998, 83-89 (Vortrag am 25. Sept. 1951).

Carson, Rachel 1998n. »Remarks at the Acceptance of the National Book Award for Nonfiction.« In: Lear, L. (Hrsg.) 1998, 90-92 (Ansprache am 29. Januar 1952).

Carson, Rachel 1998o. »Design for Nature Writing.« In: Lear, L. (Hrsg.) 1998, 93-97 (Ansprache beim Empfang der John Burroughs Medal am 7. April 1952; ursprünglich Carson, R. 1952b).

Carson, Rachel 1998p. »Mr. Day's Dismissal.« In: Lear, L. (Hrsg.) 1998, 98-100 (ursprünglich Carson, R. 1953).

Carson, Rachel 1998q. »Preface to the Second Edition of *The Sea Around Us*.« In: Lear, L. (Hrsg.) 1998, 101-109 (ursprünglich Carson, R. 1961b).

Carson, Rachel 1998r. »Our Ever-Changing Shore.« In: Lear, L. (Hrsg.) 1998, 113-124 (ursprünglich Carson, R. 1958).

Carson, Rachel 1998s. »The Edge of the Sea.« In: Lear, L. (Hrsg.) 1998, 133-146 (Vortrag bei der American Association for the Advancement of Science (AAAS) am 29. Dez. 1953).

Carson, Rachel 1998t. »The Real World Around Us.« In: Lear, L. (Hrsg.) 1998, 147-163 (Vortrag bei Theta Sigma Phi am 21. April 1954).

Carson, Rachel 1998u. »Clouds.» In: Lear, L. (Hrsg.) 1998, 175-185 (Skript für den TV-Radio Workshop „Something About the Sky" der Ford Foundation, CBS Omnibus, 11. März 1957).

Carson, Rachel 1998v. »Vanishing Americans.« In: Lear, L. (Hrsg.) 1998, 189-191 (ursprünglich Carson, R. 1959).

Carson, Rachel 1998w. »Women's National Press Club Speech.« In: Lear, L. (Hrsg.) 1998, 201-210 (Vortrag am 5. Dez. 1962).

Carson, Rachel 1998x. »A New Chapter to Silent Spring.« In: Lear, L. (Hrsg.) 1998, 211-222 (Vortrag beim Garden Club of America am 8. Jan. 1963).

Carson, Rachel 1998y. »The Pollution of Our Environment.« In: Lear, L. (Hrsg.) 1998, 227-245 (Vortrag beim Kaiser-Permanente Symposium »Man Against Himself« am 18. Okt. 1963, San Francisco).

Carson, Rachel 2002. *Silent Spring*. 40th Anniversary Edition. Houghton Mifflin, Boston und New York (mit einer Einleitung von Linda Lear und einem Nachwort von Edward O. Wilson).

Carson, Rachel 2003. *The Sea Around Us. An Illustrative Commemorative Edition*. Oxford University Press, New York (mit einem Vorwort von Carl Safina).

Carson, Rachel 2007. *Der stumme Frühling*. C.H. Beck, München (mit einem Vorwort von Joachim Radkau).

Cerutti, Herbert 2002. »Gring ache u seckle« [Über die rote Feuerameise]. In: *NZZ Folio* 4 (April), 52-54.

Cerutti, Herbert 2007. »Monsterparade. Am Meeresgrund lauern Kreaturen schlimmer als die Visionen von Hieronymus Bosch.« In: *NZZ Folio* 7 (Juli), 16-23.

Cerutti, Herbert 2011. *Wie Hans Rudolf Herren 20 Millionen Menschen rettete. Die ökologische Erfolgsstory eines Schweizers*. Orell Füssli, Zürich.

*C&EN (Chemical & Engineering News)* 1962. »Industry Maps Defense to Pesticide Criticisms. Government also responds to charges against pesticides contained in Rachel Carsons's New Yorker articles and forthcoming book.« 40/33, 13. Aug., 23-25.

*Chemical Week* 1962a. »Viewpoint: The Chemicals Around Us.« 14. Juli, 5.

*Chemical Week* 1962b. »Viewpoint: Nature is for the Birds.« 28. Juli, 5.

*Chemical Week* 1962c. »Response to Criticism.« 11. Aug., 42.

*Chemical Week* 1962d. »Bracing for Broadside.« 6. Okt., 23.

Clark, Austin H. 1951. »From the Beginning of the World.« In: *Saturday Review of Literature*, 7 (Juli), 13-14 (Besprechung von *The Sea Around Us*).

Clement, Roland C. 1962. »Three Reviews by Roland C. Clement: *Silent Spring*. In: *Audubon Magazine* 64, 356.

Codman, R.C. 1958. »Prefers DDT Control to Moths, Mosquitoes«. In: *Boston Herald*, 16. Jan., sec. 3, 28.

Colborn, Theo; Dianne Dumanoski und John Peterson Myers 1996a. *Our Stolen Future. Are We Threatening Our Fertility, Intelligence, and Survival? A Scientific Detective Story*. Dutton, New York.

Colborn, Theo; Dianne Dumanoski und John Peterson Myers 1996b. *Die bedrohte Zukunft. Gefährden wir unsere Fruchtbarkeit und Überlebensfähigkeit?* Droemer Knaur, München (deutsche Übersetzung von Colborn T. u.a. 1996a).

Cole, LaMont C. 1962. »Rachel Carson's Indictment of the Wide Use of Pesticides.« In: *Scientific American* 207/6 (Dez.), 173-174, 176-180.

Cottam, Clarence 1963. »A Noisy Reaction to Silent Spring.« In: *Sierra Club Bulletin* 48 (Jan.), 4-5, 14-15.

Cottam, Clarence und Elmer Higgins 1946. »DDT: Its Effect on Fish and Wildlife.« *Circular* 11, US Fish and Wildlife Service, US Government Printing Office, Washington, DC.

Cottam, Clarence und Thomas G. Scott 1963. »A Commentary on *Silent Spring*.« In: *Journal of Wildlife Management* 27/1 (Jan.), 151-155.

Cruger, Dorothea 1951. »Object of Her Affection Is the Ocean.« In: *Washington Post*, 4. Juli (Besprechung von *The Sea Around Us*).

Darby, William J. 1962. »Silence, Miss Carson.« In: *Chemical & Engineering News* 40/40, 1. Okt., 60, 62-63.

Delingpole, James 2009. »Rachel Carson, environmentalism's answer to Pol Pot.« In: *Telegraph Online* 28. Mai.

Devlin, John C. 1958. »U.S. Is Losing Its Bald Eagles; Sterility Suspected, DDT Cited.« In: *The New York Times*, 13. Sept.

Diamond, Edwin 1963. »The Myth of the ›Pesticide Menace‹.« In: *Saturday Evening Post* 236, 28. Sept., 16, 18.

District Court for the Eastern District of New York 1957. »Murphy v. Benson,« 151 F. Supp. 786.

District Court for the Eastern District of New York 1958. »Murphy v. Benson,« 164 F. Supp. 120.

Douglas, William O. 1962. »Silent Spring by Rachel Carson: A Report.« In: *Book of the Month Club News*, Sept., 2-4.

Dritschilo, William 2006. »Commentary: Rachel Carson and Mid-Twentieth Century Ecology.« In: *Bulletin of the Ecological Society of America* 87/4 (Okt.), 357-367.

Dunlap, Thomas R. (Hrsg.) 2008. *DDT, Silent Spring, and the Rise of Environmentalism.* Classic Texts. University of Washington Press, Seattle und London.

Durgin, Cyrus 1951. »Overnight Miss Carson Has Become Famous.« In: *Boston Globe*, 20. Juli, 1, 4 (Besprechung von *The Sea Around Us*).

Egler, Frank E. 1958. »Science, Industry, and the Abuse of Rights of Way.« In: *Science* 127/3298, 573-580.

Egler, Frank E. 1962. »Pesticides and the National Academy of Sciences (A review of pesticide bulletins I and II).« In: *The Atlantic Naturalist* 17/Okt.-Dez., 267-271.

Egler, Frank E. 1964. »Pesticides – in our Ecosystem.« In: *American Scientist* 52, 110-136.

Eiseley, Loren 1962. »Using a Plague to Fight a Plague.« In: *Saturday Review of Literature*, 29. Sept., 18, 19, 34 (Besprechung von *Silent Spring*).

Fahrenthold, David A. 2007. »Bill to Honor Rachel Carson on Hold.« In: *The Washington Post*, 23. Mai.

Freeman, Martha (Hrsg.) 1995. *Always, Rachel. The Letters of Rachel Carson and Dorothy Freeman, 1952-1964.* Beacon Press, Boston.

Gartner, Carol B. 1983. *Rachel Carson: Literature and Life.* Frederick Ungar, New York.

Gladwell, Malcolm 2001. »Annals of Public Health: The Mosquito Killer. Millions of people owe their lives to Fred Soper. Why isn't he a hero?« In: *The New Yorker* 2. Juli, 42-51.

Gore, Al 2007. »Rachel Carson and *Silent Spring*.« In: Matthiessen, P. (Hrsg.) 2007, 63-78.

Graham, Frank Jr. 1970. *Since Silent Spring.* Hamish Hamilton, London.

Graham, Frank Jr. 1971. *Seit dem »stummen Frühling«*. Biederstein, München (deutsche Übersetzung von Graham 1970).

Graham, Frank Jr. 1980. »The Witch-hunt of Rachel Carson. SILENT SPRING was the subject of vitriolic attacks by the pesticide industry.« In: *The Ecologist* 10/3 (März), 75-77.

Griswold, Eliza 2012. »How ›Silent Spring‹ Ignited the Environmental Movement.« In: *The New York Times*, 21. Sept.

Grube, Arthur; David Donaldson, Timothy Kiely und La Wu 2011. *Pesticides Industry Sales and Usage. 2006 and 2007 Market Estimates.* US Environmental Protection Agency (EPA), Washington, DC.

Hall, Russell J. 1987. »Impact of Pesticides on Bird Populations.« In: Gino J. Marco u.a. (Hrsg.), 85-111.

Harvey, Mary Kersey 1962. »The Author: Rachel Carson.« In: *Saturday Review of Literature*, 29. Sept., 18 (Einführung zu Eiseley, L. 1962).

Hawkes, Jacquetta 1956. »The World Under Water.« In: *The New Republic*, 23. Jan., 17-18 (Besprechung von *The Edge of the Sea*).

Hazlett, Maril 2004. »›Woman vs. Man vs. Bugs‹: Gender and Popular Ecology in Early Reactions to *Silent Spring*.« In: *Environmental History* 9/4 (Okt.), 701-729.

Henry, Mickaël u.a. 2012. »A common pesticide decreases foraging success and survival in honey bees.« In: *Science* 336 (20. April), 348-350.

Herren, Hans Rudolf 2011. »Nahrung und Gesundheit für alle.« In: *BioVision Newsletter* 22, 2-3. Biovision – Stiftung für ökologische Entwicklung, Zürich.

Heyerdahl, Thor 1948. *The Kon-Tiki Expedition: By Raft Across the South Seas.* George Allen & Unwin, London.

Higgins, Elmer 1942. »*Under the Sea-Wind.* A Naturalist's Picture of Ocean Life. By Rachel L. Carson.« In: *The Progressive Fish-Culturist* 8/56, 33.

Howard, Jane 1962. »The Gentle Storm Center: Rachel Carson.« In: *Life* 53/15 (12. Okt.), 105-106, 109-110.

Huckins, Olga Owens 1958. »Evidence of Havoc by DDT Air Spraying.« In: *Boston Herald*, 29. Januar, sec. 3, 14.

Hynes, H. Patricia 1989. *The Recurring Silent Spring.* Pergamon Press, New York.

Hynes, H. Patricia 1990. *Als es Frühling war. Von Rachel Carson zur feministischen Ökologie.* Orlanda Frauenverlag, Berlin (deutsche Übersetzung von Hynes 1989).

Hynes, H. Patricia 1992. »Naturliebe und Sachverstand – eine hochpolitische Mischung.« In: Weizsäcker, Christine von und Elisabeth Bücking 1992. *Mit Wissen, Widerstand und Witz. Wie Frauen die Umwelt retten*, 14-25. Herder, Freiburg i.Br.

IAASTD (International Assessment of Agricultural Knowledge, Science and Technology for Development) 2009. *Agriculture at a Crossroads.* Synthesis Report. Island Press, Washington, DC.

Infonet-BioVision 2014. »Malaria.« www.infonet-biovision.org/default/ct/209/humandiseases, 8.2.14.

Israelson, David 1991. *Silent Earth. The Politics of Our Survival.* Penguin Books, Toronto u.a.

*Journal of Wildlife Management, The* 1946. »DDT and Wildlife.« 10/3 (Juli), 181-218.

Jukes, Thomas H. 1962a. »A Town in Harmony.« In: *Chemical Week*, 18. Aug.

Jukes, Thomas H. 1962b. »A Balance of Nature Story As It Might Have Been.« In: *NAC News and Pesticide Review*, Aug., 15.

Keats, John 1910. *Gedichte.* Übertragen von Gisela Etzel. Insel, Leipzig.

Kennedy, John F. 1961. »Special Message to the Congress on Natural Resources,« February 23. Online von Gerhard Peters und John T. Woolley: *The American Presidency Project.* www.presidency.ucsb.edu/ws/?pid=8466, 13.11.13.

Kennedy, Robert F., Jr. 2005. *Crimes Against Nature. How George W. Bush and His Corporate Pals Are Plundering the Country and Hijacking Our Democracy.* Harper Perennial, New York u.a.

Kenyon, Richard L. 1962. »Pesticides on Trial. Shortages of facts and excesses of emotion could deprive us of major benefits.« In: *Chemical & Engineering News* 40/31, 30. Juli, 5.

Kinkela, David 2011. *DDT and the American Century: Global Health, Environmental Politics, and the Pesticide That Changed the World.* The University of North Carolina Press, Chapel Hill, NC.

Koch-Kanz, Swantje und Luise F. Pusch 2005. »›Die schönsten Äusserungen der Liebe, die ich je gelesen habe.‹ Rachel Carson (1907-1964) und Dorothy Freeman (1898-1978).« In: Horsley, Joey und Luise F. Pusch (Hrsg.) 2005. *Berühmte Frauenpaare*, 259-299. Suhrkamp, Frankfurt a.M.

Koenig, Walter D. 2003. »European Starlings and Their Effect on Native Cavity-Nesting Birds.« In: *Conservation Biology* 17/4, 1134-1140.

Koppenfels, Werner von und Manfred Pfister (Hrsg.) 2000. *Englische und amerikanische Dichtung*, Bd.2: *Von Dryden bis Tennison.* C.H. Beck, München.

La Monte, Francesa 1951. »One of the Most Beautiful Books of Our Time: The Story of the Sea.« In: *The New York Herald Tribune Book Review*, 15. Juli, 8 (Besprechung von *The Sea Around Us*).

Lear, Linda (Hrsg.) 1998. *Lost Woods. The Discovered Writing of Rachel Carson*. Beacon Press, Boston.

Lear, Linda 2002. »Introduction.« In: Carson, R. 2002, x-xix.

Lear, Linda 2007. »Love, Fear, and Witnessing.« In: Matthiessen, P. (Hrsg.) 2007, 19-25.

Lear, Linda 2009. *Rachel Carson. Witness for Nature*. Mariner Books, Hougthon Mifflin Harcourt, Boston (Erstveröffentlichung bei Henry Holt, New York 1997).

Lee, John M. 1962. »›Silent Spring‹ is Now Noisy Summer: Pesticides Industry Up in Arms Over a New Book.« In: *The New York Times*, 22. Juli, F11.

Leonard, Jonathan Norton 1951. »And His Wonders in the Deep. A Scientist Draws an Intimate Portrait Of the Winding Sea and Ist Churning Life.« In: *The New York Times*, 1. Juli, 1 (Besprechung von *The Sea Around Us*).

Leonard, Jonathan Norton 1955. »Between the Mark of High Tide and Low.« In: *The New York Times*, 30. Okt. (Besprechung von *The Edge of the Sea*).

LeShan, Lawrence 1982. *Psychotherapie gegen den Krebs. Über die Behandlung emotionaler Faktoren bei der Entstehung und Heilung von Krebs*. Klett-Cotta, Stuttgart.

Levine, Ellen 2007. *Up Close: Rachel Carson*. Viking, New York.

Linz, George M., H. Jeffrey Homan, Shannon M. Gaulker, Linda B. Penry und William J. Bleier 2007. »European Starlings: A Review of an Invasive Species with Far-Reaching Impacts.« *Managing Vertebrate Invasive Species*, Paper 24. Digital Commons, University of Nebraska, Lincoln, NE.

Luhmann, Hans-Jochen 1996. »Rachel Carson and Sherwood F. Rowland. Zu den biographischen Wurzeln der Entdeckung von Umweltproblemen.« In: Altner, Günter; Barbara Mettler-Meibom, Udo E. Simonis und Ernst U. von Weizsäcker (Hrsg.) 1996. *Jahrbuch Ökologie 1997*, 217-242. C.H. Beck, München.

Lüthi, Peter 2007. *PushPull*. Broschüre, BioVision – Stiftung für ökologische Entwicklung, Zürich.

Marco, Gino J., Robert M. Hollingworth und William Durham (Hrsg.) 1987. *Silent Spring Revisited*. American Chemical Society, Washington, DC.

Martin, E.H. 1951. »Brilliant Study of the Sea.« In: *The Evening Sun*, 30. Juni (Besprechung von *The Sea Around Us*).

Matthiessen, Peter (Hrsg.) 2007. *Courage for the Earth. Writers, Scientists, and Activists Celebrate the Life and Writing of Rachel Carson*. Hougthon Mifflin, Boston und New York.

Mauch, Christof 2012. »Blick durchs Ökoskop. Rachel Carsons Klassiker und die Anfänge des modernen Umweltbewusstseins.« In: *Zeithistorische Forschungen*, Online-Ausgabe, 9/1.

Maurer, Maurer (Hrsg.) 1978. *The U.S. Air Service in World War I*. Vol. I: *The Final Report and A Tactical History*. The Albert F. Simpson Historical Research Center, Maxwell AFB Alabama und The Office of Air Force History, Headquarters USAF, Washington, DC.

McGinn, Anne Platt 2000. »Phasing Out Persistent Organic Pollutants.« In: Worldwatch Institute 2000 (Hrsg.). *State of the World 2000*, 79-100. W.W. Norton, New York und London.

Meiners, Roger; Pierre Desrochers und Andrew Morriss (Hrsg.) 2012. *Silent Spring at 50: The False Crises of Rachel Carson*. Cato Institute, Washington DC.

Milne, Lorus und Margery Milne 1962. »There's Poison All Around Us Now.« In: *The New York Times Book Review*, 23. Sept., 1, 24, 26 (Besprechung von *Silent Spring*).

Mintz, Morton 2008. »›Heroine‹ of FDA Keeps Bad Drug Off Market.« In: Dunlap, Thomas R. (Hrsg.) 2008, 94-101 (ursprünglich in: *Washington Post*, 15. Juli 1962, 1).

Mirsky, Steve 2008. »Call of the Reviled. Brought here on a lark, starlings are now at every turn.« In: *Scientific American* 298/6, 25.

Monsanto 1962. »The Desolate Year.« In: *Monsanto Magazine*, 4 (Okt.), 4-9.

Moore, John A. 1987. »The Not So Silent Spring.« In: Gino J. Marco u.a. (Hrsg.) 1987, 15-24.

Murphy, Priscilla Coit 2005. *What a Book Can Do: The Publication and Reception of* Silent Spring. University of Massachusetts Press, Amherst und Boston.

NAS-NRC (National Academy of Sciences – National Research Council) 1961. »A Symposium on Pest Control and Wildlife Relationships.« *Publication* 897, Washington, DC.

NAS-NRC 1962a. »Pest Control and Wildlife Relationships. Part I: Evaluation of Pesticide-Wildlife Problems.« *Publication* 920-A. Washington, DC.

NAS-NRC 1962b. »Pest Control and Wildlife Relationships. Part II: Policy and Procedures for Pest Control.« *Publication* 920-B. Washington, DC.

NAS-NRC 1963. »Pest Control and Wildlife Relationships. Part III: Research Needs.« *Publication* 920-C. Washington, DC.

*New Yorker, The* 1991. »Obituary: Milton Greenstein.« 19. Aug.

*New York Times, The* 1962. »Editorial: Rachel Carson's Warning.« 2. Juli.

*New York Times, The* 1964. »Obituary: Rachel Carson Dies of Cancer. ›Silent Spring‹ Author was 56.« 15. April.

PAN (Pesticide Action Network North America) 2013. »Pesticides 101 – A Primer.« Oakland, CA, www.panna.org/issues/pesticides-101-primer, 15.12.13.

PCW (Pennsylvania College for Women) 1891. *Twenty-first Annual Catalogue*. Pittsburgh.

PCW 1925. *Announcements for 1925-1926. Register of Faculty and Students for 1924-1925*. Pittsburgh.

PCW 1926. *Announcements for 1926-1927. Register of Faculty and Students for 1925-1926*. Pittsburgh.

PCW 1927. *Announcements for 1927-1928. Register of Faculty and Students for 1926-1927*. Pittsburgh.

PFC (Pennsylvania Female College) 1871. *First Annual Catalogue of the Officers and Students 1870-'71*. W.G. Johnston & Co., Pittsburgh.

*Pennsylvanian, The* 1928/1929. Published by the Seniors and Juniors. Pennsylvania College for Women, Pittsburgh.

Pimentel, David und Hugh Lehman 1993. *The Pesticide Question*. Chapman and Hall, New York.

*Pittsburgh Post* 1927. Editorial. 19. Jan. (Abgedruckt unter dem Titel »Unfairness to Women's Colleges« in *The Arrow* 6/8 (28. Jan.), 4).

*Popular Mechanics* 1944. »Our Next World War – Against Insects.« 81/4 (April), 66-70.

*Popular Mechanics* 1950. »Forest Killers Are on the Run.« 93/3 (März), 92-95.

*Popular Science Monthly* 1962. »American Bald Eagle Is Near Extinction.« 30 (März).

PSAC (President's Science Advisory Committee, The) 1963. *Use of Pesticides*. The White House, Washington, DC.

Quaratiello, Arlene Rodda 2010. *Rachel Carson: A Biography*. Prometheus Books. (Erstveröffentlichung 2004 bei Greenwood Press, Westport, CT).

Rau, Simone 2013. »Knapp, knapper – Sand.« In: *Tages-Anzeiger Online*, 6. Dez.

*Record, The* 1964. »Monument for Rachel.« 17 April. Troy, NY.

Reut, Markus 2001. »Die Reise Ihrer Majestät.« In: *Natürlich* 9, 34-36.

Richter, E.D. 2002. »Acute human poisonings.« In: David Pimentel (Hrsg.) 2002. *Encyclopedia of Pest Management*, 3-6. Dekker, New York.

Ringger, Heini 1987. »Wissenschaft und Technik – geliebt und gehasst.« In: *Tages-Anzeiger*, 27. Jan.

Roberts, Callum 2007. *The Unnatural History of the Sea: The Past and the Future of Humanity and Fishing*. Gaia, London.

Roberts, Callum 2012. *Ocean of Life. How Our Seas Are Changing*. Allen Lane, London.

Roberts, Callum 2013. *Der Mensch und das Meer. Warum der größte Lebensraum der Erde in Gefahr ist.* Deutsche Verlags-Anstalt, München (deutsche Übersetzung von Roberts 2012).

Rudd, Robert L. 1962. »The Chemical Countryside. A View of Rachel Carson's *Silent Spring*.« In: *Pacific Discovery* Nov.-Dez., 10-11.

Rudd, Robert L. 1964. *Pesticides and the Living Landscape*. University of Wisconsin Press, Madison.

Scheringer, Martin 2012. »Umweltchemikalien 50 Jahre nach *Silent Spring*: ein ungelöstes Problem.« In: *GAIA* 21/3, 210-216.

Schmid, Randolph E. 2007. »Florida's ›Red Tide Mystery‹ Tied to Mississippi River.« In: *National Geographic News*, 8. Nov., news.nationalgeographic.com/news/pf/13467824.html.

Shafy, Samiha 2008. »Das Müll-Karussell.« In: *Spiegel Online*, 2. Febr.

Shaw, Byron T. 1963. »Agriculture's Answer,« »Savings for $15 Billion,« »Humans Unaffected,« »Better Protected Today« und »If All Are to Be Fed ...« Interview (»In Defense of Pesticides III–VII«). In: *Boston Globe*, 6.-10. Febr.

Shiva, Vandana 1991. *The Violence of the Green Revolution. Third World Agriculture, Ecology and Politics.* Zed Books, London und New York.

Simon, Christian 1999. *DDT. Kulturgeschichte einer chemischen Verbindung*. Christoph Merian, Basel.

Snow, Charles P. 1959. *The Two Cultures and the Scientific Revolution*. Cambridge University Press, New York.

Souder, William 2012. *On a Farther Shore: the Life and Legacy of Rachel Carson*. Crown, New York.

Stare, Fredrick J. 1963. »In Defense of Pesticides: Two Buckets of Water« und »In Defense of Pesticides II: Proper Use Not Fatal.« In: *Boston Globe*, 4. und 5. Febr. (Abdruck von »Some Comments on *Silent Spring*,« erschienen in: *Nutritional Reviews* 21/1 (Jan.), 1-4).

Stein, Karen F. 2012. *Rachel Carson: Challenging Authors.* Sense Publishers, Rotterdam.

Steinberger, Petra 2007. »Sag mir, wo die Bienen sind?« In: *Tages-Anzeiger*, 14. März.

Steiner, Dieter 2011. *Die Universität der Wildnis. John Muir und sein Weg zum Naturschutz in den USA*. oekom, München.

Steingraber, Sandra 1997. *Living Downstream. An Ecologist's Looks at Cancer and the Environment.* Addison-Wesley, Reading, MA.

Sterling, Philip 1970. *Sea and Earth. The Life of Rachel Carson*. Thomas Y. Crowell, New York.

Straumann, Lukas 2005. *Nützliche Schädlinge - Angewandte Entomologie, chemische Industrie und Landwirtschaftspolitik in der Schweiz 1874-1952*. Chronos, Zürich.

Strother, Robert S. 1959. »Backfire in the War Against Insects.« In: *Reader's Digest* 74/Juni, 64-69 (abgedruckt in Thomas R. Dunlap (Hrsg.) 2008, 85-90).

Sullivan, Walter 1962. »Books of The Times.« In: *The New York Times* 27. Sept. (Besprechung von *Silent Spring*).

Teale, Edwin Way 1945. »DDT: It Can Be a Boon or a Menace.« In: *Nature Magazine*, 38/März, 120 (gekürzter Abdruck in: *The Conservation Volunteer*, Juli/Aug. 1945, 41-45).

Tennekes, Henk 2010. *The Systemic Insecticides: A Disaster in the Making*. Experimental Toxicology Services (ETS) Nederland, Zutphen.

*Time* 1944. »DDT Warning.« 44/6, 7. Aug.

*Time* 1945a. »DDT Dangers.« 16. April.

*Time* 1945b. »War on Insects.« 46/9, 27. Aug., 65.

*Time* 1962. »Pesticides: The Price for Progress.« 28. Sept., 45-46, 48 (Besprechung von *Silent Spring*).

*Time* 1963. »The Pest-Ridden Spring.« 5. Juli.

Todd, Kim 2001. *Tinkering with Eden: A Natural History of Exotics in America*. W.W. Norton, New York.

Tomlinson, Henry Major 1925. »A Lost Wood.« www.eldritchpress.org/hmt/lostwood.htm, 19.8.13.

Udall, Stewart L. 1964. »The Legacy of Rachel Carson.« In: *Saturday Review*, 16. Mai, 23, 59.

United States Court of Appeals Second Circuit 1959. »Murphy v. Benson,« 270 F.2d 419.

United States Supreme Court 1960. »Murphy v. Butler,« 362 U.S. 929 (Justice Douglas dissenting).

Van den Bosch, Robert 1980. *The Pesticide Conspiracy*. Anchor Press/Doubleday, Garden City, NY (Erstveröffentlichung 1978).

Walker, Martin J. 1999. »The Unquiet Voice of ›Silent Spring‹. The Legacy of Rachel Carson.« In: *The Ecologist* 29/5 (Aug.-Sept.), 322-325.

Wallace, George J., Walter P. Nickell und Richard F. Bernard 1961. »Bird Mortality in the Dutch Elm Disease Program in Michigan.« *Bulletin* 41, Cranbrook Institute of Science, Bloomfield Hills, MI.

Walser, Charlotte 2009. »DDT in Afrika: BioVision bekämpft die Rückkehr des Umweltgiftes.« In: *BioVision Newsletter* 18, 2-3.

WBGU (Wissenschaftlicher Beirat der Bundesregierung Globale Umweltveränderungen) 2006. *Die Zukunft der Meere – zu warm, zu hoch, zu sauer*. Sondergutachten. Berlin.

Wheeler, Charles M. 1946. »Control of Typhus in Italy 1943-1944 by Use of DDT.« In: *American Journal of Public Health* 36/Febr., 119-129.

Williams, Terry Tempest 2007. »The Moral Courage of Rachel Carson.« In: Matthiessen, P. (Hrsg.) 2007, 129-146.

Wilson, Edward O. 2002. »Afterword.« In: Carson, R. 2002, 357-363.

Wilson, Edward O. 2007. »On *Silent Spring*.« In: Matthiessen , P. (Hrsg.) 2007, 27-36.

Wilson, Vanez T. und Rachel Carson 1950. »Bear River, a National Wildlife Refuge.« *Conservation in Action* 8. US Fish and Wildlife Service, US Government Printing Office, Washington, DC.

Winston, Mark L. 1997. *Nature Wars: People vs. Pests*. Harvard University Press, Cambridge, MA.

Wooldridge, Margaret 1927. »The Djinn of Pittsburgh.« In: *The Arrow* 7/6 (16. Dez.), 5.

Zhang, WenJun; FuBin Jiang und JiangFeng Ou 2011. »Global pesticide consumption and pollution: with China as a focus.« In: *Proceedings of the International Academy of Ecology and Environmental Sciences* 1/2, 125-144.

Zwerdling, Daniel 1977. »The pesticide treadmill.« In: *National Parks and Conservation Magazine*, Sept., 15-19.